LE CAVALERICE
FRANÇOIS.
Composé Par Salomon De La Brove
Escuyer d'Escuirie du Roy et de Monseigneur
Le Duc D'Espernon
Contenant les Preceptes principaux qu'il faut obseruer
exactement pour bien dresser les Cheuaux aux exercices
de la carriere et de la campagne. Le tout diuisé en trois liures.
Le premier traicté de l'ordre general et plus facile des
premiers exercices et de la proprete du Caualier,
Le second des modernes et plus justes proportions
de tous les plus beaux airs et maneges.
Le troisiesme des qualitez de toutes les parties de
la bouche du Cheual et des diuers effets de plusieurs
brides differentes pourtraites et representees par leurs
justes mesures aux lieux necessaires.
TROISIÈME EDITION REVEVE ET AVGMENTEE
DE BEAVCOVP DE LECONS ET FIGVRES PAR L'AVTHEVR
A. PARIS.
Chez Abel l'Angelier
au premier pilier de la
grand' Salle du Palais.
1610.
Auec Priuilege du Roy.

A MONSEIGNEVR LE DVC

D'ESPERNON, PAIR ET COLLONNEL
DE FRANCE.

ONSEIGNEVR.

Si tous les hommes, qui soubs l'ombre de vostre grandeur, & mesmes par vos particuliers bien-faicts, ou bons offices, ont esté aduancez aux honneurs & commoditez du monde, estoient exempts du vice d'ingratitude, vous pourriez faire estat d'estre le Seigneur de ce Royaume le mieux assisté & seruy. Ie ne veux pas dire, que iusques icy vous ne l'ayez esté tresbien & fort fidelement ; mais il me semble qu'au plus grand besoing le nombre de vos bons seruiteurs s'est trouué bien petit, ayant esgard à la multitude des personnes qui ont faict leur proffit par vostre bonté & seul moyen. En quoy, Monseigneur, vous auez pratiqué à vos despens plusieurs exemples, qui ne doiuent pas seulement suffire à retrancher desormais vostre liberalité, mais qui pourront aussi seruir comme d'enseignemens à tous les grands qui apres vous se trouuerront esleuez tant par leur propre vertu, que par les faueurs de fortune. Pour moy, ie ne tairay iamais les biens & faueurs qu'il vous a pleu me departir mesmes depuis que vous m'auez veu priué de santé, vieux & presque inutile à vostre seruice, mais non despourueu de l'affection tres-humble, par laquelle admirant vos vertus, ie me donnay fort librement à vous, il y a si long temps, que desia ie suis le plus ancien de vos domestiques. Pour toutes ces considerations i'ay bien occasion de vous offrir & dedier de nouueau le reste de ma vie, auec tout ce qui en dependra, iusques au dernier souspir, comme ie fais, Monseigneur, non pas en don ny en autre liberale demonstration, puis que c'est chose que vous auez acquise à plus grand prix qu'elle ne vaut. Mais seulement pour vous côfirmer par mon tres-hûble debuoir la resolution que i'ay faicte de viure & mourir soubs vos cômandemês & authorité. Estât dôc du tout vostre, ie me suis persuadé qu'il vous plaira me faire encor' l'hôneur de receuoir en gré le present que i'ose vous faire, de ce mien premier liure, contenant quelques preceptes, que i'ay voulu representer le mieux que i'ay peu, tant pour contenter auant mourir aucuns de mes bons & vertueux amis, que pour preuenir aucunesfois loisiueté en me rememorant le temps & la peine qu'autresfois i'ay employe à l'vn de mes plus aimez & communs exercices. Et combien que l'œure ne soit non plus vtile à la posterité, que digne d'estre presentee à vostre grandeur, ie vous suplie tres-humblement, Monseigneur, de vouloir accepter en ce subiect & selon vostre benignité accoustumee, le Zele & la foible capacité de

Vostre treshumble & tresfidele seruiteur,
SALOMON DE LA BROVE.

A ij

A MONSIEVR DE LA BROVE
MON MAISTRE.

AINSI qu'entre les corps qu'on nomme lumineux
Le Soleil parfournit plus parfaict sa carriere,
Luisant par dessus tous, sa clarté coustumiere
Qui resioüit, nourrit, produit tout de ses feux:

Mon maistre tout ainsi tu reluis parmy ceux
Qui tirent leur rayon de ta claire lumiere:
De mesme qu'en toy seul on la void toute entiere,
On la voit à morceux se pratiquer entr'eux.

Tu n'es pas seulement en la Caualerisse
Plein de perfection, ton ame est la nourrisse
De la mesme vertu, que le temps ne desfaict:

Viue donc à iamais ta science immortelle
Et pour me rendre heureux, plein de gloire eternelle,
Auou' moy l'escholier d'vn maistre si parfaict.

Le Comte DE BRIENNE.

A MONSIEVR DE LA BROVE.

Vi te voudra loüer ne recherche en nature
Mil' exemplaire vains, on la veit tout quitter,
Lors qu'elle te batist, le ciel pour t'allecher
Feit de son grand effort la plus grande ouuerture.
Toy à toy comparant ma raison est obscure,
Qui voit que tu es seul qui te puisse imiter.
Et aux braues esprits le moyen limiter
Pour contre tout effort leur gloire tenir seure.
Si donc tu as pillé du Monde tout l'honneur
Et qu'on puisse en toy seul rechercher le bon-heur,
Permets à tout le moins que ton œuure ie loüe.
Luy consacrant mes vœux comme à l'œil tresparfaict
De tout cest vniuers & qui monstre en effect
Que celuy n'a rien veu qui ne t'a veu, la Brouë.

Ex labore pignus,

SONNET.

A force dict, i'ay faict ce parfaict Escuyer
Le rendant roide & fort. C'est moy dit la Souplesse,
Qui le fait manier. Non reprend la vitesse
C'est moy, car ie le rends prompt, agile & leger.
Non force non tu rends le naturel trop fier,
La souplesse produict vne mole foiblesse,
La vitesse deçoit bien souuent, dict l'Adresse,
Seule i'ay merité l'honneur de ce laurier:
Non, la force sans moy n'est que forcenerie,
Dict raison, la souplesse est vne momerie,
L'estourdie vitesse vne temerité,
Et l'adresse sans plus vne simple aptitude:
Mais pour dire le vray, force, souple habitude,
Vitesse, adresse, esprit, ont ce loz merité,

MELLON,

EPIGRAMMA.

Nnosigæe tuo vitam si duxerit æuo
Hic & Nubigenis doctior & Lapythis,
Et primus, rapidos, sonipes tua munera gyros,
Hoc agitante dedit, dum dubitatur adhuc:
Haud dubiè pro te cecidisset calculus omnis,
Latáque laurigero palma fuisset equo.
Quin nec S⁹ sichthon nec Pallas nomen Athenis
Sed vel Bryaus vel tribuisset equus.

MELLONIVS.

SONNET.

L'Art de vos arts caché nous fait voir l'excellence
De tant de beaux effets: qui par vostre art parfait
Sont parfaits: y monstrnat ce que l'art n'auoit fait
Outre l'art inuentif, leur donnant vne essence.
Vos viues actions ont produit la science
Qui semble naturelle: & vous dans son pourtrait
Brillant par le subtil, son ame auez soubstrait
Pour tous deux expliquer sa pure intelligence.
Quel autre aussi que vous s'est rendu si heureux
De sortir du commun, de tant d'arts glorieux,
Qui seul les honorez; & seul les sçauez rendre?
Enuie que dis-tu? que font tes gens icy?
Ont ils rien de contraire à la Broüe en cecy?
Non, qu'ils l'admirent tous ne le pouuant comprendre.

MICHEL MOVROT.

SONNET.

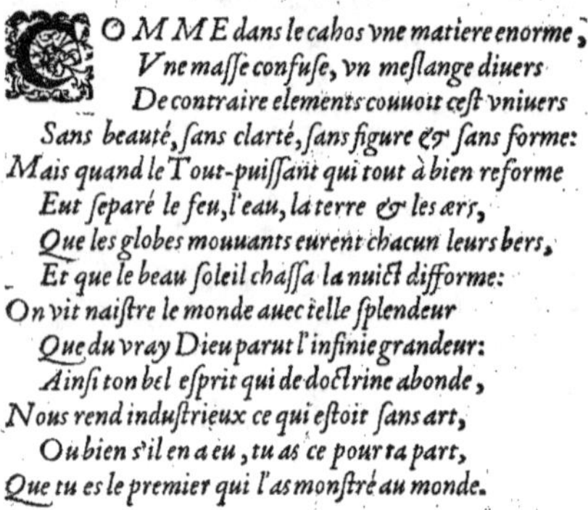

COMME dans le cahos vne matiere enorme,
Vne masse confuse, vn meslange diuers
De contraire elements couuoit cest vniuers
Sans beauté, sans clarté, sans figure & sans forme:
Mais quand le Tout-puissant qui tout à bien reforme
Eut separé le feu, l'eau, la terre & les ærs,
Que les globes mouuants eurent chacun leurs bers,
Et que le beau soleil chassa la nuict difforme:
On vit naistre le monde auec telle splendeur
Que du vray Dieu parut l'infinie grandeur:
Ainsi ton bel esprit qui de doctrine abonde,
Nous rend industrieux ce qui estoit sans art,
Ou bien s'il en a eu, tu as ce pour ta part,
Que tu es le premier qui l'as monstré au monde.

BOVRGOIN Aduocat Angoumoisin.

SONNET.

Rappant d'vn pied poudreux le pied du mont
  Parnasse,
Pegase fit sortir le doux coulant ruisseau,
Qui va precipité, abreuuer de son eau,
Le vert des prez herbeux qui iamais ne se passe.

La Brove tout ainsi regardant face à face
Et pressant de sa main le beau tetin gemeau
De la neuuaine trope en tire vn suc nouueau
Qui de bonté, douceur, le doux Nectar surpasse.

Vi donc, cheual heureux au milieu de la pree
Que tu fais ondoyer de ta diuine onglee:
Et toy Bellerophon raui sur les sommets:

Du haut mont consacré aux Nymphes Pierides,
 Apres l'auoir armé de selle, mors, & brides,
Succe ce doux Nectar & te pais de ses mets.

      A. ROVSSEAV:

SONNET.

ABROVE, c'est œuurer surnaturellement
Qu'œuurer en ta façon: Raison la raison tire
Comme le feu feu, la terre terre attire,
L'eau coule auecques l'eau, de leur droit mouuement.

Mais douër de Raison, adresse & iugement
Ce qui est sans raison, est chose qu'on admire
Autant que si le feu, ou l'eau pouuoient eslire
Leur domicile és cieux, dans le haut element.

C'est toutesfois ainsi que tu œuures la BROVE,
Digne d'estre admiré: ainsi ta raison douë
Le cheual de raison, tes escrits en font foy.

Et ces contraires ioints par ta belle science,
De toy auec la mort ont fait telle alliance,
Que dés meshuy tu n'es plus suiect à sa loy.

      I. BOYSSEVL.

GALLIA AD VASCONIAM

NVM satis est populos quondam domuisse feroces,
Vasconicúmque armis nomen celebrasse per orbem?
Dein genuisse ingentem Herricum (fulminis instar)
Gallia cui subsit populosa, & fata dedêre
Imperio sæuos olim submittere Iberos:
Ni tandem adiicias Marti sacra arma Mineruæ
Connubio iungens stabili sponsore Brouano,
Qui patriam scriptis ac arte insignit equina:
Græcis quin cedat solers & Roma triumphans
Alterutro præstare suos satis esse ferentes:
His demum valeas meritis & plaude Brouano.

HENRY par la grace de Dieu Roy de France & de Nauarre: A nos Amez & feaux Conseillers tenans noz Cours de Parlement, Baillifs, Seneschaux, Preuosts ou leurs lieutenans, & à tous nos autres Iuges, Officiers, & à chacun d'eux comme à luy appartiendra: Salut. Françoise de Louuin vefue d'Abel l'Angelier, Marchand Libraire Iuré en nostre ville & vniuersité de Paris. Nous a faict remonstrer que ledict deffunct ayant à grands fraiz & despens recouuert, & de nostre permission faict Imprimer *Les preceptes du Sieur de la Brouë de nouueau augmentez*, Non seulement auant le temps à luy permis, mais pour la pluspart, incontinent qu'il les a fait mettre en lumiere, est aduenu le deceds dudict l'Angelier, delaissé sa vefue qui seroit frustree de la despence & fraiz, si la grace & permission octroyee à son mary, n'estoit en sa personne, confirmee & continuee. Nous suppliant sur ce luy pouruoir. A CES CAVSES desirant comme nous auons bien & fauorablement traicté ledict deffunct l'Angelier, que sa vefue puisse tirer la recompense du bien que le public reçoit de son trauail & despense. Auons à ladicte vefue de noz grace special, pleine puissance & auctorité Royal, continué & confirmé les permissions donnees à deffunct son mary, Imprimer, & faire Imprimer, mettre en lumiere, vendre & debiter les susdicts liures, Auec deffence à tous autres de quelque qualité & condition qu'ils soient, les Imprimer vendre ou distribuer soubs quelque pretexte que ce soit, sinon du vouloir & consentement de ladicte vefue iusques à six ans, à commencer du iour qu'expireront lesdites permissions. VOVLONS que mettant à la fin ou commencement des liures, l'extraict des presentes soient pour deuëment signifiees. Reuoquant toutes autres permissions & priuileges, si aucunes estoient obtenues, sans que l'on s'en puisse ayder. Declarant tous les autres exemplaires acquis & confisquez à ladite vefue, qui les pourra faire saisir: Nonobstant oppositions ou appellations. Et outre seront les contreuenans mulctez de telles amendes que noz Iuges aduiseront. SI VOVS MANDONS, & à chacun de vous commettons du contenu en ces presentes, faire iouyr & vser ladite vefue durant ledit temps : & à ce faire, & obeyr, contraindre tous qu'il appartiendra. Et au premier de noz Huissiers ou Sergens, faire tous exploits necessaires. CAR TEL EST NOSTRE PLAISIR. Donné à Paris le xij. iour de Feurier, l'an de grace mil six cens dix, & de nostre regne le vingt-vniesme.

Par le Roy en son Conseil.

VOISIN.

Extraict des Registres de Parlement.

VEV par la Cour les lettres patentes du douziesme de ce moys, signees par le Roy en son Conseil Voysin, & seellees du grand seel, par lesquelles inclinant à la supplication de Françoise de Louuin vefue d'Abel l'Angelier, marchand Libraire Iuré en l'Vniuersité de Paris, luy continuë & confirme les priuileges & permissions audict deffunct, octroyees de faire Imprimer, vendre & debiter: Les preceptes du sieur de la Brouë, Sans qu'autres puissent ce faire que par son congé & permission, iusques à six ans, à conter du iour que finissent le temps desdites permissions sur les peines ; & ainsi qu'au long contiennent lesdites lettres. Requeste par elle presentee à ladite Cour afin d'entherinement d'icelles, conclusions du Procureur General du Roy. Tout consideré, Ladite Cour, enterinant lesdites lettres, Ordonne que ladite de Louuin iouyra de l'effect & contenu en icelles, selon leur forme & teneur. Faict en Parlement le seiziesme Feurier mil six cens dix.

VOYSIN.

STANCES.

OVR le bien des humains, iadis y eut
  querelle
Entre le grand Neptun, & Miner-
  ue la belle:
Neptun vantoit ses eaux, & ses flots
  furieux,
Qui de leur creux abysme enuironnent la terre:
Pallas tout le sçauoir que son beau chef enserre:
(Qui seul rend l'homme digne, & capable des cieux.)

De tous les autres dieux, ce fit vne grand' Brigue
Chacun d'eux s'efforçant les tirer à sa Ligue,
Mars, Vulcan, & Iunon, pour Neptun se bãdoient,
Phœbus auec Mercure, & Venus la deesse,
Pour Pallas aux yeux verds, se mirent en la presse,
Les autres demy-dieux, des deux parts se rangeoient.

Leur courroux s'aigrissoit, & ia de mesme sorte
Ils auoient animeZ la celeste cohorte:
Si le grand Iupiter appaisant leur clameur,
Au simple mouuement de sa perruque saincte,
Ne les eut tous remplis de respect & de crainte:
Enquerant les motifs de si grande rumeur.

Pere, luy dit Neptun, auec Pallas la belle,
Pour si peu n'a pas pris source nostre querelle:
Mais elle qui maintient, qu'aux hõmes plus que moy,
Elle depart de biens, me fait par trop d'outrage:
Quand sur elle ie tiens vn si grand auantage
Que du monde le tiers ie partage auec toy.

Quand du bruyant Chaos le barbare meslange
Couuroit de l'Vniuers la grand face de fange:
Que le feu deuorant contre l'eau combatoit:
Que l'air se debatant dans ceste masse ronde
Escrouloit furieux le grand piuot du monde,
Que grondant, prisonnier, sans cesse il agitoit.

Ce fut moy, qui bridant des mers la violence,
Ay prescrit leur reflus, & borné leur puissance
Enfermant mille flots dans le centre orageux
Du profond Ocean: souffrant auantureuse
Ceste superbe Argon singler audacieuse,
Sur le dos azuré de son gouffre venteux.

Sans l'eau l'homme né peut entretenir sa vie,
Qui par l'eau de tous biens se retroue assouuie:
Sans les mers, l'Vniuers seroit vn vague vain,
Où l'homme enseuely dedans sa seule terre,
Ne comprendroit (chetif) ce que puissant i'enserre,
Sans cognoistre l'honneur des œuures de ta main.

Pere commun des dieux, (respond Pallas la sage)
Ces discours t'ont assez rendu de tesmoignage
Du blaspheme penser qu'il coue dans le cœur:
Qui a bridé ses eaux & leur folle arrogance,
Que toy Pere eternel, qui peux par ta puissance
D'vn seul mot appaiser de ses flots la fureur?

Iadis Iason p. moy de main ingenieuse
Bastissant son Argon, sur la plaine escumeuse,
Seillonna malgré luy: tesmoins mille dangers,
Mille vents, mille escueils, mille maux, mille orages,
Qui ia le ménassoient d'vn millier de naufrages,
Pour le faire perir sur les bords estrangers.

Ce fut par mon secours, ce fut en mon escole,
Que l'hõme eust le quadran, l'aiguille & la boussole,
Qui malgré ce cruel, luy font enuironner
Sur les flots azurez le grand tour de la terre:
Et plus d'hommes peris sous les eaux il enserre,
Qu'il ne peut de profits, leurs labeurs guerdonner.

Mais que me peut seruir, deuant toy, de te redire
Tant de beaux arts, qui font ce bas monde reluire?

A iij

Tu sçais tout Eternel : donne donc iugement.
  Lors Iupin d'vn sous - ris accoisant l'assemblee,
  Qui par tant de discours sembloit estre troublee:
  Refroidit les ardeurs d'vn si chaud mouuement.

Chose vaine est, (dit-il) qu'entre vous il s'esmeue
  Discord : veu qu'il se peut vuider par vne espreuue:
  Qu'vn chacun donc de vous face de son pouuoir
  Vn present aux humains : dont la rare excellence
  Nous face tost iuger qu'elle est vostre puissance,
  Car à bien faire , gist des grands dieux le deuoir.

Alors ces Puissans dieux , monstrans par leur silence,
  Que tous ils approuuoyent de Iupin la sentence :
  Le grand Neptun tenant son trident en sa main,
  Frappa, (tout animé) la face de la terre:
  Dont sortit le cheual (vray foudre de la guerre)
  Fidele compagnon de tout labeur humain.

Vn chacun admiroit sa force, & son courage,
  Sa course, & son marcher son superbe manage:
  Bref, Neptun en estoit presque ja couronné,
  Quand Pallas ressentant de son los ialousie,
  Luy dit, Cest animal remply de frenaisie,
  Pour perdre les mortels est encor destiné.

Son courroux, sa fureur, & sa brauade fiere,
  Son clair hennissement, & sa rage guerriere,
  Seront les doux attrais dont tu couures leur mort.
  Car soudain allécheZ par sa belle apparence,
  Ne pouuans refrener sa monstreuse puissance
  Ce felon causera leur destin, & leur sort.

Ainsi le pere faux , d'vne douceur sucrine
  Desguise le poisson dans la bouche enfantine.
  Ayant dit, de son pied la terre elle poussa :
  Dont yssit l'oliuier : à la belle sortie
  Duquel des puissans dieux la voix s'est my-partie,
  Tant de ce riche don l'autre elle balança.

Ah! dit Neptun fasché de la rumeur esmeuë
  VoudrieZ vous égaler ceste plante tortuë,
  Au present merueilleux que i'ay fait aux humains?
  Non, non, (ce dit Pallas) le tien est peu de chose,
  Car la douce liqueur, qui dans l'oliue est close
  Surpasse de beaucoup l'ouurage de tes mains.

De mille autres discours leurs ames dépitees
  Se fussent encor plus aigrement irritees,
  Si Iupin preuoyant ce desordre auenir ,
  N'eut iugé pour Neptun. Mais ce fut à la charge
  D'enseigner les mortels , auec quel auantage
  Ils pourroient du cheual la fougue retenir.

Neptun (dit Mars alors) sous l'estendard de France,
  La B r o v e, qui vaillant , me suit dés son enfance,
  Te pourra de ce faix sagement descharger :
  Car tousiours ie l'ay veu dessous le faix des armes,
  S'exposer valeureux, aux plus chaudes alarmes,
  Mesprisant pour l'honneur , la mort, & le danger.

Alors il te donna l'adresse, & la puissance
  D'vn parfait Caualier, plein d'heur & de vaillance:
  Mars graua sur ton front sa haute maiesté:
  Vulcan dedans tes yeux logea ses estincelles,
  Iunon dedans ton cœur, ses graces immortelles:
  A l'enuy te doüans de leur grand' deité.

Ah! (dit Pallas alors) si ne veux ie à bien faire
  Aux humains le quiter à mon fort aduersaire,
  Car l'homme estant mortel, que peut seruir vn iour,
  Si la B r o v e estant fait Caualier admirable ,
  Son nom enseuely dans l'oubly perdurable
  Ne peut plus ressortir hors de ce noir seiour?

Ie veux donc le doüer de ma rare sagesse
  Pour le combler d'honneur dés sa tendre ieunesse:
  De mon frere Phœbus la grand' viuacité,
  De Mercure les arts, & la douce eloquence:
  Pour laisser apres luy marques de la science
  D'vn parfaict Caualier, à la posterité.

Voyla comment tu fus mis parfait en ce monde,
  Pourueu d'vne fortune à nulle autre seconde:
  L'honneur que tu t'aquiers te fait (vif) admirer:
  Mais tes rares escrits (monumens de ta gloire,)
  Sacreront ton grand nom, au temple de memoire,
  Et ton los se verra mille siecles durer.

Le seigneur DE MARIVAVT.

PREMIER LIVRE DES
PRECEPTES DV SIEVR
DE LA BROVE.

PREFACE.

LECTEVR, si tu as quelque particuliere inclination en l'art du Caualerice, & si tu desires sçauoir la pratique de bien dresser tes cheuaux qui te puissent seruir à la campagne, ou à la Carriere, tu honoreras beaucoup ma curiosité, recherchât mes aduis en ce liure, duquel en recompêse tu pourras tirer quelque profit. Mais deuant que passer outre, ie te veux aduertir, que si tu esperes de moy quelque secret caché iusques à present, par lequel tu te promettes du premier coup d'efforcer entierement le naturel du cheual, tu te trompes: car ie ne suis ny ne fus iamais en cest erreur, de croire qu'il y puisse auoir des moyens plus excellens & necessaires, que les vrayes reigles de l'art bié entédues, & pratiquees auec dexterité par vn bon iugement. Mais ceste intelligence ne se peut acquerir qu'auec le téps, la patience & l'assidu trauail, auquel le violét desir de paruenir à la perfection serue d'allegemens & d'aiguillon. Et si d'auéture tô desir ne passe pl⁹ outre que de sçauoir bié parler de nostre exercice, ie te côseille de t'adresser à quelque autre autheur plus eloquêt & bien versé aux belles lágues, qui aye mieux escript & enrichy de plus beaux termes, ce que ie me promets d'apprédre à bien faire à ceux, qui se resouldront d'estudier & pratiquer curieusement & souuent les preceptes & leçons, que tu trouueras cy apres mieux expliquees que i'ay peu, & sur tout s'ils ont l'esprit capable de les comprédre, ioinct auec vne bône pratique pour les effectuer diligemment à leur téps propre & côuenable. Cela máquant ils se trouueront en fin plus côfus que sçauans. Ie sçay que si i'estois si heureux d'auoir employé vne partie de mes ieunes ans à l'estude des bónes lettres, ou que poussé d'vne vaine ambitió i'eusse voulu emprunter le sçauoir d'autruy, & me parer côme la corneille d'Horace, qui print les plumes des autres oyseaux, mó stile, pl⁹ exquis & elegát t'auroit plus côtêté que cestuy-cy grossier, & sans beaucoup de lustre & ornemét; mesmes les belles paroles eussent mieux exprimé ma côceptió. Ie me fais accroire toutesfois que tu tiédras mes leçós, côme ces pierres exquises d'Oriét, qui, mises en œuure par vn mauuais orfeure, ne perdét pourtant leur prix & leur valeur: & que tu auras esgard, que ie n'ay voulu me seruir d'autre artifice pour t'étretenir, que de ma cômune façô de parler. Qui me fait te supplier de prédre en bône part ma franchise, & de n'estre trop rigoureux cêseur des fautes que tu trouueras en ce liure, mesmemét au langage Fráçois, duquel tout expres ie n'ay voulu vser en beaucoup de termes de l'art, les iugeant beaucoup pl⁹ brefs & plus propres en Italien, ou tels que tu les trouueras escrits,

A

qu'en ceste lágue. Ie me suis seruy de la licéce que dóne vn Philosophe, d'aller au puits voisin, quand on a fossoyé chez soy iusques à largille sans trouuer de l'eau. D'autre part, cósidere que ie suis Gascó, esleué en ma patrie, & nourry Page auec beaucoup d'hóneur en la maison de Monseigneur le Cóte d'Aubijoux, où ceste premiere saison de ma vie a esté occupee à le suiure aux armees, à la cour, à la chasse, & quelquefois à l'exercice de móter à cheual, mais le plus souuét à vne infinité de desbauches & singeries, ausquelles la ieunesse follastre & licétieuse portát l'habit de Page se plaist d'ordinaire, autát qu'elle est ennemie de l'estude, qui auec la vertu apréd à bié discourir. Et depuis auoir esté mis hors de Page, i'ay eu presque d'ordinaire les armes sur le dos, pour n'estre inutile ny oysif en nos guerres ciuiles: où prenant l'occasion du temps plus paisible, i'ay voyagé en diuerses nations hors de ce Royaume, iusques à la trentiesme annee de mon aage, recherchant & poursuiuát la perfectió de plusieurs exercices violens, & toutesfois hónestes, lesquels i'ay si extremement aymez, que ie les ay preferez nó seulemét aux bonnes lettres, mais i'oseray dire à toutes les choses du monde. Et qui pis est, ie suis nay, à mó grád regret, auec l'imperfection de ne m'adóner aucunemét à la lecture: qui est aussi cause, que ie n'ay peu apréndre à bien parler, ny escrire, que si peu, que ie ne puis moy-mesme taire le blasme qui m'é est deu. Ces consideratiós, que i'ay tousiours deuant les yeux pour ne m'asseurer trop sur la bóne opinion de moy-mesmes, refroidiroient aucunemét mó dessein, si ie n'auois esgard, mó but proposé, n'estre pas de façoner vn eloquent orateur, mais de dóner des loix & reigles à celuy, qui se voudra rédre bon Caualerice. Et puis ie prens nouuelle hardiesse, me voyant estre nay en vn temps, où ceux qui ont quelque perfectió, taschét d'eterniser leur memoire par leurs escrits, ésquels ils choisissent vn sujet seló le mouuemét qui les maistrise: & cóbien que tous marchét par des chemins diuers, si est-ce qu'ils ont vne mesme fin pour butte de leurs intentions, qui doit estre de seruir d'adresse aux humains, pour lesquels nous auons vne obligatió naturelle de no⁹ employer: & celuy qui s'é acquitte le mieux, voisine de pl⁹ pres l'excelléce diuine. Par ainsi imitát l'Autruche, qui se pique pour mieux courir, ie m'enhardis par la creáce, q̃ mes escrits, quelque mal polis qu'ils soient, apporterót plus d'vtilité & cótentemét aux esprits nobles & genereux, qu'vn tas de liures qu'ils ont ordinairemét dás les mains, bien que le langage en soit plus disert & affaité: la vertu qui consiste en l'actió estát beaucoup pl⁹ estimable, que la contéplatiue, & les beaux effects pl⁹ à priser que les belles paroles. Puis i'acquerray pour le moins l'hóneur d'auoir esté le premier de ma natió, qui ait escrit de tel art: & les pl⁹ enuieux ne me denierót l'auátage d'auoir fait la premiere trace, cóuiant quelque plus gétil & suffisant esprit à faire mieux. Et si iusques en ce téps nostre Fráce n'a produit beaucoup d'excellés hómes de cheual pour en bié escrire, ce n'est pas q̃ plusieurs n'ayét desiré d'estre ten⁹ pour tels, ny que parmi les Fráçois ne se trouuét ordinairemét des courages bié nais, fort enclins & propres à cest exercice, & qu'ils ne le recherchét pl⁹ que ne fót toutes les autres natiós: Mais c'est plustost faute de cómodité. Car les haras & nobles races des cheuaux ne sót pas cómunes en Fráce cóme on les trouue aux autres nations, ny par consequent les bonnes escoles. C'est pourquoy tant de ieunesse Fráçoise s'achemine auec beaucoup de fraiz en Italie pour apprédre à móter à cheual. Mais la plusp̃art, & quasi tous ceux qui fót ce voyage à ceste intentió, sont de si bónes maisós, qu'ils n'en desirét sçauoir que pour leur vsage, & pour passer leur téps: ou, parlát plus librement, c'est qu'il n'y en a pas eu beaucoup, qui exépts de presomptió ou de nóchalance, ayent peu longuement perseuerer en la penible & necessaire patiéce, qui les eut peu rendre bós maistres. Car si les Fráçois estoient autant constans à la poursuitte, de cest art, comme ils sont desireux de le bien sçauoir, sans doute ils y profiteroient autát, que font les

Italiens. Et qu'il foit ainfi, tous les meilleurs Caualerices eftrangers, qui font venus de noftre temps en ce Royaume, ont quafi admiré le fçauoir & la grace de
Monfeigneur le Marefchal de Dampuille, & bien fort eftimé l'experience de Mon-
fieur de Carnauallet. Encores y en a-il de nos François, qui fe peuuent mettre au
rang des meilleurs hommes de cheual. Mais à la verité le nombre en eft fi petit
que ie ne les veux icy nommer, craignant d'offenfer beaucoup d'inferieurs, qui
peut eftre ne s'eftiment pas moins, que les plus fçauans. Ie diray fans intention
d'offenfer perfonne, que la prefomption eft, ce me femble, plus commune en l'e-
xercice de ceft art, qu'elle n'eft en beaucoup d'autres: de laquelle procede qu'on
void tant de ieunes hommes, qui pour y auoir vaqué feulement quatre ou cinq
ans, en penfent tenir la perfection. Ie fçay qu'il y en peut auoir aucuns de fi bô iugement & fi agiles, qu'ils auront acquis plus de fçauoir & dexterité en cinq ans,
que d'autres, qui ne feront nullement nais pour vne fi belle vacation, n'auront en
trente. Mais pour auoir beaucoup de fonds en ceft art, ie tiens qu'il faut premierement eftre affifté d'vne grande inclination, & auoir heureufement rencontré d'excellens maiftres, liberaux & affectionnez à bien monftrer: auoir auffi commencé
d'apprendre fort ieune, & confumé fon aage en trauaillant & recherchant curieufement les meilleures efcoles, iufques à ce que le poil en foit deuenu gris. Et pour
moy, il me fouuient, que ie trauaillois plus hardiment, & penfois faire mieux en
l'aage de vingt ans, quelque mal fondé que ie fuffe, que ie n'ay fait depuis auoir
mieux comprins les raifons & l'excellence de ceft art. En quoy ie confidere, que la
cognoiffance de la nature & capacité du cheual, & la prattique des vrais moyens
pour le dompter & rendre obeiffant & facile à l'vfage de la guerre, & principalement à celuy de la Carriere, ameine des cófequences, qui pouffent l'efprit de l'hôme à beaucoup d'autres chofes plus hautes. Car pour bien maiftrifer vn animal fi
vigoureux & fi fier, le Caualerice doit eftre naturellement ingenieux, patient courageux & fort. Outre cela il faut que la longue experience des meilleures efcoles de
ceft exercice luy aye donné telle cognoiffance, qu'il puiffe bien iuger, l'humeur &
l'inclination du cheual, & faire induftrieufement fon profit des bons effects du
naturel d'iceluy, entant qu'ils feront propres à l'exercice qu'il pourra vigoureufement fournir: & par mefme moyen qu'il corrige la violence des communs mouuemens coleres & malicieux, l'habitude defquels eft caufe le plus fouuent, qu'on void
tant de beaux & courageux cheuaux vicieux & en fin inutiles. Et pour dreffer & adiufter delicatement le cheual à tous les airs & maneges, qui fe pratiquent aux meilleures efcoles de ce temps, il eft auffi neceffaire que le Caualerice aye beaucoup de
iugement naturel, mefmes aux proportions: d'autát que tous les airs & plus beaux
maneges font compofez de nombres, de mefures & de plufieurs egalitez qu'il faut
foigneufement obferuer. Et pour parler en comparaifon feulement de ce dont ie
me fuis autrefois meflé, felon la petite portee de mon entendement, & particuliere-
rement de ce que i'ay voulu experimenter à l'endroit de la ieuneffe, qui s'eft effeuee
fouz ma charge au feruice des grands: ie puis affeurer qu'il eft fort mal-ayfé que celuy qui ne peut goufter ny comprendre l'harmonie, l'air & la mefure de la mufique
& confequemment des inftrumens & de la dance, puiffe iamais bien entendre les
airs & proportions de nos efcoles. Tellement que voyant vn Caualerice fçauant
en fon art, fans doute on peut croire, qu'il eft nay pour bien faire beaucoup d'autres chofes honneftes. Et pour ne point diffimuler, ie penfe, qu'il n'aduient iamais que la perfection d'vn tel fçauoir fe communique à certains efprits foibles &
groffiers, qui le profanent tous les iours, & qui neátmoins s'en honorent en apparence, fe faifans admirer aux ignorás. Sans chercher des exéples plus loin, cela nous
eft affez confirmé par les plus excellens Caualerices qui ont efté en toure l'Italie,

dont la pluspart sont yssus de nobles & illustres maisons,& tous ont esté tref-bien
& honorablement esleuez & instruits en leur ieunesse. Aussi ont-ils monstré,par
leurs belles & honnestes actions la difference,de leur vertueuse nourriture & belles
qualitez,à la basse & commune façon de faire d'vne infinité d'autres hommes mal
creez, estourdis & presomptueux,qui,comme aueuglez en leur erreur, & pour a-
uoir dressé à l'auenture quelque cheual facile parmy beaucoup d'autres, qu'ils auront gastez,osent bien aucunefois esgaler quelque grosse & vieille pratique mal
fondee,qu'ils ont acquise par ie ne sçay quelle routine ,à la science & reputation
d'vne si docte & vertueuse trouppe.Mais quoy qu'ils en pensent,il est certain,qu'il
n'y a que les plus beaux esprits,qui soiét propres pour les plus beaux exercices:en-
cores faut-il que la iuste stature du corps & des membres y apporte grace & commodité, principalement à cestuy-cy, qui est vn des plus Martiaux & honorables,
que l'homme galland & genereux sçauroit choisir pour paroistre parmy les grands
& pour l'vsage de sa dexterité,quand bien il seroit vn monarque.Et pource ie voudrois que tous ceux qui ayment cest art,& qui se mettent en frais & en peine pour
le bien entendre, ne se laissassent legerement deceuoir aux affections & passions
particulieres,le plus souuent fondees seulemeñt sur l'opinion cõceuë de l'excellence de tel Caualerice,qui en effect pourra estre des moins sçauãs:& qu'ils ne creussét
non plus,que celuy qui ne sçait rendre raison suffisante d'vne chose,la puisse bien
entendre ny monstrer & sur tout qu'ayant acquis quelque bonne reputation parmy les hommes de cheual,ils ne laissassent pour cela,& n'eussent honte de rechercher l'aduis de ceux, qui sont mieux fondez. Car ie tiens que c'est le vray moyen
de paruenir à l'excellence, non seulement de cest art, mais de toutes les plus belles sciences.Et si d'auenture ils font difficulté d'accoster les meilleurs maistres,crai-
gnans d'estre refusez de leurs honnestes prieres, ils se doiuent asseurer que c'est vn
contentement à l'homme de bon naturel, qui sçait beaucoup,de se communiquer
à ceux qu'il recognoist capables de son sçauoir, & de leur en faire part. Et au contraire les ignorans & peu sçauants sont les moins accostables,ne se sentans pas dequoy pouuoir rendre satisfait vn bel esprit,quoy qu'en faisant les entendus ils veulent qu'on tienne par foy , qu'ils sont de grands personnages. Et s'il y en a , qui
soïent de si glorieux & presomptueux naturel,que pour ne vouloir ceder & rendre
cest honneur loüable à ceux,qui en sont dignes,ayent seulement leurs recours aux
liures ,ie les aduise que en cest art la lecture , voire des meilleurs autheurs , ne peut
seruir que à ceux,qui entendent & sçauent effectuer propremét ce qu'ils disent.De
maniere qu'vn apprenty ne se doit iamais arrester aux discours des choses,qui ne se
peuuent bien entédre,sans la pratique.D'autre part il est presque impossible qu'vn
bon homme de cheual puisse clairemét expliquer par escrit vne infinité de choses,
que l'occasion luy fait entendre auec l'experience,tãt à cause de plusieurs & diuerses actions & mouuemens du corps & des membres,qui en dependent,& de la cõmune difference des complections des cheuaux,que parce qu'on void fort peu de
bons Caualerices,qui soient bons escriuains:de quoy il ne se faut esmerueiller : car
il semble que le mestier le porte. La raison est que la pratique de cest exercice est si
violente,si longue, & neantmoins si douce,& attrayante,qu'elle occupe tellemét
l'esprit de celuy, qui l'affectionne,qu'il ne sçauroit prendre le loisir, ny la patience
de vaquer suffisamment aux lettres. Et s'il ne commence d'apprendre à monter à
cheual,qu'il n'ait auparauant estudié iusques à l'aage, qui peut rendre l'homme
disert & eloquét,les forces & le temps luy faudront deuant,qu'il puisse estre bõCa-
ualerice. Et quãd bien il auroit le naturel aussi parfait,cõme d'aucuns,qui sont nais
pour bien faire egalement & en peu de temps tous les exercices qu'ils desirent apprédre,encores ne sçauroit-il deuenir si sçauãt,qu'il ne se trouuast empesché de bié

expliquer

expliquer par escrit en vn an, les leçons, qu'il pourroit dóner en quinze iours à plusieurs cheuaux: parce qu'il s'en trouue fort peu, qui ne soiét differens en humeurs &
complexions. Sur quoy, Lecteur, ie ne te veux promettre beaucoup de longs & pro-
fonds discours, ny sur la significatió des differétes couleurs des poils, ou autres generales & particulieres raisons naturelles, tant pour ne vouloir faire le Philosophe,
que parce q̃ d'autres hómes de cheual lettrés en ont desia fort bié escrit. Ie ne veux
nó plus donner place en mon liure à vn amas de remedes propres aux maladies des
cheuaux, ny au moyen de les tenir bien pensez & ferrez: d'autát que ie le dedie particulierement à l'esprit du Cheualier ou du Caualerice gentil & curieux &, non à l'vsage du mareschal. Ioint aussi que plusieurs autheurs ont cy deuát beaucoup escrit de
la mareschallerie. Ie traitteray seulemét de quelques aduertissemés & preceptes necessaires à ceux, qui font profession de bié entédre cest art, esperant que mó œuure
se trouuera aucunement receuable parmy ceux, qui áuront plus de sçauoir en cesté
vacation, que de routine, ou de presóption. Peut estre y en aura il, qui d'vn premier
abord penseront recognoistre l'ordre de mes leçós, quoy qu'ils ne les ayent iamais
bié entendues: puis tous cófus trouueront en plusieurs endroits mó discours trop
obscur, & l'executió plus mal-aisee. Mais ie proteste d'adresser mes preceptes seulement à ceux, qui sont bien fondez & capables de les comprendre & mettre proprement en effect. Car pour espaissir le volume de mon liure, ie n'ay voulu assembler
vne infinité de leçons, qui trainent il y a desia long temps iusques aux escoles plus
comunes, & qui toutesfois sont bonnes pour les premieres instructions de cest art,
principalement pour les Caualcadours de Bardelle. Mais ie laisse cest honneur au
Seigneur Federic Grison, qui premier en a tres-bien & curieusemét escrit. Le peu de
reigles que i'expliqueray seront plus pour monstrer l'ordre & le stil que ie garde generalement en cest exercice, que pour specifier par le menu vn nombre infiny de
chastimés, d'aydes & de moyés, que neantmoins le Caualerice doit auoir lóg temps
pratiqué pour bien entendre & mettre en execution les leçons, qui se trouuerót en
cest œuure, sur la moindre desquelles vn maistre sçauát en cest art trouuera subiect
de faire non seulement vn petit discours, mais vn grand liure. Aussi, Lecteur, pourras tu auec le temps descouurir du petit nóbre de reigles, que ie te presente, vne infinité d'autres beaux moyens, qui en despendent: i'entends si tu es bon homme de
cheual, curieux & clair voyant. Ie n'ay pas acquis le peu d'offre que ie te fais en ma
parroisse natale, ny par autres moyens, qu'à force d'annees, de subiection & de peine, que i'ay enduré en d'aussi bonnes, ou meilleures escoles, qui ayent iamais esté là
où, au lieu d'auoir despendu le mien comme font la pluspart de ceux, qui recherchent en ce temps cest exercice, mon desir a esté accompagné de tant d'heur,
que mes maistres ne m'ont non plus espargné leur sçauoir ny leurs moyens,
que si i'eusse esté leur prore fils. C'est chose veritable & que ie puis dire auec
beaucoup de personnes d'honneur & de qualité, qui en ont esté tesmoins ocu-
laires, & qui sont encores pleins de vie: mais ce n'est pas sans auoir en fin rendu à
c'est heur pretendu, vn tribut plus cher, que s'il n'y fust allé que des biens de fortune. Car la violente curiosité que i'ay eu de sçauoir cest art, m'a tellement fait mes-
priser la sařité, le repos & les annees, que me recognoissant tout à coup sur la descente de mon aage, ie me suis trouué n'ayant aucune retraitte, ny presque rien en
ce monde, que le cauecon vsé & estendu tout prest à mettre au crocq: & qui pis est,
les douleurs & la foiblesse, que la violence de mes exercices m'ont causé, ne m'en
permettront desormais l'execution. De maniere que ne póuuát desia plus trauailler à cheual, ny à pied, les persuasions de quelques particuliers amis que i'honore,
ont eu pouuoir de me faire mettre la main à la plume cótre mó humeur. Car outre
que (cóme l'on peut voir) i'ay le styl d'escrire foible & contraint ce qui se peut, ie ne

A iij

me pleus iamais à difcourir beaucoup, mefmement de ceft exercice, duquel plufieurs parleurs fans doctrine fe plaifent d'en dire leurs aduis, tout ainfi que s'ils
eftoient bons maiftres, & lefquels ie m'affeure ne me pardonneront non plus
qu'aux autres, qui ont efcrit deuant moy. Mais en fin ie ne redoute pas tant leur
ambition, ny leurs iugemens enuieux, que ie ne penfe que le plus habille de ceux,
qui me voudront reprendre, fe trouueroit peut eftre bien empefché entreprenant
de faire mieux: & que ie ne m'affeure auffi que le petit nombre des bons hommes de cheual & excellens maiftres que ie m'imagine, la vertu & le fçauoir defquels i'ay toufiours honoré & recherché auec beaucoup de reuerence, ne blafmeront point mon petit œuure. Ie prie Dieu, Lecteur, que ie puiffe à l'aduenir faire
chofe, qui foit à fon honneur & gloire & qui leur plaife d'auantage, mefmes à toy
particulierement, comme i'efpere.

DISCOVRS

DISCOVRS SOMMAIRE DES
INDICES PAR LESQVELS ON PEVT IVGER LE
naturel du cheual, tant par la couleur du poil que autres marques: enſemble de
ſes diuers temperamens, ſelon la diuerſité des climats, ſous leſquels
il ſera nay & eſleué.

CHAPITRE PREMIER.

ENTRE tous les arts violens plus beaux & plus honorables, il n'y en a point, ce me ſemble, de ſi propre & qui donne d'ordinaire plus de contentement à l'homme de genereux naturel & faiſant profeſſion des armes, que l'exercice de la Carriere, ny duquel il ſe promette communément ſi toſt auoir l'intelligence, iuſques à ce qu'il commence à le bien comprendre. A quoy ſans doute il y va beaucoup de temps, de peine & de patience. Mais deſlors qu'il conſidere & gouſte la perfection d'vn tel art, il s'eſtonne & ſe mocque d'auoir auparauant oſé preſumer d'vne choſe, que tant plus il la va deſcouurant, tant plus il la trouue haute & mal-ayſee: & n'eſtime, ny ne fait plus d'eſtat que de ce qu'il y acquiert de plus excellent & de plus certain, par vn bon iugement ioinct à la longue & curieuſe pratique des bonnes reigles, qui ſont les moyens qui peuuent rendre le cheualier capable, non ſeulement des plus belles proportiõs de toutes les ſortes d'airs & de maneges, qui ſe pratiquent aux mieux reglees eſcoles, mais auſſi des principaux fondemés de l'art, qui conſiſtent à la cognoiſſance de la nature, de l'inclinatiõ & des forces du cheual. Ce que les Seigneurs Ioã Baptiſte Ferrare, Federic Griſon, Claudio Court, & quelques autres ont expliqué en leurs liures par vn grand nombre de belles & apparentes raiſons, & ſi doctement, que le mieux entendu en ceſte profeſſion, qui les penſera ſurpaſſer, ſe mettra en danger de demeurer en chemin comme donnant du nez en terre. Toutesfois celuy qui voudra s'arreſter du tout à leurs beaux preceptes, ſans cõſiderer qu'il y peut auoir beaucoup d'exceptiõs naturelles & accidentales, qui produiſent ſouuent des effects extraordinaires & differens, leſquels ſe doiuét quelquefois iuger par d'autres indices, que les teſmoignages de la robe du cheual & pluſieurs ſignes naturels & apparens, ſãs doute il ſe trouuera ſouuent deceu en ſõ ſçauoir preſumé. Car cõbien que le poulain naiſſe pourueu de poil du tout cõtraire à celuy de l'eſtelõ, qui l'aura engendre, neátmoins tãt qu'il viura il pourra tenir beaucoup des complexiõs, & parties naturelles bónes ou mauuaiſes du pere. De là vient que le cheual vray allezan monſtrãt par ſa couleur rougeaſtre eſtre de ſõ naturel fougoux, colere & de bon nerf, ſe trouue au cõtraire d'vne humeur lente, vile & de peu de force. Et le blãc, qui correſpondãt à ſõ poil doit eſtre humide, foible & de peu de courage, ſe trouue aucunesfois courageux & de bonne force, mais communément accompagné de quelque vice. Le vray bay, qui ſelon le rapport de ſa robbe

Cheual allezan.

Le blanc.

Le vray bay.

<table>
<tr><td style="vertical-align:top; width:20%">

Le vray
noir.

Le vray
fauue.

Le gris.

Le vray
roüan.

Le poil de
loup.

</td><td style="vertical-align:top">

doit estre sanguin, sensible & de bonne inclination, neátmoins se trouue souuét de mauuaise voloté, lourd & sans courage: & le vray noir, qui seble aussi estre terrestre, adusté & malitieux, se peut rencontrer allegre & de gétille nature. Le vray fauue, qui est en sa couleur vne espece d'allezã laué & desteint par l'abódance du flegme, qui le domine, & qui par cósequent luy doit diminuer les forces, si est-ce qu'on void aucunesfois qu'il est de bó nerf & de bóne nature. Le gris estát entieremét meslé de blanc & de noir, móstre par ces deux couleurs, qu'il est egalemét dominé d'humeur flegmatique & melancolique, qui le doiuét rendre poisant & foible: Toutesfois il est communémét sanguin, leger & de bonne force. Le vray roüan, qui móstre aussi estre egalemét dominé d'humeurs colere & flegmatique, qui luy donnét ceste couleur meslee de rouge & de blác, vray indice d'estre bisarre, foible & de peu de memoire, cóme il se void ordinairement: neátmoins il aduient aucunesfois, qu'il est patient & de bóne esquine. Le poil de loup, qui pténd ceste couleur malteinte d'vn sang adusté, meslé auec le flegme qui abóde, fait iuger le cheual de téperament melancolique & pesant. Mais cela n'empesche pas qu'il ne s'é trouue de ceste robe, qui sont allegres & legers. Ainsi arriue il aux cómuns iugemés qui se font, quand l'vne des susdites couleurs generales tient peu ou beaucoup de quelqu'vne des autres, & mesmes en la demóstration des estoiles balsánes grádes ou petites, taches, ou pieces de quelques couleurs & en quelques endroits qu'elles soiét, poils blancs semez, qu'ó nóme rubicás, moulinets & espics, en quelque part qu'ils paroissét, yeux verós & inegaux, & par consequent de toutes autres choses apparétes & exterieures, qui ne móstrent pas seulement que le cheual est cóposé des quatre elemés & de diuerses téperatures d'humeurs, cóme sont tous les autres animaux, mais qu'il a naturellement des inclinations particulieres bonnes & mauuaises, desquelles on ne peut bónement rédre raisó, que par vne lógue experiéce. Et d'autát que ie ne meveux amuser à discourir plus expressément de toutes ces belles questiós, m'en remettát à ce que les susdits autheurs en ont escrit, ie diray seulemét que la vraye cognoissance de la cóplection du cheual, de quelque poil qu'il soit & quelques marques & indices qu'ó voye en luy, s'acquiert cóme i'ay desia dit, par la lógue pratique des bónes escoles, à quoy la phisiognomie sert ordinairement d'vn grand tesmoignage. Toutesfois ie cópare à l'aueugle, qui n'a autre guide que son bastó, tous ceux qui se meslét de nostre exercice sans l'intelligéce & l'experiéce de tous les susdits preceptes, & qui ne sont fondez, que sur vn certain styl de vieille & commune escole, que les maquignons ont il y a desia long temps commencé de pratiquer.

</td></tr>
<tr><td style="vertical-align:top">

Des temperatures
diuerses
des cheuaux.

</td><td style="vertical-align:top">

 Les mesmes raisons se doiuent aussi considerer en la differéce des téperamens entre les cheuaux d'Espagne, Turcs, Barbes & autres, qui viénent de toutes les cótrees voisines du midy, & ceux d'Allemagne & autres pays Septétrionaux: à cause dequoy les vns nays & esleuez sous les climats chauds & secs sót cómunement, ou doiuét estre deschargez de chair & de poil, coleres, nerueux & courageux: les autres tenás aussi de l'air & de la nourriture du lieu de leur naissáce froid & humide, se voyét ordinairemét flegmatiques, charn⁹, velus, poisás, foibles & timides: toutesfois il se trouue souuét des cheuaux d'Allemagne, qui sót legers & deliberez & des genets poisás, qui n'ót pas beaucoup de vigueur, ny de force, quoy q̃ le téps passé on aye creu, qu'vn mauuais cheual d'Espagne deuoit mieux seruir à vn cóbat qu'vn fort bó roussin. Ie pése que ce prouerbe viét du téps que les gédarmes ne se seruoiét à la guerre que des plus gráds & gros roussins, qui se pouuoyét trouuer se souciás peu qu'ils fussét mal adroits, pourueu qu'ils portassent & réplissent bié les bardes: & sur lesquels allant aux champs, ils ne marchoient que le petit pas pour quelque alarme, qui leur arriuast: & n'alloyét le plus souuét à la charge que
le grand

</td></tr>
</table>

le grand trot ou le galop. Nous trouuons encores ceste opinion fort certaine : car à
la verité la vigueur du plus gros limonnier, que maintenant l'on mette à tirer l'artillerie, ne se doit en rien égaller à celle du moindre gener, qui puisse seruir à la campagne. Mais pour l'vsage des gens de guerre de ce temps, i'estime pour le moins autant vn bon cheual d'Allemagne bien choisy, qu'vn genet de mediocre bonté. Et
prenant les vns & les autres tels qu'on les peut trouuer en leur naturelle perfection,
ie mets le vray cheual d'Espagne au premier rang, luy donnant ma voix, comme au
plus beau, pl⁹ noble, plus gratieux, plus braue, & en fin plus digne d'vn Roy, & mefmes, celuy d'entre ceux, qui naturellemét sont grãds coureurs, qui court plus tride
& de plus belle façon, & qui pare mieux sur les hanches. Mais il se trouue ordinai- Cheual d'Es-
rement d'humeur colere, apprehensif, fougoux & delicat, & notamment le plus pagne.
plein & trauersé, ou le plus grand ne sera pas souuent le plus sensible & vigoureux.
Le vray cheual Turc, ou barbe sera grand trauailleur à la campagne, & auec peu de
nourriture, grand coureur, de longue haleine, & fort peu subiect aux communes
maladies. Mais il aura de sa nature la teste mal asseuree, mesmement le Turc, la bouche seche, & l'appuy d'icelle mal-aysé à resoudre : aura fort peu de memoire, & sera Cheual
communement colere, melancolic & assez paresseux, si ce n'est tant qu'il sera tenu Turc & Bar-
en soupçon & en action aduertie : il partira de la main à eslans, & à l'arrest s'abandõ- be.
nera sur l'appuy de la bride, ou sur les espaules : trottera & galoppera froidement &
confusement, sur tout au trauers des seillons & autres lieux raboteux, & donnera
fort peu de plaisir au manege. Mais le Barbe s'asseurera & se dressera plus facilemét.
Le cheual d'Italie sera nerueux, patient & obeyssant aux chastimens, bon à la main,
alegre, dispost, de bonne memoire, aysé à affermir de teste, propre à plusieurs sortes
d'airs & de maneges : sautera bien les hayes & les fossez : mais il sera timide & ramingue au combat, & subiect à deuenir en fin superbe & vitieux à l'escurie, ou mar- Cheual d'I-
chãt en compagnie d'autres cheuaux. Le cheual d'Allemagne se pourra trouuer bõ talie.
à la main, sensible, vigoureux, ferme, dispost, grand mangeur & trauailleur, qui partira tride & furieusement de la main, parera seuremét & facilement au fonds d'vne
course courte, & sera plus ferme l'hyuer que tous les autres, principalemét aux lieux Cheual d'Al-
mols & mal-aysez : mais il sera colere, malitieux, vindicatif, subiect aux inquietudes, lemagne.
à cause dequoy il comprendra difficilement les plus iustes leçons, craindra biẽ fort
la chaleur, & le plus petit ou le plus deschargé de poil ne sera pas le meilleur, au contraire des communes opinions, & le plus franc sera aucunement desloyal. Cõment
qu'il en soit, i'estime bien fort, pour l'vsage du soldat, le bon cheual Turc, & beaucoup plus quand il est entier, & qu'il porte la teste en bon lieu, ayant la bouche asseuree, & aussi le bon Frison, pourueu qu'il soit leger & gaillard : parce qu'il n'y en a
point de plus propres pour resister à la cõmune fatigue des couruees & caualcades
necessaires aux entreprinses, & aux moyens de se garder d'estre surprins, & aucunefois il s'en trouue de si bon naturel qu'on les peut dresser & rendre bien allans de
differens airs & maneges pour l'exercice & plaisir de la carriere, mesmement les rous-
sins de taille mediocre, pourueu qu'ils soient exercez en bonne escole.

B

INTERPRETATION DE PLVSIEVRS TER-
MES DE CEST ART.
CHAPITRE II.

Recognoiſſant le defaut de mots propres pour ceſt art en noſtre langue Françoiſe, i'ay eu recours à l'Italienne, tant parce que les Caualiers en vſent plus communement, qu'auſſi ils
ont ie ne ſçay quel air plus gaillard, ſont plus ſignificatifs, & peuuent expliquer le ſens par vn mot,
qui auroit beſoin de pluſieurs pour le faire entendre en François. Neantmoins par ce que ces
mots & autres de l'art ne ſont cogneus à tous les François, ie les ay voulu releuer de ceſte peine
par l'interpretation ſuyuante.

REMIERÆMENT donc Caualerice, eſt à dire proprement Cheualier
bien entendu, & expert en l'art de bien dreſſer les cheuaux de combat, & de
carriere: lequel art les Italiens nomment auſſi l'art du Caualerice. Si le mot
d'eſcuyer ne ſignifioit autre choſe en France, que bon homme de cheual, ie m'en
fuſſe ſeruy: mais d'autant qu'il ſe peut adapter à pluſieurs autres ſignifications
i'ay trouué plus expedient d'vſer du mot eſtranger, ayant auſſi eu l'aduis de
quelques vns de mes amis fort ſuffiſans en ceſt art.

Caualcadour, Signifie proprement celuy qui exerce les poulains & cheuaux ſouz les preceptes
   & commandemens du Caualerice: le mot en eſt receu de long temps en ce Royaume.

Legereſſe, Legereté.

Fermeſſe, Aſſeurance.

Iuſteſſe, Proportion iuſte.

Aiuſter, Rendre iuſte.

Preſteſſe, Diligence.

Ramingue, Fingard ou eſpece de retif.

Terraignol, Quand le cheual fait les mouuemens generalement retenus & trop pres de terre.

Carriere Tride, Quand les temps & mouuemens de la courſe ſont reſolus & druement grat-
   tés & batus.

Parade, Arreſt.

Callate ou baſſe, Terroir penchant.

Paſſege, Façon de cheminer d'vn pas d'eſcole aduerty & limité tant ſur les voltes que par le
   droict.

Manege, Maniement.

Cheualer, Paſſer le bras hors la volte deuant & deſſus celuy de dedans en tournant.

Bras, Iambe de deuant.

Main, Pied de deuant.

Voltes, Tours ou ronds.

Redoubler, tourner pluſieurs fois de ſuitte.

Racolt, Racourcy ou amoncelé.

Serrer la volte, Finir ou fermer le rond ou tour.

Acoſter, Approcher.

Inueſtir, Ioindre.

Serpeger ou Manier en Biſſe, Manier à ondes comme l'allure gliſſante & ſinueuſe de la cou-
   leuure.

Eſperonnade, Coup d'eſperon.

Riſpoſte, Reſponſe vindicatiue meſmement d'vn coup de pied à l'eſperon.

Eſcaueſſade, Secouſſe de corde du caueſſon.

Eſbrillade, *Secouſſe de rene, & par conſequent de bride.*

Caualcade, *Cheuauchee.*

ſubiettion condamnee, *Subiettion tellement limitee & arreſtee, qu'elle ne donne point de relache.*

Eſquiauine, *chaſtiement long, ſeuere & violent.*

Eſtrete, *Effort.*

Eſtrapade, *Chaſtiement de caueſſon ou de bride, auquel le cheual obſtiné eſt contraint de ceder.*

Eſtrapaſſer, *Violenter par exercices deſordonnez.*

Manege terre à terre, *Maniement plus bas & diligent que le galop ordinaire.*

Ferme à ferme, *En vne meſme place.*

La barre, *Le plus haut de la genciue.*

L'eſcaillon, *La dent qu'on nomme autrement le crochet ou le croc.*

Le canal, *La place cauee, à laquelle nature a logé la langue du cheual entre les deux maſchoires.*

La barbe, *La partie demy ronde qui eſt au bas des maſchoires, à laquelle l'appuy de la gourmette ſe doit arreſter.*

Emboucher, *ce mot ſe doit entendre par la partie de la bride qu'il faut loger dedans la bouche du cheual.*

Embrider, *en ce terme eſt comprins tout le mords accomply & appliqué au cheual.*

Tirer, *C'eſt vn mot aſſez entendu, quand on parle du temperament de l'appuy de la bouche du cheual.*

Eſparer & tirer, *Se dit indifferamment ſur le propos des ſaults c'eſt le reiet que le cheual fait en l'air auec les pieds de derriere, en finiſſant la hauteur & reſolution du ſaut, autrement en françois ruade.*

Mouuemens d'eſquine, *Actions nerueuſes des reins, par leſquelles le cheual gaillard fournit plus viuement l'air de ſon exercice, & aucunesfois ſe diſpenſe diuerſement pour s'egayer, ou pour incommoder malitieuſement l'aſſiette du cheualier.*

Eſbalançons, *Eſlans deſordonnez.*

Boutades, *Mouuemens prompts & inopinez.*

Eſcapades, *Actions licentieuſes, fougouſes & determinees.*

RECOMMANDATION DE L'EXER-
CICE DE LA BARDELLE, AVEC VNE ASSEZ AMPLE
explication des commoditez du mors à canon ordinaire.

CHAPITRE III.

PVISQVE le principal fondement de l'art du Caualerice dépend du iugement qu'on peut faire de la nature du cheual, il est necessaire qu'il aye lóg temps pratiqué les haras & l'ordre premier, qui se doit obseruer en exerçant les poulains, qu'ó entreprend estans encores sauuages. Car en ceste ieunesse foible & fade, il apprend à cognoistre les differentes complexions & plus naturels mouuemés du cheual, ensemble les effects de plusieurs accidéts, qui ne se cóprennent bónement que par ceste pratique, sans laquelle l'hóme de cheual ne peut estre assez bien fondé en son art. Ie diray dauátage que la patience, l'industrie & la diligence sont aucunefois beaucoup plus requises & necessaires au Caualcadour de bardelle, qu'à ceux, qui se meslent seulement de resoudre, adiuster & affiner les airs & maneges du cheual bien cómencé. Toutefois encores que ce premier exercice de bardelle soit tát important on void qu'il est ordinairemét vsité par des personnes basses d'esprit & de iugemét. Or puis que i'ay desia protesté de ne mevouloir amuser à les instruire apres ceux qui deuant moy en ont tres-bien parlé, ie regleray l'ordre de mes leçons, sur l'estat, auquel doit estre le cheual, quádleCaualerice veut cómencer a l'estressir, ou à le remettre en bonne escole, ayant esté desbauché, rebuté, ou, cóment que ce soit, confus & mal exercé. Et parce que les effects de la bride sont moins naturels, que ceux de toª les autres secours, chastimens & remedes de l'art, & par consequent plus difficiles à cóprendre, mesmement au cheual, ie cómenceray par iceux à l'imitation des plus ex-cellens maistres, qui en ont escrit. Lesquels entre tous les preceptes, qu'ils nous ont laissez, nous recómandent expressement & d'vn commun accord, de ne nous seruir d'autre emboucheure que d'vn canó simple & ordinaire, & de ne quitter le caueçon, principalemét estant à l'escole, iusques à ce que le cheual soit dressé, ou cóme l'ó dit, prest à mettre hors de page. Il noªont en cela móstré, qu'il est presque impossible de luy bié asseurer la teste, & le rédre plaisant à la main & au manege, si la bouche n'est cóseruee saine & entiere. A quoy sans doute le canon est plus propre que toutes les brides, qu'on sçauroit inuenter, comme l'on peut facilemét iuger par sa forme: car il est gros & rond à l'endroit du banquet & du fonceau, afin que le dehors de la géciue & la leure du cheual luy puissent seruir de soustien pour conseruer d'autát la barre, qui pour les meilleurs effects de la bride est la principale partie de la bouche du cheual. Il est pour ceste mesme occasió menu à l'autre extremité, afin que le vuide, qui est entre le trou du báquet & le ply, qui ioinct & mypartist l'éboucheure, dóne quelque place moins cótraincte à la lágue, cóme il se void par la ligne tiree sous le dessein de ce canó, & qu'estant par ce moyen moins foulee, elle puisse aussi soustenir auecques moins d'empeschemét le poids & l'effort de l'éboucheure, en faueur de la barre. De maniere que par la cómodité du canó l'on peut asseurer & resoudre le bó appuy de la bouche du cheual, qui l'a trop sésible, & mesme le chastier auecques la resne, si l'ó y est aucunefois cótraint. Parce que outre que telle emboucheure appuie egalemét

par tout,

partout, elle n'a rié de raboteux, ny de rude, qui puisse rópre, ny meurtrir la bouche
du cheual. Ceux qui sont bié fondez en cest art, sçauét bien aussi, qu'il seroit besoin
que le cheual de bardelle sçeust trotter librement à toutes mains, & parer sur les háches seulement auec le caueçon, ou la seguette: & apres en faire autát au galop, sans
y adiouster que le simple canon vsé, estendu & sans gourmette, auant qu'on luy ap-
pliquast d'autres sortes de brides. Car c'est le vray moyen d'euiter vne infinité d'occasions, qui sont souuent cause, que premier que le cheual sçache seulement bien
trotter & galopper, il a desia la bouche tellement vlceree & corrompuë, ou endurcie, qu'il est apres fort mal aysé de la reaccommoder & remettre à son naturel.

Effects & proprietez du cauesson.

CHAPITRE IIII.

LE cauesson a esté inuenté pour retenir, releuer & allegerir le cheual, pour luy apprédre à tourner & à parer, luy dresser le col, luy asseurer & adiuster la teste & la
crouppe, sás luy offencer la bouche ny la barbe, & aussi pour luy soulager les espaules, les iambes de deuant & les pieds. Tellemét que si tous ceux, qui en vsent, en co-
gnoissoient bien les effets, & s'en sçauoient ayder, cóme il est necessaire selon l'art,
leurs cheuaux le porteroient ordinairemét à l'escole, pour vieux & bié dressez qu'ils
fussent. Car quand le cheual sera si facile & si bien adiusté, qu'il n'aye aucunement
besoin de l'ayde du cauesson, le portant il ne luy sçauroit nuyre. Et si d'auenture il
oublie ou falsifie ses leçons, ou comment qu'il se licencie à faire des fautes, qui arriuent souuent mesmes aux cheuaux plus aysez & asseurez, le cauesson se trouuerra
tout prest & à propos pour y remedier à l'instant plus facilement, & auec autant de
soulagement de bouche. Quelquesvns penseront que le cheual, qui aura accoustumé d'estre exercé auec le cauesson, sera moins obeyssant, quand on le luy ostera, iusques à ce qu'on le luy aura remis. Mais au contraire la pluspart des cheuaux, qui le
portent d'ordinaire, se trouuent beaucoup plus legers & mieux allans, quand on les
fait manier auec la bride sans cauesson si le Caualerice y a pourueu comme il doibt.
La raison plus facile en cecy est, que la partie interieure de la bouche, en laquelle se
fait le principal appuy de la bride, est beaucoup plus sensible, que n'est l'endroit du
nez, sur lequel l'on a accoustumé de loger le cauesson: & par consequent le cheual,
qui se trouue tout à coup sans le support accoustumé du cauesson, qui luy a cóserué
la sincerité de la bouche, doit estre plus leger & pl⁹ attétif aux effets de la bride, tellemét qu'il n'estrié plus propre pour l'exercice de l'escole du cheual, & pour le maintenir en iustesse & legereté, que le simple canon ordinaire & le cauesson ensemble.

B iij

*Cauesson de chesne communé-
ment bon pour tous cheuaux.*

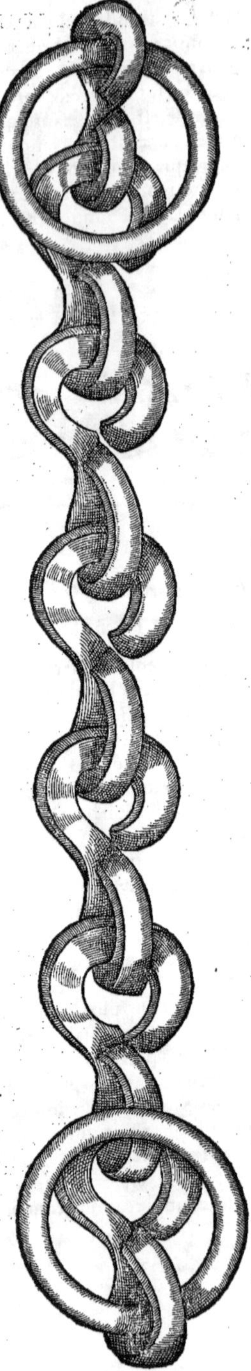

*Cauesson retords pour les cheuaux qui ont l'appuy de la bouche, ou de la teste,
plus dur qu'à pleine main.*

B iiij

Sequette de deux pieces, pour les cheuaux qui sont fort durs & pesans de teste.

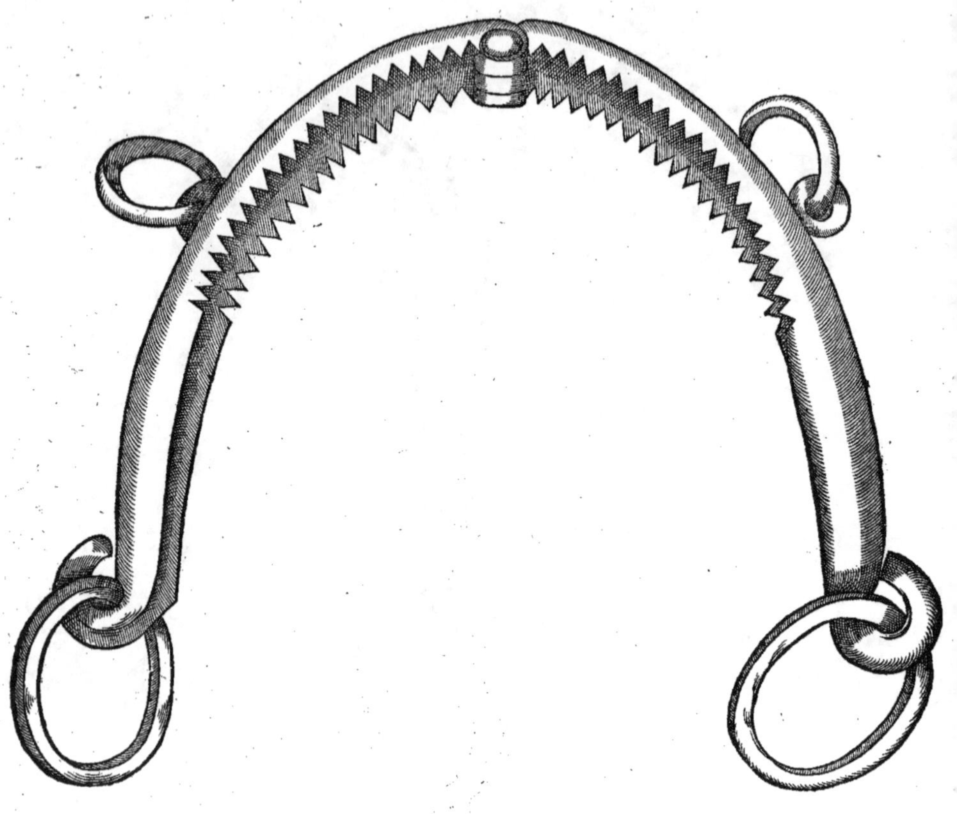

Sequette de trois pieces, pour les cheuaux qui ont aussi l'appuy de la teste trop dur.

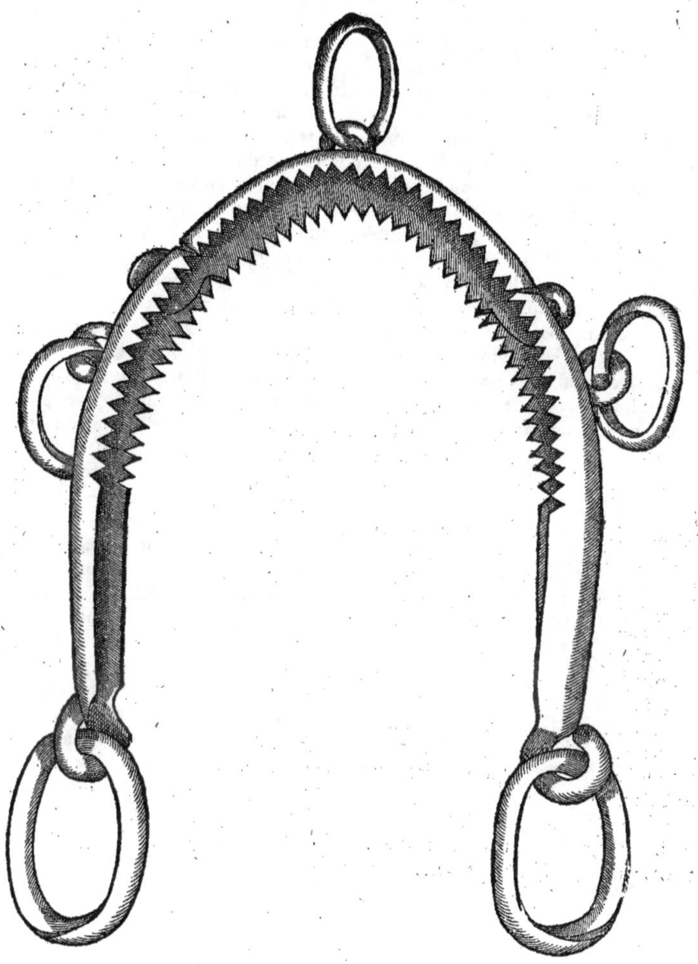

TOus les hômes de cheual de ce temps, qui ont inuenté plufieurs fortes de ca
ueçons, ne fe font peut eftre pas adonnez à rechercher les commoditez qui en
peuuent proceder, plus que i'ay fait autrefois, comme ie pourrois encores môftrer,
fi ie voulois mettre en parade le nombre des deffeins que i'ay traffez en mô temps.
Mais en fin venât au but plus raifonnable, ie n'en ay fçeu trouuer de meilleurs, que
ceux qui fe voyent cy deuât figurez, qui font les plus antiques & ordinaires. Il y en a
bien, qui pour quelque temps pourront affubiectir beaucoup plus le cheual, mais
ie ne les puis du tout approuuer, d'autant que le caueffon ne doit corriger la dureté de la tefte, ny du col du cheual, ny luy donner liberté, que tant que le Caualerice tire ou lafche les cordes, felon que le cheual confent ou s'oppofe à l'ayde ou au
chaftiment. Or ceux icy font propres à ceft effect, pourueu qu'on n'y mette que les
cordes ordinaires, fans y rien adioufter: car ils ne contraignent, ny ne donnét liberté, que felon qu'on tire, ou qu'on lafche les cordes. Auffi fuis-ie d'aduis, qu'on n'en
cherche point d'autres, fans quelque occafion extraordinaire & forcee.

    Ie diray fur ce propos que plufieurs enuieux, ou peu fçauans en ceft art, ont fou-
uent blafmé ce grand & fuffifant perfonnage le Sieur Iean Baptifte Pignatel, de ce
qu'il ne s'eft pas fort adonné à la diuerfité des brides & des caueffons, & quafi ont
voulu qu'on penfaft que les effects luy en eftoiét incogneus. Et au contraire c'eft ce
qui m'a autrefois fait admirer fon fçauoir, & qui m'a plus occafionné de le rechercher & feruir, me propofant en moy mefme que, puis qu'il rendoit les cheuaux fi o-
beyffans, & manians fi iuftement & de fi beaux airs, qu'on les a veus à fon efcole, fás
toutefois fe feruir communément d'autres mords, que d'vn canon ordinaire, auec
le caueçon cômun, fes regles & fon experience deuoient auoir beaucoup plus d'effect, que la façon de faire de tous ceux, qui fe trauaillent tant à l'artifice d'vne infinité de brides, & de quelques fecrets particuliers le plus fouuét inutils, à quoy neât-
moins ils ont recours, quand les plus beaux & principaux moyens de l'art leur manquent. Ie ne veux pas blafmer, quoy que ie die, ceux qui fót curieux, & qui font profeffion de proportionner iuftement & delicatement la bride, felon les parties &
qualitez de la bouche du cheual, comme i'expliqueray en lieu plus à propos: ie louë
pluftoft leur induftrieufe & neceffaire pratique, pourueu qu'elle foit guidee par vn
bon iugemêt, & qu'ils n'appliquent leur artifice, que lors que le cheual fçaurã obeïr
felon fa capacité auec vn canon ordinaire, tel qu'il vous eft icy reprefenté. Car en fin
il faut confiderer que l'homme mefmes, qui eft càpable de raifon, ne peut bien faire
fans beaucoup de difficultez, ce qu'il n'a iamais fait, ny entendu. C'eft donç erreur
d'y penfer contraindre foudainement vn animal irraifonnable.

    Voicy la figure du fimple canon ordinaire, & de la plus conuenable façon de brá-
che, qui iufques à prefent ait efté inuentee pour l'vfage general des ieunes cheuaux.
Et fi elle eftoit auffi belle, comme elle eft bonne, beaucoup de Caualerices s'é feruf-
roient ordinairement, & prefque à toutes fortes de cheuaux: car elle ramene, releue
& fouftient. Il eft vray qu'elle fait fouuent border & preffer la leure trop charnuë
entre le canon & le crochet de la gourmette. Mais pour euiter cefte incommodité,
ou afin qu'elle aduiéne moins, il faut tenir l'emboucheure plus large, ou le fonceau
moins gros, que l'ordinaire des autres branches: & faire les crochers de la gourmette en la façon, qu'il eft reprefenté en ce deffein.

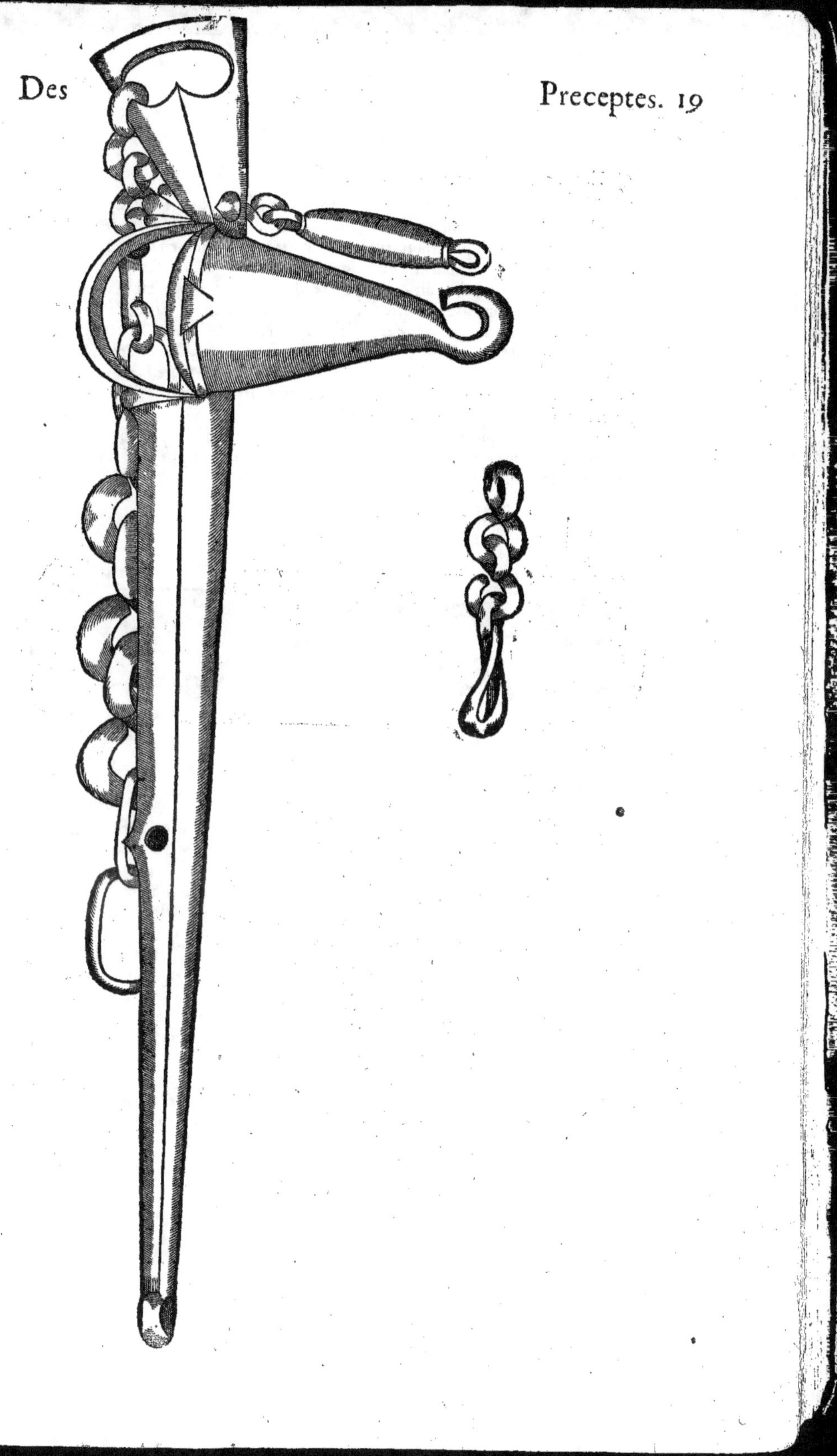

CHAPITRE V.

S I le simple canon est percé pour le banquet, de façon que le trou d'enhaut soit plus loin du fonsseau, que celuy d'embas, comme il se void icy figuré, les plis du mitan se trouuerront plus hauts que l'ordinaire: & par ce moyen la lague aura plus de liberté, & ne faudra craindre de faire en cela aucun desordre. Car le vuide commun, qui se void entre les plis & la ligne d'enhaut, marquee A, n'est pas seulement inutile, mais il donne souuent occasion à la langue sensible, & serpentine de desloger de son canal, pour se mettre entre le palais & l'emboucheure. Toutesfois si les plis sont plus hauts qu'ils ne sont representez par ce dessein, il aduiédra que le gros du canon chargera trop sur le dehors de la genciue, & sur la leure, la renuersant, ou la faisant bien fort border & pinser, comme i'ay dit: tellement que la géciue en demeurera descouuerte, ensemble l'escaillon : & si le plus souuent les branches s'en porteront si mal, que pour empescher qu'elles ne se serrent trop par bas, il faudra mettre vne barre entiere aux tourets des aneaux, qui tesmoignera assez l'imperfection de l'emboucheure.

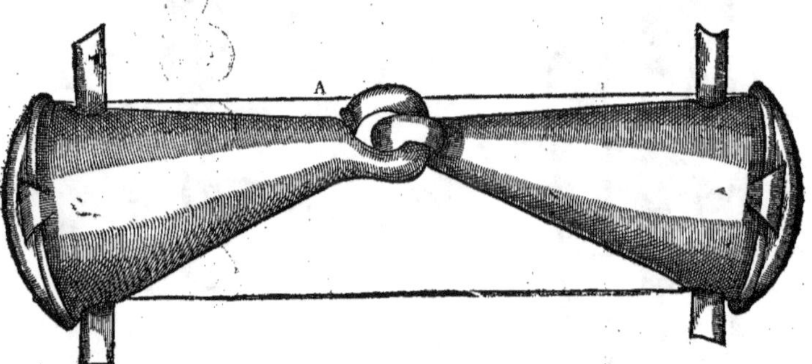

I L y a des cheuaux, qui ont la machoire tant serree, que la langue ne peut auoir sa place suffisante dans son canal: & c'est ce qui la tient haute, & qui la faict souuent paroistre plus grosse, qu'elle n'est. Et quand le premier canon appuye dessus icelle auec violence, il la fait eslargir de façon qu'elle ne couure pas seulement les barres, mais aucunesfois elle les desborde: tellement qu'estant ainsi pressee entre le canon & les barres, outre qu'elle en est ordinairement offensee, elle empesche aussi que l'emboucheure ne batte sur les barres: & par succession de temps le canon la lime & l'vse en telle sorte que souuent ell'est à demy, ou presque du tout coupee, premier qu'on s'en soit aperçeu. Or le second & susdit canon est plus propre à ceste occasió, que le premier, à cause qu'il appuye plus sur le dehors de la barre, & par consequent donne plus de place à la langue au milieu de l'emboucheure, l'applatit & eslargit moins que le premier.

S I le cheual a la maschoire assez ouuerte & le canal prou creux & large, & que neantmoins la langue paroisse haute, c'est lors qu'elle est indubitablement trop grosse, & qu'il se faut seruir de cest autre canon à piston, afin de luy donner ce peu de place vuyde, qui se void au mitan de l'emboucheure.

Il faut

IL faut en ce canon iuſtement obſeruer la meſure de la liberté:car ſi le lieu en eſt
plus large,qu'il n'eſt repreſété en ce deſſein,les extremitez de ces deux groſſeurs
& rondeurs, qui donnent & limitent ceſte liberté , pourront facilement meurtrir
ou rompre les barres,ou en treſbuchant & appuyant hors d'icelles,rendre inutile la
place & diſtance que ces groſſeurs & rõdeurs doiuent donner à la langue. Et ſi ceſte diſtance eſt plus eſtroitte, la langue en ſera pluſtoſt incómo deé , que ſoulagee:
parce que le canon l'offenſera, ou pincera contre la barre. Voyla pourquoy l'on ne
doit iamais vſer du piſton, quand la maſchoire eſt trop ſerree : ſur tout quand l'on
ſe veut preualoir de ceſte emboucheure il faut que la barre ſoit naturellement ſenſible & douce,ſur peine que ſi elle eſt trop charnue,endormie,ou dure, ſans doute
ceſte emboucheure luy rendra l'appuy plus ſourd & plus poiſant,à cauſe que comme il ſe peut voir, l'endroit qui doit battre ſur la barre eſt gros & remplit la bouche plus que ne font les autres canons, & par conſequent le cheual en ſouffre
moins, & s'y appuye d'auantage.

SI les barres ſont trop charnues ou dures,& la langue groſſe,ceſt autre canon cy
apres figuré à demy monté & d'vne piece,qui monſtre la meſme liberté du piſton,luy ſera plus propre,à cauſe ſeulement qu'il remplit & occupe moins de place
ſur les barres:car pour eſtre entier, il n'en eſt pas beaucoup plus rude,quelque iugement que pluſieurs perſonnes en facent, ce me ſemble , aſſez inconſiderément.
Car au contraire il aſſeure ſouuent la bouche eſgueree,& la reſout à la fermeſſe de
l'appuy de la main:pourueu que les endroits qui appuyeront ſur les barres, ſoyent
vnis , bien polis & aſſez gros , & ſert aucuneſfois auſſi, quand le cheual faict les
forces, c'eſt à dire quand il tort & tourne les maſchoires d'vn coſté & d'autre,pen-
ſant euiter & fuyr l'appuy, que l'emboucheure fait ſur les barres, dequoy la raiſon eſt aſſez apparente. Car ceſte emboucheure demeure en ſa iuſteſſe dedans la
bouche, ſans qu'elle ſe ſerre, eſlargiſſe, ou face aucun faux mouuement, d'autant
qu'elle eſt d'vne piece.

C

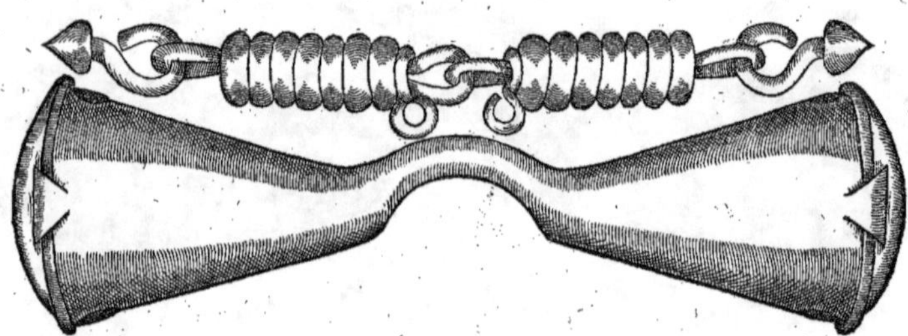

La groſſeur, ny la largeur de ces emboucheures, ne ſe peuuent proprement expliquer. Mais en l'vſage d'icelles, on ſe doit gouuerner ſelon que la bouche du cheual eſt eſtroitte, ou large, & que la fente en eſt petite, ou grande : mais telle qu'elle ſoit, il faut tenir ordinairement le canon, pluſtoſt trop long, que trop court. Car l'emboucheure en doit eſtre pl⁹ large, que de toutes les autres ſortes de brides: parce qu'eſtant ainſi groſſe en dehors, elle remplit plus les ioües, & fait deſborder ou renuerſer les leures: & par conſequent les eſlargiſt. A cauſe dequoy le canõ ne doit eſtre ſi gros, qu'il ne puiſſe loger dedans la bouche, ſans toucher l'eſcaillon, n'y faire rider les ioües. Et quand le cheual ſeroit ſi ieune, qu'il n'euſt encore pouſſé l'eſcaillon: il faut bien prédre garde, que l'emboucheure n'appuye deſſus le lieu, qu'on pourra iuger, qu'il doit ſortir: car cela le feroit naiſtre pluſtoſt, & meſmes pourroit cauſer telle douleur au cheual, qu'il s'accouſtumeroit facilement à tourner la bouche, ou à faire des mouuemens de teſte, mal ſeans & difficiles à corriger. Et ſi d'auéture la fente de la bouche eſtoit ſi petite, qu'il faluſt faire le canon preſqu'auſſi menu, qu'vne eſcache, ou ſe ſeruir d'vne eſcache meſme, il n'y auroit point de danger, pourueu que la barre fuſt temperee, & aſſez ferme. Mais ſi elle eſt trop ſenſible, il vaudra mieux aux premiers exercices, tenir le canon aſſez groſſet, oſtant pluſtoſt la ceciliane, afin que l'emboucheure puiſſe appuyer plus haut, ſans rien alterer ny cõtraindre en aucune partie de ſon appuy. Car en fin la ceciliane commune ſert plus, pour ayder à remplir la place de l'emboucheure, & pour donner plaiſir à la langue, que pour fortifier l'action de la bride.

Les aides qu'on doibt rechercher aux premieres branches, pour commencer à former vne
belle posture de col & de teste aux ieunes cheuaux.

CHAPITRE VI.

L A branche qui se void cy apres figuree, rameine communement moins que
la precedente, parce que le tour de la rosette fait que le touret d'icelle, est plus
en arriere, & par consequent la rend plus foible, d'autant qu'il y a de distance d'iceluy touret, iusques à la ligne droicte: à ceste cause elle sera plus propre pour vn cheual qui portera le nez vn peu trop bas, & en dedans, c'est à dire vers la poictrine.

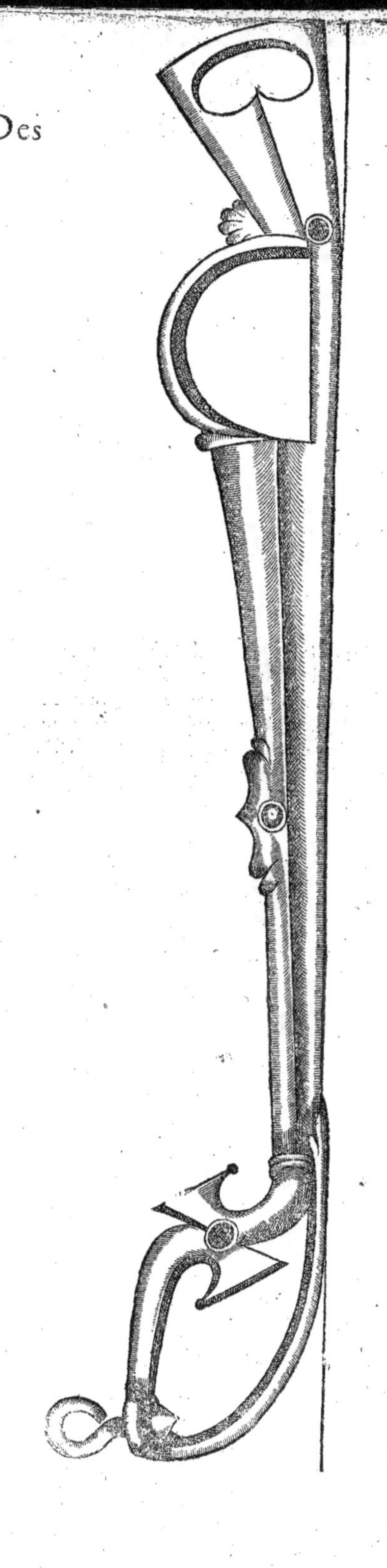

Si le cheual ha les parties de la bouche, & de la barbe tant senfibles & debiles, que l'apprehenfion de quelques douleurs en icelles, l'enpefche de fe refoudre aux effects des canons precedents , & de la gourmette ronde, commune & affez longue, la façon de cefte autre branche, l'attirera plus doucement au vray appuy defdites emboucheures, & de la bonne main: parce que fa foibleffe commence, quafi tout contre le banquet, & par confequent fort pres des fufdites parties debiles.

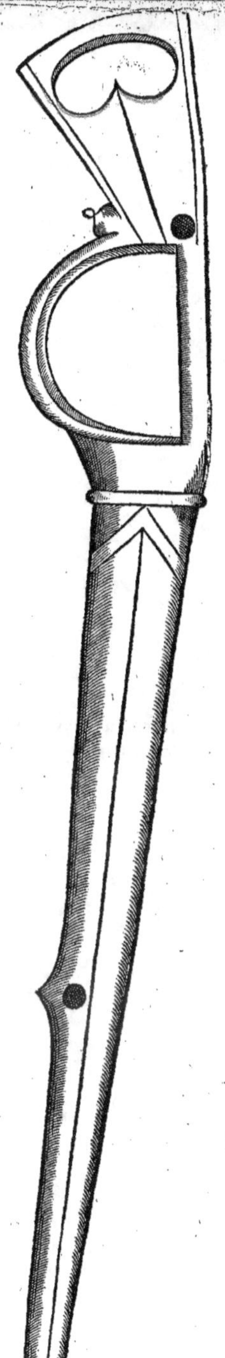

CESTE branche à piſtollet eſt faillie ſera moins foible que la precedente & derniere: toutefois elle fera preſque le meſme effect, & ſouſtiendra d'auantage : &
pártant pour en vſer, il faudra que la bouche du cheual en ſoit moins ſenſible.

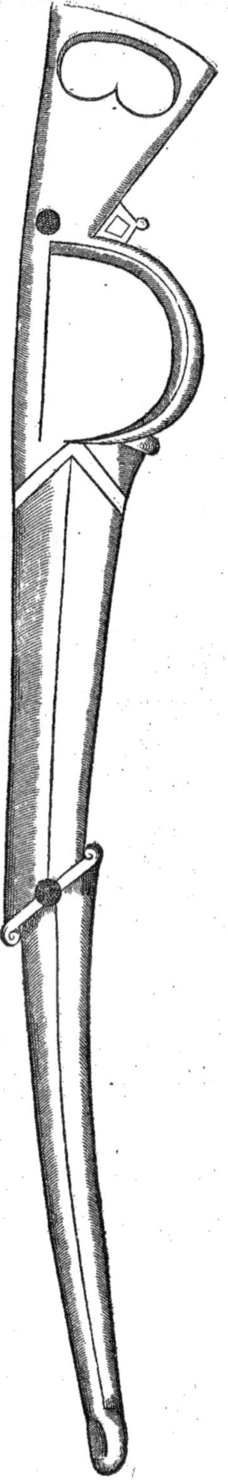

Si au contraire de la fufdite occafion le poulain naturellement releué de col &
de tefte, & affez ferme de barres & de barbe, porte le nez trop auance auec la premiere branche, celle icy le pourra contraindre d'auantage, (& fans l'offenter) à fe
ramener : parce qu'elle f'auance & fe fortifie par le iarret faux, qui fe void au mitan d'icelle.

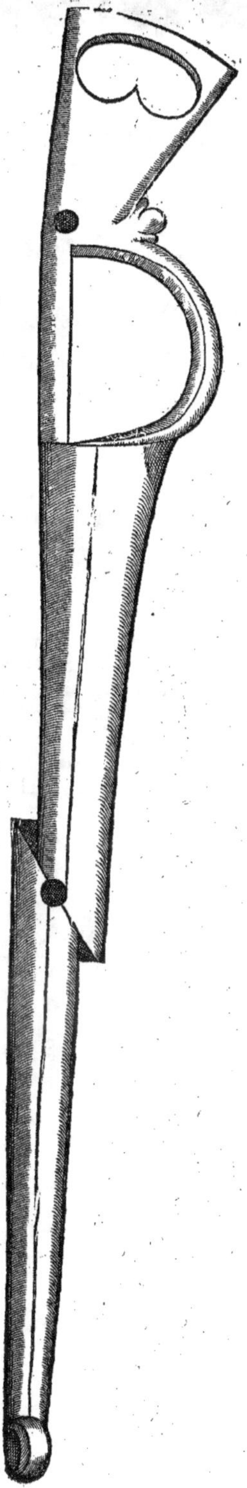

S i le cheual a l'arc du col trop courbé, ceste troisiesme branche luy sera beaucoup plus vtile que celles cy deuant portraictes. (I'entens pour seulement luy accommoder la posture du col & de la teste.) Car pour le tenir subiect, l'arrester, ou
le faire manier, i'ay desia proteste qu'il faut que cela se gaigne, par l'habitude des
bonnes leçons : afin qu'apres la bride serue autant presque , pour l'aduertir de
la volonté du Cheualier, que pour le contraindre. Car en fin les plus beaux effects de cest art, sont ceux, qui peuuent gaigner le consentement du cheual auec
moins de violence.

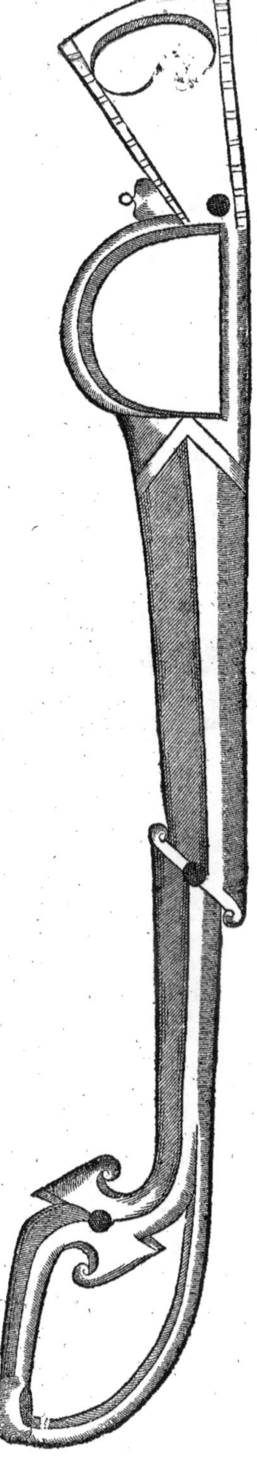

CESTE branche droicte d'icy apres, seruira aussi pour faire que le cheual ne porte le nez trop en dedans, à cause que le trou du touret, est assez en arriere, & de plus elle le soustiendra, parce que le coude n'est trop haut, trop bas, ny trop ouuert. Toutes fois elle estonnera plus vne bouche nouuelle & sensible, que ne feront les precedétes : Ie remets à vne autre occasió, ce que ie pourois dire en ce lieu des cheuaux, qui s'arment tout à fait.

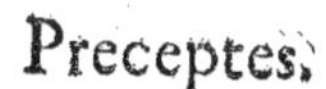

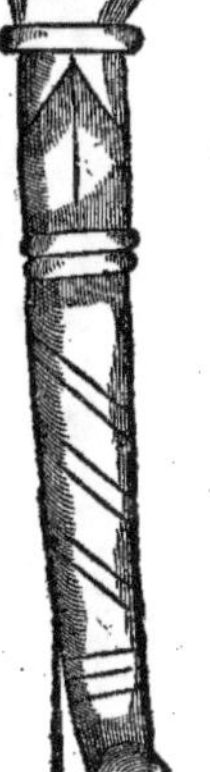

PLVSIEVRS peuuent auoir esté, ou sont en doute, si le coude de la branche la rend foible ou gaillarde. A cela ie dis, que le tour n'en estant excessif, & extraordinaire, il peut faire l'vn & l'autre : assauoir que si le trou du touret est fort en arriere, la branche en est autant foible, que si le coude n'estoit point. Toutesfois elle ne peut estre fort gaillarde sans le coude : parce qu'il dône le seul moyen d'auancer le fonds, & le touret d'icelle : ie dis le seul moyen sans rendre la branche difforme.

CESTE autre branche droicte paroist estre semblable à la precedente : neant-moins elle differe entant, que du coude iusques au mitan elle est gaillarde : qui fait qu'elle r'ameine : & au mitan elle s'affoiblist iusques au trou du touret : qui faict aussi qu'elle releue & soustient, selon la preuue, qui se void par la ligne perpendiculaire de ce dessein : de façon qu'elle peut ensemble r'amener, releuer & soustenir : & par consequent sera propre pour le cheual, qui portera le col & le nez bas, & trop auancé : pourueu qu'il n'ait aucuns empeschemens naturels, qui sont le plus souuent irremediables, comme i'expliqueray au liure de la diuersité des bouches & des brides.

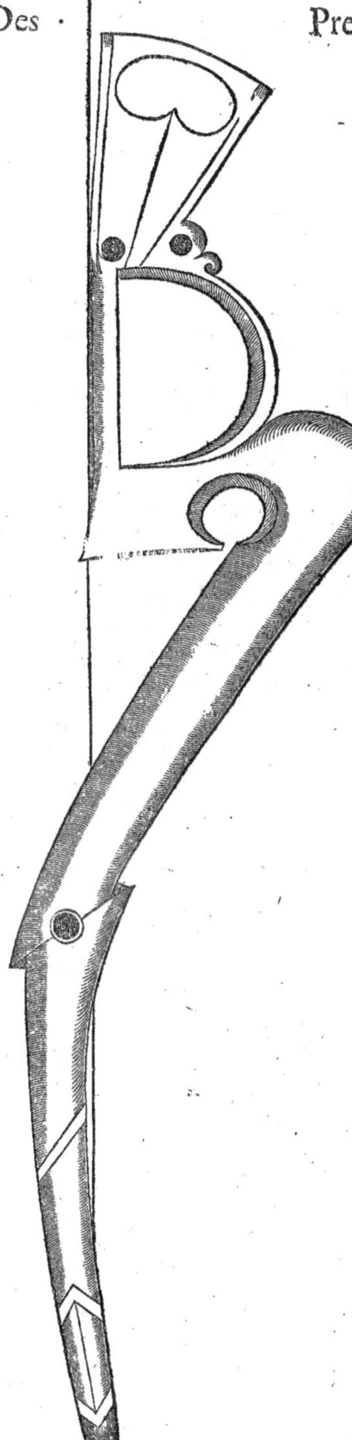

Ceste derniere branche fuyuante, eſt plus confuſe pour les premiers exercices des ieunes cheuaux, que ne ſont les precedentes: mais elle a beaucoup plus de
grace, C'eſt pourquoy l'on en vſe ordinairement. I'ay voulu repreſenter les vnes &
les autres, & chacune par les portraits, enuiron de la grandeur qu'on les fait communément aux cheuaux aſſez forts pour la guerre & pour la carriere: afin que les meſures ſe voyent & ſe puiſſent mieux entendre. Entre leſquelles ie diray ſeulement
pour ceſte fois, que celle de l'œil eſt vne des principales: laquelle ſera generalement
de bonne hauteur, eſtant telle, qu'elle ſe void en ces figures. Et quand à la longueur
de la branche premeditee, elle doit correſpondre à la taille du cheual: aſſauoir ſelon
qu'il ſera court ou long de la main en auant, ſe r'apportant auſſi à ſes forces. Car il
faut conſiderer que la branche plus longue, & plus foible, eſt celle qui confond &
eſtonne moins le cheual, & qui luy ſoulage plus la foibleſſe de la bouche, de la barbe, des eſpaules, des iambes, & des reins: & par conſequent celle qui le reſout plus facilement au vray appuy de la main, quand naturellement, ou par accident il le craint
trop, & les effects contraires à ceux-cy naiſſent de la branche courte & fort gaillarde. Quoy qu'il en ſoit, il faut touſiours que ceſte droicte ligne, qui vient du banquet, ſerue de guide pour tenir la branche foible, ou gaillarde, ſelon que le cheual
portera de ſa nature, le col & la teſte, comme il ſe peut entendre par le diſcours precedent. Voyla comment du recueil bien conſideré de toutes ces raiſons, l'on peut
faire eſlection de telle de ces branches, qu'on cognoiſtra plus propre pour la ioindre à l'emboucheure, qui conuiendra mieux au cheual ſelon les proportions de la
bouche, & la poſture du col, & de la teſte d'iceluy, comme ie diray plus clairement
au troiſieſme liure.

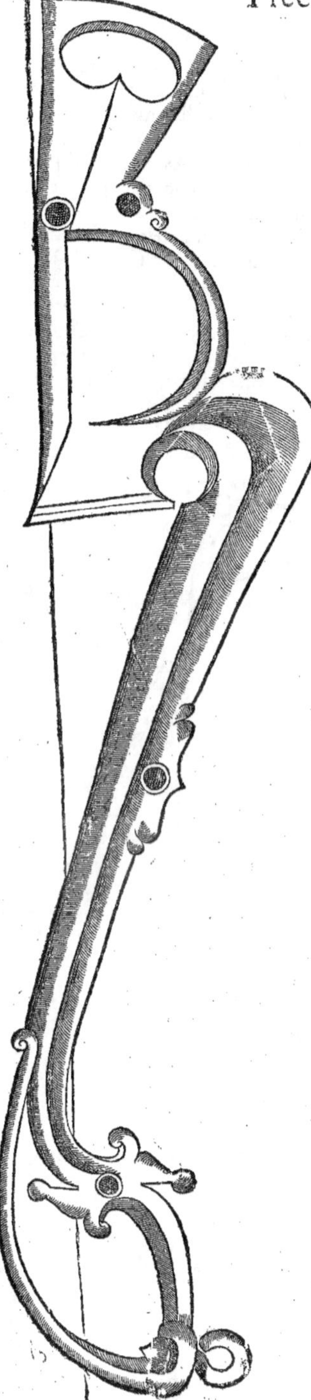

CE n'eſt pas tout de bien proportionner l'emboucheute, & la brácheſelon toutes les ſuſdites conſiderations: car en fin il en reüſſira fort peu d'effect, ſi la gourmette n'eſt iuſtement logee en la place, qu'il ſemble que nature luy aye preparee & cóme entaillee au fons de la maſchouere du cheual, laquelle no⁹ nómons la barbe. Il faut dóc pour y pouruoir, que les lógueurs des crochets, ſoient directemét limitees iuſques à la voulte, & ſ ümité du coude de la bráche, & qu'ils ſoiét pliez de la façó, qu'ils ſót icy bas figurez. Or tout ainſi qu'ó doit curieuſemét cóſeruer la bouche du cheual, ſaine & entiere, il faut auoir le meſme ſoin, en la partie de la barbe, où la gourmette ſe doit arreſter pour faire iuſtemét ſon effet neceſſaire. C'eſt pourquoy il ne faut iamais vſer de gourmettes, qui ſoiét ſi rudes, qu'elles puiſſent en aucune façó bleſſer ceſte partie recómédable. Cómunémét les pl⁹ ródes & aſſez groſſes, ſót celles qui offenſét moins. Et parce que ces meſures de crochets, ne ſe peuuét obſeruer ſur les bráches à piſtoler, à cauſe qu'elles n'ót point de coude, & qu'elles font aucunefois pincer les iouës: & les leures du cheual, cóme i'ay dit cy deuát, il faudra en icelles branches tenir ordinairement les crochets plus lógs que les cómuns, ou les faire de pluſieurs pieces, cóme i'ay dit cy deuant: autrement il ſera mal-aiſé d'adiuſter l'appuy de la gourmette, ou d'empeſcher que le cheual ne ſe bleſſe enuiron l'extremité de la ſente de la bouche.

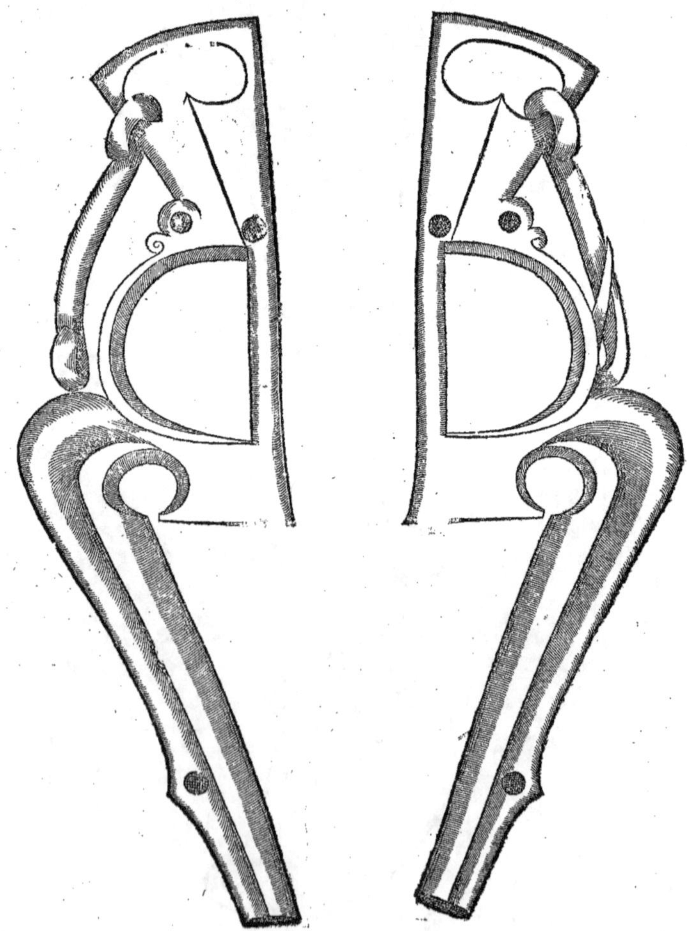

Nos Premiers maiſtres, ont vſé de pluſieurs ſortes de cãnons fort ouuerts, tant pour donner plus de plaiſir & de liberté à la langue du cheual, que pour rendre l'em-boucheure plus rude. Cela pouuoit eſtre cauſe queleurs cheuaux auoient ordinaire-ment la bouche plus fraiſche & eſcumeuſe, d'autant que ces ouuertures, ne permetét pas ſeulement le libre mouuement de la langue, mais luy donnent ſouuét plus d'occa-ſion, & de commodité de s'eſmouuoir, & ſe plaire deſſouz ceſte voulte, & place vuide. Or telle liberté n'eſt pas au canon ſimple & ordinaire, ains faiſant preſque tout ſon appuy ſur la langue trop haulte, ou trop groſſe, la preſſe de façon, que la pe-ſante ſubiection l'endort, & luy fait auec le temps, perdre ſon action plus libre, la ré-dant noire, immobile, & comme ſans eſprits. Mais en fin ceſte incommodité porte autant de ſoulagement aux barres. Et parce qu'elles ſe doiuent conſeruer en leur na-turelle temperature & integrité ie ſuis d'aduis que l'on ne ſe departe point de ces brides repreſentees, que premier le cheual ne ſoit libre, & facile pour le moins au ma-nege, terre à terre, & à l'arreſt, & par conſequent exempt d'vne infinité de tourmétz, & de deſplaiſirs qu'il reçoit ſouuent à la bouche auant qu'eſtre bien dreſſé. Et afin que l'on ne penſe que ie vueille en cecy reprendre tacitement, nos deuanciers, ie veux qu'on ſçache que ie ne reprouue leurs brides, ſi ce n'eſt entant qu'õ recherche main-tenant le cheual de beaucoup plus de iuſteſſe & d'obeyſſance, qu'õ n'a fait par le paſ-ſé, & que par ceſte curioſité les aydes, chaſtimens & remedes ſubiects, violens, & n'e-ceſſaires en nos eſcoles modernes, ſont d'autant augmétez, meſmes en ce qui depéd des effects de la bride, & du caueſſon: de maniere que ſouuent la bouche du cheual, ſe trouue offenſee du canon, quoy qu'il ſoit ſimple aſſez gros, & bien poly.

CHAPITRE VII.

LE Caualerice digne de la profeſſió qu'il fait, doit eſtre touſiours ſoi-gneux de ſe diſpoſer, & accommoder ſi proprement tant en ſes ha-bits, qu'en toutes ſes actions, façons, & geſtes qu'il dóne grace, en-tant qu'il luy ſera poſſible, à ſon exercice: au contraire de pluſieurs, groſſiers & nonchalans, qui d'ordinaire pour faire manier de bons & beaux cheuaux, encore qu'ils ſoient en bonne compagnie, ne ſe ſoucient pas d'eſtre ſi mal veſtus & bottez, qu'ils reſſemblent mieux des courriers ordinaires, ou des maquignós, que de bons hómes de cheual: ou quoy que leurs ha-bits ſoient beaux & riches, ſe preſentent à l'eſcole, ou à la carriere ſans auoir autre eſ-guillette attachee qu'à peine celle de deuant: ou bien ont le plus ſouuent les tricou-ſes renuerſees, & auallees ſur les bottes, preſques iuſques en terre, le chappeau grand exceſſif, & dont les ayſles flotantes battent, & eſuentent les iouës à la meſure de l'air que le cheual manie, la gaule rabotteuſe, tortuë, ou autrement mal propre. En ceſt e-quipage bizarre, & mal baſty, ſe plaiſent à faire, ou pour mieux dire à profaner vn exercice, qui merite bien, ce me ſemble, que le Caualerice s'en honore, & que pour le faire, il s'accommode plus ſoigneuſement, puiſque la pratique en eſt bien ſeante, & recommandee aux plus grands & genereux Princes. Auſſi ne croy ie pas que les hom-mes de ceſte humeur fantaſque & diſgraciee, ſoient naiz pour vne ſi honneſte & bel-le vacation. C'eſt pourquoy ie deſire que le Caualerice, ou le cheuallier, qui ayme l'e-

xercice de la bonne eſcole des cheuaux, ſache que pour eſtre proprement veſtu pour
ceſt effeċt, il doit auoir vn chapeau, qui ne ſoit de trop grande ny de trop petite forme: vn colet, ou vne iuppe ceinte & ſans poignard, de chauſes rondes: des bottes aſſez
longues & bien tenduës: des eſperons de mediocre grandeur, proprement faits & bié
chauſſez : des gands beaux & aſſez grands, & vne belle, droiċte & ſiſlante gaule en
la main. Ie m'aſſeure que la pluſpart de ceux qui liront ce chapitre, ne trouuerront
pas bon que ie vueille reformer la façon de leurs habits, & qu'ils n'oublieront pas
à dire, que le ſçauoir & la bonne pratique de ceſt art, ne deſpend pas de toutes ces
particulieres curioſitez, il eſt vray. Mais ie leur voudrois auſſi demander, pourquoy
c'eſt qu'on recherche tant les plus belles façons des ſelles, harnois, ſaquerelles,
eſtrieux & boſſettes: & pourquoy l'on ſe met en ſi grande peine, pour en agenſſer
iuſtement & proprement le cheual. S'ils diſent que c'eſt pour l'embellir, & le faire
mieux paroiſtre, ils confeſſent leur erreur. Car, il n'y a point de raiſon, que le cheualier ſe rende plus curieux de l'agencement, & de la grace de ſon cheual, que de la
ſienne: au contraire il eſt plus licite, ce me ſemble, d'auoir le principal ſoing de la
propreté de ſoy-meſme.

LA IVSTESSE DE L'EQVIPAGE DV CHEVAL ET

*autres particularitez, que le Caualerice doit obſeruer premier que
monter deſſus pour l'exercer.*

CHAPITRE VIII.

OVT ainſi que ie veux que le Caualerice ſoit propre, & leſte en tout ſõ
equipage, ie deſire auſſi qu'il ſoit curieux de bié aduiſer à celuy du cheual lequel il doit generalement & par tout viſiter de l'œil, premier que
mettre le pied à l'eſtrieu pour monter ſur la ſelle: aſſauoir s'il eſt coëffé
iuſtement de façon, que la ſouz-gorge, ne ſoit trop ſerree, ny trop va-
gue, ny la muſerolle trop large: ſi la patellette de la teſtiere eſt deſſus le crin, & direċte-
mét au mitan des deux oreilles: la bride bié logee dedãs la bouche, ſans faire rider les
iouës, ny qu'elle touche les eſcaillons: la gourmette en ſon poinċt ordinaire, ny trop
longue, ny trop courte: le caueſſon bié mis, aſſauoir enuiron vn demy doigt plⁱ hault
que l'œil de la bràche, afin qu'il n'épeſche l'aċtiõ d'icelle, ny l'effeċt de la gourmette:
le bout de la courraye, qui ſert de teſtiere au caueſſon, arreſté & condáné dans ſes paſ-
ſans, de façõ qu'il ne puiſſe branler, ny battre autour des yeux ou des oreilles du cheual: la ſelle en ſa bóne place, c'eſt à dire, ayãt les pointes des harçons de deuát, fort pres
des pallerons des eſpaules : les ſangles fort auancees, bien tendues; & les bouts des
contreſanglots cachez : les eſtriuieres bien paſſees, & les bouts d'icelles arreſtez &
couuerts: le poitral aſſez hault: la croupiere de iuſte & ayſee meſure : & les bouts
des porteſtrieux auſſi cachez. Outre tout cela il doit regarder la face du cheual,
par laquelle (s'il eſt maiſtre) il pourra ſouuent iuger le courage, & la fantaſie d'iceluy : car la phyſiognomie en eſt vn indice principal. L'œil, qui eſt accouſtumé à regarder toutes ces choſes, les a viſitees & recogneuës, quaſi en vn inſtant. Et ſi le Caualerice monte ſur le cheual, premier que les auoir recogneuës, il eſt apres mal ſeant
de voir quelqu'vn, qui luy accommode, ce qu'on peut penſer qu'il a oublié à conſiderer, ou qu'il n'a ſçeu regarder eſtant à pied. Toutesfois les meſures & iuſteſſes des
eſtrieux & de la gourmette, ne ſe peut bien cognoiſtre ny ſentir, que lors que l'on
eſt, ou qu'on a eſté vn peu de temps ſur le cheual.

LA IVSTE ASSIETTE DV CAVALERICE

CHAPITRE IX

E n'eſt pas tout que le Caualerice ſoit curieux de s'equiper proprement & de faire bien agencer le cheual : ie veux auſſi qu'eſtát à cheual il ay e l'aſſiette iuſte & belle : aſſauoir qu'il tienne ordinairement la teſte droitte, & le viſage directement à l'oppoſite de la nucque du cheual : les eſpaules également droictes & niuelees, pluſtoſt vn peu panchees en arriere, que trop en auant, ſans que la droicte ſoit plus reculee que la gauche, comme il aduient d'ordinaire, ſi l'on n'y penſe curieuſement : à cauſé de la poſture du bras de la bride, qui neceſſairement eſt le plus aduancé, & auſſi de la pluſpart des actions de celuy de l'eſpee, ou de la gaule, qui de nature, ſe font plus facilement en arriere, qu'en auant : le poing de la bride à la hauteur & au niueau du coude d'iceluy, & communément enuiron trois ou quatre doigts plus hauts, que la teſte de l'harſon de la ſelle, & deux doigts plus aduancé : le coude du bras de la gaule, ordinairement vn peu plus auancé, que l'os de la hanche, vn peu plus ouuert & loing du corps, que celuy de la bride : la gaule le plus ſouuent mouuante ayant la pointe en hault : l'eſtomac vn peu auancé pour ne paroiſtre auoir les eſpaules voultees : les feſſes auancees auſſi afin de ne ſe trouuer aſſis trop loing de l'harſon de deuát, qui eſt vne particulierite mal ſeante : les reins droicts & roides : les cuiſſes fermes, & côme collees dedans la ſelle : les genoux ſerrez, & plus-toſt tournez en dedans qu'en dehors : les iambes autant proches du cheual qu'il ſe pourra, tenduës & droictes, comme quand l'on eſt à pied, debout & droictement arreſté, en quelque lieu plain & vny, aſſauoir ſi le cheualier eſt de grande, ou mediocre taille : & ſ'il eſt de petite ſtature, il doit tenir ſes iambes les plus auancees & voiſines des eſpaules du cheual, qu'il ſera poſſible : le talon plus bas que la pointe du pied, ſans eſtre tourné en dedans ny en dehors : le bout du pied droittement & ſeurement appuyé, ſur le milieu de la planchette de l'eſtrieu, & de façon que la pointe de la ſemelle de la botte, outrepaſſe la planchette, enuiron vn pouce.

Si nous tenós en nos reigles generales, que l'eſtrieu droit doit eſtre plus court de demy poinct que le gauche, ce n'eſt pas ſans cauſe : car c'eſt celuy qui ſouſtiét d'auantage la plus grand part des actions du corps, & meſmes celles du bras doict du cheualier. Et qu'il ſoit vray, il ne ſçauroit dóner vn grád coup d'eſpee, ny de gaule, empoigner vn homme, ny faire beaucoup d'autres mouuemens, forts & violés qu'il ne ſ'appuye beaucoup plus ſur l'eſtrieu droit, que ſur le gauche : ioinct auſſi que quand il reçoit vn coup de lance, c'eſt communémét du coſté gauche, qui par conſequent le pouſſe ſur l'eſtrieu droit : & ſ'il donne vn ſemblable coup, il en eſt auſſi ramené ſur le meſme coſtè : parce que la lance ſe doit rompre croiſant vn peu en biays ſut l'oreille gauche du cheual : & pour la moindre raiſon, l'eſtrieu gauche eſtant le plus long, on y met plus aiſément le pied pour monter à cheual.

COMMODITEZ EN LA FAÇON DES
selles modernes.

CHAPITRE X

OMBIEN que le cheualier aye l'assiette belle de soy, s'il est assis sur vne mauuaise selle, faicte à son desauantage, sans doute cela desrobera beaucoup de sa grace. Car il y a des selles sur lesquelles l'homme ne se peut tenir ferme ny droict. Et voicy, ce me semble, la plus belle façon qu'on aye encores veuë (mesmement pour l'vsage de la carriere:) le premier qui l'a introduicte à nostre vsage est le Seigneur Maxime, suffisant personnage en cest art, lequel nous auons veu conmander auec beaucoup de bonne reputation, á la grand'escuyrie de feu Monsiegneur le Duc de Ioyeuse admiral de France.

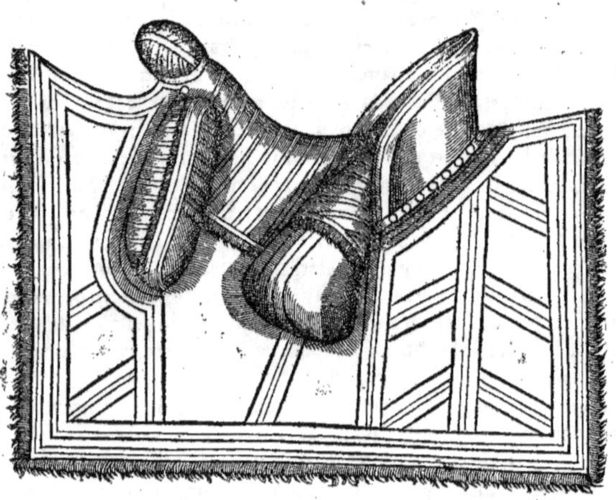

LE vlugaire dit, que ces selles modernes sont faites à l'Italiéne: mais' il y a bien à dire: car ces harsons sont beaucoup plus bas, & mieux faits que ceux, qui se font en Italie. Qui est cause que le corps du cheualier se môstre plus hault, & plus droict sur le siege, & les battes en sont plus courtes & moins grosses: qui luy font aussi beaucoup mieux paroistre, la forme de la cuisse & du genouil: & tout le siege dône plus de cômoditez à tenir la iambe droicte & auancee, & particulieremét l'eschâcreure, qui se void entre l'harson de derriere & la batte, fait mieux porter l'espee au costé du cheualier. Toutesfois s'il est gras & trop charnu, vne selle à la Frâçoise luy cachera mieux la grosseur superfluë des cuisses, & des fesses, & mesmes luy rendra l'assiette, & la tenuë plus forte, d'autant qu'elle embrassera & couurira d'auâtage.

COMMO-

COMMODITE EN LA FACON DES
eſtrieux.

CHAPITRE XI.

Vis qve ſelõ ce que i'ay dit, parlãt de l'aſſiette du cheualier, il doit
auoir le talon plus bas, que la pointe du pied, pour bien tenir la iã-
be auancee, droicte & ferme, il eſt ayſé à iuger que pour ce faire, il
ſe doit fermement appuyér ſur la pointe du pied, & par conſéquẽt
l'eſtrieu doit eſtre tenu plus court, que la meſure ordinaire. Or ſi le
Cheualier eſt de mediocre ou de petite ſtature, ſans doute ceſte ſituation nerueuſement ſouſtenuë luy fera paroiſtre la iambe courte & beaucoup
d'auantage, ſi la voute de l'eſtrieu eſt ſi haute, qu'on la fait communément: car ceſte hauteur & la coquille, ou l'eſcuſſon, qui couure la chappe, la groſſeur de l'eſtri-
uiere double, & le bouton d'icelle, cachent & racourciſſent tellement la forme de
la iambe, que la perſonne, qui eſtant à pied void venir à ſoy, vn homme de cheual
en tel aſſiette, s'il n'eſt fort grand, il luy paroiſt eſtre difforme des iambes, & preſque
comme vne croteſque. C'eſt pourquoy ie me ſuis touſiours ſeruy de ceſte façon
d'eſtrieu, cy apres repreſentee, auec les eſtriuieres ſimples, & ſans boutons, à cauſe
qu'ils moſtrent en ceſte ſorte la iambe plus belle & plus longue que les autres, d'autant que ceux-cy ſont plus bas: & outre ce il ne peut aduenir le danger de paſſer, &
chauſſer tout le pied & la iambe dedans & à trauers ces eſtrieux, comme il aduient
aucunesfois auec ceux qui ſont plus hauts, au hazard de pluſieurs inconueniens &
perils. Ie pourrois encores dire icy, les façons des harnois, qui conuiennent mieux
à la taille que le cheual peut auoir, & ſelon celle du Cheualier, ou l'occaſion, en laquelle il voudra paroiſtre eſtant à cheual. Mais parce que les harnois, hors-mis la
teſtiere & les renes, ſont d'ordinaire bannis des eſcoles de ceſt art, i'en remets la deſ-
cription en lieu plus ſpatieux & à propos.

E

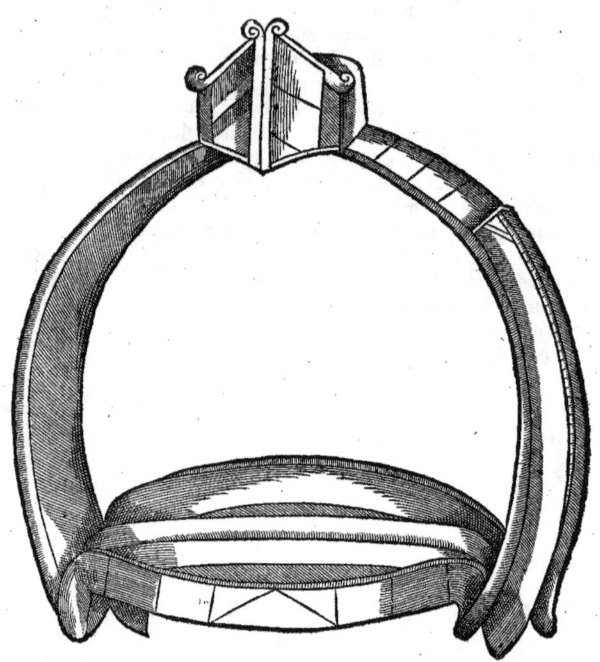

COMMVNES ACTIONS ET GESTES BIEN ET MAL
seantes au Caualerice, en exerçant le cheual d'escole.

CHAPITRE XII.

IE ne veux pas seulement que le Caualerice s'habille & s'accommode proprement, mais ie voudrois aussi qu'estát à cheual toutes ses actions fussent
belles ou necessaires: au contraire de la pluspart de ceux, qui se meslent de
dresser les cheuaux, lesquels en leur donnát leçon, ou en les faisant manier de quelque air qu'ils aillent, marquent les temps & les mesures auec vn certain mouuemét
de teste, qui accompagnent toutes les battues que le cheual fait en son manege. Et
quand ils luy veulét dresser le col, ramener la teste, ou tourner le nez de quelque costé, ils se ramenent & s'arment eux-mesmes, ou tournét leur teste, & leur visage, mó-
strans presque par leurs grimaces, la contenáce qu'ils desirent que le cheual face: &
s'ils le veulent chasser en auant, on leur void faire la premiere action si grande auec
le corps & les deux bras, qu'ils mettent quasi le ventre dessus la teste de l'harçon de
la selle: & le voulant arrester, se renuersent tout à coup, comme s'ils estoient prests à
cheoir sur la croupe: & quand ils aydent, ou chastient de la iambe ou de l'esperon
de quelque costé, ils se panchent & se balancent si fort d'vne part & d'autre, qu'il y
a souuent aucuns de ceux, qui sont plus ententifs à les contempler, qui ne se peuuét
empescher de les accompagner par quelque semblable actió de corps & de membres, ou de rire, voyans telles souplesses & boufonnes façons de faire, qui seroyent
plus propres à faire le pantalon à la comedie, qu'elles ne sont necessaires à la bonne
escole du cheual. Car au lieu que les iustes mouuemens du corps faits à temps & accortement sont vtiles pour aiuster le cheual, ceux au contraire qui sont extremes &
grossiers, outre qu'ils ont mauuaise grace, l'incommodent & le mettent souuét en
desordre. Tellement que ie ne puis aprouuer la raison ny l'excuse que peut auoir celuy, qui est coustumier de faire ces grandes & superflues actions si peu profitables:
lequel neantmoins fera profession de corriger & chastier les fautes du cheual, iusques à ne luy vouloir pardonner le moindre mouuemét inutil, & qui luy sieze mal.
Il me semble qu'il seroit plus raisonnable que le Cheualier fut soigneux de rendre
ses deportemens & gestes plus modestes & plus accords, que de perseuerer en telles mauuaises façons, preferant la grace d'vn animal irraisonnable, à la sienne: &
quant à moy ie ne sçaurois approuuer le dire de ceux, qui peut estre pour couurir
l'imperfection & habitude de leurs mauuais gestes, veulent qu'on pense que tout
ce qu'ils font de mal seant, sert à la bonne escole du cheual. Ie dis au cótraire & sou-
stiens auec la raison & l'experience, que pour faire aller & manier le cheual iustemét
gardát l'egalité de quelque bon air nettement soustenu en toutes sortes de maneges, il faut que le Cheualier soit ferme & droict à cheual, sans qu'il face nulle action
de bras, de corps, ny de iambes, que ce ne soit pour quelque effect necessaire, & que
neantmoins il ne se monstre aucunement contraint, mais plustost qu'il face paroistre vne grande facilité en toutes ses actions. Car si les nouuemés du cheual dependét de ceux du Cheualier, comment se peut-il faire que ces gráds & ordinaires brá-
lemens de corps, de bras & de iambes ne mettent souuent le cheual en quelque desordre? Ie ne veux pas dire qu'il n'y aye des chastimens qui ne se peuuent bien faire
sans estre quelquefois accompagnez be l'action apparente de tout le corps, mais
d'en faire ordinaire, ie n'y consens, non plus que ie croy que d'autres gestes & mi-
nes mal seantes, qu'on void faire à la pluspart de ceux qui se plaisent à iouër des instrumens, ou qui sont, ou voyent faire beaucoup d'autres exercices, soyent necessaires. En fin l'assiete du Caualier, ne peut estre vrayement belle & iuste, en prati-

quant tous les plus beaux airs & maneges, si son siege, la selle & le cheual, ne demeurent tellement vnis, qu'ils semblent estre d'vne piece, sans que l'action du Caualier
se trouue trop souple ny contrainte.

HABITVDE MAL SEANTE DE PARLER ORDINAIRE-
ment au cheual en l'exerçant.
CHAPITRE XIII.

IE dis encores, que tout ainsi que la voix du Caualerice faicte à téps & à propos destourne souuét les mauuaises impressions du cheual malitieux & vindicatif, & qu'elle donne grace à l'exercice, le parler beaucoup au cheual tiét
plus du charlatan que du cheualier. Toutefois on void aucuns hómes, qui ont fort
bóne pratique en cest art, qui tát qu'ils sont à leurs escoles dónans leçó au cheual,
ou cóment qu'ils le recherchét, ne se sçauroiét empescher de luy dire presque tout
ce qu'ils veulent qu'il face, tout ainsi que s'ils auoyent affaire à vne personne de
raison. Voyla comment estans à cheual ils donnent du plaisir aux assistans amateurs de l'exercice, & par mesme moyen apprestent à rire à ceux, qui au partir de
là font en ce mocquant à qui mieux redira & contrefera l'accent & les paroles inutiles dites à vn animal irraisonnable.

POVR ASSEVRER LE CHEVAL AV MONTOIR.
CHAPITRE XIIII.

VNE des premieres choses, que le Caualerice doit auoir en recommandation pour l'escole du cheual, est de le rendre paisible, & facile au mótoir.
Car c'est vn grand desplaisir & beaucoup d'incommodité quand, au lieu
de le laisser monter librement, il se defend auec les dents, ou les pieds: ou quand il
fuit en tournant autour du cheualier, ou en reculant pour luy oster la commodité
de mettre le pied à l'estrieu. Cela luy peut proceder de la negligence ou ignorance
de celuy, qui premier l'aura exercé en bardelle, lequel peut estre n'aura pas eu l'industrie, ny la patience de le bien asseurer: ou pour auoir esté souuent battu, ou trop
tost mis en ceruelle, apres qu'il aura libtement permis au cheualier de luy monter
dessus: ou pour auoir receu quelque mal ou desplaisir de la selle, ou de la croupiere,
ou de la boucle d'icelle: ou pour auoir eu quelque coup mal à propos sur la teste,
mesmemét de quelque hóme à pied dás l'estable ou ailleurs. Toutes ces choses luy
peuuent auoir causé vne peur, ou quelque soupçon ou vindicte qui le garde d'approcher de celuy qui le veut monter: quelquefois aussi la mesme imperfectió peut
proceder de sejour & de gaillardise, seulemét ou d'vn peruers & meschát naturel. Or
cóment & d'où que ceste crainte ou vice procede au cheual, il faut pour le rapatrier
ou chastier, que le Caualerice vse des plus doux moyens qu'il se pourra aduiser, ayát
neantmoins dequoy le pouuoir contraindre s'il est besoin, comme il s'ensuit.

QVAND le cheual ne veut approcher du montoir, ou attédre qu'on luy monte
dessus, il faut que le Caualerice le prenne par le fonds de la renne, & que de l'autre
costé vn homme, qui entend l'art, le tienne par la corde droitte du cauesson, & que
tous deux ensemble, sans le regarder droit aux yeux, le menét au long d'vne muraille iusques au lieu, qui sera plus cómode pour le montoir: & s'il ne veut suiure librement, le Caualerice le flattera auec la voix douce, en luy donnant à manger vn peu
d'herbe, ou du pain, ou de quelque autre friádise propre au goust des cheuaux. Et si
pour ces caresses il ne veut nó plus seyure, ains qu'il s'arreste ou recule, le Caualerice ne le doit pour cela brauer ny battre: mais celuy qui tiendra la corde du cauesson

taschera de le faire cheminer & suiure, le menaçât ou frappât discrettemēt du bout
de sa gaule sur la cuisse, ou fesse droitte, sās toutefois luy faire beaucoup de mal. Et
si pour tout cela il ne veut obeir, le Caualerice ou celuy qui tiēdra la corde, ne le doi-
uēt battre ny menacer, car le chastimēt aspre dōné en tel tēps & occasion luy pourroit faire trop craindre le Cheualier, ou celuy qui doit tenir l'estrieu, tāt au mōtoir, q̄
pour descendre: mais vn autre hōme doit estre derriere le cheual tout prest pour le
chasser en auāt, en le brauāt & menaçāt de la voix, & le frappāt s'il est besoin auec vne
grosse & lōgue gaule, ou perche au lōg de la cuisse & du flāc du costé opposite de la
muraille. Et si par ce chastiemēt il s'auāce & s'approche du mōtoir, alors le Caualerice doit le caresser & luy dōner quelque friādise, quoy qu'il n'obeysse que par force.

S'ESTANT approché il faut que celuy qui tient la corde luy mōstre & presente
la gaule pres de la cuisse, afin qu'il ne bouge de sa place. Cependant le Caualerice
pour l'appaiser luy maniera la teste & le crin, & frappera souuent de la main sur le
siege de la selle, en le flattāt de la voix. Et quand le cheual attendra & se tiendra ferme sans bouger ny remuër aucunemēt, le Caualerice taschera de metre le pied à l'e-
strieu seulemēt pour l'asseurer. Car auant que monter du tout, il faudra que le cheual perde l'apprehension & le vice qui luy fait haïr le montoir.

SI pendāt que le Caualerice leuera la iambe, ou qu'il se voudra soustenir sur l'e-
strieu, le cheual recommence à fuyr & s'esloigner, l'homme qui tiendra la corde, fera ce qu'il pourra pour l'en empescher, luy dōnant sagement de la gaule sur la cuisse en le menaçāt de la voix. Et si pour tout cela il ne cesse de s'eslargir, ou de reculer,
l'homme qui sera derriere, luy fera vne autre charge du mesme costé à grāds coups
de sa perche ou grosse gaule. Et si d'auenture il se dresse contre le Caualerice pour le
frapper des pieds de deuant, l'homme qui sera derriere se mettra à costé deuançant
celuy qui tiendra la corde, pour pouuoir battre le cheual au trauers des iambes de
deuant, iusques à ce qu'il soit reuenu à terre. Que si lors qu'il se trouuerra gourmā-
dé & empesché par celuy qui le chastiera, il se veut defendre à coups de pied en tirāt
quātité de ruades, il le faudra aussi brauer de la voix, & le battre rudemēt au dessous
des iarrets perseuerāt tant qu'il continuera de ruer, iusques à ce que la douleur de
ces grands coups de gaule, continuez en ces parties nerueuses & douloureuses, le
contraignent de se rendre & accroupir mettant fin à ses ruades. Et par ces moyens
le cheual se gaignera par douceur, ou par force, s'approchera du montoir, & attendra le Cheualier.

APRES qu'il sera monté, il descendra & remontera plusieurs fois sans partir d'v-
ne place, afin de l'accoustumer & asseurer d'auantage. Et si soudain apres que le Caualerice sera monté le cheual part de ce lieu licentieusement, il le remettra en la
mesme place dont il sera party, sur laquelle le tiendra patiemmēt, iusques à ce qu'il
ne soit plus en ces inquietudes, & qu'il soit bien asseure. Et si apres auoir fait ce remede cinq ou six fois le cheual n'a perdu son vice, il ne s'en faudra estoner: car peut
estre sera-il tant fougoux, ou de nature si desobeysante, qu'il ne se pourra vaincre
que par le temps & la patience: mais en pratiquant souuent ces remedes, sans doute il le reduira.

IE diray encores que s'il est possible le Caualerice, ny l'hōme qui tiēdra la corde
ou l'estrieu, ne doiuent iamais battre le cheual au montoir, mesmement quand il y
a quelqu'vn derriere pour le chastier, sinon qu'il les voulust mordre, ou frapper, ou
pour autre occasiō forcée, Car quelque chastiemēt qu'il merite, l'on doit tousiours
euiter qu'il n'apprehende trop les coups qui luy viennent pardeuant. Il faut aussi
noter, que ceux qui aydent au Caualerice doiuent auoir du iugement pour ne menacer, ny battre le cheual, que selon la necessité. Car les chastiemens ne seruent,
qu'entant qu'ils sont bien iugez & diligemment effectuez.

ADVERTISSEMENT AV CAVALERICE QVI VEVT
desgourdir & alegerir le cheual en l'exerçant au trot & au galop.

CHAPITRE XV.

LE premier exercice qu'on void donner en nos escoles indifferemment, & presques à tous les ieunes cheuaux qui sont pesans & froids de deuát, c'est le trot, & communement dedans & au trauers de forts guerets, ou en autres lieux montueux, raboteux & mal-aysez : afin que ceste commodité de terroir auec l'apprehension des chastimens qu'ils auront accoustumé de receuoir ayant bronché, les contraignent d'estre en ceruelle, & de hausser les iábes d'auátage. I'apptouue fort ce remede, & le tiens pour necessaire, quand il est bien iugé. Mais estát fait sans iugement, comme il se void assez souuent, il est faux & preiudiciable. Il faut donc que le Caualerice considere premieremét, si ceste pesanteur ou engourdissement d'espaules, ou de iambes, procede de máquement de courage, de force, ou de souplesse naturelle, ou pour auoir esté peu ou mal exercé, ou trop trauaillé. Et s'il cognoist que le cheual aye les espaules pesantes, ou cóment que ce soit les mouuemens d'icelles & des bras naturellement froids & paresseux, à faute de souplesse naturelle, neantmoins que les mébres en soyent bons & assez forts, & que ceste force soit aussi naturellemét nouëe, & retenue: lors le Caualerice se pourra asseurer que le mediocre & cótinuel exercice de trot, & quelquefois de galop en ces lieux mal-aysez, desgourdira souuent la force de tel cheual, & luy rédra l'actió des espaules & des iábes plus libre. Mais si auec tout cela il est chargé de teste, ou qu'il poise ou tire à la main, la continuation de ces lieux mal-aysez luy pourra rendre l'appuy de la bride encor pl⁹ lourd & emdotmy. Car tout ainsi que ces lieux difficiles sót propres pour desgourdir la force & les mébres du cheual, ils seruent aussi pour le resoudre a l'appuy de la bride, quand il à la bouche foible ou trop sensible, & fait par consequent qu'il s'abandonne d'auantage, si naturellement il est pesant à la main.

Si donc le cheual de bonne force, & leger à la main est neantmoins naturellement engourdy de membres, & pesant d'espaules, il sera bon de l'exercer assez longuement en ces lieux fort montueux & raboteux. Mais s'il poise ou tire à la main, il le faudra toutes les fois tenir moins de temps en quelque lieu qu'on l'exerce, à la peine de le monter plus souuent. Car pour rendre la bouche aysee aux cheuaux tát ieunes que vieux, ou d'aage mediocre, il faut ordinairement finir l'exercice & mettre pied à terre; deuant que la lassitude les accable & reduise à se trop soustenir sur le cauesson, ny sur la bride: parce que ce seroit grande erreur si en voulant desgourdir les membres du cheual, on luy falsifioit & endurcissoit l'appuy de la bouche, cóme il aduient souuent, quand le Caualerice se depart des bons preceptes, ou quand ils luy sont incogneus.

Si au contraire le cheual est froid & paresseux seulement pour auoir les iambes ou les reins foibles, ces lieux si mal-aysez l'auront plustost foulé, que desgourdy, & luy nuyront en beaucoup d'autres choses : car le principal remede qu'il faut obseruer pour se bien preualoir des forces du cheual, qui en a peu, c'est premierement de trouuer moyen de luy croistre l'haleine en l'exerçant lentement, & en augmentant peu à peu la vigueur de son exercice : ce qui ne se peut faire en ces lieux si difficiles, ausquels le cheual foible a tant de peine, qu'il ne sçauroit auoir trotté ou galloppé mille pas, sans estre quasi prest à s'abandonner sur les dents, & à se rendre du tout : à quoy l'on ne doit iamais venir sans y estre ne-

cessairement contraint,pour euiter quelque plus grand desordre : car si le cheual a
du cœur assez,ceste violence extreme & soudaine le peut facilemét mettre en quelque gráde inquietude, & s'il en a peu,il se peut par mesme moyen estóner & rebuter. Partát faudra faire electió de quelque terroir plus aysé,là où le cheual foible ou
de mediocre force puisse durer plus longuement au trauail , lequel terroir soit neantmoins vn peu montueux ou raboteux en quelques endroits, afin que le cheual
puisse mieux prendre terre, & faire les mouuemens des espaules & des iambes plus
hardis. Et afin aussi qu'il s'accoustume à regarder tousiouts en terre deuant sa piste.

Si le cheual a perdu la souplesse des mébres , & la force des espaules ou des reins
pour auoir esté trop trauaillé,ou pour quelque autre accidét,à plus forte raison l'e-
xercice du trot & du galop aux lieux fort penibles luy doit estre contraire. Mais i'ay
veu des cheuaux retirez de deuant, qu'on a aucunement racommodez en les promenant peu & souuent à trauers les champs, & principalement par les guerets.

Les cheuaux,qui ont le mouuement des espaules & des bras fort hauts & souples ,tels que la plusfart des personnes desirent,s'asseurét aussi en ces lieux rabo-
teux:d'autant qu'ils s'accoustument à mieux choisir les lieux , ausquels ils peuuent
mettre plus seurement les pieds en terre,qu'ils ne font de leur naturel. Quelqu'vn
pourra trouuer estrange cest aduertissement, parce qu'il semble que ces lieux mal-
aysez ne sont nullement necessaires aux cheuaux,qui ont les mouuemens des iambes libres & hauts: en quoy l'on se peut tromper. Car communém't ils sont plus
foibles & moins fermes en bronchant,mesmes en sautant les fossez, & moins tra-
uailleurs que ceux qui ont le trot moins haut & plus serré.

En ces premiers exercices de trot & de galop propres à desgourdir le cheual,le
Caualerice ne se doit pas attacher beaucoup au Cauesson, ny à la bride,pésant par
ce moyé luy releuer & asseurer mieux le col & la teste,(quoy que du cómencement
la subiectió le face ramener & mettre en quelque assez belle posture:)car si naturellemét il a l'appuy de la bouche à pleine main,& que l'actió de ce trot ou galop hardy & fort embrassé soit ordinairemét retenue en ces lieux mótueúx & raboteux par
ceste subiectió de cauesson & de bride,sans doute cela luy endormira le nez,les barres,la langue & la barbe.De façon qu'en peu de temps il aura l'appuy tellemét endurcy,que peut estre il s'abádonnera sur iceluy en telle sorte,qu'il sera apres difficile de le rendre bon à la main.Et si au cótraire il a la bouche sensible & foible de soy,
ceste mesme subiection mal iugee & trop soudaine luy pourra aussi par mesme moyen offenser les susdites parties de la bouche & de la barbe, ausquelles les vrais ap-
puis de la bride se doiuent faire. Il faut donc que le Caualerice aye le iugement & la
pratique d'attirer le cheual doucemét au vray & temperé appuy de la main , luy ramenant le col & la teste peu à peu, & luy rendant souuent les mains:& sur tout luy
laissant en ces commencemens plustost la teste vague,que si par ceste seuere subiection,il cómençoit à s'accoustumer à tirer,ou peser à la main,ou se faire entier. Car
c'est vne maxime qui,est beaucoup plus aysé de donner appuy au cheual,qui n'en a
pas assez, que de rendre leger & facile celuy qui en a trop, & de ramener celuy qui
porte le nez trop auancé,que de releuer celuy qui se couure trop & qui s'arme.Par
la bonne pratique de ces moyens & auec le temps necessaire le cheual se pourra
mettre & resoudre en la plus belle posture,que nature luy permettra,à mesure qu'il
se rendra leger,se desgourdira & accroistra l'aleine.

Plvsievrs Cheualiers ont autrefois pensé,cóme font encores à present beau-
E iiij

Erreur de
faire tirer
le cheual à
la charrue
pour l'al-
leger.

coup d'autres, que pour alegerir le cheual chargé de deuant, qui poise à la main, & qui bronche souuent, il soit bō de le faire tirer quelque temps à la charrue: mais l'erreur en est fort grossiere. Car au côtraire cest exercice doit plustost donner l'appuy à celuy qui n'en a point assez: parce que pour faire l'actió nerueuse du tirer, le cheual s'abbandōne naturellement appuyant toutes ses forces contre le collier: & pour rēdre ceste action plus forte par l'effort du garrot, il faut necessairement qu'il allonge le col & baisse la teste beaucoup plus que sa posture naturelle. Il est dōc aysé à iuger que tous ces efforts & mouuemens se rapportent à la dureté, ou pesāteur de l'appuy de la main, & qu'ils sont du tout côtraires à la legereté. Pour cognoistre facilement que c'est vne autre erreur semblable de pēser, que ce remede soit nō plus vtile pour desgourdir le cheual qui bronche souuent, il faut considerer que tant plus il met de violence & de force à tirer la charrue ou la charrette, tant moins la difficulté de ce qu'il traisne luy permet le libre mouuement des espaules & des bras: tellement que l'on void aussi que le cheual, qui laboure la terre, racle & choque souuent les mottes des guerets auec les pieds de deuāt. Et d'autāt que l'appuy du collier le soustient & l'empesche de tomber en bronchant, l'vsage & l'habitude de la charrue peut faire aussi que le cheual, bien qu'il soit leger & desgourdy, deuiendra lié & paresseux à leuer & destourner ses pieds des empeschemens & rencontres raboteux, qui le feront souuent broncher & donner du nez en terre, n'estant plus retenu à l'accoustumee du socq & du coustre, ny soustenu du collier.

L'EXERCICE QVI DOIT ESTRE PLVS AISE AV CHEVAL.
CHAPITRE XVI.

ENTRE toutes les choses qui doiuent estre plus aisees au Caualerice en l'exercice du cheual, c'est de le faire gallopper, courir & tourner: aussi semble-il que nature luy en aye particulierement donné le premier apprentissage. Qu'il soit ainsi, l'on void que le ieune cheual eschappé, ou comment qu'il soit à la campagne en sa liberté, ne trotte que fort peu, & qu'il se plaist à gallopper & courir: & pour mettre fin à ses courses, au lieu de s'arrester, il tourne d'vn costé ou d'autre, non pas deux ou trois fois, ny d'ordinaire esttoit & sur les hanches, cōme quād par l'artifice du Caualerice il y est contraint & accoustumé: mais pour le moins il tournera communément la teste du costé, qu'il aura cōmencé sa course. L'on peut iuger par là, que le courre & le tourner luy est plus naturel, que le trotter ny le parer, ny que beaucoup d'autres choses qu'on luy peut apprendre auec l'art: & que si l'on se pouuoit contenter qu'il ne tournast qu'vne fois ou deux à chaque main de mediocre espace, & que la façon qu'on souloit faire les maneges & les anciennes passades, sans doute il n'y auroit tant de cheuaux ruinez, cōme l'on void, depuis que la necessité, ou plustost la curiosité, nous a amené les inuentions de tāt de reparts de main & d'arrests, faictz coup sur coup, & de redoublemens de voltes, & autres sortes de maneges & d'airs qu'vne infinité de personnes vont pratiquant aucunesfois plⁱ mal que bien à propos. De façon que maintenāt chacun desire tant de parties & de perfections en l'exercice du cheual, que entre cēt, qu'ils ē void de belle & forte taille, à peine en peut-on faire election de dix, qui soyent estimez dignes de seruir, & faire paroistre vn hōneste homme en lieu d'honneur: & quand d'auenture, il s'en rencontre aucuns, qui soyent assez legers, nerueux & de bonne & courageuse inclination pour se rendre propres à ceste rare dexterité tāt recherchee, ils tōbent ordinairement à la mercy de certains hōmes rigoureux, si presomptueux & mal entendus en cest art, qu'au lieu de se sçauoir preualoir dextrement de ceste vigoureu-

se legereté, & du bon naturel, qui pourroient rédre tels cheuaux en quelque perfectió de bon manege, au cótraire ils les recherchét & les estrapassent auec tát d'indiscretion & de rigueur, que les pauures animaux en sont estropiez premier qu'auoir
peu seruir, & dóner cótentement en ce que nature les a destinez: tellement qu'ils se
trouuent si confus & quelquesfois reduits à tel desespoir, qu'au lieu de partir de la
main, quád on les veut pousser, ils se defendét en reculát, ou en voulant mordre les
iábes ou les pieds du cheualier, ou en se couchát en terre, & en fin auec tous les moyens, qui leur sont dónez par la rage, à laquelle ils se trouuét reduits. D'autres qu'au
lieu de parer apres vn partir de main, ou à la fin d'vne course longue & determinee,
s'abádonnent, & s'envót eschappát & desdaignant la bride & le cauesson. D'autres
qui ne veulent plus tourner, ou s'ils tournent, c'est seulemét du costé auquel ils ont
plus d'inclination. D'autres qui ne se veulent plus laisset remonter à celuy qui a accoustumé de les battre si rigoureusement, ny autres qu'ils soupçonnent.

Tovtes ces imperfections peuuent aussi proceder d'vne humeur poltrône &
malicieuse, qui naturellemét possedera le cheual à faute d'auoir esté bien exercé, ou
par quelque autre accident, ou defaut de nature. toutefois elles aduiennent souuét
à ceux qui sont plus sensibles & coleres. Or pour mieux expliquer les causes & adue-
nemens de tous ces vices, & afin d'entendre & mettre plus facilement en effect les
remedes d'iceux, voyons premierement pourquoy le cheual peut estre retif.

DES IEVNES CHEVAVX RETIFS.
CHAPITRE XVII.

O N void peu de cheuaux fort ieunes & nouueaux apprentis que quelquefois au lieu d'aller en auát, selon l'actió & le vouloir du Cheualier, ne
s'arrestent ou reculent, ou ne facent quelque autre sottise. La premiere
cause de ceste desobeissance procede de l'habitude qu'ils ont prins dés
leur naissáce à suyure leurs meres, & d'estre en liberté dás le haras, & ordinairemét en
cópagnie de plusieurs iuments & poulains, iusques à ce qu'ils comencent à se fortifier & se battre entre eux, & à sentir & vouloir monter les iumés: qui est iustement
le téps qu'on les doit prendre & retirer de haras, tát pour euiter les premiers efforts,
qui desia les pourroient fouler en cest aage tendre & foible, que pour comencer à
les accoustumer à l'attache de l'Escuyrie, & à se laisser leuer les quatre pieds, gouuerner & penser de la main, & en mesme temps leur faire cognoistre & pratiquer peu à
peu la bardelle, la croupiere, & le surfaix: & apres les bié asseurer au mótoir, afin que
lors qu'ils auront attaint l'aage & la force pour pouuoir resister aux comencemens
de l'exercice, le Caualcadour de bardelle aye moyen de mótet dessus plus facilemét
sans les offencer, ny estonner, & que cela leur puisse oster beaucoup d'occasions de
s'efforcer & defendre quád on les dópte. Et pour voir vne preuue assez pertinente
que les cheuaux ieunes & innocés font souuent ces difficultez de passer là ou le Caualcadour les veut pousser, à cause de ceste premiere & accoustumee liberté perduë,
& pour estre estonnez se sentans persecutez, contraints, & separez de leur premiere
& naturelle compagnie; c'est que les plus timides sont ceux qui font le plus souuét
telles fautes, & que lors qu'ils perseuerent, quelque mal qu'on leur face, à ne vouloir partir d'vn lieu, ou à reculer, si on leur fait passer vn autre cheual deuat ou à costé, la pluspart partiront de ce lieu, & suyuront volontairemét ce cheual qui passera
le premier. Voyla pourquoy vn des plus asseurez remedes qui se pratiquét aux premieres caualcades, qu'ó fait aux poulains, mesmemét pour les empescher de sauter,
& faire beaucoup d'autres defenses & desordres violés est de les faire guider par vn

homme à cheual, qui les meine par la cauesanne, & qui parte du montoir aussi tost
que le Caualcadour est monté dessus le poulain encores sauuage.

En ces communes fautes excusables, qui procedent seulemét des premieres impressions & habitudes, le Caualcadour doit vser d'vne grande douceur & patience,
principalement aux nouueaux remedes, lesquels doiuent estre accortement faicts,
afin de conseruer, tant qu'il sera possible, le courage naturel & l'allegresse du ieune
cheual: qui est vne des plus notables cósiderations de cest art. A cause dequoy le bó
Caualcadour ne doit iamais auoir recours à la force & à la rigueur, qu'il n'aye pre-
mieremétessayé tous les plus doux moyens, dont il se sera peu aduiset. Quand donc
le ieune cheual refusera à faute de pratique, d'aller en auant, il faudra obseruer la
compagnie d'vn autre cheual, qui ne rue ny ne soit aucunemét fascheux, sur lequel
il y aye vn homme entendu en l'art pour le faire aller deuát au trot & au galop, seló
que le ieune cheual consentira, ou se voudra preualoir de l'esquine, ou d'autres defenses. & à mesure qu'il se resoudra de marcher, l'homme qui le guidera luy laissera
gaigner le costé de son cheual, & puis le deuant pour l'escarter, s'il est possible, sans
qu'il s'é apperçoiue. Et si estant escartéil s'estóne, ou pour quoy que ce soit il se veut
de nouueau arrester, le Caualcadour taschera de le chasser seulemét auec la voix, &
quelque mediocre chastiment: car ce seroit trop grád erreur de le battre ny le brauer asprement, premier que luy auoir fait recognoistre peu à peu les mouuemés, la
voix & les coups, qui le doiuét pousser & chasser en auant. Cependát celuy, qui sera
sur le cheual asseuré, regaignera diligemment le deuant, & au mesme téps le Caualcadour donnera au sien en criant & en le menaçant de la voix tous deux ensemble,
quelque coup de nerf à trauers les fesses, si subtilemét qu'il ne puisse bónement cognoistre lequel des deux l'aura frappé, afin que la cótinuatió de ce remede luy face
craindre l'abord de celuy qui viendra apres, ou qu'il attédra pour le voir passer deuant, & que le sentár approcher il s'en aille le premier cóme fuyant. Et quád auec le
téps il commencera de s'asseurer & d'obeyr, on le fera quelquefois códuire tout de
mesmes par vn hóme de pied, qui soit bié eniábe & en aleine, iusques à ce qu'il aye
perdu le vice de s'arrester & de reculer contre le vouloir du Caualcadour, cóme sás
doute il aura dás peu de téps, si ces moyens sont effectuez propremét & à leur téps.
Toutesfois il faudra cósiderer que si le cheual, soit ieuue ou vieux, est de sa naturelle humeur aduste & colere, la malice & la poltronerie se pourront facilement ioindre à ceste premiere mauuaise & susdite habitude: & par cósequét il ne faudra trouuer estrange, qu'il faille employer plus de temps, de moyens & de patience à le resoudre & le rendre obeyssant. Car cómunément les cheuaux de ceste temperature
sont vitieux toute leur vie, de faict, ou de volonté, quoy que l'on puisse faire.

DES CHEVAVX APPREHENSIFS ET OMBRAGEVX, ET
particulierement de ceux qui craignent les enseignes & tambours.

CHAPITRE XVIII.

Ly a aussi des cheuaux qui sont naturellemét ombrageux, c'est propremét
à dire trop apprehensifs, pour auoir les yeux louchés ou verós, ou quelque
autre defaut de veuë, qui leur fait le plus souuent voir douteusemét & imaginer les choses qu'ils regardent, autremét qu'elles ne sont: tellemét que quelquefois ils n'é osent approcher. En cecy le Caualerice doit sçauoir, que si soudainemét
il se laisse trásporter à la colere, & que à force de coups, il les veut contraindre d'a-
border ce qui leur fait peur, il en pourra quelquefois venir à bout, selon qu'il trouuera disposé le naturel de tel cheual. Mais aussi pourra il facilement aduenir, que

l'eſtonnement des coups qu'il receura, ioint à la crainte de l'obiect qui le mettra en
ces doutes, luy accablera du tout la vigueur & le courage. Il vaudra dõc mieux auãt
que venir à la rigueur, taſcher à leur faire recognoiſtre le plus paiſiblement qu'il ſe
pourra, la choſe qu'ils redoutét, & qu'ils n'oſent approcher, ſoit par la voix mediocre ou le commun mouuement dès bras & des iambes, qui le pourront pouſſer &
auancer : & quelquefois en leur faiſant diſcrettement ſentir les eſperons, le nerf, ou
la gaule, & meſmes les y faiſant accompagner & mener par vn homme de pied, qui
les ſçache cõduire auec douceur & careſſes par l'vne des cordes du caueſſon, ou par
la teſtiere. Car en fin il faut cõſiderer que les coups rigoureux ne les gueriront pas
de ceſte humeur apprehenſiue, qui eſt vn defaut naturel, ny de l'imperfectiõ de la
veuë, qui eſt auſſi vne eſpece de maladie. Mais que l'accouſtumance de bien recognoiſtre & ſentir, (ſans receuoir trop de deſplaiſirs,) ce qu'ils apprehendét & redoutét, les pourra aſſeurer, & leur donner auec le temps vne pratique, qui ſuppleera ces
defauts de nature. Toutesfois ſi la pareſſe ou malice eſt ioincte aux ſuſdits accidés,
ie veux alors que le Caualerice aſſemble les chaſtimés ſeueres à la douceur, & qu'il
en vſe diuerſement, ſelon que le cheual ſe diſpoſera à leurs bõs effects.

IL me ſouuient d'auoir eu autrefois ſouz ma charge vn courſier entre autres, qui
eſtoit de la race de Mantouë, de grãde & noble taille, de bon poil, fort, vigoureux &
bon à la main : neãtmoins tãt apprehéſif, meſmement des enſeignes & tãbours, que
quelquefois ie l'en ay veu en telle alarme, qu'il eſtoit deux iours ſans vouloir mãger
ſon auoine, & ſans ſe coucher : & tout ce qu'il voyoit remuër, ou qu'il oyoit bruire
durant ce téps, luy ſembloit enſeignes & tãbours : qui eſtoit grãd dõmage. Car ſans
cela il euſt eſté digne de ſeruir vn grãd Capitaine le iour d'vn cõbat de main. Voyla
pourquoy ie me mis apres cherchant tous les remedes, deſquels ie me ſçeu aduiſer,
pour le pouuoir aſſeurer. Quelquefois ie le faiſois promener long téps ayãt vn page deſſus, qui portoit vne enſeigne de pluſieurs couleurs arboree, laquelle le vét faiſoit ſouuent flotter autour des yeux & des oreilles de ce cheual : eſtãt à l'Eſcuyrie ie
luy faiſois ordinairemét tenir ceſte enſeigne dãs la mãgeoire, & en le careſſãt luy en
faiſois pluſieurs fois frottér la teſte & le col. Quelquefois ie le cõtraignois par faim
de mãger ſon auoine deſſus ceſte enſeigne : i'en oſtois aucune fois le baſton, & faiſois mettre & tenir longuement le drappeau tout eſtendu, comme vn caparaſſon,
deſſus ſon dos, ou ſur vn autre cheual placé tout contre luy : ſouuent, en luy donnãt
leçõ, ie mettois, ou faiſois tenir ce drappeau en tel lieu, que le cheual eſtoit cõtraint
de paſſer ordinairemét deſſouz iceluy, le touchant de la teſte & du nez. Ie le menois
auſſi pluſieurs fois la nuict au clair de la Lune en diuers lieux, meſmement là où ie
penſois trouuer les ombres plus apparentes, plus variables & en plus grande quantité, luy faiſant recognoiſtre ceſte enſeigne en lieux differents : En quoy ie trouuay
vn grand remede, & quaſi le gain de ma cauſe. En fin auec le téps & la patience, fut
par careſſes, ou par contrainte, ſelon que ie ſentois la portee de ſon courage, ie l'ac-
couſtumay de façon, que ſans difficulté il alloit droit baiſer les enſeignes, quand ie
voulois. Mais ie ne péſe pas que iamais cheualaye fait de plus effrayez & deſeſperez
mouuemens, que feit celuy-là, premier que ſe pouuoir appaiſer & reſouldre. Ce ne
fut pas tout : car le tãbour eſtoit ce qu'il craignoit le plus. La forme de la quaiſſe luy
deſplaiſoit, le bruit l'eſtonnoit, & ce qui le troubloit d'auãtage, eſtoit le mouuemét
des baguettes, à cauſe qu'outre ce, qu'il eſtoit naturellement apprehenſif, il n'auoit
pas la veuë claire. Qui fut cauſe que i'acheptay expreſſément vne quaiſſe, laquelle ie
faiſois battre à toute heure dedãs l'Eſcuyrie, & principalement toutes les fois qu'õ
cribloit & donnoit l'auoine à tous les autres cheuaux, & tant qu'ils mettoyent de
temps à la manger : tellement qu'en moins de quinze iours la pluſpart en ſirent vne

telle habitude, qu'auſſi toſt qu'ō battoit ceſte quaiſſe, ils cōmençoient à ſe reſiouyr, faiſans les meſmes contenances qu'ils auoyent auparauant accouſtumé de faire oyant le ſon du crible. Mais particulierement mon cheual ombrageux, au cōtraire demeuroit tendu les oreilles droittes, roulant & blanchiſſant les yeux, tremblāt & tellement effrayé, qu'il eſtoit quelquefois enuiron demy-quart d'heure tenant vn morceau de foin ſerré entre les dents, ſans faire aucun mouuemēt des maſchoires, ny de la bouche. Il taſchoit par boutades a ſe ietter dedans la mangeoire, ou à trauers les barres, de ſorte qu'il eſtoit fort mal-ayſé d'épeſcher qu'il ne ſe bleſſaſt. Toutesfois au bout de quelque temps en s'appaiſant il commença de regarder & ſentir de pres la quaiſſe, dedans la māgeoire, pourueu qu'on n'é fit aucun bruit, & qu'ō ne la remuaſt: ce fut à force de friandiſes, que ie luy fis māger aupres de ceſte quaiſſe, & par fois deſſus icelle, ie luy fis auſſi accouſtumer le bruit, faiſant frapper peu à peu ſur l'vn des fonds de la quaiſſe: & pour luy donner plus d'aſſeurance, quelquefois ie montois deſſus, & le menois à la campagne, là où en quelque beau lieu ie faiſois coucher ceſte quaiſſe quatre ou cinq pas deuant le cheual : & apres luy auoir donné loiſir de la bien recognoiſtre, ie la faiſois pouſſer & rouler en auant: ce pendant ie taſchois de la luy faire ſuiure & choquer, & en fin ſauter, ſans le battre que le moins que ie pouuois, & ce dernier remede me ſeruit beaucoup. Mais quād il fut queſtion de luy faire approcher & ſentir la quaiſſe tandis qu'on la battoit, & qu'il voyoit le mouuemēt des baguettes, nous penſaſmes tous deux perdre noſtre eſcrime. Ie fus lors quaſi ſur le poinct de le quitter, n'eſperāt plus pouuoir venir à bout de ce que ie m'eſtois propoſé. Car combien que de ſa nature il fuſt extremement ſenſible & ayſé à la main, toutes les fois que l'effray le ſaiſiſſoit, il perdoit le ſentiment de la bride, des eſperons, de la gaule & de toutes autres ſortes de contraintes & chaſtimens, & pour fuïr le ſubiect de ſes apprehenſions il faiſoit d'eſtranges & dangereuſes reſolutions. D'autre-part il s'eſtoit tellement emmaigry, que ie craignois qu'à la longue toutes ces incommoditez enſemble luy conſommaſſent du tout la vigueur. Mais ce qui me fit pourſuyure mō entreprinſe fut, qu'il eſtoit ieune d'enuiron ſept ans, & de ſon humeur naturelle ſanguin flegmatique, qui eſt vn temperament, qui fait que le cheual n'a pas beaucoup de memoire ny de malice, & par conſequent qu'il eſt long temps à comprēdre & retenir ce qu'on veut qu'il apprenne. Mais auſſi eſt-il ayſé à repatrier apres auoir receu beaucoup de deſplaiſirs & de chaſtimens: au contraire de ceux, qui ſont coleres melancoliques, leſquels doiuent eſtre ordinairemēt timides, malitieux & vindicatifs. Toutes ces conſideratiōs me pouſſerent & me firent paſſer outre : eſtant la pluſpart du temps occupé à reſuer ſur les moyens, qui me ſembloyent propres à pouuoir accouſtumer mon cheual à veoir de pres & ſans s'eſtonner, les ſuſdits mouuemens de baguettes. En fin apres auoir pratiqué pluſieurs remedes, vn iour ie m'aduiſay que de nature les cheuaux mangent ſauoureuſement les carrottes, & que lors nous eſtions en leur ſaiſon: ſoudain i'en fis chercher, & en recouuray des plus longues & des plus rouges, qu'ō peut trouuer: ie dis plus rouges, afin qu'elles reſſemblaſſent mieux aux baguettes, qui ſe font communément de brezil: apres les auoir bien fait lauer, ie faiſois battre d'icelles ceſte quaiſſe : & cōme le cheual en eſtoit aſſez pres, celuy qui la battoit luy preſentoit vne de ces baguettes, & la luy faiſoit ſentir, battant touſiours de l'autre ſur la quaiſſe, ſans faire beaucoup de bruit. Apres qu'il en eut prins deux ou trois morceaux, il commença à s'aſſeurer & reſoudre tellement, que dedās ſix iours il alla droict au bruict de la quaiſſe volontairement par couſtume, & pour manger ce que auparauant luy auoit tant deſpleu. Quāt aux armes & au bruit des arquebuzades il y fut bien toſt aſſeuré. En fin ie luy fis apres tant & ſi ſouuent voir & accouſtumer l'enſeigne, le tambour & les armes enſemble, & le rendis ſi ayſé, que s'il m'euſt falu

hazarder

hazarder ma vie sur vn cheual, en quelque lieu d'honneur, ie n'en eusse pas desiré
d'autre, à sçauoir tant qu'il estoit en exercice, & en escole:mais à la verité ayant esté
quelque temps en seiour, il prenoit quelquefois l'alarme, & mesmes l'apprehension le saisissoit, toutesfois ce n'estoit qu'aux premiers mouuemens. En fin c'est vn
tesmoignage, qu'il n'y a artifice qui puisse du tout vaincre ou effacer les vices naturels. Ie pourrois encores alleguer sur ce propos par exemples beaucoup d'autres
cheuaux extrememement ombrageux, que i'ay autrefois exercez, ou fait exercer, &
en fin asseurez. Mais pour ne paroistre ambitieux, m'en attribuant l'honneur, ie
suiuray mon discours en general:protestant que si ie mets encores quelquefois en
auant aucuns des plus imparfaits cheuaux, que par l'art i'ay rendu bons & bien
manians, ce sera seulement pour rendre l'explication des remedes & leçons plus
intelligible & plus brefue.

POVR ASSEVRER LE CHEVAL APPREHENSIF
à l'esclat & à la rumeur des armes, & pour le faire approcher
des autres cheuaux au combat de l'espee.

CHAPITRE XIX.

IL y a vne infinité de personnes, qui pour asseurer les ieunes cheuaux ombrageux font vne reigle generale de les surprendre souuent, leur faisant
peur auec ce qu'ils craignent le plus, afin d'auoir occasion de les chastier
& contraindre d'en approcher. Mais quant à moy ie n'approuue nullement la
coustume de ces moyens, combien qu'ils reussissent quelquefois : ie veux au contraire que pour le premier & principal remede, on empesche tant qu'il sera possible que les cheuaux ne soient surprins par ce qui les espouuante, principalement
afin d'euiter les desplaisirs des chastiemens, qui leur pourroient facilement causer vn desespoir, ou vn second effroy, autant ou plus preiudiciable, que celuy du
premier obiect apprehendé, selon qu'ils seront naturellement dominez d'humeur
colere sanguine, ou melancolique aduste:à cause dequoy les meilleurs hommes
de cheual doiuent obseruer pour maxime de ne battre iamais auec violence vn
ieune cheual effrayé.

Si donc le cheual a grand peur des armes, il luy faudra souuent presenter à la cāpaigne vn homme à pied qui soit armé de toutes pieces, & d'assez loin, afin que le
cheual aye loisir de s'asseurer en allant à luy:& à mesure qu'il en approchera, le Caualerice le caressera, luy maniant le col: & l'homme qui sera armé, ne remuera non
plus qu'vne statuë. Si le cheual ne l'ose aborder, il ne faut pour cela que le Caualerice le batte aspremét:mais plustost qu'il aye la patience de le faire accompagner par
vn homme de pied, qui le sçache flatter & conduire, ou par vn autre cheual qui soit
sage & asseuré:Et comme les deux cheuaux seront arriuez enséble assez pres de cest
homme armé, il haussera les deux bras le plus lentement qu'il pourra, sans faire cla-
quer les brassals:& donnera à chacun des deux cheuaux du pain, ou de l'herbe, ou
quelque autre friandise propre à leur goust: & soudain qu'ils en aurót prins chacū
vn morceau, il leur fera doucement entendre sa voix, & taschera de leur manier la
teste, en leur redonnant souuent des friandises: & au commencement faudra que
cest homme armé caresse le cheual qui sera asseuré, le premier:car cela fera plustost
resouldre le paoureux ou sauuage. Ayát fait cecy plusieurs fois, on pourra cómencer à luy faire recognoistre peu à peu en le caressant, le mouuement & la rumeur
des ermes:& comme il aura perdu les premieres & plus grandes apprehensions, il

faudra que l'homme qui fera armé, trouue moyen de luy faire prendre, ce qu'il luy
voudra donner à manger, à la pointe d'vne eſpee rabatuë, bien fourbie: & taſch'era
auſſi de luy en donner auec la main de ladite eſpee, la tenant touſiours, & de l'autre
main luy frottera la teſte, tãdiş qu'il mangera ſes friandiſes : afin qu'en recognoiſſant & gouſtãt les careſſes, il s'aſſeure au mouuemẽt & à la lueur de l'eſpee. Et pour
le mieux aſſeurer à la rumeur des braſſals, il luy faudra faire ſouuẽt cribler ſon auoine à ſa veuë & d'aſſez pres, par vn pallefrenier qui ſoit armé, & qui en la luy donnãt
le ſçache flatter de la voix, & frotter, & manier en diuers lieux. Il ſera bõ auſſi de le
faire bouchonner & penſer longuemẽt par ce pallefrenier armé, ou quelqu'autre,
qui aye le iugement de faire des mouuemés des bras petits ou grands, ſelon que le
cheual en aura peur, ou qu'il s'aſſeurera: & ſe faudra ordinairement ſeruir d'armes
blanches, à cauſe que ceſte lueur trouble communement bien fort le cheual ombrageux, & quelquesfois de noires, & comment qu'elles ſoyent, n'oublier pas l'accouſtrement de teſte. Car ce qui eſtonne plus les cheuaux poureux, voyãs vn homme armé, eſt de ne luy recognoiſtre la forme du viſage. Qu'il ſoit vray, on void cõmunément qu'ils n'oſent bonnement approcher d'vn homme en pourpoint, s'il
met ſeulement ſon chappeau, ou quelque autre choſe deuant la face.

A Y A N T ainſi aſſeuré le cheual à la forme, à la lueur & au bruit des armes, le Caualerice prendra vne eſpee nuë, de laquelle il commécera de frapper peu à peu ſur
la ſallade de ceſt hóme armé, en tournant à l'entour d'iceluy: lequel cependant car-
reſſera le cheual, en luy donnant quelque friandiſe, & en le touchant doucemẽt de
la main en quelque endroit du col, ou dés eſpaules, iuſques à ce qu'il ſoit aſſeuré au
ſon des plus grands coups de ceſte eſpee, & à l'action du bras du cheualier.

A P R E S ſi l'on a moyen de faire vne ſtatuë de toile pleine de foin, & ſemblable à
la forme d'vn hóme, laquelle ſtatuë ſoit armee de papier peint, ou couuert, de façõ
qu'il reſſemble eſtre de fer, il la faudra faire tenir debout, & preſte à tomber facilement, dedans vn pré fãuché, ou en quelque autre lieu plain & commode : de ceſte
ſtatuë faudra approcher le cheual, & apres la luy faire choquer & porter pluſieurs
fois par terre, à ſçauoir au commencement allant le pas, & puis le trot, & au galop,
& en fin à toute bride, iuſques à ce que le cheual craintif en aye du tout perdu l'apprehenſion.

I L ſera apres fort ayſé de l'aſſeurer par ce meſme moyen au combat de l'eſpee.
Car il eſt certain que le cheual craint beaucoup plus vn hóme armé eſtant à pied,
que s'il eſtoit à cheual, à cauſe qu'il le recognoiſt moins: Toutesfois il s'en trouue
pluſieurs, qui craignent d'accoſter les autres cheuaux, les vns à faute d'accouſtumance, & les autres pour auoir la bouche ſi legere & ſenſible, qu'ils craignent de
rencontrer quelque choſe auec le mords ou le nez. C'eſt pourquoy vne des principales parties qu'on deſire en vn cheual de combat, eſt qu'il ayt la bouche à pleine
main, & qu'il porte le front droict. Il y en a d'autres qui n'oſent accoſter non plus,
à cauſe qu'ils ſont extremement apprehenſifs & timides, ou qu'ils ſe ſentent foibles de membres. Comme que ce ſoit, il leur faudra ſouuent donner leçon, & les
promener longuement auec vn autre cheual aſſeuré, en tournant eſtroit, & de façon que les deux cheuaux ayent le nez aux feſſes l'vn de l'autre, & que preſque les
genoux des Cheualiers ſe touchent, & que cependant chaque Cheualier careſſe &
frotte ſouuent la teſte, ou le col du cheual de ſon compagnon.

POVR ASSEVRER LE CHEVAL AVX ARQVEBVSADES.

CHAPITRE. XX.

Lest certain que le cheual craint naturellemēt le bruit, & beaucoup plus le feu, que ne font plufieurs autres efpeces d'animaux: & tant plus eft colere, fenfible & vigoureux, tant plus fe trouue-il communément actif & apprehenfif, & par confequent moins affeuré aux arquebuzades. Toutesfois pourueu que la veuë en foit bonne & les yeux femblables, il fera beaucoup plus ayfé de le refoudre, que fi eftāt faifi de la mefme crainte, il eftoit de fa nature flegmatique, timide & de peu de force. Si doneques ce doute & ceft efffoy leur eft naturel, tant pluftoft doit on commēcer en leur ieuneffe, de leur faire pratiquer les remedes. Et pour les premiers & plus affeurez le Caualerice trouuera moyen de faire fouuent voir au cheual vn arquebuzier à la campaigne, & d'affez loin, droict auquel il menera le cheual: & comme il fera enuiron quarante ou cinquante pas apres, l'arquebuzier tirera vn petit coup de fon arquebuze, & foudain ira le pas au deuant du cheual, luy prefentant quelque friādife qu'il aura toute prefte en fa main pour ceft effect. Et fi le cheual n'en ofe approcher, le Caualerice tafchera de l'affeurer auec la voix & la main, & aura la patience de le faire cheminer autour de l'arquebuzier, & du cofté qu'il tournera plus facilement: afin que fans entrer en autre difpute, & fans le precipiter ou tourmenter, il aye moyen de le faire approcher peu a peu pour luy faire fentir & prendre cefte friandife dans la main de l'arquebuzier, qui cepēdant que le cheual la mangera, le flattera en luy frottant le vifage & le col, & luy faifant fentir fouuent fon arquebuze, & voir & ouyr doucement le mouuement & le bruit de la ferpentine. L'ayant ainfi careffé & affeuré, il rechargera plus ou moins fon arquebuze, felon que le cheual aura eu peur de ce coup: & cependant le Caualerice le promenera fagement par le droit, paffant & repaffant fort pres de l'arquebuzier, iufques à ce qu'il aye rechargé. Apres le Caualerice s'efloignera pour recommencer la mefme chofe au pas, au trot & au galop, renforçant ainfi à tous les coups, iufques à la courfe: & en continuant fera croiftre peu à peu la charge de l'arquebuze, & tirer de plus pres, felon que le cheual fe refoudra: fans toutesfois que le feu, ny la poudre touche le cheual. Quoy que ce foit l'arquebuzier luy viendra fagement au deuant toutes les fois qu'il aura tiré, quand ce ne feroit que pour euiter l'odeur de la fumee de la poudre, qui communément defplaift aux cheuaux. Car il faut fuir tant qu'il eft poffible, mefmement en ces occafions, les accidens qui fe pourroient ioindre à l'imperfection principale du cheual.

PRECEPTES PARTICVLIERS POVR LE
chaftiment des cheuaux retifs.

CHAPITRE XXI.

E fçay que fort peu de ieunes cheuaux confentirōt à tous les remedes fufdits fans eftre quelquefois contraints & battus: mais afin que le Caualerice n'employe la force, ny la rigueur, qu'entant qu'il y fera contraint par la raifon, ie veux qu'il confidere que iufques icy ie ne prens pas les fufdites fautes proprement pour vices, mais pluftoft comme faictes par ignorance ou incapacité de ieuneffe, ou par quelque defaut, ou imperfection de nature: & qu'il n'y a rien qui confonde tant le cheual, que les chaftimés violens, qui luy font incogneus:

& mesmemét quand il les reçoit pour des fautes incogneuës & naturelles. Et quãd bien le cheual aura autrefois bien seruy, & que seulement pour quelque mutation malicieuse il soit deuenu retif, tousiours les susdits remedes seront bós & asseurez: &lors, s'il estbesoing, ils se pourront faire auec moins de respect: d'autãt que le cheual ne sera pas nouueau aux chastimens qui le pourront contraindre, quand il sera desobeyssant & obstiné. Mais s'il est retif pour auoir esté trop contraint & gourmandé, il faudra obseruer autant de douceur & de patience que s'il estoit poulain. Ie veux aussi que le Caualerice se soûuienne, que les esperons grands & fort poignans sont extremement contraires à l'escole des ieunes cheuaux, mesmement à ceux qui sont sensibles, ombrageux & retifs: par ce que s'ils sont de leur humeur naturelle fort flegmatiques, ou melancoliques, les chastimens de ces esperons les pourront effrayer & rendre plus timides, & par consequent les faire plustost deuenir retifs s'ils ne le sont, que determinez s'ils sont ramingues. Et ceux qui serót sanguins ou coleres s'en pourront aussi facilement desdeigner ou desesperer, au lieu de se rendre obeissans, voila d'où vient le plus souuent que les cheuaux pissent de rage, ou d'effroy, ou qu'ils vont cherchant les murailles, ou s'arrestent tout à faict, & pour se defendre se mettét en deuoir de mordre les iambes & les pieds de celuy qui les pique, ou de luy donner des coups de pied sur les talons: ou quelquefois, à faute d'autre remede, se couchent par terre, ou se mettent en hazard de se precipiter auec celuy qui est dessus. Tellement que pour le plus seur, les esperonnades aspres & si violentes doiuét estre reseruees pour les derniers remedes, vsant plustost des coups de fouët, de nerf ou de gaule, qui se dónent dés la moitié du corsage du cheual en arriere. Car tels chastimens sont propres à le chasser en auant, & auec beaucoup moins d'estonnement, de quelque humeur qu'il soit.

DES CHEVAVX RETIFS POVR AVOIR
esté trop battus sur la teste.

CHAPITRE XXII.

SI le cheual est ombrageux & retif pour auoir receu de trop grands coups sur la teste, comme il aduient souuent, ou pour les craindre de nature, il faudra premierement remedier à ceste crainte, qui est cause de l'imperfection. Et le plus expedient, est d'accoustumer le cheual par caresses & longueur de temps à se laisser espousseter & frotter, principalement la teste & le visage, dedans & dehors l'Escuyrie, auec vne queuë de renard emmanchee, iusques à ce qu'il n'en craigne non plus le mouuement, ny les coups, que de l'espoussette ordinaire: comme il aduiendra sans doute, si l'on y apporte la patience & la discretion necessaire. Car ceste queuë est beaucoup plus molle & plus douce que la toille, de quoy, l'on a acoustumé de faire les communes espoussettes d'Escuyrie: & le Caualerice menant le cheual à la campagne, luy en donnera peu à peu ordinairement sur la teste, autour des yeux & des oreilles: tout ainsi comme s'il le vouloit esmoucher. Et si d'auenture il estoit trop sauuage, il sera bon, pour l'auoir plustost asseuré, de faire au commencement les mesmes choses à vn autre cheual, qui n'aye point de peur, & qui soit tout contre le poureux: afin qu'on aye moyen de leur frotter & espousseter les testes, & les caresser ensemble. Et quand le cheual craintif n'aura plus de peur des coups de ceste queuë, on fera le mesme remede auec vn petit fagot à pleine main de roseau fleury, qui soit bien lié. En continuant la susdite reigle & ostant tous les iours vn peu de la houppe de ce fagot, il n'en craindra plus à la fin le mouuemét, ny par cósequent celuy du baston, & pour le dernier remede, il luy fau-

dra souuent faire prendre quelque friandise au bout d'vn baston, & cependãt qu'il
la mangera, luy passer & repasser plusieurs fois, & discretemẽt ce baston aupres des
yeux & des oreilles, & luy frotter le visage & le col auec la mesme main, qui tiendra
ce baston, ou le susdit fagot. Et si apres qu'il semblera estre exempt de ceste crainte,
il continue de s'arrester & reculer à son gré, le Caualerice ne le doit pour cela aucunement battre, ny menacer, s'il est possible, auec le nerf: car il reuiendroit facilemẽt
à son premier soupçon: mais plustost taschera de le faire aduancer auec la voix, &
quelques coups d'esperon donnez plus en arriere, que l'ordinaire. Et pour le mieux
chasser & luy oster ces impressions craintifues, il luy faudra souuent apprester vn
fort homme, qui l'attende auec vne longue & grosse gaule, ou vn fouet, là ou l'on
pensera qu'il le voudra arrester, ou le faire suiure iusques en ce lieu, pour le fouet-
ter fort & ferme, en criant & le menaçant à haute voix : & cependant le Caualerice
meslera quelques bonnes esperonnades parmy les cris & les coups de fouet, que
cest homme donnera au cheual, iusques à ce qu'il l'aura faict desloger du lieu qu'il
se sera arresté, & ne faudra vser, que le moins qu'on pourra du chastiment de la
gaule, principalemēt sur les espaules, qu'il n'ait auparauant perdu ceste apprehension des coups de la teste.

DES CHEVAVX RETIFS POVR AVOIR ESTE'
trop batus & gourmandez des esperons.

CHAPITRE XXIII.

SI le cheual est rebuté ou retif pour auoir esté trop rudement & longuement exercé, & trop asprement batu auec les esperons, il le faudra premierement laisser seiourner iusques à ce qu'il aye reprins ses forces & premiers esprits: & s'il n'est bien sein dedans le corps, il le faudra purger : car
estant malade, ou plein de mauuaises humeurs, le Caualerice perdra le temps & la
peine qu'il mettra pensant le remettre en son premier & courageux estat: d'autant
que ceste indisposition le rendãt par accident colere melancolique, quoy qu'il soit
naturellement mieux composé & de bonne inclination, le pourra disposer à quelque nouueau vice. Mais estant sain, seiourne & bien nourry, l'on pourra apres commencer de l'exercer à la campaigne, au large & en diuers lieux, peu & souuent, & sans
esperons, euitant tant qu'il sera possible toutes les occasions qui le pourront faire
battre. Neantmoins toutes les fois que le Caualerice cognoistra qu'il se voudra
arrester, & qu'il aura quelque dessein malicieux, il ne manquera de le brauer & menasser à haute voix, & s'il est besoin le fouettera à trauers les fesses & le ventre auec
vn fouet, ou vn nerf & pour plus grande facilité il faudra estre secouru d'vn homme, qui suiue ce cheual sur vn bidet ordinairement à vingt-cinq, ou trente pas de
distance, lequel se tienne tousiours prest pour mettre diligemment pied à terre,
quand ce cheual retif refusera d'aller en auant, & pour le chasser à grands coups
de fouet, sur les fesses, & à trauers les iambes, principalement s'il se defend en
ruant. Il faudra aussi que le Caualerice soit curieux de le caresser, quand il luy obeyra librement: car la douceur est autant & plus necessaire aux cheuaux estonnez &
rebutez, qu'à ceux que l'on n'exerce, que pour leur apprendre ce qu'ils n'ont iamais
sçeu.

ON continuera curieusement ces remedes, iusques à ce que le cheual sera determiné: & apres le Caualerice prendra des esperons mornez, lesquels il luy fera discrettement sentir peu à peu : & pour luy oster & rompre les desseins & moyens

de s'arrester ou de se defendre, quand il luy voudra donner quelque aduertissemét ou chastiment de ses esperons, il faudra que ce soit en criant & le menaçât à haute voix, & entre trois ou quatre bons coups de foüet, ou de nerf, & au mitan d'vn partir furieux de quatâte on cinquante pas, ou d'vne assez longue course. C'est icy proprement vne petite bourrasque de diuers chastimens faits ensemble, afin que premier que le cheual se soit apperceu d'ou luy vient la douleur particuliere des esperonnades, il aye passé l'endroict & le temps, auquel il aura accoustumé de s'arrester soudain apres les auoir receuës. Bref il faut en ceste occasion proprement obseruer les moyens par lesquels le bon Caualcadour cômence à faire cognoistre aux poulains l'aduertissement & les effects des esperons, & s'il se peut auec plus de patience & d'industrie: à cause que les cheuaux faits, ou qui passent cinq ans, sont plus capables de malice, & ont beaucoup plus de force, pour s'opposer & defendre à l'escole & aux chastimens, que n'ont les poulains. Voyla pourquoy l'on doit commécer de les dompter aussi tost qu'ils ont atraint trois ans, mesmement quâd de race ils ont beaucoup de courage & d'esquine. Car d'autant qu'ils sont en cest aage encores innocens & foibles, ils font aussi moins de difficultez & de defenses, & par côsequent moins d'efforts: de maniere qu'ils peuuent apprendre par vne douce & longue pratique, & sans estre foulez, ce qu'ils ne feront sans beaucoup de desordre & de dangers, si on ne les monte iusques à ce qu'ils soyent en leur grand'force. Ie veux dire aussi par ceste mesme raison, que si le cheual rebuté & retif a trop long temps gardé son vice, sans que l'on y aye pourueu, ou si l'on y a mal opere, il faudra que le Caualerice se garde que, en se rebutant soy mesme, il ne precipite temerairemét ses remedes auec le mauuais naturel du cheual. Car en fin il faut considerer que ces accidents vicieux pourront, par la longueur du temps & l'habitude, estre conuertis en nature, mesmement si la complection du cheual y a esté disposee, & pour y remedier il faudra consequemment se resoudre à vne longue & curieuse patience, sans laquelle tous ces moyens se trouueront inutils.

En quel aage on doibt cômencer de dôpter les ieunes cheuaux d'esquine & de courage.

D'AVTRES CHEVAVX RETIFS ET MALITIEVX.

CHAPITRE XXIIII.

I L y a d'autres cheuaux melancoliques, qui sont vrayement retifs de pure malice, & peut estre pour auoir esté redoutez des cheualiers, qui les ont exercez, ou qui s'en sont voulu seruir: de maniere qu'au lieu que ceux que ie viens de dire, deuiénent vitieux pour estre trop rigoureusement picquez, le vice de ceux-cy procede en partie pour auoir esté trop respectez. Ce sont les cheuaux ramingües & chatoüilleux, qui communément se veulent defendre quand on les veut seller ou brider, ou qui souuent aussi tost, qu'ils reçoiuent vne esgratigneure, ou vn petit coup d'esperon donné par vn mauuais homme de cheual, ne faillét point de leur rendre quasi au mesme téps la risposte d'vn coup de pied sur vn tallon, en baissant les oreilles, & en s'esmouschant les flancs, & les costez, auec la queuë: & quand ils sentét redoubler mal à propos les esperonnades donnees auec crainte, ils s'arrestent tout court pour reculer, ou pour faire quelque saut disgratie, en intention de mettre le mauuais cheualier par terre: ou aucunesfois vont cherchant les murailles pour luy en rasper les genoux & les iambes: & quelquefois y veulent porter les dents. Ce sôt les effects de leur inclination naturellemét maligne. Or pour le regard de ces cheuaux si mal nais, toutes les fois qu'ils ferôt ces traicts villains & desloyaux au bô Caualerice, ie ne le dispése pas seulemét, mais ie le prie d'en auoir sa raison, à grâds cris

& coups d'esperon & de nerf, & encores les faire foüetter à tour de bras, perseuerãt iusques à ce qu'ils se seront mis en deuoir d'obeyr. Car s'il est possible il ne faut iamais laisser vaincre les cheuaux, qui ont le courage double & malin. Toutesfois ie ne veux pas que le Caualerice se laisse tant transporter à la colere, qu'il ne soit tousiours attentif & prest à receuoir auec quelque douceur le consentement de tels cheuaux, pour si peu qu'ils obeyssent: car autrement les chastimés seront inutils ou plustost cause de plus grands desordres. Et s'il aduient que tant qu'ils seront à l'escole, ou autrement sur l'exercice, ils ne facent compte des caresses, le Caualerice ne le doit trouuer estrange: car les cheuaux de bonne nature en font bien quelquefois de mesmes estans en colere: & à plus forte raison ceux icy, qui communément sont coleres, fort adustes de leur naturel, & qui ne peuuent aymer l'homme, ny ses caresses. Mais pour tout cela il ne faut laisser de les flatter, quand ils se chastient: car à la longue les caresses bien dispensees leur pourront faire recognoistre les effects des bons chastimens.

POVR voir vne preuue que le cheual retif & malicieux, contraire directement en ce qu'il peut, à la volonté de l'homme, c'est que si on luy attache à la queuë vne corde trainant en terre, & que cependant qu'il recule, outre le vouloir du cheualier, quelqu'vn prend diligemment ceste corde, & la tire tant qu'il pourra pour le faire reculer d'auátage, il aduiendra souuent que ce cheual de mauuais naturel se sentát ainsi tiré en arriere, s'aduancera, & partira comme fuyant, monstrant presque par cest indice, qu'il pense que le cheualier se vueille preualoir du reculer, qu'il ne fait que pour luy desobeyr & desplaire. Or combien que ce remede chasse en auant le cheual retif, pour cela ie ne le baille pas pour chastiment du vice: au contraire c'est plustost adherer à sa desobeyssance, puis qu'il ne s'auance qu'entant qu'il luy semble qu'on le veut faire reculer.

IE pourrois encores adiouster sur ce propos vne grande quátité de remedes, que i'ay pratiquez autrefois pour chasser en auant les cheuaux retifs, soit par le feu ou l'eau, appliquez en diuerses façons, & aux parties plus sensibles, qui soyent au corsage & aux membres du cheual, & mesmes par le moyen de quelques animaux, & autres choses qu'ó luy peut attacher à la queuë, ou mettre dessous icelle, ensemble de certains esperons faits par curiosité superstitieuse, qui reussissent aucunefois. Mais parce que ie suis ennemy de ces petits secrets inuentez à faute d'art, i'en remets le discours & la pratique à ceux qui s'y arrestent plus que moy.

AVANT que passer plus outre, ie veux de nouueau aduertir le Caualerice, qu'il se souuiéne de la commune erreur de ceux, qui pensent que la première chose qu'ó doit faire pour rendre le cheual aysé & bien maniant, c'est de luy asseurer la teste & la bouche: ie dis au contraire qu'il n'y a desordre, qui endurcisse tant la teste, la bouche & le col du cheual, & qui le rende tant, ny si tost entier, que de luy vouloir asseurer la teste, & luy faire vne belle & ferme posture de col, auát qu'il sçache tourner librement, pour le moins de mediocre largeur, & a toutes mains. Il vaut doncques mieux en ces commencemens & premieres leçons luy laisser la liberté des cordes & des rennes, telle qu'en le soustenant mediocrement d'icelles, ou luy puisse aussi facilement attirer la teste du costé qu'on le voudra tourner, afin de luy rédre l'action plus libre en tournant: car puis apres en estrecissant peu à peu la proportion de ses ronds, larges & ordinaires, & en l'adiustant au parer, on pourra par mesme moyen luy ramener le col, & ensemble luy asseurer la teste.

F iiij

DES CHEVAVX RETIFS OV ENTIERS A QVELQVE
main, & de la difference du retif à l'entier sur les voltes.

CHAPITRE XXV.

ON void beaucoup de cheuaux qui seruent, & qui vont en auant par tout, où l'on veut, qui neantmoins sont retifs ou entiers à quelque main, à laquelle ils ne tournent qu'à grande difficulté: ce qui aduient le plus souuent à faute d'auoir esté bien exercez en leur ieunesse. Il faut en cecy que le Caualerice considere, qu'il n'y a cheual, qui ne soit naturellement droitier, ou gaucher, & par consequent, qu'il ne luy soit beaucoup plus facile de tourner du costé, qu'il se sent plus foible, afin que le plus fort puisse mieux faire la plus grande action du tour. Les homes mesmes le font ainsi : & ie m'en rapporte à ceux, qui ont quelque rare disposition, & qui ayment à dâser, lesquels peuuent sçauoir côbien il leur est naturellement plus aysé de faire vn passage fort, en tournant, ou vn sault rond, du costé gauche que du droict, s'ils ne sont par nature gauchers. C'est dôc pourquoy la pluspart des cheuaux ont plus d'inclinatiô sur la main gauche, que sur la droitte. L'on attribue coustumieremêt ce defaut à la main du varlet: mais sans doute quand le cheual n'aura iamais esté exercé qu'en bône escole, encores aura-il rousiours vn costé plus libre que l'autre. Et quand il aduient que c'est le droict, c'est aussi vn signe, qu'il doit estre gaucher & souuent de nature maligne. Et de fait on void par experience, que ceux qui sont naturellement retifs, ou entiers à

Difference
du cheual
retif & de
l'entier.

la main gauche, se defendent plus long têps, & donnêt beaucoup plus de peine au Caualerice, que ceux qui refusent de tourner à la droite. Et pour expliquer la difference de l'entier au retif, c'est que l'entier tourne forcéément, & côme d'vne piece, sans vouloir regarder dedans la volte, à faute de souplesse de col, ou de pratique, ou de bône inclination, ou pour des accidens diuers, que ie diray aux leçôs suiuantes. Et le retif refuse tout à fait de tourner, quand il luy plaist, côbien qu'il aye esté dressé, & qu'il le sçache faire, & mesmes s'enfuit de l'autre costé, ou par le droit, quâd on le veut côtraindre: dequoy les remedes sont beaucoup plus longs & mal aylez, que s'il estoit seulement retif ne voulant aller par le droict. Or pour euiter entant qu'il se peut toutes ces imperfections, ie ne puis approuuer que le Caualerice obserue à son escole ordinaire, la vieille regle de commencer & acheuer tousiours sur la main droitte les leçons du cheual nouueau apprentif, ou tel qu'il soit: mais ie veux que la premiere fois qu'il y montera pour le dresser, il le mene à la campaigne en lieu qu'il le puisse faire trotter, ou galopper spacieusement: pour rechercher & recognoistre à chasque main son inclination naturelle, & apres qu'il face d'ordinaire le commencement, le mitan & la fin de ses leçôs indifferemment à main droitte, ou à gauche, selon l'art & les remedes propres à la mauuaise habitude, ou desobeissance, qu'il aura descouuert au cheual, & sur tout qu'il se souuienne, & se represente en toutes ses leçons, que les effects de la rigueur n'apportent iamais à la fin tant de facilité & de perfection, que font les vrais moyens de l'art, par lesquels on peut gaigner peu à peu le consentement & le naturel du cheual.

LE Caualerice ayant recogneu que le cheual fait beaucoup de difficulté de tourner à quelque main, ou qu'il ne tourne que selon qu'il luy plaist, il obseruera pour quelque temps la compagnie d'vn autre cheual paisible & dressé, gardant le mesme ordre, que i'ay dit parlant de ceux, qui sont retifs par le droict. Apres il le menera en lieu plain & vny, où il y aye des ronds marquez & fort larges. Car ceste figure luy donnera quelque occasion de regarder en terre, & de cheminer plus librement sur la piste ronde & limitee: en ces ronds il le promenera patiemment le petit & le grãd pas deux heures le iour, & ordinairement à la main qu'il se defendra, chãgeant souuent de rond, pour ne l'ennuyer trop, & quelquefois de main, afin que le tourner trop continué sans changer ne l'estourdisse. & tant qu'il tournera du costé qui luy sera mal-aysé, le Caualerice taschera de luy faire plier le col, & porter la teste dedans la volte auec la corde du cauesson, sans s'attacher à la bride: & s'il est besoing auec la pointe du nerf, ou de la gaule, sans toutesfois le contraindre trop. Car le moins de desplaisir qu'on luy pourra faire en ses commencemens, sera le meilleur.

PLVSIEVRS fois il le menera en lieu incogneu, & en iceluy le fera cheminer dix ou douze pas par le droit, & puis le tournera estroit vne, ou deux, ou trois fois, selõ qu'il obeïra librement à la main qu'il sera recherché: & soudain fera encores autãt, ou plus, ou moins de chemin par le droit, pour aller tourner de nouueau en vn autre lieu, & du mesme costé: quelquefois faudra tourner sur la main que le cheual sera plus libre, afin qu'il aye moins d'occasiõ de se fascher & despiter. Ceste leçon de pas sera fort profitable, si elle est bien effectuée & continuée auec art & patiéce: parce qu'elle se pourra faire tant longue, qu'on voudra, & mesmes que les leçons de pas sont propres pour fortifier la memoire aux cheuaux, qui en ont moins, & pour leur amollir & faire plier le col du costé, qu'ils sont entiers: à cause qu'elles sont les moins violentes, & par consequent le cheual en est en action moins tenduë.

SI le cheual estant fasché peut estre de tourner trop de tours en vn lieu, ou trop estroit, se met en defense en ce cabrár, ou en fuiant en auant, ou de l'autre costé, cõme font communémét ceux qui sont coleres & apprehensifs, le Caualerice taschera de l'appaiser, s'il est possible, sans le battre, en cheminant à loisir par le droict, luy tendant souuent la main: & quelquefois tournant du costé, qui luy sera plus facile, iusques à ce que ceste mauuaise fantasie luy soit aucunement passee, pour puis apres recommencer à tourner de l'autre en vne plus large & nouuelle place, en tirant accortement la corde du cauesson à petites secousses, interrompues & differentes, qui feront souuent beaucoup plus d'effect, que si la corde estoit tousiours bandee d'vne façon: & principalement a certains cheuaux coleres & despiteux, lesquels au lieu de ployer le col, & porter la teste du costé de la corde, qui les doit attirer sur la volte, s'opposent & se bandent obstinément contre l'effort d'icelle corde. Il est aussi quelquefois necessaire à tels cheuaux de lascher entierement ceste corde, pour leur donner druëment de petits coups sur le bout du nez, du costé oposite auec la pointe de la gaule, qui du commencement leur pourront bien fort desplaire: toutesfois estans continuez auec iugement ils seront à la fin profitables.

ET pour l'attirer plus facilement, le Caualerice en le caressant l'accoustumera sans bouger d'vne place, à prendre de l'herbe, qu'il tiédra entre son pied & l'estrieu, du costé qu'il ne voudra tourner librement. Et luy ayant fait recognoistre ce plaisir, continuera la susdite leçon: & toutes les fois que le cheual refusera de tourner, le Caualerice au lieu de côtester & de le battre, luy donnera quelque liberté de bride & de cauesson, pour luy faire ammolir l'action trop tenduë du col: & en auançant le pied & l'estrieu luy monstrera l'herbe le plus pres du nez qu'il pourra: & comme le cheual tournera le col, portant la teste de costé pour prendre l'herbe, le Caualerice reculera le pied peu à peu faisant cheminer doucement le cheual sur la volte, & remettant en mesme téps les renes & les cordes accortement en bon estat. Ce remede

sera fort profitable au cheual de nature paisible:mais s'il estoit colere & vindicatif,
& qu'en voulant prendre l'herbe il se sentist piqué de ce costé,ou qu'en ce temps il
fust en souuenance de l'auoir peu auparauât esté,il apprendroit facilement a se defendre,& a mordre le pied du Cheualier,au lieu de prendre l'herbe:mais en tel cas
on pourra faire la mesme chose,ayant l'herbe attachee au bout d'vn baston.

Il sera bon aussi de le tenir attaché auec le cauesson,deux heures du iour,cepen-
dant qu'il sera en l'Escuyrie,de façon qu'il tienne le col vn peu plié du costé qu'il
tournera difficilement,& faut le mettre en telle place,qu'il puisse ordinairement
voir de ce mesme costé la porte de l'Escuyrie:afin que l'entree des viures & des personnes,& mesmes le son du crible & l'arriuee de l'auoine,luy attirent de ce costé le
col & la teste auec le courage.

A mesure que le cheual se rendra facile à tourner de pas,le Caualerice le laissera
quelquefois haster en ellargissant la volte,afin qu'il se glisse,& se mette de soy au
trot sur icelle:& premier qu'il se soit raduise,ou qu'il commêce à ce fascher du trot,
le Caualerice le remettra doucement au pas,sans l'arrester,en le flattât & resserrant
sa piste,iusques à sa premiere proportion.Si ces moyens sont continuez auec ordre
& bon iugement,le cheual apprendra à tourner facilement de pas à toutes mains,
& se mettra par pratique du pas au trot sur les voltes larges,sans vser de plus grande importunité.

Le cheual estant reduit en cest estat,le Caualerice le resoudra viuement au trot
à chaque main,& l'exercera souuent à l'entour de quelques arbres,ou des mottes,
pour ayder à luy tenir la crouppe hors la volte,qui est vne action du tout contraire
à celle qui réd les cheuaux entiers:& tout ainsi qu'il aura esté gaigné du pas au trot,
il faudra aussi le mettre d'vne mesme ordre,du trot au galop,en l'esueillant souuent
de la voix & du son de la langue,ou du mouuement du bras,& du nerf:& luy aydant s'il est besoing,(en tournant à la main difficile,)quelquefois de l'esperon dedans la volte,& de la gaule,ou du nerf sur l'espaule contraire:ou comme i'ay dit,
sur le bout du nez.Quant à l'espace des ronds,il ne se doit limiter en toutes ces leçôs,ny pour l'ordre general de l'escole:parce qu'il les faut obseruer large ou estroit
selon la durté du col,& de la bouche,l'obstination,l'obeissance,la stature,& disposition du cheual.

Si le cheual se defend trop à tous ces remedes,i'approuue lors l'ayde d'vn hôme
à pied dedans la volte,qui tienne la corde du cauesson,de la façon que les Caualerices sçauent qu'il la faut tenir:& de ceste corde l'hôme de pied luy donner des secousses,pour le chastier seulement quand il voudra fuir la volte,& nô autrement.
Mais il aura ordinairemét de l'herbe ou quelque autre friandise en ses mains,pour
l'attirer à soy par douceur:car si le cheual,de nature rebelle n'en receuoit que du
desplaisir,au lieu d'en approcher il se metroit souuent en deuoir de luy eschapper,
pour euiter le chastiment trop continué & mal à propos.Voyla pourquoy il faut
que,tant que l'homme de pied tiendra la corde,le Caualerice face ce qu'il pourra
pour faire tourner le cheual sans que l'homme de pied s'en mesle:si ce n'est quand
le cheual voudra forcer la main du Caualerice:& encores faut-il que le cheual reçoiue du cheualier tousiours le premier & le dernier desplaisir du chastiment,afin
qu'il luy obeysse mieux,& qu'il craigne moins l'homme de pied.

Avcvns Caualerices se seruent en cecy d'vn arbre,d'vn pillier,ou poteau assez

haut & fiché fort auant dans terre, auquel y a vn gros aneau entaillé, qui l'acolle à
vne aulne, ou enuirõ, de haulteur sur terre: lequel aneau tourne facilemét sans pouuoir monter ny descendre : & en cest aneau ils attachent le cheual entier, ou retif,
auec vne corde, qui tient à vn autre petit aneau expressémét mis au mitan de la voute d'vn cauessõ retors & d'vne piece, ou d'vne seguette, assauoir au mitan, tãt pour
luy faire mieux plier le col, & tenir la teste dans le rond, que pour auoir plus de moyen de chãger de main. Apres ils sõt trotter, ou galopper le cheual large, ou estroit
autour de ce pieu, ayant des hommes tous prests pour le foüetter s'il s'arreste, ou se
met en defense, & par ce moyé le contraignét de tourner & d'obeïr. Ie ne veux pas
du tout reprouuer ce remede: car ie sçay qu'il peut aucunesfois reussir & aduancer
l'obeyssance de certains cheuaux de peu de courage, & durs de col & de teste: mais
ie veux biē que le Caualerice cõsidere que si le cheual entier ou retif est colere, sanguin & fort vigoureux, ce remede tant contraint sera du tout contraire à son humeur, & le mettra plustost en desespoir, qu'en obeyssance: & s'il est aduste & malicieux, ceste grãde subiection luy engendrera facilement quelque vile & nouueau
vice, au lieu de le terminer sur la main entiere. Et quand bien il sera facile & de bon
temperament, ceste corde limitee & condamnee luy pourra faire hayr l'escole &
l'exercice, à cause de la trop grãde contrainte. De maniere que tous ces plus forts
chastimés doiuét estre reseruez en general pour les cheuaux chargez, pesans, & qui
ont beaucoup plº de force, que de courage ny de vigueur. Et encores n'approuue
ie pas en ce remede, que ceste corde soit du tout arrestee, mais plustost qu'vn homme la tienne en cest aneau, qui accolle le pilier, éstant tout contre iceluy : de façon
qu'il aye moyen de l'alonger, retenir & accourcir, selon que le cheual se defendra,
ou consentira, & qu'il pratiquera l'action du tourner: afin que par ce moyé il puisse cognoistre peu à peu l'effect & la cause du chastiment.

Il faut icy noter, que si pour contraindre le cheual entier à tourner fort estroit, Accidents
on luy acourfit & areste souuent & long temps la corde du cauesson au poteau, de qui penuét
façon que presque la teste y touche, & que cepēdant en le chastiant on luy pousse arriuer par
sans cesse la croupe en dehors, de sorte que les pieds de derriere facét le tour, & que la trop grã-
par la cõtrainte du poteau la teste & les pieds de deuãt soient au cétre: Il est à crain- de cõtraindre que cest effort, en auillisant ou estourdisant le cheual, luy cause aussi quelque te du po-
accident fort dommageable en la ceruelle, mesmes vne defluction sur les yeux qui teau.
le priue de veuë, & tant plus s'il est colere & fort sensible ou aduste. Partant il faut
tousiours obseruer, que tous les remedes de cest art, se rapportét au naturel du cheual à qui on les applique.

Si quelquefois én ceste occasiõ le Caualerice se veut seruir de la corde du cauesson attachee aux sangles, ou pour plus de cõmodité, à la teste de l'harçon, & passee
entre le liege de la selle & de son genoüil, (afin d'auoir moyé de la lascher diligémét
si le cheual recule, ou se cabre, ou pour quelque autre necessité,) & encore repasser
s'il est besoin l'autre corde par le mesme aneau de celle qui sera ainsi arrestee, (afin de
la pouuoir tenir à la main de la volte mal-aysee, de façon que les deux cordes soyét
ensemble du costé que le cheual se defédra,) il est necessaire que ce cheual aye desia
quelque pratique d'escole: car autrement l'incongruité seroit trop grande. Et sur
tout ceste corde ne le doit tant incommoder, ny contraindre, qu'il aye occasion de
s'oppoler obstinéement au remede, en se bandant & tirant au cõtraire d'icelle corde: principalement en changeãt de main, & en tournãt du costé plus facile : car cela luy feroit faire vne action d'espaules & de col diforme & tant penible, qu'elle
l'induiroit à craindre & hayr d'auantage la main difficile. Mais afin de l'attirer &

vaincre auec plus d'art & de douceur,& moins de desordre,il suffira que quand la
bride sera en son appuy ordinaire la corde condamnee puisse tenir le col & la teste
du cheual vn peu plus sur le costé entier, que sur l'autre: & que s'il faut vser de plus
grande violence,ce soit auec le bras & la main,& l'autre corde passee du mesme co-
sté.Et pour rendre la raison pourquoy le chastiment fait auec la corde,qui ne préd
sa force que du bras & de la main du Caualerice, est ordinairement en cecy beaucoup plus profitable que l'autre, c'est que celuy de la corde arrestee n'a que le seul
effect de tenir le col& la teste du cheual au poinct limité par la lógueur d'icelle corde,& celuy qui se fait auec le bras & la main estant guidé du bon iugement du cheualier,peut contraindre le cheual,& luy donner liberté seló qu'il se defend ou qu'il
obeit:& par consequent le remede en est plus naturel, & luy doit mieux faire cognoistre la franchise,qu'on recherche en son exercice,ensemble l'occasion du cha-
stiment.Et combien qu'aux communes escoles l'on voye faire vne reigle generale
de chastier & gaigner toutes sortes de cheuaux fort entiers à force de les contraindre à tourner longuement du costé mal-aisé,si faut-il que le bon Caualerice considere,qu'il se peut faire en cela beaucoup d'erreurs.Car toutes les humeurs & complexions des cheuaux ne sont pas propres à ceste gráde subiection extraordinaire,
ny tous les cerueaux disposez à ceste continuelle actió de tourner,ny les forces capables de fournir tant de voltes d'vne aleine,& envn lieu.De maniere que tát s'en
faut que ce remede puisse bien faire la souplesse du col, ou des espaules sur les voltes,& gaigner le consentement de toutes sortes de cheuaux entiers,que plustost il
emmenera l'occasion de rebuter en peu de temps celuy,qui sera aysé & determiné
en quelque bon manege.Que si l'on en void quelqu'vn qui se reduise en obeissance,par les moyens plus contraints & violens,il faut croire que c'est par hazard, &
qu'il doit estre de fort bon téperament,ou de peu devigueur.Il séblera par aduétu-
re à quelque esprit curieux,q̃ tout ainsi que l'onvoid chastier le cheual fingart en le
chassant & poussant rudemét en diuers lieux,& plusieurs fois par de longues courses,& celuy qui tire à la main,en le faisant souuét & lóguement reculer,q̃ par mesme raison il doit estre licite de cótraindre celuy,qui est entier,à tourner souuent &
gráde quantité de tours,du costé qu'il se defend.Il faut en cecy cósiderer deux cho-
ses:la premiere que la course,ny le reculer,n'estourdit pas le cheual, comme fait le
tourner:l'autre qu'en toutes occasions il aduient cómunement,que les plus excellens remedes & chastimens estás excessiuemét effectuez,ou trop continuez & recogneus,perdent à la longue leur propriété plus vtile à l'escole & à l'obeissance du
cheual. Et partát ilvaudra beaucoup mieux l'attirer peu à peu sur la main plus mal-
aysee par la mediocrité des chastimens & des caresses,sans le precipiter,ny luy dóner,que lẽmoins d'occasion que l'on pourra,de se mettre en defense : & ne laisser ,
(pour quoy que ce soit,) de l'exercer vn peu du costé qu'il tournera facilement.Car
la practique & facilité d'vne main peut seruir à celle de l'autre,quád ce ne seroit que
pourdiuertir le cheual d'aucuns desseins,qu'il fait souuét pour se defédre estát trop
importuné.C'est pourquoy la premiere fois que le bon Caualcadour de bardelle
veut faire comprendre l'action du tourner au poulain neuf & sauuage ; pour euiter l'occasion dé contester & le mettre en defense , il doit prendre le premier tour
du costé auquel le poulain a plus d'inclination : & mesmes quand aucunefois le
cheual desobeyssant & obstiné à quelque main,ne se peut vaincre, il vaut mieux
finir l'exercice de l'escole sur le costé, qu'il tourne librement , que sur le refus de
l'autre.En fin les plus beaux moyens de cest art sont ceux qui sont moins contraires au naturel du cheual.

Il se trouue souuent des cheuaux entiers ou retifs à quelque matin,qui n'ót pas
le co

le col trop dur ny trop tendu,mais quand ils ne sont en humeur de tourner du costé qui leur desplaist,& qu'on les y veut contraindre,ils se haussent,se cabrét & s'e-
lancent fuyans sur la main contraire.En ses defenses les effects de la camarre bien-
pratiquez apportent ordinairement beaucoup d'aide. Mais d'autant qu'il pourra
estre que le cheual ne craindra pas assez le cauessó ny la seguette,ou qu'il sera si malicieux qu'aussi tost qu'il n'aura plus la camarre,& recognoissant sa liberté il refera
ses premiers desordres,alors ie veux que le Caualerice préne en double vne corde,
semblable à celles dequoy l'on se sert pour tenir les cheuaux tournez au fillet, &
qu'il passe le mitan & le ply de ceste corde dedás la bouche du cheual:de façó qu'elle luy accolle & serre ensemble la langue,les barres,les leures, & la barbe:Et si elle
prend aussi l'emboucheure du costé qu'il aura accoustumé de se ietter,ou desrober,
le remede en sera meilleur,pourueu qu'icelle emboucheure soit d'vn simple canó.
Ce ply de corde doit entrer par l'archet de la branche du mors,du costé que le cheual refuse à tourner,& sortir par le mesme archet,ayant fait le tour de la barbe : &
les deux bouts assemblez de ceste corde doiuent passer dedans le ply & mitan d'icelle,de sorte que tout contre ledit archet il se face vn las qui serre & s'eslargisse,à mesure que le Cheualier tirera & laschera ceste corde doublee.Ce chastiment donnera quelque occasió au cheual de tenir la bouche ouuerte,& de faire les forces:mais
il aydera beaucoup aucunesfois à le gaigner sur la volte qu'il refusera ,toutesfois il
ne doibt estre long temps continué.

En la susdite imperfection l'on peut vser aussi d'vne muserolle entiere & canal-
lee,laquelle soit dentelee en forme de seguette,seulemét du costé que le cheual fuyra la volte,ou qu'il portera trop la teste:& outre les dételures,on y adioustera trois
ou quatre vis,qui percent ceste muserolle,desquelles les pointes aduáceront autát
comme les dentelures ou moins ou d'auantage,s'il est besoin,par le moyen des es-
croües faites en ladite muserolle,ou seguette,à laquelle il ne faut point de cordes
appliquees à la façon du cauesson ordinaire:car elle se doit arrester dessous la maschoire,& au dessus de la gourmette par la courroye & la boucle,qui tiendront aux
aneaux des deux bouts d'icelle muserolle : parce que d'autant que le cheual tient
ordinairement le nez,ou le courage,trop d'vn costé,l'incommodité & la douleur
du remede doit estre aussi continuelle. Et par le moyen d'vne longe,qui tiendra à
vn autre petit aneau attaché & bien riué du costé que la volte desplaira au cheual,il
se pourra aucunesfois faire des chastimens extraordinaires,selon son obstination,
& non autrement.

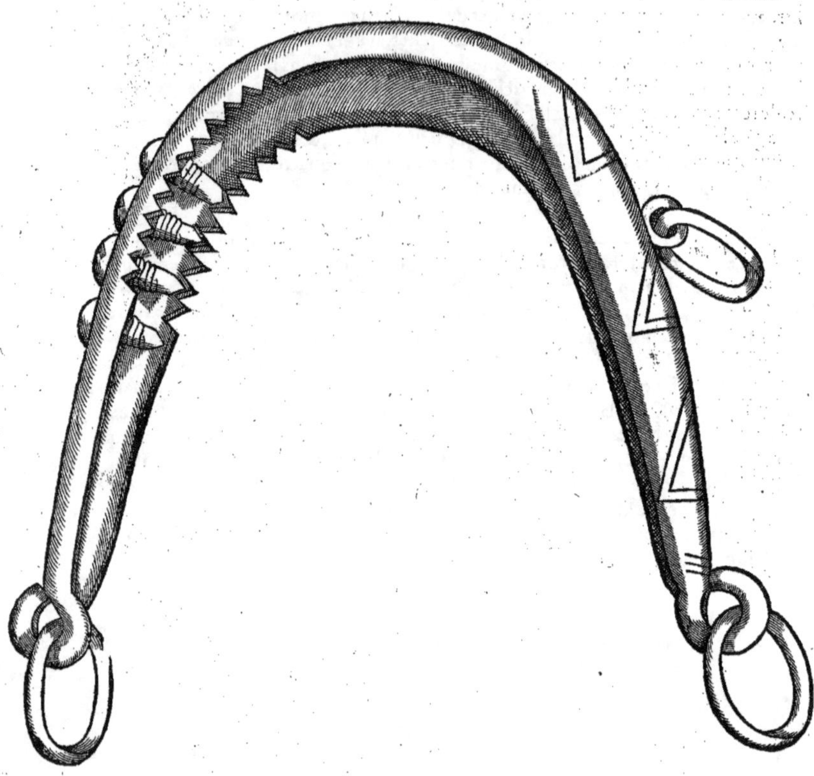

I'APPROVVE en ces imperfections le remede de mettre & peigner souuent le crin, du costé que le cheual tourne plus difficilemét, si d'auenture il estoit de l'autre part: car tout ainsi que le crin attire naturellement à soy l'humeur, qui le nourrit, il peut par mesme raison dóner quelque occasion au cheual de tourner, & porter la teste plus librement du costé que ceste humeur est attiree. Toutesfois le Caualerice impatient ou mal fondé pourra souuent precipiter, ou du tout empescher les effects des plus beaux & naturels remedes de cest art, qui ne reüssissent qu'entát qu'ils sont entendus & faits à leur temps.

CHEVAVX QVI PORTENT ORDINAIREMENT
le nez plus d'vn costé que d'autre.

CHAPITRE XXVI.

IL aduient aucunefois que le cheual a la posture du col belle & iuste & la teste ferme, neantmoins il tient ordinairement le nez tourné d'vn costé. A cela l'ayde du cauesson ne profite pas beaucoup, quoy que la corde soit passee en aucús petits aneaux, qui se peuuét ioindre à l'espace qui est depuis le gros aneau ordinaire, iusques au ply, ou au mitá de la voute du cauesson: parce qu'il né se peut mettre assez bas pour dresser le visage du cheual sás luy faire plier le col, ou sás mettre l'œil de la branche du mors en desordre: mais la fausse rene y est propre auec le canó simple. Car s'il estoit ouuert, ou qu'il fust accópagné d'autre chose que de la ceciliane ordinaire, sás doute la fausse rene luy feroit offenser, & falsifier la bouche.

ENCORES vaudra-il mieux luy tenir d'ordinaire les deux renes du costé, qu'on luy voudra attirer le nez, soit en l'exerçant à l'escole, ou en allát par païs: car les deux branches du mors estans mises d'vn mesme costé, & par consequent hors du rencontre du col & de la poitrine, elles ferót tourner la bouche & le nez du cheual sans luy incómoder le col, ny la teste, pourueu que le Caualerice tiéne la main de la bride iustemét au droit de l'harson, comme si le col du cheual estoit entre les deux renes & la corde du cauesson de l'autre costé, ou la fausse rene fort pres du col, afin qu'elle auseure le cheual au defaut de la rene, sans que pour cela elle laisse de faire son commun effect. Chose qui sera assez mal-aysee au Caualerice, s'il ne se sçait bié & diligemment ayder de la bride & du cauesson, également auec les deux mains. Ce qui ne se void pas souuent, combien qu'il se doiue.

I'APPROVVE en cecy quelquefois les petites pointes, qu'ó met aux portemors ou enuiron d'iceux, pourueu qu'on en vse auec discretion, & principalement quand le cheual est sensible & leger à la main. Mais s'il est pesant, ou que de nature il ayt la bouche dure, ce remede ne seruira pas beaucoup: parce que le cheual faisant peu de compte de la bride, (laquelle fait sa principale operation dedans la bouche, & par consequent sur la chair despourueuë de cuir,) à plus forte raison deura-il moins craindre ces petites pointes, qui ne sont appliquees que sur la iouë.

PAR ses moyens le cheual sera la souplesse du col, & s'accoustumera à porter la teste droitte, & la veuë sur la piste de la volte, & se rendra facile à toutes mains, si le Caualerice s'y comporte auec iugement & patience: & au contraire s'il est mal fondé, ou si en se presumant faire en trois iours ce qui sera peut estre impossible en vn mois, il precipite le bon ordre de ses leçons, & le consentement du cheual, il sera ordinairement à recommencer ces moyens: & le plus souuent à la fin de ses peines mal employees il n'en receura honneur ny plaisir.

S i quelque accident, ou empefchement naturel, rend le cheual du tout incapable de tous ces remedes, tant moins en faudra-il vfer, mefmemét auec violéce, ains pluftoft tafcher de remedier par autre voye à la caufe de l'incapacite: & fi elle eft incorrigible ou incurable, il faudra ceffer par confequent tous les moyens de l'exercice de l'efcole, & faire feruir ce cheual à ce qu'il fe trouuera plus propre. Car ce feroit trop grand erreur de vouloir contraindre nature à plus qu'elle ne peut. L'on void quelquefois des hommes qui naturellement, ou pour quelque accident, ont le col & le vifage toufiours tendu, & tourné d'vn cofte, à quoy il eft impoffible de remedier: autant en peut-il aduenir au cheual.

I' A y dreffé autresfois vn beau genet de la campaigne de Rome, d'auffi bône nature, & autát ayfé à toutes mains, qu'il s'en pouuôit voir, auquel furuint vne defluxion dedans vne oreille, qui le rédit fourd d'icelle l'efpace de fix mois. Ceft accidét le fit auffi toft venir fi entier, qu'il fembla n'auoir iamais apprins à tourner du cofté de la furdité, & iufques à ce qu'il en fuft guery, il ne tourna libremét de ce cofté, ny ne tint la tefte droitte. I'ay veu depuis deux autres beaux & bôs cheuaux en vne bône efcole, dont l'vn a efté extrememét entier d'vn cofté, quoy qu'on aye fçeu faire, pour auoir eu vne arquebuzade au trauers du col: & l'autre deuint retif à toutes les deux mains, pour vn coup de pierre, qu'il reçeut fur la nuque. Aucunefois vn coup fur vn œil, ou quelque difficulté de veuë, foit accidétale ou naturelle, peut auffi faire venir le cheual entier à quelque main. Ie le puis dire pour auoir vne fois efté quafi fur le point de faire incifer vn œil veron, du cofté duquel le cheual ne vouloit tourner qu'à grád force, fi ce n'eftoit quand ie l'épefchois de veoir de ceft œil: qui eftoit figne que ce, qui luy eftoit rapporté par la veuë d'oul' œil inparfait, luy defplaifoit. Mais en fin ie m'aduifay de le laiffer feulement voir de ceft œil veron, & luy faire tenir l'autre fermé tant qu'il y auoit quelqu'vn deffus: & me refolus de le faire ainfi monter & exercer vn peu tous les iours, & d'attendre patiemment l'effect final de ce moyen qui me reüffit de telle façon, qu'en moins de deux mois le cheual tourna facilement à toutes mains. Mais la premiere fois que ie le voulus faire manier fans l'engin, qui auoit accouftumé de luy tenir le bon œil fermé, ie le trouuay fort defbauché, & euffe bien toft perdu le fruict de mes peines, n'euft efté que ie luy remis ledict engin, auquel ie fis plufieurs petits trous à trauers pour donner quelque clarté: & tous les iours i'aggrandiffois vn peu ces trous, tellement que dans deux mois ceft engin fut tout ouuert, & le cheual libre & bien maniant, fubject toutesfois à eftre fouuent exercé, & contraint fur cefte main.

Vn accident en vn pied, à vne iambe, ou à vne efpaule peut eftre auffi caufe que le cheual fera entier, du cofté qu'il aura la douleur, ou l'incômodité: vn mal de reins, ou de hanche, vne courbe, & mefmes les efparuins, & efpauénts le peuuét auffi empefcher de fe bien appuyer fur les iarrets, & par confequent de bien tourner. Puis donc que les maladies & incommoditez naturelles & accidentales, le plus fouuent incogueuës, peuuent empefcher le cheual de bien manier, il me femble, quand cela aduient, que les plus afpres & violens remedes de l'efcole ny apporterót pas beaucoup d'vtilité: mais pluftoft augmentans la caufe principale de l'imperfectió, pourront amener de nouueaux & plus grands inconueniens. Ie diray encores fur ce propos, que i'ay eu vn cheual d'Italie fouz ma charge, qui manioit & redoubloit fur les voltes d'vn bel air, egalement & fort iuftement à toutes mains, quand il eftoit en aleine & en efcole. Il aduient qu'vn Gentil-homme mien amy, & bien entendu en ceft art, en eut fi grand enuie, qu'il ne ceffa de chercher tous les moyens, qui luy femblerent propres à fon defir, iufques à ce que ce cheual fut à luy. Bien toft apres

l'auoir recouuert, il luy furuint des affaires, qui l'empeſcherent quelque temps de
monter ſur ſon cheual, ce qui fut cauſe que la premiere fois, qu'il y remonta, il ne le
trouua plus ſi ayſé, comme il penſoit, meſmement à main gauche: à laquelle, quand
il auoit eſté trop ſeiourné, il eſtoit moins ayſé. Cela l'incita à le battre aſprement, &
à luy faire vne longue eſquiauine à ſa façon, penſant le remettre en vne caualcade,
à la iuſteſſe qu'il l'auoit autresfois veu, Mais trouuant à la ſeconde qu'il eſtoit plus
desbauché, & à la troiſieſme plus confus & eſtonné, il en fut ſi meſcontent, qu'il ſe
reſolut d'en auoir ſa raiſon par la violence. Et parce qu'il auoit veu, du temps que
le cheual eſtoit en mon pouuoir, que pour le tenir en eſcole, entre autres remedes ie
le faiſois ſouuent attacher eſtát à l'Eſcuyrie, de façon qu'il eſtoit contraint de plier
vn peu le col, & de regarder ſur la main gauche, il voulut vſer de ce moyen, mais il
en abuſa, car dés la premiere fois, & tous les iours apres, il l'attacha ſi court & ſi contraint, que le cheual en eſtoit (de trauail & de deſplaiſir) à toutes les fois dans demy
quart d'heure, tout mouillé de ſueur, meſmes à cauſe que c'eſtoit en la plus chaude
ſaiſon de l'eſté. Et voyant que pour tout cela, reuenant à l'exercice, il n'en pouuoit
tirer ce qu'il pretendoit, il le battoit de colere, & d'ordinaire du coſté droit à grands
coups de baſton ou de nerf ſur le nez, & ſouuent ſur la teſte, ſelon que le deſpit le
tranſportoit, ſans conſiderer que ce cheual eſtoit de ſon humeur flegmatique, melancolique, & par conſequent de peu de vigueur & de courage. Il eſtoit auſſi vieux &
deſia foulé, tellement que ces chaſtimens du tout contraires à ſes aage & temperament, à ſon indiſpoſition & à la ſaiſon extremement chaude, furent conuertis en
tels deſordres, qu'ils firent vn accident dedans le cerueau du cheual, qui le rendit ſi
retif du coſté gauche, qu'au lieu de cheminer droit eſtant au long d'vn grand chemin, ou en autre part, il alloit de biais ſur la main droitte, iuſques à ce laiſſer cheoir
quelquefois dans les foſſez, cóme s'il euſt eſté aueugle quoy que ſçeuſt faire l'hóme
qui eſtoit deſſus pour l'empeſcher: & quand on l'arreſtoit en vne place, luy dónant
entiere liberté de la bride & du caueſſon, il tournoit de ſoy inceſſammét le petit pas
à main droicte, penſant touſiours tirer & reſiſter au chaſtiment de la corde gauche
du Caueſſon, bien qu'il n'euſt que la bride: & depuis il n'a bien ſeruy. Il y a pluſieurs
Caualerices hazardeux, que ſi ce cheual fuſt tombé entre leurs mains en ceſt eſtat, ie
m'aſſeure qu'ils euſſent taſché de le rebuter ſur la main droicte par tous les deſordres & deſplaiſirs, qu'ils luy euſſent peu faire, afin de luy oſter le deſir & le recours de
fuïr & ſe ietter ſur icelle, eſtant recherché de tourner à la gauche outre ſa volóté, &
moy-meſme en euſſe peut eſtre fait autant, ſi d'autres moyens m'euſſent manqué,
& s'il euſt eſté plus ieune, plus ſain & d'autre naturel.

Vne autrefois i'ay veu vn tresbeau & courageux cheual d'Eſpagne, entier à vne
main, qui eſtoit ordinairement exercé à l'eſcole d'vn bon Caualerice, lequel penſát
vſer d'vn remede pour luy faire le ply, ou la ſoupleſſe du col, du coſté qu'il eſtoit
dur, luy attachoit aucunefois la teſte contre les ſangles auec les cordes du caueſſon:
& apres le faiſoit menacer & foüetter, ſans qu'il y euſt perſonne deſſus, le contrai-
gnát par ce moyen de tourner inceſſamment: iuſques à ce que quelquefois il tom-
boit eſtourdy par terre. Ce cheual eſtant bien fort, ſenſible, colere & vigoureux, ſe
rendoit d'autant plus obſtiné & reſiſtoit plus long temps, & auec plus de defenſes à
ce chaſtiment rigoureux & mal iugé, ſelon le naturel du cheual: tellement, que au
lieu de ſe corriger de ceſte dureté de col, il ſe deſeſpera de telle ſorte qu'il ne voulut
plus tourner d'vn coſté ny d'autre, ny ne ſe vouloit laiſſer approcher pour eſtre mó-
té. En fin ces eſtourdiſſemens trop continuez luy cauſerent le mal caduc, auquel il a
eſté depuis ſubjet, iuſques à ce qu'il eſt mort. Voyla cóme les chaſtimens violens &
trop extremes offenſerét tellemét ces deux cheuaux differés en cóplectiós, que ce-

luy,qui eſtoit flegmatique & melácolique,perdit du tout le courage & la vigueur:
& l'autre,qui eſtoit colere,ſanguin & trop actif,ſe deſeſpera,&en fin tous deux tô-
berent en des accidens irremediables. Ie ſçay que de fort bons Caualerices font
profeſſion d'vſer ordinairement en leurs leçons des remedes,violents à toutes ſortes de cheuaux,leſquels reüſſiſſent aucuneſfois:mais auſſi ſans doute la pluſpart de
leurs cheuaux ſont pluſtoſt foulez,que bien dreſſez.

Si le lecteur a quelque bonne pratique en ceſtart,& que taſchant quelquefois
de vaincre le vice des cheuaux entiers à quelque main,il ay e eſſayé les effects de ſes
derniers remedes extremes,ie m'aſſeure qu'il les aura trouuez communement inutiles,& qui pis eſt,fort preiudiciables à la vigueur&ſáté du cheual obſtiné.Enquoy
il pourra facilement conſiderer que tel cheual,ayant la teſte ainſi attachee,par les
cordes du caueſſon, contre les ſangles & par conſequent,le col tant & ſi long téps
plié,il ce fait par ceſte action trop forcee,vn tel effort en nature,que les nerfs & les
tendonsdu coſté opoſite,en ſont grandement offenſez par des douleurs ſi extremes,que ſoudain qu'ó a deſtaché ſes cordes,le cheual cherchât la liberté&le ſoulagement de ſon plus grand mal,porte la teſte de l'autre coſté plus qu'il ne faiſoit auparauant, & ſe trouue par ceſte violence extreme , fort eſtonné , haraſſé & plus
ennemy de la main entiere:

Il me ſouuient d'auoir veu donner vne infinité d'autres tourmês mal cóſiderez
à pluſieurs cheuaux entiers & retifs,&moy-meſmes,en cela trop curieux imitateur
m'en ſuis autrefois meſlé à mon tour aſſez indiſcretemét,& à d'aucuns cheuaux ſix
ou ſept mois d'ordinaire,voire vn an. Que ſi tels deſplaiſirs euſſent eſté faits ſur la
main,que le cheual tournoit libremét,ie m'aſſeure,que dás peu de iours il y euſt eſté
rebuté.Auſſi en ay-ie veu arriuer pluſieurs inconueniens. C'eſt en quoy ie me trô-
pois,cóme font beaucoup d'autres,qui,à faute de cognoiſtre le naturel du cheual,
veulent remedier à quelque vice par des moyens inconſiderez,qui ſeroiét ſuffiſans
de le faire naiſtre,s'il n'eſtoit pas.Quoy qu'il en ſoit ceſte rigueur peut aucuneſfois
reduire pluſieurs ſortes de cheuaux à quelque obeyſſance:mais c'éſt lors qu'ils n'ôt
plus force ny courage pour ſe defendre,& ſeulemét tát qu'ils ſót en ce piteux eſtat.
Au contraire ie voudrois que le Caualerice priſnſt plus de loiſir,& qu'il cognenſt &
ſçeuſt ſi bien attirer le naturel & le conſentement du cheual,que generalement en
toutes ſes regles il luy cóſeruaſt la vigueur & l'allegreſſe naturelle.En fin ie ne veux
pas tát blaſmer les remedes violés,que ie n'aduouë qu'ils ſont en ce téps bié fort neceſſaires,& que ie ne ſçache auſſi que les deſordres peuuét aucunefois faire pluſtoſt
perdre le vice d'vn cheual,que ne ferôt beaucoup d'autres remedes faits par raiſós.
Toutefois il faut que ces deſordres ſoient pratiquez auec ordre, & ſubtil deſſein;
mais l'vſage d'iceux n'appartiét qu'aux Caualerices,qui par l'art & l'experience en
cognoiſſent bié les occaſions,& en preuoyét les effects,& ſur tout qui en les effe-
ctuát ont le iugemét capable de ſe pouuoir diſpéſer & retenir,ſelon la nature & les
forces du cheual, &les dommages&vtilitez,qui peuuent aduenir de ces deſordres
premeditez & neceſſaires.

L'on void fort peu de cheuaux borgnes, qui tournent egalement & librement
aux deux mains:les vns ſont,ou deuiénent entiers ou retifs du coſté,qu'ils ont perdu la veuë,pour ne pouuoir regarder dás la volte: & les autres pour les meſmes in-
cómoditez pliét le col,& portét trop la teſte de ce meſme coſté,afin d'auoir moyen
de veoir auec le bon œil ſur icelle main.De maniere que i'ay autresfois diuerty des
cheuaux qui auóyent trop d'inclinatió,ou d'habitude particuliere ſur vne main,en
leur bouchant l'œil du coſté d'icelle:& en ay attiré & gaigné d'autres, qui eſtoyent
entiers & retifs,en leur bouchant auſſi l'œil,du coſté qu'ils refuſoient à tourner.

Qvand il aduient qu'aucuns cheuaux bien dreſſez perdent par quelque acci-

dent, & peu à peu, la veuë des deux yeux l'vn apres l'autre, l'on void ordinairement
qu'ils manient plus ayſément & plus librement, quãd ils ſont dutout aueugles, que
durant le temps, qu'ils ſont ſeulemẽt priuez de la veuë d'vn œil, & qu'ils ne voyẽt
que fort peu de l'autre. Tellement que par ces experiences il y a eu des Eſcuyers de
grande Eſcuyrie, qui pour ſauuer la franchiſe du manege de tel cheual excellẽt, qui
auoit perdu vn œil par quelque accident, luy ont oſté expreſſément la veuë de l'autre: choſe que ie ne voudrois faire, que pour la commodité neceſſaire de quelque
ieune Prince, ou grand Seigneur, que i'exerceaſſe à cheual.

<hr>

EMPESCHEMENS QVE LE CHEVAL PEVT
auoir à bien parer.

CHAPITRE XXVII.

 A plus grãde & generale preuue que le cheual puiſſe mõſtrer de ſes
forces & obeïſſance enſẽble, eſt de faire vn bel arreſt, ferme & leger
à la fin d'vne lõgue & furieuſe courſe. Quelques-vns en pourront
douter, parce qu'il ſe void beaucoup de cheuaux de grãd nerf & qui
ont les iambes bõnes & fortes, qui neantmoins parent auec beaucoup de peine: & d'autres, qui ont fort peu de force & de vigueur,
qui s'arreſtẽt facilemẽt. En cela l'on doit premieremẽt ſçauoir, que la plus grãde facilité procede du cõſentement que le cheual y apporte. Apres il faut conſiderer la
ſtature & proportiõ d'iceluy, & de quelle façon il employe ſa force en courant. Car
combien qu'il ſoit fort de iambes, d'eſpaules & de reins, s'il eſt bas de garrot, ou que
naturellement il coure ſur le deuant, ſans doute il aura peaucoup de peine à ſe ramener ſur les hanches pour bien parer.

A v cõtraire s'il eſt biẽ releué d'eſpaules & d'encoleure, & qu'il coure ſur le derriere, il pourra pater plus facilemẽt, cõbien qu'il n'aye pas beaucoup de force: à cauſe
qu'il eſt naturellemẽt planté & cõme contrepoiſé ſur les hãches pour faire de beaux
arreſts. Toutesfois s'il eſt foible & mal fondé, meſmemẽt ſur le deuãt, il ſera en danger de tomber & de faire la culbute, pour ſi peu qu'on le precipite en l'arreſtant.

S'il eſt foible, & qu'il coure abandonné ſur le deuant, à grand peine ſe pourra-
il bien diſpoſer à faire vn bel arreſt.

S'il eſt fort biẽ party & releué de deuãt, & qu'il coure ſur le derriere, à ſçauoir tenãt
l'eſchine droitte, il aura la plus grãde partie des qualitez principales, pour pouuoir
parer facilement & de bonne grace, ſans donner beaucoup de peine au cheualier.

Les cheuaux, qui ont le corſage generalemẽt trop lõg, s'arreſtent cõmunement
de mauuaiſe grace, & auec la teſte mal aſſeuree, à cauſe de la difficulté, qu'ils ont de
raſſembler en ſi peu de tẽps leurs forces pour ſe ramener ſur les hãches. Et ceux qui
ont le corſage fort court & le col gros, parent ordinairement ſur le deuãt. Toutesfois il ſemble que d'autant qu'ils ont la taille fort vnie, au cõtraire de ceux qui ſont
trop longs, il leur doit eſtre plus ayſé de faire l'arreſt ſouſtenu ſur le derriere. Mais il
faut conſiderer, que quand le cheual court, les forces des reins, des hanches & des
iarrets ſont entieremẽt employees à pouſſer tout le corps en auant: & celles des eſpaules & des bras à ſouſtenir ceſte action, embraſſant neantmoins ſpacieuſemẽt le
terroir. Or eſtant les forces de derriere ainſi furieuſement agitees & de trop prcs ſur
celles de deuant, elles apportẽt telle violence, que les eſpaules, ny les bras n'en peuuent ſuffiſamment, ſouſtenir, ny ramener l'action pour faire l'arreſt ſi releué, ſi iuſte
& ſi beau, comme ſi le cheual eſtoit de ſtature moins raccolte & plus allegre, par laquelle il eut moyen, en recueillant & diſtribuant nerueuſement ſes forces, de ſe dõ-

ner vn certain contrepoids naturel sur les hanches, qui n'est bien cogneu que des
bons hommes de cheual. C'est en quoy l'on peut iuger, qu'vne des causes principales de la facilité de l'arrest, procede de la force des espaules & des bras, & non seulement des hanches & des reins, comme la pluspart des cheualiers pensent.

Il y a encores en cecy d'autres consideratiõs, qui consistẽt particulieremẽt aux
proportions du col & des maschoires du cheual, à la disposition des pieds, & au tẽ-
perament de son humeur naturelle. A sçauoir que pour rẽdre l'arrest aysé & beau,
le cheual doit necessairement faire la premiere action d'iceluy en ramenát le col &
la teste: car de là depẽd la facilité, l'obeissance & la grace du parer. Or si le col est faux
& naturellemẽt renuersé, ou si la maschoire est si estroitte: ou le col si gros qu'il ne
puisse estre libre autour du gosier dans sa place naturelle, qui est entre les deux maschoires, l'action susdite ne se peut bien faire, ny par consequent l'arrest bon ny ag-
greable.

S i le cheual a le col trop vouté ou serpentin, au lieu de se ramener sur les hanches, il s'armera contre la poitrine, & fera l'arrest dur, courbé & desplaisant.

S'il a les pieds foibles & douloureux, cela luy pourra faire haïr & fuir le parer,
ou le luy faire faire timide & tout à coup, aucunefois plus abandonné sur le deuãt,
& sur l'appuy de la bride, que si la foiblesse venoit des iambes ou des espaules.

Et quand bien ces defauts ne se trouuerõt au col, aux maschoires, ny aux pieds,
si le cheual porte naturellemẽt le nez auácé, & qu'il aye le dos foible & enfoncé, tel
que le cõmun appelle encellé, il luy sera quasi impossible de ramener la teste, pour
bien dresser & presenter le front à l'arrest: parce que la force de la nucque & du col
depend de celle de l'eschine. Or telles forces estans desunies, ou venás à máquer, sás
doute le cheual parera necessairement auec le nez trop auancé, & ordinairemẽt sur
les espaules. En fin toutes ces raisons n'epeschent pas qu'on ne voye beaucoup de
cheuaux mal proportionnez, lesquels ne laissent pas d'estre naturellemẽt determinez à la course, & fort aysez à l'arrest, qui sont deux des pl⁹ principales qualitez ensemble, qui se puisse desirer au cheual de guerre: d'autres, sont de iuste taille pour
bié parer, qui ne se peuuent arrester, que par grãde cõtrainte. Mais ce sõt exceptiõs
& particuliers effects de nature: & encores faut-il, pour la facilité que ce qui defaut
en quelque partie de la stature du cheual, abõde aucunemẽt en vne autre, & outre
ce que le cheual y apporte beaucoup d'obeïssance. En cela l'õ peut apprẽdre, que la
cognoissãce de l'humeur & cõplection du cheual de quelque taille & poil qu'il puisse estre, est vne science tres necessaire au Caualerice, puis que la iuste stature & proportion & la force ensemble, est peu sans la bõne inclination. Aussi void-on qu'vne
des plus belles preuues que le Caualerice puisse faire en son art, est de rẽdre leger &
bõ à la main, tãt au manege que par le droict & a l'arrest, le cheual qui de nature est
colere & impatient, principalement quand il a la bouche dure ou faulse, pour si bié
proportionné qu'il soit du reste. La raison est que toutes les fois que l'apprehensiõ
fougouze luy suruient & le possede, elle luy precipite la vigueur, la force & l'aleine,
& luy empesche la memoire & le sentimẽt de la bouche: & par consequent rẽd inu-
les les effects de la plus-part des regles & remedes de nos escoles, tellemẽt qu'il est
impossible, qu'il puisse gouster, ny cõprendre les leçons de l'obeïssance du manege
ny du parer, que premierement il ne soit dessaisy de ceste inquietude extreme. En
quoy il faut que le Caualerice aye beaucoup de iugemẽt, de pratique & de patience, pour se preualoir des moyens de l'art, par lesquels on peut remedier aux susdites
imperfections en aydãt à nature. Il semble que ces raisons ne se rapportent pas fort
aux communes opiniõs d'vne infinité de personnes, qui pensent qu'vne bride puisse remedier à tant d'incommoditez du tout contraires à la facilité de la bouche, &
mesmement à l'action legere de l'arrest. Ie remets l'explication de la diuersité des

bouches & des effects diuers des brides differétes à vne autre occasió, pour dire cependant le styl, qu'il faut tenir en l'art, pour apprendre le cheual à bien parer selon
sa capacité, & pour le remettre, s'il est egaré & desbauché auec le simple canon, qui
est la mere des bonnes emboucheures.

DES CHEVAVX ESGVEREZ DE BOVCHE
ou deseperez.

CHAPITRE XXVIII.

SI le Caualerice veut que le cheual, en quelque façon qu'il soit desbauché, esgaré de bouche, ou deseperé, face son profit des leçons
du parer pour se remettre en obeyssance, il luy doit premierement
faire perdre l'apprehésion de la course & de l'arrest trop cótraint, &
de toutes sortes de chastimens, qui le peuuent auoir rebuté: car autrement il luy sera impossible de gaigner le consentemét de tel cheual, (sans lequel ses moyens & sa peine se trouueront inutils:) & pour ce faire il le
faudra ordinairement promener dans des carrieres, ou autres lieux soupçonneux
& propres à le tenir en alarme, ausquels le Caualerice taschera de l'appaiser patiemment par caresses, & l'arrestera de quinze ou vingt en vingt pas, & à chasque fois le
fera soudain reculer à loisir quatre ou cinq pas, en luy rédant soüuét la main de la
bride. Et si par boutades la colere & les inquietudes luy font faire quelques desordres, le Caualerice ne cótestera, ny vsera d'aucune sorte de chastimens, soit qu'il refuse de reculer, ou qu'il aille de biais, ou de trauers: Mais il essayera encore de l'appaiser par les plus doux moyens, qu'il se pourra aduiser, en cheminant le petit pas
par le droict. Et quand la fougue luy sera passee, il l'arrestera de nouueau, & taschera
à tous les coups de le faire reculer, comme i'ay dit. Et si estant esmeu de colere & des-
pité il se obstine à ne vouloir reculer, il le faudra chastier auec le cauesson, & quelquefois auec la bride, pourueu que ce ne soit qu'vn simple canon: & s'il est besoin,
le battre sur les bras & sur le nez auec le nerf, ou la gaule, & sur tout bien à propos.
Toutefois s'il est colere, sanguin & bien fort sensible, il vaudra mieux luy tourner
aucunefois la teste tout court du costé, qu'il sera venu au lieu qu'il fera l'opiniastre,
recherchant soudain de le faire reculer. Et par ce moyen il obeyra plus facilement:
parce que bien souuent le cheual colere & impatient se fasche de s'arrester & de reculer, quád il a la teste droitte au lieu, qu'il desire se rendre, mesmement quand il est
en action fougouze. Plusieurs hommes de cheual pourront penser que ce soit incongruité de ne tirer quelque raison d'vn cheual à l'instant, & au mesme lieu, qu'il
fera vne si grande faute, estant mesmement à la campagne. Ie l'aduoüe pour la consequence generale: mais sans doute pour bien iouir des cheuaux coleres, ságuins &
qui ont beaucoup de feu, il est souuent necessaire de leur permettre & pardonner
beaucoup de fautes: parce que d'ordinaire ils se despitét & desesperent des remedes
& chastimens, qui peuuent corriger ceux, qui sont de plus facile & douce temperature. A cause dequoy il vaut quelquefois mieux adherer aucunement à leurs mauuaises fantasies & habitudes licentieuses, que les vouloir corriger & vaincre, en ce
qu'ils ne veulent, ou ne peuuent consentir, & en fin estre contraint de laisser le chastiment imparfait & inutile, qui pourra par apres estre cause que le cheual perseue-
reta d'auantage en son obstination. Or s'il est si fougoux qu'il ne se vueille tenir ferme, ny cheminer droit dedans la Carriere, il faudra faire marcher à reculons, vn hóme de pied, qui se tienne cinq ou six pas deuant le cheual: car il luy ostera vne partie
de l'apprehension, l'empeschant de voir le bout de la carriere: lequel hóme l'attendra souuent pour le caresser, & luy donner quelque friandise: & faut que cest hom-

me regarde ordinairement le cheual droit aux yeux, afin de luy tenir la veuë occupee fur la fiéne, & qu'il fçache ayder, s'il eft befoin, au Caualerice, pour adiufter, ou
faire reculer le cheual en le menaçant, ou en le touchant, ou frappât auec difcretiõ,
de la gaule, ou du nerf fur le bras, fur la poitrine, fur le nez, ou aux flancs: & quelquefois en le pouffant auec la main fur le ply, ou le mitan de la voute du caueffon, pour
luy ayder à reculer, ou contre l'efpaule, ou le flác, pour le dreffer, au lieu des chaftimens de l'efperon ou de la gaule, lequel hôme auffi s'aduancera & s'elloignera plus
ou moins, felon que le cheual perdra la fougue & l'apprehéfion. Cependant le Caualerice ne s'attachera à la bride, que le moins qu'il pourra, au contraire rendra fouuent la main au cheual.

A P R E S donc que le cheual fera affeuré à ce premier exercice de pas, & qu'il cõ-
mencera de reprendre, ou comprendre l'ordre du parer & du reculer, le Caualerice
l'affeurera tout de mefme au trot, & apres du trot, au petit galop, obferuant toufiours la mefme regle, horf-mis qu'il ne l'arreftera plus fi fouuent. Et par ce que ces
léçons longuement & fouuent continuees pourroient trop importuner le cheual
impatient, il fera bon & neceffaire, le mettant quelquefois en plus de liberté, de le
faire affez long temps trotter & galopper à la campaigne de mediocre largeur à
chafque main, & par le droict, fás l'arrefter iufques à la fin de l'exercice. Et pour luy
ofter plus facilement la fougue, ou le foupçon de la courfe, ce galop fe doit faire le
plus lent, qu'il fe pourra, & le moins fubiet de la main: fur tout en fes premieres leçons, il ne faut nullement contraindre le cheual en l'arreftant, quelques defagrea-
bles mouuemens qu'il face: au contraire, on doit le laiffer arrefter à fa commodité.
Car les principaux remedes & chaftimens des defenfes, que les cheuaux efgarez &
defefperez ont accouftumé de faire, craignát la violence de l'arreft, faut qu'ils naif-
fent peu à peu de la patience & douceur du Caualerice, & fur tout de la facilité &
commodité du reculer, faiét auec art & iugement. D'autant que toutes ces chofes
enfemble peuuent, auec le temps, affeurer & difpofer le cheual, à la pratique & facilité de l'arreft, beaucoup mieux que ne feront les remedes violents.

A Y A N T ainfi appaifé & affeuré le cheual, auparauant fougoux & efgaré, le Caualerice luy fera apres paffer d'affez lõgues carrieres au petit galop, luy rendât fouuent la main, & fans le picquer, ny battre en façon quelconque: & comme il aura
perdu la fougue & l'apprehenfion du courir, il n'y aura point de danger de le hafter
peu à peu, & en fin le chaffer à toute bride, fans toutefois luy faire defplaifir auec les
efperons, ny la gaule, que le moins qu'il fera poffible, & fans obferuer vn bout de la
Carriere plus que l'autre, pour commencer, ou pour finir la courfe, afin qu'il ne recognoiffe & apprehende trop le lieu du partir. Et pour empefcher que l'ardeur &
les inquietudes ne le reprénent, il le faudra ramener le petit pas fur la mefme pifte,
(foudain qu'il aura couru & paré) iufques au lieu dont il fera party, pour luy faire re-
paffer encor vne ou deux carrieres au petit galop, & apres vn autre de trot, ou plus,
s'il eft befoin, & en fin le promener au petit pas, paffant & repaffant fur icelle pifte,
pour l'appaifer, auant que mettre pied à terre, ou que le réuoyer de la Carriere. Car
communément le cheual fe refouuient plus de la derniere chofe, qu'on luy fait à la
fin de fon exercice, (principalement quand c'eft quelque defplaifir,) que de tout
le refte de fa leçon: & pour cefte caufe le bon Caualerice le doit toufiours laiffer en
bonne bouche. Ceft ordre eftant bien obferue & continué, ie m'affeure que le cheual fe repatriera & remettra en efcole, pour ueu auffi qu'on y mette le temps neceffaire à fon naturel & à fa memoire.

SANS doute auant que les cheuaux coleres&fougoux,qui comme i'ay dit,au-
ront esté gourmandez & desesperez,ayent bien retenu l'ordre de ceste escole, &
qu'ils y puissent patiemment consentir,ils entreront souuent en tels soupçons dés
desplaisirs precedents,que peut estre en naistra-il plusieurs desordres, & entre autres, ceux qui auront la bouche dure, ou fausse, se faschás de demeurer fermes en
vne place , & beaucoup plus de reculer, forceront communément la bride & la
main du Caualerice pour fuyr l'obeyssance de l'escole,comme vn supplice:& ceux,
qui l'auront trop sensible & esgaree,se cabreront,en dangar de se renuerser,au hazard de la vie de celuy,qui sera dessus:& ceux, qui l'auront temperee,& qui neantmoins seront coleres,sensibles & singards,baisseront la teste,mettás presque le nez
entre les iambes pour reculer,ou pour mordre les greues,ou les pieds du Caualerice,& quelquesfois se mordront eux-mesme de colere & de despit.

OR en cecy il faut considerer que le cheual pourra estre tant sensible & desdaigneux,que la subiection & la douleur du cauesson luy sera aucunefois plustost faire ses desordres, que ne feront tous les autres desplaisirs, qu'il pourroit receuoir:
mais quand cela aduiendra,il faudra vser des cauessons de cuyr, ou de corde, encores qu'ils ne luy portent pas beaucoup de cótrainte:car par l'appuy d'iceux,il receura par fois auec le temps celuy du cauesson de fer:& s'il ne peut souffrir en aucune façon l'vn, ny l'autre, il vaudra beaucoup mieux l'exercer seulement auec le
simple canon,& le secours des fausses renes,auec celuy de la gaule,que d'estre trop
long temps en contestation,pour luy faire recognoistre & accoustumer cótre son
naturel,les chastimés & les aydes du cauesson,qui luy pourront quelquesfois faire
hayr la pluspart de tous les autres bons moyens de l'escole.Et puis c'est vne maxime qu'en ces cheuaux coleres & desdaigneux,il faut euiter,tant qu'il est possible,
toutes les occasions,qui les peuuent plus offenser en l'exercice de l'escole, autrement il sera mal-aysé d'en venir heureusement à bout.

ET parce que quelques-vns pensent que la fausse rene offense la bouche du cheual, ie les aduise de nouueau que cela ne se doit point craindre : pourueu que l'emboucheure, à laquelle on la ioindra,ne soit composee que d'vn simple canon:si ce
n'est qu'on s'y attache trop,ou qu'on en vse indiscretemment,mais pourtát ie n'en
ay presque point vsé en mon escole.

DES CHEVAVX COLERES REBVTEZ ET
impatiens,qui forcent la bride pour fuyr
la bonne escole.

CHAPITRE XXIX.

QVAND le cheual desdaigné & desesperé s'en ira forçát la bride, le
Caualerice se doit bien garder de le battre,& de s'attacher à l'appuy d'icelle : mais plustost laschera souuent la main , pour aprés
reprendre l'appuy. Car tant plus il tiendroit le poing ferme les renes tenduës, ce seroit lors que le cheual s'armeroit, & s'en iroit a-
uec plus d'asseurance, & au contraire se sentant souuent comme
abádóné de l'appuy de la main,la crainte d'vne estrapade de bride le tiédra en soupçon, si bien qu'il se retiendra beaucoup mieux,sentant apres tirer les renes. Quant
à l'ayde du cauesson,elle sert peu en ces extremitez: Au contraire;quand le cheual

se peut appuyer en iceluy bien souuent, il en craint d'autant moins la bride.

LA pluspart des cheuaux coleres & courageux, qui forcent le bras & la main du Cheualier ne s'enfuyent pas seulement à la course, mais en s'abandonnant ils s'eslancent, renforçans les esbalançons, comme s'ils se vouloient precipiter. Le premier remede en cecy est de se tenir ferme, & laisser passer, comme l'on pourra, la premiere furie de ces desordres licentieux, taschant tant qu'il sera possible, de les appaiser auec douceur & patience : & sur tout rendant souuent la main de la bride. Mais si le cheual desdaignoit tant la douceur, qu'il n'en tinst aucunement compte, lors il luy faudra faire vne charge à grands coups de nerf à trauers le visage, communément des yeux en bas, quelquefois entre les deux oreilles, sur la fin de ses efforts : afin qu'il aye moins de deffense, & à l'extremité prendre, s'il est besoin, l'vne des cordes du cauesson, ou vne rene, ou la corde & la rene ensemble auec la main droitte, laschant en mesme temps la main de la bride, pour auoir moyen de luy faire plier le col, & tourner la teste d'vn costé. Car par ceste action, il peut perdre la force de tirer à la main, le temps des esbalan-çons, & la furie de la course.

ET quand le cheual est si dur de bouche & desesperé, que les moyens ordinaires de l'escole ne le peuuent faire consentir à l'obeyssance de l'arrest, l'on pourra prendre vn gros ruban de soye, ou de laine, & d'vn bout d'iceluy lier les genitoires de ce cheual par vn neud coulant ou arresté, & attacher l'autre bout à l'arson de la selle, laissant la longueur de ce ruban tant auantageuse, que le cheual n'en puisse estre aucunement contraint, si ce n'est quand le cheualier voudra : & lors qu'il emportera la bride & le cauesson à la desesperade, le Caualerice tirera discretement ce ruban, cependant qu'il se mettra aussi en deuoir de retenir le cheual auec la main de la bride : & à mesure qu'il s'arrestera, il faudra lascher le ruban : & par ce moyen aucuns cheuaux soupçonneux s'arresteront, assauoir, tant qu'ils en seront en doute : parce qu'il leur semblera que pour les arrester, on les tirera en arriere par les genitoires. Mais si le Caualerice ne se preuaut discretement de ce remede, le cheual le pourra tellement recognoistre, & accoustumer, que quelque douleur & incommodité qu'il en reçoiue, il n'en fera non plus de compte que de la bride desdaignee. Et partant il en faudra seulement vser selon que le cheual en fera son profit.

DES CHEVAVX COLERES ET SOVPCONNEVX,
qui se cabrent d'impatience, ou
de desespoir.

CHAPITRE XXX.

POVR les cheuaux qui se cabrent, on se peut ayder ordinairement en trois façons lóg temps y a pratiquees. La premiere, si le cheual a naturellement la voulte du col bóne, & qu'il tienne le frót droit le Caualerice peut tenir les renes fermes & basses contre l'harson de la selle, & peser auec la main droitte sur le col du cheual, en mesme temps qu'il se haulsera pour se cabrer, sans pour cela le laisser acculer, mais plustost le pousser en auant auec les esperons. Ceste subiection & fermesse de main, l'empeschera de dresser & allonger le col & le nez, qui est l'action premiere, par laquelle il s'abandonne pour se renuerser, lors qu'il se sent la teste en liberté, & qu'on le laisse arrester & reculer.

POVR

P ovr l'ayde seconde, le Caualerice le battra auec la gaule, ou le nerf sur les bras
les plus bas qu'il pourra, en mesme temps qu'il haussera le deuant pour se cabrer: &
continuerá les coups, afin que la douleur d'iceux le contraigne de se rabaisser & retourner en terre, empeschant aussi sur tout, qu'il ne s'arreste ny recule.

L a troisiesme & plus asseuree, pour ceux qui n'ont pas beaucoup de pratique en
cest art, est, quand le cheual se dresse de le chasser en auant auec les esperons voisins
des flancs, & à coups de gaule dessous le ventre, & au trauers des fesses, pour luy o-
ster l'occasion de se charger tant sur le derriere, que la cheute ou quelque autre dã-
ger s'en ensuyue.

E t si le cheual est si desesperé que tous ses moyens luy soyent inutiles, ou si le Caualerice se mesfie de les effectuer diligemment & bien à temps, & de pouuoir corriger par iceux l'apprehésion & la fougue du cheual, lors il se pourra preualoir des
effects de la camarre, qui est propre pour quelque temps à ce remede, pourueu que
le cheual ne soit trop actif, sensible & despourueu de memoire. Car par ces con-
trarietez la subiection iointe à la douleur continuë qu'apporteroit ce remede,
le mettroit communément en telle rage & inquietude, qu'il luy seroit quasi impossible, de comprendre l'occasion du desplaisir, & mesmes il s'en trouueroit aucuns
qui se defendroyent obstinéement par des actions presque enragees. Tellement
que les Chastimens plus aspres & plus contraints, les confondroient doublement,
au lieu de les vaincre. Toutesfois en vsant de la camarre de corde, ou de cuir, &
tenant les tirans d'icelle de mediocre longueur, & les accourcissant & alongeant
peu à peu, selon que le cheual se corrigera, elle pourra aucunesfois beaucoup ayder aux susdits remedes.

I approvve en cecy à l'extremité, (mais rarement,) les coups de nerf sur la teste du cheual à sçauoir sur les oreilles ou enuiron, en mesme temps qu'il se dresse
pour se vouloir cabrer, Car c'est vn chastiement que de nature tout les cheuaux
craignét bien fort: & de fait, pour tascher de s'en garentir, quãd l'on en vse, ils baissent communément la teste, la tournant d'vn costé & d'autre : qui sont actions du
tout contraires à celle du cabrer. Voyla comme les coups de la teste, qu'on doit tenir en general pour vrais desordres, peuuent aucunefois seruir de chastiment profitable en ceste occasion, & en beaucoup d'autres : mais ie remets ceste pratique
seulement aux meilleurs Caualerices.

O n se peut seruir en cecy du chastiment de la corde de laine, ou du rubã attachee
par vn bout aux genitoires du cheual, & de l'autre à l'harçon da la selle, comme i'ay
desia dit ailleurs, lequel le Caualerice peut prendre & tirer en mesme temps, que le
cheual se hausse pour se cabrer, aucuns attachent ce ruban à la camarre au lieu des
tirans, qui d'ordinaire tiennent aux sangles : Mais d'autant que ce remede, &
beaucoup d'autres desquels, i'ay autresfois vsé sont tres-dangereux la pratique n'appartient non plus que seulement à ceux, qui auront plus de dexterité &
discretion.

H

DES CHEVAVX COLERES, FINGARDS ET MALITIEVX,
QVI DE DESPIT RECVLENT , OV QVI VEVLENT MORDRE
les iambes de celuy, qui les pique : enfemble de ceux qui efchappent, for-
çans la bride & la main du Caualerice.

CHAPITRE XXXI.

E N combattant le vice des cheuaux retifs qui reculent, ou qui tafchent à mordre les iambes du Cheualier, les menaces de la voix violente, & les coups de nerf, dónez des yeux en bas, iufques au bout
du nez, & deffous le ventre, & quelquefois de gráds & fermes coups
d'efperós meflez parmy, chágeant fouuët de place, les diuertira cómunement de leurs malignes & rebelles fantafies: au contraire s'ils
font batus fur la nucque, ou fur les oreilles, ce chaftiment leur fera baiffer la tefte
d'auantage, & leur donnera plus d'occafion de reculer: & les efperonnades timides les attireront à fe defendre auec morfures, ou coups de pieds, & par autres vices
vindicatifs: comme auffi pourrót faire les plus grands coups d'efperons trop continuez. En fin il faut neceffairement battre le cheual en telles occafions, fans toutefois fe departir de toutes ces confiderations, & feulement tant qu'il perfeuerera en
fon vice: & particulierement pour ceux, qui fe mettent en fuitte, ou qui fe cabrent,
i'aduife le Caualerice que durant le temps qu'ils feront en apprehenfion, & en extreme fougue, qui eft vne efpece de frenefie, eftans lors incapables de memoire, &
par confequent de corrections, il les faudra ramener au pas auec beaucoup de douceur, felon l'art & les occafions, iufques fur le lieu, duquel ils feront partis licétieu-
fement: afin que par les careffes & plaifirs, qu'ils y receuront, & par la patience &
difcretion du Caualerice, ils ne craignent ny apprehendent plus ce lieu, ny le defplaifir des moyens rigoureux.

S I nonobftant les careffes tels cheuaux font difficulté de retourner au lieu, duquel l'inquietude les aura chaffez, lors il les faudra menacer auec voix furieufe, &
leur donner quelques coups d'efperons, de gaule ou de nerf, enféble quelque chaftiment de Caueffon, pour leur rompre le deffein & l'occafion du fuyr, ou de fe defendre, affauoir tant qu'ils feront loin de ce lieu craint & foupçonné. Car fi eftant
pres, ou furiceluy, on les battoit, cela leur redoubleroit l'apprehenfion, & les defplaifirs : tellement qu'il vaudra mieux à l'extremité, les y faire conduire par vn
homme de pied, qui les tienne par vne des cordes du caueffon, ou par vn cofté
de la teftiere.

DES CHEVAVX QVI SE DEFFENDENT A L'EXER-
cice de l'escole par grande obstination, ruans incessamment iusques
à l'extremité de leurs forces.

CHAPITRE XXXII.

V N des plus apparens, indices, qu'on puisse recognoistre de la malice
naturelle du cheual retif, est quand pour s'opposer à la volonté & aux
mouuemens du cheualier il a recours aux ruades extremes, & autant
perseuerées que ses forces en peuuent fournir. Or pour remedier à ce
vice les Caualerices vsent communément des chastimens des esperons auec grande violence, qui toutesfois ne reussissent pas tousiours, mesmement à certains
cheuaux obstinez & vindicatifs, lesquels au lieu de desloger, euitans d'estre ainsi
asprement picquez, au contraire s'arrestent tout court, ou reculent renforceant l'a-
ction maligne des ruades, ou taschent de mordre les iambes, & les pieds du cheualier. En telles fautes les menaces de la voix & les coups de nerfs donnez bien
serré dessoubs le ventre, pourront souuent diuertir & chasser le cheual de tel naturel, comme feront aussi les cris furieux, & les coups de foüet d'vn fort homme qui soit à pied. Le ruban attaché aux genitoires (comme i'ay dit cy deuant en
diuers lieux) seruira aucunefois de remede à ceste imperfection, pourueu qu'il soit
accortement & sagement appliqué & pratiqué. Et si pour tous les moyens ordinaires le cheual ne se peut corriger, il luy faudra mettre vn brasselet d'entraue renforcé
& bien fourré, ou feutré à chasque pasturon de derriere, auquel brasselet y ayt vn
fort anneau de fer, & attacher en ses anneaux deux bouts de deux plattes longes
d'egale longueur, lesquelles se ioindront apres, entre les bras & au bas de la poictrine du cheual, & de là se separeront encores & s'estendront iusques à la teste de
l'harçon de la selle, à laquelle il les faudra attacher & arrester, le col du cheual e-
stant entre ces deux plates longes. Mais en icelle il faut obseruer vne mesure si
bien côsiderée, que le cheual n'en soit empesché de trotter, de galopper ny de courir, & que neantmoins il ne se puisse estendre pour finir du tout, l'effort & le reiect
de la ruade, ce qu'on a moyen de faire facilement en passant les plattes longes entre le poictral & la poictrine du cheual, & en les faisant hausser & soustenir de derriere par deux petites cordes assez fortes, qui tiennent à la bouche de la crouppiere,
& qui descendent sur le flanc iusques à l'endroit plus commode.

S A N s doubte ceste façon d'entraues empeschera le cheual de ruer, & aucunefois le chastira du tout, s'il n'est extrememét bisarre, incorrigible & éueicilly en son
vice: Pourueu aussi que le Caualerice aye la patience d'vser de ce remede ordinairement & assez long temps, lequel temps ne ce doibt limiter, si ce n'est en tant que le
cheual oubliera, ou delaissera l'habitude de sa vitieuse deffence: Car autrement
ce sera autant d'industrie & de peine mal employee, & vne occasion de le rendre plus rebelle & obstiné, quand il recognoistra sa liberté premiere. Iusques à
present ce remede a esté peu pratiqué, & ie croy que le premier homme de cheual qui l'a mis en vsage est le Sieur du Trauet, l'vn de mes meilleurs escolliers, qui
par beaucoup d'honnestes & belles qualitez honore le desir que i'ay long temps
eu de le voir tel, qu'il se faict cognoistre de ceux qui iouïssent de sa douce & vertueuse conuersation.

H ij

IE pourrois encor' dire d'autres chaſtimens faits ſur la croupe auec vn eſperon, ou aguillon, qui ſeruiroient à corriger par fois la ſuſdicte imperfection : Mais d'autant que la queuë du cheual en ſeroit ordinairement eſmeuë & falſifiee, ie les remets à ceux, qui ſeront plus curieux.

REGLES GENERALES POVR
ASSEVRER LA TESTE ET LA BOVCHE
au cheual, & luy apprendre à bien parer.

CHAPITRE XXXIII.

LEs moyens plus certains pour vnir les forces du cheual, luy aſſeurer la teſte & les hâches, le rēdre leger, à la main, & capable de la iuſteſſe & fermeſſe de toutes ſortes d'airs, & de maneges, depēdent de la perfection du parer. Et pour cōmencer l'ordre des plus belles leçōs propres à ceſt effet, il eſt, tout premier neceſſaire que le cheual tourne à toutes mains, au trot, & au galop, & qu'il ne refuſe iamais de partir de la main : car ce ſeroit trop grād incōgruité de le vouloir reſoudre à la iuſteſſe de l'arreſt, s'il eſtoit ramingue ou retif par le droict, ou entier à quelque main : meſmement, comme i'ay dit ailleurs, que les remedes, qui aſſeurent plus le col & la teſte du cheual, ſont ceux qui le font pluſtoſt deuenir entier & ramingue, ſi premierement il n'eſt libre à tourner egalement à chaſque main.

ESTANT doncques ainſi diſpoſé à faire ſon profit des bonnes regles du parer, le Caualerice l'entreprendra : & pour les premieres leçons le menera dedans vn grād chemin droit, long & vny, auquel il le fera trotter par le droit, ayant les renes & les cordes du caueſſon en tel eſtat dedās les mains, qu'il puiſſe mediocremēt ſētir l'appuy de la teſte & de la bouche du cheual : & comme il aura trotté enuiron ſoixante pàs, le Caualerice l'arreſtera, en reculant vn peu le corps, & tirant eſgalement & ferme, les deux cordes du caueſſon. Soudain qu'il l'aura arreſté, il le fera reculer quatre ou cinq pas, en tirant les cordes l'vne apres l'autre. Car ce mouuemēt luy deſtēdra ſouuēt le col, & le gardera de s'appuyer cōtre le caueſſon, ou fera qu'il s'appuyera moins, que ſi les cordes eſtoient également tirees & tenduës. Apres que le cheual aura reculé, le Caualerice en luy rendant les mains, le fera auancer le petit pas ſur la meſme piſte, enuiron autant d'eſpace, comme il l'aura faict reculer, ſans pour cela luy abandonner la teſte, ny l'appuy, & à l'inſtant le careſſera & le tiendra vn peu de temps ſans bouger d'vne place. Apres il le fera cheminer encores vn pas ou deux par le droit, & ſoudain le tournera, du coſté qu'il voudra, deux ou trois tours, de pas ou de trot, eſtroit ou large, ſelō la pratique que le cheual aura de tourner : ayāt acheué ces deux ou trois tours, le Caualerice le fera encores reculer, auancer & tourner cōme deſſus, à la main qu'il cognoiſtra eſtre neceſſaire, luy tenāt touſiours le col & le corps le plus droit, qu'il ſera poſſible ſur ſa iuſte piſte, & apres repartira encores de trot, pour aller faire vn autre arreſt, & tourner tout de meſmes plus auant, ou vers le lieu d'où il ſera party ſelon que le cheual recognoiſtra la leçon : & s'il veut, il pourra tourner autant en vne main, comme en l'autre, auant que repartir.

Ceste leçon sera tous les coups continuee, iusques à ce que le cheual commencera
de se lasser, & ordinairement finie en tournát. Et auec le temps il faudra allonger
le chemin & la distance des arrests, selon que le cheual apprehédera & attendra l'a-
ction du parer, ou accourcir ceste distance, selon qu'il s'abandonnera sur la bride &
le cauesson allant par le droict.

Si le cheual ne veut reculer par la douleur du cauesson, & le susdit mouuement
des cordes, il faudra tirer les renes d'auantage : & toutes les fois qu'il se bandera,
& qu'il se voudra opiniastrer contre la bride & le cauesson, le Caualerice pour luy
en oster l'occasion luy rendra les mains, & le fera cheminer à loisir, & par le droict
deux ou trois pas, ou tant qu'il voudra : & puis taschera d'erechef à le faire reculer
paisiblement : & si le cheual ne luy veut encores ceder, ou qu'il n'en puisse tirer que
seulement vn pas, il luy rendra de nouueau & aussi tost les mains, & l'auancera vn
peu, pour soudain apres le rechercher de reculer, sans s'attacher trop aux cordes,
ny aux renes : & par ce moyen il le gaignera plus facilement, que s'il vsoit de plus
grande contrainte. Et afin de le faire mieux consentir au parer & au reculer, ces-
dites reigles se doiuent faire auant qu'il soit las, ou hors d'aleine, principalement
s'il n'a pas beaucoup de force.

PERFECTION DV PARER DE TROT.

CHAPITRE XXXIIII.

LA perfection du parer de trot est, quád le cheual s'arreste court &
à l'impourueu au gré du cheualier sans traisner, & seulemét en vn
temps, auquel le cheual doit vnir, ramener & appuyer également
ses forces sur les hanches & les iarrets, asseurer la queuë, eslargir &
ancrer les deux pieds de derriere en terre droit à droit & de façon
que l'vn ne soit nó plus auancé que l'autre. De ces choses ensem-
ble depend la ferme action, & la iuste posture du col & de la teste du cheual, & en fin
la facilité & la grace du parer : à quoy la premiere & susdite reigle perseueree par ordre, & auec patience, peut donner vn cómencement fort profitable, & quelquefois
la perfection, si le cheual est naturellement leger & de bonne inclination.

Ayant assez long temps continué les leçons precedentes de trot par le droit, il
en faudra faire autant au galop, cótinuant de tourner seulement de pas ou de trot,
pour auoir moyen de faire la leçon plus tranquille, plus longue & plus profitable.

Et afin que le Caualerice face ces regles auec plus de consideration, & qu'il ne se
serue iusques au moindre mouuement d'icelles, que entant qu'il sera besoin, il doit
sçauoir que l'ellection de ce gråd & long chemin susdit, auquel il n'y a nulle figure
d'escole, se fait pour oster l'occasion au cheual de premediter le lieu de l'arrest, &
celuy du tourner : afin de le rendre par ce moyen plus attentif aux actions du cheualier, que si on l'exerçoit en vne escole figuree & l'imitee.

Le reculer apres l'arrest est vn moyen mis au nombre des chastimens qui seruent
pour faire cognoistre au cheual la faute de n'auoir pas assez diligemment obey en
s'arrestát, & vn remede pour luy faire ramener ses forces sur les háches, & par cósequent luy affermer la croupe & la queuë, le fortifier sur les iarrets, luy accómoder
& adiuster les pieds de derriere, luy asseurer la teste & le rendre plus leger de deuant

de forte que s'il pare legerement & de iufte proportion, c'eft erreur de le faire reculer: & s'il s'arrefte trop foudainement, il faut au contraire le faire auancer, autant comme il aura fait l'arreft trop court & retenu.

L ᴇ s deux ou trois petits pas faits par le droit apres auoir reculé, feruent quand il confent librement à l'action de la main, afin de luy faire moins hayr, ou craindre la fubiection du reculer, principalement quand il eft nouueau apprétif: & s'il eft colere & dur de tefte & de col, ces petits pas en auant feruent auffi pour le defbander, quand il eft en fougue, & trop bâdé contre le cauefon & la bride: & mefmes afin, s'il eft fenfible & fingart, qu'il ne côuertiffe cefte leçon de reculer en quelque vice.

L ᴇ tourner apres l'arreft fe fait pour maintenir, ou rédre le cheual plus facile au manege, & pour le diuertir des inquietudes, & de plufieurs mauuais deffeins, ꝗ les premiers remedes & chaftimés propres à la iufteffe de l'arreft luy pourroiét caufer.

L ᴇ s deux ou trois pas faits en reculant apres auoir tourné, feruent pour ofter au cheual le trop grand defir qu'il aura, ou qu'il pourroit conceuoir de partir trop toft du lieu de l'arreft, & de celuy, auquel il aura tourné. Mais fi fans apparéce de ces occafions, l'on obferue indifferemmét & fans propos les fufdits remedes, à l'imitatiô de la plufpart des communs hommes de cheual, on les pourra conuertir en vrays defordres, qui confondront facilement la memoire & obeyffance du cheual.

I ʟ fe trouuera vne infinité de cheuaux extrememét pefans ou durs de tefte & de bouche, qui ne feront pas grâd côpte du canô, ny du cauefon, ny des fufdites leçôs & qui tât plus le Caualerice tirera les cordes & les renes, tât plus fort s'appuyrôt ou tirerôt à la main, principalemét à l'arreft & en les faifát reculer. Quâd cela aduiédra il faudra vfer de la feguette, & fi nôobftát icelle & les fufdits moyés, le cheual refufe de reculer, il faudra qu'vn hôme de pied le chaftie auec le nerf fur les bras, & quelquefois fur le nez, dônant fagemét fur la feguette. Mais d'autât que ce chaftimét eftát fait & côtinué auec violéce, peut quelquefois offenfer les iâbes du cheual & luy faire craindre le mouuemét de l'efpee, & autres coups de main, il vaudra mieux que l'hôme de pied prêne vne groffe pierre, de laquelle il dônera fans la lafcher, vn grâd coup fur le mitâ du tour de la feguette ou du cauefô. Mais il faut que cela fe face auec caurelle, foit en la luy môftrant affez lôguement, auât que de dôner le coup, ou en luy faifát boucher les yeux, afin de pouuoir frapper pl⁹ iuftemét & cômodémét, fans que le cheual s'en apperçoiue, & de façon qu'il foit côtraint par la douleur & eftônement de ce coup, d'aller en arriere: & pour auoir en cela plus de cômodité, il le faudra mettre au lôg d'vne muraille, afin qu'il aye moins d'occafion d'euiter & fuïr ce chaftiment: Apres lequel toutes les fois que le cheual fera difficulté de reculer l'hôme de pied luy môftrera fa pierre d'affez pres: & fans doute ce moyen bien effectué trois ou quatre fois, commencera de mettre le cheual en quelque obeyffance, apres laquelle il faudra que l'homme de pied l'affeure & le careffe, afin qu'il n'en aye plus de peur, & qu'il ne refufe à fe laiffer librement manier la tefte & le vifage.

S ɪ le Caualerice penfe allegerir le cheual foible, poifant, ou dur de bouche & de tefte, feulement à force d'exercice de trot ou de galop, & de chaftimés extremes de cauefon, ou de feguette, fans eftre fecouru de perfonne, ny d'autres moyés, que de fes forces, il fe trouuera fouuent trompé. Car c'eft vne maxime, que dés que la laffitude fe ioint à la foibleffe, ou pefanteur, il faut que toutes fortes d'exercices ceffét, fur peine d'abatre trop les forces, & le courage du cheual, & de luy endurcir dou-

blement l'appuy de la bouche:d'autre part il faut confiderer,que tout ainfi qu'il fe
peut defefperer,ou auillir,& du tout affoupir fous les afpres tourmens de la bride
trop rude,autant en peut-il faire par les mefmes defordres du cauefson:& fás doute aufsi toft que le nez du cheual eft fort rompu,enflé & affoupy,tous les chaftimés
de cauefson,qu'on luy peut apres donner,ne font pas feulement inutiles,mais qui
pis eft,autant d'occafions pour l'eftonner & appefantir,ou le faire tirer & defendre d'auantage. Partát il ne faut iamais,s'il eft pofsible,reduire le nez,non plus que
la bouche & la barbe du cheual,en telle ruine,qu'il ne refte toufiours le fentiment
naturel,par lequel on doit faire reufsir les meilleurs & plus beaux effects de la bride,& du cauefson.

Si apres que le cheual fera pafsé par ces leçons,& qu'il les aura comprifes & pratiquees,il eft neátmoins fi defobeyfsant,ou naturellement chargé,ou dur de col ou
de bouche,qu'il refufe aucunefois de reculer,apres auoir fait l'arreft trop abádonné fur les efpaules,ou fur l'appuy de la bride,ou fi quand on le voudra tenir en vne
place,arrefté,ferme,aduerty & en pofture pour faire vn beau partir,ou pour commencer quelque autre actió nerueufe,il tient le nez aduácé & bandé côtre l'appuy
du cauefson ou dela bride,monftrant par ceft indice l'extreme defplaifir,qu'il receura,ou fa mauuaife inclinatió,le Caualerice ne fera comme la plufpart de ceux,qui
ont accouftumé,quand cela arriue,de le chaftier à force de grandes cauefsonnades
& esbrillades:car au contraire la crainte & l'eftonnement d'icelles,luy dóneroient
encores plus d'occafion de haufser la tefte:& parce il vaut beaucoup mieux,eftant
le cheual reduit par les premieres regles en quelque bon commencement d'efcole,
tenir le bras & la main de la bride fermes,& les renes & cordes tendues d'vne mefure egale,fás luy dóner,tát foit peu,de liberté,pefant ce pendant de la main droicte fur le crin,iufques à ce qu'il aye desbandé le col,& par confequent baifsé le nez:
ce qu'il fera communément pour fe foulager de la fubiection & douleur du caueffon,ou de la bride,& particulierement pour auoir moyen de mouuoir & remuer la
langue &prendre mieux fon haleine,pourueu que le cheualier aye la patience d'attendre,& fe tenir ferme afsez long temps,fans bouger d'vn lieu : & foudain que le
cheual aura desbandé & ramolly le col,& confequemment baifsé le nez,il luy faudra rendre les mains,pour luy donner plus de plaifir,foit en la mefme place,ou en
partant d'icelle.Et en continuant ce moyen,il pourra auec le temps,recognoiftre
fa faute,& fe chaftier fans eftre tourmenté par de plus afpres remedes,quoy que du
commencement il demeure long temps obftiné,premier que vouloir ceder à la
fubiection du cauefson ou de la bride.

Il femble que cefte reigle foit contraire à ce que i'ay dit,aux premieres leçons du
parer & du reculer:mais ie n'entends qu'elle fe face,que feulement pour ramener le
col &le nez des cheuaux,qui fe bandent fur l'appuy de la bride,eftans en foupçó de
quelque chaftiment,ou de quelque action violente,& qui neantmoins ne laifsent,
pour eftre ainfi bádez,de reculer libremét en eftans recherchez.Or comme i'ay dit
cy deuent en quelques leçons des cheuaux entiers,tout ainfi qu'en picquát & pref-
fant de l'efperón fur cefte partie chatoüilleufe,qui eft enuiron le coude du cheual,
entre l'aifselle & la premiere fangle,ou peut par le chatoüillemét,ou par la douleur
qui en procede,attirer la tefte du cheual,du cofté que ce moyé eft pratiqué:aufsi le
peut-on quelquefois contraindre de baifser la tefte,& d'approcher le nez vers la
poitrine,(mefmement s'il eft ramingue & fort fenfible,)en le ferrant difcrettement
des deux efperons,enfemble aux deux coftez,& és fufdites parties,tenant les iambes les plus fermes qu'il fera pofsible.Toutesfois comme i'ay dit cy deuant,quand

ces remedes & chaſtimens ſont mal iugez,& faits à certains cheuaux coleres &ma-
liticux,cela leur peut eſtre aucunefois autant d'occaſions, entrant en quelque eſpece de rage,de porter les dents aux iambes,& aux pieds du cheualier,& peut eſtre
de ſe mordre eux meſmes,en quelque endroit des eſpaules,ou de faire quelque autre acte vindicatif & enragé : principalement ſi le Caualerice n'a le iugement & la
pratique de preueoir & remedier à ces euenemens, par les chaſtimens neceſſaires
tant du nerf,que de la voix,tels que ie les ay ailleurs expliquez parlant des cheuaux
coleres & mordeurs.

COMMODITEZ DES BASSES POVR L'ARREST.

CHAPITRE XXXV.

LA plus grand part des Caualerices ſe ſeruent indifferémment des
calates gaillardes,pour cõtraindre plus facilemẽt le cheual à parer ſur les háches:mais tous n'en ſçauẽt pas bien les differéts ef-
fects.Pour moy ie les approuue fort,& tiens qu'elles ſont neceſſaires aux cheuaux naturellement eſtédus,abãdonnez &peſáts,
principalemẽt quãd ils s'arreſtent ſur le deuãt: car le remede en
eſt propre pour les ramener ſur les háches , leur aſſeurer la teſte
& la queuë,& les rẽdre legers de deuãt:pourueu que les forces des pieds,des iãbes,
des eſpaules , des reins & du courage y puiſſent reſiſter.Auttremẽt ie blaſme infini-
mẽt les calates fortes:d'autãt qu'elles peuuẽt eſtre cauſe de la ruine du cheual, qui
en ſera tourmenté à faute de la capacité des ſuſdites parties neceſſaires,lequel apres
y auoir eſté pouſſé &arreſté pour mõſtrer vne preuue euidente des efforts & incõ-
moditez qu'il y receura,peut eſtre ne voudra-il plus partir pour y aller, ou s'il part,
ce ſera auec tel regret,qu'en aprochãt de la pente,il ſe mettra ſouuent en deuoir de
fuyr d'vn coſté ou d'autre,ou de s'accroupir & ſe retenir cõtre la volõté du Cauale-
rice:de maniere que quelquefois il le faudra cõtraindre & chaſſer à coups d'eſperõ
& de gaule pour le faire dõner dedãs la calate.Voyla cõment par la crainte d'icelle,
les cheual peut aucunefois pluſtoſt apprẽdre à fuyr,ou à ſoupçõner &trop premediter le lieu de l'arreſt,que à biẽ parer par vne nerueuſe,obeyſſante & legere prati-
que.Ce n'eſt pas à dire pourtãt qu'on ne doiue iamais parer les cheuaux foibles dedãs les baſſes,& qu'elles ne leur puiſſent ſouuẽt apporter quelque cõmodité, &au-
cunefois beaucoup:mais il eſt neceſſaire que le Caualerice aye le iugemẽt & l'experiéce de ſçauoir choiſir la calate, facile ou forte,ſelõ le naturel & les forces du cheual:& encores quãd il s'en voudra ſeruir,ce doit eſtre ſeulemẽt au trot,& au petit&
mediocre galop,ſelon la proportion,ou diſproportion,qui pourra eſtre de la calate , à la capacité des forces, & diſpoſition du cheual : car par mon aduis on ne le
pouſſera iamais tel qu'il ſoit,à toute bride dans vne forte deſcente ſans neceſſité.

QVAND le Caualerice parera le cheual,principalemẽt dedans la baſſe,il doit appuyer ſon action &ſa force ſur ſes cuiſſes &ſes genoux:car ſi en tirant les cordes du
caueſſon,il tient les iambes trop auancees & bandees ſur les eſtrieux,il tirera la ſelle
auec les eſtriuieres ſur les eſpaules du cheual,au contraire de la pretenduë vtilité de
la calate,qui doit allegerir le deuant du cheual : & par ce moyen l'incommodera
bien fort,meſmement en reculant:à cauſe que l'vn des plus grands trauaux & deſplaiſirs,qu'on ſçauroit donner au cheual timide , ou foible , ou tel qu'il ſoit,s'il eſt
trop las,ou hors d'aleine,eſt de le faire reculer cõtremont, & tant plus ſi la baſſe eſt
forte.C'eſt pourquoy en ces occaſiõs on doit peſer le moins qu'il ſe peut, ſur le de-

uát du cheüal. & parce que la pente de la calate empesche que le Caualerice le puisse bonnement soulager de ceste incommodité, il vaudra quelquefois beaucoup
mieux vser du chastiment & de la commodité de la muraille, tres-necessaire aux
cheuaux foibles & de peu de memoire, qui s'abandonnent sur le deuant, & qui
neantmoins sont coleres & courageux.

COMMODITE' DE LA MVRAILLE POVR FAIRE
bien parer aucuns cheuaux.

CHAPITRE XXXVI.

S I par les regles & leçons precedentes le cheual ne se peut disposer
à faire l'arrest leger & sur les hanches, il le faudra exercer au trot &
au galop par le droict, au long d'vne lógue muraille, qui face angle & espaule par les deux bouts, aupres desquels le Caualerice arrestera le cheual, & le fera reculer & tourner, comme i'ay desia dit:
& selon qu'il s'abádonnéra, le Caualerice l'arrestera pres de la muraille, ou espaule du bout de la courtine, afin que la crainte de choquer ceste muraille contraigne le cheual de se mettre ensemble, pour s'arrester sur le derriere : & s'il
continue de s'appuyer trop sur le cauesson & la bride, il n'y aura point de danger de
luy laisser heurter vn peu la muraille auec le nez & le cauesson, sans toutesfois l'y
contraindre:au contraire quand le Caualerice voudra vser de ce chastiment, il se
doit mettre en quelque deuoir, d'arrester le cheual, pour luy faire cognoistre, que le
mal qu'il receura, ne luy aduiédra que par sa seule faute. D'autre part il pourroit receuoir si grand coup contre le front, que quelque accident dommageable, & peut
estre incurable, luy en aduiendroit dás la ceruelle, à l'ouye, ou aux yeux: & pour empescher qu'il n'esquiue ce chastiment de muraille, il sera bon qu'il y ait vn homme
de pied à chasque bout de la courtine, ayant vne longue gaule, pour ayder, s'il est
besoin, à le tenir à l'obeyssance de ceste regle. Or il ne faut point douter, qu'en peu
de temps ce chastiment ne tienne le cheual bien fort aduerty:en quoy le Caualerice
doit sagement employer son iugement pour arrester le cheual loin, ou pres de la
muraille, du bout de la courtine, selon la crainte, qu'il en aura, ou qu'il cótinuera de
s'appuyer, & peser sur la bride & le cauesson:afin qu'auec le temps, & par ce moyen
bien continué, il puisse faire vne habitude, qui sans le fouler le face parer facilemét
en s'esloignát peu à peu, & puis se rapprochant, s'il est besoin, de la muraille iusques
à ce qu'elle ne soit plus necessaire. Et afin que le cheual, de quelque cóplexion qu'il
soit, ne se rebute, mais au cótraire, qu'il face mieux son profit de toutes ces leçons,
il sera bon aucunefois de les varier & mesler : car les regles trop continuees, tant
soient elles excellentes, luy peuuent souuent amener tels desplaisirs, qu'ils luy feront faire des mutations diuerses & inopinees : mesmement tant plus qu'elles le
contraindront en son naturel.

O r cóbien que generalement les cheuaux qui ont les iambes, les pieds & les espaules, foibles, ne se puissent bónement arrester à la course:si est-ce qu'il s'en trouue aucunefois, qui pour les mesmes imperfections, s'arrestent trop court sur les espaules, & sur les dents: combien qu'ils soient naturellement releuez & legers, à la
main, & en toute autre action. Voyla comment les vns ne peuuent, ou n'osent có-
sentir & se disposer à l'arrest à cause de l'incapacité des membres: & les autres pour
la mesme incommodité & imperfection, font vne trop prompte resolution, em-
ployans tout à coup toutes leurs forces, sans espargner reins, espaules, iábes, pieds,
ny bouche, pour plus soudainemét mettre fin à la douleur, & importunité, que leur

apporte la violence de l'arreſt. La meſme briefueté peut proceder de quelque imperfection de veuë, qui leur ſera ſoupçonner qu'on les arreſte pour eſtre pres de
quelque danger, qu'ils s'imagineront confuſément, & qu'il ſoit vray, on void fort
peu de cheuaux aueugles, qui ne s'arreſtent facilement.

A ces cheuaux qui s'arreſtent ainſi tout à coup, les baſſes & le rencôtre de la muraille ſont extremement contraires, & le reculer ne leur eſt nullement neceſſaire:
parce qu'ils ne s'aſſemblét que trop pour s'arreſter. Au contraire pour les aſſeurer &
attirer à vn appuy plus reſolu, il leur faut oſter au commencemét la gourmette, ou
la tenir fort large, & les arreſter lentement, & en traiſnant, iuſques au trot & au pas,
& meſmes en montant, regaignát peu à peu, & auec le temps le terroir plat, à meſure que le vray appuy de la main ſe fera, vſant ſur tout d'autát de douceur, comme
on doit apporter de rudeſſe à ceux, qui ſót fingards, & qui deſirét s'arreſter par malignité de courage, ou par poltronnerie. Quelques vns pourront penſer, que le caueſſon de corde ſoit propre à téperer l'appuy de ces arreſts trop cours & precipitez:
mais aucunefois ce ſera vne occaſió au cheual de ſe ſouſtenir plus peſamment ſur
le caueſſon, & partant elle luy donnera moyen de faire l'arreſt encores plus bas &
plus court. C'eſt pourquoy le caueſſó doit pluſtoſt eſtre de fer, pour releüer & chaſtier le cheual, qui fera ceſte action ſur les dents : & ce chaſtiment doit eſtre quelquefois accompagné de bonnes & fermes eſperonnades, pour le chaſſer, pourueu
que le cheual né ſoit trop ſenſible, colere, & ayſé à deſeſperer.

LA raiſon pourquoy la ſuſdite leçon de la muraille, eſt propre pour le cheual foible, eſt parce que le terroit ne le contraint aucunement, & que l'apprehenſion de
ceſte muraille, luy peut faire mettre ſes forces enſemble, & le ramener ſur le derriere, ſans luy offéſer la bouche, la barbe, les iambes, les eſpaules, les reins, ou les hanches: ny le deſeſperer, s'il eſt fort ſenſible & courageux. Et pour le regard des cheuaux coleres, c'eſt que les lieux contraints & limitez leur peuuent ſouuent oſter
beaucoup de deſirs licentieux, deſquels naiſſent le plus ſouuent les inquietudes &
la fougue, qui les ſaiſit, quand ils ſont recherchez en lieu plus ſpatieux. Et quant à
ceux qui ont faure de memoire, (pourueu qu'ils ne ſoient ramingues,) la muraille
fait auſſi qu'ils ont la veuë & la penſee plus occupee à l'eſcole, que s'ils eſtoient à la
campagne, ou en part qu'ils euſſent moyen de voir pluſieurs obiects propres à les
diuertir de l'attention de l'eſcole.

IE veux encores que le Caualerice ſçaehe, que les calates & autres lieux contraints & l'imitez, ſont generalemét inutils, & contraires aux cheuaux legers, coleres, ſanguins & apprehéſifs, quoy qu'au reſte ils ſoient bien partis de mébres: parce
qu'eſtans de ce téperament, ils ont d'ordinaire trop d'inquietude, qui eſt cauſe que
ſouuent ils s'offenſent de la grande ſubiection & obeyſſance, principalement de
l'arreſt & du reculer: & ſi le Caualerice obſtiné les penſe gaigner, ou contraindre
par les plus aſpres chaſtimens, & plus fortes, ou plus iuſtes caualcades, & leçons de
l'eſcole (combien que les effects en fuſſent propres à d'autres cheuaux de differente
nature) il y perdra ſouuent ſon latin, tant ſur les voltes, comme au pater. Car l'apprehenſion (qui les ſaiſira d'ordinaire) des aydes & chaſtimés contraires à leur humeur, & meſmes recognoiſſans les lieux de la ſubiection, cela les mettra ſouuét en
tel ſoupçon ou deſeſpoir, qu'au lieu de ſe raſſeurer, & de comprendre, l'obeyſſance
deſdites leçons contraintes, ils chercherót pluſtoſt les moyens d'eſchapper, forçás
la main du Caualerice pour fuyr l'eſcole. Et pour moy ie conſeille celuy, qui voudra bien dreſſer les cheuaux de telle humeur impatiente, de leur apprendre pluſtoſt

à manier, que s'amuſer à la iuſteſſe de l'arreſt, qui les trouble ſi fort: i'entéds manier
librement & legerement, large & eſtroit ſeulement, au trot & au galop aiſé, & dene
les arréſter que rarement, & lors qu'ils ne penſeront nullemét à l'action de l'arreſt,
ou ſeulemét en faiſant la fin de la leço. Ceſte regle eſt bien fort eſloignee de ce que
i'ay dit parlant des cheuaux chargez, qui poiſent, ou qui tirent à la main: & qui ſot
naturellement moins coleres & ſenſibles, que ceux-cy, & par conſequent plus patiens pour ſupporter les remedes, & chaſtimens violens de l'eſcole, leſquels, ayans
quelque commécement d'obeyſſance & de pratique ſur les voltes de trot & de galop, ſe doiuét le plus ſouuent allegerir par les regles du parer, afin de les rédre apres
plus libres & faciles au manege plus eſtroit: & au contraire, ſi l'on veut bié iouyr de
ceux, qui ſont eſceruelez, & qui ont la bouche deſdaigneuſe, il les faut aſſeurer &
faciliter ſur les tours ou ronds auec beaucoup de douceur & de patience, auparauát
que les adiuſter à l'arreſt. Pluſieurs hommes de cheual trouuerront poſſible ceſte
regle eſtrange, & au rebours des communes eſcoles. Toutesfois la raiſon en eſt fort
naturelle: car l'action du parer eſtant generalement la plus ſubiecte & la plus penible de toutes celles, que le cheual peut faire, & à laquelle il doit rendre plus d'obeïſſance, ſans doute s'il eſt naturellement deſobeyſſant, colere & courageux, tant plus
on le voudra rechercher & cótraindre à la iuſteſſe de l'arreſt, tant plus entrera il en
fougue, & en inquietude: & quelquesfois: comme i'ay dit, ſe mettra en defenſe tó-
bant d'ordinaire en quelque dangereux vice, ſelon qu'il ſera ſuperbe, malitieux ou
apprehenſif. Ie veux donc qu'on le gaigne en l'exerçant, premieremét au trot & au
petit galop ſur les voltes larges, & peu à peu eſtreſſies & haſtees par la pratique de
l'eſcole, en diuers & differens lieux: & ſur tout ſans s'attacher à la bride, & ſans rien
oublier de la douceur & patiéce neceſſaire en telles occaſions: car il eſt certain, que
l'action de tourner eſt beaucoup plus naturelle que celle du parer: c'eſt pourquoy
par l'exercice deſdites voltes on peut appaiſer & aſſeurer les eſprits, & l'aleine du
cheual fougoux & impatient: & par meſme moyen l'attirer plus facilement, & ſans
le troubler, à l'obeyſſance de pluſieurs & neceſſaires mouuemens de la main & de la
iambe. Qu'il ſoit vray, on void vne infinité de cheuaux ſenſibles & impatiés, qui neantmoins ſont attentifs à l'eſcole, leſquels aſſemblét leurs forces, & ont l'appuy de
la bouche temperé, tant qu'ils vont ſur les voltes: & toutesfois partant d'icelles, ou
comment qu'ils aillent par le droit, ils ſe mettent en fougue, & tirent bien fort à la
main: qui eſt vn vray teſmoignage que l'exercice des voltes, fait auec iugement &
douceur, les aſſeute & leur occupe plus attentiuement les forces & la memoire que
celuy qui ſe fait par le droict.

Or ayát repatrié & reduict le cheual fougoux, à l'obeyſſace & pratique des voltes du trot & du galop, le Caualerice aura moyen, à la fin des leçons, de luy faire entendre doucement & auec le temps, les proportiós & iuſteſſes du parer, pour deux
raiſons principales. L'vne que le cheual deſia exercé, & accouſtumé à beaucoup d'a-
ctions & mouuemens du Caualerice, n'en ſera plus ignorant, ny par conſequét, en
ſi grand ſoupçon: L'autre que n'eſtant d'ordinaire arreſté que ſeulement pour mettre fin à l'exercice & pour la deſcéte du Cheualier, il aura plus d'occaſion de deſirer
& bien faire l'arreſt pour ſon repos, que de craindre & fuyr: toutesfois, quelque
grand reſpect que ie vueille qu'on porte au cheual colere & ſenſible, ce n'eſt pas à
dire, qu'on doiue touſiours ſupporter toutes les faures, qu'il ſera: car en fin il eſt neceſſaire qu'il entéde & cognoiſſe tous les chaſtimens de l'eſcole, ſur peine que quád
il ſera en humeur de faire, ou lors qu'il ſera quelque action fauſſe & maligne, & que
tout à l'heure le Cheualier le péſera diuertir, ou corriger, il aduiendra facilemét que
le cheual entrant en plus gráde colere, meſpriſera les remedes & chaſtimens, où ſe

defendra contre iceux, ne pouuant supporter ce, qu'il n'aura accoustumé de sentir.
A cause dequóy le Caualerice doit aucunefois desirer que le cheual luy face de son
propre mouuement quelque faute fort licentieuse, & quelque traict procedant de
mauuais & obstiné naturel, pour auoir occasion de contester, & de le chastier &
vaincre par les bons moyens de l'art. Car c'est autant d'auantage, pour apres le faire
plus facilement ceder à ces leçons & aux chastimens des fautes moindres & ordinaires: & si pour le tenir aux premieres caualcades, en quelque crainte sans le mettre en action inquiete, ou en desespoir, le Caualerice luy veut aucunesfois donner
quelque coup d'esperon, ou de gaule, il faut que ce soit lors, qu'il n'attend, ny soupçonne le chastiment: & si soudain apres l'auoir receu il se met en fougue: pour le
diuertir à l'instant de quelque insoléce extraordinaire, le Caualerice doit changer
de place, & en le menaçant varier l'ordre de sa leçon, sans pour cela se departir du
tout de la proportion d'icelle, & apres le remettre accortement & à temps sur le stil
des regles susdites.

DV CHEVAL DVR , ESGVEREi ET
desesperé de bouche

CHAPITRE XXXVII.

AVCVNS Caualerices esuentez sont d'aduis, quand le cheual ne se
veut arrester par quelques moyens, peut estre mal propres, ou mal
appropriez au naturel d'iceluy, de le laisser eschapper par sa fougue: voire d'accompagner sa fuite à grands coups d'esperons, &
de gaule, iusques à ce que l'aleine & les forces luy venás à máquer,
il soit contraint de s'arrester de soy-mesmes, prest à tomber par
terre, du tout outré, & comme demy estouffé. Il semble que ceste reigle vienne de
l'escole de ce fol, duquel on racompte, qu'vn iour se plaignant de son cheual, qui
l'emportoit outre son gré, disoit, tout esmerueillé, qu'il ne cessoit de le piquer de
toute sa force, & si pourtát ne le pouuoit retenir: ou de l'imitation du medecin, peu
sçauant & trop hazardeux, qui pour son dernier remede met au sort la guerison, ou
la mort du malade. D'autres Escuyers tirent quelque consequence d'aucuns, qui
estant emportez par des cheuaux, lesquels eschapans & courans de desespoir, dres-
soyent fortuitement leurs fuites à quelques precipices, & dit-on que ces hommes,
se trouuans pres des extremes dangers, ont voulu folement pousser, & mesmes cótraindre les cheuaux effrenez, à se precipiter auec eux: dont il est aduenu que la fra-
yeur du peril à retenu ses cheuaux tout court, leur laissant le souuenir d'vne crainte
si grande, que depuis ils n'ont ose refuzer l'obeïssance de l'arrest: pour moy ie m'en
raporte à la verité, & tiens que la pratique de ces moyens tant scabreux n'est propre
qu'à ceux, qui ne sont gueres sages, ou qui ont faute de meilleur recours. Je pense
qu'il ne sera pas hors de propos que i'allegue icy quelques traits estranges, que ma
fait vn cheual Gascon, qui estoit ieune, de bon poil, & de fort belle taille, mais naturellement le plus dur de bouche & plus court de memoire, qu'ó eust, peut estre, sçeu
trouuer au monde: & ce qui estoit encores pis, il auoit esté tellement tourmenté &
desesperé par plusieurs mains & diuerses brides, rudes & rigoureuses, qu'il en auoit
la bouche du tout corrópue & falsifiee, à laquelle desia les cals estoient formez, & à
plusieurs fois vlcerez sur les parties, qui se doiuent conseruer saines, & en leur naturel, pour iouyr des bons effects de la bride. Je ne trouuay mords qui l'embouchast
mieux, qu'vn vieux canon vsé, par le moyen duquel ie le promenay long temps en
diuers

diuers lieux, luy tenant ordinairement du miel rozat dãs la bouche, auec des drap-
peaux qui enueloppoïét ceste emboucheure, iusques à ce que ces vlceres furét gueris, & presque du tout consolidez. Apres ie voulus cõmencer de luy apprendre à parer: mais il auoit receu tant de desplaisirs par la diuersité des brides precedentes,
qu'aussi tost que ie le voulois arrester allant le pas, il ouuroit & tournoit la bouche,
faisãt les forces, & entrant en alarme se mettoit au trot: & si allãt le trot, il sentoit
extraordinairement tirer les renes, ou les cordes du cauesson, soudain il prenoit le
galop: & quand il entroit en fougue, si ie ne luy laschois diligemment la main, le
mettant en sa liberté, il prenoit vne fuite desesperee, autãt quãd la gourmette estoit
en bon & iuste poinct, comme n'en ayant point du tout: de maniere que quãd cela
aduenoit à la cãpagne, ie n'auois autre remede que de tirer vne corde du cauesson,
pour luy tourner le col & la teste d'vn costé, afin que ceste action me donnast quelque moyẽ de l'arrester: car de me seruir de la bride, c'eust esté vn plus grãd desordre,
à cause du soupçon qu'il en auoit, & aussi des cicatrices de la bouche, encores fraif-
ches & sensibles, lesquelles ie ne voulois rompre ny alterer en aucune façon: tellement que si ie ne me fusse souuenu vne fois entr'autres estãt à la chasse, de luy ietter
mon manteau sur la teste, pour luy bouscher les yeux cependant qu'il m'emportoit
en sõ desespoir, sans doute il m'eust precipité, & mis en quelque peril. Cela me mettoit quelquefois en tẽtatiõ de hazarder le susdit extreme & bizarre chastimẽt. Mais
quãd ie me representois que les lõgues & furieuses courses, sont ennemies capitales
de la facilité de la bouche, de la memoire & de l'obeïssance du cheual, & cõbien celuy, à qui i'auois affaire, estoit naturellement disposé aux inconueniés & desordres,
qui procedẽt des courses extremes, ces raisons me retenoiét, & me faisoient naistre
vne infinité d'autres moyẽs, qui me promettoiét beaucoup plus d'effects, que ie n'ẽ
voyois reüssir, à cause de l'obstinee resistéce du peruers naturel, & encores plus de la
mauuaise habitude de cest animal desesperé: si est-ce que ie l'adoucis peu à peu, &
trouuay moyen auec le temps & la patience, de luy faire aucunemẽt gouster la bride, & de le parer au pas & au trot, & quelquefois au petit galop. Mais il me fut impossible de le faire reculer deux pas: car la douceur y estoit inutile: & quãd ie le voulois tãt soit peu contraindre, aussi tost il se preparoit pour s'en fuïr & m'emporter:
tellement que pour empescher aucuns de ses traits licétieux, ie l'exerçois ordinairement dedãs vne allee estroitte, longue & fermee de muraille, tãt par les costez que
par les bouts, laquelle par bonne aduenture me vint à grande commodité. Ie cherchois toutes les cauteles & tous les moyens, que ie me pouuois aduiser, pour le faire
reculer: mais c'estoit autant de peine perduë. Or vn iour ie me trouuay si mescontét
& rebuté d'auoir tant respecté & caressé ce meschant & incorrigible cheual, & d'en
estre si mal satisfait, que la patience m'eschappa, & luy donnay deux ou trois grãds
coups de nerf entre les deux oreilles, & au long du frõt, afin que le bout de ce nerf
arriuast iusques sur le cauesson, pensant me véger par le chastimẽt, & tirer d'iceluy
quelque satisfactiõ, cõme i'auois fait de plusieurs autres cheuaux. Mais au cõtraire
il se mit à secouer la teste, & à tendre le nez en auant, m'arrachãt presque les cordes
& les renes des mains: & s'en alla courãt à toute bride, droit à vn des bouts de ceste
allee, là où il y auoit vne petite porte de la hauteur d'vn homme, qui par bõ heur fut
fermee: cõme ie me vis enuirõ à cinquãte pas pres de ceste porte, ie cognus biẽ que
le cheual & moy couriõs vne fole & hazardeuse fortune: car il estoit des plus vistes,
qui se pouuoit voir: & au lieu d'apprehẽder le bout limité de ceste allee, il sembloit
qu'il renforçast sa course contre ma volõté: tellemẽt qu'il estoit comme impossible, d'euiter vn choc estrange & furieux. La crainte de ce danger fut cause que ie ne
me peux empescher de tirer & m'attacher à la bride, & au cauesson: ce qui le mit en
plus grand desespoir, & donna si grand coup cõtre la porte, que peu s'en falut qu'il

I

ne l'enfonçaſt & miſt en pieces, quoy qu'elle fuſt double, fort eſpaiſſe & preſque
neufue: & de ce coup il ſe rōpit la bouche, le nez, & vn ſourcil, s'eſcorchea vne eſpaule, pour le moins auſſi grand comme la main, & ſe donna vne grāde atteinte à
vn pied, Il n'y eut plus moyé de faire ſeruir la bride, les deux harſōs de la ſelle furēt
ouuerts, & le caueſſon tout fauſſé. Pour moy, Dieu merci, ie n'eus pas beaucoup de
mal, & me iettay ſoudain en terre, eſtōné tant du danger que i'auois couru, que de
voir ce miſerable cheual eſtourdy & tout en ſang, lequel ie tenois pour perdu. Ie le
fis promener enuiron vn quart d'heure, cependant qu'on me promenoit auſſi me
ſouſtenant par deſſous les bras: & apres ie le renuoyay à l'eſcuirie pour le faire pé-
ſer, là où de tout ce iour il ne ceſſa de trembler, & durant iceluy ne voulut māger
ny boire. Et par ce que ces grands chaſtimens ne ſe peuuent, & ne ſe doiuent faire
ſouuét, & que ce cheual auoit naturellemét fort peu de memoire, & point d'obeyſſance, ie remontay le lendemain deſſus, en quelque mauuais eſtat qu'il fuſt, & le
menay dedans ceſte allee ſeulemēt pour le promener, & pour deſcouurir ce que ie
pouuois eſperer de ce chaſtimēt: là ie prins ſes façons de faire pour bōs indices' car
auſſi toſt qu'il eut faiⓒt enuiron trente pas dedans l'allee, il commença à dreſſer les
oreilles, ſigne de quelque ſoupçon : & comme il fut au bout & pres de la porte,
qu'il auoit le iour auparauant choquee ſi rudement, il en eut peur, & ſe mit à rōſler,
& à trembler: toutesfois il en approcha aſſez pres, ſans y eſtre fort contrainⓒt. Ie
cuiday lors le faire reculer, par ce que les murailles, & la porte me dōnoyent occaſion de me ſeruir de la bride, du caueſſon & du nerf, pour le contraindre, ſans qu'il
me peuſt eſchaper: ioinⓒt que i'eſtois ſecouru de deux hōmes de pied, qui tenoiét
les deux cordes du caueſſon, & qui vſoyent de tous les remedes, dont ie me pouuois aduiſer, tant par la douceur que par la force. Mais pour tout cela il n'y eut moyen de le tirer en arriere, que tant qu'il ſe pouuoit bander, & acculer en allōgeant
les eſpaules & les bras, ſans partir les pieds de deuāt de terre. Ie ne le voulus rechercher, ny tenir trop longuement pres de ceſte porte, craignant qu'il en perdiſt l'apprehenſion, ou que le ſecond deſplaiſir, qu'il y euſt peu receuoir, luy fiſt oublier le
premier, qui eſtoit plus conſequent. Mais ie le menay doucement à l'autre bout de
l'allee, où il y pouuoit auoir trois cens pas, & puis le remenay au petit galop : parce
que l'action en eſt fort propre, pour appaiſer les cheuaux fougoux & deſeſperez, &
meſme pour aſſeurer les bouches eſgarées. Ie voulois auſſi mieux recognoiſtre,
auant que le renuoyer au logis, la memoire qu'il auroit de l'auertiſſemét de l'arreſt,
& du choc de la porte, & ne faillis à l'aduertir fort doucement, dés qu'il en fut pres
enuiron vingt pas : mais d'auſſi toſt qu'il ſentit tirer les renes, il ſecoüa la teſte par
des mouuemés eſtranges, & en hauſſant le nez il s'elança de telle ſorte, qu'il redō-
na encores contre la meſme porte : & quoy que ce fuſt beaucoup moins rudemét
que le iour auparauant, il ſe fit de grandes douleurs, à cauſe de ſes playes, qui furét
renouuellées: & croy qu'il n'euſt point donné ceſte fois à la porte, n'euſt eſté qu'il
auoit la teſte ſi enflée du premier choc, que la veuë en eſtoit trouble. Ie le renuoyay
tout à l'heure au logis, pour euiter l'occaſion de quelque plus grād deſordre. Cinq
ou ſix iours apres il eut la veuë eſclarcie, & par ce qu'il auoit ce grand defaut de memoire, ie le ramenay dans noſtre allée, là où ſans faire autre ceremonie ie le fis partir au petit galop: pour aller encore droiⓒt à la porte, laquelle il apperceut d'aſſez
loing, & en ſe retenant il r'acourciſſoit ſon galop à meſure qu'il approchoit de la
porte: tellement que ſans aucune difficulté il s'arreſta auſſi toſt que ie l'eus aduerty
en tirant mediocremét la bride & le caueſſon: & ce qui plus me contenta fut, qu'au
lieu qu'il ſouloit hauſſer le nez, quand on le vouloit arreſter, il fit ceſt arreſt en dreſſant les oreilles, en ſe ramenāt & regardant fixe ceſte porte : qui fut ſigne qu'il cō-
mençoit à recognoiſtre le chaſtiment: mais de reculer il y eut auſſi peu de moyen,

qu'auparauant. En fin ie m'aduiſay de prendre la porte d'vne petite maiſon, qu'il y
auoit dans ce iardin, laquelle ie fis porter & mettre, ſans que le cheual ſ'en apper-
çeuſt, dedás l'allee, à quatre ou cinq pas pres de l'autre porte, qui auoit receu les
deux chocqs & ſecouſſes du cheual, & la fis tenir en ce lieu toute droicte, par vn
home de pied, que ie mis en grand hazard: car ſi le cheual euſt encore choqué ceſte
ſeçóde porte, il ne l'euſt pas ſeulement renuerſée ſur ceſt homme, mais il euſt paſſé
deſſus ſon corps & moy-meſmes n'euſſe pas eſté quitte de quelque mal. Mais le
meſcontétement, auquel i'eſtois, m'auoit tellemét eſmeu, que ce doute ne me gar-
da pas de reuenir encores au petit galop d'aſſez loing ſur ma premiere piſte, & mó
cheual ne faillit non plus çeſte fois d'obeir a l'actió que ie fis pour l'arreſter, eſtant
à quatre ou cinq pas pres de la porte empruntée: mais ce fut bien par le plus im-
cómóde & ſoupçóneux arreſt, que iamais i'aye ſenty: toutes-fois il me cótenta ſelon l'occaſió. Apres que i'eus careſſé mon cheual, ie me mis de nouueau en deuoir
de le faire reculer: & cepédant ie fis aduácer çeſt hóme, en pouſſát la porte deuant
ſoy. Cóme le cheual la vid approcher, ſans recognoiſtre ce qui l'auançoit, il en eut
vne telle peur, qu'il en recula confuſémét cíq ou ſix pas: lors ie fis arreſter ceſt hóme, afin d'auoir moyé de flatter & appaiſer le cheual, & de peur auſſi, qu'il ne tour-
naſt la teſte de l'autre coſté, pour ſe mettre en fuite. Deſlors ie me ſeruis ordinairement de ce remede pour l'arreſter, & toutes les fois qu'il ne vouloit reculer par la
bride, ou le caueſſó, ie faiſois encores aduácer ceſte porte, me faiſant ayder par des
hommes a pied. Par ce moyen & vne infinité de careſſes & cótraintes, trop lógues
à diſcourir, ie le fis conſentir à la parade, & luy apprins peu a peu à reculer: ſans cela
ie croy qu'il n'euſt iamais entendu l'aduertiſſement de la bride, ny la proportió de
l'arreſt. Ie l'exerçay apres ſi long temps dedans ceſte allee, & l'arreſtay ſi ſouuent,
eſloignát peu à peu la porte, que dans ſept ou huict mois il oublia, & perdit entierement ſes ſoupçós & freneſies, & ſe rendit à force d'eſcole & de pratique, le plus
franc & plus ayſé cheual, tant au parer qu'au manege terre à terre, que i'euſſe pour
lors ſous ma charge: ie dis ſi franc, que combien que les courſes continuées, ſoyét
du tout cótraires à la franchiſe de la bouche du cheual, ie m'en ſeruois ordinairement à courir la bague, à cauſe qu'il couroit ayſément & rondement, & que de ſó
naturel il n'eſtoit pas fort colere, ny ſenſible: & par ce meſmement que tous les
cheuaux de bague: qui durant leur courſe premeditée recognoiſſent le lieu, auquel ils ont accouſtumé s'arreſter, ſans doute, en y arriuant, ils ſe diſpoſent à la parade, pour finir leur effort, ſi le cheualier ne les chaſſe plus auant. Par ce diſcours
particulier il eſt ayſé à iuger, que le reculer bien conſidere & fait à ſon temps cóue-
nable, eſt vn moyen neceſſaire pour apprendre le cheual à bien parer, & pour le
rendre obeyſſant & leger, quand il eſt penſant, ou qu'il ſ'appuye, ou tire plus qu'à
pleine main. Toutes-fois, ſ'il eſt trop continué & mal à propos, pluſieurs cheuaux
l'a couſtumeront, & en feront vne telle habitude, qu'en fin, ils ne ſ'en chaſtieront
plus: meſmemét ceux qui ſont extrememement fougoux & durs de bouche, à cauſe
que l'impatience & ardeur, qui les poſſede, quand ils ſont eſchauffez, les empeſche
de recognoiſtre la cauſe & l'effet du reculer: & ceux qui ſont trop courts d'écolure
en font quaſi de meſme: parce qu'ils ſont communement chargez d'eſpaules, &
qu'à cauſe de la dificulté qu'ils ont de ſe ramener ſur les háches, ils appuyent facilemét les bráches du mords, cótre leur poitrine, & par ce moyé rédent ſouuét le reculer inutile. Et ſi le cheual, duquel ie viés de parler, n'euſt eſté aſſez lóg à la main,
à grád peine euſt-il choqué la porte auec le nez, cóme il fit: & ſ'il fuſt aduenu autremét, le chaſtimét n'euſt pas eſté ſi profitable: car il n'eſt neceſſaire que aux cheuaux,
qui nót poit de creáce qui éportét & ſ'en vót le nez en l'air à la deſeſperade. La rai-
ſó eſt, que le nez eſt vne partie des plus ſéſibles qui ſoit au cheual, & en laquelle par

consequent, il craint extremement les coups: de maniere que pour la garentir du
chocq & de la douleur, qu'il aura desia recogneuë, il sera côme contraint de baisser
la teste, pour hazarder le front. Puis donc que le propre de ce remede, est de ramener le nez du cheual esgaré de bouche, c'est à dire, qui n'a nulle obeyssance ny fermesse de teste, ny d'arrest, il ne peut estre necessaire à ceux, qui s'armét, quoy qu'on
ne les puisse arrester: car ce seroit plustost vne occasion de leur faire baisser la teste
d'auantage. Mais ie diray vn autre chastiment, lequel neantmoins ne se doit faire,
non plus que cestui-cy, sans y estre contraint apres tous autres remedes.

DV CHEVAL DVR DE BOVCHE ET PESANT

CHAPITRE XXXVIII.

IL se void peu de ieunes cheuaux, qui ne pesent, ou ne tirent à la
main, quelque chose qu'on puisse faire, iusque à ce qu'ils ont atteint l'aage de cinq ans: combien qu'ils soient de taille bien partie.
La raison est, que plustost ils ne peuuét estre en leur vraye force, ny
ne sçauroient auoir formé, & asseuré la iuste posture du col & de la
teste. Toutes-fois pour cela on ne laisse pas aux communes escoles,
de les rechercher aussi viuement en la quatriesme annee, comme s'ils en auoiét dix.
Ces desordres sont cause, que comunément ils sôt plustost foulez, que bien dressez: & ceux, qui sont de leur naturel chargez d'espaules & de teste, ne se rendent legers, qu'ils n'ayent neuf ou dix ans: & le plus souuent point du tout, si ce n'est quelque espace de temps à force d'art & d'exercice: & si nonobstant ceste grosseur de
stature, il s'en récontre quelqu'vn, qui soit nerueux & courageux, & qui aye la taille
belle, & legere sous l'homme, l'on ne doit faire estat de ceste vigueur, & legereté,
que pour partir de la main à la Françoise, & pour en tirer tout au plus, cinq ou six
passades estroittes & furieuses. Car de penser qu'ils puissent resister à vn effort de
longue aleine, comme s'ils estoyent de legere & nerueuse taille, ce seroit erreur:
puis que l'on void par leur stature, qu'il semble que nature s'y oppose. Voyla d'où
viét que, pour courir le cerf, les bons piqueurs treuuét que les plus excelléts cour-
tauts, doiuent estre plustost vn peu estroits de deuant, longs à la main, & hauts sur
terre, que fort trauersez & racourcis. Aussi à la verité pour galopper longuement
& legerement, le cheual a plus besoing d'aleine & de facilité, que de fougue, ny de
grâde force, & celuy qui a la posture plus racourcie, & plus belle, n'en saute pas plº
seurement les hayes & les fossez: Au contraire pour bien partir & parer ferme auec
iustesse, & pour repartir tride & furieusement, mesmes pour redoubler les voltes
de ferme à ferme, le cheual doit estre trauersé, & fort de reins & de tous ses mébres.
Car pour fournir longuement le manege iuste & serré, & principalement celuy des
sauts, il est necessaire que naturellemét il aye moyen de tenir ses forces asseblées,
& neantmoins prestes à les distribuer en l'ordre des bonnes leçons. Or parmy les
cheuaux chargez d'espaules & de teste, il s'en trouue qui ont quelque gaillardise
legere, neantmoins naturellement liée & retenuë, de laquelle le Caualerice ne se
peut preualoir pour en tirer vn bel air releué, cômbien que tels cheuaux soyent de
bon aage, à faute de moyen de les faire parer legerement, & de les rendre bons à la
main. Quant à moy ie les renuoyray tousiours aux premieres leçons de ce liure:
mais si elles ne sont suffisantes, & que par curiosité, ou par necessité il soit questió
d'vser à l'extremité de remedes excessifs, il faudra trouuer vne allée fermée par les
costez, dedans laquelle on puisse plâter & accômoder visà vis& de la hauteur d'vn

homme, deux forts crápons, ou aneaux de fer, aufquels l'on attachera deux fortes cordes, chacune par vn bout, longues également, enuiron quinze ou dix-huiĉt pas, aſſauoir vne de chaſque coſté. Apres il y faudra amener le cheual, & l'on ioindra les autres bouts de ces cordes, à celles du caueſſo, obſeruát les lógueurs pareilles: & afin qu'elles n'entrauét ou enbaraſſent les iábes du cheual, il faudra qu'elles ſoiét ſouſtenues & hauſſées iuſques enuiró les cartós de la ſelle, par d'autres petites cordes, qui tiendront à la boucle de la croupiere. Cela fait, le Caualerice fera partir ce cheual de trot, par le droit, & pour la premiere fois ne fera nulle aĉtió pour l'arreſter, mais luy laiſſera ſentir l'effeĉt de ces cordes, & cóme elles l'auront arreſté, le Caualerice le fera reculer dix ou douze pas, plus ou moîs, ſelon qu'il pourra auoir recognu le lieu & la ſecouſſe de ceſt arreſt contraint, & limité. Et afin que le Caualerice n'aye occaſió de s'attacher beaucoup à la bride, & que la bouche & la barbe du cheual ne patiſſent trop, il doit eſtre ſecouru d'vn hóme à pied, qui ſache menacer & battre diſcrettemét ce cheual auec la gaule, ou le nerf, ſur les bras ou ſur le nez, ſeló qu'il refuſera de reculer. Et apres luy auoir rendu la main, & fait quelques careſſes vn peu de temps, le Caualerice le fera repartir. Et cóme il ſera pres du lieu, iuſques auquel leſdites cordes ſe pourront eſtendre, il ſe mettra en deuoir de le parer: afin que s'il n'obeiſt aſſez diligêmét, il aille ſoudain prédre de ſoy le chaſtimét, ſelon ſa faute. Ayant cótinué cecy pluſieurs fois, il en faudra faire tout de meſmes au galop: & ſi le cheual n'a bien recogneu l'effeĉt deſdites cordes, & qu'il ne ſe diſpoſe pour obeir próptement à la aĉtió du Caualerice, & à la duertiſſemét de la bride, ſans doute ces cordes luy donneront vn grand chaſtiment. Et ſi d'auenture eſtant en inquietude, & faſché de reculer, óu d'eſtre recherché longuement en ce lieu, il entreprend de faire quelque eſcapade licentieuſe, ce chaſtimét l'arreſtera, & le ramenera ſi rudemét ſur les hanches, que peut eſtre il en ſera porté par terre, & fuſt-il auſſi peſant qu'vn taureau.

Fort peu de cheuaux receuront ces grandes eſtretes, que quelque témps apres n'en ſoient eſtonnez, & ne s'en reſſentent, voire les hommes qui ſerót deſſus, n'en demeureront pas quittes: car elles ſont extremement violentes, & dangereuſes. Auſſi void-on que là où les cheuaux en ont eſté deux ou trois fois ſurprins, ils repartent apres auec tel ſoupçon, que tant s'en faut qu'ils tirent ou qu'ils peſent à la main, que au contraire le Caualerice a pluſtoſt de la peine à les pouſſer, & les chaſſer en auant.

Or quand le cheual ſera en ces grands ſoupçons, il le faudra faire reculer d'auantage, aſſauóir doucemét, & à pluſieurs fois, luy rendant ſouuent la main de la bride: & apres eſtre reparty, l'arreſter, deuant qu'il arriue ſi pres de l'extremité du lieu limité & recogneu, à peine de racourcir les cordes, s'il ſe fait trop ſouſtenir, l'areſtant en vne nouuelle place. Et s'il ne veut plus repartir, & qu'il ſe defende quád on le voudra contraindre, le Caualerice fera deſtacher les cordes des crápons, & en les laiſſant traiſner par terre, meinera le cheual en quelque autre lieu incogneu, où il le fera partir, & parer cóme deuát: & ſi le cheual recognoiſſant la liberté, ne ſe veut bien arreſter, le Caualerice, fera prendre chaque bout des cordes trainantes, à deux ou trois forts hommes qui ſans bouger d'vne place les tiendront fort & ferme: & fera reculer aſſez loin ſon cheual, ſans luy forcer la bouche, ny la barbe, & apres repartira de trot ou de galop, & par le moyen de ces hommes à pied, luy laiſſera encores prendre vne eſtrapade, aſſauoir ſelon la difficulté, qu'il fera de s'arreſter: car de luy continuer ces chaſtimens extremes, ſans ſe mettre en quelque deuoir de l'arreſter, eſtant pres d'iceux, ce ſeroit pluſtoſt vne occaſion de le rebuter, ou deſeſperer, que de le faire obeyr.

Qvand il aura esté de nouueau ainsi chastié pésant estre en liberté, ie m'asseure qu'il sera apres ordinairemét en doubte, quoy qu'il change souuét de place, mesmes tant qu'il traisnera ces cordes, & qu'il verra des hômes de pied autour de soy, craignât qu'ils ne prennent & tiennent lesdites cordes pour l'arrester de secousse. Qui sera cause qu'il se disposera à l'obeissance de l'arrest & du reculer, & qu'il se pourra rendre bon à la main, auec la longue habitude, la discretió & la patience du Caualerice: mais s'il ne peut attendre que le cheual aye vne assez longue pratique de se ramener & alegerir sur les hanches, par cest effort qui se fait à nature, & que plustost il le vueille mettre en sa premiere liberté, ou en d'autres leçós, & exercices esloignez de l'estroitte obeissãce du parer, à grãd peine en sortira-il à son honneur.

La commodité de l'allée fermeé ne sert pas seulement pour attacher & tenir les susdites cordes, mais aussi pour empescher que le cheual aye la veuë & la memoire occupée ailleurs, qu'à l'escole, afin qu'il entreprenne moins de defenses & qu'il comprenne & retienne mieux les effects de ces remedes. Quoy que ce soit i'aduise icy le Caualerice que les cheuaux, qui sont naturellemét les plus choleres, impatiés, & apprehésifs, sont aussi extremement ennemis des plus grãdes subiectiós, & qu'ils me l'ôt souuét appris à mes despés, par estrãges actes, se sentãt trop côtraints. De maniere qu'il m'a fallu plusieurs fois auoir recours à d'autres remedes plº lógs & moins rudes: mais aussi ay-ie exercé d'autres cheuaux plus patiés, qui par les susdits moyens se sont en fin rendus obeissans & legers à l'escole, ou en autre lieu premedité, & ont esté en fort bóne reputatió: quoy que de leur naturel ils fussent extremement chargez & pesants d'espaules, & de teste: mais non pas peut estre en si peu de temps, que voudra mettre en semblable occasion quelque ieune, ou impatient Caualerice. Toutesfois si tous ces remedes ne peuuent rendre obeyssans, aucüns cheuaux disgraciez, il ne s'en faudra estonner, puis qu'entre les hommes mesmes, qui sont, ou doiuent estre capables de raison, il sen trouue de si mal nez, que les plus sages ne peuuét persuader, ny côtraindre leur mauuais naturel aux honnestes occupations. Ie pense que ceste difference se peut considerer en toutes especes d'animaux domestiques, mais pour les cheuaux i'en suis asseuré. C'est pourquoy ie ne côseilleray iamais à homme de cheual, de se mettre en peine pour certaines rosses, qui ne seront propres que pour la charrette, ou pour la malle, si ce n'est tant qu'il sera ieune, & encores en doute d'vne infinité de choses de cest art: desquelles il se faut necessairement rendre expert par la diuersité des cheuaux bons & mauuais, & de toutes sortes de complexions.

DES CHEVAVX QVI ONT L'APPVI
de la bouche foible.

CHAPITRE XXXIX.

C Est vne belle partie de sçauoir alegerir le cheual, qui a la stature pesante ou autrement imparfaite, & l'nclination licentieuse: mais le Caualerice ne doit pas estre moins curieux de rechercher les moyens, qui peuuent asseurer la bouche de celuy qui naturellement l'a trop sensible, foible & incertaine: car il est imposible de luy retoudre en bonne posture la teste, ny le col, & par consequent, qu'il se puisse rédre ferme, ny iuste à quelque sorte d'air ou de manege propre au plaisir de la carriere, ny aux necessitez des combats, si premier on ne luy rend l'appuy de la bouche, aysé & solide. Et pour ce faire aucuns bôs Caualerices, veulét en telle occasion qu'on exerce le cheual, sans le parer, que pour finir l'exercice, & sans le faire reculer. La regle en est bonne pour l'ordinaire: mais quand à moy te suis d'aduis, que par caualcades variées on le pare souuét: assauoir en galopát, & lors qu'il n'at, tend ny espere l'arrest, pourueu que ce soit auec iugemét & douceur, & sans le faire ordinairemét reculer: mais au contraire qu'on le face repartir sans le precipiter auffi tost qu'il aura paré. Car les arrests aysez estendus & continuez, auec le téperament de la bonne main, le pourront diuertir de diuers soupçons, qui peut estre l'empeschent de s'appuyer, principalemét des efforts excessifs, qu'il aura plusieurs fois receuz, en s'arrestát trop court, & aussi des douleurs desordonnées, qu'il aura souffert à la bouche ou à la barbe, par les brides & gourmettes trop rudes, ou mal appliquées.

Or en cecy il faut côsiderer, que tout ainsi que les lieux limitez sont ordinairemét propres pour allegerir les cheuaux, qui pesét à la main, aussi ceux, qui ont l'apuy de la bouche foible, doiuent estre exercez à la cápaigne, où il ne se voye nulle figure d'escole, qui leur puisse dôner occasiô de premediter l'arrest, ny autre proportiô estroitte & limitée. Et tout ainsi qu'on ne leur doit iamais permettre de reculer, sás y estre côuiez, ou côtraints: il est aussi tres necessaire, qu'on leur apprêne à reculer par les accoustumez mouuemés de la main de la bride, & du cauessô: à cause que l'ô void souuét que lès cheuaux qui ont la bouche foible, se bádent autát ou plus sur le mords, lors qu'ils sôt las, ou hors d'aleine, ou ayás les barres eschauffées, que sçauroient faire ceux, qui naturellement sont chargez & pesans. De maniere, qu'il est mal aysé, quád cela aduiét, de les faire reculer, s'ils ne l'ôt auparauát appris par pratique: & si en ces extremitez le Caualerice les y veut côtraindre par la force, il se peut asseurer que, outre qui les trouuerra bien fort desobeissás & obstinez, les efforts qu'ils receuront au barres & à la barbe (qui pour lors sont partie endormies, & presques insensibles) leur causeront apres telle douleur, que la bouche en demeurera plus falsifiée, qu'elle n'aura auparauant esté. En quoy l'on peut apprédre qu'il n'est pas seulement bon que le cheual trop leger à la main, (pourueu qu'il ne soit retif) apprenne à reculer par l'effect de la bride: mais qu'il se faut garder de luy trauailler tant les forces & l'aleine, que la bouche, qui est de soy trop delicate, en soit offensée, sur peine des desordres qui en pourront naistre.

Tovs ceux qui ont pensé que les fauses renes, qui s'attachent aux archets des branches du mords, offencent la bouche delicate, se sont bien fort trompez: car plus tost elles la soulagent, & mesmemét la barbe: pourueu qu'en vsant des faulses renes on tire moins les renes ordinaires, & que l'éboucheure soit vn simple canô, & la gourmette ronde, assez longue & grosse, comme i'ay dit ailleurs. Pour tirer vne preuue suffisante de ce precepte, c'est que les antiques & premieres brides estoyét presque des filets, & des longes ou renes attachées aux archets: depuis pour tenir le cheual en plus grande subiection, les Caualerices ont inuenté les branches & la gourmette. Or donc les faulses renes bien appliqués ne serôt point rudes, ains apporteront sans doute beaucoup de commodité, pour fortifier & resoudre l'appuy de la bouche du cheual, qui l'aura foible & trop sensible.

DES CHEVAVX QVI TIENNENT LA
bouche ouuerte & tournée.

CHAPITRE XL

QVAND le cheual de sa nature, ou par accident, a quelque defaut aux pieds, aux iambes, aux espaules, ou aux reins, qui l'epeschent de fournir facilemēt à quelque exercice nerueux & principalemēt à l'action de l'arrest ferme & leger, il ouure ordinairement la bouche & fait souuent les forces: en quoy il monstre le soupçon & la crainte qu'il a d'estre contraint par les violents effects de la bride. Qu'il soit ainsi, l'on void par experience, qu'il ouure & tourne la bouche d'auantage, quád il soupçonne la course furieuse, ou qu'il est recherché de quelque iustesse, estant fort las, & hors d'aleine. Il y en a d'autres aussi qui font ceste desagreable cótenance, seulemēt pour n'auoir point d'inclinatió au manege, ou pour auoir la bouche tant desdaigneuse, ou la barbe tát gastée, qu'on ne peut inuéter aucune bride, ny gourmette, à la quelle ils puissét prendre plaisir. Or quát aux remedes de ceux, qui ont ceste imperfectió, à faute de force & d'aleine, il leur faut premieremét oster le soupçon des plus violés desplaisirs, qu'ils peuuét auoir receus, & qu'ils redoutét, principalemēt l'apprehésió de la course violéte, & de l'arrest trop contraint & limité. Pour ce faire il n'y a moyen plus propre, que aucunes fois le trot aysé, & cómunément le petit & paisible galop continué, en tournát fort large, & par le droict, sás parer que sur la fin de l'exercice, & encores le plus lentemēt, qu'il se pourra, ne laissant toutes fois le cheual trop abádonné d'appuy de bouche: sur tout la douceur de la main, est requise en cecy, auec la fermesse d'icelle. Par ce moyen le cheual se peut appaiser, & en se repatriát se mettre auec le téps en bonne aleine, & par cósequent se fortifier: & si pour tout cela il ne redresse, & ne rasseure sa bouche, ce sera vne apparéce qu'elle pourra auoir esté si long téps offésée, par les differés efforts de plusieurs & diuerses brides & gourmettes, que l'abitude de ceste imperfectió l'aura tellement gaignée & falsifiée, qu'il faudra necesseremét vser de remedes, comme si le cheual auoit de nature la bouche faulse & desdaigneuse.

QVAND doncques le cheual fera les forces pour ne vouloir gouster aucune sorte de bride, il faudra en l'exerçant vser du simple canon, & de la gourmette ronde, & assez longue, auec les faulses renes: car par le moyen d'icelles, le Caualerice pourra auec le temps corriger le cheual, en le chastiant, par quelques secousses bien consideres, & propres au naturel de sa bouche, lesquelles luy seront dónées à tous les coups, du costé qu'il tournera les maschoires: & pour bien comprendre les effets de ce chastiment, il faut considerer que la faulse rene est attachée à l'archet de la **De l'utilité des faulses renes.** bráche, qui est vn endroit fort voisin de la barre, & que au téps que ceste faulse rene fait son operatió, elle ne peut offenser la barbe, ny que fort peu la barre, à cause que la gourmette demeure en telle occasion cóme inutile. Or est-il que plusieurs cheuaux desdaigneux font les forces, tát à cause de l'importunité de la gourmette que pour l'incommodité de l'emboucheure: c'est aussi en quoy l'on peut iuger, que les faulses renes sont necessaires au remede de telle imperfection. Toutesfois si le cheual boit sa bride, elles luy donneront plus de commodité en ce vice, & mesmes pourront faire que le canon pressera extraordinairement la langne, & par consequent dónera occasion au cheual, qui l'a grosse, ou trop sensible & serpétine, de la passer dessus l'enboucheure, & de tenir la bouche trop ouuerte: à quoy la cómune

contrainte du caueſſõ, pourroit beaucoup ſeruir. Mais d'autãt qu'il eſt beaucoup
plus facile de faire, que le cheual continue de tenir la bouche fermée, & la langue
en ſon canal, & que l'enboucheure ſoit en ſa iuſte place, que de l'epeſcher de faire
les forces, y eſtant accouſtumé ie ſuis en ce cy d'aduis, s'il eſt aſſez auancé en exercice & en aage, qu'on mette aucunefois le caueſſon à part, pour vſer deſdites fauſſes
renes, tenant la muſerolle fort eſtroitte, & plus baſſe que ſon lieu ordinaire. Et ſi le
cheual a l'appuy de la bouche dur, & tendu, il faudra neceſſairement que ſon
exercice ſoit fait patiemment, & ſouſtenu par vne grande douceur, accompagnée d'vne ferme legereſſe de main, principalement ſi le cheual eſt ſenſible, apprehenſif & fougoux.

POVR METTRE LE CHEVAL DV
trot au galop,

CHAPITRE XLI.

O N ne doit iamais exercer le cheual au galop, tant qu'il peſe, ou tire
à la main en trotant, ny iuſques à ce qu'il ſoit deſgourdy, & alegery
par l'actiõ du trot, car autrement ſans doute le mouuement du galop le fera abandonner d'auantage ſur l'appuy de la bride, & tant
plus s'il eſt chargé de deuant. Et quand bien il ſera libre au trot ſur
les grands, & premiers ronds, & que le Caualerice voudra commencer à le faire galopper ſur la piſte d'iceux, il le faudra faire encor, trotter quelques iours au parauãt,
plus eſtroit que l'eſpace ordinaire des ronds, enuiron vne tierce partie, ou la moitié, afin de l'attirer apres plus facilemẽt: car de le precipiter, pèſant tout à coup luy
faire reſoudre le galop ſur la meſme proportion, qu'il aura eſté exercé ſeulement
au trot, cela luy pourroit dõner occaſion de ſe rebuter & ſe departir de la piſte premiere, ou de ſe deffendre par quelque autre moyen, & ſe rendre entier. Mais ayant
eſté pluſtoſt extraordinairemẽt ſerré & cõtraint au trot, & venãt apres à eſtre eſlargy, ceſte liberté le fera conſẽtir plus facilement à l'action du galop, ſur les premiers
rõds: & pour le laiſſer en moins de fougue, & plus de legereſſe & d'obeiſſance, il
faut finir ceſte leçon ſur le meſme trot & eſtroitte proportiõ des tours, qu'elle aura eſté cõmencée: ſur tout ſi le cheual tourne difficilement, il le faudra longuemẽt
promener à la fin de la leçon, beaucoup plus eſtroit qu'il n'aura trotté, ny galoppé,
ſans toutesfois le cõtraindre beaucoup: car bien ſouuẽt ſi le caualerice eſt patient,
& aduiſé, ce paſſage pourra ſeruir autãt, cõme tout le reſte de la leçon: & ſi le cheual
a la bouche ſi legere, ou ſi foible, qu'il ne puiſſe bonnemẽt prendre appuy ſur le
trot, il ſera bon de luy faire cõmencer ſon exercice au galop, apres l'auoir promené
& vn peu recherché pour le faire trotter. Et cõme le Caualerice ſentira qu'il ſe ré-
ſoudra ſur l'appuy de la bride, il le remettra peu à peu au trot eſtẽdu, & furieux,
duquel il fera le plº ſouuẽt la fin de ceſte leçon: & de ces moyens peut naiſtre auec
le temps le bon temperament de l'appuy de la bouche, autant au trot, cõme au galop: & quãd le cheual, leger ou peſat, ſera libre à toutes mains au trot & au galop ſur
les rõds mediocres & au parer, lors il ſera temps de cõmencer à l'adiuſter plus eſtroit-
tement, le mettant premierement par le droit aux premieres regles des paſſades.

POVR ADIVSTER LE CHEVAL
AV TROT SELON SON NATVREL.

CHAPITRE XLII.

N peut defia comprendre iufques icy, que l'exercice de trot eft le
premier & plus neceffaire fondement de la legereffe, & de toutes
les leçons, qui peuuent rendre le cheual adroit & obeyffant, & fur
lequel fe doiuét baftir toutes fortes de maneges: mais il faut qu'en
ceft exercice les principales confideratiõs foyent diligement obferuées. Affauoir que fi le cheual eft naturellement leger à la main, le trot eftendu
& refolu luy eft propre, d'autant que s'il eft befoing, il luy peut defgourdir les
membres, affeurer la tefte, & les hanches, refouldre le col & les efpaules à la facilité
des voltes : & mefmes luy peut communément donner le premier fentiment & la
cognoiffance du vray & ferme appuy de la bride. Au contraire fi le cheual eft naturellement pefant, ou que pour quelque autre imperfection, il tire à la main, ce
trot long & refolu l'abandonnera fur les efpaules, & le fera tirer d'auantage. Il faut
doncques en cefte derniere occafion, principalement fi le cheual eft long de corfage, tafcher à l'exercer d'vn trot le plus court & releué, qu'il fera poffible, afin
de le mettre & tenir enfemble, fans toutes-fois s'attacher trop à la bride, ny au caueffon : afin auffi que par ce mefme moyen, il s'accouftume à porter la tefte en
belle & bonne pofture.

DIFFERENCE DES CHEVAVX QVI PESENT
à ceux qui tirent à la main.

CHAPITRE XLIII.

A difference qu'il y a des cheuaux qui pefent, à ceux qui tirent à la
main, eft que ceux qui pefent, s'appuyent & s'abandonnent fur la
bride & le caueffon, pour eftre foibles, ou trop chargez, ou pour
auoir la bouche naturellement trop charnue & endormie: & ceux
qui tirent ont les barres dures, & comunément rondes & defchar-
nées: à caufe de quoy ils bandent le col, & les mafchoires pour fe
deffédre & forcer le bras, & le poing du cheualier, lors qu'ils ne peuuét ou ne veulét fournir à ce, qu'on les recherche. Or quât à ceux qui pefent, ils fe peuuent allegerir felon l'art, en fe fortifiant, par l'exercice du trot : & ceux qui tirent fe peuuent
auffi ramener & amolir en leur accroiffant l'aleine, & leur oftant la fougue par l'exercice du trot, & du petit galop. Mais en fin ceux qui pefent font ordinairement
fots, & pareffeux, & ceux qui tirent font impatiens, defobeyffans, & par confequent les plus dangereux & incorrigibles.

DIFFERENCE DES BOVCHES TROP SENSIBLES, foibles & fermes.

CHAPITRE XLIIII.

A bouche trop sensible & soupçonneuse est celle qui s'offense de toutes sortes de brides, & qui bat, ordinairemét à la main. La foible est celle qui est trop legere: c'est à dire, qui ne prend appuy sur quelque bride douce qu'õ luy puisse mettre, quoy qu'elle ne batte iamais à la main. Et par celle qui est ferme, se doit entendre cest appuy mediocre, assauoir solide & temperé, que les bons hommes de cheual ont en tres-expresse recommandation.

PREMIERE LECON DE TROT sur les passades.

CHAPITRE XLV.

POvr cõmencer d'exercer & adiuster le cheual aux passades & aux voltes de trot, & pour euiter qu'il ne face au commencement de ces leçõs plusieurs desordres cõmuns, ou afin qu'il en face moins il luy faudra plustost faire cognoistre communément deux ou trois fois lá proportion des passades & des ronds, allant le pas, assauoir le pas de l'escole, qui doit estre aduerty, racourcy & leger. Car il y a differéce du pas de l'escole, à celúy qui se fait abãdonné, ou létemét en allát par pays, ou en promenant le cheual auant ou apres la leçon. Cesté proportion de ronds, & de passades se doit faire selon que le cheual sera desuny, engourdy, ou pesant c'est à dire, que s'il s'abandonne sur le deuant, & sur l'appuy de la bride, il faudra tenir la passade plus courte, & les ronds plus estroits, qu'es'il estoit leger, ou ramingue. Mais pour l'ordinaire la passade doit auoir enuiron trente pas de lõgueur & chasque rond quatre pas de diametre ou largeur, mesurant à trauers en ligne droicte, & passant par le centre. Or cependant que le Caualerice aduertira ainsi sõ cheual, il aura moyen d'adiuster les renes en tel poinct dedans la main, & en si bon & temperé appuy, qu'il puisse tenir la teste du cheual en belle situation, sans le trop contraindre: ensemble de se bien asseoir dedans la selle, de redresser son corps & ses iambes, de s'asseurer sur les estrieux, & de bien accommoder son chappeau. Mais tout cela se doit faire si accortement, que à peine ceux qui assisteront le puissent cognoistre. Car tout ainsi que le Caualerice ne doit estre grossier en ses façons de faire, aussi ne doit il rien monstrer de trop affeté. Apres il doit commêcer à vn bout de passade, de mettre le cheual par le droict, au trot, qui sera propre à sõ naturel, comme i'ay dit.

PLVSIEVRS sont d'aduis, lors que le cheual est arriué presque au bout de la passade, auant que le tourner à vne main, de l'eslargir plustost vn peu, feignant de le vouloir tourner à l'autre. I'approuue fort ceste reigle, quãd elle se fait pour trõper & corriger le cheual ramigue, qui se retiét, ou desrobe pour prédre la volte, premier que le cheualier l'aye aduerti: & mesmes si en faisát la volte, il s'eslargist trop de derriere, le Caualerice a moyen aussi par ceste feinte, de luy asseurer aucunement la

crouppe. Mais quand le cheual ne fait telles fautes, ie veux que la passade soit droitte, du partir iusques à l'autre bout, auquel iustement se doit commencer l'action, &
le circuit de la volte, ou demy volte, autrement ce manege sera imparfait. La raison
en est fort apparente : car le temps & l'espace qui se pert à faire la feinte susdite a-
uant tourner, ne falsifie pas seulement la droicte ligne de la passade, mais cela faict
que le serrer de la volte en est d'autant retardé.

D'AVTRES font aussi vne regle generale, d'arrester ferme le cheual à tous les
coups, qu'il est arriué pres du bout de la passade, premier que prendre le tour : &
d'autres qui ne l'arrestent iamais en ses larges & premieres leçons par le droit : mais
ie veux que le Caualerice, sçache, que le style de parer sur le trot, deuant la volte, ne
se doit obseruer, si ce n'est quand le cheual est desuny ou qu'il tire ou pese à la main.
Car ce seroit vne grande faute de le tourner estant abandonné sur les espaules, ou
sur l'appuy de la bride, & vne autre incongruité grossiere de l'arrester, luy sentant
au bout de la passade ses forces vnies, & l'action generale legere, & en estat de bien
commencer & fournir la volte. En fin le parer ne sert en ses leçons, que pour faciliter le cheual à bien tourner quand il n'y est pas disposé.

OR doncques le cheual estant arriué d'vn bon trot, & leger au bout de la passade, le Caualerice le mettra sur le rond à telle main qu'il voudra, & luy fera faire, selon le style des communes escolles, deux ou trois tours bien arondis : & en finissant
le dernier, remettra le cheual sans confusion sur la droicte piste de la passade, pour
en aller faire autant à l'autre main, & à l'autre bout, sans croistre, diminuer, ny rópre aucunement s'il est possible, la iuste battuë du trot, propre à l'appuy de la bouche, à la stature & au naturel du cheual : & cótinuera ceste leçon du mesme ordre,
iusques à ce que le cheual l'aura comprinse selon sa capacité, & qu'il sera temps de
l'arrester. Et afin qu'il s'accoustume à regarder d'ordinaire, là où il luy faudra poser
les mains, & que ce moyen le rendre plus franc & plus facile au manege, il faut necessairement que le Caualerice luy face tousiours faire soit auec la corde du cauefson, ou la pointe de la gaule ou du nerf, la premiere action de la volte, & fournir
apres tout le reste d'icelle, en portant vn peu la teste sur le costé qu'il tournera. Ceste premiere action se doit entendre, auparauant que tourner le poinct de la bride
sur la volte, ou pour le moins en mesme temps, sans pour cela acculer le cheual, le
faire partir de sa ronde piste, ny luy interrompre la iuste battuë du trot.

IL se void fort peu de cheuaux, qui en ces premieres leçons non accoustumees
par le droit & sur les voltes, ne se penchent sur le rond en estargissant trop les iambes de derriere, iettant par ceste action la crouppe au dehors, principalement ceux
qui sont plus coleres, sensibles, & impatients : à cause que toutes les fois qu'ils ont
fait vn tour, ils pensent aller par le droit, ou voudroyent auoir desia mis fin à la leçon des voltes : tellement que le desplaisir, qu'ils reçoiuent de rentrer à l'obeïf-
sance d'icelles, estant à l'autre bout de passade, leur faict ainsi falsifier encor la iuste rondeur des voltes. Car en fin ce des-aggreable mouuement de porter, ou ietter les pieds de derriere hors du vray circuit de la volte, procede le plus souuent de
malignité.

DV CHE-

DV CHEVAL QVI AVX PREMIERES LECONS
des passades iette la crouppe hors du circuit des voltes.

CHAPITRE XLVI.

Q V AND le cheual fasché d'estre contraint de trotter sur les voltes assez estroittes, portera la crouppe hors de leur iuste rondeur, il faudra auoir la patience d'essayer, durant trois ou quatre leçons, s'il se
voudra adiuster sans estre rudemét battu: car aucunefois il se pourroit eslargir seulemét à faute de pratique: & si l'on void qu'il perseuere comme malicieux & obstiné, l'on vsera lors des chastimens ordinaires de l'e-
speron, du nerf & du cauesson hors la volte falsifiée. Et en ce temps le Caualerice
retiendra vn peu le cheual, & le soustiendra, en aduançant le poing de la bride & le
poussant vn peu par le droit sortant du rond: car autrement le chastiment se trouueroit inutile. Et quoy que pour la premiere, ou seconde fois, que ce chastiment
se fera, le cheual ne s'adiuste selon le desir du caualerice, pourtant il ne s'en faudra
trop fascher : car tous les cheuaux ne sont pas prompts à comprendre les effects
des mouuemens differens de la iambe, ny de la main.

Et si en faisant ceste leçon, il se trouue à commodité quelques lieux enfoncez ou
creusez, à la forme d'vn fonds de bassin, pour en iceux trotter & tourner le cheual,
sás doute ce sera vn grand secours pour le resoudre, & empescher de trop eslargit
les iambes de derriere en tournant: & quand le Caualerice voudra partir d'vn lieu,
pour aller par le droit changer de main, ou pour continuer de tourner du costé pl⁹
mal aysé en vne nouuelle place, il n'aura que faire d'obseruer aucũ endroit particulier du rond: mais il en pourra desloger par tel lieu qu'il voudra choisir, s'en allât à
son gré reprendre la mesme volte, ou changer de main, pres ou loing, selon les
deportemens du cheual. Et souuent en partant du rond, il sera bon de luy pousser
la crouppe, en dedans, soit de l'esperon, ou du nerf, ou de l'vn & de l'autre enséble, du costé qu'il continuera d'eslargir & falsifier la volte, sans le laisser, pour ce
chastiment, trop retenir ny trop aduancer. Et par ce moyé il se rendra libre & iuste
à toutes mains, sans se dispenser de mettre fin aux voltes, de parer, ny de tourner,
que selon l'action & l'aduertissement du cheualier.

Il aduient ordinairement en ces leçons, que le cheual impatient tournant à vne
main au bout de la passade, desire tát finir la volte & de partir de la place, à la quelle il tourne, pour aller à l'autre bout de passade changer de main, ou finir la leçon,
que souuét quãd il a tourné la teste du costé, où il espere serrer les voltes pour aller
par le droit, & qu'on le veut tourner d'auantage, il se plie, se couche, s'acule, ou
cõment que ce soit, se fait souuét battre, en passât à regret ce lieu remarqué, pour
redoubler les voltes. Quand cela aduient, le Caualerice luy fera cháger de main au
mesme lieu qu'il desire serrer & finir la volte, & quelquefois en vn autre endroit: &
soudain le remettra sás desordre sur la mesme piste de la maí chãgée, pour luy faire
cõtinuer sa leçon en vn seul rond, iusque à ce qu'il ne s'atéde pl⁹ d'en partir: & puis
à l'impourueu, le menera bien droit & esueille au long de la premiere passade, ou
par tel autre lieu qu'il voudra, pour luy faire chãger de maí, & poursuyure ceste leçõ qui seruira beaucoup pour les cheuaux, qui cõtér & veulét limiter le nõbre des
voltes, & qui ne peuuét attendre le mouuemét & aduertissemét du cheualier: mais
ie veux sur tout, que le Caualerice le soustiéne par vn appuy, le plus leger & tẽperé

K

qu'il se pourra, tant du cauesson que de la bride, & qu'il se garde de faire tant tourner le cheual à la main, qui luy sera plus difficile, que au lieu de le gaigner, il le rebute du tout. Car en fin ce sont vices ou imperfections, qui se doiuét vaincre auec
les bonnes regles, le temps & la patience, principalement tant plus que le cheual
est colere, apprehensif, ou fort timide.

Il est aysé à iuger à l'hôme de cheual, que la pluspart de toutes ces leçons, se doiuent faire en lieu spacieux, & qu'elles sont pl⁹ propres aux cheuaux coleres, bizarres, & neátmois legers à la main, qui se retiénent, ou qui ont la bouche trop legere ou molle, qu'à ceux qui sont lourds, & qui ont trop d'appuy, & faute de memoire : lesquels au contraire doiuent estre coustumierement exercez en lieux ordinaires & recogneus, tant pour leur faire mieux retenir les leçons, que pour leur oster
l'occasion de se trop appuyer & de tirer à la main, sur l'esperance de changer souuent de place pour mettre fin à l'exercice, ou pour fuyr de tout l'escole.

Or ces autres leçons de memoire assauoir ordinaires recogneuës & obseruées se
doiuent souuét faire en lieu auquel le terroir panche, de façon que la volte se puisse
commencer contre bas, & serrer & finir en montant, pour r'entrer dans la passade:
car ceste pête de terroir peut beaucoup seruir à la facilité, & à la iustesse du manege,
par ce que le cheual prenant la volte côtre bas, il est presque contraint de ramener
ceste action sur les hanches pour se tenir dans l'espace du rond: & si cependât qu'il
est au plus bas du terroir de la volte, il veut desrober & jetter la crouppe hors de la
iuste rondeur de ceste leçon, la cômodité de ce terroir se trouue tout à propos pour
y remedier : d'autant qu'il faut de necessité, que pour côtinuer de tourner, il môte:
& ceste autre action, qu'il fait en montât, estant aussi extraordinairemét soustenuë
sur les hâches & es iarrets, luy oste vne partie des moyens de s'eslargir desrobât la
crouppe. Et outre que ce terroir qui pache est propre à la iustesse il sert aussi à desgourdir, allegerir le cheual, pourueu que ses forces y correspondent.

Le commû des Caualeries, pour empescher que le cheual ne se couche sur la
volte, & ne jette la crouppe hors la piste d'icelle, veulét que l'on face le chastimét de
l'esperô, du costé qu'il fait la faute, fort en arriere: & que l'on tiéne d'ordinaire la
iambe, qui chastie, reculée, & l'esperô d'icelle voisin du flanc. Pour moy, ie ne veux
pas dire que ce remede ne serue à quelques cheuaux pesans, ou de peu de vigueur,
& neátmoins assez sésibles, & que ie n'en aye plusieurs fois vsé : mais il a si mauuaise grace, que ie voudrois, que ceux qui receuront mon aduis ne le pratiquassent,
que par grâde necessité : car il est beaucoup mieux seát & meilleur, de faire le chastimét de l'esperô sur la partie ordinaire, assauoir enuirô trois ou quatre doigts arriere des sâgles, pourueu que ce chastimét soit en mesme temps soustenu, & accôpa-
gné d'vne action de poing, contraire à la volte, ou aduâncée par le droit, sans tou-
resfois chasser le cheual que fort peu hors de sa piste rôde, s'il ne se retient trop ou
s'accule. Mais ceste ayde de poing se doit faire auec beaucoup de fermesse, & de cô-
sideratiô, soit seulemét auec le cauessô côtraire à la volte, ou auec la bride, ou tous
les deux ensêble : afin que l'actiô de la main & le chastimét se raportét égalemét à la
faute du cheual, & à l'appuy & têperamét de sa bouche, selô l'estat, auquel le Caualerice surprins, ou preparé, se trouuera auoir les renes & les cordes aux mains. Et au
lieu de tenir la susdite iâbe ordinairemét en arriere, ie veux que le Caualerice la tiéne droitte, & qu'il s'appuye fermemét sur l'estrieu, du costé que le cheual s'eslargist.
Car outre que cest appuy sert de côtrepoids pour redresser le cheual, qui se couche
sur la volte, & qui s'eslargist de derriere, il redresse aussi l'assiette du cheualier : & si

quelquefois en faifât ce contrepoids, l'eſtrieu touche & paſſe l'eſpaule du cheual à
l'endroit, ou fort pres, du coulde, cela pourra beaucoup feruir à luy tenir le corps
droit, mefmemét s'il eſt chatouilleux: d'autant que c'eſt vne partie fort ſenſible, &
que ſe ſentant ainſi touché de ceſt eſtrieu, & aucunefois de l'eſperon en ce lieu inaccouſtumé, il y aura par neceſſité le courage occupé: & meſmes il aduiédra fouuét
qu'il y voudra regarder, ou pour le moins il portera la teſte auec le courage, plusde
ce coſté que de l'autre: qui eſt vn teſmoignage que le remede en eſt propre, d'autát
que le cheual ne peut que dificilement, tourner la teſte du coſté qu'il deſrobe la
crouppe pour eſlargir la volte. Enquoy l'on peut auſſi cognoiſtre l'erreur de ceux
qui pour chaſtier & determiner ſur la volte le cheual, qui eſt entier à quelque main
le picquent ordinairemét d'vn eſperon, pres de l'eſpaule hors la volte, & de l'autre
enuiron le flanc dedâs icelle. Pour le chaſtiment du flanc, il eſt quelquefois neceſ-
faire: mais pour celuy de l'eſpaule, il eſt ayſé à iuger par ceſte explication, que le remede en eſt côtraire, ou pour le moins inutile. Et pour le contétement des eſprits
ſubtils & curieux, qui penſeront peut eſtre, que puis que l'eſperonnade donnée au
flanc du coſté que le cheual ſe deſrobe, peut chaſſer, ou pouſſer la crouppe à l'oppoſite, que le coup d'eſperon, qui ſe dône à l'eſpaule doit faire de meſmes: ie diray
que l'vne & l'autre partie ſont naturellement fort ſenſibles & delicates, & que les
ſoupçons & chaſtimés des eſperons, peuuét eſtre faits en chacune d'icelles, d'vne
certaine façon ſi chatouilleuſe, où du tout ſi aſpre & trop continuee, qu'ils attire-
rôt aucune fois pluſtoſt le cheual colere & malicieux, du coſté & à la deféce de l'ap-
prehéſió & de la douleur, qu'ils ne le diſpoſeront à la crainte, & fuitte d'iceluy. Ne-
âtmoins il faut côſiderer, que la cômune & lôgue habitude de l'eſcole apprend au
cheual, que les coups des eſperôs luy ſont donnez aux coſtez & aux flancs, pour le
pouſſer & chaſſer en auant, ou de quelque coſté: & ceſt attouchement d'eſtrieu, ou
d'eſperô, côtre le bout de l'os de l'eſpaule, entre l'aiſſelle & la premiere ſagle, eſt extraordinaire, & fait en lieu tant ſenſible, & auquel le cheual a ſi peu de deffenſe, &
tant ne cômodité de veoir ce qui le chatouille, ou l'importune, que nature l'incite
à ietter l'œil, & par conſequent porter la teſte de ce coſté. Et ſi en ceſte meſme occaſió l'on met auſſi en côſequence le chaſtimét de la gaule, qui ſe fait communément ſur l'eſpaule du cheual hors la volte, & qui reüſſit ſouuét à luy reſoudre le deuant dedans icelle, il faut auſſi entendre, que ce chaſtiment de gaule, ne ſe fait pas
ordinairemét en ceſte partie, que maintenant ie veux que l'eſtrieu & quelquefois
l'eſperon touche, ou batte: & que (outre la commune habitude des eſperonnades
données aux coſtez & aux flancs, & l'inacouſtumance de celles qui ſe donnent aucunefois ſi pres des eſpaules, ou aux eſpaules meſmes) la nature des coups qui foü-
ettent, eſt de chaſſer beaucoup plus, que ceux qui picquent, ou qui chatouillent.
Encores faut-il que le Caualerice ſçache, que tout ainſi que les coups de gaules
bien conſiderez, aydent beaucoup à la legereſſe du cheual, & à le chaſſer, quand il
ſe retient, les plus violents & trop continuez, le peuuent auſſi intimider & retenir
tant ſur les voltes, que par le droit.

Povr ne confondre le lecteur, ſur ce que i'ay deſia pluſieurs fois noté, que pour
rendre le cheual libre au tourner, il eſt neceſſaire qu'il porte d'ordinaire la teſte ſur
la volte, & d'autant qu'il ſemble que ie varie par ces derniers remedes & chaſtimés,
ie deſire qu'il conſidere que ie les baille ſeulement pour adiuſter la crouppe du
cheual, qui la deſrobe en dehors, & que mon intention eſt que à l'inſtant, qu'il aura le corps droit ſur la iuſte piſte du rond, on luy redreſſe diligemment le col, & la
teſte, en continuant de tourner.

ET parce qu'on est souuent contraint d'vser d'aucuns chastimens extremes, &
bizarres, ie ne baille pas celuy de l'espero fait à l'espaule du cheual, & hors la volte, pour vn si grand desordre, qu'il ne puisse quelque fois seruir, mais c'est à certaines actions, si malitieuses, qu'il semble quasi qu'elles sont contre nature. Comme
(entre autres) quand le cheual porte le col, & la teste du costé qu'il est entier (chose
difficile à comprendre sans vne grande pratique, & à quoy il est malaysé de remedier auec le caueçson, ou la bride:) Alors ce chastiment se peut faire, d'autant qu'il
en prouiét souuét deux effets cótraires en vn mesme temps: car la douleur d'iceluy
attire, cóme i'ay dit, la teste du costé qu'il est fait, & par mesme moyen pousse l'espaule de l'autre, mais en fin ces chastimés tant extraordinaires sont seulemét permis au Caualerice discret & bien fondé, qui n'en vse que par grande necessite, &
selon qu'il cognoist le cheual disposé aux bons effects diceux.

OR ay ie desia dit la longueur ordinaire que doit auoir la passade du trot, & aussi
l'espace des voltes. Il faut maintenát entendre, que la fin & le serrer d'icelles, pour
r'entrer dans la passade, sás corrompre, ny desordóner le trot, se doit faire de biais
comme l'on void communémént pratiquer, en nos escoles.

L'ON peut aussi faire que chasque bout de passade, my-partisse chacú des ronds,
de façon que la volte se commence par vne moitie, & se serre par vn autre: afin que
pour repartir, le cheual r'entre dedans la passade iustement, par la où il aura commencé la volte: & pour ce faire il est necessaire de tenir les voltes plus larges que
les precedentes: & afin de les proportionner plus facilement, il faudra faire ceste
leçon en lieu, où le terroir soit plein & vny: lequel ne sera pas moins propre à soulager le cheual foible, que celuy qui pâche, à desgourdir le cheual nerueux, & fort
sur ses membres. Et encores peut-on aux lieux plains ayder à la soupplesse des mébres debiles, sans les offenser, en mettant des mottes de terre assez grosses, qui trauersent en plusieurs lieux la piste des ronds obseruez: comme ie pése que le Sieur,
Federic Grison, entendoit en escriuant aucunes de ces reigles.

PRINCIPAVX EFFECTS DV GALOP.

CHAPITRE XLVII.

LE propre du galop: est d'asseurer la bouche du cheual: car si elle est
foible, ou trop sensible, le caualerice, a moyen en galoppát) mesmes au large, & á la campaigne,) de l'attirer & resoudre peu à peu à
l'appuy de la bride. Et si le cheual tire à la main, pour auoir trop de
fougue, & de desir de courir, ou pour eschapper licétieusemét ou
estant effrayé, le galop lent & doucemeȳt retenu luy peut appaiser & asseurer les
esprits, augmenter l'aleine, & par consequent temperer la trop violente apprehésion. Il est aussi generalemét necessaire pour diuertir les mauuais desseins des cheuaux, qui ont le cœur double & fingart, & pour desnoüer & bien disposer la vigueur superfluë de l'esquine des cheuaux trop gaillards. Or tout ainsi que le cheual se met à vn trot plus franc, quand il a esté plustost aduerty au pas, aussi d'ordinaire se resoult il plus facilement au galop, quand il a vn peu trotté auparauant.

POVR COMMENCER A METTRE LE CHEVAL
du trot au galop, sur les voltes larges, & doubles des passades communes.

CHAPITRE XLVIII.

QVAND le cheual fera librement les susdites leçõs, & que le Caualerice le voudra mettre aux premieres reigles du galop, sur le mesme manege, il commencera ordinairement la leçon au trot, selon le style susdit, continuant ce trot, iusques à ce que le cheual soit assez desgourdy. Lors estant enuiron quatre pas pres du bout de la passade, le Caualerice hastera & chassera le cheual discretement par le droit, selõ sa vigueur & legeresse, le mettant au galop le plus aysé qu'il poutra, duquel il luy fera commencer la volte, & soudain qu'il en aura fait au moins vn quartier, il le remettra doucement à son premier trot, & d'iceluy, sans le plus interrompre, continuera de luy faire tourner & fournir au moins deux voltes, les fermãt comme i'ay dit au leçons precedentes: & allant apres de ce mesme trot, à l'autre bout de passade, il luy en fera faire tout de mesmes à l'autre main.

APRES que le cheual aura pratiqué ceste entrée & commencement de volte, au galop, le Caualerice augmẽtera peu à peu les temps du galop, de quartier, en quartier, sur la iuste piste de la volte, sans precipiter le cheual, reprenãt à tous les coups le trot, iusques à ce que auec le temps, & par la bone pratique, il fournisse entierement, & facilement ce manege, sans plus interrompre le galop, gardant sur tout en galoppant toutes les proportions de la susdite piste du trot.

SI le terroir de ceste leçon panche vn peu du costé de la volte, comme i'ay cy-deuant expliqué, sans doute il portera beaucoup plus de commodité, que s'il estoit plain & vni Car si le cheual est leger & sensible de bouche, outtre que ceste descéte l'attirera, & resoudra à prendre plus facilement la volte, la mesme commodité luy pourra affermir les hanches, la teste & l'appuy de la bride ensemble: parce que naturellement le cheual se rameine, & se laisse plustost soustenir en galoppant cõtre bas, que en toute autre commodité de terroir.

SI le cheual a l'appuy de la bouche plus dur ou pesant, que à pleine main, soit de nature, ou pour quelque accident & mutation, il sera bon, principalement en ces leçõs & forme de terroir, de le surprendre souuent le mettant sur la piste qui ferme les voltes, & par icelle luy faire commencer le rond à rebours & contre mont: & apres auoir fourny le nombre de ses tours, r'entrer droit dedans la passade, au contraire de la commune reigle: car ceste commodité luy donnera moins d'occasion de s'abandonner en prenãt la volte, & mesme aydera beaucoup au mouuement du galop, & à la fermesse de la teste: à cause que ceste surprinse & entrée de volte, se fait en montant, & par vne certaine feinte & action de corps, qui luy asseure & adiuste les hanches, comme l'experience fait sentir au bon Caluarice.

POVR LA IVSTESSE DV MANEGE DE GALOP.

CHAPITRE XLIX.

A MESVRE que le cheual pratiquera les susdites leçons de galop, & qu'il se rendra facile sur les voltes, le Caualerice proportionnera peu à peu le galop aux forces, legeresse & inclination du cheual, & à sa disposition de bouche: assauoir le hastant, & luy faisant eslargir la volte selon qu'il sera paresseux, ou singard, ou qu'il se preuaudra de l'esquine ou qu'il s'acculera, ou se couchera sur la volte: le retenant selon qu'il se mettra en fougue, ou qu'il tirera à la main: estrecissant la piste du tout, selon qu'il se rendra libre & contestant ainsi, iusque à ce que le manege de galop soit à la proportion, qui conuiendra mieux au naturel, & à la pratique du cheual.

Et soit que le cheual trotte, ou galoppe sur les voltes, ie rediray encores, que toutes les fois que le Caualerice sentira qu'il voudra jetter la crouppe hors de la iuste rondeur de son manege, il le portera diligément en auāt, sans tourner le poing de la bride du costé de la volte, mais plustost à l'opposite, tirāt le cauesson hors le rond, & en ce mesme téps, se soustiendra pesantement sur l'estrieu contraire, touchāt & pressāt d'iceluy côtre l'espaule du cheual. Et s'il se serre retenāt trop la crouppe dans le tour, le Caualerice aduancera aussi le poing, le tenāt & baissāt du costé qu'il tournera, tirāt aussi le cauessō dedās la volte, & se soustenāt fort sur l'estrieu du mesme costé, faisāt toutesfois la moindre actiō de corps, qu'il sera possible, tāt à l'vne main qu'à l'autre, empeschāt, autāt qu'il se pourra, par to⁹ ses mouuemés necessaires, que le cheual ne rōpe le téps ny la proportiō de sō manege. Et si l'effeĉt de la bride & du cauessō, ou le côtrepoids dōné sur l'vn ou l'autre estrieu, ne suffit à redresser le cheual sur la iuste piste des voltes, il faudra vser du chastimēt de l'esperō, ou du nerf, ou de tous les deux enséble, du costé que la faute se fera, & sur les parties cy deuāt dites: mais sur tout auec iugemēt. Car il faut côsiderer, que si les chastimés se fōt ordinairemēt extremes, & pour des petites fautes, le plus souuét excusables, ils pourrōt aussi tost estōner le cheual flegmatique & timide ou desesperer celuy qui sera naturellemēt colere, sāguin & sésible, que corriger l'vn & l'autre, principalemét quād les fautes procedent d'ignorance, ou d'imposibilité.

AVTRES PRINCIPAVX ADVERTISSEMENS
pour l'air & la iustesse du galop.

CHAPITRE L.

IL y a encores trois choses entre autres, que le Caualerice doit diligément obseruer en l'exercice du galop, soit à la campaigne, ou aux leçōs ordinaires. La premiere & principale, est d'acompagner l'air du cheual auec telle legeresse, & temperature de main, qu'il aye moyen de luy sentir l'appuy de la bouche, & luy tenir la teste en belle posture, sans s'attacher à la bride: car cela luy ostera beaucoup d'occasions de se deffendre, mesmement par la dureté du col, ou des barres. Qu'il soit ainsi, l'on void cōmunément que le cheual, qui tire naturellemēt à la main, ou qui est coustumier de faire des escapades licentieuses & malicieuses,

reuient pluftoft en fon vice, & fe rend aucunefois plus obftiné lors qu'on le péfe
tenir plus fubiect de la bride. La feconde que le cheual accompaigne & fuiue
iuftement des pieds de derriere, la pifte de ceux de deuant, fans potter la tefte, ny
la crouppe en dedans, ny en dehors, côme i'ay dit aux dernieres leçons de trot. La
troifiefme, que felon la fougue qu'il aura dóné au galop, par le droit fur les paffades, le cheual foit, auât tourner, aduerti, retenu, & fouftenu par vn fi bon & téperé
appuy de bride & de caueffon, & fi bien à temps, qu'il ne foit contraint de faire la
volte trop abandonnee fur les efpaules, ny trop ramenee & retenue fur les hâches.
La quatriefme, de mettre fin ordinairement á l'exercice, premier que le cheual foit
fi las, ou hors d'aleine, que par neceffité il f'abandonne fur les efpaules, & fur la
bouche, autrement la leçon fera le plus fouuent inutile.

CHAPITRE LI,

V o y que les reigles générales doiuent communement eftre obferuées
aux bonnes efcoles, fi eft-ce qu'il eft permis aux meilleurs maiftres de fe
difpenfer en plufieurs chofes: car puis que le cheual à toufiours plus d'inclination naturelle à vne main, qu'en l'autre, & qu'il eft fubiect a faire diuerfes mutations en fes leçons, il fera fouuent neceffaire de le ferrer à vne main, & l'eflargir
à l'autre: de le hafter ou retenir, & mefmes le faire trotter à vne main, & galopper à
l'autre, de croiftre ou diminuer le nóbre des tours, & les chãger d'vne maien l'autre,
& d'accourcir ou allóger les paffades, les faifãt vne fois de trot, vne autre de galop,
ou s'il eft befoing, à toute bride, vfãt de toutes ces varietez, felõ quele cheual fe rédra obeiffãt ou difficile. Toutesfois f'il eft ayfé & de bóne nature, mefmemét quãd
on le voudra móftrer, & faire paroiftre en fó manege, le Caualerice gardera les proportiõs de la reigle ordinaire: affauoir de ne faire que deux ou trois voltes à la fois,
à chafque main, pareille de vigueur, d'air, & de circuit: de faire les paffades de mefme viftefle & longueur: de cómencer & finir fur la main de l'efpee: & fur tout que
outre la iuftefle, toute la leçon foit viuemét fouftenue: A fçauoir que tant qu'elle
fe fera au trot, ce foit vn trot vif releué, de iufte battue & continué d'vn mefme tõ,
iufquesà la fin de la leçõ: & la faifãt au galop, que l'air éfoit auffi efgal & vigoureux,
rentorçant pluftoft que diminuer la vigueur, fans toutefois eftre precipité, iufques
au parer.

Q v a n d le cheual a pratiqué l'obeiffãce & la fermeffe du parer, l'arreft du galop
fe doit faire en tirant difcrettement la bride & le caueffon, fans esbrãler, ny alterer
tant foit peu, l'appui de la bouche, & en reculant vn peu le corps, pour accompaigner cefte actió, & mefmes pour foulager d'autãt les efpaules du cheual. Et ce téps
fe doit prédre fans fecouffe par la fermeffe du bras, & du corps enfemble, iuftemét
quãd le cheual dóne des pieds de deuãt en terre, au temps du galop; afin que foudain en les releuant apres par le mouuemét naturel, qui fuiura le cheual, fe tronue
appuié fur les hanches. Car fi au contraire le Caualerice fait la premiere action du
parer, cependant que les efpaules du cheual f'aduanceront ou ferõt en l'air, ce fera
autant d'occafion de luy endurcir l'appuy de la bouche, & fouuent de le faire parer
fur les efpaules, & fur la bouche, & mefmes de l'attirer à quelque faux mouuement
de la tefte, eftant ainfi furprins au temps de la defcente des efpaules. Et parce que ie
ne puis propremét expliquer en combié de temps ces arrefts de galop & de la cour-

se se doiuent faire, ie les remets à la diſcretion du bon Caualerice, qui aura le ſçauoir & le iugemnt pour s'y côporter, ſelon la fougue qu'il aura donné au cheual,
& les forces qu'il luy ſentira aux reins, aux eſpaules, aux iambes & aux pieds, & ſelon la fermeſſe de la teſte, & l'appui de la bouche.

POVR ADIVSTER ET ALLEGERIR AV MANEGE
des paſſades, les cheuaux qui tireront à la main, de fougue ou de peſanteur.

CHAPITRE LII.

DE s ſuſdites reigles par le droit, & ſur les voltes, tant de trot que de galop,
penuét naiſtre vne infinité d'autres leçons, propres aux cheuaux patients
& legers à la main, & meſmes a determiner par lé droit ſur les paſſades,
ceux qui ſont ſingards, & auſſi pour reſoudre à l'appuy de la bride ceux, qui ont
la bouche foible. Mais pour les cheuaux peſans, & qui s'abandonnent ſur le deuât, ou qui tirét à la main de trop de fougue, ou autremét, il faut garder en general
vn autre ſtile, ſcauoir eſt, qu'eſtat party d'vn bout de paſſade, & arriué aſſez prés de
l'autre bout, le Caualerice parera le cheual bié droit & ferme, premier que le tourner. La regle en eſt aſſez commune, & ſouuent mal pratiquée. C'eſt pourquoy
ie veux que le Caualerice ſçache, que ce parer ſe doit faire par deſſain bié iugé, ſelô les forces & l'inclinatiô du cheual, & non comme font ceux, qui aux leçons des
paſſades parent indifferémét par le droit, & d'vne meſme façon toutes ſortes de
cheuaux ſans côſiderer que, comme i'ay dit, cy deuant, le parer ferme & entier ne ſe
doit faire en telle occaſiô, que pour accouſtumer le cheual à ramener & aſſébler ſes
forces ſur les hãches, quand naturellemét, ou en autre façon, il eſt deſuni, & qu'il
s'abãdonne ſur les eſpaules, & ſur l'appui de la bride en galloppât & en courât: affin
que par l'action & proportiô du parer, il ait moyen de faire la volte ſeure, iuſte, legere de deuant & auec la teſte aſſeurée d'autât que toutes ces parties neceſſaires
dependét de la ferme poſture des hãches. Or ſi le cheual, pare auec trop d'appuy
à la main, & trop ſur les eſpaules, il le faudra arreſter tout à fait, pour le faire reculer
ſans deſordre deux ou trois pas, plus qu'il n'aura forcé l'actiô de la volôté du Caualerice à l'arreſt: & ſoudain ou vn peu apres, le faire auâcer de ce meſme pas, iuſque ſur la place, qu'il deuoit eſtre preparé pour bien prédre la volte: à laquelle place il le faudra tenir droit & ferme, quelque eſpace de temps, ſelon la fougue qu'il
aura, & l'appuy & qualité de la bouche, ſas en partir, iuſque à ce que l'inquietude
luy ſoit paſſée, ou qu'il aye cedé legeremét à la ſubiectiô de la bride, & du caueſſô:
& pares le Caualerice le fera cheminer paiſiblemét deux ou trois pas par le
droit, pour ſoudain commencer de tourner, ſelon l'ordre de de ceſte leçon.

ENCOR E s que i'aye deſia expliqué l'action, que le Caualerice doit obſeruer en
parant le cheual, ie ne lairay de redire en ceſte occaſion, qu'il doit tenir les reins
droits, les eſpaules vn peu reculées, les coudes fermes & aſſez pres du corps, aſſauoir s'il a le caueſſon, & s'il n'en a point, i'entens que ſeulemét le coude de la bride
ſoit tenu pres du flanc, & l'autre en liberté, ſans toutesfois, le trop reculer: les
cuiſſes & les genoux roides & ſerrez, les iambes pareillement tendues & fort proches du cheual, afin d'auoir moyen par le ſoupçon des eſperons, & ſans faire grãd
mouuement, de le tenir bien droit ſur la paſſade en faiſant l'arreſt.

ET à meſure, que par l'obeyſſance le cheual recognoiſtra, & pratiquera la pro-

portion de la parade propre à le preparer aux iustesses & facilité de la volte, le
Caualerice fera l'action de la main & du corps moins violente, le fera moins recu-
ser, & le tiendra moins de temps sur la place de l'arrest: & par ce moyen le cheual
apprendra peu à peu à ioindre la volte à la parade, sans interualle, & fera en fin
l'vn & l'autre legerement, & d'vne mesme vigueur.

S i l'inquietude saisist le cheual fougoux en parant, & premier que commencer
de tourner, à plus forte raison finira-il & fermera impatiément les voltes pour repartir, sans escouter, ny attendre le mouuement & la volonté du Caualerice: mais
pour corriger ceste impatience, il le faudra arrester droit dás la passade ayant serré
les voltes , & selô l'occasion de la desobeyssance, le faire reculer & le tenir ferme &
patiément, sur le lieu qu'il aura droittemét serré la volte: & apres que l'inquietude
luy sera passee, le Caualerice le fera repartir, comme i'ay desia dit aux precedentes
leçons: & faut continuer tel ordre iusques à ce, que l'habitude de ces reigles: luy
ayent apprins d'attendre l'action, & le mouuement du cheualier, tant en commençant, en serrant, que apres auoir serré la volte.

M a i s si ceste obeyssance fait deuenir le cheual ramingue, de façon que recognoissant, ou soupçonnât le lieu limité pour l'arrest, il se retienne de soy, pour s'arrester, ou prendre la volte, sans attendre l'action du cheualier, lors il le faudra cha-
ser par le droit, & le faire passer plus auât, iusques à ce qu'il se delibere d'vn courage
franc à tourner indifferemment, soit du costé premedité ou inesperé en vne nouuelle place incogneuë, sans estre arresté, non plus que s'il estoit naturellement fingart.

O v s'il a si peu de force, qu'apres auoir bien paré sur les hanches, il ne luy en reste
plus pour bien fournir la volte, il faudra soudain apres l'auoir paré, le chasser sagement par le droit trois ou quatre pas, qui luy seruiront comme de course, pour luy
ayder à tourner plus vigoureusement.

C e t t e mesme regle ainsi aduäcee, est aussi propre pour certais cheuaux qui sót
assez nerueux, mais que leur naturelle legeresse d'espaules & de teste, ou la grande
obeissâce qu'ils rendét au parer, & quelquefois la delicatesse de la bouche, leur occupe tellemét les foces, ou les tient en telle attention qu'ils n'ont moyen de fournir, ou n'osent resoudre l'action de la volte. Ceux icy ne se doiuent parer d'ordinaire qu'à demy, & seulement pour les faire presenter à la volte premier que tourner la main: & encores les faut-il vn peu auancer par le droit en prenant le tour.

I l n'est aucunemét besoing que le caualerice accôpaigne l'actiô de ce demy arrest en reculât le corps, si ce n'est vn peu, pour ébellir son assiette. Car, côme i'ay dit
aux premieres reigles du parer, le reculemét d'espaules que le cheualier fait, ne doit
seruir que pour fortifiet le bras & le poing de la bride, & pour dôner vn certain contrepoids, qui ce fait par ceste actiô, lequel peut aucunemét soulager le cheual, qui
se charge trop sur les espaules en parât. En fin l'erreur est aussi grande de parer le
cheual au bout de la passade, quád il se retiét de soy pour prédre la volte, comme de
là luy presenter, quád il est en trop grande fougue , & premier qu'il soit disposé en
bonne & ferme posture, pour bien commencer, fournir & serrer la volte, & de le
chasser auec violence au partir de la main sur la passade, quand il est en fougue,
comme de ne le soliciter assez quád il se retiét. Partant ie ne puis approuuer la leçô
qui est obseruee & côtinuee d'vn mesme style, si ce n'est entant que le cheual n'y
côsent, que d'vne mesme forte. Mais quand il varie ses actions & mouuements

ie veux aussi que à l'instant le Caualerice change l'ordre de la leçon, selon les diuers
mouuemens du cheual, iusques à ce qu'il soit reduit à la vraye proportion du manege qu'on luy voudra apprendre, lequel sur tout se doit rapporter à son naturel.

Il y a beaucoup d'hommes de cheual, qui pour cómencer l'ordre de ces leçons
par le droit, font vne reigle generale, soit au trot, ou au galop, de ne faire qu'vne
demy-volte à chasque bout de passade : les vns afin, ce disent-ils, de rendre le cheual confus, en entreprenant tout à coup vne leçon trop forte : les autres tiennent
simplement ceste maxime, que le manege plus necessaire, & le premier, que le Caualerice doit apprédre au cheual, est celuy des passades simples : Assauoir celles, qui
n'ont que demy-volte à chasque bout, pour tourner & pour repartir. C'est vn style
que i'ay autrefois tenu, mais maintenant ie suis d'vne autre opinion : par ce que la
pratique m'a apprins, que si du cómencemét le cheual se fasche de faire deux voltes au bout de la passade, aussi sás doute, apres qu'il sera accoustumé à ne faire que
demie volte, sera-il plus de dificultez, quand il sera recherché de tourner d'auantage : à cause de quoy le Caualerice n'a que faire de perdre le temps, qu'il pourroit
mettre à ces premieres demy-voltes. Car enfin les deux ou trois tours, qu'on fait
faire coustumieremét au cheual au bout des passades de guerre, sót autát de remedes pour le rédre plus libre à prédre & serrer la demie volte seule : tellemét que pour
bié mettre, & tenir le cheual en escole, sur les passades simples, terre à terre, le Caualerice doit ordinairemét doubler les voltes, & sur tout à la fin de ses leçós, pour
le laisser en plus d'obeyssance & d'aleine : & faut necessairement comei'ay desia dit,
que le cheual trotte & galoppe libremét à toutes mains, aux ronds premiers & mediocres & qu'il sçache bien, ou aumoins passablement parer, premier qu'on le mette aux leçons par le droit. Et pour la iustesse generale de ce manege, il faut que le
partir de la passade soit vigoureux, le parer auát la volte bien rapporté aux forces,
& obeissáce du cheual, la demie volte, ou les voltes entieres ou doubles, viuement
& iustemét cómencées, fournies & fermées sans fougue ny confusion, & pareilles
d'air, de force, & de toutes proportions, autant à l'vne main qu'en l'autre, du commencemét iusques à la fin de la leçon, & le dernier arrest iustement contreposé sur
les háches, droiét, facile & nerueux, sans aucun faux mouuémét de teste, de bouche
ny de queuë, & sur tout, point precipité, ny trop estendu. Mais ceste iustesse ne
se doit oseruer, que lors que le cheual y sera disposé par le temps, & la pratique
de ces leçons.

COMMVNES LEÇONS POVR LES
passades simples.

CHAPITRE LIII.

TOVS les cheuaux, qui doubleront librement les voltes de trot & de galop, ne serreront pas iustement les demy-voltes des passades simples &
fort resolues : acause qu'elles doiuét estre plus estroittes & diligentes, que
les voltes doubles : & communément aux premieres leçons, ils porterót la croupe tant en dehors, que par necessité la demy-volte demeurera ouuerte, ou autrement imparfaite, à raison dequoy ils repartiront, ayans les pieds de deuát dessus
la piste de la passade, & ceux de derriere trop eslargies & escartez d'icelle piste. Tellemét que partans ainsi de biais, ils s'abádonnerót sur les espaules, & ne pousserót
le corps en auant, qu'auec la hanche, du costé de la volte. De maniere qu'ils serót

presque arriuez à demy paſſade, deuant qu'ils ayent les quatre pieds ſur la droicte
ligne & piſte d'icelle.

LE terroir qui deſcend du coſté que la volte ſe doit commencer, eſt fort propre
aux remedes de ces deſordres, & ſoit en iceluy terroir, ou en quelque autre, le Caualerice ſe doit ayder ſur la main droitte, en ſerrant la iambe gauche conttre le cheual, & tournát vn peu le poing de la bride en haut: de façon que auec la corde & la
rene hors la volte, il puiſſe ſouſtenir la teſte du cheual, & le tenir ſi ſubject du col,
& des eſpaules (le portant neátmoins en auant auec le bras, & le poing de la bride,
ou pour le moins l'empeſchant ſi bien, qu'il ne s'accule,) que auec le temps & peu à
peu, il apprenne & s'acouſtume a s'errer ſi iuſtemét la demy volte, qu'en la ſerrant,
les pieds de derriere arriuent preſques auſſi toſt deſſus la droitte ligne & piſte de la
paſſade, que ceux de deuant, pour eſtre par ce moyen touſiours ferme, & preſt à repartir vigoureuſement, auec le corps droit, & également pouſſé des deux háches
enſéble, ſoit ſoudain qu'il aura ſerré la demy volte, ou en tel autre téps que le cheualier voudra prendre: & à main gauche il redreſſera le poing de la bride, le tenant
touſiours ferme, enſéble le bras: & ſouſtiédra la teſte du cheual auec la corde droitte, ſelon qu'il eſlargira les iábes de derriere, ou qu'il en ſentira d'autres occaſiós, la
tenant cómunement contre ou fort pres du col du cheual. Et pour mieux l'empeſcher qu'il ne deſrobbe la croupe en dehors, & afin de le cótraindre plus facilemét
à la iuſteſſe de la demy-volte, le Caualerice s'appuyera, pour contrepoiſer, tát qu'il
pourra ſur l'eſtrieu de dehors, lequel il tiendra voiſin de l'eſpaule, ayant la iábe du
meſme coſté fort pouſſée contre le cheual, & luy faiſát quelquefois ſentir l'eſperõ
pres des ſangles, & le nerf à la cuiſſe, & ſouuent à l'endroit de l'eſperon du meſme
coſté, en le frappant & chaſtiant, ſelon qu'il ſera deſobeiſſant. Ces aydes ſeruiront
beaucoup au cheual, qui aura la bouche legere, temperée & ferme: mais s'il l'a dure
& qu'il tire, ou poiſe, ou comment qu'il aye l'appuy plus qu'à pleine main, il faudra
faire ceſte meſme leçon au long d'vne muraille.

LEÇON POVR FACILITER ET CONTRAINDRE
le cheual au manege des paſſades ſimples.

CHAPITRE LIIII.

SI doncques le cheual s'abandonne, tant ſur les eſpaules & ſur la bride,
qu'en faiſát les demy-voltes des paſſades ordinaires, il force la main du
Caualerice, lors il l'exercera, faiſant premieremét les paſſades au trot, le
long d'vne muraille droitte, & au commencemét diſtantes d'icelle, enuiron deux
grands pas.

AYANT du tout, ou à demy paré le cheual, pres du bout de la paſſade, ſelon la
diſpoſitió de la bouche & des forces d'iceluy, & apres l'auoir rechaſſé en auát par
le droit peu ou beaucoup, ſelon auſſi qu'il ſe ſera abandonné ou retenu au parer,
le Caualerice le tournera doucemét au pas, du coſté de la muraille, luy faiſát ſerrer la
demy volte, le mieux qu'il pourra, ſur tout le portát en auát, & le ſerrát ſur ladroit-
te piſte & ligne de la paſſade, s'il eſt poſſible ſás le battre, ny beaucoup contraindre.

APRES que le cheual aura recognu ceſte premiere leçon, il le faudra faire tourner de trot, gardát au reſte l'ordre precedent: toute fois ſ'il eſt entier ſur les voltes,

ou trop sensible & colere, il sera bon au commencement, & mesmes si la leçon luy
est incognuë, de le faire trotter par le droit, & tourner du mesme trot, sans l'arrester, à peine de faire la passade pl⁹ loing de la muraille : car peut estre qu'estant recherché & contraint d'aborder de si pres la muraille, ceste noüuelle obeyssance
luy causeroit quelque colere & inquietude, qui le pourroit contraindre à plusieurs desordres.

QVAND le cheual trottera libremét par le droit & sur la demy-volte, sans apprehender la subiectiō de la muraille, il le faudra mettre au petit galop : & s'il fait difficulté de faire la demy-volte, du mesme galop, le Caualerice le parera, assauoir à demy, s'il est leger à la main : & s'il a trop d'appuy, il l'arrestera du tout, & apres l'auā-
cera sagemét au trot, trois ou quatre pas par le droit, i'entends de celuy qui sera leger, & de ce mesme trot fera la demy-volte sans le haster : & au contraire tournera
plus estroit au pas, & au petit trot celuy qui tirera à la main, sans le faire cheminer
par le droit premier que le tourner, si ce n'est vn pas ou deux pl⁹ auant que la place, sur laquelle il l'aura paré, & luy fera serrer la volte sur la droitte ligne, & piste de
la passade, pour soudain le faire repartir sur icelle, & aller à l'autre bout faire la
mesme chose, à l'autre main.

Et parce que le desplaisir d'vne leçon trop continuée, peut aucunefois causer au
cheual sensible & colere, quelque mutation maligne, & aussi estonner & rebuter
celuy qui est naturellement timide, il sera necessaire de varier souuent ceste reigle :
assauoir que lors, que le cheual aura bien recogneu ses leçons, il le faudra remettre
au trot le long de la passade. & quand il sera enuiron trois pas pres du bout d'icelle
le Caualerice le poussera discrettemét, sans le parer, trois ou quatre pas par le droit,
pour le mettre à l'air du galop, bas & aysé, duquel il taschera de luy faire prédre &
fournir la demy-volte : & l'ayant serrée, soudain il reprendra & continuera le trot
sur la droitte ligne de la passade, obseruant le mesme style à l'autre main. Et si d'a-
uéture en ces cómencemens le cheual confus s'embarrasse, & rompt souuét l'air du
galop sur la demy-volte, il ne faut pour cela que le Caualerice vse de violence, s'il
n'y est bien fort cótraint. Car pourueu qu'estát pres du bout de la passade, le premier mouuemét du galop, se face communément enuiron deux ou trois pas par le
droit, pour cómencer ceste demy-volte, & que en mesme temps que le cheual serrera celle qui se fera de pas ou de trot (selon l'ordre precedét,) le Caualerice le face
diligemment partir au galop, par le droit sur la piste de la passade, sans doute le
cheual ioindra par pratique en peu de temps, & sans confusion l'air de ce commécement de volte terre à terre, à l'ordre du partir du galop de la leçon precedente :
& par ce moyen il comprendra & s'asseurera à l'air, au temps, & à la vraye iustesse
des demy-voltes de ces passades.

AVCVNEFOIS il aduiendra, que lors que le cheual commencera à bien prédre
le temps de la demy-volte, il entrera en telle inquietude, qu'il voudra repartir impatiemment, sans serrer & parfaire la demy-volte : mais pour remedier à ce desordre il luy faudra faire fournir au trot la volte entiere, (sans perdre temps, l'estressir
ny precipiter) à l'instant qu'il aura faite la demy-volte de l'air du galop, ou de terre
à terre, & apres l'arrester sans luy permetre de s'auancer sur la ligne de la passade à
tous les coups, iusques à ce que par ce moyen il aye perdu l'impatient desir de repartir, auant qu'auoir iustement serré la demy-volte.

PAR ces explications le cheualier peut apprendre, que la muraille n'est pas seulement

lement propre, pour allegerir en ces leçons les cheuaux pesans, & qui ont trop d'appuy, mais aussi pour faire plus facilement consentir à la iustesse ceux, qui sont coleres & bizarres, & pour leur faire la memoire, sans vser de chastimés extremes: & afin que l'on comprenne mieux ces leçons, ie diray l'erreur cómun, que font la pluspart de ceux qui se veulent preualoir en ces passades, de la commodité de la muraille.

CHAPITRE LV.

OVASI tous ceux qui se meslent de faire les susdites leçons, font la piste de la passade fort pres de la muraille: & pour tourner du costé d'icelle, ils s'eslargissent necessairement de l'autre, afin d'aggrandir la place, à laquelle ils veulent soudain faire la demy-volte. En cecy ils errent beaucoup ce me semble, principalement en deux choses. La premiere, ils falsifient la passade, laquelle pour les raisons que i'ay desia ailleurs amplement dittes, doit estre droicte depuis le partir de la main, iusques au premier mouuement du tour: i'entends le premier mouuement qui se fait du costé, qu'on veut resoudre & serrer la volte: L'autre, ils ostent l'occasion au cheual de regarder, & porter la teste du costé qu'il doit tourner, & serrer la volte, qui est l'actió que ie recommande si souuent sur toutes celles, qui le peuu ét empescher de deuenir entier, ou retif à quelque main. Quelqu'vn se souuiendra que i'ay ailleurs approuué, que ceste feinte qui se fait d'vn coité, pour soudain tourner de l'autre, peut quelquefois seruir pour adiuster les hanches du cheual, qui s'eslargist trop de derriere sur la volte. Il est vray, mais c'est rarement, & lors que le cheual ne veut aucunement entédre, ny consentir à la fermesse des hanches, & mesmement lors qu'il se desrobe, pour tourner de soy impariemment (sans attendre l'actió entiere de la main du cheualier) aussi tost qu'on commence à le vouloir parer: mais d'en faire vne reigle generale, ce seroit proprement vn desordre. I'en ay dit les raisons plus apparentes aux reigles des premieres leçons par le droit, & des voltes entieres & doubles.

OR pour faire ces leçons plus profitables, soit au long de la muraille, ou sans le secours d'icelle, il faudra communément faire vne passade courte, vne autre lógue, vne autre de mediocre longueur, & puis vne autre plus longue, ou plus courte, variant ainsi la distance des voltes, selon que le cheual se retiendra, ou s'abandonnera, afin de le tenir tousiours attentif à l'actió de la main & de la iambe du cheualier, sans luy laisser premediter, ny fuïr les lieux de la parade, ny des voltes: & sur tout, il faut que les premieres leçons se facent au trop, & au petit galop, sans augméter la vigueur du manege, qu'à mesure que le cheual pratiquera l'obeyssance & la facilité. Car il n'est rien plus contraire à la iustesse des passades: que la trop grande fougue. A cause de quoy pour tenir longuemét en escole, & en bon estat le cheual sur les passades viues & determinees, le Caualerice doit auoir la discretion, de faire communément la fin de ces leçons, au petit ou mediocre galop, & quelquefois au trot: assauoir si le cheual tire à la main, & si de son temperament il est colere, sanguin & impatient: mais s'il est ramingue, il sera bon de finir viuement ces leçons, & souuent par vne assez lógue & furieuse course. Car le parer soudain apres le partir, & par consequent les passades sont extremement contraires à la determination des cheuaux fingards. Comment que ce soit toutes ces varietez d'escole ne sont inuentees, que pour diuertir le cheual de ses mauuaises fantasies, & pour le reduire en fin à l'obeissance , & à la iustesse & facilité des bonnes leçons. Et quát aux iustes & dernieres proportions de ce manege, i'ay desia dit, que les passades & demy-voltes doiuent estre pareilles d'espace, de vigueur, d'air, & de tous mouuemens.

COMMENT que le cheual soit composé, & laquelle de ces leçons qui se trouuerra plus conuenable à son inclination, le Caualerice la luy continuera d'ordinaire , observant patiemment toutes les iustesses, tant que le cheual en fera son profit, & changera la leçon, la place d'icelle, & la forme du terroir, selon les fautes & occasions que i'ay desia deduites , lesquelles peuuent aucunefois proceder des diuerses mutations que le cheual faict auant qu'il soit bien dressé principalement celuy qui remarque mieux l'escole, qui se souuient plus des chastimens, & qui est de son humeur colere, aduste & malicieux , ou trop sensible & ramingue. Voyla d'où vient, qu'apres qu'õ a vn iour donné auec beaucoup de soin & de patience vne bonne leçon & quelque chastiment propre pour estressir vn peu le cheual, qui s'eslargit trop en son manege, il se serrera tant à la leçon suyuáte que le Caualerice aura quelquesfois la mesme peine à l'eslargir, & puis encore vne autrefois autant à le restressir. Ce sont les cheuaux, ausquels i'entends, qu'on change souuent l'ordre & les lieux de l'escole pour les empescher de deuiner, & premediter la volonté du cheualier, & afin de les tenir en ceste varieté auertis & attentifs aux actions & aduertissemens iustes & neantmoins variez du poing & de la iambe du cheualier.

EN cecy l'on peut apprendre que tout ainsi que le souuenir est vne partie belle : & tres necessaire au cheual de bon temperament : pour pouuoir bien reigler les leçons, qui le peuuent bien acheminer à l'air & à la iustesse d'vn bon manege, le cheual de mauuaise nature & singard : ou trop sensible se peut aussi preualoir aucunefois de ceste mesme partie de memoire, pour falsifier ses leçons ordinaires, & mesmes pour se defendre contre les chastimens necessaires. Toutesfois ce n'est pas à dire qu'il faille que le cheual malicieux soit du tout despourueu de memoire, n'y qu'on ne doiue quelquefois varier les leçõs à celui qui est de bonne & paisible nature. Mais il est necessaire que le Caualerice soit diligent pour diuertir par plusieurs bõs moyés le cheual, quel qu'il soit des susdites fautes. Car ce n'est pas assez de le sçauoir chastier , apres qu'il a failly, il faut necessairement que le bon Caualerice aye le iugement & la pratique de le preuenir, taschant de l'empescher de faillir quand il s'y dispose.

<table>
<tr><td>Des escoles figurees, ou autrement limitees.</td><td>IE ne veux pas du tout blasmer le style de ceux, qui obseruét ordinairemét les escoles marquees & limittees, par ce que beaucoup de suffisans personnages en cest art s'en sont preualus, & en vsent encores : mais i'ose bien asseurer, que si on exerce souuent le cheual d'escole, es lieux non accoustumez & incogneus , & parmy d'autres</td></tr>
</table>

cheuaux, il en deuiendra plus facile & attentif, & le Caualerice aura beaucoup plus de commodité de choisir & donner tel temps, telle proportion d'escole, & tel chastiment qu'il voudra, mesmement si le cheual est ramingue, ou trop leger & sésible soit au trot ou au galop, ou en toute autre sorte d'air & de manege. Car si le cheual se retiét & s'aculle sur la volte, le Caualerice est maistre de la cápaigne pour le chasser à son gré, tát pres ou loin, qu'il sera necessaire pour le resoudre en vne nouuelle place. Et s'il part d'vn lieu auec trop de fougue, le Caualerice le peut aussi retenir, & faire reculer tát qu'il voudra, pour puis apres cõtinuer, ou varier son manege en tel endroit, qu'il cognoistra pl⁹ à propos, & s'il se serre trop à vne main, ou s'eslargist en l'autre, le Caualerice a par tout la place libre pour l'eslargir, & serrer en quelq part qu'il se trouue, augmentát & diminuát le nõbre des voltes de l'vne ou de l'autre main selõ, la bõ-

ne, ou mauuaife fantaifie qu'il fétira au cheual. Et pour moy, ie tiés que c'eft la meilleure efcole, qui fe puiffe donner au cheual deftiné pour la guerre, pourueu qu'il foit
de leger appuy : car comme i'ay defia dit, les cheuaux pefans qui s'appuyent trop, &
qui tirent à la main, ont ordinairement befoin de certains lieux premeditez, limitez,
& propres à les difpofer par grand artifice, à l'obeïffance, à la pratique & legereffe de
quelque bon manege. Mais en fin ceux, qui font naturellement nerueux, & bons à
la main, fe doiuent rendre plus parfaits aux maneges, principalemét à celuy du combat de l'efpee eftans exercez en diuers & differés lieux, i'entends bons à la main, quád
la bouche n'en eft ny dure, ny trop delicate : qui eft celle qui fe doit proprement
nommer ferme, ou à pleine main.

Apres que le cheual fera libre & affeuré à ces maneges, ie permets au cheualier
de varier le ftile commun de l'exercice, foit en luy faifant redoubler les voltes, & cháger de main en vn mefme rond, ou en deux ioints enfemble, ou en faifant la biffe, au
lieu d'aller par le droit, ou partant d'vn lieu, pour aller changer de main en vn autre, ou en faifant le lymaffon, & en plufieurs autres diuerfes façons de maneges. En
fin il fera en liberté de le manier, comme il luy plaira, car le cheual eftant facile &
bien en l'efcole, luy refpondra fans s'eftonner ny confondre, à tous fes iuftes mouuemens: mais fi premier qu'il foit accouftumé à tourner librement & plufieurs fois,
autant en l'vne main, comme en l'autre, le cheualier le fait manier fouuent en biffe
ou en le furprenant, & ne faifant que demy-volte, ou vn feul tour entier à la fois, fans
doute apres, il refufera fouuent d'en faire d'auantage, s'il en eft recherché. Et combien qu'il foit libre & determiné en tournant, fi ne faut-il pour cela laiffer de faire
d'ordinaire la fin de la leçon vatiee, en redoublant les voltes, afin de le tenir en plus
de fouppleffe & d'obeyffance.

CHAPITRE LVI.

LE cheualier qui ayme la guerre, fçait bien, qu'vne des parties plus có-
uenables au cheual de campaigne, apres la fermeffe de la tefte & de
la bouche, le partir determiné de la main, & l'obeyffance de l'arreft,
eft la difpofition & la pratique de fauter les hayes & foffez : & qu'il
vaut beaucoup mieux que le cheual ne fache tourner, qu'au pas, ou
au trot, pourueu qu'il parte, & reparte viuement, & qu'il s'arrefte bié,
que s'il eftoit fort ayfé à tourner plufieurs fois à chafque main, & que neantmoins il
fuft fubjet à cheoir fouuent dedans les foffez, ou que les communes & petites hayes
l'eftonnaffent ou l'arreftaffent tout court. Car en fin les maneges fi eftroits & redou-
blez, qu'ó void cómunément pratiquer aux efcoles, ne font pas tant neceffaires aux
combats, qui fe font en gros, que beaucoup de perfonnes penfent : mais leur propré
eft quand l'on s'attaque à l'efcart vn à vn, ou quád deux petits nóbres de cheualiers,
s'affignent ou fe rencontrent à vn combat efpatieux & particulier. Or les cheuaux
ne fe trouuent pas empefchez par ces petites hayes, ny ne tombent dans les foffez
feulement à faute de legereffe, ou de force: mais ordinairement pour ne fçauoir, ou
ne pouuoir bien prendre le temps du faut. Qu'il foit vray, l'on en void fouuent, qui
font bié fort nerueux, legers & courageux, qui pour auoir trop de fougue & d'affectió de partir de la main pour fauter vn foffé, fe cófondent & precipitent tellemeut,

qu'ils ne peuuent recognoiſtre ny bien prémediter le ſaut, ny par conſequent euiter
vne cheute dangereuſe. D'autres, qui ont la bouche tant ſenſible, que côbien qu'ils
prennét bien le temps du ſaut, l'apprehenſion d'vne eſbrillade, les met en tel deſordre, eſtans en l'air, qu'ils ne peuuent franchir le foſſé. Auſſi eſt-il certain, que le cheual ne peut bien faire nul bel exercice, ſoit pour la guerre ou pour la carriere, ſi premier il n'a la teſte & la bouche aſſeurees.

O R pour leur enſeigner à bien prendre le temps du ſaut par pratique, & ſans dáger, il faut auoir vne claye, qui aye enuiron douze pieds de lôgueur, & trois & demy
de haulteur, laquelle l'on couchera toute platte par terre, à trauers d'vn chemin, là
où le terroir ſoit droit & doux, afin d'euiter l'eſtonnement des iambes, & des pieds,
& les accidens des cémes & faux quartiers. A chaſque bout de ceſte claye, il y doit
auoir vn homme à pied: & le Caualerice menera le cheual au pas, ou au trot, le lôg de
ce chemin, & droit à la claye, laquelle il luy fera ſauter ainſi abattue à plat, en luy ai-
dát doucemét de la voix gaye, ou ſeulement du ſon de la lâgue, & toutes les fois qu'il
marchera deſſus la claye, le Caualerice luy baillera quelques bons coups d'eſperons,
des deux coſtez enſemble, & au contraire le careſſera, s'il a ſauté nettement. Neantmoins s'il eſt hien fort fougoux & ſenſible, il vaudra mieux ne le point battre, & luy
laiſſer recôgnoiſtre le ſaut tout à loiſir & à ſon ayſe.

Q VAND il aura paſſé la claye enuiron douze ou quinze pas, le Caualerice le tournera de pas ou de trot, deux fois, ou tant & ſi peu de tours qu'il voudra à vne main, &
puis le ramenera droit à la claye, & le fera reſauter deſſus icelle, allant tourner de la
meſme façon à l'autre main, pour reuenir continuant la meſme choſe.

A PRES que le cheual aura ſauté ceſte claye abattuë, quatre ou cinq fois de trot, il
faudra commencer à le reſoudre au petit galop: & ces deux hommes qui ſeront aux
deux bóuts, hauſeront vn coſté de la claye enuiron vn pied: & à meſure que le cheual pratiquera le temps du ſaut, & qu'il ſera la diſpoſition & legereſſe, ces hommes
tiendront la claye plus haute, la dreſſant auec patiéce, & peu à peu, iuſques à ce qu'a-
uec le temps, le cheual la ſaute toute droitte: & tant de fois qu'on aura hauſé la claye,
& que le cheual l'aura ſautee, il faudra remettre en terre le coſté qu'ô aura leué, pour
releuer l'autre de façon que la claye ſoit rouſiours hauſſee de la part, que le cheual
aura la teſte tournee en allant prendre le ſaut, & qu'il ne puiſſe veoir le vuide qui ſera
entre ce coſté de la claye haute & ſa terre: car autrement il pourroit quelquefois rencontrer le trenchant de la claye, qui peut eſtre le bleſſeroit, principalement aux iambes de derriere, ou le feroit cheoir au preiudice du cheualier, qui ſeroit deſſus.

Q VAND le cheual ſautera ceſte claye eſtant droitte, il la faudra garnir fort eſ-
pais par le haut de fueilles de houx, ou de aious, afin que s'il ne la franchiſt gaillardement, ces fueilles ou ces aious luy piquent les bras & les iambes, & que cela ſerue de
remede pour le faire hauſſer & retrouſſer d'auantage, ſans le tourmenter, ny le mettre tant en fougue, que pourroient faire les chaſtimens communs. Toutesfois s'il eſt
peſant ou de nature endormie, il le faudra battre ſouuent à coups d'eſperons, & de
gaule, quand il ſera pareſſeux à ſe bien hauſſer & retrouſſer: mais il ſe faut ſouuenir,
que les gráds coups de gaule trop continuez ſur les bras, ne ſont pas les plus propres
en ces occaſions: Au contraire ils rabaiſſent le cheual, qui ſe hauſſe trop: c'eſt pourquoy l'on s'en ſert quand il ſe cabre: & ceux qui ſe donnent trop en arriere, chaſſent
en auant, & mettent en fougue le cheual ſenſible: partant il faudra faire ce chaſtiment pres des ſangles, & ſur les eſpaules.

Si le cheual choque la claye en sautant, les hommes qui la tiendront droitte ne doiuent empescher aucunement qu'elle ne tombe : car s'ils la tenoient ferme elle pourroit porter preiudice au cheual. Ceste claye doit estre forte, & faitte comme vn rastelier d'escuyrie, & les rouleaux entrelassez de perches, tout du lõg : car si elle estoit faicte comme les clayes ordinaires, les bouts des rouleaux ou bastons qui la trauerseroient pourroient blesser le cheual, mesmement quand quelques perches des extremitez seroient rompues ou eschappees.

Apres que le cheual aura pratiqué le temps du saut de ceste claye, & qu'il y sera asseuré, sans doute il sautera beaucoup plus aisément les fossez : parce que la force & disposition, qu'il aura accoustumé d'employer à se hausser pour franchir la hauteur de la claye, se pourra plus facilement dispenser à eslancer & pousser le corps, pour estendre & alonger le sault du fossé.

SI L'EXERCICE DE LA CHASSE EST PROPRE
au cheual de combat.

CHAPITRE LVII.

ON doit aucunefois mener à la chasse le cheual qu'on veut faire seruir à la guerre, & ordinairement quand l'on est long temps arresté, escoutant ou voyant chasser les chiens, luy donner à l'impourueu & en diuers lieux quelque petite & bonne leçon, propre pour le cõbat, sans le trop presser. Car outre que c'est vn remede pour luy croistre l'aleine, & luy rēdre le manege plus libre en tous lieux, le son & la rumeur des trompes, les voix, & cris des chasseurs, la diuersité des fossez & des hayes, & autres lieux mal-aisez que l'on trouue, & que l'on est souuent contrainct de sauter & passer suiuant la chasse, asseure le cheual, l'alegerist & le fortifie. Et s'il est extrememēt fougoux, & ennemy de l'escole, ou qu'il soit poltrõ & ramingue, la chasse le peut aussi diuertir de plusieurs fantasies melancholiques desbordees & malicieuses. Peut estre que quelqu'vn lisant cecy, entrera en doute, ayãt appris que ce qui est propre au cheual ramingue, doit estre cõmunément contraire à celuy, qui est fougoux & fort courageux, à quoy il y a beaucoup d'apparence, d'autant que ces deux complections differentes procedēt de deux temperamens contraires. Toutesfois la chasse peut beaucoup seruir au cheual ramingue, entant que ie veux que le cheualier le pousse & repousse viuement d'vn & d'autre costé, selon que l'occasion de la chasse l'appellera, le faisant souuent courir & passer deuant les autres cheuaux, quelquesfois allant parmy la trouppe, & autrefois derriere, & aucunefois rebroussant chemin à l'improuueu pour l'escarter de la cõpagnie, & le faire galopper & courir au rebours de la route des autres : car sans doute, c'est vn remede tres-necessaire pour le diuertir de plusieurs fantasies retifues & malicieuses. Au contraire ie veux qu'on se serue de la chasse, pour appaiser & faciliter le cheual colere, trop sensible & apprehensif, assauoir en le retenant patiemment, & s'il est possible, sans luy forcer, meurtrir, ny blesser la bouche, ny la barbe, cependant qu'il se veut dispenser de courir plus que les autres : & en luy faisant suiure la chasse au petit, ou mediocre, ou grand galop, à l'escart, ou meslé parmy les autres cheuaux, luy rendãt souuent la main selon qu'il perdra le trop ardãt desir de courir, & se precipiter, & faut perseuerer ainsi iusques à ce, qu'il aye perdu la fougue. C'est en quoy le iugement & la pratique, sont necessaires au Caualerice pour bien cognoistre le naturel du cheual, & pour faire distinction, & bien iuger des

effects differents, qui peuuent naiftre d'vn mefme remede, duquel l'on doit quelquefois vfer fagement en plufieurs occafions differentes.

Tous les
cheuaux
qui font
ayfez à l'ef-
cole ordi-
naire, ne fe
font pas
ailleurs.

Ie baille ce remede, parce qu'on void fouuent des cheuaux, qui femblent eftre
faciles, & propres pour la guerre, quand on les void manier en leur efcole, ou en
quelque autre lieu recogneu: mais fi eftans en la campagne, en trouppe de caualerie,
on les furprend & recherche de ce qu'on leur aura veu fi bien faire en particulier, il
aduiendra fouuent que les vns eftans aduftes, timides, ou malicieux fe defendront,
ou fe feront battre pour ne vouloir abandonner la compagnie: & quelquesfois ne
voudront manier non plus, que s'ils n'auoient iamais efté en bonne efcole: d'autres,
qui feront coleres, fanguins, & apprehenfifs, voyans courir, ou galopper plufieurs
cheuaux deuant eux, ou fentans & oyans venir furieufement quelque autre trouppe
à leur queuë, ou fe trouuans efcartez de la compagnie accouftumee, entreront en
telle fougue & impatience, qu'ils fe fouuiendront fort peu de l'obeiffance, & iufteffe de l'efcole: & d'ordinaire fe trouueront tellement faifis d'ardeur & de colere, &
tireront autant à la main comme fi auparauant ils n'auoient efté allegeris & bié dreffez: & quelquesfois defdaignant la bride, fe difpenferont de forcer la main du Caualerice l'emportant à leur gré où la fougue licentieufe les agitera. Ce font les lieux &
les moyens par lefquels on peut facilement cognoiftre l'inclination naturelle, & la
facilité du manege du cheual, & là où le Caualerice doit curieufement tafcher de le
rendre libre & paifible: & pour ce i'ay fouuent dit, que le cheual doit eftre ordinairement exercé en diuers lieux incogneus, & mefmemét en compagnie d'autres cheuaux pour le rendre plus propre à feruir à la guerre.

DES ACTIONS ET GESTES BIEN SEANS AV
cheualier, en exerçeant le cheual au manege de combat.

CHAPITRE LVIII.

IL faut aduouër, que le manege du galop facile & refolu, & des paffades determinees, n'eft pas feulement le plus neceffaire aux plus
honorables & hazardeufes occafions, mais il eft auffi fort propre à
bien faire paroiftre la grace du cheualier, qui fe plaift à tel exercice.
C'eft pourquoy, (tout ainfi que ce manege eft martial, & qu'il ne
doit eftre nullement contraint,) ie voudrois qu'en le faifant le cheualier fuft libre & gaillard à cheual, & que toutes fes façons de faire fuffent belles &
braues: Affauoir qu'il fuft toufiours droiét & tendu, comme i'ay dit parlant de fon
affiette, fans faire vn certain & inutile mouuement, qui eft fi commun à quelques
Caualerices mal propres, lefquels marquent d'vne action de corps & de tefte, tous
les temps de galop que le cheual fait. Ie ne voudrois non plus qu'il penchaft les efpaules, baiffaft la tefte, ny tournaft le vifage pour regarder en terre, ny ailleurs: comme ceux, qui peut eftre pour faire les entendus, ou penfans faire vne belle contenance en galoppant, fe penchent d'ordinaire en auant, ou de quelque cofté, comme s'ils
vouloient regarder le vifage ou le mords du cheual, ou les mouuemens qu'il faiét
des efpaules, & des bras: ie ne voudrois auffi qu'il fift des iambes ces grandes allees
& venues en auant, & en arriere, qu'on fouloit tant faire le temps paffé, mais que les
tenant droittes & fermes, ferrant le cheual du dedans des gras d'icelles, & des genoux, il le tinft toufiours en ceruelle, & en tel foupçon, que fans s'efbranler trop, il
luy fift employer vigoureufement fes forces. Il femblera peut eftre à quelqu'vn, que

ie fois d'aduis que le cheualier foit immobile & entier à cheual, prefque comme vne
ftatuë: Ie veux, tant s'en faut, que fans fe contraindre aucunement, il confente au
temps du galop, & de tous les autres ayrs auec le corps, les bras, & les iambes, par
telle induftrie & facilité, que prefque on ne s'en puiffe apperceuoir:car les plus grãds
mouuemens ne font pas ceux, qui aydent mieux au cheual. Et fi quelquefois il veut
regarder la pifte d'iceluy, foit par le droit, ou en tournant, il faut que ce foit enuiron
deux pas deuant fes pieds: car l'experience luy doit affez faire fentir & cognoiftre (fans l'office de l'œil) tous les mouuemens que le cheual fait de la bouche, des efpaules, des iambes, de la crouppe, & de la queuë, & mefmes iuger des lieux, d'où partent & où fe doiuent pofer, tant les pieds de derriere que ceux de deuant. Et quand
le cheual dreffé meritera vn bon coup d'efperon, il le luy doit donner nettement &
fi ferme, que le fon d'iceluy fe puiffe entendre à cinquante pas à l'entour, remettant
foudain les iambes en leur premiere & iufte place fi diligemment, qu'à peine ceux,
qui le regarderont de pres, ayent peu veoir le mouuement d'icelles.

Ie veux auffi que le cheualier en pouffant ou chaffant le cheual, & quand il tournera à main droitte, mefmement eftroit, il hauffe fouuent le bras de la gaule, faifant
l'action d'iceluy, prefque comme s'il auoit l'efpee en la main, & qu'il allaft au cõbat:
& quãd il tournera à main gauche, qu'il face quelquefois fiffler la pointe de la gaule,
la tenant du cofté droit, baffe & pres du vifage du cheual, ayant le bras d'icelle tendu
en bas, droit à droit, & pres de fa cuiffe, fans pour cela baiffer, ny reculer l'efpaule
de ce cofté: Que le poing de la bride foit ordinairement au lieu, que i'ay dit au chapitre de l'affiette, fans le porter du cofté que le cheual tournera, que le moins qu'il
pourra, s'il n'y eft contraint par la defobeyffance, pefanteur ou dureté du cheual:que
quelque mouuement que face le cheualier, fa iambe demeure eftenduë & ferme, &
le corps auffi toufiours droit & affeuré, fans aduancer, ny reculer vne efpaule plus
que l'autre. Qu'il accompaigne aucunefois le partir auec la voix gaye & mediocrement haute, en haufant le bras de la gaule:car, fi i'ay dit cy deuant que le parler beaucoup au cheual, fied mal au cheualier, ce n'eft pas à dire pourtant qu'il doiue eftre
muet eftant à cheual: Qu'en faifant l'ayde de la langue le bruit d'icelle ne s'entende
que le moins qu'il fera poffible, & qu'il fuffife que le cheual en foit aduerty, & tenu en
ceruelle:Sur tout, fi le cheual luy obeyft, qu'il fe cõtente de la force & de l'aleine, qu'il
pourra vigoureufement fournir, fans le reduire à telle extremité, qu'il aye occafion
de tafcher à fe defendre, ou qu'il fe rebute. Car quand le cheual eft de bonne volonté, il faut pour beaucoup de confiderations, que la fin de fon manege foit fouftenue
auec autant de vigueur, comme le commencement.

PRECEPTES POVR FAIRE DE BELLES ET
iuftes courfes en courant la bague,

CHAPITRE LIX.

Ne des pl⁹ hõneftes & vtiles dexterités, que le cheualier puiffe acquerir: eft celle des belles courfes de la bague: mais c'eft auffi vn moyen
pour defefperer, ou au moins pour defbaucher & defordóner le cheual courageux, mefmes qui fait deuenir plus impatiét l'homme, qui
fe plaift à tel exercice & qui le pratique fouuent, & par confequent
qui le rend incapable de bien entendre les bonnes reigles de ceft art. C'eft pourquoy
nous ne voulons que les cheuaux bien dreffez, & adiuftez aux maneges & plus beaux

ayrs, courent fouuent, fi ce n'eft quand ils font ramingues de leur naturel , ny que l'efcolier goufte le plaifir des belles courfes de la bague que premier il ne foit fondé en la pratique de bónes leçós de tous les maneges, mais puis que l'vfage de telle d'ex-terité eft bien feant au cheualier, ie diray le ftile que i'en ay appris de Monfeigneur le Comte d'Aubijoux, mon premier maiftre, lequel, entre fes belles & braues parties, outre ce qu'il eft bon homme de cheual, on n'a point veu de fon temps, vn plus iufte homme d'armes, & qui aye fait de plus belles & delicates courfes.

PREMIEREMENT donc, auát que le cheualier prenne la lance, il doit vifiter les renes, & les mettre en tel eftat dedans la main, que fon cheual puiffe librement cou-rir, fans toutesfois luy tát abandonner la tefte, qu'il n'aye moyen de fentir aucune-ment l'appuy de la bride, felon que le cheual fera leger & fenfible de bouche, & qu'il courra retenu, ou defuny car fans doute le fentiment de ceft appuy, quád il eft leger & ferme apporte en courát quelque affeurance au cheualier, & au cheual. Il fe doit auffi iuftement affeóir dedans la felle, & en mefme temps s'affeurer égalemét fur les eftrieux : de façon qu'ils ne luy puiffent efchapper, en faifant fa courfe. Il ne doit ou-blier non plus d'accommoder fi bien fon chappeau, qu'il ne luy tombe fur la carrie-re. Tout cela fe doit faire auec le moins de téps, de gefte & de demóftration qu'il fe pourra & fur tout fans afeterie. Apres il prendra la lance , & la pofera fur le milieu de la cuiffe, tenant la poincte d'icelle haulte & droitte, toutesfois vn peu panchee en a-uant, & pluftoft en dedans qu'en dehors : & la portant ainfi s'en ira au bout de la car-riere, là où pour faire vn beau partir, il tiendra (s'il luy eft poffible) fon cheual quel-que peu de temps droit & ferme, ayant la tefte tournee du cofté de la potence : & premier qu'il parte furieufement, luy fera faire deux ou trois pas par le droict, mais, comme il arriue communément, fi le cheual eftoit tant impatent, que pour l'affeurer au bout de la carriere, il falluft eftre lóguement à cótefter, & faire trop le Caualerice hors de temps conuenable, il vaudra beaucoup mieux le laiffer partir auec le moins de defordre qu'il fe pourra, foudain qu'il fera dans la carriere, ou en tournát, j'entéds quand l'on court en partie, ou feulement pour paroiftre : car à l'efcole on ne doit iamais permettre au cheual les fautes, qui fe peuuent corriger.

ET parce que la plufpart de ceux, qui fe meflent de courir , reculent l'efpaule du cofté de la lance, mefmement quand le fer d'icelle arriue pres de la bague, il faut pour euiter cefte action mal feante , que le cheualier auance cefte efpaule , & la hanche du mefme cofté vn peu plus que l'autre, auant qu'il parte, ny qu'il haulfe la lance de def-fus la cuiffe. Il faut auffi confiderer premier que partir, la longueur que la carriere peut auoir : car tant plus elle fera lóngue, tant plus faudra-il, que le fer de la lance def-cende de plus haut en couchant, & tant plus elle fera courte, tant moins faudra-il te-nir le fer de la lance haut en commençant la courfe.

EN partant le cheualier tiendra le corps ferme & droit, enféble toute fon affiette, mettant diligemmét le fer de la lance, comme à vn bout de ligne diagonale, qui face l'autre point au mittan de la bague, & ne permettra que l'ayr, ou le vent de la courfe puiffe haufer, baiffer, ny efgarer fon boys en dedans, ny en dehors : & ne hauffera la láce en l'oftant de deffus la cuyffe, pour la mettre deffous l'effelle, que tant qu'il fera befoing, pour euiter que le tronc, ne heurte contre l'harçon de derriere, ou contre fes chauffes : car cela la pourroit tellement efbranler au partir , qu'elle feroit en de-fordre tout le long de la courfe. Il doit auffi en mefme temps mettre le tronc de la lá-ce fi bien à poinct, comme au deffus de l'arreft de la cuyraffe, qu'il ne luy touche tant foit peu le bras, ny le cofté : mais que feulement la main fouftienne la lance , fans qu'elle soit autrement appuyee. Car c'est vne maxime, que toutes les fois qu'en courant la lance est soustenuë d'autre chose que de la main, & de l'ayr, ou que le tronc touche ferme en quelque autre part, elle est esbranslee durant la course. Or pour mettre le bras, & la main de la lance en belle & iuste posture, il faut considerer qu'au partir, l'arrest d'icelle ne doit estre tout au plus que demy pied plus auancé, que l'arrest des armes, & qu'il faut mettre le tronc de la lance, vn pouce ou deux doigts plus haut que l'arrest des armes, afin qu'il ny touche aucunement, & qu'il soit aussi enuiron vn pouce oux deux doigts pres du costé de la cuyrasse, & autant du brassal. Car pour courir de bonne grace, iustement & en bon homme d'armes, il faut faire les courses estant desarmé, tout ainsi que si l'on estoit armé de toutes pieces. L'explication de ces preceptes est longue, mais l'execution en doit estre faite en vn instant, & sans esbransler en façon quelconque le corps, le bras, ny la lance.

A v temps que le cheual partira, quelque action que face le bras de la láce, & quoy que le tronc d'icelle soit osté de dessus la cuysse, le bras & le poing doiuent estre en si ferme, & iuste situation, que la pointe de la lance ne se puisse baisser ny esgarer d'vn costé ny d'autre, principalement en dehors, mais qu'elle soit mise gayement & iustement, comme en la ligne susdite.

A i n s i faut que le cheualier porte la lance assez haute, ayant le fer d'icelle droit dedans le fil & vent de la course, sans la mouuoir aucunement, que premier il n'aye accompagné vne ligne parallele de l'horisonale & piste de la carriere, iusques au premier poinct de la course, qui se verra en la figure prochaine, & qui sera enuiron vne troisiesme partie du chemin, qu'il y pourra auoir du bout de la carriere, iusqu'à la potence, & puis il commencera de baisser le fer de la lance à loysir, comme par vne autre ligne pendante, d'vne mesure si droitte, esgale & bien iugee, que sans bransler aucunement il ayt acheué de coucher nettement, & d'vn fil, quand le fer sera arriué à trois ou quatre doigts pres du bord d'en-haut de la bague : & à mesure qu'il couchera, il ouurira & hausera vn peu le coulde du bras de la láce, afin que le tronc n'appuye, ny ne touche contre le bras ou le corps : mais pour cela il ne faut hausser ny reculer l'espaule, ny bouger le corps, ny la teste. Et d'autant que ceux, qui font les plus belles courses, sont souuent subjects à passer le fer de la lance dessouz la bague, & mesmes lors qu'il leur semble tenir le dedans asseuré, ie conseille à celuy, qui desirera mon aduis, de premediter le but & le poinct de sa course, au bord d'enhaut de la bague, comme ie viens de dire.

S o v d a i n que le cheual aura passé la potence, le cheualier rehausera diligemmét la pointe de la lance, haussant & dressant le bras, tant qu'il pourra, commençant aussi à parer son cheual bien droit, sans le precipiter, & luy faisant faire la plus belle fin d'arrest qu'il pourra, selon qu'il aura esté dressé : & faut noter que pour finir les arrests de ces courses, le cheual ne doit faire au plus, que cinq ou six courbettes, ou groupades : & apres, auant que le tourner d'vn costé ou d'autre, pour sortir de la carriere, on le doit faire cheminer trois ou quatre pas, par le droict, ce pendant le cheualier s'empeschera soigneusement de regarder derriere soy, ny si la bague est à la lance, encor qu'il ait fait vn dedans.

I l se souuiendra aussi en courant de ne faire nulle grimasse, mesmement des yeux, ny de la bouche : de ne tourner le visage, comme l'on dit, en arbalestier : de ne baisser ny bouger aucunement la teste, en passant dessouz le baston de la potéce : de ne soliciter son cheual auec trop gráde action de iambes : de tenir les reins fermes & droits :

de ne reculer que fort peu le corps en parant, (car l'action n'en est point belle , tant que l'on a la lance en la main) ny renuerser trop la lance en arriere au parer, apres l'a-uoir ostee de l'arrest & releuee.

Erreur de ceux qui portét mal la lance en courant.

TOVS ceux qui pensent faire de belles courses, ne gardent pas cest ordre. Les vns au partir haussent & alongent tant le bras de la lance, que l'arrest d'icelle est quelque-fois esloigné pour le moins vn pied & demy, de celuy des armes: Les autres ouurent tant ce bras, que l'on void beaucoup plus de iour qu'il ne faut entre les deux arrests: qui sont, ce me semble, des mouuemens inutiles & mal seants : car enfin tousiours faut-il reuenir approcher, & presque ioindre ces deux arrests, pour acheuer de cou-cher , si l'on veut rompre, ou comment qu'on veuille parfaire iustement la course.

Le poinct de la ba-gue.

LA bague doit estre ordinairement penduë en tel endroit du baston de la potence, que quand le cheualier sera droict dans la carriere, & dessous le baston, elle luy arriue droit à droit , & vn peu au dessus ou au mitan du front: mais afin que la lance se trou-ue plus belle, en courát il vaudra mieux tenir la bague vn peu plus en dehors, assauoir droit au dessus l'oreille droite du cheual : & si le cheualier craint qu'elle le blesse, au temps qu'il passera de vistesse dessous le baston : ie l'aduise que tant plus son cheual courra fort & tride, d'autant plus se trouuera-il plus bas que son plan naturel.

PLVSIEVRS hommes d'armes, sçachant que pour bien rompre en lice, il faut ne-cessairemét que la lance soit situee de façon qu'elle croise sur l'oreille gauche du che-ual , & sur la lice, n'approuueront pas ceste reigle, mais il est certain que si la lance est portee ainsi de biays, le vét de la course la peut pousser du costé qu'elle biaise ou croi-se, contraignant le cheualier, pour resister ou remedier à se desordre, de faire vn ef-fort extraordinaire en serrant le poing d'icelle. Et toutes les fois qu'on est ainsi con-trainct en courant, de serrer si fort se poing, la lance ne cesse de bransler. Or en ceste difference des courses de lice & de carriere, celles de la bague se trouuerót sans doub-te beaucoup plus aisees & plus belles , la lance estát bien mise & tenue presque droit dessus la ligne , & piste de la carriere. Car par ce moyen le vent de la course la sou-stiendra commodeement : sans la pousser d'aucun costé, & le cheualier aura moins d'occasion de tourner le visage ou la veuë vers la potence, comme plusieurs font par mauuaise habitude.

La lógueur de la car-riere.

LA carriere doit auoir au moins quatre vingts & dix pas de longueur, depuis le partir iusques à la potence: & si elle est bordee, elle doit auoir deux pieds & demy de large, & doit plustost monter que descendre, tant pour l'asseurance & commodité du cheualier, & du cheual , que pour la grace de la course.

La propor-tion de la lance selon la taille du cheualier.

LA lance assez lógue & forte, donne beaucoup plus de grace & de fiereté à la cour-se , que ne font ces petites lances foibles, trop legeres & courtes, qui ne sentent pas beaucoup à l'vsage de Mars; & si elle est trop grosse aux fonds des canaux, elle cache-ra trop dedás la carriere, le corps d'vn petit homme, & luy sera aussi mal seante (mes-mement quád il portera vn chappeau, qui aura les aysles fort grandes) comme à vn cheualier de grande taille, vne lance fort menuë pres de la main, ayát vn petit chap-peau trop estroit de bord. C'est pourquoy ie voudrois que le cheualier fust curieux de s'accommoder proprement, & à son aduantage : car il vaut beaucoup mieux n'e-stre point de la partie de ceux, qui font bien quelque exercice en bonne compagnie, que de seruir de lustre à ceux, qui se font mieux paroistre.

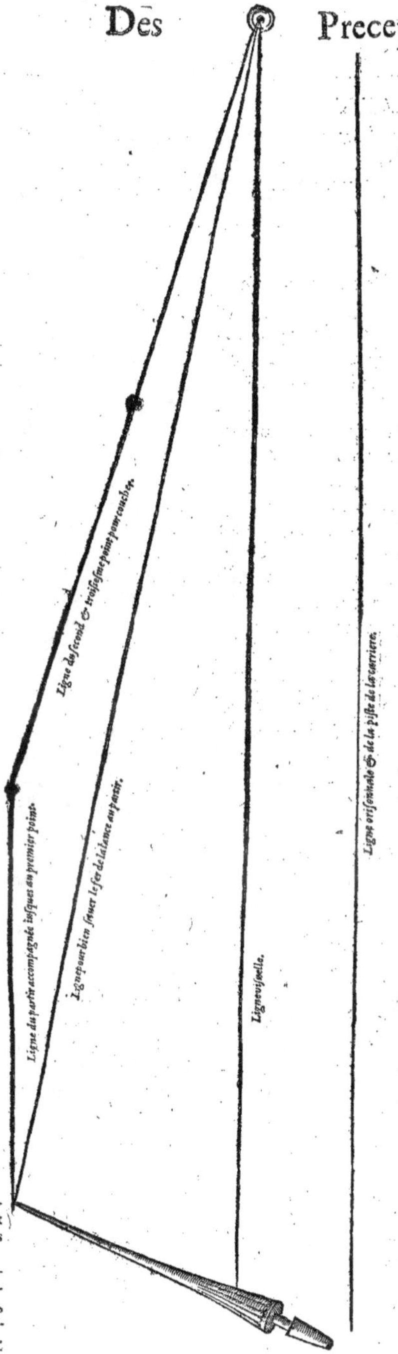

Par ceste figure demõ-
stratiue, on peut mieux
comprendre les susdits
preceptes des belles
courses ; mais ces li-
gnes doiuent estre ima-
ginees, droit à droit,
les vnes des autres, cõ-
me en ligne perpendi-
culaire.

DES CHEVAVX IMPATIENS A LA CARRIERE,

*& les incommoditez que les courses continues leur apportent, principalement
quand ils sont capables de seruir au manege du combat, ou de reüssir
pour la carriere aux ayrs releuez & gaillards.*

CHAPITRE LX.

V N E des choses plus malaysees en nostre art, est d'asseurer au bout
de la carriere le cheual, qui a couru souuent, & qui recognoist &
soupçonne la lance & la course, principalement si de nature il est
colere, determiné & apprehensif, ou s'il a esté plusieurs fois battu en
courant. Ie sçay, que le bon Caualerice, par ses bonnes reigles, & sa
patience, luy pourra faire perdre auec le temps ses apprehensions, en le flattant &
promenant plusieurs fois, & longuement sur la carriere auec la lance, luy faisant
ordinairement passer & repasser la carriere au trot, & quelquefois au petit galop,
cómençant vne fois par vn bout, & apres par l'autre, mettant souuent pied à terre, &
remontant en l'vn, & en l'autre bout, luy faisant plusieurs caresses & plaisirs. Mais
de continuer à le faire courir, & neantmoins le pouuoir rendre sage, & paisible au
bout de la carriere, c'est vne chose fort malaysee, & quasi impossible, quoy que le
Caualerice soit extremement patient s'il n'est secondé de la bonne & paisible nature du cheual: & si d'auenture l'on en void quelqu'vn qui attende sagement l'action
& aduertissement du partir, & qu'apres sans estre chassé & battu, il fournisse rondement la course assez longue, il faut necessairement que de son naturel, il soit san-
guin-melancolique, qui est le temperament plus propre à l'obeyssance. Car ceux
qui sont fort coleres, sont aussi naturellement disposez à ce laisser tellement tráf-
porter à l'inquietude, & à la fougue? qui procede de la violence de la course,) que
quelque douceur qu'on y apporte, il n'y a remede de les pouuoir bien asseurer & tenir fermes au bout de la carriere, pour là leur faire regarder paisiblement, & pour
auoir loysir de se bien accommoder auant partir, mesmes s'il a recogneu la lance. Et
si le cheual est paresseux de son naturel, timide, aduste ou fort flegmatique, il pourra
estre que le desplaisir & difficulté, qu'il aura de se resoudre à la diligence & à l'effort
de la course, (contraire à son humeur) ou la crainte des coups, qu'il aura accoustumé de receuoir pour la bien fournir, luy feront aussi hayr la lance, & la carriere: &
qui pis est, il en naistra vn extreme soupçon, qui se pourra auec le temps, conuertir
en quelque grand vice. Voylà d'où vient que tant de cheuaux se defendent au bout
de la carriere, les vns en reculant au lieu de partir, les autres qui ne veulent entrer,
ny seulement regarder la carriere: d'autres qui taschent à mordre les iambes du cheualier, d'autres qui se cabrent, & quelquefois se renuersent, ou s'eslancent desespe-
rement, pour euiter & fuyr la patience, & la iustesse du partir. Tellement que cest
exercice rend les vns & les autres subiects à quelque vice, propre à leur complexion:
& outre qu'il empesche la memoire & l'obeyssance du cheual, en toutes les reigles
de la bonne escole, la santé en patit. Car si le cheual est iuste à quelque beau manege,
la furie de la course le mettra en extreme fougue, le rédra incapable d'obeyssance, &
par consequent de iustesse, & s'il a la teste asseuree, & la bouche fine, la grande violence de la course, ne pouuant quelquesfois estre suffisamment retenuë, par les forces naturelles de tel cheual, la necessité le mettra souuent en desordre, & le contraindra à s'abandonner sur la bride, ou à plusieurs autres imperfections. Toutesfois, comme i'ay dit ailleurs, il aduient souuent, quoy que les cheuaux ayent la bouche mal-

chemalaysée, qu'ils s'arrestent facilement au bout de la carriere, quãd ils ont couru plusieurs fois la bague, non pas tant pour obeyr à l'action du cheualier, cõme desirãs mettre fin à la course, au lieu recogneu & premedité, auquel apres l'arrest, on aura accoustumé de les laisser quelque temps en repos: mais au partir de la course & mesmes quãd on les voudra seulement faire galopper sur la carriere, ils monstreront vne grãde fougue, & beaucoup de desobeissance. Par ceste facilité d'arrest premedité, on peut particulierement iuger, combien le libre consentemét du cheual ameine plus de commoditez, que les remedes par lesquels on tasche de le contraindre.

Si le cheual resolu & determiné à la course, rend beaucoup ou trop de consentemét à l'arrest, les espaules, les iabes, les pieds & les reins en patiront. Qu'il soit vray on void fort peu de cheuaux vistes & courageux, dediez & accoustumez à courir la bague, ou autremét à faire souuent de grandes courses, qu'en peu de téps telles violences ne leut ameinent vn tremblement de membres qu'ils ne se retirent de deuant, se fendent les pieds, ou qu'ils ne s'ouurent ou desfilent: tellement que ie suis d'aduis qu'on ne face courir les cheuaux, qui sont naturellemét vistes, courageux & propres pour la guerre, qu'vne fois le mois pour le plus : & seulemét afin de leur maintenir la vistesse: & encores apres auoir couru, leur doit on faire repasser ordinairemét vne autre carriere de mesme lõgueur, au petit galop sur la mesme piste, ou aillieurs, leur rédant souuent la main pour les appaiser & mettre hors de soupçon: & ceux qui auec la determination seront coleres, bizarres, & malaysez de bouche, ne doiuent courir, si ce n'est à la necessité, ou iamais ils n'auront la ceruelle, ny la bouche asseurée.

Ie ne suis pas en cecy seul en mon opinion: car de tout temps l'on a veu, aux grandes escuyries des Princes, que les bons Escuyers ont voulu fort peu exercer à courir la bague, ny rompre en lice les cheuaux, qu'ils ont pensé estre plus propres à seruir le maistre, vn iour de combat. Si est-ce que tout cela n'est pas cause qu'il n'y ayt vne infinité de personnes, qui pésent que tels exercices sont propres au cheual de guerre: parce qu'il semble que le rompre souuent l'asseure, & que les courses continuées luy augmentent la vitesse: enquoy l'on se trõpe. Car au contraire il aduient d'ordinaire que le cheual, qui a plusieurs fois rompu, redoute tellement la lance, & l'effort du coup d'icelle, que si en courãt il n'est retenu de la contrelice, il s'eslargist pour esquiuer & fuyr l'endroit, auquel il pense rompre, ou auoir auparauant rompu. En quoy l'on peut iuger que le cheual viste, qui a le moins seruy à cest exercice, en court plus droit, & auec plus de resolution: pourueu qu'il ne soit ramingue ny paoureux. Et quant à ceste maxime que l'on tient, que la continuation des courses rend le cheual plus viste, ie l'aduouë: mais aussi elle ameine plusieurs accidens, dommageables cy deuant expliquez. Et puis ceste vistesse extreme, n'est pas tant necessaire au combat comme la mediocrité accompagnée de la legeresse, & facilité de la bouche: car l'on ne part pas ordinairement de fort loing à toute bride, pour charger ce qu'on veut combattre: & ceux qui le font, se trouuent bien empeschez, quand leurs cheuaux, voire les plus vistes & courageux, sont les premiers hors d'aleine, auant que venir aux mains, ou aussi tost qu'ils y sont. En fin le bon Caualerice doit curieusemét conseruer la santé l'aliene, la franchise de la bouche & la iustesse du manege tant aux cheuaux de guerre, qu'à ceux de carriere, se contentant de sçauoir qu'ils sont assez vistes, pour seruir à la necessité, & reseruer l'exercice de la bague pour d'autres, qui soyent moins precieux & necessaires.

La taille du cheual de mediocre stature, est generalement la plus propre à tous les exercices, & principalement pour courir la bague : & par ce que ceste medio-

M

crité n'acompagne pas tousiours la franchise & viste, & autres parties necessaires aux plus belles courses, & qu'il se faut seruir des cheuaux tels qu'on les a, i'aduise le cheualier, qu'il aura aussi peu de grace en courât armé sur vn petit cheual, que desarmé sur vn qui soit fort grâd. Or quel que soit le cheual, il faut que pour faire la course belle, il parte rondement de la main, tenant la teste assez haulte& en bonne posture, & qu'il fournisse la carriere tride & renforcée, iusques au lieu de l'arrest, sans qu'il soit besoin que le cheualier s'esbranle, & s'imcommode pour le soliciter & chasser: & sur tout les proportions & forces des membres, doiuent correspondre à la violéce de la course: car c'est vn subieĉt pricipal des plus beaux effecĉts de la bride, non seulement à l'arrest, mais en toutes autres occasions. Et d'ailleurs si le cheual viste tombe en courant, comme il aduient aucunefois par la debilité des membres, celuy qui est dessus, est en beaucoup plus grand hazard de sa vie, que si le cheual se renuersoit, ou prenoit quelque autre cheute: car s'il tombe en se cabrant, il se tourne d'ordinaire, d'vn costé ou d'autre, estant encores en l'air, tellement que la cheute en arriere, ne se fait pas tout à plat sur le dos, si ce n'est que le cheualier se tienne tant attaché à la bride, qu'il oste le moyen au cheual de faire ceste action de costé. Mais quand il tombe en courant à toute bride, c'est auec vn desordre precipité, par vne si grande violence que le cheual ny l'homme n'ont loisir ny commodité de s'ayder en façon quelconque, & partant le danger en est plus à craindre.

Le cheual de la bague doit estre ferme sur ses mébres.

La cheutte de la course est pl° dâgereuse que celle du cabrec.

POVR FAIRE ESTENDRE ET RESOVDRE
le cheual, qui en courant retient ses forces
& son courage.

CHAPITRE LXI.

TOVT ainsi que par les raisons susdites, le Caualerice doit fort peu faire courir le cheual, qui naturellement est fougoux, & grand coureur, il doit aussi trouuer moyen de resoudre à la course celuy qui est ramingue, & qui ne se veut estendre: car vne des plus belles parties que le cheual puisse auoir, est la resolution & perfection de la course. Or d'autant que l'action en est beaucoup plus naturelle, que celle de l'arrest, aussi sera-il par consequent beaucoup plus facile de chasser le cheual, qui se retiendra, que de faire bien parer celuy, qui se precipitera en courant. Mais il faut plustost recognoistre & considerer, que l'irresolution de la course vient aucunefois de quelque defaut de veuë ou de cerueau, ou bien de timidité, qui ne permet au cheual de hazarder ses forces en courant. Il y en a aussi qui se mesfient des forces de leurs membres, à cause de quelque imperfection naturelle, ou accidentale: de sorte qu'ils n'osent librement consentir à la furieuse diligence, & perfection de la course: d'autres qui sont pesants, & paresseux de leur nature, laquelle ils ne peuuent forcer: d'autres qui pour auoir esté trop gourmâdez & battus en courât, ou pour auoir trop souuent couru, sont tellement rebutez, que la seule apprehension de la carriere, les rend vicieux & restifs: d'autres qui ont la force de l'esquine naturellement retenuë, de telle façon, qu'ils ne la peuuét bonnemét distribuer à l'action de la course: mais bien plustost à fournir vn bon nombre de sauts, & autres ayrs gaillards, s'ils y sont dressez: d'autres fingards, qui sont seulement retenus de vraye malice & poltronnerie. Or pour les remedes en general, il les faut premierement accoustumer à passer souuent des carrieres assez longues au grâd galop, sans les battre, ny precipiter, que le moins qu'il se pourra, mesmement au partir, & leur laisser prendre la fougue peu à peu. Car peut estre qu'auec le temps, l'habitude leur amenera la resolution & la vistesse, & s'ils

ne se veulét resoudre d'eux-mesmes,il leur faudra ayder de la voix,& des plus grands
mouuemens des iambes,y adioustant quelques bons coups d'esperons parmy. L'on
vsera aussi du foüet àtrauers des cuysses, & des fesses, principalement au milieu de la
course :& ce foüet doit estre fait de cordes de boyau, reuestu de fil d'archal,comme
on les fait en Italie. Et s'il aduient que du commencement que le cheual sentira ces
coups extraordinaires, il se defende en ruant, ou par quelque autre moyen, il fau
dra continuer de le frapper en criant, &redoublant les coups de ce foüet sur les fesses iusques à ce que le cheual parte viuement de la main, cessant aussi tost de foüet-
ter&de crier:afin qu'il s'apperçoiue de la cause du chastiment.Toutefois si le Caualerice recognoist, que ces coups d'esperons & de foüet, au lieu de chasser le cheual,
l'estonnent ou desesperent,il se seruira de la cõpagnie d'vn autre cheual,assez viste&
asseuré, & fera courir les deux ensemble, faisant partir celuy qui sera asseuré, le premier, &l'homme qui sera dessus,laissera gaigner peu à peu le deuant à l'autre,iusques
à ce que par ce moyen le cheual ramingue (determinant son courage,) s'estende librement. Mais ie ne veux pas, que le Caualerice recherche, & presse si seuerement
le cheual fingard,de quelque naturel qu'il soit,que par la trop grande violence,il luy
vueille tout du premier coup,faire naistre la resolutiõ, la diligence, & la pratique de
la course,ou l'obeyssance &facilité de l'arrest :car au contraire,i'entens qu'en iugeãt
les forces, le courage, & l'inclination du cheual, il luy gaigne sagement, (auec le
temps & l'accoustumance du bon exercice,) le consentement, le pouuoir & l'aleine
& qu'il n'employe le voix,le foüet,ny les esperons,qu'entant qu'il cognoistra l'vtilité, qui en pourra reüssir, & non pour accabler indiscretemét le naturel & les forces
du bon cheual, le faisant deuenir vne rosse, comme il arriue assez souuent.

IE aduise aussi le Caualerice, que si la carriere,ou le lieu auquel il voudra resoudre La quarrie-
les cheuaux ramingues à la course, est vn peu en montant, cela apportera beaucoup re qui se
de commodité à celui, qui sera foible de membres, & sera cause qu'il s'estendra plus passe en montant
librement :d'autant que les iambes de deuãt,&les espaules,en seront moins foulées, vn peu ,tra-
ques'i la course se faisoit en descendant,ou en lieu plain.Et si le cheual a) comme i'ay uaille mois
dit) ces forces naturellement retenuës,&qu'il soit de grande esquine,il aura en mõ- les mêbres
tant beaucoup moins d'occasion, &de commodité de s'agrouper,ou sauter.Et parce du cheual,
que les cheuaux ramingues sont communémént legers à la main, & faciles au parer, que celle
&que les reigles &toùs les remedes,qui sont propres à la vistesse ,sont aussi cõtraires qui descéd
à la frãchise de la bouche,ie ne veux pas,s'il est possible,qu'elle soit forcée, ny falsifiée
par la furie de la course : à cause de quoy ie suis d'aduis (en ceste occasion,& cõtre les
communes opinions) que les arrests se facent plustost en montant, qu'en descendãt
iusques à ce que le cheual coure librement. La raison est, que le cheual de grande esquine, ou cõment qu'il soit ennemy de la course, ne se resoult & ne s'estéd aux pre- Les grãdes
miers exercices, que le pl⁹ tard qu'il peut, & à mesure que la vigueur luy diminuë:& courses cõ-
par consequent la force luy venant plustost à manquer en courant. qu'en la pluspart tinuées
de tous les autres exercices, il sera contraint à la fin de la longüe course, de s'abãdon- sõt enne-
ner sur la bride pour faire l'arrest cõmme il pourra: en quoy la montee de la carriere mies de la
luy sera fort fauorable, à cause que le deuant se trouuerra plus haut, & comme i'ay vitesse des
dit, des cheuaux foibles, les bras & les espaules en patiront moins. plus beaux maneges.

PAR ces raisons le Caualerice peut iuger que, outre que les courses continuës Les che-
desbauchent les cheuaux, qui sont adiustez à quelque ayr & manege, elles abattent uaux foi-
& desunissent la vigueur, & dipositiõ nerueuse des cheuaux gaillards & sauteurs, & bles de
que sãs doute ceux qui sõt foibles de reins, courét pl⁹ libremét, & sõt d'ordinaire pl⁹ reins com-
vistes, que ceux qui ont grand force d'esquine: i'entens foibles, & neantmoins suf- munemẽt sont vistes

M ij

fisamment courageux : car tout ainsi que la perfection du trot vient de la soupplesse des membres, & celle du galop de la legeresse des espaules & du temperamét de l'appuy de la bouche, la resolution de la course procede d'ordinaire du courage, & de la franchise naturelle du cheual. Or reuenant à la commodité de la carriere & du parer, il faut necessairement, que le Caualerice aye le iugement de cognoistre quád le cheual employe toutes ses forces en courant, & qu'il se contente de ce que nature peut fournir, & mesmes de proportionner la longueur de la carriere, selon la capacité de l'aleyne & des forces du cheual, & d'amortir discretement & à loysir la furie de sa course, pour luy donner moyen à la fin d'icelle, d'assembler & preparer ses forces premier que resoudre la fin de l'arrest.

E n France, plus qu'en toutes les autres nations, les cheualiers se plaisent à faire souuent partir, & repartir de la main à toute bride, & soudain parer sur les hanches, de toutes sortes de cheuaux : en quoy ils monstrent qu'ils sont nais auec ie ne sçay quoy de gaillard, & de Martial, qui se esmeut impatiemment à ses petites furies, toutefois communémét contraires à la perfection de nostre art : car si le cheual est determiné, grand coureur & obeyssant à l'action de l'arrest, le surprenant & precipitant si tost apres le partir, & lors qu'il fait son plus grand effort pour obeyr, & respondre frâchement au premier mouuement du cheualier, qui le pousse & le chasse, sans doute cela luy pourra facilemét amener plusieurs accidents preiudiciables : entre autres la bouche en sera bien tost gastee & falsifiee ; ou le cheual sera en danger de se desesperer, forçant la main du cheualier, pour fuyr l'effort de la subiection insuportable, & trop continue, ou auec le temps il deuiendra fingard, pour n'oser resoudre viuement le partir, craignant de ne pouuoit fournir à la violence de ces arrests, impourueus & precipitez : & s'il est naturellement malicieux & ramingue, côme l'on void estre d'ordinaire les cheuaux d'Allemagne, il pourra peut estre partir furieusement vingt ou trente pas : mais sans doute soudain apres il commencera à se retenir de soy, pour se presenter à la parade, & souuent contre la volonté du cheualier. Doncques le Caualerice se doit resoudre à ne faire ordinairement partir le cheual fingard, qu'il ne luy face passer vne bonne carriere, auant que le parer : & de le menasser de la voix, le rechassant en auát toutes les fois, qu'il se representera pour faire l'arrest, sás en estre aduerty par l'action de la main de la bride. Et par ce que i'ay dit cy deuant, parlant de certains cheuaux qui ont trop d'appuy, ou qui tirent ou pesent de fougue ou autrement, que pour les rendre bons à la main, il est necessaire de les parer & faire reculer souuent, ie ne veux que maintenant l'on pense que ie retracte nul des remedes precedens en deffendant le partir de la main, i'entens icy estant trop violent & continué au cheual, naturellement sensible, vigoureux & colere ou de double courage. Mais ie veux bien, que si le Lecteur est de cest art, qu'il considere les differens effects, qui peuuent naistre d'vne mesme reigle diuersement effectuée, assauoir auec ordre & patience, & selon le naturel du cheual : ou auec violence & indiscretion, sans auoir esgard à son inclination, comme i'ay dit cy dessus.

E n fin i'approuue fort que le cheual parte courageusement, & rondement de la main, toutes les fois qu'il en sera recherché : car c'est vne tres-belle & necessaire partie, pourueu qu'elle soit secondee de la fermesse & facilité de l'arrest. Doncques pour tenir le cheual (naturellement fougoux & determiné) en estat de bien respondre, à l'vne & a l'autre obeyssance, ie veux que le Caualerice ne le face partir & courir à toute bride, que le moins qu'il pourra, & qu'il l'exerce souuét au galop : afin d'euiter que l'apprehensió de la course, le face tirer à la main, & luy offése la bouche & la memoire, & aussi pour le tenir asseuré à l'action de l'arrest. Car il peut faire estat que toutes les fois, qu'il le voudra chasser furieusement, il le trouuera plus disposé de nature à courir, que facile à l'obeyssance du parer. Et au contraire ie luy permets de pousser & faire viuement & souuent courir celuy, qui est fingard & malicieux : afin qu'il soit tousiours plus aduerty & deliberé : & mesmes d'autant que, comme i'ay desia dit, le temperament maling & aduste, qui le rend ainsi ramingue & malicieux, le dispose plus facilement à la legeresse de l'arrest, & par consequent l'exempte des plus grands forts des iambes, des pieds & de la bouche.

COMBIEN que i'aye cy deuant parlé des effects differens des esperons, ie rediray encores sur ce propos, que les grands coups, qui en sont donnez en arriere, sont les plus propres à chasser le cheual en auant. Toutesfois quand ils sont trop voisins des flancs & trop aspres, ils le peuuent contraindre de se retenir, & quelquesfois s'arrester pour se mettre sur l'esquine, ou pour ruër, mesmement s'il est nerueux, gaillard, ou fort chatoüilleux. Voila pourquoy l'on souloit anciennement vser de ce remede, pour hausser fort de derriere les cheuaux sauteurs. Et si les molettes des esperons sont trop grandes & trop pointuës, les grandes esperonnades trop continuees, au lieu de chasser le cheual, le pourront à la fin faire deuenir retif, s'il est timide & ramingue, & mettre en desespoir celuy, qui de nature sera colere & sensible, ou luy falsifier la bouche principalement s'il manque de force ou d'aleine.

PARTIES GENERALES PROPRES AV
cheual de campagne & de combat.

CHAPITRE LXII.

IL semble que de tout temps il y ait eu des cheualiers, qui ont pensé que communement les vieux cheuaux estoient les plus propres pour la guerre : à cause qu'à la verité ils sont d'ordinaire plus paisibles au montoir, plus legers à la main, moins apprehensifs & ombrageux, moins fougoux au manege, & en toutes leurs communes actions, & par consequét plus asseurez & faciles aux combats. Et ce qui a confirmé ces opinions, sont les exemples d'aucuns Princes & grands Capitaines, qui ont mieux aimé se seruir le iour d'vne bataille, de quelque vieux estelons, qu'ils gardoient pour leurs harats, que de beaucoup de ieunes cheuaux, desquels ils pouuoyent disposer à leur gré. En cela ie m'imagine que ces estelons auoient esté si excellemment bons, en leur ieunesse, qu'ils se ressentoyent encores beaucoup de leur premiere bonté, & que les ieunes cheuaux, qui estoient lors aux escuyries de ces grands personnages, n'estoient pas des meilleurs. Car sans doute si le cheual aagé de sept, iusques à quinze ans, est naturellement nerueux & courageux, il resistera mieux à vn grand effort, & à la commune fatigue de la guerre, mesmes auec moins de nourriture, que s'il estoit fort vieil. Et qu'il soit vray, l'on void souuét que les vieux cheuaux manquent plustost de courage, à faute de manger, que ne font les ieunes. Toutesfois cela n'empesche pas qu'il ne se trouue encores des guerriers, qui aymeroient mieux vn vieil & bon cheual pour vn iour de combat, qu'vn ieune, bié qu'il fust bon aussi. Mais si pour arriuer à ceste iournee, il estoit necessaire de tracasser deux ou trois mois, & faire beaucoup de telles caualcades, qu'on fait souuent aux armees, ie m'asseure qu'à ce iour d'affaires, ils verroient leur vieil cheual en tel estat, qu'ils voudroient qu'il fust moins aagé : & s'ils pensent le faire mener en main, iusques au temps de la necessité, cela luy pourra soulager les pieds, les iambes, les reins, & la bou-

che(si l'appuy en est ferme)mais aussi l'accoustumance d'estre mené par vn hôme de
pied, luy peut abattre le courage, quoy que pour demy-heure, il se trouue plus frais
& vigoureux, quád le cheualier sera monté dessus:& si on luy fait accompagner, ou
suiure vn autre cheual,estant tiré par la fause rene, ou par vne longe, cela le peut aussi
auec le téps rendre ramingue,ou retif. C'est pourquoy il vaut beaucoup mieux qu'vn
garçon leger soit dessus,que de le faire mener en main,mesmement,s'il est allegro, ou
s'il a la bouche délicate. Or pour toutes ces choses, ie ne veux pas blasmer les vieux
cheuaux,pourueu qu'ils ne passent quinze ans. Au contraire ie tiens que s'ils ont esté
bien nourris, & qu'on ne les aye souuent precipitez par des trauaux trop lógs & violents, leur plus grande force, bonté & beauté, doit estre en l'aage de sept, iusques à
quatorze ans: mais ayát atteint la seiziesme ou dixseptiesme, annee, il me séble qu'ils

<table><tr><td>De quel aage
doibt estre
l'estelõ pour
en tirer de
bons pou-
lains.</td><td>sont plus propres, à seruir aux querelles particulieres, & combats premeditez, qui se
peuuent presenter enuiron le vol du chapon, qu'à faire de grádes coruees,ou à mon-
ter les iuments. Car sans doute pour tirer de bóns & vigoureux cheuaux d'vne race,
l'estelon doit estre aussi frais & gaillard, comme pour seruir au manege, & aux com-
bats. Il est vray qu'il y a des naturels,qui ne monstrent pas les cheuaux si vieils à vingt</td></tr></table>

ans, que d'autres à dix:& ceste difference se void communément entre ceux, qui naissent aux pays meridionaux,& ceux de septentrion: car(selon la diuersité des climats,)
les vns sont naturellement plus humides que les autres, & par consequent plus pesants & subiects aux communes defluxions : à raison dequoy ils durent moins de
temps en leur vigueur plus nerueuse. Mais reuenant, à la reigle generalle le cheual
de douze ans,qui n'a encores esté trop gourmandé ny foulé,doit estre en sa vraye force en quelque climat qu'il puisse estre né.

<table><tr><td>Quelle sta-
ture de che-
ual est la
meilleure.</td><td>T o v t ainsi qu'il se faict entre les hommes de cheual,des iugemens differents, de
quel aage les cheuaux sont plus propres pour seruir aux combats : Aussi en y a-il qui
sont de diuerses opinions pour les statures: les vns trouuent qu'ils ont quelque auan-
tage estans montez sur vn cheual grand, comme veritablement il y a beaucoup d'ap-</td></tr></table>

parence pourueu qu'il aye assez de force, & qu'il soit maniant, courageux & bon à la
main.Car outre que ceste grádeur de corsage paroist beaucoup, & embellist la grace
du cheualier,soit en trouppe,ou à l'escart, il doit mieux soustenir vn grand choc, &
sortir plus aysément d'vne meslee, principalement la nuict, que s'il estoit de moindre
taille:& pour maxime,le cheualier allant la nuict à la guerre doit desirer vn plus grand

<table><tr><td>Le Cheual
grand pro-
pre allant à la
guerre la
nuict.</td><td>& plus fort cheual,que le iour: parce que s'il aduient qu'il se trouue meslé, ou emba-
rassé, parmy les ennemis, il chocquera en diuers lieux beaucoup plus souuent, que si
c'estoit le iour : à cause que l'obscurité empesche de voir & bien iuger là où l'on dóne,
Et par ceste mesme raison les cheuaux, qui ont la ceruelle & la veuë asseuree, & qui
sautent bien les fossez & les hayes,sont plus necessaires la nuict que le iour. Les autres</td></tr></table>

ne s'estimét pas moins asseurez, sur vn petit cheual fort & trauersé,parce que communément il se trouue plus grand trauailleur,& plus diligent & vigoureux,soit à la course, au manege,& à se releuer d'vne cheute. Et croyent que si ce petit cheual estant viste & determiné, récontre & chocque au plus fort de sa course, vn autre cheual beaucoup plus grand & moins viste, il portera le grand par terre, cóme l'on à veu quelque
fois aduenir plus,ce me semble, par hazard que par raison. Car ie tiens que tant plus
grand coup le cheual donne en chocquant, tant plus le reçoit il grand aussi: tellemét
que les deux cheuaux estans grands coureurs,il faut que le fort emporte le foible. Et
puis il est certain, que pour si courageux que puisse estre vn petit cheual, le poids du
cheualier armé de telles armes qu'on porte en ce temps,le doit plus facilement & plustost accabler,qu'à vn plus grand:mesmemét en lieu qui enfonce, & en tous les efforts
ou les reins,& les iambes patissent beaucoup, quoy que le petit monstre vne extreme

vigueur, tant qu'il peut fermement souſtenir le fais, & l'action du cheualier. Car en
fin tant plus le cheual, quel qu'il ſoit, employe ſa force auec violence, pluſtoſt doit-il
eſtre vaincu & hors d'aleine, & par conſequent abandonné ſur les dents. Or d'autant
donc que les petits ſont ordinairement plus ſenſibles, & courageux que les grands,
auſſi doiuent ils pluſtoſt flechir ſouz vne peſante charge. Mais ils ſont propres pour
la carriere, ou pour l'homme de querelle, qui ne va le plus ſouuent armé que d'vne
cuyraſſine, & d'vn piſtolet, & ſur tout en pays ſec. En fin la plus noble & riche taille
& la meilleure, ſoit pour la guerre ou pour la carriere, eſt la mediocre, que le vulgaire nomme entre deux ſelles.

Qvoy que le cheual ſoit grand, mediocre ou petit, la pluſpart de ceux, qui ſe con-
gnoiſſent aux ſtatures & à la bonté, deſirent qu'il ſoit plein & trauerſé deuant & derriere : parce que ſans doute la proportion en eſt beaucoup plus belle, que ſil eſtoit
trop eſtendu. Toutesfois quand il eſt vn peu eſtroit & haut, il n'en doit pas eſtre
moins eſtimé, pourueu que le flanc en ſoit aſſez plain & releué, & les jambes bien
iointees & fermes : car s'il n'eſt auſſi beau que celuy qui eſt plus racolt, il ſe trouuera
communément plus nerueux, & moins ſubiect à ſe charger, & deuenir paiſont.

Il y a encores entre les hommes de guerre, & de cheual, des opinions differentes
ſur les temperaments des bouches des cheuaux : les vns veulent que l'appuy en ſoit à
pleine main, par-ce que c'eſt celuy qui ſe rapporte plus à la fermeſſe de la teſte, & qui
fait par conſequent que le cheual doit mieux accoſter & donner dans vne foule : &
meſmes qu'il ſemble que par ce ferme appuy, le cheualier ſe ſente aucunement plus
ferme à cheual : les autres veulent qu'il ſoit fort leger à la main : & pour moy ie ſuis de
ceſte opinion, pourueu que la bouche ſoit aſſeuree. La raiſon eſt, que le cheual qui
eſtant en ſa force entiere ſe laiſſe, ou ſe fait naturellement ſouſtenir à pleine main,
ſans doute ſe trouuant las, ou preſſé par quelque effort violent, s'abandonnera ſur
l'appuy, & trauaillera pluſtoſt le bras, & la main du cheualier, que ne ſera celuy, qui
de ſa nature aura la bouche fort legere : pourueu qu'elle ne ſoit trop deſcharnee. Or
eſt-il qu'vne des plus grandes imperfections que puiſſe auoir le cheual de guerre, &
vne des choſes qui laſſe, & combat plus le cheualier, qui eſt deſſus, meſmement armé
de toutes pieces, eſt quand ſon cheual peſe ou tire à la main, ſoit de fougue ou pour
quelque autre occaſion. Et pource ie n'ay iamais conſeille honneſte homme de mettre beaucoup d'argent en cheual, qui n'euſt de ſoy la bouche legere & ferme, & les
pieds bons : ie deſire que le Lecteur tienne touſiours ce precepte de moy, auquel i'ay
adiouſté l'imperfection des pieds : pour vne infinité de deſplaiſirs & d'afflictions : que
ie ſçay que ſouffre le ſoldat, ou l'homme de guerre quel qu'il ſoit, qui n'a qu'vn bon
cheual de combat, lequel a les pieds fort mauuais, ſoit pour auoir la ſolle trop molle
& ſenſible, le tallon bas ou ſerré, ou le ſabot ſi bruſque, ou corrompu, qu'il ſe fende
ſouuent aux cartiers, ou qu'il ne peut longuement porter les fers, & ſur tout ie l'aduiſe, qu'il ne ſe doit laiſſer gaigner à la commune opinion, qui trompe la pluſpart de
ceux qui penſent remedier à la peſanteur, ou dureté & deſobeiſſance de la bouche
du cheual, ſeulement par l'artifice des brides rudes & fortes, & en ce que nature defaut aux pieds, à force d'onguents & de remedes : car le plus ſouuent ce ſont vrayes
pipperies.

Le cheualier doit ſçauoir auſſi que le cheual, qui eſt bas de deuant, & qui court
tride & vn peu ſur les eſpaules, ſans doute s'il n'eſt ombrageux ou poureux, rompra
vne forte lance de droit fil plus rudement, & ſe reſſentira moins de l'effort du coup,
& communément inueſtira & accoſtera auec plus d'aſſeurance, à vn combat de main,

---

Marginal notes:

Quel appuy de bouche eſt le meil,

Le cheual de guerre doit auoir ſur toute bonne bouche & les pieds bons.

Par quelle action de courſe le cheual cha- que plus fort & in-

& meſlé, que s'il eſtoit fort releué, & qu'il couruſt plus ſouſtenu ſur les hanches: mais ſans doute, il ſera plus ſubiect à peſer, ou à tirer à la main, à donner du nez en terre, & à tomber tout à fait, non ſeulement en galoppant & en courant, mais auſſi en bronchant, allant au pas, ou au trot: & par-ce que l'homme qui eſt monté ſur vn cheual viſte, & qui le fait courir à toute bride, eſtant pour quelque imperfection en danger de tomber, cependant qu'il fournit furieuſement la courſe, ou à l'arreſt d'icelle, ſe met en grand peril de ſa vie, comme i'ay deſia dit. I'eſtime auſſi beaucoup plus le cheual, qui eſt naturellement releué, & leger de deuant. Ioinct que ceſte poſture haulte fait paroiſtre beaucoup plus belle l'aſſiette du cheualier: & meſmes que ſi le cheual bien releué eſt viſte, courageux, & que la bouche en ſoit aſſeurée, & principalement qu'il porte le front droit, il ne laiſſera pas de bien rompre, n'y d'entrer furieuſement dans vne foule, & d'accoſter & ioindre pour venir aux mains.

I E veux auſſi ſur ce propos aduertir le cheualier, que tel que puiſſe eſtre le cheual, s'il eſt enclin ou accouſtumé à ſe jetter ſur les autres cheuaux pour les mordre, qu'il euite tant qu'il pourra de ſe trouuer deſſus à la guerre, principalement au combat meſlé: d'autant que ce vice n'eſt pas ſeulement tres-dangereux, & propre à faire perdre vn honneſte homme: mais plus malaiſé à chaſtier, que s'il ſ'arreſtoit ordinairemét pour ruër, ou qu'il fuſt retif tout à faict. Car en fin l'on void fort peu de cheuaux, tant

ſoyent-ils timides ou fingards, qu'eſtans en compagnie de Caualerie, ne donnent & ne chargent, s'il eſt beſoing, à toute bride, (pourueu qu'ils partent dans la furie de la trouppe,) & qui ne ſe retirent parmi les autres: & l'on en trouue rarement de ceux qui aprochent, & qui ioignent franchement & par obeiſſance la rumeur des armes, en attaquant quelque cheualier à l'eſcart, quoy qu'ils ayent beaucoup de vigueur: ie dis à l'eſcart, parce que c'eſt l'occaſion, à laquelle ſe cognoiſt l'aſſeurance, & la franchiſe du cheual, mieux qu'eſtát accompagné & pouſſé iuſques dans vne meſlee par pluſieurs autres cheuaux, leſquels partant & courant, enſemble aportent vne certaine furie qui peut aucune fois diuertir l'apprehenſion, ou la malice de ceux qui de nature ſont plus ramingues, paoureux, ou ombrageux.

I'A D V I S E auſſi le cheualier qu'il ne ſe doit arreſter au iugement de ceux, qui veulent que les cheuaux de guerre ſoient ardans, & bien fort ſenſibles: & tant ſ'en faut que ceſte temperature ſi violente, ſoit neceſſaire au cheual de combat, qu'il doit eſtre au contraire de nature facile & paiſible. Car comme i'ay dit ſi ſouuent, il eſt impoſſible que le cheual colere & fougoux, qui naturellement precipite & abandonne ſa force, & ſon aleine par grande inquietude, ſans pouuoir attendre l'action du cheualier, puiſſe tant reſiſter & durer à vn effort; ny eſtre ſi bon à la main, ſoit en maniant, eſtant meſlé, ou en ſuyuant vne victoire, ou à quelque longue retraicte, meſmement quand l'on veut ſouuent tourner pour faire teſte, & rendre combat en ſe retirant, comme ſera celuy qui ſera moins actif & violent, neantmoins vigoureux, courageux & aſſeuré: lequel n'employera ſon aleine, ſa vigueur ny ſa viſteſſe, que tant & à meſure que le cheualier y conſentira, ou l'en recherchera: & ceux qui penſent pouuoir retenir, & meſnager la force & l'aleine du cheual colere & fougoux, eſtans engagez en vn combat de main, ſe trouuent ſouuent trompez: car en ces occaſions il arriue d'ordinaire que les hommes meſmes, iuſques aux plus aſſeurez ſont tellement eſmeus & empeſchez, qu'ils ne ſentét la laſſitude du poids des armes, ny des extremes efforts, qu'ils font en combattant, iuſques à ce qu'ils ſoyent deſnuez d'aleine, & de force. De façon que combien qu'ils ſoyent montez ſur d'excellens cheuaux, fort viſtes, ſenſibles & vigoureux, qui employent librement tous leurs efforts, ſans que la contrainte ſoit neceſſaire, ſi ne laiſſent-ils pour cela de les piquer, le plus ſouuent ſans

y penser, en telle sorte qu'ils se trouuent à la fin du combat auoir les esperons tous
sanglans, comme s'ils estoient montez sur des rosses : en cela lon peut iuger que
l'homme, qui est meslé dans vn furieux combat, n'a pas loisir de penser à la complexion de son cheual : & c'est aussi en quoy les cheuaux coleres, mordeurs, rueurs, ou
trop fougoux & sensibles, ont occasion de se deffendre, ou se desesperer, forçans le
bras & la main du cheualier pour se mettre en fuite ou faire quelque autre action
rebelle & dangereuse, ne pouuans souffrir d'estre ainsi desordonnément piquez, &
gourmandez contre leur naturel, ou de s'arrester, s'abandonnans du tout sur l'apuy
de la bride, & (comme l'on dit communément) sur les dents, ayans precipité leurs
forces & aleine trop soudainement, & presque tout à coup. Or c'est chose fort certaine, que toutes les fois que l'aleine & la force manquent au cheual, l'on recherche
en vain l'obeissance du manege, & principalement celle de l'arrest par les effects de
l'escole, ou de la bride, En fin le cheual de campaigne & de combat, pour estre digne d'vn braue cheualier, doit estre d'aage, qui passe six ans venant aux quinze : d'assez grande & forte stature ; paisible au montoir & à descendre ; vigoureux, ferme de
teste & de bouche ; leger à la main, au pas, au trot, au galop, & à la course, hardy & asseuré, grand coureur, & facile au parer & au manege, également à chasque main :
dispost & seur en sautant les hayes & les fossez, & de nature sage & docile.

Par les reigles iusques icy desduites, le Caualerice peut rendre le cheual obeyssant & capable de bien seruir à la guerre, & aux combats particuliers : & si outre cela,
il le veut rechercher & dresser de quelque air plaisant & releué, il doit premierement
bien considerer, & iuger ce que le cheual pourra faire, Car de le vouloir côtraindre,
à ce que nature ne pourra fournir, ou à ce qu'elle s'opposera directement, le Caualerice y aura beaucoup plus de peine que de contentement, ny d'honneur : mais s'il
fait bonne eslection des exercices, & qu'il s'arreste à l'ordre, & à l'air qui conuiendra mieux aux forces & inclinations du cheual, sans doute son dessein luy reussira :
& par ce moyen il conseruera sa reputation, ensemble les bonnes & naturelles parties du cheual.

LECONS POVR LES
AIRS ET MANEGES
RELEVEZ.

CHAPITRE LXIII

OMMVNEMENT l'on oyt dire parmy ceux, qui viennent veoir nos escoles, c'eſt grand dommage de dreſſer ce cheual par haut, qui pourroit bien ſeruir à d'autres choſes plus neceſſaires : mais bien ſouuent tel, qui tient ce langage, ſe trompe fort : car l'erreur eſt preſque auſſi grande de vouloir faire ſeruir à la guerre le cheual, qui eſt nay pour les ſauts, comme de faire ſauter celuy, qui n'eſt propre que pour le manege bas. Qu'il ſoit ainſi, c'eſt vn grand deſplaiſir au cheualier armé de toutes pieces, qui eſt ſur vn cheual norueux & naturellement ſauteur, duquel il ne peut tirer quatre paſſades ou voltes de guerre, qu'il n'aye pluſtoſt ſouffert l'incommodité d'vn nóbre de ſauts ſur l'eſquine, qui ſeront quelquefois ſuffiſans de le mettre hors d'aleine & de combat. Il eſt vray qu'vn bon homme de cheual luy pourra faire perdre auec le temps la gaillardiſe de ces ſauts à force d'exercices, & de chaſtimens ſelon l'art. Mais pourtant, il n'oſtera pas à ce cheual l'inclination, ny le deſir de ſauter, ny ne l'empeſchera qu'il ne face ſouuent quelque tour de ſon meſtier, à certains premiers mouuemens, meſmement quand il ſera de ſeiour. Quel contentement peut non plus aduenir au Caualerice, qui pour contraindre de ſauter, ou agrouper le cheual, qui n'eſt propre que pour le manege du combat, ou de demy-air, l'aura recherché par tant d'efforts, & de moyens violents & variables, que premier qu'il l'aye reduit en eſtat de faire ſix bons ſauts bien à temps, trois iours de rang, il l'aura deſia foulé, ou ſouuent rebuté. Et qui pis eſt, ſi apres tant de ſoing & d'artifice mal employé, il eſt ſeulement huit iours ſans exercer tel cheual, ou s'il le veut faire manier en quelque lieu qui luy ſoit inaccouſtumé ou incogneu, il ſera ordinairement à recommencer ſes premieres leçons. Ce ſont les effets, & les ſuccez de la peine, que l'on employe mal à propos. Ie dis de vouloir trop forcer le naturel du cheual. Car l'exercice ne le gaſte iamais, quand il eſt propre à ſon humeur & complexion, & a ſes forces, s'il n'eſt exceſſiuement effectué : au contraire cela l'embelliſt, & le conſerue, ſain & allegre. Qu'il ſoit vray, l'on void communément aux grandes eſcuyries des Princes, de vieux cheuaux, qui ont autresfois manié gaillardement, enuiron douze ou quinze ans, leſquels donnent encores du plaiſir à la carriere, & qui ont les iambes belles & ſaines. L'on peut iuger par là, que les airs releuez ne ſont dommageables qu'au cheuaux, qu'on y employe forcément outre leur capacité : & que pour les y contraindre, & maintenir, on leur fait ordinairement tant de maux, qu'il eſt impoſſible qu'ils puiſſent durer long temps. En cela le Caualerice peut perdre ſa bonne reputation,

en gaftant plufieurs cheuaux, defquels peut eftre l'on pourroit retirer beaucoup de
feruice, fi l'on en vfoit felon, & àce que nature les a deftinez. Il faut auoir efgard que
tous ne peuuent pas eftre nez, pour le plaifir de la carriere, & que mefmes l'on fait
tort au cheual, qui n'eft propre que pour la charruë, ou pour le baft, de le faire feruir
à la felle. Ie ne doute pas, qu'il ne s'en trouue, qui ont tant de bónes & naturelles parties enfemble, qu'on peut auec l'art les faire également bien reüffir aux fauts, & au
maneges bas: mais ils font fort rares. Ie fçay auffi qu'il femble, qu'il y aye en ce téps
prefque plus de Caualerices que de bons cheuaux, & que pour móftrer leur fçauoir,
ils font quelquefois contraints de prattiquer par neceffité, vn fracas de toutes fortes
d'airs & de maneges, auec le peu de cheuaux qu'ils ont, bons ou mauuais, & aux def-
pens de qui il appartient. Mais ie remets ces coups d'effay àceux, qui ne font encore
bien cognus, ou experimentez. Car pour moy, il me femble que le Cheualier qui a
reputation d'eftre bon Caualerice, & qui en a fait affez de preuues, peut paroiftre
pour le moins autant fur vn cheual facile, bien dreffé, & bien adiufté au manege de
guerre, qu'il fçauroit faire fur celuy, qui maniera de quelque air releué, duquel neantmoins l'action en foit defplaifante, affauoir forcee, & faite comme par defpit. Et
par comparaifon des exercices de l'homme curieux: y a-il peine plus mal employée,
que celle qu'il met à vouloir danfer gaillardement & par haut, quand fon inclinatió
n'y eft aucunement propre? ne vaudroit il pas mieux, qu'il fe contentaft de bien faire de beaux cinq pas, & des paffages bas, pourueu que ce fuft d'vn temps net, delicatement proportionné, & auec grace, que de faire rire ceux, qui le voyent trauailler
groffierement & contre fon naturel en vne chofe, qui ne doit eftre eftimee, qu'entant qu'elle eft faicte gayement, & auec facilité? tout ainfi en eft-il des cheuaux: car
en fin ce que le Caualerice leur peut apprendre, outre le manege de guerre n'eft que
pour vne delectation particuliere, & pour faire mieux paroiftre le cheualier, en faifant l'amour, ou comment que ce foit, paffant honneftement le temps, en exerçant
à cheual fes forces & dexterité. Or ce qui trompe d'ordinaire en cecy plufieurs Caualerices, eft que d'auffi toft qu'ils voyent faire deux ou trois fauts volontairement,
à quelque cheual allegre & feiourné, foit en s'efgayant, ou pour y eftre aucunement
conuié, ou pour fe desfaire malicieufement de fa charge, ils fe promettent à linftát
de le faire bien reüffir, à quelque air releué & gaillard fans confiderer, fi outre l'inclination qu'ils luy penfent auoir defcouuerte, les forces & autres qualitez neceffaires à fouftenir les ayrs plus penibles, accompagneront leur deffein. De façon que
lors qu'ils veulent apres rechercher & contraindre ce cheual à ce, qu'ils luy ont veu
faire pour fon plaifir, ils y trouuent le plus fouuent fi peu de fonds & de fubftáce, ou
tant de flegme, ou d'humeur colere adufte maligne, & du tout contraire à l'ordre
des bonnes leçons, qu'ils font contraints de reculer leur entreprinfe, & de fe cóten-
ter à leur honte & grád regret, de beaucoup moins qu'ils ne fe font perfuadez. Toutes fois, fi le Caualerice a beaucoup de fçauoir & de pratique, & qu'il face vne refolution obftinee de haulfer le cheual, & luy donner quelque air obferué, ie ne dy pas
qu'il ne le puiffe faire pour vn temps, bien qu'il n'y foit nullement propre: car lors
que ie trauaillois à Rome, fouz les preceptes de deffunct le Sieur Renaldo, fort digne
perfonnage en cefte profeffion, l'on a veu à fon efcole vn mulet, qui manioit de longue aleine & librement terre à terre, & qui faifoit des voltes redoublees à caprioles
iuftes & bien fournies. Et vne vache qui fouffroit les efperons & la bride, & qui par-
toit de la main de toute fa force, s'arreftoit & tournoit également de chafque cofté
au trot & au galop. L'on doit à plus forte raifon tirer quelque obeïffance, & quelque air bon ou mauuais, d'vn cheual, quoy qu'il y foit mal né, pourueu que la taille
en foit affez bonne, mefmement quand le bon Caualerice fe refout, de n'y efpargner
l'art, la peine, la patience, ny le cheual: mais en fin ce fera toufiours quelque chofe

goffe, de beaucoup de peine, & de peu de plaifir. Il en eſt paſſé par mes mains, de pluſieurs ſortes de naturels, de diſpoſition, & de force, depuis que ie manie le caueſſon,
leſquels m'ont donné quelque intelligéce de ce qui ſe peut faire par l'art. C'eſt pourquoy ie ne conſeilleray iamais à vn honneſte homme, qui ayme ceſte profeſſion, &
qui ſoit bon Caualerice, d'entreprendre tant contre le naturel du cheual, qu'il aye
ordinairement plus de fatigue, & de deſplaiſir à conteſter & à le combattre, que le
peu d'obeyſſance, & de legereſſe qu'il en pourra tirer, ne luy dónera de côtentemét.
Mais ie veux que touſiours la capacité & l'inclination naturelle du cheual, ſoit l'ob-
ieἀ & le ſubieἀ principal du Caualerice, dont en toutes ſes leçons il ne ſe départe
mal à propos, pour choſe que le cheual face, meſmement aux airs gaillards, auſquels
eſt requis beaucoup de patience, & d'induſtrie pour le maintenir en diſpoſition &
en courage. Dautant que tels airs ſont plus violents & moins naturels, que les autres exercices & par ce moyen le Caualerice pourra iouïr du fruiἀ de ſon ſçauoir, &
de ſon labeur, auec honneur & contentement.

COMBIEN D'AIRS RELEVEZ ET DIFFERENTS ON
a pratiquez iuſques à preſent, & auſquelz ils ſont reduits.

CHAPITRE LXIIII·

E N mes ieunes ans, l'on exerçoit encores ſept ſortes d'airs releuez, aſſauoir peſades, ſauts du moutó, le galop gaillard, qu'à preſent on nóme
vn pas, & vn ſaut : ſaults de ferme à ferme, qu'on a depuis nommez
caprioles : balotades, que nous appellons groupades, & courbettes,
qui eſt le plus moderne, & qui n'a encores changé de nom. Depuis
ils ont eſté reduits à trois aſſauoir capriolles, groupades & courbettes, qui ſont à la verité les plus propres & gentils. Toutesfois il me ſemble que ce
luy d'vn pas, & vn ſaut, (qu'on a preſque delaiſſé du tout,) outre qu'il eſt le premier
& plus naturel, eſt auſſi celui qui fait mieux paroiſtre le cheualier à l'entree de quelque tournoy, ou maſcarade faiἀe à cheual : car ceſt air apporte plus de furie, de gaillardiſe, & ie ne ſçay quoy de plus apparent & Martial, que ne font tous les autres. Et
peut eſtre que tous ceux, qui ſe meſlent de faire bien aller toutes ſortes de cheuaux
de manege, n'entendent pas bien les proportions de ce galop gaillard, combié qu'il
leur ſemble eſtre aſſez facile. Et parce que ie l'ay particulierement aymé, & qu'il m'a
donné quelque reputation en mes premieres eſcoles, ie me mettrois volontiers en
deuoir d'en renouueller l'vſage, ſi la ſanté me le permettoit, & que i'en euſſe les moyens. Or le moins, violent & plus commun de ces quatre airs derniers, eſt celuy des
courbettes auſſi en veux ie eſcrire leurs regles les premieres.

REGLES DE L'AIR DES COVRBETTES ET GROVPADES.

CHAPITRE LXV·

P OVR mettre le cheual à l'air des ćourbettes, il doit eſtre premierement ferme de teſte, ayſé & determiné au trot & au galop, aux voltes larges & eſtroittes, & à toutes mains, obeiſſant à l'arreſt, aduerty
& aſſeuré aux actions & communs mouuemens de la main, & de la
iambe du cheualier. Eſtant ainſi fondé, il ſe pourra trouuer aucunefois de ſi bon appuy, de ſi gentille nature, & ſi leger, que facilemét
on le pourra

on le pourra mettre à l'air des courbettes, ou des groupades sur le trot, sans l'arrester,
ou sur le petit galop, le retenant par vn doux appuy, & l'esueillant gayement du son
de la langue, luy aydant aussi de la pointe de la gaule sur l'espaule, pour luy faire releuer peu à peu, & sans violence, les temps de ce galop, ce pendant qu'on les r'acoursi-
ra, & soustiendra à loisir : par le moyen de certains arrests longs aysez, & attendus
propres à la legeresse du cheual. Et en ceste reigle les basses aisees, & mediocres apportent beaucoup de commodité à la fermesse des hanches, & par consequent à la
legeresse releuee des espaules.

Qvand le cheual commencera par ceste reigle, à former quelque air selon sa
force & disposition, on le pourra mettre sur les premieres leçons des demy-voltes,
par le droit. Assauoir à chasque bout d'vne passade bien droitte, luy faire faire, vne
demy-volte. Et pour mieux expliquer ceste reigle, ie diray qu'il faut mettre le cheual
au trot par le droit enuiron trente pas où plus, ou moins, selon l'impatience & difficulté, ou la franchise qu'il monstrera à prendre la iuste battue d'vn trot, esgal, ferme
& resolu : auquel il le faut resoudre necessairement, auant que cesser d'aller par le
droit, quand bien l'on deuroit allonger la passade de cinquante pas, ou d'auantage.
Mais s'il le met franchement au bon trot, la mesure d'enuiron trente pas, sera propre à tous cheuaux.

Qvand le cheual trottera rondement par le droit, il le faudra parer à demy, ou
pour mieux entendre ceste leçon, le retenir peu à peu, luy aydant doucemét à se mettre sur l'air de sa legere disposition, iusques à ce qu'il aye fait sur la droite ligne de la
passade, pour le moins trois courbettes, les mieux proportionnées & plus esgales,
qu'elles se pourront faire, selon le bon commencement, & la pratique que le cheual
aura en sa premiere & bonne escole : car de rechercher la perfection de quelque air,
en ces leçons si nouuelles, il en naistroit souuent plusieurs desordres.

Apres il le faudra encores auancer par le droit, enuiron trois pas du mesme trot,
assauoir s'il se retient de soy, ou au pas, s'il se laisse trop soustenir, & de l'vn ou de l'autre, prendre la demi-volte vn peu estroitte, s'il se veut trop eslargir, & assez large, s'il
s'accule ou se serre : & si c'est à main droitte, en fermant la demi-volte, le Caualerice
tournera le poing de la bride en dedans, & vn peu en hault sans l'esbranler aucunement : & en mesme temps serrera la jambe contraire contre le cheual pres l'espaule,
luy aidant & le contraignant par le soupçon, ou mediocre chastiment de l'esperon,
de se remettre, allant de biais & presque de costé, sur la droitte ligne de la passade,
(ayant la teste tournee droiĉt au lieu d'où il sera parti,) pour luy faire refaire autant
de battues de son air, comme il en aura fait auant que prendre la demy-volte. Apres
auoir bien finy ces battues le Caualerice le fera partir (par le droiĉt,) de ceste place,
pour en aller faire autant à l'autre main, & sur tout il le faut si bien porter de deuant,
qu'il ne se puisse acculer, & qu'il ne haste trop les battues droites.

Parce qu'il est necessaire en cecy que le Caualerice sçache la distinction de ces
termes, haulser, soustenir & porter, ie diray en passant que haulser, est seulement leuer & mettre le cheual sur son air releué ; soustenir est empescher qu'il ne redonne
trop tost des mains en terre, sans qu'il recule ny s'auance : porter est propremét haulser, soustenir & auancer ensemble, cependant qu'il est en l'air.

Peyt estre que le cheual sera si leger & de si facile nature, que en le releuant,
(au parer du petit galop) sur les courbettes, & ayant desia recogneu & pratiqué le

N

temps & les mouuemens d'icelles, on le pourra mettre legerement, sur la demy-volte, sans interrompre l'air, & la luy faire peu à peu fournir. Mais pour le plus asseuré,
le Caualerice doit auoir la patience de laisser pratiquer au cheual la leçon precedente iusques à ce qu'il y soit asseuré: car sans doute en continuant durant quelques caualcades de prendre le temps de l'air, ayant serré la demy-volte de pas, & apres en
la serrant cela luy fera naistre le desir de se rendre sur la droitte ligne de la passade, ou
il aura accoustumé de faire ses dernieres battuës, & sera cause qu'en peu de temps, il
se mettra de soy à son ayr, en arriuant de trot ou de pas, au demy circuit de la demy-
volte, (& quelquefois plustost,) pour la fermer & finir: de sorte, que formant desia
par ceste habitude, volontairement la fin, & la moitié de la demy-volte par son ayr
releué: il ne faudra plus sinon qu'en faisant les battuës precedentes du parer, le Caualerice commence, à le tourner, cependant qu'il fera celle qui auparauant aura esté
la derniere par le droit, & d'icelle faire maintenant la premiere action, & soudain
toute la demy-volte releuce. Mais en faisant ceste leçon, le Caualerice doit estre curieux de porter le cheual en auant, ou pour le moins empescher qu'il ne s'accule, ny
ne se haste, & sur tout de le faire tousiours regarder dessus la piste de la demy-volte:
mesmes en la commenceant : & par ce moyen il apprendra facilement à la fournir,
sans interrompre l'egalité de son air. Et combien que du commencement ceste premiere action de volte releuce, (le surprenant sur ces battuës par le droict) luy face
faire quelque petit desordre, il ne le faudra pour cela chastier rigoureusement, de
peur de l'estonner, ou rebuter. Car sans doute en continuant auec patience cest ordre, il comprendra en peu de leçons l'entiere proportion de l'air, & de la demy-volte
ensemble. Et pour le faire consentir plustost, & plus facilement à ceste leçon, il se
faudra seruir de la commodité d'vn terroir, qui panche vn peu du costé que le cheual prendra la demy-volte. Et faut noter, que tant plus il sera enclin à porter la croupe hors du circuit de la demy-volte, tant plus pour y remedier, le faudra-il soustenir
de la main, la tenant auancee, sans la porter au dedans de la piste, le serrant aussi de la
iambe contraire, en finissant la demy-volte, & mesmes luy tenant la panthe du terroir plus gaillarde du costé qu'il tournera. Et à mesure qu'il s'adiustera, il le faudra
aussi soulager peu à peu de ceste panthe de terroir.

Apres que le cheual sçaura bien, & nettement faire ceste demy-volte, autant à
l'vne main comme à l'autre, si le Caualerice luy recognoist assez de force, pour fournir son air d'auantage sur les voltes, il changera de terroir, & augmentera la leçon,
en quelque endroit plain & vny, assauoir qu'au lieu de faire les susdites battues par
le droit ou de ferme à ferme sur la droitte ligne de la passade , & d'arrester le cheual
apres auoir serré la demy-volte, il passera outre sur le rond, soudain que la battue, qui
serrera la demy-volte sera faicte, le mettant au trot, ou au grand pas, pour d'iceluy
continuer de tourner, croissant & arrondissant le reste de la volte entiere, iusques à
ce qu'il sera arriué, (& qu'il aura les pieds de deuant) sur le lieu, qui souloit commencer la demy-volte precedente, auquel lieu sans l'arrester ny perdre temps, le Caualerice l'aduertira & luy aydera pour le faire refaire, sur la iuste rondeur du terroir, encores vne demy-volte de son air, comme deuant. & à la fin d'icelle luy fera battre par
le droit, ou de ferme à ferme, (selon que l'appuy de la bouche sera foible ou pesant,)
pour le moins trois battues de son air, & s'il est possible, sans interrompre sa plus
nette & iuste mesure.

Or tout ainsi que côme i'ay dit en la leçon precedente, l'accoustumance des battues, qui doiuent serrer la demy-volte, occasionne & attire le cheual à se mettre sur só
air, auant qu'il arriue sur la fin d'icelle, il aduiendra aussi que l'habitude de la reprin-

se de ces battues, en trottant ou allant le pas, pour arrondir ceste volte, & en arriuant
sur le lieu, qu'il aura auparauant accoustumé de la prendre & commencer, le fera remettre de soy sur son air releué le plus souuent, plustost qu'auoir fait ceste demy-
rondeur de trot ou de pas, qui se commence à la fin des battues de la demy-volte
premiere, pour eslargir & faire l'entier circuit de la volte: de sorte qu'ayant ainsi disposé le cheual, on luy pourra faire continuer son air, en tournant sans le mettre au
trot ny au pas, & sans l'intetrompre, finissant d'ordinaire, & serrant la volte sur la
droitte ligne de la passade, bien planté pour aller à l'autre bout. Et par la pratique
de ceste leçon, il fournira en peu de temps l'air de la volte entiere : & du mesme ordre l'on pourra croistre les leçons, d'vne volte ou de deux, & puis de trois, si le cheual ne manque de force & de legeresse: tellement qu'il ne restera plus qu'à luy apprendre à changer de main. Et si en faisant ces leçons le cheual se serre trop, ou se fait
entier, ce sera à faute de l'auoir accoustumé à regarder deuant soy, & sur la piste de
sa volte; ie rendray ceste regle intelligible au second liure.

PREMIERE REGLE POVR LE CHANGEMENT
de main des voltes redoublees.

CHAPITRE LXVI.

QVAND le cheual doublera iustement les voltes à chasque main,
soustenant également l'air de son manege, sans manquer de vigueur, ny d'aleine, le Caualerice luy accourcira peu à peu la passade & distance des voltes, continuant l'ordre susdit, iusques à ce
que les ayant presque iointes ensemble, il n'aye plus qu'vn pas à s'a-
uancer, pour reprendre les voltes, & que conuertissant en fin ce pas
en vne battuë par le droit, il puisse changer de main, sans interrompre la mesure de
son air, pour redoubler le manege de ferme à ferme, suyuant tousiours vne seule piste & iuste rondeur.

Si en suyuant l'ordre de ces leçons le Caualerice sent, que la force & disposition
du cheual, soit incapable de soustenir vigoureusement l'air releué des voltes redoublees, de ferme à ferme, soit à courbettes, ou à groupades, ie suis d'aduis qu'il se contente de ce qu'il en pourra tirer, sans le trop contraindre : car, comme i'ay desia dit
cy deuant, il n'y a rien qui descouure tant l'indiscretion, ou l'ignorance du Caualerice mal fondé, que de luy veoir rechercher & contraindre, obstinément le cheual à ce, qu'il ne peut fournir: ny qui contente moins le cheualier bien entendu en
cest art, que de veoir vn manege contraint, sans vigueur & engendré à force d'aides & de chastimens rigoureux. C'est pourquoy il vaudra beaucoup mieux s'arrester aux voltes separees simples ou doubles, ou aux demy-voltes & passades ordinaires, pourueu qu'elles soyent iustes, nettes & esgales d'air & de toutes proportions.

N ii

PERFECTION DES PASSADES ORDINAIRES
& releuees.

CHAPITRE LVII.

SI donques le cheual est iuste, & asseuré sur la demy-volte, le Caualerice le pourra mettre au petit galop sur les passades , & du petit
au mediocre,& puis au grand,croissant & fortifiant ainsi peu à peu
l'action du galop, à mesure que le cheual s'asseurera, & qu'il pratiquera ensemble la velocité du partir bien accompagné , l'obeissance & fermesse du parer , & la iustesse & facilité de la demy-volte,
également à chasque main. Car de le vouloir autrement, ou plustost pousser furieusement, à toute bride, si ce n'estoit qu'il fust singard, ou qu'il se retinst trop, il sem-
bleroit que le Caualerice ne sçeust pas les communs desordres,qui procedent du parer desuny & abandonné, duquel entre autres choses, despend la fauceté de la volte,
& par consequent l'incommodité du repartir comme i'expliqueray mieux en lieu
plus à propos. Cependant ie diray, que le Caualerice doit obseruer en ces passades
trois choses principales. La premiere que le cheual parte viuement, estant droit dessus la ligne de la passade. La seconde, il soustiendra & retiendra discretement la violence de la passade, auant qu'arriuer au bout d'icelle, afin de mettre le cheual en estat
de bien proportionner son air releué, & par consequent de commencer nettement
la demy-volte à la troisiesme battuë, (assauoir la troisiesme, si elle est iustement &
nettement faite.) Et fera serrer la demy-volte , sur la droitte ligne de la passade, sans
acculer, ny trop estressir le cheual. La troisiesme, il ne laissera, ny fera repartir le
cheual, qu'il n'aye encores fait deux battues entieres, fermes & droittes sur la passade , & en la mesme place, qu'il aura serré la demy-volte. L'on souloit anciennement nommer ces passades de l'air, de tout temps : mais d'autant que la plus grand
part des vieux termes de cest art, ne sont plus en vsage, ie les passeray sous silence.

LE Caualerice peut recognoistre par l'ordre de ces leçons, qu'elles doiuent estre
propres aux cheuaux qui sont naturellement bons à la main , & qui ont plus de legeresse que de force. Car le premier fondement des airs susdits faicts au galop sur
l'arrest estendu, & neantmoins soustenu, se fait afin que ce galop serue comme de
course, pour resoudre le cheual à l'appuy de la bride, si d'auanture il a la bouche foible & molle, & pour luy ayder à releuer & racourcir, peu à peu les temps du parer,
iusques à ce qu'ils soient conuertis en courbettes, ou groupades, selon la disposition du cheual, comme i'ay desia dit. Et ceste distance , qui se doit obseruer entre
les voltes de l'vne & de l'autre main, sert pour luy soulager & maintenir le courage
& l'aleine, iusques à ce qu'il soit asseuré à l'air, & à la iustesse de son manege. Car
tous les cheuaux ne peuuent pas bien respondre aux leçons estroittes , & mesmement à celles de ferme à ferme , combien qu'ils ayent quelque legere disposition.

REGLES DE L'AIR D'VN PAS
ET VN SAVLT, ET DES CAPRIOLLES.

CHAPITRE LXVIII.

TOVT ainſi que les cheuaux d'allegre nature , & legers à la main , ſe mettent auec peu d'aide & de contrainte à l'air des courbettes, & des groupades ſeulement ſur le trot , ou en ſouſtenant & s'accourciſſant legerement les temps du galop, auſſi peut-on faire naiſtre de ce meſme ſtile, l'air d'vn pas & vn ſaut, & celuy des capriolles , pourueu que auec la bonne inclination, le cheual ſoit aſſez nerueux , & naturellement leger. Or pour bien fonder ces deux airs, il faudra premierement que le Caualerice reduiſe le cheual, à quelque facilité ſur l'air des peſades , courbettes ou groupades legeres, l'étes, & aſſez hautes, de deuant, car ainſi faut-il qu'elles ſoyent faites pour donner au cheual plus de fermeſſe, d'appuy, d'air, de courſe, & de loiſir, pour prendre mieux & plus gayement le temps du bon ſaut. Et parce que le ſaut & ſa grace, ſe doit commencer en hauſſant aſſez le deuant, il faut auſſi de neceſſité pratiquer pluſtoſt la facilité de ceſte premiere action.

QVAND le cheual aura quelque commencement d'air releué, peut eſtre qu'en partant legerement de trot par le droit, pour prendre ſon air, ou en raccourciſſant & releuant les temps du galop, preſentera-il aucunefois de ſoy la legereſſe du derriere, pour accompagner la hauteur du deuant, & formera entierement le ſaut oyant la voix gaye du Caualerice, & le ſiſlet de la gaule. Et ſi pour cela il ne ſe preſente à la vraye action du ſaut, le Caualerice luy recherchera la legereſſe de la crouppe, auec la pointe de la gaule, en le foüettant d'icelle diligemment ſur le mollet des feſſes cependant qu'il hauſſera le deuant. Et ſi la crouppe reſpond à ceſte aide de voix & de gaule, il faudra en ces commencemens faire ſuyure le ſaut, à l'inſtant qu'il ſera fait bon ou mauuais, par quelque nombre de battuës de l'air precedent , (aſſauoir hautés, & l'entes) ſans perdre temps car en recommençant, & faiſant ſouuent ceſte reigle en diuers lieux, il apprendra peu à peu la iuſte proportion, des ſauts enſemble la facilité de leur temps, & de la ſuitte d'iceux.

APRES que le cheual aura compriñs, & pratiqué la diſpoſition & le temps de ce premier ſaut, il luy faudra augmenter ſa leçon à tous les coups, ſeulement d'vn ſaut faiſant ainſi entrer les deux & apres le dernier, quelque nombre de battues des airs mediocres & ſuſdits, ou des temps du galop r'accourcy, s'il ſe retiét trop, choiſiſſant & preñant celuy, qui donnera plus de loiſir & de commodité à l'homme, & au cheual de faciliter le ſaut. Car en ces premieres leçõs, l'on ne doibt obſeruer le nombre des téps & battuës, qui ſeparent les ſauts, ny de ceux qui ſe font apres le dernier ſaut, pour finir l'air, que ſelon que le cheual s'allegeriſt, ſe preſente & s'aſſeure.

QVAND le cheual ſera ſans confuſion. & nettement quelque nombre de ſauts, ainſi meſlez parmy ſon premier air de peſades ou courbettes aſſez lentes & atten-

N iij

dues, il fera aifé au bon Caualerice de iuger, & eflire l'exercice, qui conuiédra mieux
au naturel du cheual, affauoir du temps d'vn pas, & vn faut, ou des capriolles : & fur
tout s'il recognoift que le cheual manque de force, ou qu'il foit ramingue, & fe retienne aucunement ou beaucoup, celuy d'vn pas & vn faut, luy fera plus propre
parce que le temps qui feparera les fauts, & qui fe doit entendre par le pas, l'aduancera, & luy feruira comme de courfe pour faire le fault fuyuant, plus gaillard & plus
net. On n'aura donc plus à faire apres, qu'à retrancher peu à peu les pefades ou autres temps que le cheual aura faits auparauant, feparant les fauts, iufques à vn, que
maintenant il fera feulement entre les deux fauts, qui eft propremét ce temps, qu'on
nomme le pas auant le faut. Et fi le cheual a quelque fougue, ou qu'il s'abandonne
trop fut l'appuy de la main, l'air des capriolles fe rapportera mieux à c'eft appuy & à
fon humeur: parce que pour ioindre & ranger les fauts, fans interualle de temps, il fera plus contraint de fe ramener, & de tenir enfemble fa difpofition, fa force & fon attention. Et pour rendre ceft air de capriolles en fa perfection, le Caualerice reduira
peu à peu, tous les temps de l'air de ces dernieres leçons, en fauts ioints, fuyuis & pa-
reils de toutes proportions, faifant efparer le cheual également à tous les téps, hormis les deux ou trois derniers, qui fe doiuent toufiours faire auec le deuant feulemét
en l'air, & par confequent fouftenus fur les hanches, pour bien finir ceft exercice.

QVAND le cheual du naturel, que ie viens prefentement de parler, aura quelque
pratique & bon commencement au temps des capriolles, fi le Caualerice le veut
mettre fur les voltes du mefme air, il obferuera iuftement l'ordre, & les reigles des voltes precedentes & dernieres, tenant neantmoins d'ordinaire, (& mefme au commencement,) le circuit & la rondeur d'icelles, vn peu plus fpatieufe: à caufe que l'a-
ction du faut, eft beaucoup plus malayfee & plus grande, que celle des courbettes, ou
des groupades. Et afin que le cheual prenne le temps des capriolles fur les voltes,
auec plus de facilité & d'affeurance, il luy faudra faire encores commencer, les prinfes & reprinfes de l'air de ces leçons, par quelque pefade, ou groupade affez auancee,
qui luy feruira de commodité (& s'il eft befoin d'aide & de courfe) pour mieux proportionner l'air & la volte, & doit auffi faire toutes les fins fur les hanches & fur tout
fans s'acculer.

IE veux en cecy aduifer le Caualerice, que les prinfes & reprinfes de l'air de toutes
ces leçons, tant par le doict que fur les voltes, fe doiuent faire par fois differentes, felon les deportemens du cheual, & les diuerfes mutations qu'il fera. Affauoir
au pas, quand il s'eftend ou s'appuie trop fur la bride, ou le cauefton: au trot, quand
il fe maintient en vn bon & temperé appuy, & au galop, s'il fe retient trop, ou s'il à la
bouche foible.

OR quoy que i'aye dit cy deuant, que l'vn des principaux fondemens de tous
les airs gaillards, & mefmement de celuy des fauts, fe doit ordinairemét faire fur l'appuy de la bouche temperé, & à pleine main, ie veux aduertir le cheualier fur ce propos, du naturel des cheuaux fort legers à la main, (pour lefquels i'ay commencé de
difcourir ces leçons) que l'action que le cheual doit faire en hauffant la crouppe,
pour bien accompagner le deuant, & pour efparer & parfaire le faut, & mefme la
defcente du faut le peut fouuent refoudre à l'appuy de la bride, fi naturellement il a
la bouche molle & foible.

DES CHEVAVX QVI SE PRESENTENT
naturellement à quelque ayr gaillard.

CHAPITRE LXIX.

IL faut encotes considerer en l'ordre de ces leçons, que les cheuaux qui se mettent gayement, & presque d'eux mesmes aux airs releuez, qui sont plus propres à leur disposition, sont aussi ceux, qui se rebutent auec moins d'occasion, estans trop recherchez & contraints: à cause de quoy on leur doit pardonner beaucoup de fautes, en les adiustant. La raison est, que communément ils sont tant sensibles & d'vn naturel si gentil, que les aydes & chastimens faits auec plus de iustesse & de violence, les estonnent, & l'exercice long & trop continué, leur rauit aussi ceste allegresse, qui les fait naturellement presenter aux airs gaillards: tellement que ne leur pouuant bien faire comprendre & accoustumer les effects des leçons, & moyens de l'art, rudes & ordinaires, il faut par necessité remettre la plus iuste proportion de leurs airs & maneges, à vne douce & assez longue habitude d'escole, & leur conseruer curieusement la vigueur & le courage, les exerçant plus delicatement & auec beaucoup plus de patience, & de respect, que ceux, qui estans au contraire d'vn naturel plus robuste & retenu, se peuuent ou se doiuent contraindre à force d'exercice, d'aydes & de chastimens.

QVELQV'VN pensera peut-estre par ces raisons, que les cheuaux, qui ont la disposition & la force naturellement liee & retenuë, & qui ont esté dressez par grand contrainte & à force d'artifice, doiuent estre ceux qui donnét plus de plaisir, & qui moins se desbauchent, ie ne l'entends pas ainsi: il est vray qu'ils endureront & cóprendront auec plus de patience, toutes sortes d'aydes & de chastimens. Mais leur disposition & gaillardise ne paroistra, ny ne reüssira que tant qu'ils seront tenus continuellement en aleine, & en escole: & qui pis est, ayant eu quelque relasche d'obeyssance & de iustesse, & mesmes ayant du tout discontinué quelques iours leur exercice plus obserué, ce sera apres à recommencer le plus souuent iusques aux premieres leçõs: & faudra tousiours mettre beaucoup plus de temps & de peine à les alegerir & adiuster, que ceux qui sont naturellement allegres & legers.

N iiij

AVTRES REGLES PLVS AMPLES POVR LES COVR-BETTES ET GROVPADES
AVEC AVCVNS PRECEPTES PARTICV-
LIERS POVR BIEN IVGER LE CHEVAL
qui pourra mieux reüſſir à tels airs.

CHAPITRE LXX.

POVR vn cheual, qui reüſſira facilemét aux airs des courbet-tes & des groupades par les leçons cy deuant expliquees, il y en aura cent de differente nature, qui au commencemét refuſerōt tout à fait les ſuſdites reigles: mais pour cela il ne faudra laiſſer de les rechercher par les bōs moyens de l'art. Car aucunefois on void tel cheual, qui s'eſt extrememēt defendu à la bonne eſcole, qui neantmoins s'eſt à la fin ré-du, bien maniant & fort ayſé. Quand dōc le cheual ſera fer-me de teſte & de bouche, aſſeuré au manege de trot & de galop large & eſtroit, & à l'obeyſſance des cōmuns & bons chaſtimēs, le Caualerice le menera (s'il eſt leger à la main) en diuers lieux pleins & vnis, là où en allāt le pas par le droit, il taſchera à le haülſer de deuant, ſans l'arreſter, le ſou-ſtenāt de la main, & luy aydant auec le gras des iambes, la pointe de la gaule, & le ſon & aduertiſſement de la langue. Et s'il eſt naturellement colere, terraignol, ou trop ſéſible, & que au lieu de ſe haülſer, il trepigne, s'accule, s'auilliſſe, ou ſe defende, alors, il luy faudra ſouuent changer de place, au trot, & quelquefois au galop, ſelon qu'il ſe retiendra, car c'eſt vn moyen de le diuertir d'aucuns deſſeins malicieux. Et ſi pour tout cela, il ne ſe preſente pour ſe leuer gayemét, ou par obeyſſance, il n'y aura point de danger à l'extremité, de le contraindre auec la bride, la gaule ou les eſperons, iuſ-ques à ce qu'il aye haülſé le deuant mal ou bien, l'empeſchant ſur tout de s'arreſter, & de reculer, afin de luy oſter beaucoup d'occaſions de ſe defendre. Soudain qu'il aura fait vne peſade bonne ou mauuaiſe, le Caualerice luy rendra la main, & le ca-reſſera en cheminant le petit pas par le droit, & luy fera donner quelque friandiſe par vn homme à pied, qui ſe tiendra expreſſément deuant ce cheual.

AYANT encores cheminé quelque peu de temps, & cōme l'apprehenſion de ceſte leçō extraordinaire, & au cōmécemét incogneuë & fort cōtrainte luy paſſera, le Ca-ualerice recommencera à l'aduertir, & rechercher doucement de haülſer le deuant, & s'il eſt beſoin le contraindra de nouueau, pour en tirer encores vne autre peſade, comment qu'elle ſoit faite, ſans s'amuſer beaucoup à la iuſteſſe, ſi d'auenture il ne vouloit tenir le corps droit, ou s'il faiſoit quelque autre deſordre des bras ou de la te-

ste:car en ces commencemens, la diuerſité des chaſtimens le confondroient d'auantage. Continuant ceſte reigle auec iugement & patience, il faudra venir peu à peu,
& lentement d'vne peſade à deux & de deux à trois, haultes, aduancees, neantmoins
legeres, augmentant le nombre & les carreſſes, à meſure que le cheual s'aſſeurera, &
qu'il conſentira au temps, & aux mouuemens de la main, & de la iambe. De ſorte,
que venant apres à ſerrer, haſter & raccourcir peu à peu, & par pratique le temps
des peſades, elles ſe conuertiſſent en courbettes.

La difference des courbettes aux peſades eſt, que les peſades ſe font lentemēt, fort **Difference de courbet-tes aux pe-ſades.**
haultes de deuant, & peu accompagnees de derriere: & les courbettes doiuent eſtre
plus baſſes de deuant, plus auancees, plus preſtement battuës, & accompagnees, a-
uec la crouppe ferme : les iarrets accroupis & tendus: & les deux pieds de derriere faiſans leurs actions enſemble & pareilles, en auançant & prenant terre à chaſque
temps & battue, par vn mouuement raccolt, ſi iuſte & limité, que l'vn ne haulſe, ny
aduance non plus que l'autre.

Revenant à l'ordre de ceſte leçon: ſi le cheual eſt chargé de deuant, il le faudra
arreſter premier que le haulſer, au contraire de celuy qui ſera leger: & s'il a trop d'appuy, il ſera bon de le faire aucunefois reculer deux ou trois pas, auant les battues : a-
fin de luy accommoder & aſſeurer les pieds de derriere. Et pour le contraindre de ſe
mieux ſouſtenir ſur les iarrets, & de leuer le deuant plus facilement, ſans qu'il s'appuye trop à la main, il ſe faudra ſeruir de la calate, & continuer ces meſmes reigles, à
ſçauoir, quand il ſçaura librement faire trois ou quatre peſades : car par la pratique
d'icelles il receura moins de deſplaiſir à la calate.

Les courbettes bien approprices au cheual, qui en ſera capable, ne ſont pas ſeule- **A quoy sōt neceſſaires les cour-bettes.**
ment belles, & plaiſantes au cheualier, mais elles ſont quaſi neceſſaires pour aſſeurer
la teſte du cheual: d'autant qu'elles ſont, ou doiuent eſtre fondees, & adiuſtees ſur le
vray appuy de la bouche. Elles ſont auſſi propres pour luy allegerir le deuant, parce
qu'elles ne ſe peuuent faire, que le cheual ne ramene ſes forces ſur les hanches, & par
conſequent, luy peuuent ſoulager les iambes de deuant, & les eſpaules, meſmement
à l'arreſt. Auſſi tenōs nous l'action des peſades, vn remede principal pour les cheuaux
qui ſont bas de deuant, & qui de nature parent peſamment ſur les eſpaules.

Mais ſi le cheual n'a nulle inclination aux courbettes, & que pour les luy faire pra- **Les leçons qui cōtrai-gnent le cheual à quelque air contre ſon naturel le peuuent fouler.**
tiquer, il ſoit beſoin de le contraindre ordinairement, à force de leçons aſpres & fa-
tiguables, à la verité elles pourront à la fin eſtre cauſe de ſa ruyne, & beaucoup plus
les chaſtimēs, & les longues eſquiaüines, qu'il receura ſouuent, que ne feront les
courbettes, groupades, ou ſauts.

Si le cheual a les pieds mauuais & douloureux, les courbettes luy ſeront contrai- **Les airs re-leuez ſont les plus cō-traires aux pieds foi-bles.**
res, & d'ordinaire reüſſiront mal, quelque legereſſe & autres bonnes parties qu'il
puiſſe auoir: parce que la deſcente & cadence des airs releuez, luy mettront ſouuent
la teſte en deſordre, ou ſe contraindrōt à quelque autre vice, ou imperfection, quoy
que le Caualerice puiſſe faire, à cauſe de la douleur qu'il receura en donnant des pieds
de deuant en terre, meſmement ſur vn paué, ou en autre lieu trop dur. Communément on void que le cheual monſtre la certitude de la douleur des pieds par l'action
de la teſte en cheminant.

Et s'il eſt ſingard de nature, l'action des courbettes, ſera ſouuent ſon recours

Les courbettes accōpaignent le vice du cheual ramingue.

quand il refufera la volonté & l'aduertiffement du cheualier: & notamment l'on ne fçauroit eflire exercice plus conforme au vice du cheual retif & ramingue, que celuy des courbettes: car elles fe font en le tenāt fubiect, & par vn ordre limité: & au contraire pour le diuertir de ces impreffions viles, ou aduftes, & malicieufes, qui luy font retenir fes forces & fon courage: la pluspart de ces leçons doiuent eftre determinees, variees,, & communément incogneuës, ou inopinees.

Les cheuaux trop fougoux font mal propres pour la iufteffe des maneges releuez.

Le cheual qui eft extrememét fougoux, féfible & determiné, eft plus propre pour la cāpaigne, que pour les courbettes, ny les fauts: à caufe que les inquietudes extremes le priuent communémét de memoire & d'obeyffance: de forte que le plus fouuét au lieu de battre vne mefure iufte & nette, il ne fera que trepigner, pl⁹ par defpit & de colere, que pour confentir à l'action, & mouuemét du cheualier: qui eft vn vice tresdefplaifant & difficile à corriger, mefmemét quand l'habitude en eft faite: par ce que les chaftimens & leçons ordinaires des courbettes, augmentent la colere qui tient le cheual en impatience: & neantmoins fans eftre chaftié, il ne peut bonnement perdre

Courbettes bien rabatuës.

l'inquietude, qu'il ne foit toufiours fubiect d'y retomber auffi toft que le cheualier le recherchera de quelque iufteffe extraordinaire. Mais les remedes & chaftimens neceffaires à tels cheuaux, ne fe laiffent pas pratiquer à tous ceux, qui fe meflent de les vouloir dreffer: & peut eftre que telles penfera bien comprendre en lifant les leçons fuyuantes, que long temps apres il fera bien empefché de les effectuer fi proprement & patiemment qu'il eft neceffaire. Auffi faut-il croire qu'il n'y a chofe en noftre art, en quoy l'on puiffe mieux cognoiftre, l'experience & bonne pratique du cheualier, qu'aux remedes qui empefchent l'inquietude du cheual colere, mefmement quand il trepigne. Il y a toutesfois aucuns peu fçauans, qui tiennent ces courbettes trepignees, & malicieufes pour fort bonnes, & difent que c'eft vn air preft & rabatu. Mais tant s'en faut, il eft pluftoft confus & precipité: d'autant que la vraye prefteffe des beaux airs nettement rabatus ne confifte pas à la diligence que le cheual peut faire en redonnant des pieds de deuant en terre, foudain apres les auoir haulfez: car fi cela eftoit, il n'auroit pas le temps fuffifant pour fe haulfer affez de deuant, ny pour bien plier le bras, qui font deux des plus belles actions faictes enfemble, en tous les airs releuez. Mais le vray & plus beau fon du iufte rebat fe fait, quand les pieds de derriere accompaignent bien & legerement, & qu'ils refpondent promptement à ceux de deuant, les rehaulfant foudain qu'ils donnent en terre.

Difference d'inquietude.

Il y a plufieurs fortes d'impatience & d'inquietude, qui faififfent fouuent le cheual, & deux qui fur toutes font plus contraires à la franchife neceffaire des bonnes reigles de ceft exercice: affauoir celle qui procede proprement d'humeur colere, violente & d'vn courage fuperbe, & celle qui ne prouient que de crainte & de timidité. Toutes les deux peuuent bien fort interrompre la memoire du cheual, & par confequent empefcher les bons deffeins du Caualerice: car de l'vne vient que le cheual entre fouuent en defefpoir, ou fe defend en plufieurs fortes contre les vrays remedes, aydes & chaftimens de l'efcole, ne les pouuant endurer, ny comprendre: l'autre fait auffi que pour les mefmes occafions, le cheual fe confond, s'effraye & s'auillit: tellement, que ie ne fçaurois bonnement dire, laquelle de ces deux imperfections doit eftre plus blafmable, ny à laquelle il eft plus mal-ayfé de remedier. Toutesfois l'on verra par le difcours de ces leçons, ce qui fe doit obferuer felon l'art, pour euiter plufieurs defordres, qui peuuent naiftre de ces inquietudes.

Encores veux-ie fur ce propos notámét aduertir le Caualerice que cōmunémét il tirera meilleur party du cheual colere, fanguin & fuperbe, qui aura le courage & la

force d'effectuer ſes folles & violantes fantaiſies,)s'il n'eſt trop deſpourueu de memoire, que de celuy) qui ſera naturellement melancolique, malicieux & poltron.
Car en l'vn on peut vſer de la patience & des remedes de l'art, propres à le diuertir,
peu à peu des reſolus efforts, par leſquels il s'oppoſe à l'obeyſſance : mais en l'autre:
on ne peut pas ſi bien iuger ſes mauuais deſſeins:d'autant qu'il retient ordinairemét
la pluſpart de ſes actions, & n'obeyſt que par cautelle. Tellement qu'il aduient ſouuent,ou que les chaſtimens de l'eſcole trop continuez, luy accablent facilement la
vigueur & le rebutent, ou que la douceur & le reſpect luy rend ſon double, & vilain
courage plus obſtiné, & plus entreprenant contre le caualerice.

Aduertiſſe-
ment des
effcts dif-
rens des
cheuaux co-
leres & de-
terminez &
de ceux qui
ſont ramin-
gues & pol-
trons.

CE n'eſt pas ſans cauſe,ſi ie veux que les premieres leçons des courbettes,ſe facent
lentement & fort hautes de deuant:car ceſte eſpace de temps que le cheual met, premier que redonner des pieds de deuant en terre,luy donne moyen d'aſſeurer les hâches,& la teſte, de bien plier les bras , le diuertit des apprehenſions & les inquietudes, & par conſequent l'empeſche de trepigner.Par ceſte meſme action la queuë
faulſe & trop mauuaiſe,ſe peut auſſi aſſeurer auec le temps:& qu'il ſoit vray l'ó void
fort peu de cheuaux, qui en maniant ſoient bien appuyez, & tendus ſur les hanches
& les iarrets , (ſans neantmoins eſtre acculez,) & qui battent également & nettemét
la meſure d'vn bon air releué,qu'ils n'ayent auſſi la crouppe,la queuë, & la teſte fermes:& au contraire preſque tous ceux , qui manient bas de deuant, & haut de derriere,portent d'ordinaire les bras droits,& ont la teſte,la crouppe,& la queuë mal aſ-
ſeurees.Et ſi au commencemét le cheual ſe met de ſoy à rabatre diligemment les ba-
tües de ces premieres leçons,c'eſt vn teſmoignage de ſa colere & impatience , & vn
indice de trois aduenemens.Aſſauoir que ſa force ne fournira pas longuemét au manege de ceſt air fortuitement rabatu,que bien toſt il trepignera, ou qu'il ſe fera entier. Mais ſi le cheual ſe leue librement & aſſez haut de deuant,ſans ſe haſter, ny ſe
ténir trop tendu & roide,il ſera apres fort ayſé au Caualerice de luy eſtreſſir, & reſoudre ſa meſure,pour rendre l'air des belles courbettes en ſa perfection,ſelon les forces
& legereſſe du cheual.

L'air volon-
tairemenc
& trop toſt
rabatu,ſi-
gnifie quel-
que accidét
d'imperfe-
ction.

REGLES POVR LES VOLTES DE L'AIR
des courbettes ou groupades.

CHAPITRE LXXI.

LA plus grand part des Caualerices, tiennent d'vn commun accord, que le
cheual doit eſtre libre & adiuſté aux courbettes par le droit, premier qu'on
le mette ſur les voltes du meſme air : & moy meſme ay autrefois eſté en ceſte
opinion: mais i'ay depuis trouué, qu'il ſe peut faire mieux:car le cheual ayant deſia
fait ceſte habitude ſeulement par le droit, quand apres on le voudra rechercher ſur
les voltes,la peine & le deſplaiſir nouueau,qu'il receura en faiſát les premieres actió s
du tourner,ſans rompre ſon air releué,luy donnera occaſion d'hayr la volte, & de ſe
deſrober,ou faire quelque autre deſordre, pour ne ſe haulſer qu'à ſa commodité,ſás
bouger d'vne place ou s'auançant par le droit.Ceſte reigle eſt ſouuent cauſe que pluſieurs cheuaux refuſent de tourner, & ſe font entiers:il vaudra donc beaucoup mieux
commencer de luy faire pratiquer le temps & les proportions de la volte,d'auſſi toſt
qu'il ſçaura faire cinq ou ſix peſades, comme il s'enſuit.

APRES que le cheual aura la teſte aſſeuree,qu'il ſera libre & determiné à toutes
mains au trot & au galop,& qu'il ſçaura ſeulement faire cinq ou ſix peſades,ou courbettes par le droit,le Caualerice le pourmenera ſur la volte aſſez large, & de la plus

parfaicte rondeur, qu'il fera poffible, cheminant d'vn pas, qui ne foit abandonné ny trop aduerty & luy faifant porter la tefte vn peu dedans cefte rondeur, afin qu'il s'accouftume de regarder ordinairemét deffus la volte, fans toutesfois que les pieds de derriere, s'efgarent tant foit peu de la pifte de ceux de deuant.

L v y ayant ainfi mô ftré à chafque main, par ce paffage le premier efpace de la volte, le Caualerice luy fera faire de trois, ou de quatre en quatre pas, vne pefade paifiblement & legerement fans l'arrefter, & fans partir les quatre pieds de fa ronde & iufte pifte: & comme il aura fait ainfi enuiron deux voltes à vne main, il luy en fera faire à l'inftant, & d'vne aleine, encores autant de trot, & puis l'arreftera fans le haulfer, le careffant cependant qu'il fe repofera & reprendra fon aleine. Apres il changera de place pour faire tout de mefmes à l'autre main, car ce changemét de terroir luy maintiendra aucunement le courage plus franc, & fera par confequent que la leçon luy defplaira moins, que fi elle fe fourniffoit entierement en vn lieu.

Qv a n d le cheual entendra cefte leçon, il faudra ioindre deux pefades enfemble & foudain cheminer comme deuant, & gardant ceft ordre, fans rien precipiter, on pourra croiftre le nombre des pefades, & diminuer celuy des pas, felon que le cheual fe rendra facile. Et par ce moyen, il fournira en peu de temps vne volte entiere de l'air des pefades, & peu à peu viendra à vne & demie, & puis à deux, & en fin à tant que fa force pourra fournir. Sur tout il faudra toufiours faire les commencemens de ces premieres leçons au pas, & les fins au trot: tant afin que le cheual s'accouftume à prédre plus gayement fon air deffus la volte, que pour l'empefcher de d'euenir entier, ou de premediter le lieu auquel il voudroit finir de foy, l'air & la volte enfemble fans attendre la iufte action du cheualier. Et pour faire qu'il s'accouftume à tourner encor plus librement & longuement, il ne faudra iamais fermer, n'y finir s'il eft poffible, les voltes de fes premieres leçons, deux fois de rang, en vn mefme endroit: car cefte couftume luy donneroit autant d'occafion de s'arrefter à tous les coups, qu'il fe trouueroit fur le lieu, ou il auroit accouftumé de faire la derniere battue de la volte. Et quant la colere & l'inquietude faifira le cheual en ces leçons, tant par le droit que fur les voltes, il fera bon de faire quelquefois cheminer à reculons vn homme à pied, deux ou trois pas deuant le cheual, & iuftement fur fa pifte, lequel aye quelque friandife en fa main, pour l'affeurer & le careffer fouuent. Et à toutes les fins de ces leçons, premier que le Caualerice mette pied à terre, il fera faire quelque nombre de pefades, par le droit au cheual afin de le maintenir plus leger & en courage, mais il faut que ce foit apres qu'il fera party de la place, où il aura fait la derniere volte de la leçon: car pour rendre le cheual plus libre au manege, l'air des leçons des voltes fe doit communément finir en tournant, & fur le pas ou le trot & nõ de ferme à ferme, ny par le droit comme plufieurs Caualerices obferuent indifferemment, ie dis des leçons de l'efcole. Car pour faire manier le cheual bien dreffé, en parade ou deuant quelque perfonne de refpect, il le faut haulfer quelque nõbre de battues de ferme à ferme, ou par le droit, en finiffant toutes les proportions de fon manege releué.

A p r e s que le cheual aura comprins, & qu'il fera librement ces voltes larges & lētes, le Caualerice eftreffira peu à peu (fans rien precipiter) la rondeur & l'efpace du terroir, enfemble la mefure des pefades, iufques à ce que l'air & la volte foient egalement en leur iufte & entiere proportion, empefchant par les chaftimés, ou le foupçon des efperons, & de la gaule & du caueffon, qu'il ne mette la croupe dehors, ny trop dedans la volte, & qu'il ne face aucune mauuaife action de la tefte. Et pource faire, le

faire, le Caualerice sera tousiours attentif, & curieux de le soustenir temperement,
& de tenir ses iambes fermes, aduerties & pres du cheual: afin de ne perdre point le
temps en la mesure de l'air, ny en la proportion du terroir.

S I en ceste occasion le cheual porte la croupe trop dedans la volte, & s'accule, ie
veux bien que le Caualerice vse du chastiment ordinaire auec la corde du cauesson,
l'esperõ & le nerf, du costé qu'il se serrera, pour luy tirer la teste sur la main qu'il tournera & luy remettre les hanches en leur rondeur limitee: mais s'il porte la croupe en
dehors, ie n'approuue pas que pour le redresser, le Caualerice s'attache beaucoup à
la corde de dehors, la tenãt ordinairemét tenduë, ny qu'il tienne l'esperõ long téps
ferme & planté, contre le ventre du cheual, comme plusieurs font: car cela luy plie-
roit & falsifieroit bien tost le col, & luy feroit porter la teste, & le courage du costé
de ce chastiment: qui est vne action fort fausse & desplaisante: d'autãt que par reigle
generale & infaillible, il faut que le cheual tienne tousiours l'œil & le cœur sur le terroir, & le lieu qu'il doit marcher en toutes sortes de maneges, où il n'y durera pas
long temps sans se rebuter, ou tomber en quelque autre vice.

Q v A N D dõcques le cheual portera la crouppe dehors la volte, en faisant ces leçons, le Caualerice le chastiera premierement auec le nerf, dessus le mitan du vétre
ou sur la cuisse pres du iarret à sçauoir du costé qu'ils s'eslargira: & en mesme téps, l'a-
uãcera deux ou trois pas sans tourner portãt le poing de la bride plus en dehors que
dedans la volte: & soudain qu'il sentira que son cheual sera redressé, il cõtinuera de
toutner en quelque part qu'il le trouue droit, & assez souple: & si nonobstant ce
remede, le cheual continuë de s'eslargir du derriere, il faudra ioindre à ce chastimét quelque bon coup d'esperõ du mesme costé, & quelque fois chãger en mesme
téps le coup du nerf, à vn coup de cauessõ, cõtraire à la volte, laschãt bien tost apres
la corde en le menaçãt, & touchãt, s'il est besoin, du bout du nerf, ou de la gaule, sur
le nez du mesme costé, pour luy faire regarder sa piste, & afin aussi qu'il s'apperçoiue
que l'escauessade dõnee en ce temps, n'est pas pour luy attirer la teste, (quoy que ce
soit son effect plus naturel,) mais seulement pour chastier, & remettre la crouppe en
sa vraye place limitee. Sur tout, il faut que ces chastimens, & tous en general, soient
discretemét effectuez: assauoir auec violence, ou mediocrité, selõ que le cheual fera
la faute grande ou petite: car autrement ce seroit plustost desordres que remedes.

A mesure que le cheual pratiquera l'air & la volte, le Caualerice le disposera au
changemét de main, de ferme à ferme, approchãt peu à peu, la piste de main droitte de celle de main gauche, iusques à ce que les deux soient iointes ensemble.

P o v R faire ces leçõs, auec beaucoup plus de cõmodité & moins de chastimens, il
se faut seruir de ceste escolle anciéne & limitee, qui est cauee enuirõ deux pieds dãs
terre, à laquelle il y a vne passade large, d'enuiron deux pieds & demy, droite & longue de quinze ou vingt pas: & à chasque bout de ceste passade deux rõds, qui ont chacun trois pas de diamettre, lesquels ronds sont separez par la passade, & y a au mitã
de chacũ diceux, cõme d'vn noyau de la grosseur d'vne barique ou pippe, esleué de
deux pieds & demy ou enuiron. De façon que la piste de la volte se limite entre l'extremité & hauteur, qui la circuyt, & ce noyau au moyé dequoy on peut contraindre
le cheual à tenir en sa leçõ les quatre pieds dans vne mesme rondeur, & de regarder
droit sur sa piste: d'autant que ceste extremité & circonferance rehaulsee l'empesche
de s'eslargir, & le noyau de se serrer, comme l'on peut comprendre par ceste figure.

O

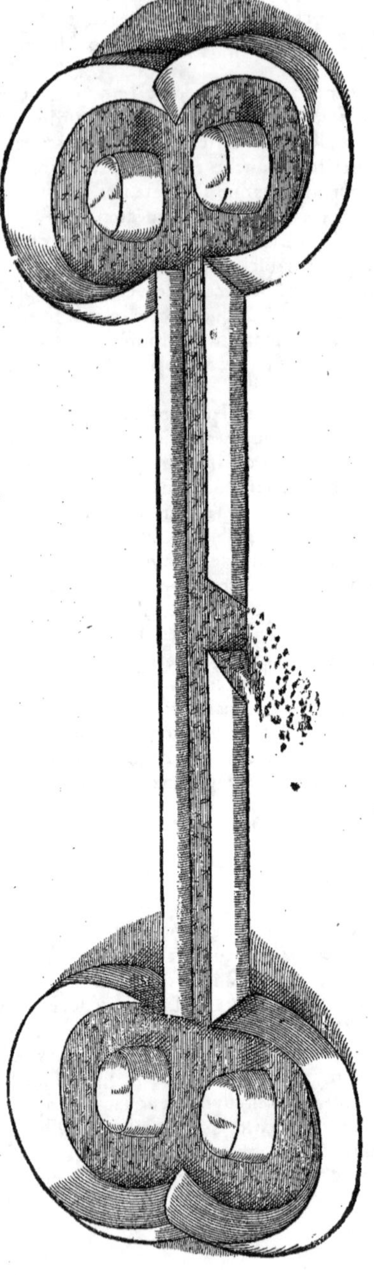

FAISANT aucunefois ces reigles dedans ceste escole cauee, le cheual profitera beaucoup, pourueu que le Caualerice entende l'art, & qu'il aye bien disposé la posture de la teste, & l'appuy de la bouche du cheual, qui ne soit timide, ny fingard: & quand bien il le seroit, la mesme escole luy seruira à quelques leçons: principalement pour l'empescher de s'acculer. Et s'il tire à la main en faisant ces leçós, on le peut aussi faire reculer dedans ceste escole limitee, autant en tournant comme par le droit: qui sera vn tresbon remede pour la legeresse, s'il est effectué bien à temps, & auec bon ordre. Et en quelque part que ces leçons se facent, le Caualerice doit considerer que le tourner assez, sans changer de main, est propre à la facilité de la volte: & que le trop, peut facilement estourdir & rebuter le cheual, mesmement s'il a le cerueau foible.

CESTE escole cauee, est aussi propre pour tenir la veuë du cheual occuppee auec son courage & sa memoire, à la leçon qu'on luy donne, & sans ceste attention, il ne se peut bien resoudre, ny faciliter à pas vn bon manege.

POVR afiner & adiuster l'air & les voltes, apres que le cheual sera alegery de deuant, & qu'il tournera lentement & facilement à toutes mains, le Caualerice proportionnera sans confusion l'espace & la rondeur de la volte, selon la taille, la disposition & la force du cheual. Premierement au pas racourcy, & releué: & pour ce faire, il le soustiendra de la main, selon qu'il luy sentira l'appuy de la bouche leger ou pesant & le tiendra d'ordinaire aduerty, par la corde du cauesson contraire à la volte, ensemble du bout du nerf, ou de la gaule sur le flanc, & s'il est besoin, sur la cuisse du mesme costé, sans pour cela luy incommoder la teste, le col, ny la queüe, n'y l'empescher de regarder sur la rondeur de sa piste: il le pressera aussi auec le gras des iambes, pour le tenir subiect, & plus de celle du costé hors la volte, que de l'autre: luy faisant quelquefois sentir l'esperon, afin qu'il s'auance tousiours, & que les pieds de derriere ne s'escartent, & ne desbordent la piste de ceux de deuant.

AYANT ainsi adiusté le passage de la volte, le Caualerice aduertira le cheual, & sur la mesme piste le resoudra à son air releué: & gardant curieusement ceste rondeur & iustesse, il continuera l'air & la quantité des voltes, selon qu'il sentira l'estat du courage, & de la force du cheual.

COMBIEN que la proportion de la volte soit iuste, pour cela elle ne satisfera pas vn bon homme de cheual, si elle n'est accópagnee de la perfection de son air, tel que ie l'ay desia expliqué, & que i'en ay fait la difference des courbettes aux pesades. Or pour faire que le cheual rabatte son manege nettement, & d'vne mesure egale, le Caualerice tiendra les renes en bon appuy, le bras & la main de la bride fermes, les iambes auancees & bien iointes contre les sangles, & d'icelles battra la mesure à tous les coups, & à mesmes temps que les pieds de deuant donneront en terre, en serrant le cheual, non seulement du dedans des gras des iambes, mais s'il se peut ordinairement vn peu auec les estrieux enuiron les bouts des espaules, principalement du costé hors la volte. Ceste battuë faut que se face sans ouurir les iambes & sans faire certains mouuemens en auant, & en arriere trop mal seans. Mais en serrant le cheual pres des espaules, comme i'ay desia dit, & d'vn temps semblable à celuy, qui se fait en iouant à la paulme, quand on prend l'esteuf entre le bon & la volee: Aussi le Caualerice portera le cheual en auant, de façon qu'il ne puisse auoir moyen de s'acculer, ny de redonner trop tost des pieds de deuant en terre, afin qu'il ne s'accoustume à trepigner.

O ij

Il faut icy noter, que la reigle de tenir ordinairement les pieds assez auancez, &
pres du cheual, est fort importante, non seulement pour embellir l'assiette du
cheualier de mediocre stature, mais aussi pour les iustesses des airs & des maneges.
Car sans doute quand le mouuement de la iábe vient de loin, soit pour ayder ou
pour chastier,) il met le cheual en trop gráde incertitude, & par consequent luy in-
terrópt la bonne habitude de l'ordre de ces leçons. Mais le talon estant cómunémét tenu en lieu voisin de la partie, plus propre aux aydes & chastimés de l'esperó,
le cheual en peut estre aduerty, aydé & chastié aux occasions, en moins de téps : &
partát il en sera maintenu en plus iuste obeissance. Dequoy on tire vne preuue, que
les hommes petits, & de mediocre stature, sont beaucoup plus propres pour les iustesses des maneges, & pour la diligéce de tous les airs, que ceux qui sót fort gráds.

REGLES POVR LE CHANGEMENT DE
main des voltes redoublees.

CHAPITRE LXXII.

POVR adiuster le cheual au changer de toutes mains, sur la proportion des voltes, redoublees de ferme à ferme, tant au passege, que
sur son air releué, le Caualerice le fera auancer, & sortir par vn petit
pas ou deux, ou (s'il est sur son air) par autant de batuës, hors du
circuit de la volte. Et au mesme temps luy poulsera, & serrera la
croùppe, auec le gras de la iábe, ou l'esperon, autant dedans la rondeur du tour, comme il l'auancera par le droit. Et soudain que par ce moyen, il aura le corps dressé cóme dans la ligne du mitan, & diametre du rond, il changera de
main allant reprendre la mesme piste de la volte desia proportionnee, pour continuer & redoubler les voltes en vne place, sans rompre ny precipiter le temps, ny la
iustesse, iusques à la fin du manege, laquelle se peut faire au chois en auant par le
droit, ou de ferme à ferme, pourueu que le cheual ne s'accule, & qu'elle soit autant
nerucuse, & de mesme air, que tout le corps du manege.

Ie ne veux pas blasmer le style de ceux, qui changent de main en partant la volte
par le mitan, sans sortir du circuyt d'icelle : car ceste action chastie le cheual qui a
le col dùr, ou les espaules pesantes, en tournant, mesmemeñt quád elle est accom-
pagnee d'vn temps, iustement pris auec l'esperon dedans & quelquefois d'vne secousse de cauesson, ou de rene dedans la volte, ou des deux costez ensemble, ou de
quelque coup de nerf sur l'espaule hors la volte, & aucunefois s'il est besoin, sur le
bout du nez du mesme costé de dehors sur tout donné diligemment & à propos
empeschant que le cheual ne se retienne & ne s'accule.

Ie tiens aussi pour bon le changer de main, qui se faict aux voltes, en sortant les
espaules du circuit du rond, sans trop auancer le cheual, ainsi luy tenát les hanches
subiectes sur la piste de la volte mesmement s'il a la croùppe trop legere & mal asseuree. Car ceste surprinse peut ayder, à luy tenir les pieds de derriere vnis & fermes, iusques à ce que ceux de deuant soient remis dessus la piste, & rondeur de la
volte changee : mais s'il est libre & iuste à toutes mains, & qu'il entende bien l'aduertissement de l'esperon & de la iambe, le premier changement, que ie viens
d'expliquer, est le plus parfait : parce qu'il tient le corps du cheual droit, & luy fait
moins abandonner le circuit de la volte. Comment que le changement de main

se face le Caualerice doit obseruer trois choses: Assauoir, que le cheual face la premiere action (soit au passege ou estant sur quelque air releué) auec le courage & la
teste: c'est à dire, en regardant sur la piste, sans retenir le libre mouuement des espaules, ny plier le col: La seconde, qu'il ne s'escarte tant du circuit de la volte laissant la main qu'il changera qu'il ne le puisse remettre au plus, en trois temps sur la
piste desia arrondie: La troisiesme, qu'il ne s'acculle, n'y ne change nullement la
cadence de son air: & que tout ainsi qu'il faut que les voltes soient pareilles de
toutes proportions, qu'il face aussi tout de mesmes les reprinses semblables.

Qv a n d le cheual sera libre, & bien asseuré à ces regles, le Caualerice luy pourra lors varier quelquefois le manege, soit en changeant de main à chasque volte,
ou de demy en demy-volte, ou par le droit, en façon de passades fort courtes, ou
en serpegeant, selon qu'il sentira le pouuoir & l'obeïssance du cheual, & quoy que
i'aye dit, cy deuát, qu'il ne le doiue iamais arrester deux fois de rang, en vn endroit,
estant à l'escole: neantmoins s'il est en quelque lieu pour paroistre, soit deuant vn
grand, ou en presence des dames ou autres personnes de respect, ie veux qu'il face
les commencemés, & les fins de tous ces maneges, droit à droit, ou à costé de ceux
qu'il voudra plus honorer: de façon qu'ils ayent moyen de bien voir la grace, &
la face du cheualier, & du cheual ensemble, & s'il est possible, du costé dextre.

Tovt ainsi que la perfection de l'air des courbettes, tant sur les voltes que par
le droit, vient premierement de la facilité des pesades, celuy des groupades despéd
aussi des mesmes reigles, hors mis que le circuit de la volte se doit tenir vn peu plus
large, afin de contraindre moins l'agillité & legeresse du cheual, & l'action des espaules vn peu moins haulte: afin aussi qu'il aye la crouppe plus libre, & que par ce
moyen elle puisse mieux, & plus legerement accompagner l'air & le manege ensemble. Car les groupades sont differentes des courbettes, entant qu'elles sont
plus releuees de derriere, & par consequent batuës d'vne mesure plus alegre & plus
attenduë. C'est pourquoy le Caualerice doit aucunefois faire sentir au cheual le
bout de la gaule, enuiron les fesses, pour luy tenir la crouppe aduertie, le soustenát
vn peu moins de deuant: & doit faire aussi le temps de ses jambes, vn peu moins
hasté & auancé, que celuy des courbettes tenant, d'ordinaire les pieds assez pres du
cheual. Toutefois pour quelque ayde, qui se face du gras de la jambe, ny de l'esperon, ie ne veux que le talon recule qu'enuiron quatre doigts plus arriere, que la
derniere sangle, si ce n'est aucunesfois pour chastier & poulser le cheual, qui se retient, ou qui s'accule: car c'est le vray endroit où l'esperon doit faire l'ayde de tous
les airs gaillards, & plus beaux: cóme i'expliqueray mieux en lieu plus expres: &
quand le Caualerice voudra adiuster, & affiner les voltes & l'air des groupades, il
obseruera en tout le reste, les susdites reigles & proportions, & au lieu du nerf, il
se seruira d'vne gaule ferme & sifflante, par le móyen de laquelle sans doute le cheual se leuera beaucoup plus gayement, que s'il n'auoit seulement accoustumé, le
nerf. Mais il aduient souuent, que ceux qui font estroitement & nettement rabattre l'air des courbettes, ne peuuent ou ne sçauent pas bien prendre le temps des
groupades.

Or il faut que les cheuaux que i'entends, qu'on mette à l'air de ces groupades,
ayent la bouche reduite en ferme & leger appuy, & qu'ils ayent la disposition naturellement alegre & nerueuse: car si le Caualerice luy pensoit engendrer à force
d'exercice, & à coups d'esperons & de nerf, ou de gaule, vne nouuelle force, &
quelque gaillardise suffisante pour soustenir & maintenir long temps le manege

des groupades, il se trouueroit à la fin trompé : car c'est l'air mediocre, & celuy qui sur tous les autres doit estre delicatement effectué, & fondé sur vne legere & vigoureuse disposition, iointe à vn bon naturel : les Italiens ont ainsi nommé cest air, Agropato, c'est à dire, Noué, & par consequent nerueux, vny & viuement accompagné.

I'APPROVVE l'escole de ceux, qui pour mettre le cheual sur les voltes des airs susdits, veulent reigler les premieres & ordinaires leçons par le droit, en recherchant à chasque bout de passade, vne demy-volte à tous les coups, commencee & finie d'vn mesme ordre, en ses lieux communs & limitez, sur la droite ligne qui separe les demy-voltes : & apres auoir pratiqué & facilité ceste demy-volte, l'accroistre d'vne autre, pour rendre la volte entiere, augmentant par ce moyen le manege de demye en demye-volte, iusques à la perfection qu'il se peut reduire, selon la capacité du cheual, comme i'ay dit, cy deuant : L'ordre en est tres-beau, & fait bien paroistre la grace du cheualier : & d'auantage ce style est presque necessaire pour reigler l'escolier, qui est desia exercé & disposé à comprendre les premieres proportions de la iustesse des voltes, d'autant que telles reigles sont en tout limitees. Mais pour tirer en moins de temps le subtil de la force & de la legere disposition du cheual, & pour le rendre obeyssant, si par les moyens de l'art, il le doit estre, sans doute les dernieres leçons, que ie viens d'expliquer, auront beaucoup plus d'effect, si le Caualerice s'en sçait bien preualoir. La raison en est assez facile. Car l'on void par experience, que le cheual ayant remarqué l'endroit, où il doit finir les demy-voltes, ou les voltes entieres, apres il tasche communement de desrober quelque temps, ou quelque espace de terroir, pour se rendre plustost au lieu, où il espere faire la fin de ce qu'on le recherche : Et qui pis est, si le Caualerice le veut faire tourner d'auantage, ce cheual se met souuent en deuoir de s'arrester, en ce lieu recogneu. Et au contraire ne sçachant quand n'y où, il doit commencer, ou finir les proportions de ses leçons, il ne s'amuse qu'à obeyr, & par consequent il employe beaucoup mieux & plus longuement sa disposition & sa force. Il est vray, que si en ces leçons le Caualerice est indiscret & insatiable, le cheual se pourra facilement estonner & rebuter. C'est pourquoy ie remets l'vsage de ces reigles seulement à ceux, qui s'en sçauront ayder par bonne pratique & sain iugement.

REGLES POVR L'AIR DES CA-
PRIOLES PAR LE DROICT ET
SVR LES VOLTES.

CHAPITRE LXXIII.

S I l'air des groupades se donne au cheual, qui en soit capable il le pourra auec le temps, & l'ayde de la gaule & de la voix, peu à peu conuertir en caprioles, sans vser d'autres remedes contraints, & violents. Ie ne veux pas dire, que pour venir à l'air des caprioles, il soit necessaire de passer par ceux des courbettes, & des groupades: car il y a des cheuaux, qui naturellement ont la gaillardise de l'esquine beaucoup plus legere, que nerueuse, & ceux-là reüssissent quelquesfois aux sauts, qui neant-moins ont fort peu de vigueur aux airs, où il faut plus estroittement vnir, & mes-nager la disposition & la force. Mais il est certain que si le cheual peut renforcer, & releuer peu à peu les airs mediocres, iusques à celuy des sauts, il se foulera beaucoup moins, donnera plus de plaisir, & se tiendra plus aisément, & plus longuement en escole, que celuy qui aura esté mis sur les sauts, aux premieres leçons releuees. Or les reigles precedentes, monstrent assez ce me semble, les moyens par lesquels on peut hausser le cheual, selon & à mesure qu'il augmente & asseure sa disposition, & qu'il comprend les reigles de l'escole, par l'action du bon Caualerice: mais puis qu'il faut contenter plusieurs personnes curieuses, & de differentes opinions, i'escriray en-cores quelques leçons plus briefues, pour l'air des caprioles.

I'A Y desia dit, que les reigles des pesades, & des courbettes releuees, sont propres pour asseurer, & alegerir le col & la teste du cheual, chargé du deuant, d'autant que leur principale action se fait sur les haches, & par l'appuy téperé de la bouche: mais les caprioles n'apportent pas ceste commodité. Au contraire elles donnent com-munément trop d'appuy, ou esgarét la teste au cheual, qui a les espaules, les iambes, ou les pieds foibles: parce qu'au contraire des courbettes, la fin & la descente de la plus forte action du saut, (laquelle se fait en esparant) est soudain soustenue sur le deuant du cheual. Il faut donc necessairement qu'il ayt la teste bien asseuree, qu'il soit bien alegery de la bouche & des espaules, pour le moins aux pesades, & qu'il aye bon appuy de main & s'il est possible, qu'il soit exempt de fingardise, d'inquietu-de & de crainte superfluë, auant que le mettre à l'air des caprioles. Car l'exercice des sauts apporte de soy beaucoup d'occasions, qui peuuent disposer le cheual tant soit-il paisible & bien composé, à se rédre en peu de temps, impatient & à faire beaucoup de mutatiós licentieuses, si le Caualerice n'est sage. Apres doncques que le cheual sera en ce bon estat, le Caualerice le menera en vn chemin plain & vny, là où en cheminant au pas par le droit, il le tiendra vn peu subiect de la main, sans tou-tefois l'arrester tout à fait: & cependāt le fouettera tout doucement auec la pointe de la gaule sur la crouppe, & sur le mollet des fesses, iusques à ce qu'il aura haulsé le derriere. L'ayant apres caressé & fait encores cheminer quelque espace de temps, il recómencera à le foüetter tout de mesmes, pour luy faire rehausser la crouppe, sans

O iiij

luy donner occasion de leuer le deuant, ny l'empescher non plus, s'il s'y presente de
soy: & le carassera en cheminant au pas, soudain & à tous les coups qu'il aura haulsé
la crouppe. Il faudra continuer cecy quelques iours, & aucunefois estant tourné au
filet & aux poteaux en sa place de l'escuirie ou attaché en lieu semblable: car par ce
remede, il commencera à faire la legeresse du deuant & de la croupe ensemble, &
mesmes à esparer, sans y estre autrement forcé.

Qvand le cheual entendra bien cest aduertissement de gaule, le Caualerice le
remenera à la campagne où il le mettra sur les pesades de mediocre hauteur par le
droit: & comme il commencera de haulser la seconde ou troisiesme, en ce mesme
temps, il le fouëttera diligemment sur les fesses, pour le faire accompagner & tirer
tout ensemble: & si le cheual respond, il le rehaussera de deuant en mesme teps, qu'il
donnera des pieds de derriere en terre, pour faire encores deux ou trois pesades sur
les hâches: & apres le caressera sans bouger d'vne place, assauoir s'il a l'appuy ferme:
ou le fera reculer, si la bouche en est trop dure: ou l'auancera doucemét par le droit,
s'il est fort leger & bon à la main. Apres il faudra refaire la chose mesme, commençant de luy faire entendre peu à peu le temps, & l'ayde de la voix mediocre.

Et pour donner plus d'occasion au cheual, de bien prendre ce premier temps du
saut apres qu'il l'aura recogneu, le Caualerice n'obseruera plus de nombre aux pesades, deuant n'y apres le saut: mais selon qu'il le sentira disposé, tandis qu'il sera sur
les pesades, il luy aydera diligemment de derriere, faisant en ces commencemens le
temps qu'il choisira pour le saut, moins haut de deuant, que les precedens: afin
que le cheual aye la croupe plus libre, & que par ce moyen il espare plus facilement. Et à mesure qu'il pratiquera la legeresse de la croupe, le Caualerice le-
haulsera peu à peu, & le soustiendra dauantage de deuant, iusques à la vraye proportion du saut.

Qvand le cheual fera bien ce premier saut, le Caualerice ne mettra plus fin
aux pesades suyuantes, qu'il ne luy aye fait faire vn autre saut, sans le precipiter, &
sans garder aucun nombre aux pesades: mais choisissant à loysir le temps d'icelles,
qui donnera plus de commodité au cheual de haulser la croupe, & d'esparer legerement. Car la cholere, l'apprehension ou l'inquietude, ne luy permettront pas, durant ces commencemets contraints, de garder d'ordinaire l'esgalité des bonnes pesades: partant ie dis, en ceste occasion, qu'on tasche de prendre le temps de la pesade
qu'on rencontrera ou qu'on sentira plus propre à resoudre le saut, lequel doit estre
tousiours suiui par les pesades, faisant la derniere à toutes les fins, plus haute que les
autres pour auoir moyen de conseruer la legeresse du deuant, mesmes si le cheual
est tât soit peu pesant de son naturel: & principalemét pour le garder de trepigner,
s'il est colere & subiect aux inquietudes extremes. Mais s'il est fort leger, ou ramingue, il faudra aucunefois finir les pesades par des temps, & mouuemens de galop a-
uancé, sans neantmoins abandonner l'appuy de la bouche ny precipiter les forces
du cheual. Par ceste reigle le nombre des sauts, se pourra croistre peu à peu parmi les
pesades, selon que le cheual pratiquera le temps, & qu'il se fortifiera de legeresse,
d'aleine & de memoire.

Apres que le cheual entendra l'aduertissement & l'ayde de ces leçons, le Caualerice commencera de retrancher peu à peu, le nombre des pesades, qui auròt separé les sauts, iusques à ioindre deux sauts ensemble, pour puis apres venir de mesme
ordre (& auec le temps & la patience) de deux à trois, de trois à quatre: & en fin à

tãt qu'il s'en pourra tirer de mesme air, & de pareille force, faisant tousiours les fins
sur les hanches: car en telle occasion c'est vn remede principal, pour diuertir le cheual de plusieurs desordres, ausquels l'inquietude & la trop grande apprehension le
peuuent precipiter.

PLVSIEVRS bons Caualerices se sont autrefois seruis, pour l'ayde des sauts, & *L'ayde de*
se seruent encores, d'vne longue perche, ferree d'vne molette d'esperon, ou d'vn es- *la perche &*
guillon, parvn bout: auec laquelle estant à pied, ils suiuent le cheual, qui ne tient cõ- *de l'esguillõ*
pte de l'ayde de la gaule, qui se fait sur la croupe. Et pour le faire tirer, le piquent de *le derriere*
ceste perche dans les fesses, en mesme tẽps que celuy, qui est dessus, luy hausse le de- *du cheual*
uant pour commencer le saut. En cecy aucuns mauuais imitateurs, qui ont pensé *sauteur.*
que l'effect de ceste perche, alegerist la crouppe du cheual, se sont tellement trompez, que le plus souuent, au lieu d'aider à sa disposition & legeresse pour faire le saut,
l'õt rebuté & fait deuenir vicieux, à faute de sçauoir que ce remede ne sert, que pour
le contraindre de ruër, & que par consequent il ne se doit faire que lors, que le cheual haulse assez la croupe, sans se vouloir resoudre à esparer: & encores doit-il auoir
bon appuy de bouche. Car s'il se laissoit soustenir plus qu'à pleine main, ces poin-
sonnades continuees dans les fesses, le pourroient auec le temps desesperer & mettre en fuite. Ie n'escris pas ce remede estãt d'auis qu'on le pratique, si ce n'est à quelque extremité: & s'il aduient qu'on soit contraint d'en vser, il faut que celuy qui tiẽdra la perche, aye beaucoup de pratique & de iugement, pour sçauoir bien prendre
le temps, & choisir l'endroit, auquel il doit auec ceste perche piquer le cheual: car si
son coup estoit negligent, & que le cheual le rencõtrast d'vn contre temps, en esparant, il se pourroit bien fort blesser, mesmement si la rencontre se faisoit en la partie, depuis le fondemẽt du dos, iusques aux genitoires: il pourroit aussi aduenir, que
de ce coup la perche seroit repoussee, de telle roideur contre celuy, qui la tiendroit
mal, qu'il en patiroit autant ou plus que le cheual, comme i'ay veu plusieurs fois aduenir. C'est pourquoy il doit estre diligent, pour faire son coup à temps, & à point
prefix, plussur le dehors de la cuisse, que en dedans. Et afin que le cheual ne s'accoustume à esparer plus d'vn costé que d'autre, il le faudra piquer vn temps, à vne fesse,
& vne autrefois à l'autre, accompaignant ces poinçonnades de perche, de l'ayde de
la voix. Assauoir que quand le cheual commẽcera de hausser le deuant, celuy qui sera dessus, fera la voix du saut, & à l'instant qu'elle finira, celuy qui tiẽdra la perche, le
piquera si diligemment, que le coup soit donné presque en mesme temps, que les
pieds de derriere, partiront de terre: & par ce moyen l'on euitera la rencontre du
contre-tẽmps de la perche, & le cheual apprendra à recognoistre l'aide de la voix, &
à respondre à l'effect d'icelle.

QVAND le cheual respondra facilement à la voix, & à ce remede de perche, apres
il luy faudra ayder seulement de la voix, & de la gaule sur la crouppe, & quelquefois
des esperons ensemble, faisant tenir neantmoins l'homme de la perche, derriere le
cheual, tout prest & ẽ garde attentiue pour le picquer, toutes les fois qu'il refusera
de tirer: & si le cheual force la main du Caualerice pour fuir les susdits remedes, il se
faudra lors seruir d'vne encoigneure de muraille, semblable à celle que i'ay dit, à
quelques leçons de l'arrest: car ceste contrainte empeschera (auec l'ayde de l'homme, qui tiendra la perche) que le cheual puisse euiter & fuir les susdits moyens, &
chastimens.

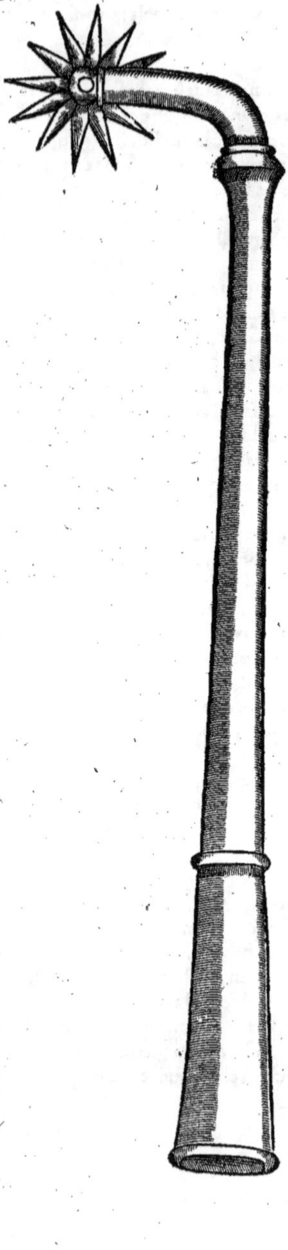

Il aduiendra quelque-
fois que l'hôme, qui fuy-
ura ainfi le cheual le pi-
quant fouuent auec cefte
perche, luy fera fi grand
peur, que ne pouuant
fuyr, n'y fe mettre en de-
fenfe (à caufe de la fubiection de la muraille ou
des poteaux) il en perdra
le courage & la vigueur,
s'il eft fort flegmatique:
ou deuiendra malicieux
& parauanture retif, s'il
eft colere-adufte & me-
lancolique. En tel cas il
faudra que le Caualerice
face tout feul, eftant fur
le cheual, le mefme effect
de la perche, ce qui fe
peut facilement par le
moyen de ceft inftrumét
reprefenté.

LE propre de ceſt eſperon, conſiſte en deux effects neceſſaires à la perfection du ſaut: Le premier il hauſſe le derriere du cheual, qui en eſt piqué à temps, bien iugé & bien prins ſur la croupe, depuis l'endroit de la boucle de la crouppiere, iuſ-ques enuiron la fourcheure du culeron, ce qui ne ſe peut faire que fort difficilement auec la perche. Le ſecond, il peut ſouuent contraindre le cheual d'eſparer, ſans le chaſſer trop en auant: d'autant que le Caualerice a moyen de le piquer auec ceſt eſ-peron, en tel endroict chatoüilleux des feſſes & des flancs, qu'il veut choiſir, & la doüille, qui ſe voit en ceſt eſperon, ſert pour y pláter, ſi l'on veut, le gros d'vne bon-ne gaule, ferme & ſiſlante: afin que le Caualerice ne ſe ſerue de la mollette de ceſt engin, que lors que le cheual ne voudra reſpondre aux aydes ordinaires de la gaule, des eſperons & de la voix: & fin auſſi que ſans perdre temps il ſe puiſſe preualoir de ceſte mollette, quand il ſera beſoing.

PE VT eſtre que pour quelque temps, ceſt engin incommodera & eſbranlera la queuë du cheual: mais il faut cóſiderer en cecy, qu'il ne ſe peut bien remedier, à plu-ſieurs choſes à la fois, quand elles ſont differentes, ſans faire quelque deſordre: meſ-mement quand il eſt queſtion de contraindre nature: Toutefois quand le cheual cognoiſtra l'ayde ordinaire des ſauts: & qu'il y reſpondra ſans autre ſorte d'artifice, la queuë ſe pourra apres aſſeurer auec le temps & les bonnes leçons, comme i'expli-queray mieux ailleurs.

LE remede des deux cordes de pareille longueur, iointes chacune par vn bout à celles du caueſſon, & par l'autre attachees & retenues dedás, & aux deux coſtez d'v-ne allee aſſez eſtroitte, ou à deux forts poteaux, de la façon que i'ay dit aux dernieres leçons de l'arreſt des cheuaux peſans d'eſpaules, & durs de nez & de bouche, ſert beaucoup, quád tels cheuaux ont quelque diſpoſition ſolide, parmy ces imperfe-ctiós, & qu'on les veut dreſſer & contraindre à l'air des capriolles: car par ces cordes le cheual de telle nature, eſt chaſtié & retenu, ſi pour ne ſe vouloir aider à la legeref-ſe & obeyſſance des ſauts, ou ſi pour fuyr aux ſuſdits remedes, il veut eſchapper au Caualerice. De ſorte qu'apres s'eſtre donné de ſoy quelque bonne eſtrette par le moyen de ces cordes, indubitablement le ſoupçon d'vn autre, & pareil chaſtiment le retiendra, & le fera hauſſer beaucoup plus legerement: meſmes quand il ſera, ou penſera eſtre pres du lieu, iuſques auquel la longueur des cordes ſera limitee: & ſ'il remarque ſi iuſtement ce lieu, que premier qu'il en ſoit pres, il ne ſe veuille alegerir, ny retenir, il le faudra faire ſuiure à deux forts hommes de pied, qui tireront les cor-des vers eux, à meſure que le Caualerice voudra faire reculer le cheual, tant pour em-peſcher qu'elles ne ſ'embaraſſent parmy ſes iambes, que pour les accourcir egale-ment aux crampons ou agneaux, qui les retiendront contre les murailles de l'allée, ou aux poteaux, ou ſeulement en leurs mains: afin de tenir ce cheual en ceruelle, & en obeïſſance. quand a l'ordre des leçons de la muraille, comme de celuy de ces cor-des, l'homme qui aura bien pratiqué ceſt art, le comprendra aſſez, ce me ſemble, par les regles precedentes: Toutesfois, ie diray encores, que ſi le cheual à trop d'appuy, & qu'en hauſſant le derriere, il face l'action du ſaut trop abandonnee ſur le deuant, il faudra pour l'alegerir, que la plus grand part de ces leçons, ſe facent en reculant: aſſauoir que comme le cheual aura fait trois ou quatre temps en eſparant, ou ſans tirer, ou meſlez ſelon la pratique qu'il aura de la meſure & proportió des ſauts, ſou-dain le Caualerice le fera reculer, trois ou quatre pas premier que le careſſer, ny le te-nir ferme en vn lieu: & vn peu de téps apres, le fera reculer encores vn pas ou deux, pour apres le rehauſſer ſans partir d'vne place, taſchant de le faire eſparer, prenát les ſauts au temps des peſades plus commodes, & ſelon la diſpoſition & la pratique

du cheual. Et pour faire cefte leçon plus profitable, il faudra aucunefois receuoir, &
fouftenir par vn temps bien prins, la defcéte du dernier faut auec vne ferme fecouffe, des deux cordes du caueffó enfemble, & foudain tirer le cheual en arriere: car par
ce moyen, il craindra auec le temps de s'abandonner fur l'appuy de la bouche, en re
donnant des mains en terre.

C o m m e le Caualerice cognoiftra que par le moyen de cefte leçon faite en reculant, le cheual tiendra fes forces affez vnies, & qu'il fe rendra leger, il luy fera faire
la mefme chofe allant en auant & le careffera felon qu'il rendra d'obeyffance: & toutes les fois, qu'il s'appuyera lourdement, ou qu'il fe licétiera de fe trop aduancer, en
tirát à la main, foudain le Caualerice le chaftiera modeftement auec le cau:effon, ou
quelquefois auec la bride, le remettát à cefte reigle & leçon reculee. Et fi le cheual
continue en la difficulté de s'alegerir, il faudra faire ces leçons face à face d'vne muraille, l'approchant d'içelle felon qu'il fe fouftiendra pefamment fur l'appuy de la
main: car cela le contraindra à raccourcir les fauts, & à penfer mieux à fa leçó: Toutefois ie ne veux pas qu'on l'accouftume tant à la contrainte de la muraille, qu'eftát
en autre part, cefte reigle ne luy ferue plus, à la facilité & iufte proportion des fauts:
car il aduient fouuent que les cheuaux, qui ont efté trop exercez & chaftiez continuellement, contre la muraille, ne s'alegeriffent plus par le moyen d'icelle, fi ce n'eft
lors qu'ils y ont le front prefque tout contre: & mefmes la craignét fi peu, que quád
on les met fur les fauts vn peu loing, & face à face de la muraille, tant s'en faut qu'ils
en apprehendent la fubiection & l'abord, que pluftoft ils fe mettét en fougue, precipitant auec impatience, l'air des fauts, fur l'appuy de la main, comme eftans extremement defireux de fe rendre le plus pres qu'ils peuuent de la muraille, & femble
qu'ils referuent en ce lieu trop recogneu la legereffe des fauts: tellement, que par-là
on peut iuger, que ce n'eft pas, affez de trouuer les moyés propres à l'obeyffance, &
à la memoire du cheual : mais auffi qu'il faut bien cognoiftre, iufques à quand ils
peuuent apporter l'vtilité qu'on en defire. L'on doit donc continuer les bonnes leçons, tant que le cheual en fait fon profit, & les diuerfifier felon qu'il les neglige, ou
qu'il s'y arrefte trop par malice ou autrement. Continuant ces regles auec iugemér,
ainfi en diuers lieux le cheual fe pourra alegerir, & refoudre auec le temps & la diligence, à l'air des capriolles, fi bien que la faueur de la muraille, des cordes des poteaux ny de tant d'autres moyens extraordinaires, ne fera plus neceffaire. Toutefois
le cheual qui aura efté dreffé par tant d'artifice, ne fera pas propre à l'efcole de ceux
qui font vne reigle generalle, de faire l'ayde principalle des fauts, à coups d'efperons
dedans les flancs: chofe que ie ne puis approuuer, au contraire ie tiens, qu'il eft quafi impoffible, que le cheual qui aura efté contraint, & qu'on cótinuera d'exercer par
ce moyen à l'air des capriolles, ou à celuy d'vn pas & vn faut, puiffe durer long téps
fans eftre rebuté, mefmement s'il eft leger fenfible & colere. Et quand bien il fera
naturellement chargé, ou qu'il tirera à la main, les grandes efperonnades ne ferui-
ront pas beaucoup à fa difpofition releuee: car tant s'en faut qu'elles apportét quelque remede à la durté de la bouche, que pluftoft elles y contraindront le cheual. Or
il ne peut bien commencer, ny finir la capriolle, s'il eft abandonné fur la bride. C'eft
pourquoy en cefte occafion on doit faire le principal fondement des leçons des
capriolles, fur l'obeyffance & legereffe du cheual, & fur le bon temperament de l'appuy de la bouche d'iceluy.

Si la difpofition du cheual eft fi fort liee & retenuë, que le Caualerice ne s'en puiffe preualoir, fans l'ayde des efperons, il doit obferuer pour maxime, que tant plus le
cheual a l'appuy fuperflu, tant moins doit-il reculer la iambe, pour faire l'ayde & les
chaftimens.

chaſtimens. Car communément les coups d'eſperons, qui ſe donnent plus en arriere, que l'endroit ordinaire, que i'ay cy deuant dit en diuers lieux, ſont ceux qui chaſſent plus le cheual en auant : pourueu qu'ils ne portent du tout deſſus les flancs, qui
eſt vne partie tant ſenſible & chatouilleuſe, que les eſperonnades donnees en icelle
arreſtent aucunefois le cheual, & le font ruer malitieuſement.

Par toutes ces raiſons le Caualerice pourra iuger, qu'au lieu de deſgourdir le
cheual au trot, auant les leçons des ſauts, ſelon les reigles generales des cheuaux de
grande eſquine & legers à la main, il eſt ſouuent neceſſaire de faire ſeulement troter,
& aucunefois galopper apres ces leçons, ceux qui ſont chargez, & qui ont la bouche plus qu'à plaine main : afin que l'apui des ſauts, ſoit plus leger & temperé, &
que l'exercice du trot apres iceux ſerue pour croiſtre l'aleine au cheual, & pour le di-
ſtraire de la trop grande apprehenſion des aydes & chaſtimens qu'il aura receuz, &
de la vioñce des ſauts : & auſſi que par ce moyen il conſente & ſe preſente apres plus
librement & plus gayement à la leçon du iour ſuyuant. Mais ſi ſur la fin de ceſt exercice de trot ou de galop, que i'entends qui ſe face, apres la leçon des ſauts, le Caualerice impatient veut encores le plaiſir de quelque nombre de capriolles, il pourra
rendre ſa caualcade confuſe, deſordonnee & dommageable. Car il n'eſt rien qui rebute pluſtoſt le cheual, qu'on met aux leçons des ſauts, que de le contraindre à ſauter lors qu'il eſt las & hors d'haleine, ou comment que ſon courage ſoit trop abbatu, & ſes forces deſunies.

Il y a vn autre naturel de cheuaux, qui ont aſſez de legereſſe & de force pour
ſauter, mais ilz ont la bouche ſi foible, qu'on ne les peut bonnement attirer au vray
appui de la bride, qui eſt vne grande imperfection pour tous les airs releuez, & principalement pour les ſauts : parce que manquant ceſte fermeſſe d'appui, on n'a pas
beaucoup de moyen de leur aider de la main, ny ſeulement de leur ſentir la teſte,
(quant l'action du deuant ſe fait trop lente, & trop baſſe,) ſans les acculer, ny de les
porter quant ils hauſſent le derriere, & qu'ils eſparent, ny de les ſouſtenir à la deſcente du ſaut : & par conſequent il eſt difficile de leur aſſeurer la teſte, & de leur faire
obſeruer l'egale meſure, & proportion des bons ſauts : & outre ce le Caualerice n'en
peut eſtre ſi droit, ny ſi ferme à cheual, comme quand l'appui de la bride eſt à pleine
main, ou enuiron.

Or pour diſpoſer le cheual, qui aura ce defaut de bouche, au meilleur appuy, qui
ſe pourra ſelon ſon naturel, il eſt neceſſaire, que le Caualerice face le commencement
de toutes ces leçons au trot reſolu & auantageux, & ſouuent au galop en quelque
lieu ſpatieux : afin que le continuel & libre mouuement des membres, le face reſoudre au vray appuy de la bride.

Mais pour vouloir rendre ceſt appuy plus ferme, que la nature du cheual ne permet, il ne le faut pas tant faire trotter & galopper, qu'il ne luy reſte aſſez de vigueur,
& de force pour fournir à la leçon des ſauts. Ceſte mediocrité ne ſe peut bien entendre, que par vne bonne & longue pratique : auſſi ie la remetz à ceux, qui la comprendront, & qui ſont maiſtres en c'eſt art.

Si le cheual eſt nerueux, leger, de bon appui & de bonne nature, qui ſont les parties neceſſaires à l'air des caprioles, il faut neceſſairement que le Caualerice le tienne touſiours, s'il eſt poſſible, en courage & en allegreſſe : car c'eſt le propre de tous les
airs gaillards, leſquels ne peuuent reüſſir en leur perfection, ſi le cheual eſt continuellement tourmenté de cris violents, & de coups d'eſperon & de nerf, qui au con-

P

traire le mettront fouuent en confufion, ou luy accableront le courage, & la vigueur: mais l'ayde de la voix gaye, & le fiflet & chatoüillement de la gaule, y apporteront beaucoup plus d'effect, que la rigueur, ie dis quand le cheual eft leger &
de bonne nature.

Et d'autant que l'exercice des fauts, eft l'vn des plus violents:.c'eft auffi vne regle generale, qu'il ne faut ordinairemét faire les leçons tant afpres, ni fi longues aux
cheuaux, qu'on y veut employer, qu'ils en foyent reduits à l'extremité de leur force.
Au contraire on leur doit toufiours conferuer la difpofition & gaillardife temperée, par les bonnes leçons courtes & continuées, fur peine de les rebuter. Toutef-
fois fi le cheual eftoit de fi grand nerf, qu'il fe retint long temps fur l'efquine, auant
que vouloir librement confentir à la iuftefle des fufdites leçons, ie ne veux quoy que
ce foit, qu'on l'etreciffe que premierement on ne luy ofte, au trot, ou au galop, cefte
vigueur fuperfue, qui engendre les fauts defunis & incómodes: afin qu'il foit apres
plus difpofé à l'efcole, & aux bonnes reigles. Mais fur tout ie defire, que le Caualerice cognoiffe à quoy, & iufques ou peut fournir la force & legereffe du cheual, & qu'il
fe contente de la fatisfaction, qu'il en pourra fagement tirer en ces leçons, fans venir fouuent aux extremitez.

<table>
<tr><td>Le cheual
chargé d'ef-
paules &
dur de bou-
che fe met
difficilemét
fur les vol-
tes à l'air
des caprio-
les.</td><td>Le cheual naturellement chargé, ou dur de bouche, qui contre fon inclination fera alegeri, & reduit à force d'artifice à l'air des caprioles par le droit, fe mettra mal-ayfément fur les voltes iuftes, & de mefme air:parce que le confentement & les for-ces de tel cheual eftans neceffairement & du tout occuppees à retenir & temperer cefte dureté de bouche, & à haulfer & fouftenir l'exceffiue pefanteur d'efpaules & de corps, il ne luy reftera plus de fouppleffe, n'i d'autre fuffifant moyen, pour faire l'a-ction du tourner en fautant.</td></tr>
</table>

<table>
<tr><td>Le cheual
ramingue
ennemy de
la iuftefle
des voltes
fournies de
l'air des ca-
prioles.</td><td>Il aduient cómunément auffi, que le cheual trop ramingue, ayant quelque prati-que par le droit à l'air des caprioles, & qu'apres on le veut mettre fur les voltes de ce mefme air, quelque force & gaillardife qu'il puiffe auoir, fe ferre & f'accule d'ordi-naire en telle forte, que le Caualerice a beaucoup á faire à le chaffer en auát, pour em-pefcher que les plus iuftes proportions du manege, ne lui accablent la vigueur, ou le reduifent pluftoft à quelque vice, qu'à la perfection des voltes, comme il aduient fa-cilement, quand le Caualerice n'eft fage & bien experimété, pour preuenir le mali-cieux, vile, ou timide naturel du cheual, en le chaffant fouuent du lieu, auquel il fe re-tient & s'accule, & en luy diuerfifiant les leçons, de façon qu'il ne puiffe premediter les effects malicieux de fon courage double & fingard.</td></tr>
</table>

<table>
<tr><td>Le cheual
qui a la bou-
che foible
& mole,
n'eft pas
propre pour
les fauts.</td><td>Et combien que le cheual foit vigoureux & determiné, & que par l'art il foit re-duit à l'air des caprioles par le droit, s'il a le col trop mol, & la bouche foible, comme i'ay defia dict, il reüffira mal aux voltes du mefme air:parce que n'ayát point d'appuy fuffifant, il fera fort difficile de l'empefcher, qu'il ne plie le col, ou le corps en tour-nant: & s'il fe couche fur la volte, & jette la crouppe trop en dehors, le principal re-mede, pour l'adiufter manquera: car c'eft vne maxime, que pour tenir le corps du cheual droit, & luy affeurer la croupppe, & pour rédre l'air de fon manege net, & d'e-gale mefure, il eft neceffaire, qu'il fe laiffe fouftenir la tefte par vn ferme, & tempeté appuy de bouche. Et fi nonobftát ces difficultez, le Caualerice curieux & obftiné re-cherche, & fe prefume de faire plus par ces remedes, qu'il ne doit efperer, il receura fi peu de plaifir à la fin d'vne infinité de peines, qu'il fera contraint de quitter l'entre-prinfe des voltes, pour retenir à ce qui fe pourra faire feulement par le droit: à quoy</td></tr>
</table>

peut eftre le cheual haraffé, & confus par la diuerfité des caualcades longues & violentes, refpondra moins qu'auparauant, & quelquefois point du tout: tellemét que
pour le repatrier, il le faudra remettre aux premieres leçons.

MAIS fi le cheual a l'inclination, l'appuy de la bouche, la difpofition & la force
qu'il doit auoir, pour bien reuffir à l'air des caprioles fur les voltes le Caualerice cô-
mencera de luy faire efbaucher l'efpace, & la rôdeur de la volte, auffi toft qu'il fçaura faire quatre ou cinq caprioles de fuitte, fans attendre d'auantage: afin qu'il face
l'habitude de l'air & de la volte enfemble, comme i'ay dit aux leçons des courbettes & groupades. Et parce que l'action, que le cheual fait du derriere en accompaignant, & en efparant eft penible, & luy iette la crouppe beaucoup plus hors la volte,
que ne fait celle des courbettes ny des groupades, il faudra moins vfer de chaftimens aux premieres leçons, & faire le circuit & la rondeur de la volte plus large: afin
d'auoir moyen de luy tenir le col, & le corps droit, auec moins de contrainte & de
defplaifir.

LE Caualerice fera donc recognoiftre au cheual l'efpace, & circuit de la volte affez large à chafque main, allant d'vn pas aduerty & obferué, apres il le haulfera fur
l'air des caprioles, luy en faifât faire, vne ou deux, fuyuies d'vne pefade ou deux : &
foudain le fera cheminer fur la pifte de la volte, deux ou trois pas, & puis le rehaulfe-
ra femblablemét fur le mefme air des fauts, empefchât tant qu'il pourra, auec la corde du cauelfon, & la iambe hors la volte, qu'il ne s'eflargiffe trop du derriere: & à mefure qu'il fera la pratique de ceft air, & du tourner enfemble, il faudra croiftre auec le
temps neceffaire, la fuitte & le nombre des caprioles, fans precipiter ceft ordre, tout
ainfi que i'ay dit, aux leçons des courbettes, iufques à ce que la volte entiere en foit
fournie. Et combien qu'il l'acheue parfaictement, il ne le faudra pour cela arrefter,
pour luy donner aleine, ny le careffer qu'il n'aye pluftoft fait, trois ou quatre pas en
auant, fur la pifte de la volte, afin de le tenir toufiours en action, d'employer fa force,
& de continuer l'ordre de fa leçon, fans premediter l'endroit qu'on le voudra arrefter, non plus qu'il ne doit cognoiftre celuy-là, où il doit faire le premier temps de la
volte. Et fi le cheual a plus de legereffe, que de force, ou fi naturellement il retient fa
difpofition, il faudra fouuent changer de place, en luy donnant leçon, principalement pour changer de main: & fur tout luy faire commencer viuement & gayemét
les premiers temps de la volte, en le chaffant vn peu au côtraire de celuy, qui eft trop
fougoux, & qui tire à la main: ce fera vn moyen de luy faire mieux employer fa vigueur & fon courage.

QVAND le cheual fournira & fermera facilement la volte, fans interrompre
l'air des caprioles, foudain le Caualerice luy fera reprendre, & continuer fans l'arrefter, le premier ftyle fur fa mefme pifte, luy faifant encores faire d'vne aleine vne autre volte compofée, & meflée de pas, & de caprioles, iufques à ce que retrancheant
encor peu à peu, les pas de la feconde volte, & augmentant le nombre des caprioles, il fourniffe à la fin les deux voltes, d'vn mefme air, fans l'interrompre : & felon
qu'il fe rendra leger, & qu'il tournera facilement, le Caualerice pourra eftreffir le
circuyt de la volte, & r'accourcir l'air & la mefure des caprioles, iufques à leur vraye
proportion. Et pour adiufter le cheual à ce manege auec moins de chaftimens, & de
peine, il fe faudra feruir de l'efcole limitée, & cauée dans terre, telle que ie l'ay figuree
aux leçons des voltes precedentes, par le moyen de laquelle le cheual fera empefché
de fe trop ferrer, ou eflargir: & fi dedans icelle il tire à la main, le Caualerice aura moyen de le faire reculer côme il voudra, tât en tournant que par le droit, pour le cha-

ſtier & alegerir, & de le chaſſer & determiner ſur la meſme piſte au trot, ou au galop,
ſelon qu'il ſe retiendra, En fin la proportion du terroir de ces voltes, doit eſtre ſemblable à celle des courbettes, & des groupades, hors mis que pour tenir le corps du
cheual plus droit, ayant la crouppe ſur la rondeur de la volte, le circuyt d'icelle doit
auoir vn peu plus de largeur : d'autant que le mouuement de la capriole, eſt plus
eſtendu, & plus penible : & notamment quand le cheual redouble les voltes à caprioles, il faut communément finir ſes leçons, le laiſſant en courage & legereſſe, ou
en eſtroitte obeyſſance : aſſauoir ſur les bons ſauts : s'il eſt en diſpoſition d'eſquine
pour les bien fournir, ou du tout ſur la reſolution du manege bas, s'il eſt las, ou
hors d'aleine.

COMBIEN que generalement l'eſcole ſoit bonne & ſouuent neceſſaire, de promener longuement le cheual de manege ſur le lieu, qu'on le veut faire manier, ou
auquel on l'aura manié, meſmement quand il eſt impatient, entier à quelque main,
ou de peu de memoire, ſi eſt-ce que quand le cheual ſauteur tourne librement de
chaſque coſté, & que neátmoins il n'a pas beaucoup de vigueur, ou pour quoy qu'il
ſe faſſe communément ayder, & ſoliciter auec les eſperons ou la gaule, en maniant,
ie ne ſuis pas d'auis, qu'on tienne d'ordinaire ceſte reigle de tant le promener : car le
temps & le paſſege lent & ſuperflu, qu'on employe deuát & apres l'exercice releué,
peut aſſoupir la diſpoſition & la legereſſe du cheual, qui n'en a pas aſſez, lequel au
contraire, ſe doit tenir en telle apprehenſion de l'eſcole des ſauts, qu'il ſe mette de
ſoy en ceruelle, & en poſture racolte & legere, auſſi toſt qu'il apperceura la place, en
laquelle il penſera qu'on le vueille faire manier. Tant s'en faut donc que le paſſege
lent, paiſible & abandonné, qui ſe fait long temps deuant, ou apres la leçon eſtroitte, ſoit touſiours propre à ceſte action nerueuſe & determinée, que pour l'effect d'i-
celle, on doit ſouuent commencer & finir l'exercice gaillard, par les mouuemens
du cheual plus hardis & vigoureux : afin que les aydes & chaſtimés propres à iceux,
le tiennent plus eſueillé & aduerty, il vaut donc mieux, ayant affaire à tels cheuaux,
ne les guiere promener auant la leçon releuée, & à la fin d'icelle mettre ſoudain pied
à terre.

OR pour faire la capriole en ſa perfection, il faut que le cheual, leue le deuant &
le derriere d'eſgale hauteur : Aſſauoir que quand il eſparera le milieu, & la cyme de la
crouppe, & le garrot, ſoyent haucez au niueau l'vn de l'autre : que la teſte, ny la bouche, ne facent aucun mouuement eſgaré, en hauſſant le deuant, en eſparant, ou à la
deſcente du ſaut : mais que le front ſoit touſiours droit & ferme : que tant que le deuant ſe hauſſera, les bras ſoyent bien & egalement pliez : qu'en eſparant, les iarrets
s'eſtendent nerueuſement, & que les deux pieds de derriere, ne s'aſcartent tant ſoit
peu : mais que voiſins de meſme hauteur, & de pareille action, ils facent gaillardement & en vn temps leur rejet en l'air. Que la queuë ſoit aſſeuree : & que le cheual re-
tombe à tous les coups ordinairemét à vn pied, & demy ou deux pieds pres du lieu,
qu'il ſe ſera hauſé pour faire le ſaut.

DIVERSES OPINIONS DE LA IVSTESSE
des voltes.

CHAPITRE LXXIIII.

ON void fort peu de Caualerices, qui s'accordét en la iustesse des voltes redoublees : les vns veulent, que le cheual tienne toute la crouppe dedans le circuit de la volte, les autres vne hanche seulement : Les autres, que les pieds de derriere suyuent ceux de deuant : Aucuns veulent que la volte soit fort large, autres d'espace mediocre, & d'autres si estroitte, qu'elle soit faicte & serrée, en quatre ou cinq temps : chacun tient son opinion pour la meilleure : & qui pis est, il y en a qui n'estiment que ceux, qui sont de leur aduis en ces iustesses differentes : comme si toute la science de cest art ne consistoit en autre chose. Pour moy, ie ne m'arreste pas à ceste seule partie, pour iuger du sçauoir d'vn homme de cheual : car chacun se peut plaire à quelque proportion particuliere. Au contraire, ie tiens pour bons tous ceux, qui obseruent vn bel ordre pour bien asseurer la bouche, la teste la crouppe & la queuë du cheual, luy dresser le col, & l'asseurer en belle posture, l'alegerir & le rendre obeyssant, & facile à tourner egalement à toutes mains, à courir rondement & à bien parer : & que pour arriuer au but de la proportion qu'ils approuuent & affectionnent, comment qu'elle soit large, estroitte, ou mediocre, cherchent & pratiquent de beaux, & industrieux remedes, propres à se bien preualoir du naturel, & des forces du cheual. Toutefois il y a vne proportion en ces voltes, qui m'a semblé la plus belle, & plus commode, apres auoir longuement pratiqué toutes les autres, qui ont esté vsitées de mon temps, de laquelle ie traicteray le mieux que ie pourray, au second liure. Mais il n'y a ordre, ny iustesse, qui ne puisse naistre commodément, des reigles de ce premier liure, le cheual estant facilité & asseuré à la pratique d'icelles : C'est pourquoy ie les ay escrites les premieres, comme le fondement de toutes les autres : or reuenons encores à la deffinition de l'air des caprioles.

I'AY desia dit ailleurs, que ces caprioles se souloyent nommer sauts, de ferme à ferme, c'est à dire, faits en peu de place, & sans aucun temps different entre les sauts. Mais depuis les Neapolitains luy ont ainsi changé le nom, disant, que c'est à l'imitation de l'air des sauts, que le cheureul fait en courant : & parce que au lieu de ce mot cheureul, ils disent en leur langue (caprio,) ils ont attribué à cest air le nom de caprioles : mais s'ils eussent prins en cecy l'aduis d'vn bon veneur, ce terme n'eust pas esté si mal adapté : car le vray air de la disposition, & diligence du galop, & fuitte du cheureul, est celuy que nous appellons, vn pas & vn saut : d'autant qu'il fait ordinairement en courant, vn temps de galop & vn saut, continuant en sa course les mesmes mouuemens. Et de là nos premiers maistres ont prins le nom du galop gaillard, comment que ce soit, ie ne me veux rendre reformateur des termes de cest art, mais les laissant tels, qu'ils sont, ie diray encores l'ordre qu'il faut tenir aux leçons, de l'air d'vn pas & vn saut.

Sauts de ferme à ferme, & d'où viét le nom des caprioles, & celuy d'vn pas & vn saut.

REGLES DE L'AIR D'VN PAS
ET VN SAVT.
CHAPITRE LXXV.

NTRE toutes les sortes d'exercices que le cheual peut apprédre, l'air d'vn pas, & vn saut, est celuy, qui apres la course, le met plus en ardeur & inquietude: c'est pourquoy auát que le reigler sur les leçons de cest air, le Caualerice le doit mettre bien en aleine, & luy oster la fougue, sans toutefois luy abattre le courage, ny la gaillardise necessaires à la perfection des sauts. Il luy doit aussi faire perdre la trop grande apprehension des chastimens, principalement des esperons, luy asseurer la teste, luy rédre l'appuy de la bouche temperé & à plaine main, plustost moins que plus dur, l'alegerir de deuát sur les pesades, & luy faire entédre l'aduertissemét de la gaule sur la crouppe, comme i'ay dit aux premieres leçons des caprioles.

ESTANT reduit en cest estat, le Caualerice le menera en vne carriere, òù le terroir soit doux & ferme, laquelle il luy fera recognoistre en le desgourdissant de pas, & de trot par le droit, sans toutesfois le mettre trop hors d'esquine. Apres il le haussera, & luy fera faire pour le moins quatre pesades de suitte, & soudain le fera cheminer quatre ou cinq pas assez retenus, s'il tire tant soit peu à la main, ou autant de trot, s'il se veut trop retenir, au bout desquels il le rehaulsera, & luy fera encores refaire quatre autres pesades, pareilles de temps, & de hauteur, apres lesquelles il le fera semblablement cheminer, pour continuer le mesme ordre, iusques au bout de ceste carriere: & en rebroussant chemin dedans icelle, il continuera la mesme chose, selon son aleine & disposition allant & reuenant iusques à la fin de la leçon.

QVAND le cheual sera asseuré à ceste reigle, le Caualerice continuera de l'exercer sur la carriere, ou en quelque autre lieu semblable, gardant le mesme style, hors mis que de la seconde pesade, il en fera vn saut, en aydant au cheual auec la voix, & la pointe de la gaule sur les fesses, & vn peu des esperons ensemble, s'il est besoing, mais rarement, & le tout en vn temps, iustement prins, cependant que le cheual haulsera le deuant. De sorte qu'au lieu des quatre pesades susdites, ce sera apresent vne pesade vn saut, & deux autres pesades de suyte.

POVR bien faire ceste seconde leçon, il faut principalement obseruer deux choses, l'vne de faire le temps qui commencera le saut, vn peu plus bas de deuant, que les pesades: afin que le cheual aye moyen de haulser le derriere, & d'esparer plus facilement: L'autre de faire tousiours la pesade derniere plus retenue, & plus haulte de deuant, que toutes les autres, tant pour garder que le cheual ne s'accoustume à trepigner, s'il est impatient & d'humeur cholere, que pour le tenir en obeissance, & leger à la main, s'il est naturellement chargé, ou s'il prend trop d'appuy : toutesfois s'il est fort leger, & qu'il se retienne trop, il le faudra au contraire chasser ou porter en auant, auec ordre & sans rigueur, pour le resoudre à l'appui de la bride.

APRES que le cheual fera bien & facilement ceste seconde leçon, sans entrer en

fougue, ny en soupçon, le Caualerice reduira encores le quatriesme temps des pesades, en vn autre saut, semblable au premier, auquel il ioindra à l'instant deux autres
pesades de suyte: & soudain fera cheminer le cheual quatre ou cinq pas paisiblement
pour recommencer autant de pesades semblables, & d'vn mesme ordre. Et selon que
le cheual comprendra, & pratiquera ces leçons, il faudra augmenter ainsi les sauts
vn à vn, sans haster ny alterer cest ordre, faisant tousiours vne pesade seule; entre
deux sauts plus basses, que celle de la premiere leçon, & encores deux autres pesades assez haultes, apres le dernier saut. Et à mesure qu'il pratiquera la legeresse du
derriere, il le faudra haulser & soustenir d'auátage de deuant, afin de reduire par vne
habitude bien reiglee, le saut en sa perfection. Et si en faisant ces leçons le cheual tire
à la main, ou se licentie de s'auácer plus que le Caualerice ne voudra, soit de fougue,
ou de pesanteur, il faudra faire quelquefois ces pesades, & ces sauts sans partir d'vne
place, & les pas en reculant: afin que se chastiant par ce moyen, il se retienne ou perde le desir de se trop auancer. Et par ainsi on pourra diminuer peu à peu les pas, qui
se font par le droit, pour recommencer les temps des pesades, iusques à ce que l'air
soit en sa vraye proportion: apres on continuera à le faire pratiquer au cheual, selon
la force & l'agillité qu'il aura. I'ay desia dit aux leçons precedentes, qu'il s'en trouuerra plusieurs, qui se mettront quasi naturellement, & en peu de temps à cest air,
sans estre reiglez par tant de leçons & de patience: Mais d'autant que ce sera vn air
proportionné par hazard sans doute, il sera aussi subiect à beaucoup plus de mutations, que s'il est apprins & bien fondé.

A Y A N T ainsi monstré, & fait pratiquer au cheual ces leçons, & proportiõs, le Caualerice leur donnera peu à peu, le vray air naturel du galop gaillard, qui est beaucoup plus diligent que celuy des caprioles, à cause du temps qui separe les sauts, &
qui sert comme de course, pour le resoudre & haulser d'auantage. Toutesfois ce
temps doit estre beaucoup plus leger que furieux: & pour la vraye iustesse de cest air,
il faut que l'action du saut soit accomplie, & semblable à celle que i'ay dit, à l'air des
caprioles, hors mis qu'il doit estre vn peu plus estendu, & la pesade, qui se fait entre
les sauts, se doit aussi conuertir en vn temps de galop r'accourcy: assauoir nerueuse-
ment accompaigné des deux pieds de derriere ensemble, comme les courbettes de
demy-air, mais plus auancé & determiné, & moins releué. Or en la perfection de
cest exercice, le Caualerice doit obseruer plus de particuliers mouuemens, qu'en celuy des caprioles, n'y en tous les autres, qui se font par le droit: car s'il retient trop ce
temps, qui se fait entre les deux sauts, le saut qui s'ensuyura, n'aura plus sa vraye &
necessaire vigueur: & s'il abandonne trop ce temps & pas, le saut sera aussi trop estédu: & s'il haulse trop le deuant du cheual, pour faire le saut, l'action du derriere demeurera basse, & imparfaicte: & s'il laisse les espaules du cheual trop basses, & que
par ce moyen il haulse trop le derriere, (si le cheual n'est extremement leger, & bien
fõdé sur ses membres,) ceste improportion le contraindra d'auancer le nez ou à faire
quelque autre mauuais mouuement de la teste, sur la descente du saut, ou de faire le
temps & pas suyuant si precipité, que l'autre saut d'apres sera trop abandonné, ou
trop appuyé sur la bride: mais pour bien pouruoir à tous ces mouuemens, le Caualer-
rice ne doit iamais forcer, esbranler, ny abandonner le ferme & vray appuy de la
bouche de son cheual, (quoy qu'il tire à soy le bras & la main de la bride, ou qu'il l'a-
uance,) pour haulser, soustenir, retenir, ou chasser le cheual.

P o v r bien faire ces aydes & aduertissemens de bride, il ne faut pas seulement que
le Caualerice tienne le bras, & la main en ferme action, mais il est necessaire que toute son assiette soit droicte, iuste & forte, depuis les bouts des pieds, iusques à la teste.

le cheual à l'air d'vn pas & vn faut.

Car puis que le bras de la bride tient au corps, il ne faut point douter, que si l'action du cheual esbranle, & incommode le corps, ou si par mauuaise habitude le corps, consent trop par quelque molesse ou debilité, à l'action du cheual, le vray souftien de la bride ne soit souuent esbranlé & falcifié, par l'excessif mouuement du corps, quoy que la faute ne vienne nullemét de l'action particuliere du bras, ny de la main, D'autre-part, quand bien le Caualerice aura les reins, les espaules, le bras & la main, en bonne situation & que neantmoins il aye l'assiette si foible, que ne pouuant resister à la violence des sauts, les iambes luy eschappent, mesmes qu'il se trouue à tous les coups en desordre, rompant pluftoft le temps au cheual, que luy apporter ayde & commodité pour bien souftenir son bon air : ou s'il a le talon si gaillard, & si aspre, que au lieu de se preualoir de la disposition du cheual, (qui peut eftre sera colere-sã-guin, & trop sensible,) par l'ayde mediocre des esperons, il le pousse à vn desespóir,

Deux aydes d'esperons faits en deux temps, cepé-dant que le cheual fait le faut.

ou en quelque autre vice : en telles fautes la iuftesse & temperature de la main, ne seruira pas beaucoup. Il faut donc que la fermesse du corps, du bras, & de la main ensemble, se rapporte à l'appuy de la bouche du cheual, & le mouuemét & l'ayde des iambes, & des esperons, à ses forces, disposition & complexion naturelle. Toutefois il y a des Caualerices, qui sans auoir esgard à toutes ces raisons, pensent & veulent que les sauts, s'engendrent & naissent des esperonnades, quoyque plusieurs choses, qui leur sont incogneuës, s'y opposent. Il me souuient qu'en mes premieres escoles, l'on ma fait pratiquer en cest air pour vn singulier secret, deux aydes d'esperons, fai-tes soudainement en deux temps, premier que le cheual euft acheué le faut : assauoir vn à quatre doigts, ou enuiron pres des sangles, soudain qu'il auoit haussé le de-uant, & l'autre fort reculée & serrée pres des flancs premier qu'il euft acheué de haus-ser le derriere, afinde le faire esparer plus haut & plus roide, & ce remede m'eft souuét reüsfi, mais c'eftoit aucunefois pluftoft sauts, de desplaisir & de defence, pour met-tre le cheualier par terre, que faits de gaillardise, ny de bonne pratique : & encores e-ftoit ce, à certains cheuaux ramingues, & neantmoins de bonne force & disposió, lesquels à la verité sont propres pour cest air, à cause qu'il apporte plus de fougue que tous les autres, & principalement pour l'vsage de certains hommes de cheual, qui eftans encores ftilez à la vieille couftume, ne se soucient pas beaucoup commét

Action mal-seante de re-culer fort les iãbes, ce-pédãt que le cheual espa-re.

que le faut soit fait, pourueu que le cheual ruë fort haut, & roide & que par cefte ay-de d'esperons, ils ayent moyen de se fortifier dedans la selle, en s'accrochant presque iufques aux paneaux, cependant que le cheual espare. La raison eft, que le cheual ramingue se trouue communément leger à la main, & d'ordinaire il retient sa force, mefmement quand on le veut faire partir viuemét : & s'il eft leger & fort neruceux,

Le cheual ramingue propre à l'exercice du galop gaillard.

il se met cómunément sur l'esquine, pour se defendre quãd on le veut cótraindre, & chasser à coups d'esperons. Voyla pourquoy, il ne faut pas tant craindre que l'appre-hension de l'ayde des esperós, luy rompe le temps des sauts, ny le mette en desespoir & en fuyte, comme s'il eftoit naturellement fort sensible & determiné. Toutesfois ie ne baille pas cefte ayde d'esperons, pour eftre necessaire, ny de bonne grace : au contraire, i'aduertis de nouueau le Caualerice, que si elle eft continuee au cheual co-lere-sanguin & courageux, cela le mettra en desordre, & en fougue extreme, & pour-ra rebuter, & auilir celuy, qui sera flegmatique & timide. Aussi cefte ayde ne sert qu'au cheual fingard, & encores le contraint-elle, (mefmement si les molettes des esperós sót trop pointues,) de ioüer de la queuë, de s'arrefter & quelquefois de pisser, qui sont indices d'vn tres-grãd desplaisir, d'vne crainte effroyable, ou d'vne humeur extremement vile ou malicieuse. D'autre part l'action en eft mal seáte : car quãd l'on void le cheualier ainsi accroché, ayant les talons si pres des fesses, cependant que le cheual haulse le derriere, & qu'il espare, il ressemble mieux vne crotesque, qu'vn hõ-me bien proportionné. Mais si l'ayde des esperons, se fait ordinairement enuiron le

mitan, & au cofté du ventre, le cheualier en fera plus droit, le cheual moins affligé, &
le faut plus net, plus égal, & plus facile. Car quand le faut, tant haut puiffe il eftre, eft
fait felon les plus belles & iuftes proportions de la bonne efchole, l'affiette du bon
cheualier n'en eft iamais incommodée, & fi le faut bien recherché & fouftenu fecouë
& incómode le caualier, fans doubte il n'a point les iuftes proportions requifes à la
bonne efcole.

M a i s c'eft peu que le Caualerice face l'ayde des efperós en lieu propre, s'il n'obferue curieufement la iuftefle du temps: car s'il picque le cheual, auát qu'il aye les efpaules en l'air, ou trop roft apres qu'il aura haulfé les pieds de deuant, le faut fe trouuera trop eftendu & defuny: & s'il le picque fur la defcente du faut, il reuffira trop
contraint, & fans vigueur. Il faut doncq ferrer le cheual, auec le gras des iambes, & les
talons, & l'aduertir de la gaule à mefme temps que le deuant fera en fa vraye hauteur, ou (pour luy donner plus de vigueur) vn peu auparauant, fans ouurir aucunement les iambes, ny les talons, que le faut ne foit finy. Or pour bié fouftenir la gaillardife du cheual, à la defcente du faut, & pour fe rendre plus propre, & plus fort dedans la felle, le Caualerice tiendra le corps ferme & droit, en fon plan naturel, cependant que le cheual leuera le deuant, & quand il haulfera le derriere, & qu'il efparera,
le Caualerice fe trouuerra les efpaules vn peu reculées, fans tourner la tefte d'vn cofté, ny d'autré, & fans abandonner le mouuemét du bras de la gaule. Mais en fe roi-
diffant fur les reins fi accortement, qu'à peine ceuxqui le regarderont fe puiffent apperceuoir de cefte actió, laquelle doit eftre égalemét accópagnée de la iufte pofture
du bras, & du poing de la bride: afin que l'appuy de la bouche du cheual correfpóde
à tous les mouuemens fufdicts. Il eft donc ayfé à iuger par toutes ces confiderations,
que pour bien adiufter & afiner le cheual, principalemét aux airs gaillards, le Caualerice doit eftre diligent, droit, ferme, tendu, & par confequent beau à cheual.

L'a y d e de l'efguillon, ou efperon fur la crouppe, ou par les feffes, faicte par celuy
mefmes qui eft à cheual, comme i'ay cy deuát dit, fert beaucoup plus en ceft air, que
celle de la gaule, affauoir aux cheuaux, qui ont l'appuy plus qu'à pleine main, & qui
font les fauts trop longs, à caufe que l'effect de ce remede, haulfe le derriere du cheual, fans le chaffer: mais auffi l'ayde de la gaule, eft beaucoup plus neceffaire à ceux,
qui fe retiennét trop, parce que fon propre eft de haulfer, & chaffer enfemble. En fin
tous les moyens qu'on cherche pour haulfer le cheual, & pour luy faire parfaire fes
leçons, ne fe doiuent pratiquer, que pour faire la difpofition, & l'habitude de l'air,
qui luy eft propre: & à mefure qu'il comprent les mouuemés & la voix du cheualier,
on doibt retrancher les remedes extraordinaires. Or tout ainfi que ie veux, que tous
les fufdits mouuemens, fe facét fubtilemét, & auec vigueur & bel ordre, i'entens auffi que l'ayde de la voix foit faicte modeftement, & auec confideration, & non à l'i-
mitation de certains cheualiers, qui comme eftourdis font des cris fi extremes en
haulfant le cheual, qu'au lieu de luy fouftenir, ou augméter le courage & la legereffe,
(comme il fe peut par la vraye ayde de la voix alegre,) ils le troublent & mettét fouuent en defordre, & outre ce, au lieu de donner grace à l'exercice par cefte voix, ils
fafchent les affiftans, & quelquefois fe confondent eux-mefmes. En telle forte que
perdant le iugement, ils ne fentent plus les fautes, qu'eux & les cheuaux font & par
lefquelles la perfection du faut eft empefchée. Quand à la plusbelle pofture du bras
de la gaule, en faifant l'ayde de la crouppe, c'eft celle qui fe fait par deffus l'efpaule,
pourueu que la gaule donne droit au mitan des feffes du cheual, qu'on ne recule ladicte efpaule, & qu'on ne tourne tant foit peu, le vifage d'vn cofté ny d'autre, comme font la plufpart des hommes de cheual. Toutesfois cefte ayde de gaule fe fait
d'ordinaire, par vn mouuement de bras fi grand, fi haut & fi apparent, que fi le che-

ual fauteur eft naturellement fort apprebenfif, le foupçon d'iceluy mouuement, luy
defreglera fouuent la ferme fituation de la tefte, le temps, & l'ordre de fes leçons.
C'eft pourquoy aucunefois, il vaudra mieux tenir la gaule deffouz le bras, & la
pointe d'icelle en arriere. Il eft vray que la tenant de cefte façon, l'ayde en aura
moins de grace, mais auffi les effects en feront plus diligens & plus certains.

O R i'ay defia dit, qu'vn des plus extremes & violéns exercices, que le cheual de
carriere puiffe faire, eft celuy des fauts, à caufe dequoy le Caualerice ne fçauroit rendre vne plus belle preuue de fa paffiéce, & de fon fçauoir, que de maintenir le cheual
fauteur long temps en bonne & iufte efcole, mefmement fi de fa nature il eft colere
& fort fenfible. Et l'vn des plus notables preceptes, que ie puiffe redire & recom-
mender en cefte occafion, eft de ne rechercher iamais l'extremité de la difpofition,
& de la force du cheual en l'exerçant principalemét aux leçons ordinaires des fauts:
mais au contraire s'il fe prefente comme de foy, pour fe vouloir hauffer tant qu'il
pourra, le bon Caualerice ne doit ordinairement confentir à fes grandes & gaillardes refolutions, fi ce n'eft pour luy laiffer quelquefois exercer fa gaillardife, & legereffe plus nerueufe, ou quand il le voudra faire paroiftre, en quelque compagnie extraordinaire: mais communément il luy doit fuffire que les fauts foient bien, & nettement proportionnez, luy laiffant, ou luy faifant difpenfer fes forces, par vne telle
mediocrité, qu'il aye moyen d'augmenter & fortifier peu à peu, fa legere difpofition, en faifant vne habitude attendue & bien confirmee, qui luy donne occafion
d'aymer, plus que craindre l'efcole: & que par ce moyen il en parte le plus fouuent
plus defireux de fauter apres fa leçon, que las, n'y en apprehenfion des extremes efforts des fauts trop precipitez & continuez: car en fin il faut curieufement conferuer
le courage, & l'alegereffe des cheuaux fauteurs, autrement ils ne dóneront pas beaucoup de contentement au cheualier, qui fçaura beaucoup en ceft art, ou ne dureront
pas long temps, fains & entiers. Et pour bien obferüer tous ces preceptes & proportions, il faut auffi que le bon Caualerice rencontre les cheuaux bien nez, & enclins aux plus beaux exercices, & qu'il face bonne effection de l'air, & des maneges
qui feront plus propres à leurs forces & difpofitions.

I E me fuis voulu exactement & longuement expliquer aux reigles & preceptes de
ces airs plus gaillards. Parce que ie n'en parleray pas beaucoup au fecond liure. Et ie
m'affeure que les bons Caualerices, qui comprendront bien toutes ces proportions,
cognoiftront affez qu'elles fe rapportent à la perfection de ceft exercice, & que la
verité & bonne experience les recommande fort à ceux qui font capables, de les bien
pratiquer. Peut eftre s'en trouuera-il plus grand nombre que ie ne penfe: Mais ie
tiens, qu'il n'y a cheualier peut eftre au monde, qui en puiffe iuger plus dignement
que Monfeigneur le Duc de Mont-morency à prefent Conneftable de France, qui
a mieux hauffé & fouftenu les cheuaux fauteurs que Cauareffire ny autre que i'aye
encor veu.

Pour le dernier precepte de ce premier traicté, i'admonefte tous ceux qui ayment
ceft art, d'euiter foigneufement l'imitation de plufieus, qui fe plaifent à faire les bié
difans, depeignans les perfections des cheuaux qu'ils veulent loüer, par vne infinité
de comparaifons fuperflues, & tant efloignees de la verité, que le ftyle n'en eft propre qu'à faire le charlatan de ceft art: car en difcourant des belles & bonnes parties
que le cheual peut auoir, tant en ces forces & courage, en fa generale ftature, qu'en
l'adreffe des bons exercices, le cheualier bien entendu doit dire nettement, & en
peu de mots, ce qui en eft, par des bons termes & raifons propres, veritables, ou au
moins vray femblables.

Fin du premier Liure.

TABLE DV PREMIER LIVRE
DES PRECEPTES DV SIEVR
DE LA BROVE.

Q

Fin de la table du premier tome.

SECOND LIVRE

DES PRECEPTES

DV CAVALERICE

FRANÇOIS, COMPOSE PAR

LE SIEVR DE LA BROVE.

Sur l'ordre des plus iustes proportions de tous les beaux airs & maneges
qu'on peut apprendre au cheual qui en est capable.

*Troisiesme Edition, reueuë & augmentee par l'Auteur, outre les
precedentes Impressions.*

A PARIS,

Chez la vefue Abel l'Angelier, au premier pillier
de la grand' salle du Palais.

M. DC. X.

AVEC PRIVILEGE DV ROY.

A MONSEIGNEVR LE DVC
DE MONT-MORENSY PAIR ET
CONNESTABLE DE FRANCE.

ONSEIGNEVR.

Il y a peu de personnes entre tous ceux qui me cognoissent en ce Royaume ou ailleurs, qui ne sçachent que i'ay l'honneur d'auoir esté domestique de vostre illustre Maison: mais tous ne sçauent pas les obligations particulieres que ie doibs aux biens & honneurs qu'il vous a pleu me faire par dessus mon merite, ny la cause principale, qui de bien loing m'attira si prés de vostre grandeur, en mon aage plus vigoureux. Ie m'asseure que la pluspart aura pensé que ce fust quelque necessité de biens de fortune, & l'espoir d'en acquerir par les honnorables effects de vostre liberalité: neantmoins beaucoup de ceux qui ont mieux & plus long temps recogneu mon libre naturel, & la curiosité par laquelle i'ay tousiours recherché les qualitez plus seâres au Gentil homme bien né, n'ont pas faict difficulté de croire, que riē ne me poussa & retint tant à vostre seruice, qu'vn honneste desir de pouuoir comprendre & retenir quelques traicts de beaucoup de nobles & loüables parties qui se pouuoient aprendre, comme en vne escole de vertu, ayant moyen de veoir d'ordinaire vos accorts & genereux deportemens. Et ceste passion auoit commencé à me posseder dés mon enfance: car estant page & encor fort petit, ie commençay à veoir que tous les Princes, & generalement toute la plus braue & curieuse Noblesse de la Cour, taschoient soigneusement à se façonner à la Danuille, recherchant l'exemple de tous vos gestes iusques à la moindre propreté qu'ō voyoit en vos habits, ce qui pouuoit aucune fois reüssir aux plus habiles. Mais en ce que vous vouliez particulierement monstrer vostre merueilleuse grace & Martiale dexterité, mesmemēt estant à cheual armé ou desarmé, ie puis dire auec verité n'auoir veu en ma vie Cheualier qui vous aye peu bien imiter. Par ainsi quand vous n'eussiez esté que simple Gentil-hōme, tant de belles qualitez qui vous faisoient admirer m'eussent tousiours adstraint à vous dōner comme ie feis ma tres humble affection. I'vseray encor à present s'il vous plaist, Monseigneur, de ceste mesme frāchise, vous offrant en toute humilité ce secōd traicté de mon Caualerice, cy deuant voüé à Monsieur le Comte d'Osemon vostre fils defunct, à qui i'auois heureusement donné les principes de tous ces plus beaux exercices à cheual & à pied, & lequel ie cherissois par vne extreme amitié pleine de reuerence & de respect, tant à cause du bon vouloir dont il luy plaisoit m'honorer, que parce qu'il promettoit desia en son aage pueril, par ses douces mœurs & agreables actions, l'imitation de vos vertus; & ceste belle ame quittant lē monde pour aller à Dieu, me laissa le dueil perpetuel de la plus grande perte que ie pense auoir iamais faite. Or en cest offre que ie vous fais, Monseigneur, qui est comme mon chef d'œuure, se trouueront expliquees & figurees beaucoup de belles & vtiles proportions modernes qui ne pourront estre bien cogneues ny practiquees que par les plus excellens hommes de cheual. C'est pourquoy ce subiect ne regarde pas seulement la protection de vostre grande authorité, mais plu-

stost la longue & rare experience que vous auez acquis en l'exercice de cet art, & la certitude que vous estes plus capable d'en iuger que Seigneur n'y autre qu'ö ait iamais veu en ce Royaume. Ie sçay, Monseigneur, que cest œuure n'est pas digne de vostre veuë, ny de l'appuy de vostre grandeur; toutesfois ie la supplie tres-humblement de la vouloir agreer & accepter, puis qu'elle vient & vous est offerte par

Vostre tres-humble & tres-fidele seruiteur,
SALOMON DE LA BROVE.

SONNET.

Frappant d'vn pied poudreux le pied du
   mont Parnasse,
Pegase fit sortir le doux coulant ruisseau,
Qui va precipité, abreuuer de son eau,
Le vert des prez herbeux qui iamais ne se passe.

La BROVE tout ainsi regardant face à face
Et pressant de sa main le beau tetin gemeau
De la neuuaine trope en tire vn suc nouueau
Qui de bonté, douceur, le doux Nectar surpasse.

Vi donc, cheual heureux au milieu de la pree
Que tu fais ondoyer de ta diuine onglee:
Et toy Bellerophon raui sur les sommets:

Du haut mont consacré aux Nymphes Pierides,
Apres l'auoir armé de selle, mors, & brides,
Succe ce doux Nectar & te pai de ses mets.
A. ROVSSEAV:

SONNET.

LA BROVE, c'est œuurer surnaturellement
Qu'œuurer en ta façon: Raison la raison tire
Comme le feu, le feu, la terre, terre attire,
L'eau coule auecques l'eau, de leur droit mouuement.

Mais douër de Raison, adresse & iugement
Ce qui est sans raison, est chose qu'on admire
Autant que si le feu, ou l'eau pouuoient eslire
Leur domicile és cieux, dans le haut element.

C'est toutesfois ainsi que tu œuures la BROVE,
Digne d'estre admiré: ainsi ta raison douë
Le cheual de raison, tes escrits en font foy.

Et ces contraires ioints par ta belle science,
De toy auec la mort ont fait telle alliance,
Que dés meshuy tu n'es plus suiect à sa loy.
I. BOYSSEVL:

SONNET.

LE gentil Rossignol au mois delicieux
  Degoise ses fredons sur le moller herbage,
  Aux oyseaux debattant l'honneur du vert bocage,
Son chant est dessur tous le plus melodieux:

La Brouë, tout ainsi vos écrits gracieux
  (Adoré d'vn chacun admirant vostre ouurage)
  Debatent les lauriers aux premiers de cet aage,
Qui desia vous font deuz comme victorieux.

C'est pour auoir trouué parfaictement l'adresse
  Des cheuaux façonnant la Françoise ieunesse,
  A toute autre vertu qu'on vous en doit l'honneur.

Quant à moy, s'il vous plaist accorder m'a demande,
  De grace receuez ces vers pour mon offrande,
,, Le recueil entre amis oblige le donneur.
Le Seigneur du Bourdet:

Pulchrum mori succurit in armis.

SECOND LIVRE DES
PRECEPTES DV SIEVR DE
LA BROVE, SVR L'ORDRE DES PLVS
IVSTES PROPORTIONS DE TOVS LES
beaux airs & maneges.

PREFACE.

TOvs les hommes de cheual, & mesmes les meilleurs maistres, ont tousiours eu certaine inclination à quelque air, ou manege particulier, qu'ils ont aussi mieux pratiqué que tous les autres, qui se peuuét exercer selon l'art: qu'il soit ainsi, l'on void ordinairemét que les vns ont beaucoup de naturel à dresser les cheuaux terre à terre, qui neátmoins ne rencótrent pas facilement les temps des maneges releuez: Les autres à demy air, & aux courbettes rabatuës, qui resoluét mal les cheuaux de guerre, & qui se perdent aux airs plus gaillards: les autres dónent beaucoup de legeresse, & de grace aux groupades, qui ont de la peine à faire rabatre nettemét vne mesure plus estroite, & ne sont assez nerueux ou n'entédér pas bien les vrais temps, & mouuemés des bós sauts: d'autres qui leuént & portent les sauts par des aydes grádes & faciles, sur tous les airs & maneges que le cheual les peut fournir, qui toutesfois n'ót pas beaucoup de iustesse aux proportions plus basses: d'autres luy donnent ou cóseruent en maniant, la legeresse & facilité de la bouche, qui luy laissent la teste vague auec trop de liberté: d'autres qui luy asseurent curieusement le col & la teste, mais ils endurcissent d'autant l'appuy de la bride: d'autres qui generallemét entédét bien les temps, de tous les airs releuez, qui ne gardent pas beaucoup de iustesse aux proportions du terroir, & d'autres qui obseruent si estroittement vne gráde iustesse, (auát qu'auoir acquis la facilité suffisante, en ceste pratique) que la franchise, disposition, & legeresse du cheual en est amortie: & ceux qui ont plus de iugement, & de dexterité peuuent plus acquerir de ces belles, & principales parties ensemble, sans que les susdits desordres s'en ensuiuent. I'ay veu en diuers lieux aucuns excellens hómes en cest art, mais fort peu, qui également ayent bien fait & entendu les aydes, chastimens, & iustesses de tous les beaux exercices qui en dependent. Et sur tous les plus dignes maistres que i'ay cogneus, ie dóne la supreme loüáge au Seigneur Iean Baptiste Pignatel, dót la memoire doit estre à iamais honoree parmy les hómes de cheual, cóme de celuy, qui le premier inuéta la iustesse de nos escoles, & qui a cómencé de nous móstrer le vray ordre des plus belles proportions de tous nos airs & maneges bas, mediocres, & hauts: Toutesfois ie ne sçay si pour cela, ie dois dire qu'il aye apporté beaucoup d'vtilité, d'autát que pour vn qui pourra auoir bien cóprins la perfection de ces reigles, ie m'asseure qu'il y en aura vne infinité qui les penseront sçauoir, & qui neátmoins ne les entédrót peut estre iamais, quoi que desia il n'est si petit escuyer de quatre, ou cinq ans, d'escole, qui ne tasche de les mettre à son ysage, à tort ou à tra-

Aa

uers. Et ce qui en eſt plus faſcheux, il n'y eut iamais tât de cheuaux retifs, ramingues, auillis, falſifiez de col, de bouche & de queuë, rebutez & eſtropiez, que nous voyôs à preſent. Ce ſont auſſi les communs effects des reiglés plus iuſtes, & plus excellentes, eſtant mal effectuces : car par icelles le Caualerice preſumptueux, impatient, & mal fondé, peut gaſter vne infinité de bons cheuaux, en ſe flattant, & preſumant de faire auſſi bien, ou mieux, que les meilleurs maiſtres. Et au contraire elles peuuent reduire le cheual à beaucoup de perfectiôs, eſtans bien entêdues, & appropriees ſelô les conceptions des doctes inuêteurs. A cauſe dequoy ie voudrois, que ceux qui ont plus de ſçauoir en ceſt art, tinſſent pour maxime, de ne faire ny laiſſer iamais recognoiſtre, l'eſtroite & plus obſeruce iuſteſſe de nos exercices, aux ieunes hommes eſcoliers, non plus qu'aux cheuaux, ſi premier il ne ſont bien fondez & diſpoſez pour en faire leur profit : & ſi le commun de ceux qui ſont les maiſtres, veulêt prendre mon aduis en bône part : ie les conſeille de ne s'amuſer pas, par vne trop curieuſe preſomption en certaines iuſteſſes modernes recherchez de pluſieurs : mais ſeulemêt côuenables à ceux, qui ſans preſumer d'eux meſmes plus qu'ils ne deuoiêt auec le têps, le trauail & la patience ſont venus de degré en degré, quaſi à la perfection de ceſt exercice. Ains pluſtoſt qu'ils ſe mettent en deuoir par vne exacte diligéce, de bien côprendre toutes les raiſons, proportions & mouuemens que i'ay voulu expliquer, le plus facilement que i'ay peu en ce Second Liure, ſur peine d'eſtre contraints, (apres beaucoup de trauail d'eſprit, & de corps) de reculer, & retourner tous côfus, & mal côtents à leur premier & ordinaire ſtyle, ou de n'auoir autre contêtement en leur erreur, que celuy que leur apportera l'eſperance de rencontrer & apprêdre deux meſmes ce qu'ils cherchent, à quoy ils ne ſçauroiêt paruenir, ſans l'aide de ceux qui auront plus de ſçauoir, auſquels peut eſtre ils penſeront faire trop d'honneur, où eſtans ſaiſis de la commune & vaine ambition, craindront d'offencer leur reputation, recherchans en la ſuffiſance d'autruy, ce qu'ils n'auront peu bien comprendre. Combien de Caualerice ay-ie veuz, & y a il encores de ceſte humeur glorieuſe, qui ne voulans ceder aux plus excellents maiſtres, cherchent couuertement les moyens de les voir trauailler, aux iuſteſſes de leurs eſcoles, penſans au partir de là effectuer iuſtement, & bien à temps, ce qu'ils ſe preſument auoir deſrobé, & eſtre exempts d'obligation, comme du regret d'en conſeſſer l'imitation : ſans conſiderer que par ceſte fineſſe inutile, ils ne peuuent deſcourir ny recognoiſtre, que ce qui eſt le plus general & apparent, ny rien conceuoir de ce, qui excede leur capacité. Et quand bien ils auront comprins beaucoup des plus belles & iuſtes proportions, c'eſt aſſauoir ſi pour cela, ils en cognoiſtront les fondemens, ou s'ils iugeront bien en quel eſtat d'eſcole, & à quelle nature de cheuaux, elles ſeront propres. Et ſi eſt-ce que ſans ceſte cognoiſſance, leur acquiſition fortuite, ne ſera pas ſeulement vaine, mais le ſujet d'vne infinité d'erreurs. Nonobſtât tout cela ils preſumeront que ce leur ſera vne grande preuue de ſuffiſance, de faire manier des cheuaux à courbettes, groupades ou ſauts, choſe qu'on a pratiqué bien ou mal, il y a enuiron cinquante ans, aux moindres eſcoles d'Italie : Meſmes ie puis dire auec verité, qu'en mes premiers coups d'eſſay, eſtant encore preſque ignorant en ceſt art, i'ay aide à dreſſer a tels airs & maneges, vn aſne, qui faiſoit eſmerueiller le peuple badin. Mais depuis ce temps, tels exercices ſe ſont rendus ſi familiers, qu'à preſent il n'eſt pas iuſques aux laquais qui ne les ſçachent apprendre aux ſinges & aux chiens. Ie m'attens de voir encore que les bergers en feront faire de meſme à leurs moutôs & aux boucs : ie dis auſſi bien pour le moins, que pluſieurs de ceux, qui penſent eſtre bien entendus & ſubtils Caualerices, les font faire à leurs cheuaux mieux dreſſez. Surquoy ie ne diray ſinon, que ce n'eſt pas de ce temps ſeulement, que les plus beaux arts ont eſté diuerſement praticquez ou prophanez par pluſieurs ſortes de perſonnes : toutesfois en touts aages on n'a veu reuſſir que fort peu d'excellens artizans, principalement en ceſt exercice, qui ſemble eſtre ſi cõmun. Ie ſuis donc d'aduis que les cheualiers mieux nés & plus induſtrieux, taſchent de s'acquerir l'honneur & contentement d'eſtre de ce petit nombre, & non pas s'arreſter à certaine routine groſſiere, rigoureuſe & deſpourueu de bon fondement & de raiſons pertinétes. Auſſi n'eſt-elle approuuee que de ceux, qui ſont les moins iudicieux & ſçauans en ceſte honneſte vacation. Ie ne m'ebahi plus ſi pluſieurs ſuffiſans Caualerices de ma cognoiſſance ont ſouuent voulu faire leurs maneges à l'eſcart & quaſi ſeuls. Entre leſquels, ie ſçay que le ſeigneur Horace de la mare, nepueu du ſeigneur Iean Baptiſte Pignatel, ſe cachoit d'ordinaire, quand il vouloit adiuſter & affiner l'air, & le manege de quelque cheual, digne de ſes plus belles leçons, non pas eſtant faſché, (comme chiche de ſon ſçauoir,) qu'on deſcouuriſt vrayement l'excellence de ſes reigles: car il en eſtoit aſſez liberal: mais ſeulement pour ne pouuoir patiemment ſupporter, le deſplaiſir de les voir pratiquer ſans ordre, ny iugemét, à certains mauuais & preſumptueux imitateurs, qui ne s'eſtimoiét pas beaucoup moins ſçauás que luy, quoy qu'en ſon art, il fuſt le principal chef-d'œuure, que ſon oncle euſt iamais fait. Or me reſſentant, comme ie dois, du bien & de l'honneur, d'auoir fraternellement poſſedé, tant que i'ay voulu, non ſeulement l'entiere amitié, de ſes deux tres dignes, & rares perſonnages, mais auſſi leur vertueuſe & domeſtique conuerſation. Ie veux faire paroiſtre en ce ſecond liure, leur belle & artificielle curioſité, à tous les hómes de cheual de ce temps, & à l'aduenir aux ſucceſſeurs de nos eſcoles: & yſant de ma franchiſe & liberalité naturelle, ie ioindray aux enſeignemens de ces deux, & de quelques autres excellens perſonnages les obſeruations, que mes lóngues peines on fait naiſtre, en mon peu d'entendement. Ie m'aſſeure que la pluſpart des hommes de cheual, qui ſeront capables de comprendre, & de bien effectuer ce qu'ils trouueront icy apres aſſez groſſierement expliqué, confeſſeront en leurs conſciences, qu'ils auront auparauant eſté fort eſloignez de leurs penſees, d'autres entendront auſſi peu ce qu'ils liront, comme ſi le diſcours n'auoit rien de commun auec leur profeſſion, & d'autres qui tous confus entreront en doute de la vraye pratique des reigles, & leçons repreſentees par les raiſons, & figures qu'ils ne pourront bien entendre. Surquoy ie les aduiſe de nouueau, que tout ainſi que le bon Caualerice ne doit iamais rechercher, & contraindre le cheual, à ce que ſes forces, diſpoſition & memoire ne peuuent fournir, il ne doit non plus temerairement entreprendre de faire plus qu'il n'entend ſoy meſmes, que pour ſe mettre en deuoir de l'aprendre des meilleurs maiſtres, & veux encore redire, que c'eſt erreur de croire qu'on ſe puiſſe rendre bon Caualerice, ſeulement par la lecture, puiſque les effects d'vn tel exercice, conſiſtent en l'action & aux iuſtes mouuemés du corps & des membres, ſi ce n'eſt que voulant effectuer ce qu'on aura leu, on ſoit aſſiſté & ſecouru des maiſtres plus excellens: i'entens pourtant, que l'ample & profond diſcours de ce qu'on entreprendra, en ſoit vn principal gouuernal. Mais il doit eſtre ſecondé de la bonne pratique, & entre autres de mes communs deſirs, c'eſt que l'eſcolier de c'eſt art, ſe ſouuienne pour l'amour de moy, qu'il eſt mal ſeant à celuy, qui ſçait bien faire quelque honneſte exercice, d'en parler long temps & trop ſouuent, meſmement quand il en dit beaucoup plus qu'il n'en ſçauroit faire.

PROPOSITION GENERALE POVR LES LEÇONS DE CE SECOND LIVRE.
CHAPITRE I.

TOvt ainſi que l'architecte qui a cómencé vn edifice, ſans auoir pluſtoſt recogneu ſi la place de ſon plan, eſt capable d'en ſouſtenir les fondemens, ne ſe doit eſmerueiller ſi lors qu'il penſe auoir beaucoup aduancé ſon œu-

ure,il trouue ſes peines , & deſpenſes perdues & ſa bóne reputation d'autant amoin-
drie,auſſi quand le Caualerice entrepréd de bien dreſſer vn cheual , ſans recognoiſtre
le naturel,& les forces d'iceluy,il ne doit trouuer eſtrange, ſi la pluſpart de ſes moyés
& trauaux,ſont cómunément inutiles,quoy qu'en exerçát des cheuaux dreſſez,il ſçache iuſtement garder les proportions de tous les plus beaux airs & maneges:car la iuſte pratique & le téps de la main, & de la iambe, ſe peut apprendre en trois ou quatre
ans.Et quoy que ſes parties ſoyent belles & neceſſaires, ſi eſt-ce que les effets en ſont
incertains & ſouuent preiudiciables,ſans la cognoiſſance & le própt iugement, tant
de l'inclination & complexió du cheual,que des occaſions auſquelles,il faut diuerſement vſer des leçons,& bons remedes de l'art,choſe qui ne ſe peut bien comprendre
ſ̃ par l'affection naturelle de l'eſprit curieux,&la longue experiéce des bónes eſcoles
pourueuës de pluſieurs cheuaux de diuers courages & téperamens : & pour pouuoir
paruenir en la bonne pratique de tel exercice, il eſt neceſſaire que le Caualerice ſçache premierement que le cheual eſt de ſa nature generalemét moins adroit que nerueux,plus timide que courageux,plus colere que mal faiſant, qu'il a beaucoup d'apprehenſion & peu de memoire,meſmes tát plus il eſt ſenſible & vigoureux:que ſi aucunesfois on luy voit faire des choſes apprinſes,auſquelles il obſerue pluſieurs actiós
& mouuemens d'obeiſſance,de iuſteſſe & d'eſgalité , c'eſt plus par la crainte des bons
chaſtimens, qu'il a accouſtumé de receuoir, ou par la longue habitude des bonnes
reigles bien pratiquées, & refaites vne infinité de fois,en leur vray temps & occaſiós
que pourſe bien ſouuenir de l'ordre des leçons qu'on luy a donné:& quád il entre en
quelque deſeſpoir,c'eſt plus pour euiter & fuir l'extreme douleur,ou la ſubiectó qu'il
reçoit ou qu'il apprehende,que pour entreprédre contre celuy qui le tourméte. Il eſt
bien vray qu'il y a dés exceptions en certains cheuaux , auſquels auſſi il ſe faut ſeruir
des remedes extraordinaires:mais pour bien obſeruer les maximes generales,& plus
neceſſaires en la bonne eſcole,& auſquelles pluſieurs tenus pour bons maiſtres neátmoins ſe perdent manquans de iugement.On doit vſer d'vne grande patience,ayant
affaire aux cheuaux coleres ſanguins,les tenans plus en crainte qu'en ſubiection,par-
ce que d'autát qu'ils ſont naturellement ſenſibles & apprehenſifs,les remedes & chaſtimens plus contraints, les peuuent rebuter & deſeſperer:& à ceux qui ſont coleres
aduſtes,il faut auſſi obſeruer en leur exercice beaucoup de diſcretion, & de diligence
pour les diuertir de leurs mauuaiſes impreſſions , premier qu'ils facent les deſordres
qui ſe peuuent euiter:parce que communément ils ſont timides & malicieux , & par
conſequent la douceur & les careſſes,ne les reduiſent pas à l'obeyſſance,& la rigueur
de l'eſcole les auiliſt ſouuent: & en recherchant ceux qui ſont coleres flegmatiques,
il eſt neceſſaire d'vſer de leçons courtes,faciles,& ſouuent refaictes en diuers & differens lieux,tant à cauſe qu'ils ſont ordinairement plus foibles de memoire que les autres, que parce qu'ils n'ont pas beaucoup de force ny de courage: & quoy que d'ordinaire les ſanguins melácoliques,ſoyent plus patients, & moins malicieux que ceux
qui de leur nature, ſont autrement compoſez,il faut auſſi en les exerçant , garder cómunément vne mediocrité ſagement iugee,entre la douceur & la rigueur de l'eſcole
afin de conſeruer touſiours leur facilité & bonne inclination. Pour toutes ces conſiderations , le Caualerice doit touſiours proportionner en ſon eſcole l'exercice du
cheual, aux forces qu'il deſcouure en luy , l'habitude de ſes leçons,à la memoire qu'il
y recognoiſt,& les menaſſes,chaſtimens,& careſſés à la diſpoſition du courage qu'il
peut auoir , cóme il ſe trouuera cy apres en leurs lieux par ordre , & ſi i'vſe ſouuent de
redites,le Lecteur doit auſſi auoir eſgard,qu'il eſt communément beſoin en la pratique de ces exercices,de faire pluſieurs fois vne meſme choſe,en diuerſes occaſions.

EFFECTS PRINCIPAVX DV TROT ET DV
galop, qui peuuent difpofer les bonnes parties que le cheual doit auoir
pour rendre les plus beaux maneges en leur perfection.
CHAPITRE II.

LA premiere, & principale obeyffance neceffaire en to⁹ les airs & maneges du cheual de capaigne & de carriere, defpend de fa bone inclinatio, de fes forces, difpofition, legereffe, facilité d'aleine, & fincerité de bouche. Toutes ces Parties neceffaires fe doiuent, & fe peuuent generalement bien difpofer par le trot, & le galop, difcretement & iuftement pratique: Affauoir les forces, difpofition, facilité d'aleine, & bonne inclination: parce que les mouuemens du trot, aduerty & bien fouftenu, & du galop ayfé, & neantmoins vigoureux, font les mediocres exercices, qui par l'art fe peuuent donner au cheual, & par confequent fe trouuent plus temperez, fupportables & amis de nature, que les moindres ou plus violens: la legereffe, à caufe que tous les mouuemens du trot fe font, le corps du cheual eftant toufiours porté d'vn cofté fur vne iambe de deuant, & de l'autre fur vne iambe de derriere: tellement que le deuant, & le derriere eftans enfemble, ainfi egalement fouftenus de biays, le Caualerice à moyen d'alegerir l'appuy, & la tefte du cheual, fans luy rompre ny alterer la bouche, & de luy defgourdir les membres fans les offenfer. Le temperament de la bouche furuient auffi, par la commodité de l'action du galop: d'autât qu'il faut neceffairement que le cheual leue à tous les temps, les deux efpaules & les bras enfemble: de façon que le deuant n'eftant fouftenu en tels mouuemens, iufques à ce que les mains redonnent en terre, cela fert de commodité au Caualerice de receuoir, & fouftenir peu à peu, la defcente defdits mouuemens de galop, par la fermeffe & fubtilité du bras, & de la main de la bride, & de dôner par ce moyen l'appuy à la bouche, qui en a faute: mais il faut en cefte derniere occafió, que le galop foit affez refolu: partant les principaux effets du trot font propres à la legereffe, & ceux du galop à la fermeffe de la bouche, i'entends, comme i'ay defia dit, le trot efueillé, racourcy & fouftenu: car au contraire quand il eft abandonné & trop continué, il appefantit autant & quelquesfois plus, les efpaules, le col, la tefte, & l'appuy du cheual, qui eft bas ou chargé de deuant, ou qui a la bouche trop charnuë ou dure, que pourroit faire le galop mediocre: & le galop trop retenu peut aucunefois faire deuenir ramingue, & affoiblir de bouche le cheual qui naturellement eft leger à la main, tout ainfi qu'eftant trop furieufement agité, il peut trop endurcir l'appuy, qui de foy eft à pleine main.

Qvoy que par ces raifons l'exercice du galop, ne foit pas neceffaire à la foupleffe des membres, ny à l'obeyffance des cheuaux trop chargez, qui pefent à la main, fi eft ce qu'il fert beaucoup à faciliter la bouche de ceux, qui ont trop de fougue: d'autant que fi d'ordinaire le galop eft legerement & lentement, ou mediocremét difpenfé, il leur peut auec le temps accroiftre l'aleine, & faire perdre l'apprehéfion ou trop grande affection de courir, qui eft la caufe principale des difficultez des bouches, de la plufpart des cheuaux fort ardents & courageux. C'eft pourquoy, i'aduife le Caualerice qui faict vne reigle generale d'appaifer, & rendre bon à la main le cheual foupçonneux, & de peu de memoire, en le faifant longuement trotter, que le remede en eft trop lóg & incertain: car quâd il l'aura exercé cinq ou fix mois, voire vn an, couftumierement au trot, & qu'il penfera auoir defia bien appaifé, voulant apres commencer à le faire galopper, il le pourra remettre par ce moyen en fa premiere action, fougoufe & foupçonneufe, à caufe que la furie & velocité de la courfe, n'eft autre chofe que les mouuemens du galop eftendus, haftez & determinez, tellement que pour diuertir le cheual impatient, de ce grand, & naturel foupçon, qui le tient ordinairemét hors de l'obeiffance de l'efcole, il eft neceffaire de luy faire douce-

ment accouftumer, par vne longue pratique, le commun exercice du petit galop, lét
& facile, afin que par l'habitude diceluy, il perde le trop grand defir d'aller plus vifte,
& fur tout, il ne le faudra faire courir à toute bride, qu'vne fois le moys au plus, & encores le doit-on remettre à tous les coups, vn peu fur le petit galop, par le droit, auãt
que defcendre : c'eft comme il faut iuger, & fe feruir des diuers effects du trot, & du
galop. Mais ce n'eft pas tout de comprendre tous ces preceptes, car on les doit fçauoir proprement pratiquer eftant à cheual, felon les leçons fuyuantes.

<hr>

PREMIER ADVERTISSEMENT SVR LA IVSTESSE
de tous les airs & maneges, & pour alegerir & faciliter l'appuy de la
bouche du cheual, qui poife ou qui tire à la main.

CHAPITRE III.

A principale curiofité que doit auoir le Caualerice defireux de reduire par fon art & fa diligence, le cheual en la perfection de fes plus
beaux exercices, eft de le rendre premierement paifible, & bon à la
main: car de la faut que naiffe la frachife, & facilité de tous les beaux
airs & maneges. Or pour ranger ainfi le cheual, qui a defia quelque
bon commencement d'efcole, & qui neantmoins pour eftre pefant
ou trop fougoux s'abandonne, fe bande ou s'appuye trop fur la bride en trottant, &
en galoppât tant aux voltes, que par le droit, il luy faut affembler & retenir en obeiffance les forces: Mais il eft aucunefois neceffaire de fe departir des reigles ordinaires:
d'autant que le plus fouuent elles font inutiles à tels cheuaux, à caufe que, comme
i'ay defia dit au premier Liure, les communs exercices & chaftimens longuement
continuez auec violence, leur peuuent fouuent, ou amortir la foupleffe des membres, ou pluftoft affouplir, & endurcir que alegerir l'appuy de la bouche, tant à caufe
de la laffitude, qui furuient facilement aux foibles ou plus pefants que de l'apprehenfion, qui faifit d'ordinaire ceux qui ont plus de fougue. C'eft pourquoy ie veux
maintenant que le Caualerice obferue en chacun de ces ronds, grands & ordinaires
quatre quartiers, comme ils font icy reprefentez.

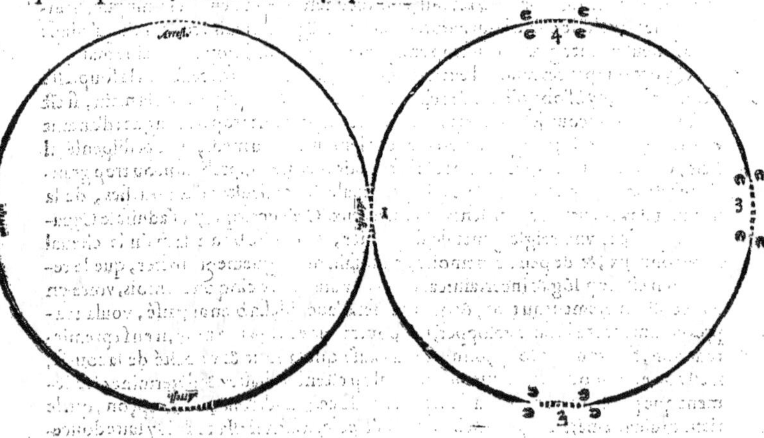

Sı le Caüalerice veut faire recognoiſtre ces ronds ordinaires au cheual, allant le pas, auant que le mettre au trot, ſans doute il le trouüerra apres plus libre en trottant & tournant, que s'il commençoit de trotter, ſans eſtre pluſtoſt aduerty de l'eſpace, & rondeur de ſa leçon: toutesfois quand le cheual ſçait trotter & galopper facilement large & eſtroir également à chaſque main, & bien parer, ie n'approuue pas qu'on luy continue touſiours la reigle d'eſtre pourmené ſur la proportion de ſon manege, premier que le reſoudre en iceluy, car l'habitude de ceſt aduertiſſement le pourroit rendre negligent: mais en quelque ſorte que le commencement ſe face, ſi apres que le Caüalerice luy aura fait faire deux ou trois voltes de trot à chaſque main, il le ſent tirer ou trop appuyer ſur la bride, lors il l'arreſtera tout court & droit, cóme deſſus vñ des cartiers qui ſe voyent cy auant marquez, choiſiſſant tel qu'il voudra, & s'il eſt beſoing le fera reculer de pas, ſelon qu'il aura trouué abandonné ou dur à l'arreſt, ſans que pour cela, les quatre pieds partent, ny s'eſgarent de la piſte arrondie.

L'ayant ainſi aſſemblé, il le faudra faire doucement repartir d'vn bon trot d'eſcole, & le parer tout de meſmes ſur l'autre cartier plus proche, continuant ceſte reigle de cartier en cartier à chaſque main, & faiſant en l'vne & en l'autre, à tous les coups, trois tours ou plus ou moins, ſelon qu'il ſera beſoing pour le tenir en l'obeyſſance de ſes larges, & premieres leçons.

Il faudra obſeruer la meſme reigle au galop, hors mis que d'autant que les mouüemens ſont plus auantageux, au lieu qu'en trottant la volte doit eſtre au commencement compoſee de quatre arreſts, celle du galop le ſera de trois, principalement ſi elle eſt plus eſtroitte que les ronds mediocres & ordinaires.

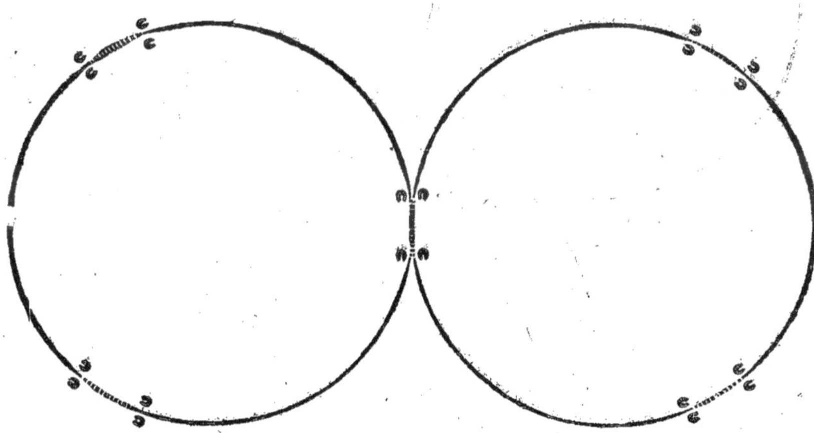

Mais ſi en faiſant ces leçons le cheual apprehende recognoiſt tellement les ſurprinſes de ces arreſts continuez, qu'il ne vueille ou n'oſe repartir apres auoir paré ou reculé: ou que arriuant au quartier plus proche ou autre il s'arreſte de ſoy, alors il le faudra faire paſſer outre, ſans interrópre s'il eſt poſſible le trot ou le galop, & l'arer-

ſter ſur le cartier qu'il ſoupçonnera moins, gardant touſiours les iuſteſſes de l'arreſt.
Et en le ſupprenant ainſi d'ordinaire ſur tous les cartiers qu'il cuydera licentieuſement paſſer, tranſporté d'impatience, ou qu'il s'abandonnera trop peſamment ſur
le deuant, & le chaſſant par des menaſſes & chaſtimens, propres à ſon naturel, de
tous les cartiers qu'il ſe voudra arreſter , outre le gré du Caualerice , ſans doute le
continuel ſoupçon de ces ſubiects remedes diligemmét pratiquez , ſera cauſe qu'il
s'abandonnera moins ſur les eſpaules , & ſur l'appuy de la bride) s'il eſt naturellement peſant) ou qu'il diſtribuera ſes forces, vigueur & diſpoſition , auec moins de
violence, s'il eſt trop ſenſible & fougoux, tellement que par le ſtil de ces leçons , il
ſe pourra rendre leger & ayſé à l'exercice & manege du trot & du galop.

Si en l'exercice ſuſdit , les ronds ſont placez comme ils ſont icy repreſentez, le
cheual recognoiſtra moins les changemens & ſeparations d'iceux , & par conſequent ſe rendra plus attentif aux actions du cheualier.

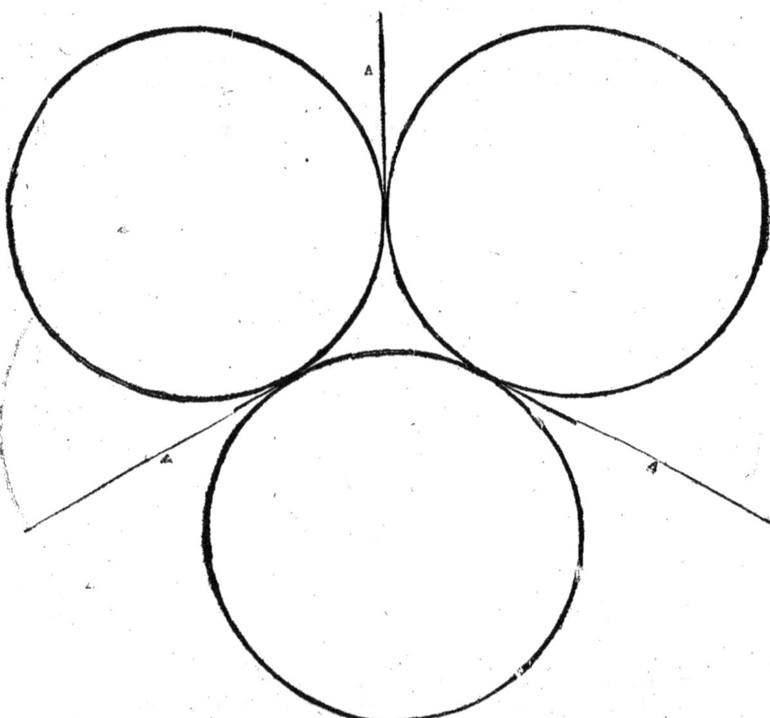

le diray

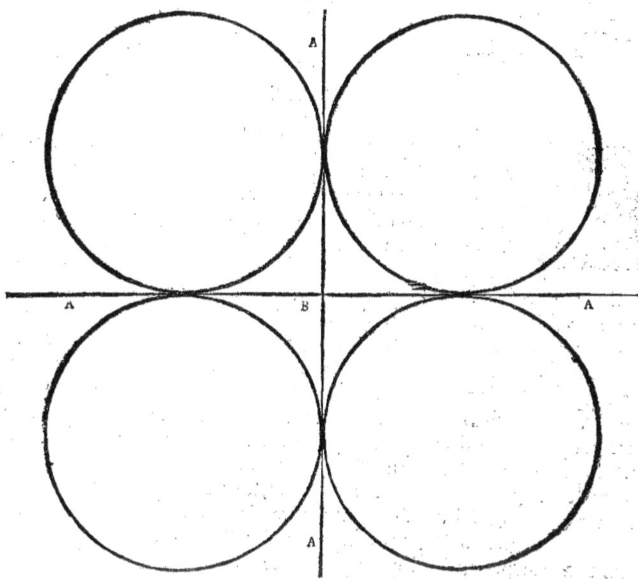

A pour entrer ou pour sortir.　　B pour changer de main en croissant.

IE diray icy en passant que les cordes du cauesson, & les renes estant ordinairemet tenuës assez longues & hautes, allegerissent la bouche, & releuent la teste du cheual, qui de soy est parresseux ou trop chargé, moyennant le vray temps & l'air du bras & de la bonne & legere main: mais elles n'apporteront point de fermesse ny de resolution à la teste ny à la bouche, qui seront naturellement esgarees, ou foibles: & les cordes & renes estant tenuës assez basses & serrees, elles rameneront & asseureront les testes & bouches qui seront trop vagues: mais elles endurciront l'appuy qui de soy sera à pleine main, & la mediocrité de ces deux postures de bras & de main, & de ces mesures de cordes & de renes, pourra alegerir, ramener & asseurer ensemble, les testes & bouches communes.

B b

QVAND LE CHEVAL REFVSE DE GALOPPER
aux ronds plus communs soit à faute de pratique ou estant rebuté.

CHAPITRE IIII.

PAR ce que ie sçay que le cheual peut faire plusieurs mutations aux premiers & susdits exercices de galop sur les ronds ordinaires, & mesmes qu'il se peut aucunesfois rebuter par telle obstination que seulement il ne refusera de tourner en galoppant, mais aussi se deffendra ou se mettra en fuitte, quand on le voudra contraindre, il me semble que tels vices suruenans, on doit vser des communs remedes & chastimens de cest art, lesquels, peut estre, rameneront & rengeront le cheual licétieux: Toutesfois si le Caualerice n'est sage & bien entendu, par les mesmes moyens, trop continuez ou mal effectuez, il le pourra auillir ou desesperer, selon qu'il trouuerra son temperament diuersement disposé auec ses forces & haleine. Et pour euiter en telles occasions la rigueur, qui amene souuent beaucoup d'accidens differens & preiudiciables, ie suis d'aduis qu'ayant battu ou menacé le cheual, (taschant de luy faire recognoistre sa desobeyssance) au lieu de s'ahurter opiniastrement recourant aux effects des plus aspres contraintes de nos escoles, on cesse pour quelques caualcades, les coups, les douleurs & les menaces, & qu'o eslargisse beaucoup l'espace des premiers & plus grands ronds: Asçauoir premierement au pas & au trot: Et quád le cheual aura recogneu ceste grande largeur du tout extraordinaire, il le faudra mettre paisiblement au petit galop sur la mesme piste & d'iceluy faire seulement vn tour, commencé & finy comme au lieu de la lettre A, marquee en ceste figure, & soudain le remettre au trot & en fin au pas estrecissant la piste paisiblemét peuà peu en forme de limaçon iusqu'au centre de ce rond marqué B, & en ce lieu l'arrester pour luy rendre la main & redonner haleine, le caresser & le r'asseurer Apres il faudra allant doucement au pas prendre le tour à l'autre main & faire la semblable reigle au mesme rond ou en autre place.

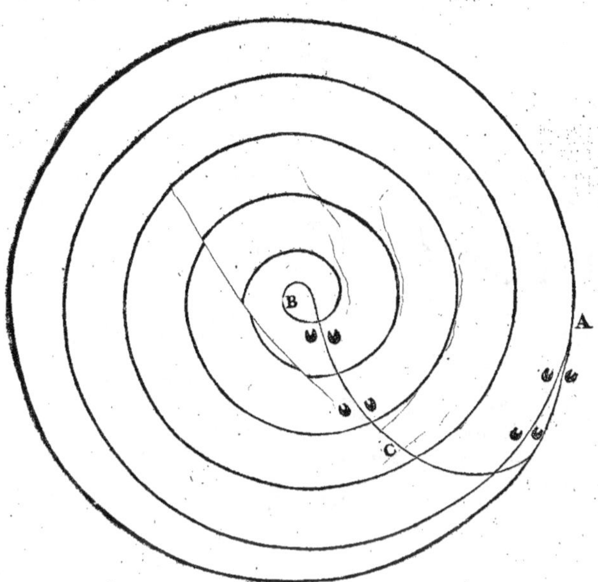

A Y A N T ainſi commencé d'appaiſer le cheual par ceſte eſcole extraordinaire, il faudra augmenter le galop à routes les caualcades d'vn quartier ou demy rond ſur la meſme piſte, obſeruant touſiours les ſuſdites fins iuſqu'à-ce qu'il face deux tours ſans rompre le galop, continuant encor' apres le meſme ſtil, pour croiſtre d'vn troi-ſieſme tour finiſſant ſur tout au centre par le trot & le pas: Car au moyen de ceſte fin eſtrecie de ſi loing, & par les careſſes receuës ſur le lieu du centre marqué, B. le che-ual perdra peu à peu(& ſans eſtre plus aſprement tourmenté) le deſir vile ou mali-cieux de s'eſcarter de l'eſcole, comme l'on pourra voir en l'experiéce bien recherchee: Et de la bonne habitude de ceſte premiere proportion (apres l'auoir diſcretement reduitte en moindre eſpace) naiſtra auec le temps, la facilité du manege de guerre.

C piſte pour partir du centre alant changer de main ſur la circonferance.

Bb ij

LES CHEVAVX QVI TIRENT PLVS A LA
main en galoppant par le droit que fur
les ronds.

CHAPITRE V.

Il aduient communément que les cheuaux plus courageux pefent ou tirent plus à la main, en trottant ou galoppant par le droit que fur les voltes, principalement s'ils ont les membres foibles : La raifon eft, que le cheual chargé & pefant, fe trouue naturellement plus côtraint de tenir fes forces vnies pour pouuoir bien tourner, que pour aller par le droit : & s'il eft impatient, l'action de la volte eftant auffi raccourcie & circuitte en fon efpace limité, luy occupe beaucoup plus la force des reins, la memoire, & la veuë que ne fait l'aller de long, qui au contraire fe rapporte à l'inquietude, d'autant qu'il femble n'eftre point tourné, ou l'eftre beaucoup moins que les voltes. Il faut donc faire communément vne partie, & mefme la fin des fufdites lecons, en allant par le droit, faifant les diftances des arrefts courtes, mediocres, ou longues : felon que le cheual fe voudra trop auancer, ou qu'il rendra le galop leger & attendu efcoutant l'aduertiffement du cheualier, & fur tout ne le laiffer iamais repartir apres l'auoir arrefté, tant que l'impatience le fera tirer à la main pour fe vouloir auancer, fans attendre l'action de celuy qui l'exerce, ny quoy qu'il perde la fougue, que premier il ne luy ayt fait faire pour le moins vn ou deux pas de patience, autrement cefte reigle feroit imparfaicte, & peut eftre inutile : mais eftant practiquee auec bon iugement, elle apportera en peu de temps beaucoup de legereffe, & de facilité aux cheuaux des fufdits naturels, pourueu qu'ils foient affez netueux & fermes fur les membres pour refifter à l'exercice.

Et parce qu'vne leçon, tant foit excellente, ne peut communément eftre propre à tous cheuaux, bien qu'ils fuffent d'vne mefme côplection, i'aduife le Caualerice qu'il aduiendra ordinairement en la fufdite reigle, que le cheual fenfible, qui eft trop long de corfage ou foible de reins, d'efpaules, de iambes, ou de pieds, fe ramenera auec tant de peine pour bien faire & continuer les fufdits arrefts fur le derriere, qu'il fera de trois defordres vn ou deux, & quelquesfois tous les trois enféble. C'eft qu'il refufera de repartir, ayant efté fouuent furprins au parer, ou qu'eftant party il ira trop retenu comme vne efpece de tracanart, n'ofant refoudre le vray mouuemét du galop, ou au lieu de fe mettre au galop ayfé & attendu, il conuertira le temps d'iceluy en des eflans abandonnez, penfant par le moyen d'iceux, euiter, & fuyr la furprinfe & fubiection des arrefts : En quoy il faut neceffairement que le bon Caualerice vfe de beaucoup d'art & de patience, affauoir, qu'il luy rende la main fubtilement, fouuent & bien à temps : car il faut que la fincerité du courage & celle de la bouche, fe rapportent fi l'on veut iöuir de l'obeyffance : qu'il ne le batte que le moins qu'il fera poffible, pour ne le mettre en plus grande confufion ny en defefpoir, ains doucement luy laiffer prendre de foy le temps du petit galop : qu'il ne l'arrefte plus fi fouuent, mefmement lors qu'il foupçonnera trop la fubiection de l'arreft, afin de l'appaifer peu à peu, luy donnant moins d'occafion de craindre la furprinfe & l'effort du parer : qu'il le laiffe affez long temps galopper le plus lentement qu'il fera poffible, pour luy ofter la violente apprehenfion de la courfe & pour luy affeurer & accroiftre l'aleine : Et finalement qu'il le pare d'ordinaire aupres de quelque muraille, ou en autre lieu qu'il le contraigne de fe retenir, & de côfentir à la parade fás

qu'il ſoit beſoin de tirer beaucoup la bride, ny les cordes du cáueſſon, cótinuant ceſt
ordre iuſques à ce que la pratique l'ayt diſpoſé à l'obeyſſance & facilité du parer. Bref
il faut conſiderer que les cheuaux foibles, qui neantmoins ſont courageux & ſenſibles, ſont auſſi ceux qui doiuent eſtre plus reſpectez, à cauſe que les plus aſpres remedes & chaſtimens, leur precipitent tellement les forces & vigueur, qu'ils en ſont, non
ſeulement bien toſt accablez, & ſouuent deſeſperez & rebutez, mais auſſi rendus a-
pres incapables de memoire & d'obeyſſance, & meſmes c'eſt vne maxime, qu'il faut
touſiours euiter tant qu'il eſt poſſible, les occaſions par leſquelles le cheual, qui
eſt naturellement malayſé de bouche, peut recognoiſtre les moyens de fuyr & eſchapper la ſubiection de l'arreſt, & taſcher par la longueur du temps, & tous les plus
doux remedes, de luy faire oublier les traits licentieux, qu'il pourra auoir faits en
forçant le bras, & la main du cheualier pour ſe mettre en fuyte, ſe meſfiant de ſes forces, ou par ſa malignité.

ADVERTISSEMENS NECESSAIRES SVR LA DIFFE-
rence qu'il y a des cheuaux impatiens, qui n'ont point d'obeyſſance de
bouche, à ceux qui ſont ramingues
& malicieux.

CHAPITRE VI.

A V c v n s ont en doute, lequel de ces deux cheuaux imparfaicts eſt
plus ou moins blaſmable, celuy qui a la bouche mauuaiſe & pour
quoy que ce ſoit trop dure, peſante, ou forte, ou celuy qui eſt fort
ramingue. Ie tiens que pour la güerre le cheualier eſt tres-mal
nonté eſtant ſur vn cheual ſujet à des fantaiſies fougouſes, bizarres & deſſobeyſſantes, ou à certains effrois qui le feront aucunesfois precipiter deſdaignant les effects de la bride, peut eſtre iuſques dedans quelque
trouppe d'ennemis, ou à trauers pays, & en pluſieurs endroits malayſez & dangereux, fuyant la rumeur des armes & du combat, quelque effort que le cheualier puiſſe faire pour l'en empeſcher. Il n'eſt pas ce me ſemble beaucoup mieux aſſeuré ſur vn
cheual qui ne ſe veut eſcarter ny departir d'vne trouppe, ou s'il en part, c'eſt à regret, & à force de coups d'eſperons, retenant tellement ſa vigueur, ſes forces & ſon
courage ſingard, qu'il ſemble que le cheualier rendroit pour le moins autát de combat eſtant à pied, que monté ſur telle roſſe. Toutesfois ſi l'occaſion ſe preſentoit de
combattre en trouppe, i'aymerois mieux eſtre ſur le cheual ramingue, parce que generalement il ne refuſera point d'aller en cópagnie d'autres cheuaux, par tout où ils
pourront donner & ſe retirer: & ceux qui ſont extremement ardens, ſe mettent d'ordinaire en action trop violente, voyant ou ſentant l'emotió furieuſe de pluſieurs autres cheuaux, qui courent & qui donnent deuant ou apres eux: mais pour les plus iuſtes & obſeruez exercices de nos eſcoles, horsmis la courſe & l'air du galop gaillard,
i'entreprendrois communément plus volótiers le cheual deſdaigneux, ou deſobeyſſant de bouche, pourueu qu'il ne fuſt trop peſant, & qu'il n'euſt vn trop grand defaut de memoire, d'autant que ſans doute il ſeroit plus ayſé à le reduire ſur les maneges retenus & limitez, que de contraindre le ramingue à fournir & diſtribuer ſes forces & diſpoſition, à quelque iuſte proportió d'eſcole: car par la longue patience & les
bonnes reigles, le cheual deſdaigneux, fougoux & licentieux de bouche, ſe peut
appaiſer, allegerir, & apres adiuſter à quelque exercice de memoire, eſtroit & mediocre: à cauſe que les leçons plus iuſtes, bien & patiemment effectuees, ſont pro-

pres à la memoire,&par consequent peuuent auec le temps diuertir la fougouse apprehension. Tellement que les forces du cheual sensible & cholere,(toutesfois desia
repatrié & asseuré,)estans vnis par les effeéts des reigles d'vne bonne escole , & des
caresses faictes à temps &à propos,se peuuent apresdispenser auec fort peu d'aydes,
& de chastimens d'esperon ou de gaule,à quelque bon air ou manege iuste & aysé,
au contraire le cheual qui de sa nature est ramingue & retif,quelque force & legeresse qu'il puisse auoir,ne le peut bonnement resoudre,ny bien adiuster aux airs & maneges des voltes estroittes,ou de mediocre subieétion:parce que retenant naturellement ses forces,disposition & courage,il rend communémentses leçons si acculees,
ou autrement faulses & retenuës,que le bon Caualerice n'en peut estre suffisammét
satisfait,&s'il entreprend de luy faire distribuer également & viuement sa vigueur,
par les moyens ordinaires & plus violens,il trouuera le plus souuent qu'il aura fait
deux choses ensemble,estant allé de mal en pis:assauoir qu'à mesure qu'il aura vaincu son cheual ramingue,& abattu l'humeur rebelle & malicieuse , qui empeschoit
qu'on se preualeust de ses forces & disposition,il luy aura par mesme moyé tellemét
assoupy & auily le courage,qu'il se sentira redoubler de peine &le desplaisir,le voyát
harassé & rebuté:si qu'il ne luy faudra pas moins d'art,& d'industrie à le r'asseurer &
remettre,qu'il aura vsé de rigueur à le chastier & vaincre, durant le temps qu'il se sera defendu retenant ses forces.Ce n'est pas à dire que le cheual ramingue ne se puisse
aucunesfois adiuster : mais il faut plustost auoir bien & diligemment trauaillé ,à le
resoudre & determiner diuersement,au trot estendu & au galop hasté & furieux, tát
sur les ronds larges & mediocres,que par le droit,sans obseruer place particuliere,
espace limité,ou nóbre de tours,au contraire le chasser souuent par le droit, & quelquesfois à toute bride,changeant assez loing de place pour l'eslargir & resoudre en
diuers lieux,selon qu'il se voudra serrer & retenir,& puis l'estrecir peu à peu , à mesure qu'il employera viuement ses forces : En fin les plus patientes , douces & indu-
strieuses escoles,sont les plus necessaires aux cheuaux trop ardents & determinez,&
les plus variables & hardis exercices,conuiennent mieux au cheual ramingue: car ils
le peuuent aucunefois diuertir de ses desseins malicieux , & apres par consequent
disposer peu à peu,à la iuste obeyssance de l'escole,pourueu qu'elle se r'apporte à ses
forces & disposition.

CHAPITRE VII.

ES cómunes iustésses des diuerses leçons de trot ,sont assez expliquees au premier Liure,sans qu'il soit besoin que i'vse icy de beaucoup de redittes,mais ie veux d'auantage que le Caualerice pratique d'autres reigles,qu'il trouuera plus briefues & plus belles , lors
que le cheual y sera disposé. Assauoir que toutes les fois qu'il voudra tourner son cheual , soit au bout d'vne passade , ou pour chan-
ger de rond , sans aller par le droit,il luy face faire, auec l'ayde du cauesson ou de la
gaule,la premiere aétion de lavolte, enportant vn peu la teste sur le costé qu'il tournera,comme i'ay cy deuát dit plusieurs fois,afin qu'il s'accoustume à regarder tousiours sur la place,où il luy faudra poser les mains, & par ce moyen il rende son manege plus facile.Il faut aussi en ce mesme temps,que le cheual face le premier pas du
tourner en auançant libremét l'espaule,& le bras hors la volte, & en passant & croy-

fant sans defordre, ce bras deſſus celuy de dedans : & pour bien prendre le temps de
ce premier pas, le Caualerice doit touſiours ſentir quels des pieds ſont en terre, & par
conſequent quels ſont en l'air. Eſtant ainſi attentif, il tournera & portera le poing
de la bride ſur la volte, cependant que le cheual aura le pied de deuant en l'air, du coſté qu'il le voudra tourner, iuſtement quand ce pied deſcendra de ſon mouuement,
& preſque au meſme temps qu'il ſe poſera en terre, afin qu'en leuant apres l'autre
pied de deuant, le cheual ſoit aduerty de tourner & contraint enſemble d'auancer
l'eſpaule & le bras hors la volte, pour faire le premier pas d'icelle en cheualant ce bras
de dehors, deſſus celuy de dedans : & pour bien faire ce mouuement, il faut diſcrettement ſouſtenir & porter le cheual en auant, auec le bras & la main de la bride, & le
preſſer du gras des iambes, & s'il eſt beſoin luy faire ſentir les eſperons, pour l'empeſcher de ſe trop ſerrer, ou retenir, de plier le col, ou faire quelque faux mouuement
de la teſte, & auſſi pour luy donner plus de moyen de bien auancer l'eſpaule & le bras
de dehors, afin qu'il ne ſe heurte du fer contre le nerf de l'autre bras, ou qu'il ne ſe
marche d'vn pied ſur l'autre. Il y a beaucoup de diligences comprinſes enſemble, ſous
la brieueté du temps de ce commencement & premier pas de volte, qui de neceſſité
doiuent eſtre iuſtement effectuees par vne facilité d'ayde, bien pratiquee. Car ſi le
Caualerice tourne le poing de la bride ſur la volte, pour la commencer, cependant
que le cheual aura la main dedans icelle, en l'air & trop haute, ſans doute il ſera contraint de faire ce premier pas, en eſlargiſſant le bras dedans la volte, qui eſt vne action
qui naturellement luy donne beaucoup moins de commodité de porter la teſte, auec
la veuë ſur la volte, que s'il fait ce premier pas en auançant l'eſpaule & le bras oppoſite : & ſi l'on commence de tourner le cheual, le ſurprenant durant le temps qu'il
aura la main dedans la volte, en terre, ce temps luy ſera ſi court, pour pouuoir auancer
l'eſpaule & le bras de dehors, & faire ce premier pas de volte en cheualant librement
deſſus celuy de dedans, que ceſte premiere & ſuſdite action reſtera imparfaicte. Il
faudra donc diligemment conſiderer le temps auquel le cheual faict la deſcente du
pas, & du bras dedans la volte, & qu'il a la main à quatre doigts ou enuiron pres de
terre.

L E cheual ne laiſſera pas de bien trotter & tourner à chaſque main, ſans obſeruer
tant de iuſteſſe : mais il faut entendre que les mouuemens ſuſdits ne ſont pas ſeulement beaux, mais ils ſeruent à pluſieurs commoditez, principalement à deux qui ſót
de grande conſequence. La premiere eſt que le cheual qui commence la volte en
auançant l'eſpaule de dehors, ne ſe peut coucher, acculer, ny rendre entier ſur la volte, pourueu qu'on luy face guyder ceſte action auec le col & la teſte : car c'eſt vne maxime que pour le faire tourner librement, & tant qu'on veut, il le faut touſiours accouſtumer à porter la teſte deſſus la vólte, c'eſt à dire, droit deſſus la piſte arondie,
ſans toutesfois luy plier ny falſifier le col en aucune ſorte. L'autre il luy adiuſte les
hanches, d'autant qu'il ne peut leuer vn pied de deuant, & vn autre de derriere, d'vn
meſme coſté, en vn meſme temps, & faiſant ce premier pas du tourner en hauſſant &
auançant l'eſpaule & le bras hors la volte, il faut par neceſſité que ce mouuement ſoit
ſouſtenu de la hanche du meſme coſté, & par conſequent la crouppe du cheual ne
peut eſchapper au Caualerice, que ce premier pas ne ſoit faict apres lequel s'il eſt diligent à porter le cheual en auant, il ne pourra falſifier la rondeur de la volte, qu'il
n'en aye faict au moins enuiron vne moitié.

P o v r neant le Caualerice penſera effectuer proprement ces reigles, ſi premier il n'a bien recogneu, entre tous ces chaſtimens, leqúel tient ordinairement mieux en obeyſſance le cheual qu'il exerce, ſans luy troúbler trop la memoire, l'eſtonñer, ny le deſeſperer. Car il troúuera pluſieurs cheuaux, qui ne pourront iamais patir les grãds coups d'eſperon (principalement ſi les molettes ſont trop longues & pointuës) ſans s'auilir, ou faire quelque deſordre, & communément ils auront le courage plus rédu à ſe defendre de la douleur, qu'à l'ordre des leçons: mais ils craindront le nerf, & ſe corrigeront par le chaſtiment d'iceluy. D'autres qui tout au contraire feront leur profit des aydes & chaſtimens des eſperons, qui neantmoins tiendront fort peu de compte des coups de nerfs. D'autres qui ne pourront patiemment conſentir à l'incommodité & ſubiection du caueſſon, ou qui ne le craindront nullement, mais qui obeyront auec plus de facilité aux bons effects de la bride, & d'autres qui chercherõt tous les moyens qu'ils pourront pour empeſcher les effects de la bride, qui d'ailleurs craindront bien fort le caueſſon. Or en vſant d'ordinaire du ſecours & chaſtiment qui auec moins de deſordre pourra contraindre le cheual à la iuſteſſe de la bonne eſcole, il faudra que le bon Caualerice le corrige, le gaigne & l'adiuſte, & que par ce remede, luy face auſſi, auec le temps, recognoiſtre les bons effects des autres aydes & chaſtimens qu'il n'aura encor peu, ny voulu ſouffrir ou comprendre.

CHAPITRE VIII.

S Il le cheual a la crouppe ſi legere ou ſi fauſſe, que d'auſſi toſt qu'il aura fait le premier pas de la volte, ou en quelque autre temps ou endroit d'icelle, il ſe penche en eſlargiſſant les iambes de derriere, & les iettant en dehors, comme font communément les cheuaux coleres & de mauuaiſe inclination, il faudra en meſme temps, à tous les coups, vſer diſcrettement des chaſtimens de l'eſtrieu, du gras de la iambe, de l'eſperõ & du caueſſon, hors la volte, & du nerf ou de la gaule, ſur le meſme coſté. Mais en faiſant ces chaſtimens, le Caualerice ne portera nullement le poing de la bri. de dedans la volte, au contraire il ſouſtiendra l'appuy de la bouche du cheual auec la rene du coſté qu'il tournera, le faiſant ou le laiſſant marcher par le droit, trois ou quatre pas, aſſez retenus, ſortant de la iuſte & ronde proportion, comme il ſe void en ceſte figure, pour cependant auoir moyen de luy redreſſer la croúppe, & ſoudain apres le remettre ſur ſon trot ordinaire, recommençant de tourner ſans perdre téps, là où le cheual ſe trouuerra redreſſé par le droict, ſoit pres ou loin du lieu auquel il aura failly.

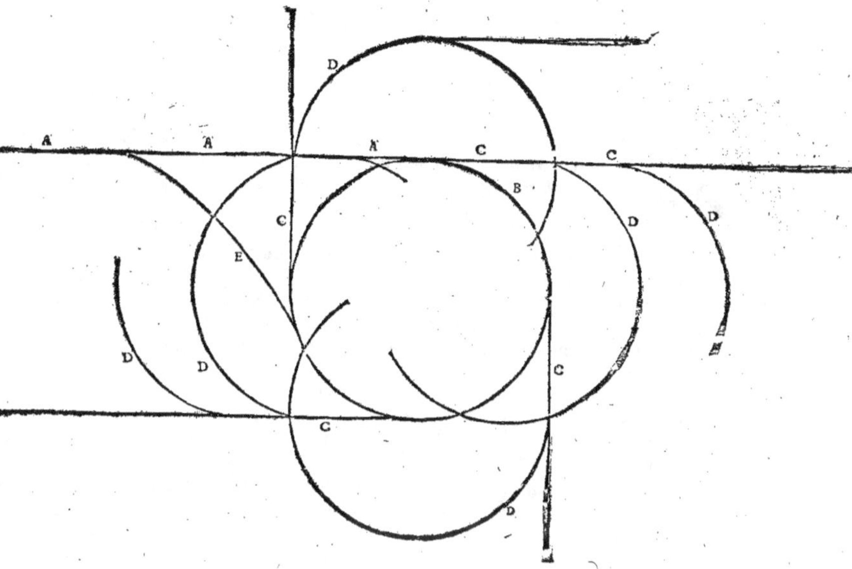

A ligne de la premiere paffade.
B commencement du premier rond.
C pour redreffer par le droit, le cheual qui falfifie la volte

D pour reprendre la volte quand le cheual fera chaftié & adiufté.
E pour fe remettre deffus la droitte pifte de la premiere paffade, quand la volte eft iuftement fournie.

EN tous les endroits de la volte, ou le cheual fe voudra de nouueau trop eflargir de derriere, il faudra continuer la fufdite action auancee par le droict , fans obferuer aucun lieu ny efpace limité, ny nombre de tours , que felon l'obeyffance que le cheual rendra, & iufques à ce qu'il ne parte plus les pieds de derriere de la iufte pifte de ceux de deuant, & mefme qu'il porte le corps, & le col en droitte pofture, eftant fur les voltes, autant en l'vne main, comme en l'autre, fans fe coucher, plier ny acculer, comme fans doute il fera en peu de temps par des leçons. Et quoy que le cheual corrigé de la fufdite imperfection, ne face plus difficulté de tourner iuftement, fi ne faut-il laiffer pour cela de finir aucunesfois fes leçons ordinaires , en le portant ou chaffant fouuent de droit en droit, fur les voltes, felon la fufdite figure , & comme il fera cy apres encores mieux reprefenté, afin de le maintenir en iufte efcole, principalement quand il a efté difficile à corriger. Cefte mefme leçon peut auffi feruir au cheual, qui naturellement porte les hanches trop dedans la volte, & qui eft entier ou en danger de l'eftre, pourueu qu'on face les fufdits chaftimens du cofté qu'il fe ferrera, afin de l'eflargir de derriere, chaffant la crouppe dehors en mefme temps, que fortant du rond on l'auancera par le droit, pour continuer apres de le tourner, foudain qu'il portera la tefte du cofté qu'on le voudra faciliter.

REIGLES POVR LES VOLTES
de galop.

CHAPITRE IX.

EN prenant la volte de galop , soit allant par le droit , ou en changeant de main, le cheual doit faire la cadance du premier temps dudit galop, & apres de tous les autres suyuans, auec le bras du costé qu'il tournera, qui est tout le contraire de la reigle precedente du trot : & pour mieux entendre ceste cy , il faut considerer que lors que le cheual galoppe à main droitte, la iambe droitte de deuant doit faire la cadence de tous les temps, c'est à dire qu'elle doit deuancer l'autre , en donnant en terre , & conse-quemment à main gauche , la iambe gauche en doit faire de mesmes. Ce mouuemét est naturel, & presque commun à tous les cheuaux qui ont le galop leger , & qui manient franchement , & quand il ne se faict en ceste sorte, le cheualier & le cheual sont en desordre, & en dáger de s'abatre, si le terroir est tant soit peu mauuais. Or pour ayder au cheual, qui ne sçait ou ne peut faire ce premier temps, il faut que le Caua-lerice sente, & comprenne bien tous les temps du galop, & que lors qu'il veut pren-dre la volte, il tourne le poing de la bride, (en soustenant le cheual & le portant en auant) iustement quand il haulsera les espaules, pour faire l'action du galop, & en ce mesme temps, le cheualier doit peser du pied, & du corps sur l'estrieu, du costé qu'il veut tourner, afin que pour soustenir ceste action & ce poids, le cheual soit côtraint, (ayant le deuant en l'air,) d'auancer le bras du mesme costé , pour d'iceluy faire la cadance du galop dedans la volte : & par ce móyen le mesme changement de bras, se peut faire en galoppant par le droit , auec fort peu de feinte ou d'ayde de la bride, pourueu que le cheual soit bon à la main.

CESTE action d'espaule ou de bras, outre la commodité que ie viens de dire, don-ne beaucoup de grace au cheualier & au cheual , quand elle est nettement faicte au premier temps du galop, qui commence la volte. Mais il faut que le Caualerice re-dresse son corps diligemment, soudain qu'il aura bien rencontré ce premier temps, auquel la commodité de la pante du terroir peut aussi beaucoup seruir , mesmement si le cheual est trop chargé d'espaules ou de teste , ou s'il pese ou tire à la la main , qui sont les imperfections plus contraires à la facilité du susdit mouuement. Sur tout en faisant ce premier temps, il faut soustenir temperement le cheual , qui est leger de deuant: & à pleine main celuy qui a beaucoup de poids : afin que cest appuy luy don-ne moyen, & loisir de mieux hausser & auancer l'espaule & le bras du costé de la vol-te : & toutes les fois qu'en galoppant sur les voltes, il falsifiera la iuste rondeur, il fau-dra obseruer la mesme reigle cy deuant expliquee aux leçons de trot, tenant au com-mencement les ronds plus larges, & les retrecissant apres peu à peu, selon que le che-ual pratiquera la facilité.

Pour les deux mains.

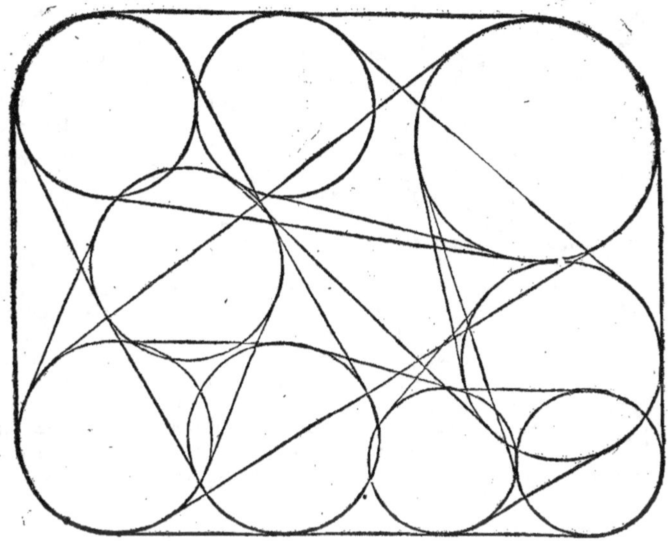

CESTE quantité & diuersité de lignes, qui parauenture ressembleront confuses à plusieurs, peuuent neantmoins monstrer au Caualerice clair voyant, comme il faut auancer le cheual par le droict, & s'il est besoin le chasser & chastier sur icelles, en quelque endroict de la volte, qu'il vueille trop eslargir les iambes de derriere, iettant la crouppe hors du iuste rond & circuit de ladite volte, ou qu'il se vueille endurcir ou trop serrer, soit au trot ou au galop Ces lignes se doiuent faire courtes & longues, selon que le cheual mettra de temps, à se redresser en icelles, par les chastimens proprement faits du costé qu'il se sera esgaré, ou sans estre battu : & apres en quelque part qu'il se trouue droit & bien disposé, il faut recommencer & continuer la volte du mesme costé, la tenant estroitte, mediocre, ou plus large, selon que le cheual fera difficulté d'obeyr soit en se desrobant d'vn costé ou d'autre, en deuenant entier, ou en quelque sorte qu'il falsifie l'action du tourner : & à tous les coups qu'il fera les susdittes fautes, il faudra garder ceste metode, iusques à ce que le cheual soit libre & asseuré à son manege. Voylà pourquoy les ronds sont ainsi placez en ceste figure sans egalité, chose qui ne se peut bien marquer en terre, par la piste de l'exercice, à cause qu'elle ne doit auoir lieu prefix, ny autrement limité, qu'eseulemét selon que le cheual desobeyt, ou consent à la facilité & iustesse de l'escole. Et partant ces leçons né doiuent estre guydees ny effectuees, que par le bon iugement & la docte pratique du bon Caualerice. Si ceste figure semble estre longue, ce n'est pas pourtant que le cheual la doiue suiure & fournir entierement, premier que changer de main, si ce n'est qu'il se rende extrememement obstiné en sa desobeissance. Car au contraire ie veux que le Caualerice se garde soigneusement de le tant presser & chastier, pour quelque faulseté qu'il puisse faire, que l'excessif effort, ou le trop aspre desplaisir, le rebute du tout, ou le desespere. Il faut donc considerer que ceste figure n'est faite que pour la

demonftration des diuers endroits de la volte ou le cheual peut faillir, & ceux aufquels il fe peut diuertir & chaftier, & que l'on n'en doit prendre que tant qu'il fera
befoing conferuant toufiours la memoire, la mediocre force, & l'haleine du cheual:
& fi en ces voltes de galop, il fe defend ou s'oppofe autrement à la iufteffe, auec plus
d'obftination qu'il n'a de force ou d'haleine, lors il faudra mefler le trot, & le galop
enfemble, trottant aucunesfois fur le rond, & galoppant fur la ligne droite, & faifant
vne autresfois le rond au galop, & la ligne au trot, afin d'auoir moyen de faire la leçon plus longue, fans arrefter le cheual, & fans luy precipiter la vigueur ny la memoire. En fin fi le cheual qui falfiffe les voltes en dehors ou en dedans, eft quelque temps
exercé & chaftié par cefte reigle proprement obferuee, il ne faut point douter qu'il
ne fe cortige & difpofe beaucoup mieux à la iufteffe, que fi l'on auoit vfé des remedes
plus communs & plus contraints.

    P o v r mieux comprendre que cefte reigle apporte plus de commodité en la iu-
fteffe que les autres chaftimens communs, il faut confider que felon l'efcole ordinaire, toutes les fois que le cheual iette la crouppe hors la volte, on le doit chaftier de
l'efperon & du nerf, ou de la gaule, du cofté qu'il s'eflargift : mais c'eft en allant & en
tournant, & fans que les pieds de deuant partent de la rondeur de leur pifte. Or fi le
cheual obeyffant vent ceder à ce chaftiment ordinaire, fans doute premier qu'il aye
reparé fa faute, il aura defia paffé l'endroit auquel elle aura efté faite, tellement qu'au
lieu de s'adiufter par ce chaftiment, il eftrecira & falfifiera d'auantage la rondeur de
la volte, en voulant obeyr, & peut eftre là où il aura auparauant mieux obferué la iufteffe d'icelle.

    I e m'affeure que quelqu'vn qui fçaura beaucoup, voudra alleguer en cecy que le
chaftiment qui aura efté fait fans arrefter le cheual fur la volte, ny le faire fortir du circuit d'icelle, le peut tenir aduerty & que par iceluy il s'adiuftera repaffant apres fur le
mefme lieu qu'il aura efté battu, & rendra cefte obeyffance craignant la nouuelle
punition d'vne femblable faute : ie ne veux pas dire que cela ne puiffe eftre : mais fi
en faifant ledit chaftiment, on continue de tourner le poing de la bride fur la volte,
au cheual qui fe rendra obeyffant, l'offence & la douleur de l'efperon & du nerf, le
pourra fouuent contraindre à quelque autre defordre, auant qu'il foit reuenu & remis fur le lieu où il aura defia receu le chaftiment : & fi le Caualerice penfe l'en pouuoir diuertir, ce fera proprement le vouloir chaftier de fa faute, & l'empefcher en
mefme temps de confentir au chaftiment, & par confequent le troubler & mettre
en confufion. En fin, c'eft vne maxime que toutes les fois que l'on veut pouffer la
crouppe du cheual d'vn cofté, il luy faut vn peu porter la tefte & les efpaules de l'autre, ou au moins par le droict : autrement l'on fera deux actions contraires, qui n'apporteront pas beaucoup d'effect à la iufteffe, fi ce n'eft par vne grande longueur.
Pour bien faire ces mouuemens, il eft neceffaire que le cheual aye la bouche affeuree, & qu'il commence à ceder de cofté à l'efperon & à la gaule : & quoy qu'il ne foit
dur ny entier d'vn cofté ny d'autre, fi neantmoins il galoppe confufément, il eft aucunesfois neceffaire en galoppant de le faire tourner plufieurs fois d'extraordinaire
à chafque main, premier que la changer, afin de luy faire pratiquer l'action du bras,
qui doit faire la cadence du galop. Quand à celuy qui eft naturellement fougoux &
exercé couftumierement en lieu plein & vny, fe trouuant apres dedans de forts ga-
rets, ou autres terroirs mal ayfez, il enttera facilement en inquietude defordonnee.

Q v a n d

QVAND LE CHEVAL APPREHENDE TROP LES
esbrillades, & tous les mouuemens de la main de la bride.

CHAPITRE X.

S I le cheual a la bouche trop sensible, peut estre fera-il difficulté aux reigles susdites, de cōsentir à l'appuy & aux mouuemens de la main, tant fermes & temperés qu'ils puissent estre. De sorte que pour les bien effectuer, il faudra necessairement luy oster plustoft la trop grande apprehension des esbrillades en luy asseurant la bouche, par les moyens ordinaires des douces emboucheures & gourmettes, des branches foibles & assez lōgues, du cauesson de corde ou de fer sans estre déclé, retors ny rayé, mais autremét propre aux cheuaux trop sēsibles & desdaigneux, & quelquefois auec les faulses renes, & principalement par le bon temperament de la main. Surquoy ie veux aduertir le bon Caualerice, que quelquefois parmy les chastimens du cauesson, ceux de l'vne ou de l'autre rene, faits à temps, bien prins & bien iugé peuuent beaucoup corriger, (aucunefois plus que le cauesson seul,) les ordinaires battemés de main, ensemble la dureté de la bouche & du col, & la commune defence que le cheual fait en s'armant, & en plusieurs autres occasions, tant sur les voltes que par le droit. Car si le cheual se defend en appuyant la bride contre sa poitrine, ou en se courbant pour se mettre sur l'esquine, le seul chastimét de la rene d'vn costé ou d'autre, aura souuent plus d'effect pour le desarmer, & releuer, que celuy du cauesson: & s'il se couche sur la volte, ou s'édurcit à quelque main, auec l'vne ou l'autre rene, on luy peut parfois, mieux gaigner la teste & le col, soit pour luy tenir la crouppe, ou pour le plier sur la volte, que ne fera le chastiment ordinaire du cauesson, principalemét s'il est obstiné & de ceux qui ont la teste dure, & qui se bandent cōtre le cauesson. Mais il faut que le Caualerice aye le iugement, & la pratique de sçauoir faire ledit chastiment de rene, auec tant de discretion & si à propos qu'il serue autát pour asseurer la teste du cheual, comme pour le desarmer ou luy faire la souplesse du col. Assauoir si pour ne vouloir porter la teste sur la volte, ou pour quelque autre occasion, le Caualerice luy veut donner vn chastiment de rene du costé de ladite volte, il faut que ce soit en auançant le bras & la main de la bride, & en l'eslargissant ou poussant en mesme temps, par l'action hardie des iambes, & si besoing est auec les esperons: car par le mouuement general que le cheual fera estant agité sur le deutá, & par consequent sur l'appuy de la bride, il se diuertira de beaucoup d'occasions & de moyens d'incommoder & eslancer sa teste, ou de se retenir ou cabrer par la douleur ou importunité qu'il pourra receuoir sur la barre & gésiue, ou à la barbe: en outre ce mouuement discrettement poussé en auant, determinera le cheual sur la main qu'on le voudra gaigner. Mais il faut bien obseruer le temps de ce chastiment de rene, assauoir iustément & à l'instant que le cheual aura fait le premier & resolu mouuement, pour respondre à l'esperon & à la gaule en s'auançant viuement, car autrement il en pourroit naistre plusieurs desordres.

DE ceste ayde & chastiment ne naistra pas seulement l'obeyssance & facilité de la bouche du cheual, sur la main qu'ō en vsera discrettemét, mais aussi vn remede pour empescher qu'il n'eslargisse trop la piste des pieds de derriere, & ne se desrobe apres en tournant de l'autre costé: & qu'il soit ainsi, quád le cheual ne veut libremét tourner à main droite, l'ō a accoustumé de le tirer & chastier auec le cauesson droit, & par la subiection de la mesme corde droitte, on le peut aussi cōtraindre tournant à main

gauche,de tenir les pieds de derriere dedans ou sur la piste de ceux de deuant,si d'a-
uenture il veut jetter la crouppe trop en dehors.La rene(i'entends auec le simple canon , & par le temperament de la bonne main(en peut faire de mesme,& d'ordinaire auec plus de commodité,principalemét à certains cheuaux pesans ou durs à l'appui,qui se bandent souuent contre le cauesson:d'autát que l'effect d'icelle rene procede de l'appuy que l'emboucheure prent sur la barre, qui est vne partie interieure,
muscleuse,& beaucoup plus sensible que n'est celle où le cauesson doit faire só vray
effect ordinaire.En fin tous les moyens qui tirent la teste du cheual d'vn costé , doiuent estre propres à luy chasser en mesme temps la croupe de l'autre , & ceux qui
sont plus naturels apportent generalement plus de facilité. Or en ceste occasion
l'on peut prendre ce remede de rene plus naturel,que ne sont les communs mouuemens des deux renes ensemble. Aussi voit-on que le cheual nouueau à l'vsage de la
bride,veut tourner au contraire de l'action du poing d'icelle,à cause que ce poing
estant porté sur le costé droit,la rene gauche tire la bouche & la teste du cheual à l'o-
posite,tellement que pour luy faire cognoistre & pratiquer la volonté du cheualier,
par ce mouuement confus de soy,& neantmoins necessaire, il faut vser long temps
de l'ayde du cauesson & de la gaule,en quoy l'on doit iuger que le remede de la rene
selon la reigle susdite,doit aucunefois apporter beaucoup d'vtilité. Comment que
ce soit,il faut tousiours cóseruer en la bouche du cheual les barres entieres & la peau
de la barbe saine,& en son naturel.

I E m'asseure que plusieurs hómes de cheual,auront opinion que ceste reigle doit
estre fausse:parce qu'il semble qu'il n'y ait nulle apparéce que les esbrillades puissent
estre propres pour asseurer la teste du cheual :au cótraire ils soustiendront que c'est
le vray moyen de la mettre en desordre si elle est ferme, de luy rompre & falsifier la
bouche,comme à la verité il aduient quand les esbrillades sont dónées sans fermesse ny iugement,ou estant trop continuées.Mais il y a en cecy beaucoup de choses à
considerer,lesquelles peut estre beaucoup de ceux qui les liront n'aurót iamais bien
entendu, ou tels les poutra bien entendre,qui n'aura pas l'experience suffisante pour
les bien effectuer.

PREMIEREMENT il est certain que non seulement les esbrillades, mais tous les
chastimens qui sont nouueaux & incogneus au cheual,le troublent & le mettét souuent en quelque desordre:qu'il soit ainsi on voit que du commencement qu'on luy
fait sentir l'aduertissement ou les coups de nerf , de la gaule & des esperons,il s'en
estonne ou se met en defense en plusieurs façons,selon que de son naturel il est timide,ou courageux & sensible. Les premiers sentimés de la bride l'importunent aussi:
toutesfois quand le bon Caualerice par son art , luy a fait industrieusement recognoistre & accoustumer les effects de tous ces nouueaux desplaisirs , tant s'en faut
qu'apres ils ameinent les desordres premiers,qu'au contraire,ils sont les vrays moyés
de l'obeyssance & franchise du cheual,(i'entends si l'ordre des bonnes reigles est bió
gardé:) il ne faut dóc trouuer estrange que les esbrillades douteuses & incogneuës,
soient si cótraires au vray appuy de la bouche delicate & sensible,& par consequétà
la iuste posture de la teste du cheual:mais sans doute si le Caualerice a la main asseuree,& qu'il luy sçache bien faire recognoistre & pratiquer les chastimens de la rene,
faits par vn ferme temperament de main,adapté selon la nature de la bouche , & au
temps propre à la cause du chastiment,les effects n'en seront point inutiles , pourueu que sur tout le cheual soit embouché d'vn simple canon,si proprement garny
que le chastiment de rene ne luy puisse rompre ny trop offenser la bouche ný la
barbe.

Ie sçay que sur le doute de ces preceptes, l'on peut alleguer l'imperfection & dif-ficulté de certains cheuaux qui sont tant sensibles de bouche, que seulement le soup-çon de la moindre secousse de bride les font battre à la main. Or quand à ceux-là, si ceste crainte leur procede d'aucunes blesseures & vlceres, que la bride rude & mal ordonnee leur aye fait dedans la bouche, ou à la barbe, le remede premier & plus ne-cessaire est de les faire bien penser, les laissant seiourner iusques à ce qu'ils soyét bien gueris : mais si ce battement de main ne vient que d'inquietude, d'apprehension ou de l'incertain appuy de la bouche, n'ayant le cheual, ainsi desdaigneux, peut estre, ia-mais bien recogneu le temperament & la vraye fermesse d'vne bonne main, lors il est quelquefois bon d'en faire punition auec la bride, pourueu qu'on puisse empes-cher que la teste n'eschappe & ne s'esgare du tout, & qu'on garde l'ordre susdit auan-çant le cheual au temps qu'on fait le chastiment. Et combien que du commence-ment ce remede incogneu luy face faire d'estranges & dangereuses actions, si est-ce que le Caualerice preuoyant & sage, se doit promettre qu'apres les premieres appre-hensions passees, le cheual pourra recognoistre & comprendre peu à peu, les asseu-rez & doux mouuemens de la main maistresse : & que perdant par ce moyen le pre-mier soupçon, il se resoudra par consequent à l'appuy ferme & temperé. Toute-fois la pratique de ces remedes, n'est permise que seulement aux plus excellens maistres.

IVGEMENT SVR LES TEMPERAMENTS
de la main du Caualerice.

CHAPITRE XI.

COVSTVMIEREMENT on dict, pour loüer vn hôme de cheual, qu'il a la main fort douce : & pour le blasmer, qu'il l'a extrememcnt rude : mais tous ceux qui se meslent de faire ces iugemens ne sçauent pas bien d'où procede la douceur ny la rudesse de la main. C'est pourquoy i'aduertis telles gens, que la main douce ne se doit pas entendre pour celle qui est lente & foible : car au contraire estant ain-si, elle conuie plustost le cheual à l'irresolution de la bouche, parce qu'elle ne don-ne point d'appuy ordinaire, & par consequent peut beaucoup offencer la barre de-licate & sensible, à cause que la teste du cheual estant par quelque occasion ou soup-çon esbranlée & comme abandonnée, à faulte d'appuy & de fermesse de main, les mouuemens en sont plus vagues & plus diuers : qui est cause que souuent il se sur-prend soy-mesmes, se faisant de certains rabats & contre-temps sur les barres & à la barbe, auec la bride mal conduitte, de sorte qu'il en est quelquefois plus offencé que s'il receuoit de fortes esbrillades, d'vne main bien ferme.

LA main rude ne s'entend non plus pour la plus forte, & pour celle qui tient les renes plus tenduës : car au contraire estant ainsi elle fera ordinairement que le che-ual, qui a trop d'appuy, ou qui a la bouche trop dure, se resoudra à tirer d'auátage : & qu'il soit vray, on voit cómunémét que lors qu'il force la main du cheualier, le re-mede plus prompt & necessaire, est de lascher souuent les renes, afin que la crainte d'vn rabat de bride, luy rompe & oste la commodité de tirer ou de s'apuyer si fort. En fin la rudesse & la foiblesse de la main, procede seulemét de faute d'art, d'experié-ce & de iugement : & la douceur & la force, vient du temperament subtil & solide, qui se doit entendre pour la vraye fermesse, laquelle ne se peut acquerir que par la

longueur du temps, employé à l'exercice des bónes escoles, & en la pratique de plusieurs bouches differentes . Car ceste fermesse ne vient pas seulement de l'action du
bras & de la main: mais il faut necessairemét que l'assiette generale du cheualier, soit
forte & iuste, parce qu'ayant le corps esbranlé & en desordre, par les sauts ou autres
rudes & diuers mouuemés d'esquine, que le cheual peut faire, le bras & la main sont
aussi hors de leur bóne situation & mesmes qùand le cheualier se trouue en telle extremité, què ses forces sont entierement occupées à se tenir ferme dedãs la selle, lors
il perd le iugement & les moyens, non seulement du temperament de la main, mais
aussi de toutes les autres iustes proportions de l'escole.

ENCORES ne suffit-il pas en ceste partie d'estre fort à cheual, ny de bien sentir &
iuger la qualité de la bouche d'iceluy: car les plus subtils & temperez effécts de la bride procedent du prompt raport qui doit estre és iustes mouuemens de la iambe, &
de la gaule, auec ceux de la main de la bride: assauoir que quand ceste main r'ameine,
met & retient en bon lieu la teste du cheual, qui a la bouche foible & vaine ou trop
sensible, il faut qu'en ce temps le mouuement de la iambe, ou le soupçon du chastiment d'icelle, auance ou pousse temperémént l'action du cheual, contre l'appuy dé
la main, autrement il se retiendra trop, ou s'acculera, & s'il est ramingue, ou qu'autrement il donne occasion d'estre viuement poussé, & chassé par les plus hardis mouuemens de la iambe, ou par les chastimens de l'esperon, la main doit receuoir, soustenir & acconpaigner bien à temps, l'action violentement agitee en auant, tant par le
droit qu'en tournant, afin que l'obeyssance limitee ne puisse estre confuse ou pre-
cipitee, & surtout que la teste demeure en sa droite & ferme posture. Par tous ces
raports on peut encores cognoistre l'erreur de ceux, qui disent, vn tel a la main bonne, mais le temps de sa iambe est imparfait: l'autre tient & bat vne iuste mesure auec
la iambe: ayde & chastie proprement & diligemmét auec l'esperon: mais il n'a point
de iustesse ny de fermesse de main. La vraye cognoissáce de ces choses n'est pas tãt facile, comme la pluspart des cheualiers pensent. En fin la fermesse & le temperammét
de la main est, quand par les susdittes proportions bien rapportées, tous les necessaires mouuemens de la bride, se font sans contraindre ny abandonner le vray appuy de
la bouche du cheual.

CHAPITRE XII.

L se trouue souuent aucuns cheuaux lesquels estans de seiour, ou autrement en leur humeur plus gaillarde, se mettant naturellement &
d'eux mesmes, sur certains eslans inegaux & incommodes, perseuerát
en ce caprice, tant qu'ils se sentent duis en leur esquine plus noruueu-
se: de quoy on ne les peut du tout corriger que par beaucoup de fatigue, & vne grande longueur de temps, & encore apres tout ce qu'on y aura peu
apporter, ils ne laisseront de faire à tous les coups quelque traiét de ceste gaillarde inclination: mesme au cómencement de quelque exercice limité, ou estans recherchez cepédant qu'ils ont leurs forces trop vnies. I'ay desia dit au premier liure, l'ordre
des vrais remedes de l'art qu'il faut obseruer ordinairement pour chasser & resoudre
les cheuaux qui par vn mauuais courage retiennent trop leur vigueur & legeresse,

& aussi pour leur retenir celle qu'ils abandonnent & precipitent par impatience ou
debilité. Toutesfois ie veux encores en ceste occasion aduertir le Caualerice, que si
le cheual continue long téps en l'imperfection de ces eslans, nonobstant les chastimens ordinaires, il pourra estre tellement nay pour les airs plus releuez, qu'il luy sera
presque impossible de se tenir tousiours à la franche & aysée obeyssance du manege
de guerre, & se haussant aucunefois par allegre esmotion, il se souuiendra à l'instat
des chastimés qu'il aura accoustumé receuoir en semblables mouuemés licécieux:
de sorte qu'estant saysi d'vne craintiue apprehension, au lieu de se ranger soudain à
quelque iustesse, il renforcera impatiemment ses esbalansons & sauts desordonnez,
pensant euiter la punition ou pour se deffendre : mais la superfluité de ses gayes
humeurs, & de ses gaillardises naturellement mal dispensees, se peut aucunefois mieux moderer & en fin diuertir, par les leçons des courbettes ou groupadesbié
pratiquees, que si on n'auoit recours que seulement aux menaces & chastimens, desquels on vse generalement en nos escoles pour desnoüer, determiner ou retenir les
forces & le courage du cheual, qui se dispense licentieusemét de sauter outre le vouloir du cheualier. La raison en est assez apparente. Car le Cheual qui est souuent pos-
sedé de ceste disposte & legere inclination, se doit mieux resoudre à distribuer sa vigueur, par l'action & l'ordre d'vn air à demy relcué, qu'à contraindre du tout le naturel qu'il aura à sauter: & apres par la bonne habitude de l'exercice & manege à demy-air, il consentira mieux à la franchise & facilité de celuy du combat, que si en pésant le diuertir du desir de sauter, on le vouloit rigoureusement reduire tout du premier coup aux reigles plus basses, sans l'attirer doucement par quelque mediocre
proportion. Toutesfois ie ne donne ce precepte qu'à ceux qui sçauront bien recognoistre le naturel du cheual, & preuenir diligemment les mutations de courage,
qu'il pourra faire en ceste escole, si elle n'est bien entenduë, reiglee, & aucunefois
diuersifieé, ou (s'il est besoin) delaissee, & puis reprinse à temps bien iugé, & selon les
dissemblables mouuemens que le cheual fera.

REIGLES DES PLVS IVSTES
PROPORTIONS QVI SE PEVVENT OBSER-
uer en tous les beaux maneges.

CHAPITRE XIII.

IE veux maintenant entrer aux plus belles & subtiles reigles & leçons, par lesquelles le bon Caualerice peut adiuster & afiner les airs
& maneges des cheuaux d'escole, commençant par les passades &
demy-voltes. Non que ie sois d'aduis que d'ordinaire ce soit le commencement des maneges qu'on peut apprendre au cheual : car i'ay
desia remis au premier liure, l'eslection de tous les exercices, au
bon iugement, qui se doit premierement faire de la nature & capacité du cheual: mais c'est plustost pour rendre l'explicatió desdites reigles plus facile par la briefueté de la demy-volte. Et premier que passer outre, ie veux aduiser le Caualerice
curieux, qui les voudra pratiquer, que son cheual doit estre desia exempt de
trop de fougue & d'apprehension, bien desgourdy, alegery & determiné au partir
dela main, facile à tourner plusieurs fois estroit, ou pour le moins de mediocre lar-

geur, au trot, & au galop, obeïssant au parer, en reculât & allant de costé, entant qu'il
en sera aduerty & recherché, & non de malice, de confusion, ou de timidité, comme
sont communément les cheuaux presque ou du tout rebutez, ou qui sont naturellement ramingues, retifs ou d'humeur colere aduste, trop sensibles & despiteux. Mais
parce qu'il me semble auoir parlé au premier liure, trop sommairement des moyens
pour faire que le cheual apprenne, & s'accoustume à ceder iustement à la iambe, à
l'esperon & à la gaule, allant librement de costé, & que ceste obeyssance est vne des
plus necessaires à la iustesse de tous les maneges, ie diray encores en ce lieu quelques
reigles propres à cet effect.

DE L'OBEISSANCE DV CHEVAL ALLANT
de costé par les expres mouuemens du Caualerice.

CHAPITRE XIIII.

POVR faire que le cheual puisse entendre facilement l'obeyssance par
l'action & chastiment qui le doit faire aller de costé, il faut sur tout,
comme en tout autre exercice, que le Caualerice obserue les moyens
plus propres au naturel du cheual, & recognoissant qu'il est sensible,
colere & leger à la main, il le menera en quelque lieu plain & assez
spacieux, auquel allant le petit pas, par le droit, il taschera à le pousser doucement de costé, par les aduertissemens & chastimens ordinaires, tant de la
bride & du cauesson que de la iambe, de l'esperon & du nerf, le faisant tousiours a-
uancer, de façon, que sans rompre le pas, il chemine en auant & de costé comme de
biais, selon qu'il est icy representé par ces deux lignes.

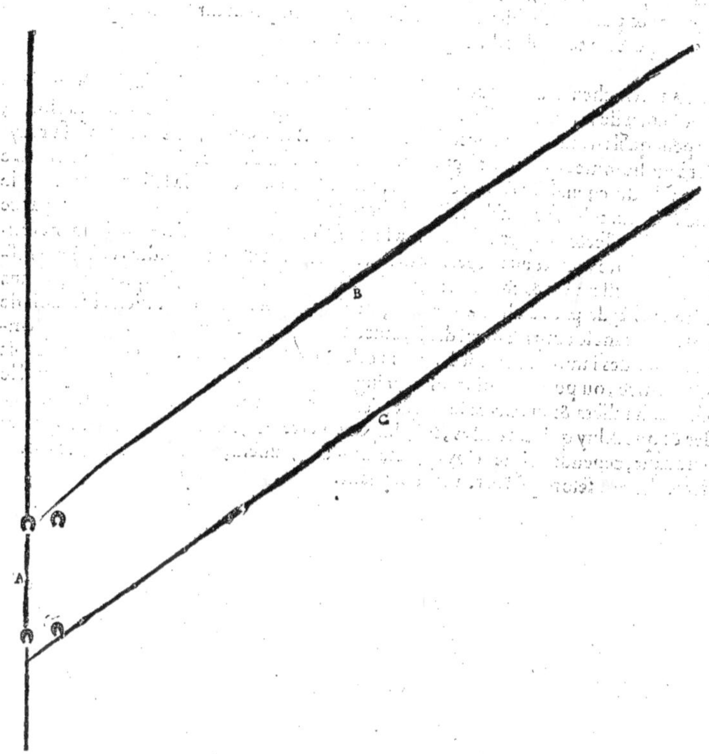

PAR la ligne de la lettre A, on peut iuger le plein droit & naturel auquel le cheual
doit estre maintenu sans luy laisser plier le corps ny le col : par celle du B. est representé la piste que doit tenir en ceste premiere rigle le pied de deuant, qui deuance &
cheuale : la ligne du C. signifie la piste du pied e derriere & du costé de l'obeyssance,
comme il est aussi figuré par la peinture des fer

Cc iiij

L'AYANT ainſi fait cheminer enuirõ douze ou quinze pas à vne main , il le faudra
auancer par le droit, trois ou quatre pas , comme ſur la ligne de la lettre D, cy apres
figuree , & puis luy en faire autant à l'autre coſté, empeſchant ſur tout qu'il ne plie le
col, ny porte la teſte plus d'vne part que d'autre.

MAIS ſi le cheual fait beaucoup de difficulté de ceder aux ſuſdits chaſtimés, meſmemét à faute de les entẽdre , il ne ſe faudra pour cela opiniaſtrer ſur les remedes violéts,
de peur qu'ils n'ameinent l'occaſion de plus grãds deſordres , ains pluſtoſt ſe faire ayder à vn homme, qui eſtant à pied & du coſté du chaſtiment, tienne vne main cõtre
l'eſpaule du cheual , & l'autre derriere , tout contre la batte de la ſelle pour pouſſer le
cheual , toutes les fois qu'il haulſera le bras dudit coſté , afin de le contraindre par ce
moyen à paſſer & croyſer ce bras deſia hauſſé, deſſus l'autre , qui neceſſairement ſouſtiendra ceſte action aua ncée, & à meſure que le cheual comprendra l'effeĉ dés ſuſdits aduertiſſemeñs & chaſtimens, il le faudra retenir peu à peu, iuſques à ce que ſans
eſtre anſi aydé par ceſt homme à pied, il chemine librement de trauers, à ſçauoir de
coſté, portant le corps & le col droit, ſans s'auancer, ny ſe heurter des pieds , ny s'em-
barraſſer des iambes. Mais il faut que ceſt homme qui le pouſſera eſtant à pied ſoit
Caualcrice , ou pour le moins qu'il ayt iugement pour le pouſſer iuſtement quand le
cheual haulſera & auancera le bras & l'eſpaul, qu'il voudra faire auancer & cheualer & que celuy qui ſera deſſus , ſoit diligẽt & attentif, à le bien ſouſtenir & porter
en auant, cependant que celuy qui ſera à pied le pouſſera, & auſſi d'arreſter & careſſer le cheual: ſelon qu'il ſe rendra obeyſſant.

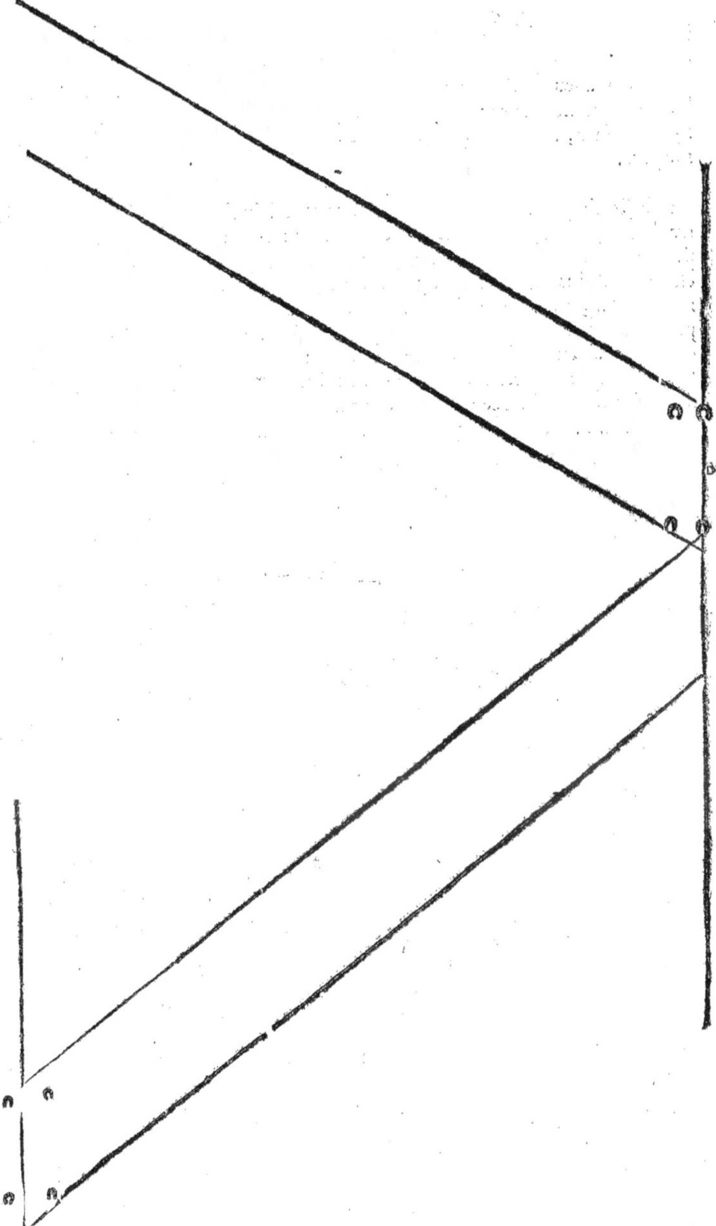

Ceste reigle se doit continuer également à chasque main, assauoir tànt qu'il sera necessaire pour rendre égale l'obeyssance des deux costez : & si d'auenture le cheual ne peut ou ne veut souffrir, que cest homme estàt à pied le pousse ny le touche, il faudra neantmoins qu'il se tienne assez pres du cheual, ayant vne bonne gaule en main, de laquelle aucunefois il le menassera au droit de l'espaule & du flanc, ou le battra, selon qu'il sera necessaire pour le faire obeyr, sans toutesfois le mettre trop en colere ny l'estonner, si ce n'est qu'il soit fort obstiné, & apres auoir essayé les plus doux moyens.

Si ceste obeyssance est tant contraire au naturel du cheual, que la susdite reigle se trouue trop forte, il ne le faut faire cheminer au commencement qu'vn pas ou deux de biays, l'auançant soudain quatre ou cinq pas par le droit, & puis le faire encores cheminer de biays, & parce moyen il consentira plus facilement à l'ayde & au chastiment: & l'homme qui sera à pied, pourra prendre auec plus de commodité le temps propre à pousser le cheual, cependant qu'il haulsera la iambe de deuant, qui doit auācer & cheualer sur celle qui soustient ceste action. A mesure que le cheual recognoistra & comprendra ceste reigle, il faudra subtilement retrancher les pas auancez par le droit, & augmenter ceux qui se feront de biays, le retenant peu à peu, iusques à ce qu'il chemine librement & iustement de costé selon ceste autre figure.

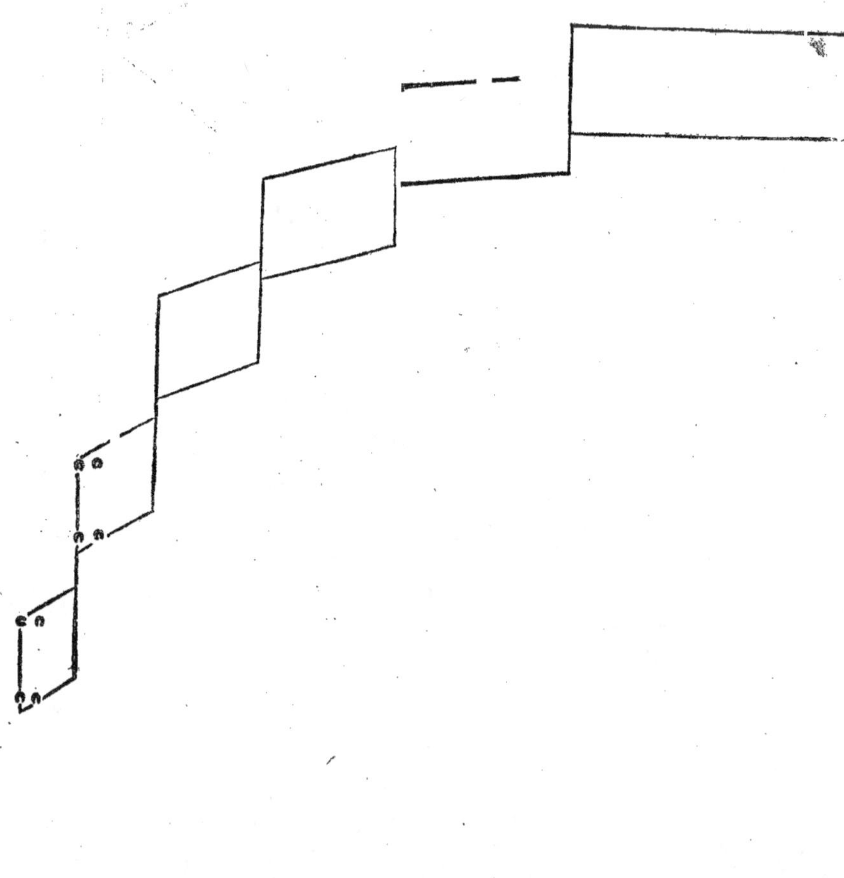

L'on peút iuger par la facilité de ceſte reigle qu'elle eſt propre, cóme i'ay deſia dit, au cheual ſenſible, impatient & leger à la main. Parce qu'eſtant de ce naturel, il doit eſtre auſſi ennemy de la ſubiection fort contrainte, & par conſequent des plus eſtroites & iuſtes leçons & aſpres chaſtimens, meſmement aux commencemens de l'obeiſſance. Mais ſi naturellement il eſt pareſſeux, ou qu'il tire & peſe à la main le Caualerice cherchera la commodité d'vne muraille droite & aſſez longue, & menera ce cheual à vn pas ou enuiron, pres & face à face d'icelle.

Il taſchera peu à peu, de faire cheminer le cheual de coſté, au long de ceſte muraille, autant d'vne part que d'autre, non pas au commencement tout à fait de trauers: car il ſe pourroit marcher d'vn pied ſur l'autre, ou ſe heurter contre les bras: mais de biays, laiſſant la crouppe plus ſur le coſté contraire que les eſpaules, afin qu'il aye plus de moyen de regarder ſur le lieu qu'il doit paſſer, & de hauſſer l'eſpaule & le bras qui doit auancer & cheualer: & ſelon qu'il pratiquera la facilité de ceſte obeyſſance, il faudra faire accompagner peu à peu la crouppe à l'egal des eſpaules, iuſques à ce qu'il aille iuſtement de trauers, ſans plier le corps ny le col, ny remuer la queuë.

Le ſecours d'vn homme à pied pour pouſſer le cheual, cóme ie viens de dire, peut beaucoup ſeruir au commencement de ceſte reigle, lequel s'il eſt beſoin, le pourra contraindre d'aller de coſté, par les menaces & chaſtimens d'vne grande & longue gaule ou d'vn nerf, qu'il tiendra en ſa main comme i'ay dit cy deuant.

A ligne de la muraille,
B lige de la piſte des pieds de deuant.
C ligne de la piſte des pieds de derriere.

La raiſon pourquoy ceſte reigle eſt propre au cheual peſant, ou qui tire à la main eſt, parce qu'eſtant ainſi pres, & face à face de la muraille, il n'en eſt pas ſeulement plus contraint d'aller de coſté, mais auſſi de ſe raccourcir & alegerir auec moins d'ayde de la bride & du caueſſon. Toutesfois s'il eſt ramingue tenant du retif, ceſte reigle, enſemble toutes les plus eſtroites leçons, le diſpoſeront d'auantage à ſon vice naturel. Et pource au cheual fingart, il vaudra beaucoup mieux vſer de la reigle precedente, (mais auec moins de douceur,) principalement de l'ayde du nerf, qui eſt vn inſtrument propre à chaſtier & reſoudre les cheuaux retifs, auſquels le reſpect & les careſſes n'apportent pas communément beaucoup d'vtilité, ſi ce n'eſt en leurs premiers exercices, & tant qu'ils ſont ignorans, ou ſi nouueaux à l'eſcole, qu'ils ne cognoiſſent encores les aduertiſſemens, aydes & chaſtimens d'icelle, & qui par conſequent n'ont pratiqué les moyens de ſe defendre. Surquoy ie veux expreſſément aduertir le Caua-

lerice qu'il ne doit pour quelque occasion que ce soit (si elle n'est contrainte par necessité) vser de violence par des chastimens nouueaux & incogneus, principalement
aux poulains & mesmes, aux cheuaux flegmatiques & timides, ou trop sensibles, coleres & adustes, de peur d'abattre & accabler la force & le courage aux vns, & desesperer les autres.

REIGLES DES PASSADES ET DEMY-VOLTES.

CHAPITRE XV.

P R E s que le Caualerice aura ainsi sagement reduit son cheual aux
susdites obeyssances, il le menera en quelque endroit, où le terroir
soit plain & vny, sur lequel il le promenera patiemment, luy faisant recognoistre pour le moins deux fois l'espace commun , & les
premieres proportions de l'ordre des passades, assauoir estant en ce
lieu, il luy fera faire allant d'vn bon pas d'escole, vne passade droite
de la longueur qu'il cognoistra propre à son naturel, facile, ramingue ou trop determiné, au bout de laquelle il le tournera à main droite, allant du mesme pas, & com-
mençât de tourner au temps qu'il posera la main droitte en terre, sur le point de la lettre B, ainsi que i'ay dit aux reigles precedétes de rrot, afin que par le mouuemét naturel de l'espaule gauche, il soit contraint de faire le premier pas de la demy-volte , &
apres tous les autres, en auançant & passant librement le bras gauche sur le droit: En
mesme temps il luy faut faire porter la teste droit deuant sa piste empeschant neantmoins par le soustien de la bride & du cauesson, & par le soupçon & chastiment de la
iambe & de l'esperon contraire, & quelquesfois du nerf ou de la gaule, qu'il ne s'accule ou qu'il n'eslargisse, ny parte les pieds de derriere hors de la piste de la passade, & du
lieu où est marquee ceste lettre A , iusques à ce que les pieds de deuant soient arriuez
sans confusion, au lieu de la lettre C, qui se voit sur la seconde ligne.

Pour la main droite.

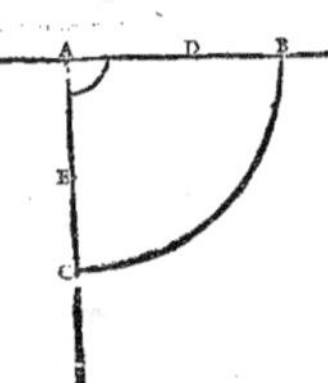

D ligne premiere.
E ligne seconde.
F ligne troisiesme, assauoir sur la passa de fer-
mant la demy-volte commencee au B.
G passade.

E T si au lieu de cheminer des pieds de deuant, iustement sur le tour figuré, & les
poser directemét côme sur la lettre C, il s'estoit estrecy ou trop eslargy, lors il le faudra faire auancer, ou reculer, , ou aller de costé, iusques à ce qu'il soit placé droictement sur la ligne seconde & les lettres marquees en icelle.

L'AYANT

L'A Y A N T arresté sur ceste seconde ligne & iuste place limitee, autāt de temps qu'il
sera besoin pour le diuertir de l'inquietude, qui le pourra auoir saisy, & pour le disposer à l'obeyssance, & à la memoire: il luy faudra apres faire continuer du mesme ordre le reste du cerne de la demy volte, & la finir en mesme temps des quatre pieds ensemble, sur la ligne de la passade qui se doit à present entendre pour la troisiesme posant les pieds de deuant iustement sur la lettre D, plus aduancez que demeurez en arriere, selon cest autre dessein, gardant curieusement l'ordre susdit.

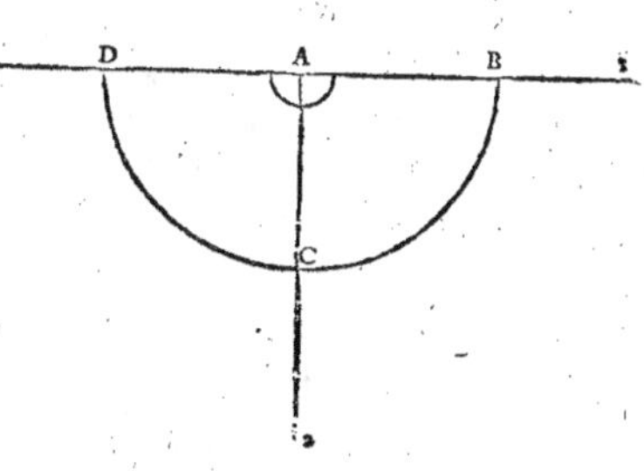

QVAND le cheual aura bien & patiemment commencé, & finy la demy-volte à
main droite, il le faudra faire auancer par le droit, cheminant du mesme pas au long
de la ligne de la passade, & estant arriué à l'autre bout d'icelle, luy en faire autant à
main gauche.

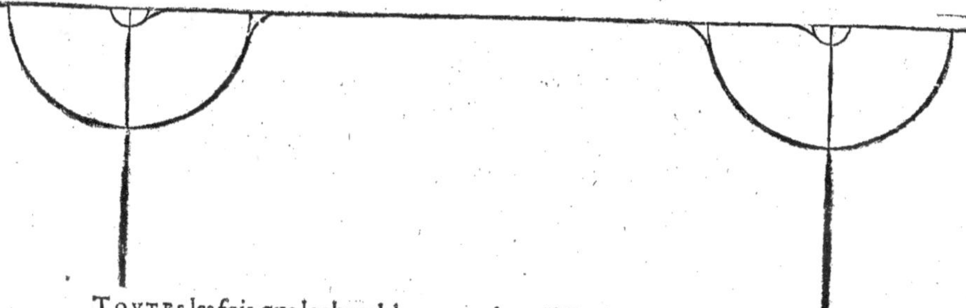

TOVTES les fois que le cheual demeurera long temps, auant que vouloir cōsentir, ou que pouuoir cōprendre & bien faire ceste premiere proportiō de demy-volte de pas à vne main, il faudra tenir la passade plus longue que l'ordinaire, principalement s'il a receu beaucoup de desplaisir, & si quelque inquietude l'a saisy sur le lieu
de la demy-volte d'où il sera party. Car par la distance qui se fait sur les passades, entre
les deux demy-voltes, il se peut souuent diuertir de plusieurs desdains, estonnemens
ou mauuaises impressions, qu'il pourra auoir conceües, estant contraint en ces iustesses: ausquelles s'il obeit facilement sans se retenir & qu'il soit assez bon à la main, tāt
plus courte se fera la passade, tant mieux se souuiédra il de sa leçō: i'entends que la plus

Dd

courte aye six pas. Mais s'il est ramingue, ou s'il a la bouche foible & trop legere, les passades courtes seront contraires à la resolution du manege, & au ferme appuy de la main, & partant, ie remets tousiours ces considerations au Caualerice, qui en aura le iugement capable.

I L faut bien considerer que pour effectuer ceste premiere iustesse, le cheual doit faire la passade droite, & le circuit de la demy-volte, auec les pieds de deuant, sans se haster ny embarrasser : & cependant ceux de derriere doiuent garder le centre, & le poinct de ceste demy-volte, soustenant également les hanches, sans que le corps du cheual s'accule ny le col se plie: car ce sont les communes fautes que font ou que permettent la plufpart de ceux, qui se meslent de faire ces reigles.

P L V S I E V R s maistres tenus pour excellens, faillent beaucoup plus qu'ils ne pensent à la perfection de ceste iustesse de pas, & generalement en trois actions, desquelles le Caualerice clair-voyant se peut apperceuoir, assistant quand ils font ces leçons. En la premiere erreur, ils font ou laissent plier le cheual qui naturellement est sensible ou foible, tenant la teste & l'attention hors la iuste figure de la demy-volte, retenant par consequent en l'espaule contraire le mouuement qui doit estre libre & necessairement le plus auantageux, à cause qu'il marque l'espace de la demy-volte, & duquel depend la facilité d'icelle. Les autres communes fautes seconde & troisiesme, sont lors qu'ils laissét haster & trepigner le cheual impatiét, ou retenir & accroupir celuy qui est ramingue, en finissant, & fermant la demy-volte, sur la ligne de la passade. Au contraire, ie veux que le cheual la commence & finisse d'vn pas mesuré, soustenu, & du tout égal, portant ensemble, la teste, la veuë, & le courage, sur le iuste tour de son manege, ayant aussi le corps droit & ferme, depuis la queuë iusques à la teste, & également soustenu sur ses membres, & sur tout l'action de l'espaule contraire libre & auancée: à quoy le Caualerice doit vser d'vne diligence aysee & neantmoins si attentiue, qu'il ne perde point de temps, ny d'action en ses iustes mouuemens.

I L se trouuerra communément des cheuaux coleres & impatiens, qui naturellement se desplairont à ceste premiere obeyssance : de façon qu'ils y feront beaucoup de difficultez, principalement premier que vouloir tenir la crouppe fermé en la iuste place limitee de ceste demy-volte. Toutesfois le Caualerice ne doit pour cela vser de plus aspres chastimens, qu'il n'aye auparauant tasché de le gaigner par la douceur, se seruant s'il est besoin de l'ayde d'vn homme à pied, pour le caresser & pousser subtilement auec les mains ou par le soupçon ou chastiment du nerf ou de la gaule du costé que les moyens ordinaires de celuy qui sera dessus, ne suffiront à le contraindre: encores faudra il faire les fins de ces leçons, au trot ou au galop, sur la volte d'vne piste entiere & redoublee, seló que le cheual sera d'humeur violente ou ramingue, afin que par les diuers, & derniers mouuemens de l'exercice, il puisse estre diuerty du desplaisir de la nouuelle subiection de l'escole, qui luy sera incogneüe ou contraire à son naturel. Car si en ces commencemens, le cheual sensible & d'humeur trop ardante, ou a duste & vindicatiue, se sentoit trop rudement batu & gourmádé, peut estre tomberoit-il en telle confusion, qu'ils s'ensuyroit quelque acte de desespoir, ou pourroit conceuoir telle hayné en ses premieres iustesses, que le Caualerice seroit contraint de le remettre comme rebuté, sur quelque autre stile d'escole plus commun & moins parfait. Mais si par vne ingenieuse patience, il luy sçait faire comprendre & accoustumer ces premieres reigles, sans doute beaucoup d'autres plus belles proportions s'en pourront ensuyure, & luy seront plus aysees, que s'il n'auoit eu recours qu'aux remedes plus communs & violens.

Pour la main droite.

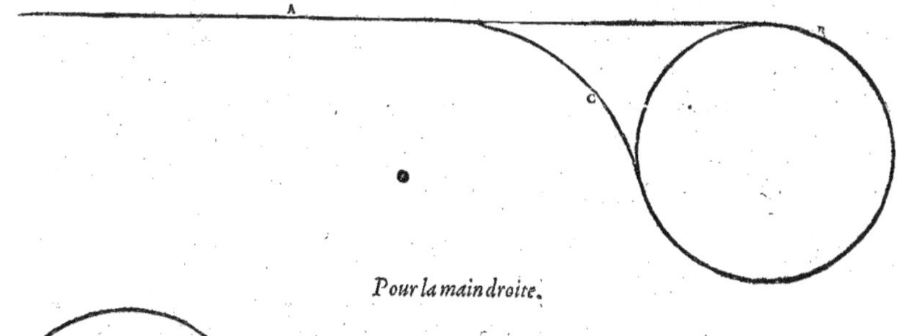

Pour la main droite.

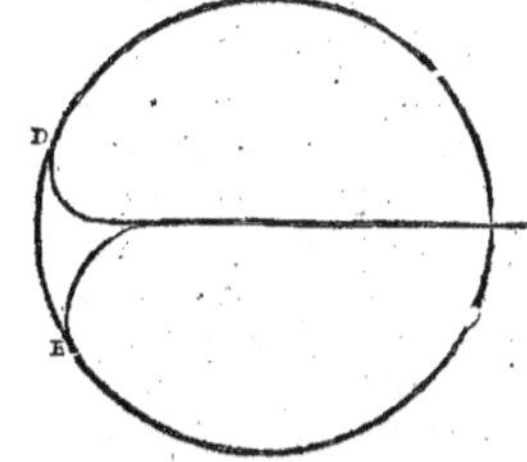

A ligne de la paſſade.
B volte d'vne piſte,
C pour ſe remettre ſur la ligne de la peſſade.
D pour commencer la volte.

E pour ſerrer & mipartir enſemble ceſte volte & ſe remettre ſur la ligne de la paſſade.

Ie laiſſe aux choix du Caualerice ces deux ordres de peſſades: toutesfois ie l'aduiſe que le premier donne plus de liberté au cheual, qui naturellement ſe retient , & que la proportion de ces voltes d'vne piſte eſt recognoiſſable quand les pieds de deuant & ceux de derriere ne font qu'vn meſme chemin.

Lors que le cheual aura bien comprins ceſte premiere reigle de pas, il le faudra mettre au trot par le droit ſur la paſſade, & l'arreſter aux bouts d'icelle, gardant l'ordre de l'arreſt ſelon la neceſſité de ſon naturel: c'eſt à dire, que s'il eſt peſant ou qu'il tire à la main, ſoit d'ardeur ou pour eſtre trop chargé de chair, ou ſeulement par pareſſe : il le faudra arreſter ſur les hanches, auec beaucoup plus de ſubiection , que s'il eſtoit leger à la main, & naturellement obeyſſant, ou qu'il ſe retint eſtant ramingue & non comme font ceux, qui en ces leçons arreſtent d'vne meſme façon toutes ſortes de cheuaux, ſans conſiderer la diuerſité de leurs naturels, ny à quoy l'arreſt eſt neceſſaire en ceſte reigle.

Ayant ainſi bien paré le cheual au bout de la paſſade, il le faudra auancer pour le moins vn pas ou deux par le droit, ſur la premiere ligne marquee B, pour bien commencer la demy-volte, laquelle doit eſtre iuſtement faite comme ie l'ay cy deſſus repreſentee: & ſi d'auanture le cheual ſe haſte, s'accule, s'eſlargiſt, ou comment qu'il falſifie le commencement de ceſte demy-volte de pas, (à cauſe du trot par le droit non accouſtume, & de la ſubiection du parer ſur la paſſade) le Caualerice le retiendra ſur ceſte ſeconde ligne marquee C, qui limite le premier quartier, côme il ſe verra mieux aux leçons des voltes entieres:

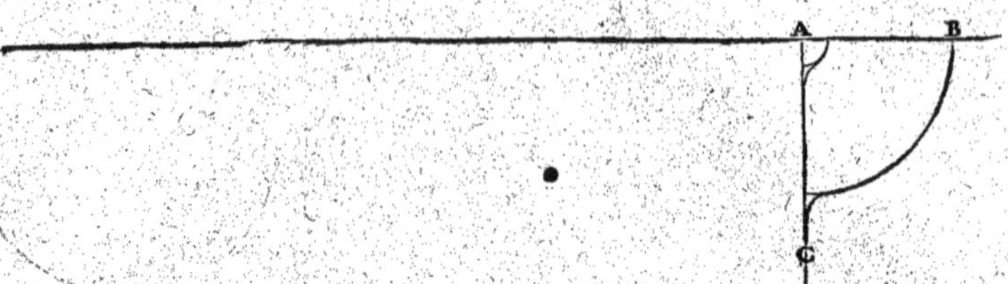

SoVDAIN le r'amenera par son iuste passege, à loysir & sans desordre sur la mesme piste figurée, iusques à la premiere ligne marquee B, sans que les pieds de derriere
se partent du centre, là où est marquée la lettre A: & le caressera estant sagemēt arriué des pieds de deuant dessus le poinct du B, ou le fera auancer sur ladite ligne premiere, selon qu'en faisant ce retour, il se sera acculé, plié ou couché, ou le fera reculer
en icelle ligne, selon qu'il se sera trop chargé ou abandonné sur les espaules, ou sur
l'appuy de la main: ou le chastiera du costé qu'il se sera eslargy, serré ou endurcy: puis
luy fera recōmencer, (sur la premiere ligne, & en la place qu'il le trouuerra plus disposé à l'obeyssance) la mesme quartier de volte, qui se doit finir sur la seconde ligne
de la lettre C, qui sera la moytié de la demy-volte, vsant en la iustesse, de la plus grande patience & diligence qui se pourra.

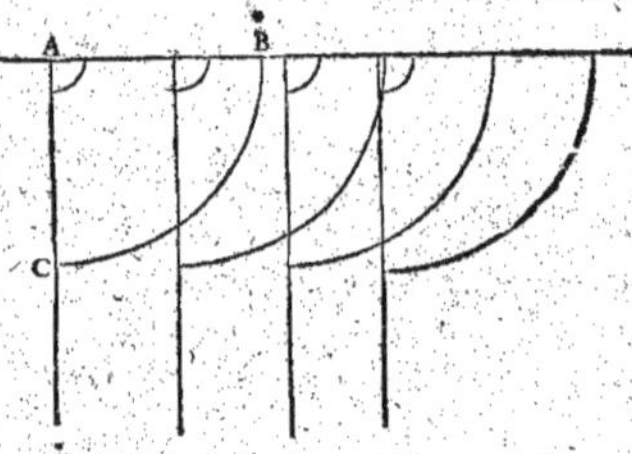

PAR ce que ceste figure pourroit troubler l'esprit de celuy, qui n'auroit leu ce second liure que iusques à ce precepte, ie diray seulement, (attendant vne autre occasion plus necessaire (que les traicts qui se voyent figurés, outre le prémier quartier
marqué par les susdites lettres, signifient, que si le cheual se met en inquietude, à
cause des chastimens receües pour les fautes qu'il pourra auoir faictes, estant mal reuenu par sa iuste piste sur la ligne premiere, que ie viens d'expliquer, ou commétque
pour quélque autre occasion il ne soit nullement disposé pour bien commencer ce
premier quartier, les pieds de deuant estant au lieu du, B, il faudra lors passer outre
par le droit, alongeant la ligne premiere non seulement s'il y manque vne fois ou
deux: mais aussi louuent qu'il ne voudra bien commencer ledict quartier. Car en
quelque part qu'il le face bien durant ces premieres leçons, le lieu est bon pourueu
qu'il soit bien commencé sur la droicte & premiere ligne.

O R toutes les fois qu'eſtant arriué ſur la ſeconde ligne, marquée C, le Caualerice
ſentira quelque fauſeté en ce premier quartier, auſſi ſouuent fera il patiemment &
iuſtement retorner ſon cheual ſur la premiere ligne, pour luy faire recommencer &
refaire le meſme quartier, & par ce moyen recognoiſtre peu à peu ſa faute, ou pour le
chaſtier s'il eſt beſoin: Mais s'il commence à bien & iuſtement tourner, & qu'il arriue
ſur la ſeconde ligne, ſans auoir failly en ceſte iuſte proportion, il le faudra faire paſſer outre, acheuant la demy-volte d'vn meſme pas, & d'vn meſme ordre, ſans l'arreſter ny l'interrompre enſon action bien obſeruee: mais à tous les coups qui falſifie-
ra le ſecond & dernier quartier de ceſte demy-volte, il le faudra iuſtement ramener
ſur la ſecóde ligne marquee C, pour luy faire encores reparer ſa faute, tout ainſi qu'au
premier quartier, & apres reuenir encore ſur la premiere ligne, pour recommencer
toute la demy-volte : & quand il l'aura iuſtement & entierement faite, lors le Caualerice le remettra ſur ſon trot, par le droit pour aller faire tout de meſmes à l'autre
main. Ceſte reigle eſt communément propre aux cheuaux ſenſibles, & de bonne inclination, qui neantmoins ſe deſplaiſent naturellement à tenir les hanches ſubiettes
dedans la volte,

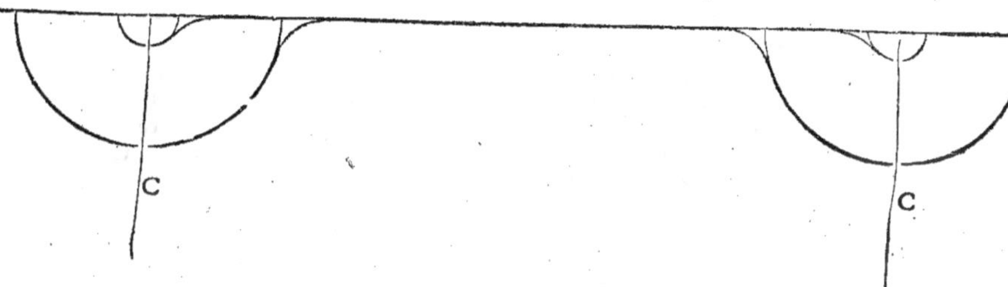

P L V S I E V R S cheuaux ſe trouuerront, que pour auoir le col naturellement dur &
bandé, ou pour eſtre trop chargez d'eſpaules, ou pour auoir l'appuy de la bouche
trop peſant, & quelque fois de biſjarrerie, & de deſpit, ſe rendront entiers ou tardifs
ſur ceſte demy-volte de pas à cauſe des retours & repriuſes, & du ſeiour, qui ſe faict
ſouuent ſur la ſeconde ligne de ceſte leçon pour les adiuſter: & d'autres qui ſeróttát
ſenſibles & impatiens que ceſte regle les rendra pluſtoſt confus que faciles à la leçó.
Or de quelle de ces humeurs, que le cheual puiſſe eſtre compoſé, au lieu de l'arreſter
ſur la ſeconde ligne, il luy faudra ordinairement faire acheuer la demy-volte, ſans interrompre ſonpas, quelque faute qu'il face: neátmoins le plus iuſtemét qu'il ſe pourra, & ayant failly en la iuſteſſe, ſoit au commencement, au milieu, où à la fin de la demy-volte, il le faudra faire auancer droit deſſus la ligne de la paſſade, deux ou troiſpas
ou plus ou moins, ſelon qu'il ſe ſera retenu, ou le faire reculer ſelon qu'il ſe ſera trop
auancé, ou abandonné ſur les eſpaules, ou ſur l'appuy de la main: & au lieu de l'auancer par le droit, pour aller à l'autre bout de la paſſade, il le faudra r'amener iuſtement
& à loyſir & le remettre droit deſſus la premiere ligne, dont il ſera auparauant party,
& apres luy faire recómencer, & mieux obſeruer la demy-volte, cótinuant ainſi toutes les fois qu'il fera des fautes en la iuſteſſe, iuſques à ce qu'il s'apperçoiue qu'il ne
peut auoir liberté d'aller à l'autre bout de paſſade, que le premier il n'aye bien cómé-
cé & finy ceſte demy-volte. Mais quand il l'aura faite iuſtement & nettement, il le
faudra careſſer, & puis le faire partir, trottant droit & viuement ſur la ligne de la paſſade pour en aller faire de meſmes à l'autre main.

Dd iij

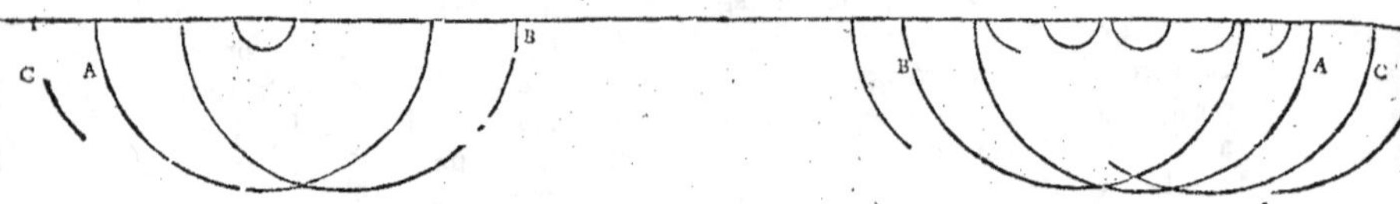

A premiere demy-volte.
B premier retour.
C reprinſes de la demy-volte premiere, plus auancée s'il eſt beſoin.

L E Caualerice doit ſçauoir en ſes retours de quartiers & de demy-voltes, comme auſſi à ceux des leçons qui ſe verront cy-apres, que ſi au lieu que le cheual doit eſtre libre à tourner à toutes mains, il eſt naturellement, & en effect, dur & mal-ayſe d'vn coſté, & qu'il s'accule de l'autre, comme il aduient ſouuent, il faudra faire ſur la main difficile, les retours plus larges des pieds de derriere, afin que ceſte liberté diuertiſſe le cheual de deuenir pareſſeux ou entier: & s'il s'abandonne ſur l'appuy ou s'eſlargit trop de derriere, il le faudra ſerrer plus que la proportiõ ordinaire, & meſmes l'acculer ſi beſoing eſt. Mais s'il eſt ayſé & determiné au trot & au galop, égalemét à chaſque main, (comme il doit neceſſairement eſtre, auant qu'on le mette en ces leçons eſtroittes,) il faudra obſeruer autant de iuſteſſe, & les meſmes proportions, à tous les retours, comme aux vrays quartiers & demy-voltes de la principale leçõ. Il faut auſſi cõſiderer que les retours & reprinſes, qui ſont repreſentees en diuers endroicts de ces figures, outre la proportion de la demy-volte premiere, ſignifient qu'il n'y doit point auoir d'autres lieux limitez, que ſelon que le cheual ſe trouuera bien diſpoſé à l'obeïſſance & à la memoire: aſſauoir qu'il le faudra aucunesfois aduancer ou retenir ſur la droitte ligne de la paſſade, auant que refaire & adiuſter le quartier falſifié, (comme auſſi apres l'auoir refait,) ſelon qu'il s'acculera & ſe retiendra, ou qu'il s'abandonnera ou ſera trop deſireux de s'auancer. Car notamment premier que faire les retours de ces demy-voltes, ou des voltes entieres, il eſt à touts coups neceſſaire, que le cheual recognoiſſe, par les menaces ou chaſtimens, en quoy il aura failly. En fin tous les mouuemens de ces reigles, doiuent eſtre en tout ſi bien obſeruez, que s'il eſt poſſible, il n'y en aye point d'inutiles à la iuſte obeyſſance.

I V S Q V E S icy les ſuſdittes leçons aſſemblées, deſgourdiſſent & reſolüent le cheual, par le trot, qui ſe fait ſur la paſſade: l'alegeriſſent à la main, & luy aſſeurent la teſte, & l'appuy de la bouche, par les bons arreſts continuels: l'adiuſtent & luy font la memoire, par les proportions des retours & reprinſes des demy-voltes, patiemment & diligemment obſeruées.

SECONDE REIGLE DES PASSADES
& demy-voltes, terre à terre.

CHAPITRE XVI.

Q VAND le cheual trottera librement & legerement sur la passade, qu'il sera au parer obeyssant & bon à la main, iuste & facile à la demy volte de pas: lors il faudra que le Caualerice considere l'air ou exercice, qui sera plus propre au naturel du cheual. Et s'il recognoist que le manege terre à terre, se rapporte plus à ses forces & complexion que les airs releuez, il continuera encores l'ordre susdit : hors mis qu'en mesme temps que le cheual arriuera de pas, droit sur la seconde ligne de la demy-volte, il le faudra aduertir haster & auancer ensemble, pour luy faire fermer le dernier quartier, par deux ou trois temps de galop raccourcy, & neantmoins bas & diligent, finissant par iceluy ladite demy-volte, en arriuant des quatre pieds ensemble, droittement sur la ligne de la passade, posant ceux de deuant sur la lettre **D.**

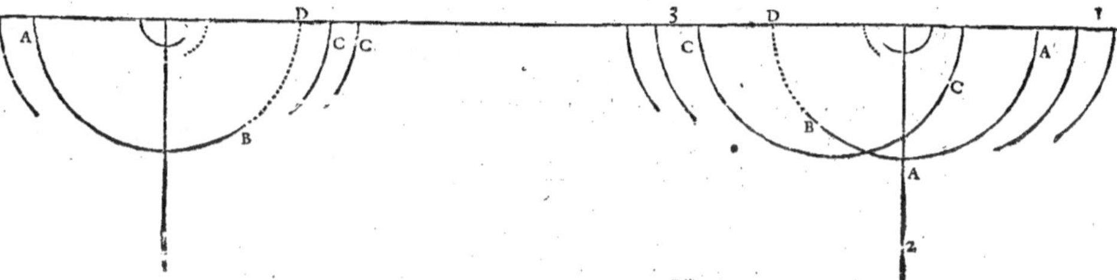

A piste du passege de la susdite proportion.
B piste des susdits temps de galop raccourcy.
C piste des retours au pas.

IE desire que le cheualier considere en combien de lieux & d'occasions, ie luy recommande la iustesse & facilité de tous les commencemens de ces proportions, afin qu'il ne face comme le commun des Caualerices, lesquels quoy que le cheual commence mal son manege, ne laissent pourtant de passer outre, soit pour ne sentir la faulseté, ou pensant le chastier en continuant de tourner, & luy faire reparer sa faute par vne meilleure fin. Ie ne veux pas dire que cela ne se doiue faire aucunefois, quand le cheual gaillard & de grande esquine, s'agrouppe trop en commençant son air & son manege, ou quand il veut deuenir entier, mais en ces leçons d'obeyssance & de memoire, propres au cheual de bon temperament & de bon nerf, ie n'entends pas seulement que quád le cheual (desia accoustumé à leur ordre,) aura falsifié vn quartier de volte, on le doiue ramener sur la ligne plus proche, & dont il viendra de partir. Ainsi ie veux qu'en quelque part, & endroit de son passege, ou en quelque temps de son air, & fust-ce au premier, qu'il falsifiera tant soit peu, les iustes proportions de ces demy-voltes, le Caualerice le rameine tout court, le plus paisiblement qu'il pourra, & sans desordre sur la place qu'il aura commencé la faulte, & encores plus outre, afin qu'en la luy faisant reparer, il la recognoisse & se corrige, comme ie diray mieux aux leçons des voltes entieres & redoublees. Et pour bien faire toutes ces reigles, le Caualerice doit premierement auoir disposé à toutes ces leçons, les forces, l'haleine

& le courage du cheual, par le bon exercice du pas, du trot ou du galop, selon qu'il aura recogneu son naturel.

A grand peine fera le cheual ceste derniere leçon, sans que au commencement
il ne se serre, s'accule, se plie, ou s'eslargisse trop: mais pour faire qu'en tournant, il tiéne les deux pieds de derriere iustement sur le centre de la demy-volte, & que sur icelle il resolue viuement le mouuement des espaules, il faudra auancer vn peu le bras, &
le poing de la bride, afin de porter le cheual en auant, sans toutesfois le chasser hors
du circuit de ladite volte, le solicitant en mesme temps auec la gaule, discrettement
sur le col pres des rennes, ou sur l'espaule contraire, & le tenant aduerty, auancé &
ordinairement en soupçon, par le subtil & iuste mouuement des iambes, & beaucoup plus du costé, qu'il se voudra trop serrer ou eslargir.

Tovtes les fois qu'il manquera tant soit peu, en ceste seconde reigle de demy-
volte, soit à l'air ou en la iustesse du terroir, il le faudra remettre aussi souuent, & sans
passer plus outre, sur la premiere ligne: pour luy faire recómencer & refaire la demy-
volte, iusques à ce qu'il l'aye proportionnee iustement & nettement, ie dis sur la premiere ligne, parce que le premier quartier qui se fera de pas, seruira d'ayde à la resolution de l'air du galop raccourcy, qui doit fermer le second quartier & la demy-volte, apres on le pourra mener à l'autre bout de passade, pour continuer la mesme leçon à l'autre main.

A mesure que le cheual pratiquera la facilité de ces deux, ou trois temps du galop
raccourcy, par lesquels il aura fermé le dernier quartier de la demy-volte, sans doute
il se disposera à se mettre de soy mesme à cest air, auant qu'il arriue de pas sur la seconde ligne, & lors il sera temps de commencer à le faire galopper paisiblement par le
droit sur la passade, & non plustost.

TROISIESME REIGLE DES SVSDITES
passades & demy-voltes.

CHAPITRE XVII.

Qvand le cheual sera reiglé, cóme i'ay dit iusques icy, le Caualerice luy
augmétera l'ordre de ses leçons, luy faisant faire la passade au galop
lent ou vigoureux, seló que naturellemét il se voudra retenir ou precipiter en galoppant, & au bout d'icelle, il le parera discretemét sans
le ramener trop sur les háches, ny le laisser abandóné sur les espaules
ou trop appuyé, mais de façon qu'estát vny en bóne & ferme posture, il puisse nerueu-
semét dispenser ses forces & legeresse à l'air & à l'obeyssance de la volte. Et toutes les
fois que la parade se trouuera imparfaicte, le Caualerice fera reculer, auácer ou aller
de costé son cheual, selon qu'il se sera trop estendu, appuyé, ou trop retenu ou acculé,
ou qu'il aura falsifié d'vn costé ou d'autre la dróitte ligne de la passade, & non autrement. Pour mieux expliquer l'ordre & les moyens de bien proportionner ces arrests,
ie diray qu'à chasque fois que le cheual se retiendra, & s'acculera en parant, le Caualerice le fera repartir à l'instant droit, & sans perdre temps, le faisant viuement outre-
passer l'endroit premedité, pour luy faire refaire, en vne autre place la parade plus
hardie & plus nerueuse. Et si en le faisant, ou l'ayant ainsi fait repartir, le Caualerice sent qu'il retienne encore ses forces, il le doit rechasser plus fort, & plus auant, ne

ceſſant d'alonger la paſſade & la courſe, qu'il ne ſoit diuerty du deſir de s'arreſter.

Mais au contraire ſi en l'arreſtant au bout des paſſades, il ſe charge trop ſur les eſpaules, ou ſur l'appuy de la main, il le faudra à tous les coups faire reculer, ſelõ qu'il aura failly, fut ce iuſques à demie-paſſade, voire au lieu d'où il ſera party, ſans pour cela le laiſſer eſcarter de la droitte ligne: & apres luy auoir rendu la main, le tenant arreſté ſur la place qu'il aura faict le dernier pas en reculant, le Caualerice le fera ſagement repartir ſans le precipiter, pour prendre l'occaſion & le temps, & luy faire mieux ramener & raccourcir l'action de l'arreſt.

Or tout ainſi que ie veux que le cheual ramingue ſoit hardiment chaſſé, quand il refuſe la diligente reſolution de la paſſade, i'entends auſſi qu'on retienne ſur les hanches legerement & auec patience, celuy qui eſt trop impatient & determiné, ou qui s'abandonne trop ſur le deuant: ſoit à cauſe de quelque foibleſſe de membres, ou pour eſtre naturellement trop chargé: car par ces moyens on pourra diſpoſer l'vn & l'autre à l'obeyſſance, & aux iuſtes proportions de l'arreſt.

Et quand le cheual aura rendu au parer de ces paſſades, la legereſſe & facilité, qui pourront naiſtre de ſes forces, & diſpoſition ioinctes à la pratique qu'il aura des leçons precedentes: le Caualerice le fera auancer deux ou trois pas par le droit, & ſans confuſion, pour ſoudain prendre l'air & la demy-volte enſemble, luy aydant ſans violence de tous les ſecours neceſſaires, principalement de celuy de la gaule, qui eſt fort propre à reſoudre l'air de ces premieres leçons : & empeſchant ſur tout en ces commencemens, qu'il ne s'accule ny ne ſe haſte trop : car de ces deux premiers deſordres peuuent naiſtre pluſieurs autres fautes, meſmement la moleſſe, ou le trepignement de tous les airs, qui ſont deux imperfections differentes & bien fort deſagreables.

Si du commencement iuſques à la fin de ceſte demy-volte, le cheual manque à la iuſteſſe, & à l'air tout enſemble, il faudra à tous les coups, & ſans paſſer plus outre, le remettre par ſon iuſte paſſege, ſur la premiere ligne de la demy-volte, pour la luy faire recommencer & refaire, iuſques à ce qu'il l'aye iuſtement & nettement fournie, & apres le laiſſer repartir au galop, pour en aller faire tout de meſme à l'autre bout de paſſade, & à l'autre main gardant curieuſement l'ordre ſuſdit.

Qvand il ſera aſſeure aux proportions & à l'air de ceſte demy-volte il le faudra reſoudre ſur la paſſade, haſtant peu à peu le galop, afin qu'à meſure qu'il ſe determinera, il aye auſſi le temps & les moyens de pratiquer & fortifier l'action du parer. Car ſi pluſtoſt on le chaſſoit à toute bride par le droit, (quoy que deſia il fuſt facilité, & aſſeuré à la demy-volte, la parade ſe pourroit trouuer foible & des-vnie à faute de pratique, & apres par conſequent la demy volte deſordonnee: à cauſe que la iuſte proportion d'icelle, defpend de la bonne difpofition du parer. Et lors que le cheual aura comprins & bien pratiqué ces leçons, il le faudra refoudre luy faifant ioindre difcrettement, & fans l'arrefter du tout, la demy-volte facile & bien fermee, à la paffade droitte & furieufe, par les moyens de la fermeffe & temperee proportion du parer, & apres fans interuale, ou perte de temps, le faire repartir droit & vigoureufement, affauoir fi la demy volte fe trouue vnie, & nettement fermee & fournie d'air, de iufteffe & de vigueur. Mais fi elle fe trouue imparfaicte, il faudra retenir le cheual tout court fur le lieu qu'il l'aura finie, & apres l'auoir auancé quelque pas, le ramener par fon iufte paffege fur la premiere ligne, pour luy faire recommencer & refaire la demy-volte terre à terre, iufques à ce qu'elle foit en fa vraye & iufte proportion : & fi en la fermant la fougue faifit tellement le cheual, qu'il precipite le repartir fans atté-dre le mouuement du cheualier, il le faudra auffi arrefter tout court apres auoir fer-mé la volte, & le tenir auec patience fur la mefme place, iufques à ce que l'ardeur fu-perflue, & le trop grand defir de partir de ce lieu ne le poffedent & confondét plus. Mais s'il a la pratique, & la patience de iuftement commencer & finir la demy-volte, & de bien & feurement fe prefenter au partir, attendant & efcoutant l'action & aduertiffement du cheualier, il ne le faudra point arrefter, ains continuer d'vne alei-ne l'effort de ce manege, fans vouloir furpaffer la vigueur du cheual.

P A R ces reigles, le bon Caualerice peut auec le temps, la patience, le iuge-ment & la bonne pratique de l'art, rendre aucuns cheuaux faciles, iuftes & deter-minez aux vrayes paffades du combat de l'efpee, lefquelles ne font pas bien cogneues de tous ceux, qui les penfent bien faire. Et pource ie defire que le Caualerice confi-dere curieufement tous les mouuemens & proportions de ces leçons qui luy en fe-ront naiftre beaucoup d'autres en l'entendement, felon les occafions differentes des actiós des cheuaux, qu'il y voudra reduire : Mais ie ne fçay s'il fe trouuerra beaucoup de ieunes ceruelles, capables de bien comprendre ces preceptes, & les reigler auec la patience & diligence neceffaire, veu que la nature de ce manege, eftant fait viuemét, & en fa perfection, precipite plus la memoire & les forces du cheual, que tous les au-tres exercices qui fe pratiquent en nos efcoles. Tellemét que le Caualarice doit eftre tenu au nombre des bons maiftres, quand il maintient longuement le cheual en l'o-beyffance & refolution de ces paffades & demy voltes : auffi voit-on beaucoup plus de cheuaux, qui fe rendent ayfez & obeiffians a chafque main, au manege du galop, & terre à terre, & prefques à tous les autres qui fe peuuent faire, que de ceux qui font propres pour ces paffades de combat : car pour bien faire ce manege, le cheual doit eftre accompaigné de beaucoup de parties, qui ne fe trouuent pas fouuent enfem-ble. Premierement il doit eftre bien fort vifte & determiné, pour partir tride & auffi furieufement de la main, que s'il fe vouloit mettre en pieces, fans apprehender ny premediter aucunement le lieu, là où il faut qu'il s'arrefte, ny là où il doit tourner : & neantmoins il doit auoir l'obeyffance iointe tellement à fes forces, & la bouche fi franche & d'vn fi bon appuy, que dés que le cheualier luy prefentera le parer, foit pour le difpofer à bien tourner, ou pour l'arrefter du tout, il fe prepare & fe mette nerueufement en garde fur les hanches, pour obeir, fans faire aucun faux mouue-ment, fur tout de la tefte, de la bouche, ny de la queuë. Il faut auffi qu'il aye le col fer-me, & les efpaules legeres & fortes, pour pouuoir faire la demy volte diligente & nette, fans fe plier ny acculer aucunement, & par confequent pour repartir auec vi-gueur : & fans toutes ces parties enfemble, les fufdittes paffades ne fe peuuent faire en leur perfection : voila pourquoy nous trouuons fi peu de cheuaux, qui en foyent capables. L'on void fouuent que ceux qui font les plus viftes & determinez, ont quelques imperfections & incommoditez de bouche, de pieds, de iambes, d'efpau-

les, de reins ou de memoire, qui les empesche de reunir leurs forces, pour se disposer
à tourner iustement, au temps qui est necessaire : & pour si bien que l'on aye trauaillé à les faciliter par beaucoup d'artifice, si on les met à l'exercice de ses passades, sans
doute en peu de temps la determination & furie dicelles, les emportera & mettra en fuitte. Il y en a d'autres, qui naturellement sont si ramingues, qu'ils ne se
peuuent resoudre à partir viuement, ou que d'aussi tost qu'ils ont faict rondement
trois ou quatre temps de la course, ils commencent à s'arrester d'eux mesmes, n'allans
que d'vn certain galop contraint & singard, pour pouuoir parer ou tourner plus facilement selon leur dessein & commodité. De façon que se desrobans aucunefois,
ils parent & tournent outre le vouloir du cheualier : d'autres qui ont les espaules si
foibles ou pesantes, ou le col si mol, que quoy qu'ils facent bien le partir, la course &
la parade, ils ne peuuent apres tourner sur les hanches, sans se plier ou acculer, & mesmes n'ont plus moyen de fermer nettement la demy-volte, ny de repartir vigoureusement. Tellement qu'il ne faut pas trouuer estrange, si aucuns disent communément, qu'ils se contenteroyent que leurs cheuaux maniassent iustement à toutes
mains, terre à terre, & qu'ils fissent de belles & furieuses passades. Et tel dict, que pour
son vsage, il luy suffiroit de sçauoir seulement bié faire ces maneges, qu'il desire plus
qu'il ne pense, ne scachant pas la difficulté de son souhait.

Povr rendre les demy-voltes de ces passades en leur iustesse plus parfaite, il faudroit qu'elles fussent fournies & serrees en deux temps, ou battues : mais il se trouue
à present peu de cheuaux, qui les puissent bien faire en ceste façon : & si par cas for-
tuit on en rencontre quelqu'vn, qui aye l'obeyssance & la prestesse naturelle propre
à fournir la prompte facilité de telle proportion, encore faudra-il que ce soit cependant qu'il sera aduerty, & que ses forces seront vnies & bien disposées : car pour si bié
qu'il soit dressé, si on le recherche à l'improuiste, quand il aura faict seulemét deux ou
trois lieuës par pays, il n'obseruera pas ceste diligence. C'est pourquoy ie suis d'auis
que communemét en ce manege, on adiuste & asseure le cheual à parfaire par trois
ou au plus quatre temps la demy-volte.

Lors que le cheual est asseuré à ces passades, pour les reduire en leur perfection,
il faut premierement que le cheualier aduertisse son cheual & le mette en garde, afin
de le bien faire partir : apres il le poulsera droit, & à toute bride ordinairement enuiron trente pas, & premier qu'il soit arriué au lieu qu'il le voudra tourner, il le doit
auoir discrettemét sousteu, retenu & mis ensemble, comme i'ay desia dit, afin qu'il
aye moyen de faire la demy-volte en trois temps, iuste, nette & sur les hanches, ayant
les deux pieds de derriere également appuyez dessus le centre d'icelle, sans toutesfois
qu'il s'accule ny se plie, si bien qu'en mesme temps qu'il luy aura tourné la teste du
costé qu'il sera party, les quatre pieds ensemble (ayant entierement finy & fermé la
demy-volte,) se trouuent iustement posez dessus la droite ligne de la passade, pour
pouuoir viuement repartir, également agité au premier temps de la course, par les
deux hanches droit & ferme sur ladite ligne de la passade.

Ie redis & aduise encores expressément le cheualier, qu'il doit vser d'vne grande
discretion, pour soustenir & retenir mediocrement le cheual au bout de la passade :
afin que premier qu'il tourne, il y soit bien disposé : car estant trop retenu il sera cō-
traint (pour estre plus ramené sur les hanches, qu'il ne ce doit) de faire la demy volte lente & acculee, & par consequent cela luy ostera le moyen de se preualoir de sa
force, pour repartir viuemét, soudain qu'il aura fermee sa demy-volte. Et s'il ne le retient assez, il faudra necessairement aussi, que se trouuant abandonné sur les espau-

les, ou sur l'appuy de la bride, il porte la crouppe hors du iuste circuit de la demy-volte, ou qu'il la face trop large, & que de ce mesme desordre le repartir le face de biais,
& hors de la droitte ligne des passades. Au contraire, il faut s'il est possible que le partir de la main, & tous les reparts se facent de pareille vigueur, les quatre pieds du cheual estans ensemble, droittement dessus la ligne de la passade, & les demy-voltes sé-
blables d'air, de proportion, & de terroir, & consequemment que tout le manege
soit soustenu du commencement iusques à la fin, d'vne mesme force & determination, & d'vn ordre pareil.

PASSADE A DEMY AIR.

CHAPITRE XVIII.

SI le cheual se trouue assez leger & nerueux, pour reussir au manege de demy-air, au lieu du galop raccourcy de ces demy-voltes terre
à terre, elles ne seront pas ordinairement si diligentes, mais on les
trouuerra beaucoup plus fermes sur vn mauuais terroir, & feront
mieux paroistre la grace du cheualier, & celle du cheual à cause
qu'elles seront plus releuees de deuant, & par consequent plus soustenues sur les hanches. Pour faire ce manege de passadés à demy-air, l'on doit obseruer les mesmes reigles & leçons susdittes, hors-mis qu'au parer il faut soustenir le
cheual d'auantage, luy faisant faire par le droit, (quand on voudra du tout resoudre
son manege) vn ou deux temps, ou battues de plus, & vn peu plus releuez de deuant,
afin de luy mieux adiuster les hanches & les pieds de derriere, & que par mesme moyen, il puisse mieux ioindre son air, à la iustesse de la demy-volte, laquelle bien qu'elle soit plus releuee, doit estre neantmoins pour la proportion du terroir, semblable
à celle de terre à terre, & ordinairement commencee & finie en trois temps, & sur la
mesme place du troisiesme (qui doit estre faict directement dessus la ligne de la passade) il en faudra encores faire vn ou deux fermes, de pareilles mesure & fort peu auancez, comme l'on peut iuger par la lettre D, qui se void en ceste figure.

Povr faire les reparts de main de ces passades, auec plus de grace, d'art & de furie, il faudra pousser le cheual à la seconde, ou troisiesme battuë des courbettes, faites
de ferme à ferme par le droit, prenant le temps cependant que le cheual aura le deuant en l'air: de façon qu'il parte sur les hanches premier que redonner des pieds de
deuant en terre: mais il faut considerer en ce temps du partir, que si l'on pousse le cheual, ayant le deuant trop hault, il aduiendra qu'au lieu d'vn beau & ferme mouuement, ce sera vn eslans des-agreable: & s'il a les pieds de deuát trop pres de terre quád
on le poussera, il fera aussi vne autre action sur les espaules en baissant la teste, qui ne
sera

sera gueres moins desplaisante. C'est pourquoy la perfection de ce temps n'est pas commune à tous les hommes de cheual.

Qvand ce partir est nettement fait il n'est pas seulement tres-beau & furieux donant beaucoup de grace, & de force au cheualier & au cheual:mais si en cõbattant à l'espee,le cheualier a le iugement & la pratique de l'effectuer côme il se doit,& que son cheual luy obeysse bien à propos,indubitablement si le coup qu'il donnera se rencontre iustement sur la furie & facilité de ce partir de main, & principalement à six ou sept pas du lieu que le cheual aura esté pouss, & à vn des téps de la course auquel le deuant du cheual descendra,le poids & l'estonnement en sera beaucoup plus grand. Mais l'on ne trouue pas quantité de cheuaux determinez & courageux , qui ayent la patience d'attendre ce temps,qu'il faut choisir & prendre sur les hanches,& auec le deuant en l'air,ny d'hommes nõ plus qui le sçachent bien effectuer. Quant à l'arrest & à la fin de ce manege,il se doit faire par deux ou trois pesades ou courbettes,ou tant qu'on voudra,selõ que le cheual aura esté dressé. Et pour le maintenir en l'obeyssance & en la iustesse de ce manege,il faudra estant à l'escole, finir ordinairement les passades au petit galop, arrestât le cheual tout à fait & le caressant , premier que faire la demy-volte,comme aussi apres l'auoir bien fournie & fermee, mesinement si de son temperament,il est apprehensif & colere,ou s'il tire à la main de trop d'ardeur:afin qu'estant asseuré & repatrié par ceste douceur & patiéce,il puisse estre diuerty de l'apprehension qui le saisira d'ordinaire , à cause de la violence du susdit exercice : & encores le faudra-il quelquefois eslargir de la plus iuste proportiõ de ces demy-voltes:assauoir,que si naturellement il se serre plusqu'il n'est besoin,soit pour soupçonner & craindre trop les aydes & chastimens,ou pour estre impatient ou ramingue,il faudra sur la fin de l'exercice tenir les demy-voltes plus spacieuses, que de leur ordinaire iustesse:& s'il s'eslargist trop outre le vouloir du Caualerice, on doibt par consequent finir ces leçons en étrecissant les demy-voltes,iusques à la subiection necessaire:& par ce moyen le Caualerice de bon iugement, pourra tousiours maintenir le cheual en si bonne escole,sur ces passades & demy-voltes,que quand il voudra,il les fera pareilles de toutes proportions,autrement elles ne pourront estre en leur perfection.

Ie pense auoir veu vne grande partie des plus excellents hommes de cheual, qui ont esté de mon temps,& auec beaucoup de peine me suis rendu curieux de les pratiquer & seruir,ou de pouuoir par d'autres moyens, voir le stile de leurs escoles en quelque part de la Chrestienté, que ie les aye peu trouuer. Mais en fin ie n'en ay point veu,qui fissent ce dernier manege,auec tant d'art & de grace,qu'a fait Monseigneur le Mareschal de Damp-uille,maintenant Connestable de France. Ie puis dire auec verité,luy auoir veu dõner en faisant ces passades,en deux combats,deux coups d'espee à deux braues cheualiers,bien armez & montez de tous les aduantages , qui se peuuent honnestement desirer,dont l'vn estoit Prince des plus genereux & galands,qu'il y en eust en ce Royaume, & l'autre auoit reputation d'estre vn des meilleurs hommes de cheual de son téps. Chacun d'eux receut vn si grand coup d'espee, donné si brauement,& d'vn temps si iuste & si heureux, que l'vn en fut réuersé tout à fait sur la crouppe de son cheual,& l'autre separé de la selle,& porté par terre:chose si mal-aysee à croire que ie ne l'oserois escrire , si vn grand nombre de personnes d'honneur ne l'auoyét veu comme moy. Le premier coup fut donné à Bayõne,quãd la Royne d'Espaigne y fut trouuer le feu Roy Charles son frere, & l'autre à Paris,au iardin derriere le Louure,& aux combats,qui furent faits durant le temps des nopces de feu Mõseigneur le Prince de Portian,& tous les deux en presence du Roy,de la

Royne sa mere,& de tous les Princes, Princesses, Seigneurs & Dames de la Cour. Il a aussi tres-bien fait en general tous les autres plus beaux exercices, qui se peuuent faire à cheual: de sorte que tant que nous sommes, faisans profession de cest art, & qui auons eu l'heur de voir ce vertueux & braue Seigneur, deuons confesser librement qu'il n'y en sçauroit auoir au monde, ny peut estre n'en fut iamais, vn plus accomply en toutes actions honorables & grandes, & particulierement tãt amateur des bons hommes de cheual, qu'il a esté, ny mesmes qui ayt pratiqué auec tant de grace & de sçauoir, toutes les plus belles reigles de cest art. Or pour reuenir à nos passades, on peut comprendre par leurs leçons, que le cheual doit faire la demy-volte, tenant les deux pieds de derriere sur le centre d'icelle, cependant qu'il fait le tour, & le circuyt auec ceux de deuant. Mais pour acheuer la volte entiere, ou pour en faire plusieurs il faut tenir le manege plus large, autrement il n'auroit grace ny vigueur: ioint qu'il n'est pas necessaire, que les voltes redoublees soyent si estroittes, comme les demy-voltes des passades: car en fin l'vn & l'autre manege se pratique pour seruir au combat de l'espée. Et pour en bien comprendre les raisons, il se faut imaginer que le cheualier ayant donné vn coup d'espee à son ennemy, en faisant la passade, tant plus diligemment aura-il apres tourné son cheual au bout d'icelle, plustost sera-il prest à repartit pour donner vn nouueau coup: c'est pourquoy la demy-volte doit estre estroitte & diligẽte. Ie rediray encores qu'elle se fait sur les hanches, parce que le cheual estant ainsi r'accourcy, & le manege également soustenu sur les iarrets, les pieds de derriere se trouuent si fermement situez en tèrre, que le cheual ne peut glisser ny tomber en tournant que par grand hazard: mesmes par ceste ferme posture, il sera tousiours plustost prest (quand le cheualier voudra) à repartir également sur les deux hanches, & auec le corps droit, sur la ligne de la passade, pourueu qu'il ne soit trop acculé: & d'autre-part, le cheualier en sera moins incõmodé. Quant aux voltes redoublees, leur propre est de seruir lors que deux cheualiers sont accostez & aux mains, tournans l'vn autour de l'autre, se frappans & chamaillans à coups d'espee, & taschans chacun de gaigner la crouppe du cheual de son ennemy, en quoy il est aysé à iuger que ce manege doit estre plus large, & plus libre sur le deuant, que n'est la demy-volte des passades. Toutesfois ie veux, en ces voltes entieres & redoublées, que le cheual tienne ordinairement vne hanche vn peu dedans la volte: d'autant que par ce moyen, il sera empesché de se coucher ou de pancher sur le tour, & par consequẽt le manege sera plus seur en vn mauuais terroir, & le cheualier plus droit, & plus fort en son assiette.

VOLTES ENTIERES ET REDOVBLES

terre à terre, & à demy-air.

CHAPITRE XIX.

QVAND le cheual sera facile, & asseuré aux iustes demy-voltes, terre à terre, & qu'on luy voudra faire fournir, ou redoubler d'vn mesme air, les voltes entieres aux deux bouts des passades, il faudra commécer la volte au trot, les quatre pieds ne faisant qu'vne piste: assauoir s'il est leger à la main, & principalement s'il retient ses forces: & au pas, s'il s'appuye trop, & s'il est assez nerueux pour fournir à la iustesse sans estre poussé au trot, & en ce passege luy faudra tenir la crouppe, vn peu dedans la volte.

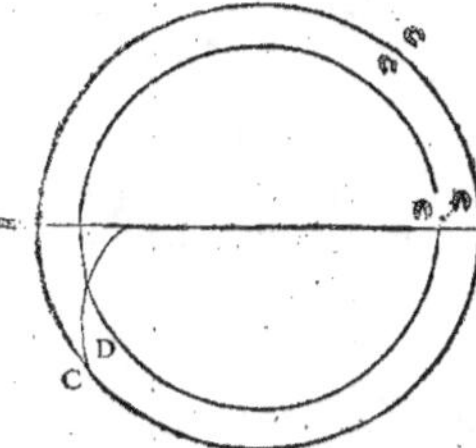

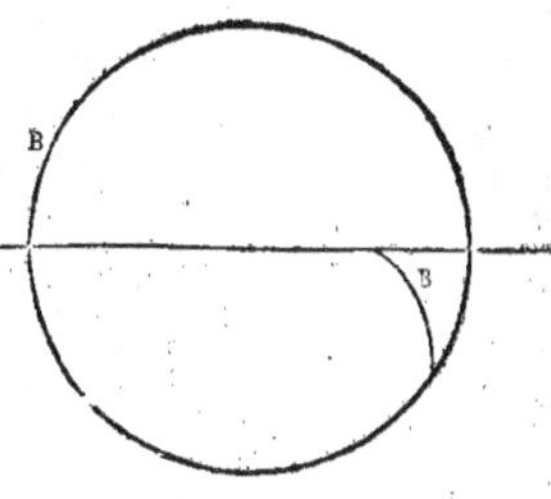

A passade.
B pour prendre & faire la susdite volte d'vne piste au trot.
C piste du susdit passege, fait auec les pieds de deuant.
D piste des pieds de derriere sur ledit passege.

Lors qu'il finira vne ou deux voltes de ce pas, ou de trot, iustemét sur la lettre A, qui se void en la figure suiuante, il luy faudra encores faire fournir sans l'arrester, vne demy-volte terre à terre, plus large des pieds de derriere, que celles des leçons prece- dentes, gardant neantmoins la iustesse tât qu'il sera possible, & finissant ceste demy- volte terre à terre, droictemét des quatre pieds sur la ligne de la passade, posant ceux de deuant sur la lettre B, & puis l'auancer par le droit, & le faire aller le pas ou le trot, selon ses forces & obeyssance, pour faire la mesme reigle à l'autre main.

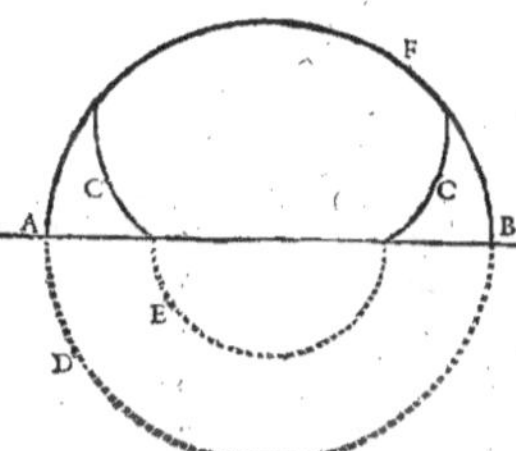

D piste des pieds de deuant, faite sur l'air de la susdite demy-volte.
E piste des pieds de derriere sur l'air d'icelle volte.
F piste seule de la demy-volte, de pas ou de trot.

En ceste figure, il faut entendre par la marque, ou raye marquee C, qui change la rondeur de la piste des pieds de derriere, & qui se ioint à celle des pieds de deuant, que quand le cheual prend l'air du galop r'accourcy, terre à terre, sur la lettre A, lais- sant le trot de la volte d'vne seule piste, les pieds de derriere, doiuent tenir tel ordre en s'adiustant, & allant prendre l'estroite place & rondeur, en laquelle les hanches doiuent soustenir l'air du manege susdit: & apres pour reprendre le trot arrondy, il faut garder par les pieds de derriere, la mesme proportion aussi marquee C.

Ee ij

Apres que le cheual aura cõprins ceste leçon, il la faudra augmenter comme en la mesme figure, la commeçant par la demy-volte, terre à terre, finie des pieds de deuant sur la lettre B. & soudain sans l'arrester luy faire continuer le tour entier, au pas ou au trot, selon les occasions susdittes, empeschant soygneusement qu'il ne se serre, se plie, ny s'eslargisse, ny qu'il parte les pieds de deuãt, ny ceux de derriere, de leurs iustes places limitees, & cy deuant representees. Et aussi tost que les pieds de deuant seront arriuez en tournant sur la lettre A, il luy faudra encores faire refaire d'vne haleine, vne autre demy-volte terre à terre, iustement finie dessus la ligne de la passade, ayant les quatre pieds sur icelle ligne, & ceux de deuant au lieu de la lettre B. Sans doute apres que le cheual fera bien ces deux dernieres leçons, il sera fort aysé de luy faire commencer, & fournir la volte entiere, terre à terre, ou à demy-air selon ceste autre figure suyuante, & apres on pourra accroistre peu à peu, l'ordre de la leçon & redoubler selon qu'il pratiquera auec memoire, toutes ces proportiõs, & tant que ses forces & haleine luy permettront l'effort de l'exercice.

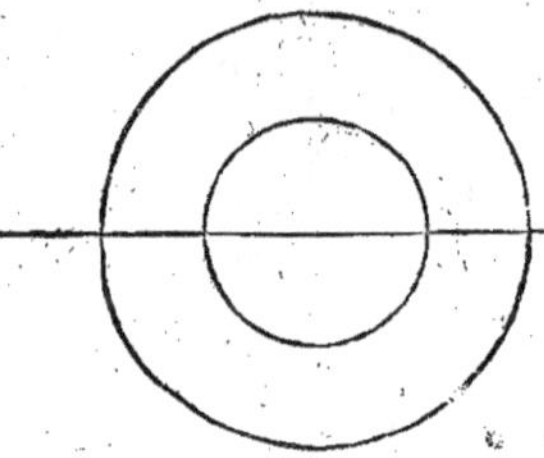
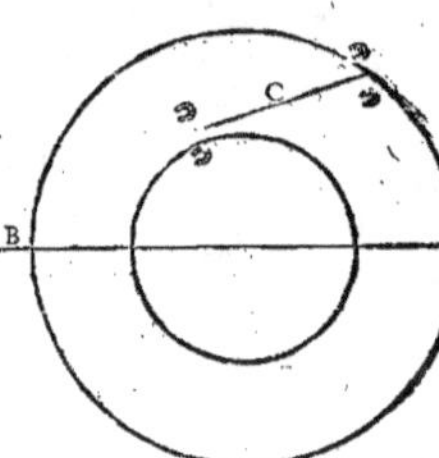

C posture du corsage du cheual, sur le manege de la susdite volte.

Ie sçay qu'il pourra aduenir en ceste derniere leçõ, que le cheual fera quelque desordre à l'air, ou en la iustesse du terroir, ou en tous les deux ensemble, au commencement qu'on le voudra resoudre du tout à prendre, & fournir la volte entiere, terre à terre, commencee & finie, ayant les pieds de deuant sur la lettre A, & tout le corps dressé sur la ligne de la passade, & apres en la voulãt encores accroistre d'vne moitié, iusques à la susdite lettre B, sans interrompre l'air du galop, diligent & r'accourcy. En cela, il faudra considerer que ces desordres viendront communément, de ce que le cheual se trouuerra surprins, par la nouueauté de la leçon. Mais sans doute aussi tost, qu'il l'aura recogneuë, il y apportera la facilité necessaire, moyennant la patience, & les iustes & subtils mouuemens du bon Caualerice.

Si d'auanture le cheual a si peu de memoire, ou s'il est d'humeur si colere, qu'il ne vueille, ou ne puisse assez tost fournir l'air de ceste volte entiere : il faudra tascher à le contraindre, par les aydes & chastimens ordinaires, & plus propres. Mais s'il estoit tant sésible & despiteux, qu'au lieu de se laisser vaincre, il deuiét plus obstiné: lors sans attédrequ'il soit rebuté, il faudra cesser lesdits chastimés, ensemble cest ordre dernier, pour le remettre à la reigle de la leçõ precedéte: & apres l'auoir bien remis & asseuré en icelle, au lieu qu'on aura auparauant essayé de le resoudre, terre à terre, en la demy-volte, iusques icy faite au pas, ou au trot, ie veux maintenant qu'on gaigne peu à peu, sur le circuit d'icelle, en commençant l'air & la diligéce de la demy-volte, (desia apprinse) quelque espace du terroir arõdi, auant que le cheual arriue des pieds de deuãt

sur la lettre A, ainſi qu'il eſt cy apres figuré, antiſſipât vn peu à la fois, comme ſur les
marques, qui ſe voyent en la circonference de ladite figure, aſſauoir auec le temps, &
à meſure que le cheual ſe rendra aiſé, iuſques à ce que par la pratique de ceſte reigle,
il fourniſſe l'air & la volte entiere, ſans venir à la rigueur.

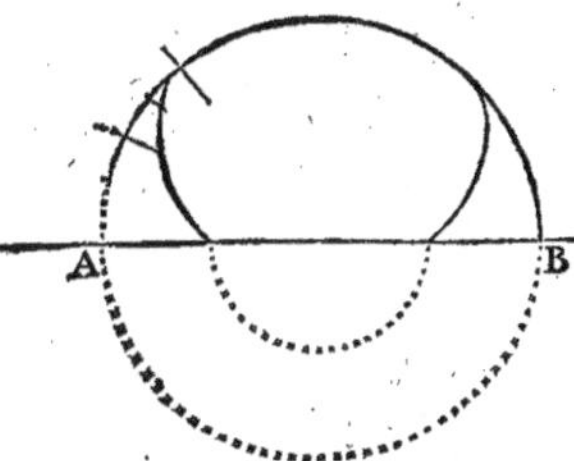 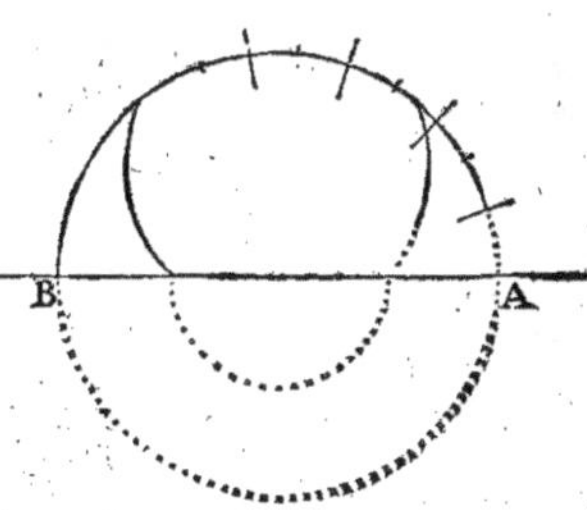

A FIN qu'on ne ſoit confus, ſur l'ordre qu'il faut tenir en finiſſant & fermant ces
voltes terre à terre, on doit conſiderer, que ſi le cheual obſerue iuſtement le tour plus
grand auec les pieds de deuant, & le moindre auec les pieds de derriere, portant le
corps, auec le col droit & ferme, la volte ſe trouuerra iuſtement finie, quand il arriuera des quatre pieds enſéble, ſur la droitte ligne de la paſſade, ſans qu'il ſoit beſoing
de ſerrer le cheual de coſté, ny l'auancer, que fort peu plus que la ronde & iuſte proportion des voltes en les finiſſant : à cauſe que, comme il ſe void par la figure cy-apres
repreſentée, elles ſont my-parties par la ligne de la paſſade.

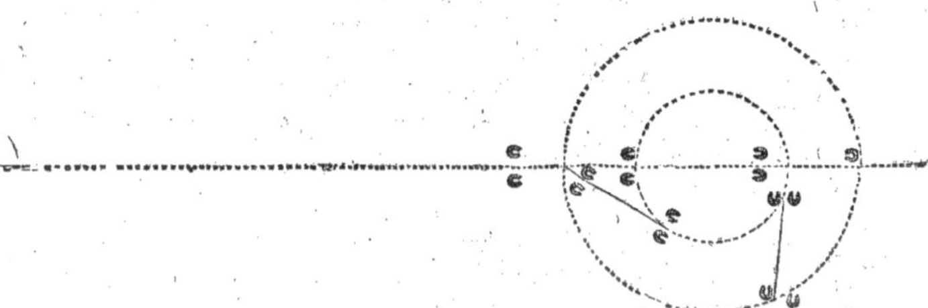

MAIS ſi le manege ſe fait ſelon ceſte autre figure, il faudra neceſſairement pouſſer & tenir d'auantage la crouppe du cheual dedans la volte, & l'auancer beaucoup
plus en la finiſſant, à cauſe que la ligne de la paſſade, eſt à vne extremité du rond.

Ee iij

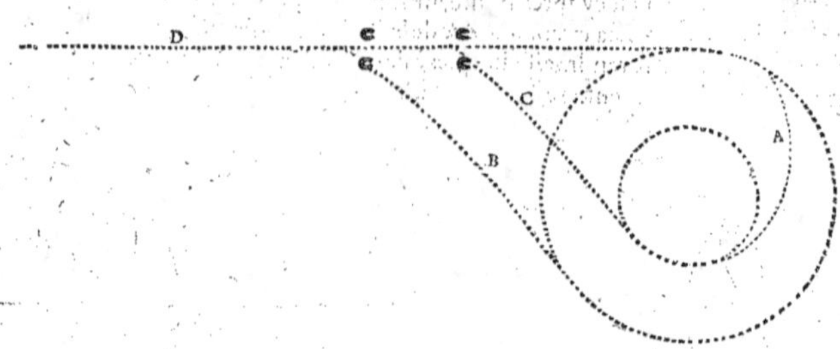

A piste des pieds de derriere pour entrer en la iustesse de la volte.
B piste des pieds de deuant,pour se remettre sur la passade partant de la volte.
C piste des pieds de derriere,pour se remettre sur la ligne de la passade.
D passade.

M A i s en serrant ainsi de costé ceste volte , il faudra sentir l'appuy de la teste du
cheual,auec le cauesson de dedans,afin de la pouuoir tirer & tenir en sa droitte posture,si d'auenture il la vouloit porter en dehors,se retenant & se pliant , côme font
ordinairement en télles occasions certains cheuaux foibles, paresseux , ramingues,
ou mal dressez,pour ne pouuoir,ou ne vouloir tenir leurs forces vnies & disposees à
l'obeissance perseuérée.D'autres font ceste faulse action , seulement pour auoir esté
contraints à telle iustesse,à force de coups d'esperon,ou de nerf,le soupçon desquels
leur attire encores craintiuement la teste,auec le courage du costé qu'ils ont accoustumé d'estre battus.En quoy l'on peut iuger,qu'ó ne doit iamais precipiter le cheual, par les douleurs & subiections extremes,aux iustesses plus subtiles& mal-aysees,
que premier on n'aye tasché de les luy faire comprendre peu à peu , & par les plus
beaux moyens de l'art.En fin,ie veux en cecy,que tousiours la teste ensemble le regard & l'affection du cheual,guydent toutes ces actions d'obeyssance,tant en tournant,que par le droit,& en tout ce qu'il sera recherché,par les iustes mouuemens du
cheualier.

A v c v n s qui presumét sçauoir beaucoup en ces iustesses,veulent qu'en resoluant
& continuant le manege des voltes redoublées,terre à terre,le cheual se tienne droit
dessus tous les quartiers de la volte,comme il se verra representé en l'vne des deux figures suiuantes.Mais quant à moy(s'il est question de parler seulement du manege
plus propre à venir aux mains) ie me tiens à la proportion que i'ay cy-deuant expli-
quée,allegant le combat de main de deux cheualiers accostez & ioints. Parce que si
le cheual se trouue sur les lignes droites,à tous les coups qu'il passera dessus les quartiers en redoublant les voltes,de la largeur qu'elles sont necessaires pour le combat
de l'espee,de ferme à ferme,il faut necessairemét qu'il manie en portát tout le corps
dedans le circuit de la volte,&par ceste posture on peut donner moyen à l'ennemy di-
ligét de gaigner la croupe du cheual tant a iuste. Et si elles sont autát estroites, côme
doiuent estre les vrayes demy-voltes des passades , il ne sera pas necessaire de les re-
doubler:car en fin,puis que le propre des voltes redoublees , n'est que pour enuironner diligemmét & plusieurs fois,ce qu'on peut combattre, il n'est pas besoin de
redoubler en vne place le manege,auquel le cheual tient tousiours le poinct , & centre de la volte auec les pieds de derriere,& qui occupe par consequent toute la place
d'icelle,si ce n'est pour plaisir,& pour monstrer vne grande & iuste obeyssance. Par
ce discours , il semblera à quelque esprit subtil , que si le cheual tenoit le dedans

des voltes, auec les espaules, elles en seroient plus diligentes, comme elles pourroiét
bié estre, & mesmes estât ainsi faictes, le cheualier aura plus de moyen de ne se laisser
pas gaigner la crouppe de son cheual: mais d'autant que telles voltes n'ôt grace, fermesse ny vigueur. Il vaut mieux qu'elles soient communémét proportionnees, de façon que le cheual puisse égalemét, & fermemét soustenir son manege sur les hâches,
laissant dedâs iceluy vn vuide assez spacieux, sans que pour cela l'action libre des espaules du cheual soit empeschee, ny la commodité de porter ensemble la teste, la veuë
& le courage, deuant & dessus la piste de la iuste rondeur de la volte, selon ceste figure,
en laquelle la situation du corsage du cheual, est marquee de biays, & par les fers.

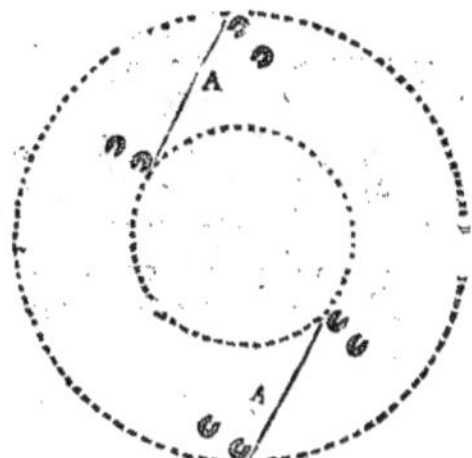

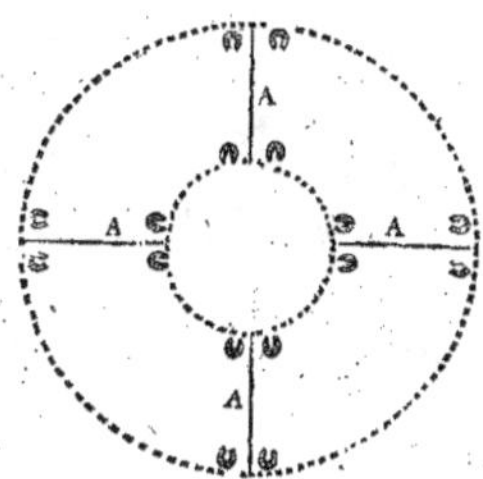

A situation du corsage du cheual, estant sur l'air du susdit manege.

P o v r bien garder toutes ces proportions, il ne faut pas que le Caualerice aye faute de iugement ny de pratique, ny le cheual mâque d'obeyssance ny de bô nerf: quoy
qu'on trouue souuent aucuns cheuaux, de peu de force, & neantmoins naturellemét
tant obeyssans & bons à la main, qu'ils manient fort longuement & iustement terre
à terre, & auec telle facilité, que presqu'vn enfant de dix ans, les pourroit exercer:
mais c'est vn manege d'obeyssance sans beaucoup de vigueur. Pour moy ie tiens que
les voltes tant aysees, ne sont pas les meilleures pour le combat: au contraire qu'e-
stant faictes vn peu sur l'esquine, elles apportent quelque furie, qui donne beaucoup plus de grace & de force, au cheualier & au cheual, & si elles apportent quelque incommodité à l'assiete du cheualier qui les pratique, elles incommodent aussi
d'auantage, l'ennemy qu'il combat.

I e ne parleray point de l'estroite iustesse du changement de main, parce qu'elle
n'est pas fort necessaire, au vray combat de l'espee en duel. Mais pour finir ces leçons
ie diray encores, que le Caualerice doit tenir pour maxime, que pour si iuste & asseuré que le cheual se monstre, aux demy-voltes des susdites passades, s'il n'est aucunesfois exercé lentement, en eslargissant & redoublant les voltes aux bouts des passades,
il pourra estre en peu de temps tellement confus & desbauché, qu'au lieu de bien cô-
mêcer & former la demy-volte, il se couchera ou se rendra entier, ou pour le moins
entrera en telle fougue, qu'il repartira à tous les coups licétieusement, premier qu'a-
uoir serré la demy-volte, droit sur la ligne de la passade, sans attendre l'action du cheualier. Mais le redoubler des voltes, aucunesfois au galop ordinaire sur vne seule piste, seruira de bon exercice, pour le rendre plus attentif au manege, & plus patient
aux bouts des passades, & apres par consequent plus aysé, & plus iuste aux demy-
voltes estroittes.

C e manege de voltes terre à terre, selon la iustesse qu'on recerche tant en ce téps,

eſt plus moderne que les voltes releuees & l'on ne me peut veritablemét deſnier que
ie n'en ſois l'autheur. Le Seigneur Iean Baptiſte Pignatel nous a le premier apprins,
les iuſteſſes des maneges releuez, & ſur ces premieres proportions, i'ay commencé
il y a plus de trente ans, l'vſage de ces voltes terre à terre, & depuis ie les ay continuees
& reduictes en la perfection que i'ay peu, & m'a ſemblé, qu'eſtant bien pratiquees,
elles font bien paroiſtre l'obeyſſance & gentilleſſe du cheual, embelliſſent ſon actió
& donnent beaucoup de grace au cheualier ſçauant, & polly en ceſt art : Mais en fin
ce n'eſt qu'vn exercice de carriere. Car ſans doute les voltes redoublees propres pour
le combat, ſont celles qui ſe font ſur vne piſte, & les demy-voltes des paſſades ſur les
hanches, comme i'ay dit en ces leçons. Toutesfois ſi le cheual a eſté bien aiuſté & facilité ſur le paſſege & les voltes de deux piſtes, le manege d'vne ſeule piſte ce trouuera plus perfit, plus libre & plus ferme en vn mauuais terroir.

REIGLES DES AIRS RELEVEZ
SVR LES VOLTES REDOVBLEES
& plus iuſtes.

CHAPITRE XX.

ENTRE tous les plus beaux exercices, qui ſe peuuent apprendre au
cheual, le manege des voltes releuees & redoublees, donne d'autant
plus de contentement au Caualerice, que plus l'air en eſt gaillard &
releué : mais auſſi il luy couſte beaucoup de peine, premier qu'auoir
mis enſemble, toutes les vrayes proportions de ce manege : aſſauoir
la fermeſſe & legereſſe de l'appuy de la bouche : la diſpoſition & l'e-
galité des battuës bien accompagnees : le retrouſſement des bras : la iuſteſſe du terroir, pareille à toutes mains : la facilité du tourner, & les fermes & droittes poſtures
de la teſte, du col, des hanches & de la queuë. Car le cheual peut fournir vn bel air,
ſans que les voltes ſoient iuſtes ny égales : & bien qu'elles le ſoient, l'air peut eſtre iné-
gal & confus. Auſſi l'air & les voltes enſemble ſe peuuent rapporter par vn bel ordre
que la teſte, le col, & la queuë, ſeront en deſordre, tout ainſi que la queuë, le col, & la
teſte, eſtants en bonne poſture, l'air & le terroir peuuent eſtre falſifiez : & le cheual
peut eſtre dur d'eſpaules, de col, ou de bouche en tournant, qu'il ne laiſſera pas de
manier iuſtement : & meſmes il pourra eſtre facile & leger ſur la volte, qu'il ne tiendra pas la teſte ny les hanches en leurs places, iuſtes & neceſſaires. Tellement que
pour bien & longuement faire conſentir le cheual à toutes ces proportions enſemble, comme il eſt beſoing en la perfection des voltes, il faut que le Caualerice, ait
beaucoup de iugement, & de pratique en ſon art, meſmement quand il a affaire au
cheual, qui de ſa nature eſt peſant, deſobeyſſant, ou ſans memoire.

CAR il arriue ſouuent que le cheual timide, malicieux ou trop ſenſible & colere,
voire quelquesfois celuy, qui eſt de meilleur temperament, ſe deſplaiſt, s'auili, ſe có-
fond, ou ſe defend en pluſieurs & diuerſes façons, eſtant recherché de la perfection
des ſuſdittes voltes, iuſques à ce qu'il y ſoit accouſtumé par les bonnes reigles : & cómunément il iette la croupe hors la iuſte rondeur de ſon manege, ou ſe retient &

s'accule: ou entrant en grande inquietude, il trepigne, ou met en deſordre la teſte, ou
la queuë: ou ſe rend entier à quelque coſté: ou dur à l'appuy de la main.

Ie ne doute pas, que les bons Caualerices ne ſçachent, que le cheual, qui neglige &
amolit l'air de ſon manege, doit eſtre eſueillé & animé, par la voix allegre de l'hôme
& celle de la gaule: enſemble par les mouuemens hardis du bras, de la main. & de la
iambe du cheualier: & qu'il faut chaſſer viuemét celuy qui s'accule: & chaſtier de l'eſperon & du nerf, celuy qui ſe ſerre ou s'eſlargit, le battant du coſté qu'il fait la faute,
iuſques à ce qu'il ſoit remis ſur ſa iuſte piſte: qu'il faut auſſi retenir patiemment, ou releuer & ſouſtenir celuy, qui eſt en inquietude & qui trepigne, & tenir le col, la teſte &
la queuë de celuy, qui eſt trop ſenſible & deſdaigneux, par la fermeſſe des mains, des
bras, & des iambes de celuy qui l'exerce. Toutesfois ce n'eſt pas aſſez de ſçauoir proportionner l'ayde & le chaſtiment, ſelon le mouuement & la faute que le cheual fait:
car il eſt neceſſaire que le bon maiſtre conſidere en effeſtuant ces remedes, s'ils ſe rapportent au naturel du cheual: autrement ils ſe trouuerront ordinairement inutiles,
& cauſeront des deſordres: quoy qu'en apparence ils ſemblent eſtre bons, ſelon les
fautes mal-iugees.

La diligence eſt auſſi vne des plus belles parties, que le Caualerice puiſſe auoir:
d'autant que les meilleurs ſecours & chaſtimens faits hors de leur temps, ameine̅t
aucunefois plus de côfuſion, que de iuſteſſe ny d'obeyſſance. En fin ie louë fort les remedes, qui corrigent & chaſtient proprement le cheual, toutes les fois qu'il a failly.
Mais à la verité, i'eſtime beaucoup d'auantage, les reigles & les moyens qui le peuué̅t
diuertir, (ſans beaucoup de violence) des occaſions de falſifier les mouuemens, &
les iuſtes proportions, principalement des leçons eſtroites, propres aux voltes releuees de quelque bon air, par leſquelles on peut facilement cognoiſtre la ſuffiſance, &
le fonds du ſçauoir du bon Caualerice: parce que c'eſt le manege plus nerueux, plus
obſerué & limité, & plus longuement ſouſtenu, & auquel par conſequent le Caualerice doit plus ſagement & ſubtilement diſpenſer les forces, & diſpoſition du cheual,
en luy conſeruant la franchiſe & la memoire, comme il ſe peut faire par les reigles &
leçons, qui ſe verront cy apres expliquees, pourueu qu'elles ſoient bien entenduës,
& diligemment effectuees.

Povr mettre le cheual ſur les leçons des voltes iuſtes, il doit eſtre auparauant deſgourdy, & libre au trot & au galop à chaſque main: doit auſſi ſçauoir parer, reculer &
ceder d'vn & d'autre coſté, au chaſtiment & ſoupçon de l'eſperon, & faire quelques
peſades ou courbettes par le droit, pour le moins mediocrement bonnes.

Apres il luy faudra apprendre le paſſege de la volte, duquel doit naiſtre l'egalité
de l'air, & l'obeyſſance & iuſte eſpace du manege. A cauſe de quoy, il faut que ce paſſege ſoit parfaictement rond, & qu'il aye deux piſtes ſeparees & limitees, ſelon les forces & diſpoſition du cheual: l'vne piſte faicte auec les pieds de deuant, & l'autre auec
ceux de derriere, comme il eſt icy figuré.

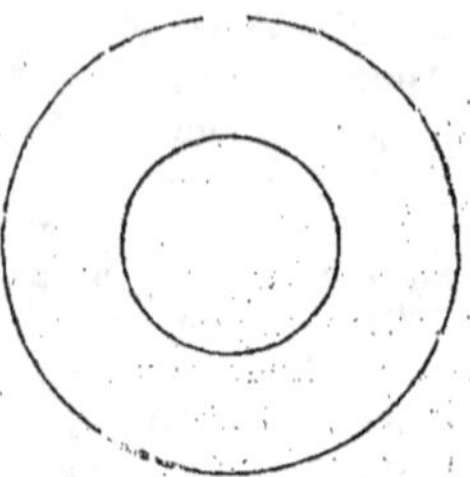

Eɴ fuyuant l'ordre de ces deux piſtes, le cheual doit faire autant de mouuemens &
de pas, auec les pieds de derriere, comme auec ceux de deuant : mais beaucoup plus
petits, à cauſe que leur place & rondeur eſt la plus petite : & d'autant que le cerne des
pieds de deuant eſt le plus grand, le cheual doit auſſi neceſſairement faire les pas de
deuant plus grands, & par conſequent, il faut que l'action de l'eſpaule hors la volte,
ſoit libre & fort auancee, afin que le bras paſſe & croyſe en tous ces mouuemens, deuant & deſſus celuy de dedans, pour auoir moyen de croiſtre le pas, ſans falſifier la
rondeur de leur circulaire, & ſans mettre en deſordre les pieds de derriere, qui doiuent auſſi marcher en poſant à chaſque pas, celuy de dehors, deuant celuy de dedans :
non pas tát ny ſi croyſez, que feront ceux de deuát, parce qu'ils ont beaucoup moins
de tour à faire, mais en fin le cheual ne ſe doit iamais trouuer trois pieds enſemble en
terre, en faiſant ce paſſege.

Iʟ faut bien noter en ce paſſege de volte, ces trois choſes principales : aſſauoir premierement les mouuemens obſeruez d'autant de pas auec les pieds de derriere, comme auec ceux de deuant : car communément quand le cheual ſe véut acculer, ou cô-
ment qu'il vueille autrément etrecir la vraye piſte, & rondeur de la volte, il arreſte les
pieds de derriere en vne place, dont il ne les bouge, que ceux de deuant n'aient fait vn
pas ou deux, & quelquesfois trois, en deſrobant le terroir de la volte, ſans que le Caualerice mal poly en ces iuſteſſes, s'en apperçoiue : encores ne ſçay-ie ſi tous ceux, qui
ſentent ce faux mouuement, ont la main aſſez diligente, & le talon aſſez friand, pour
y remedier aſſez à temps, ſans eſtonner ou troubler le cheual, quoy que la pluſpart des
hommes de ceſt art, penſent bien entendre la perfection de ce paſſege.

Sᴇᴄᴏɴᴅᴇᴍᴇɴᴛ, que le mouuement de l'eſpaule hors la volte, ſoit libre & auá-
tageux, afin que le bras de ce coſté auance aſſez, & cheuale facilement à chaſque pas
deſſus l'autre, & que par ce moyen l'occaſion ſoit oſtee au cheual trop ſenſible ou ramingue, de ſe faire entier, ou ſe plier & coucher, comme il aduient d'ordinaire en ces
proportions, à cauſe du deſplaiſir, qu'il reçoit en la ſubiection des pieds de derriere, &
des hanches, meſmes quand il eſt de ſa nature deſobeyſſant & malicieux : en quoy l'ô
peut aucunesfois cognoiſtre l'erreur de ceux, qui chaſtient indifferemment les cheuaux entiers, en les battant de l'eſperon, ou du nerf ſur le flanc, ou ſur la cuiſſe dedans
la volte, quoy que les pieds de derriere, & les hanches, ſoient en bon lieu : ne iugeant
pas que la durté du col & de la teſte, procede ſeulement du mouuement retenu de l'eſpaule de dehors, à cauſe que la facilité & difficulté de l'vne de ces parties, dependent
indubitablement de l'autre : voyla pourquoy ie recommande ſi ſouuent en tous les

commencemens, le premier mouuement fait en portant la teste sur la piste, ou proportion de la volte.

E n apres il faut obseruer auec la franchise & facilité des pas vne iuste égalité en
l'ordre d'iceux, sans laquelle le cheual ne pourra bien cóprendre, ny retenir les vrayes
proportions de ce passege.

I l y a encores vne belle consideration en la distance de la piste, des pieds de derriere à celle de ceux de deuant, qui se doit garder selon le naturel du cheual, & selon
que l'on veut qu'il porte les hanches, & tout le corps sur la volte: mais ie remets ceste
explication en lieu plus à propos.

O r pour faire que par la pratique des bonnes reigles, le cheual puisse apprendre
à bien proportionner ce passege, sans qu'il y soit contraint par les aspres, & incertains
chastimens, qu'on void faire communément, & pour euiter que par les desordres d'i-
ceux, il ne soit confus & rebuté, comme il aduient ordinairement, quád le naturel du
cheual contraire beaucoup aux susdits chastimens, & mesmes quand le Caualerice
est obstiné, & mal fondé en son art, il le faudra mener en quelque lieu plain & vny,
auquel apres auoir mis la bride & le cauesson en bon appuy, on fera cheminer le cheual trois ou quatre pas par le droit, le Caualerice se figurát en l'esprit, vne ligne ainsi
qu'elle se void cy dessous, au bout de laquelle comme en la lettre B, il faudra tourner le cheual au temps, qu'il voudra poser la main de dedans en terre, le tenant si subiect du poing de la bride, & du cauesson, & auec la iambe contraire, qu'il ne puisse
partir les pieds de derriere de ladite ligne, & de la lettre A, que premier il n'aye fait
vn quartier de volte, finy sur le C, comme il est icy figuré.

Pour la main droite.

Ce quartier de volte finy, le cheual arriuant des pieds de deuant sur la lettre C, il
le faudra encores faire cheminer par le droit, comme sur vne autre ligne angulaire,
autant de pas & tout de mesmes, qu'il aura fait sur la premiere, & soudain luy faire
refaire vn autre quartier de volte semblable au premier, selon ce second dessein.

Pour la main droite.

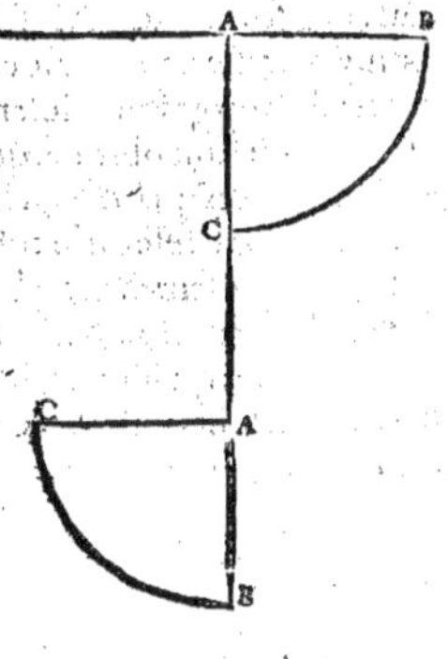

En finiſſant ainſi iuſtement ce ſecond quartier, des pieds de deuant ſur la lettre C, il faudra de nouueau faire auancer le cheual par le droit , ſuyuant vne troiſieſme & ſemblable ligne, & puis le tourner ſans confuſion, de meſmes qu'il eſt deſia repreſenté aux bouts des deux lignes precedétes, gardant le meſme ordre, iuſques à ce que la quatrieſme ligne, ferme & finiſſe le quarré de ceſte leçon, ſelon ces deux deſſeins.

Pour la main droite.

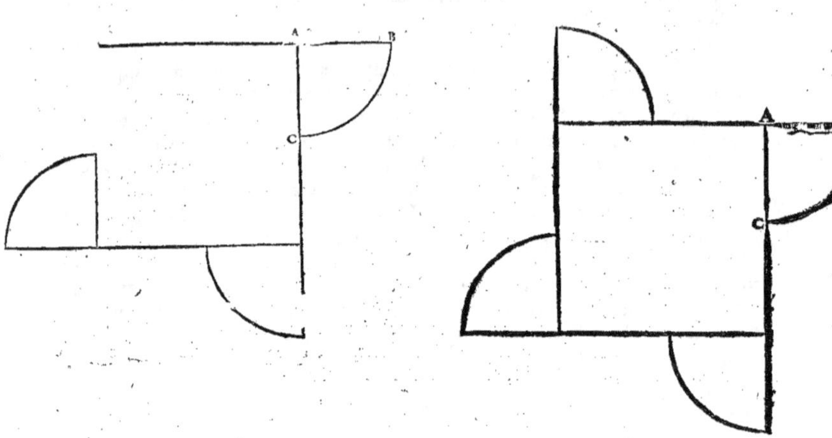

Le cheual de bonne nature comprendra facilement ceſte leçon, en trois ou quatre caualcades: mais s'il eſt colere & deſobeyſſant il pourra faire quelque difficulté à tenir les pieds de derriere fermes, ſur la ſuſditte lettre A , en faiſant les quartiers de la volté: & pour s'oppoſer à la iuſteſſe & facilité, il iettera communément la crouppe en dehors, ou peut eſtre, la portera trop en dedans, principalement ſi premier on ne luy a appris à ceder librement de coſté, au chaſtiment de l'vn & de l'autre eſperon, & au mouuement de la iambe & de la gaule. Toutesfois le Caualerice ne doit vſer de punitions ſeueres, en ces premieres fautes, ſi l'obſtination du cheual ne le cótraint: mais pluſtoſt le corriger & redreſſer peu à peu, en le remettant par des mediocres chaſtimens, ſur les lignes droites, allant en auant & de coſté. Car en fin ces trois ou quatre pas, ou plus ou moins, faits par le droit apres le quartier, doiuent ſeruir de remede pour oſter l'occaſion au cheual de falſifier la iuſte proportion de la volte, quand il y eſt trop enclin, & pour luy redreſſer, ou plier le col, & luy tirer la teſte du coſté, qu'il ſe fera dur ou entier, ſans vſer de trop grande violence, afin de le diſpoſer à refaire mieux les quartiers ſuiuans: & s'il eſtoit tant obſtiné, que par les plus doux moyens, il ne ſe vouluſt tenir en l'obeyſſance de ces quartiers, il le faudra neceſſairement battre auec l'eſperon ou le nerf, ſur le flanc, la cuiſſe ou le coſté qu'il fuyra, ou refuſera la iuſteſſe. Mais cela doit eſtre fait induſtrieuſement, & ſelon qu'ó aura recogneu ſon téperamét naturel: & en le chaſtiant, il le faudra ſouſtenir & auancer, (ou comme i'ay deſia dit) le pouſſer de coſté ſur la ligne, apres qu'il aura fait, pour le moins, deux pas en tournát, commençant le quartier. Car il faut touſiours euiter tant que l'on peut, les occaſions

de faire

de faire defplaifir au cheual, nouueau, aprentif, mefme en cómençant la volté d'autát que auec l'obeiffance, ce premier mouuemét doit auffi eftre accópaigné de fráchi-
fe & de memoire, à caufe que par iceluy, on doit ordóner & prendre enfemble, l'air, la
mefure, & la iufte efpace du manege : & partant le cheualier peut iuger, qu'il vaut
beaucoup mieux que le cheual foit enclin à porter les hanches hors la volte, & la tefte
dedans icelle, que fi naturellement il eftoit dur & entier.

D'ORDINAIRE cefte reigle fe doit faire, changeant fouuent de place en diuers
lieux, afin de tenir le cheual plus efueillé, & mefmes pour luy donner moins d'occafion de fe defplaire en fa leçon. Toutesfois s'il eft tant impatient & fougoux, ou de fi
peu de memoire, qu'il foit neceffaire de luy faire refaire fouuét vne mefme chofe, feulement en deux places obferuees, affauoir l'vne pour la main droite, & l'autre pour la
main gauche, il fera bon de les tenir ordinairemét affez pres l'vne de l'autre : & parce
qu'il n'y a point de quartier en cefte reigle, qui fe finiffe à propos, pour tirer vne ligne
en laquelle le cheual puiffe aller, & reuenir commodément, de la figure de l'vne des
mains, à celle de l'autre, fans faire quatre places, & quatre lignes, ie remettray cefte
particularité de peu de confequence au Caualerice, qui en fçaura bien prendre l'occafion.

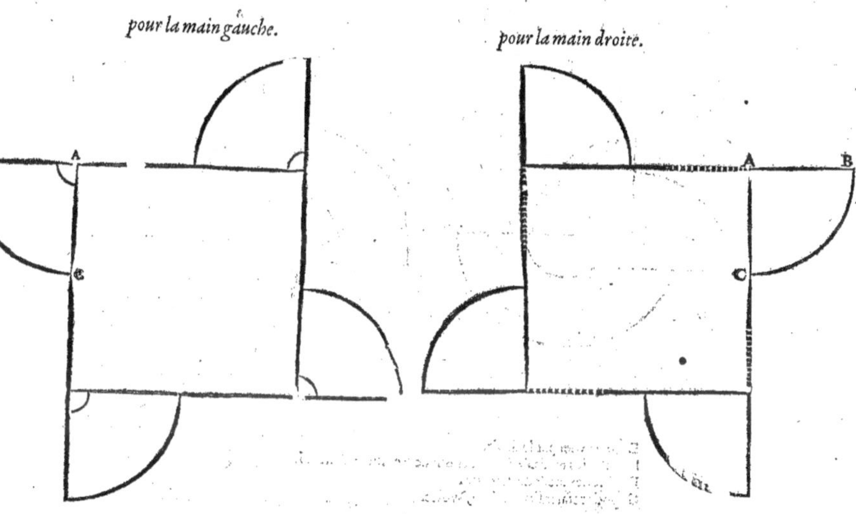

A mefure que le cheual comprendra & pratiquera librement ces proportions, il
faudra retrancher peu à peu les pas, qui auront efté faits par le droit, fur les lignes figurees cy deffus, iufques à ioindre les quartiers, & par confequent arrondir la pifte
quarree des pieds de derriere, comme celle de ceux de deuant. Et quand il aura ioint
deux quartiers enfemble, qui feront vne demy-volte, felon le troifiefme deffein, cy a-
pres reprefenté, foudain il faudra de nouueau auancer le cheual, enuiró deux pas par
le droit, iufques au D, puis luy faire encores refaire la demy-volte, en affemblant les
autres deux quartiers, comme il fe peut auffi voir en la quatriefme de ces figures.

E f

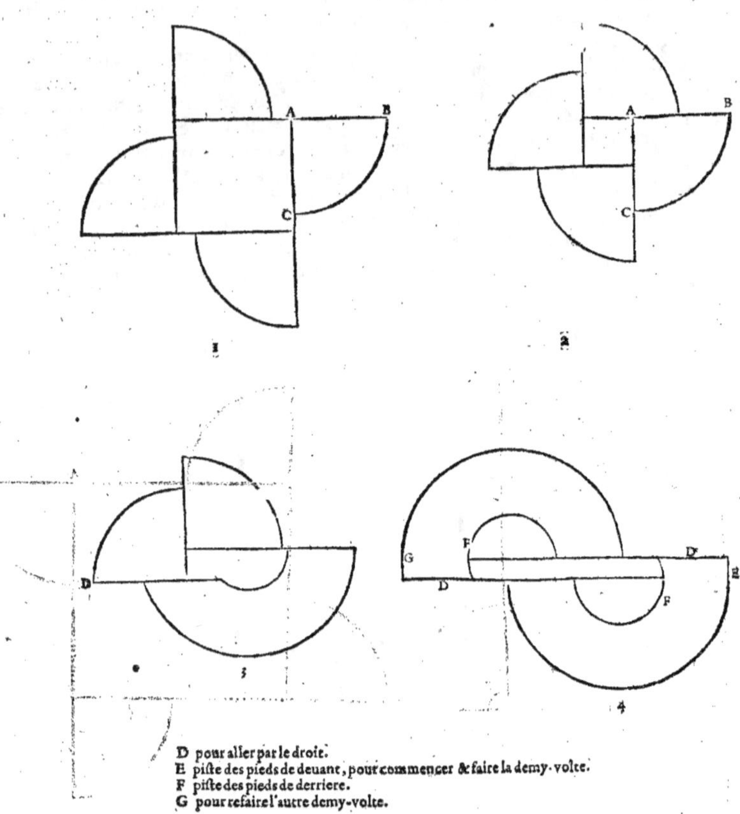

D pour aller par le droit.
E piste des pieds de deuant, pour commencer & faire la demy-volte.
F piste des pieds de derriere.
G pour refaire l'autre demy-volte.

En retranchant encores peu à peu les pas par le droit, sur ceste quatriesme figure, la volte s'arrondira, & en fin se reduira en sa perfection, sans que le cheual s'en soit prosque apperceu, quoy que de son naturel, il soit ennemy de la iustesse.

Pour la main droite.

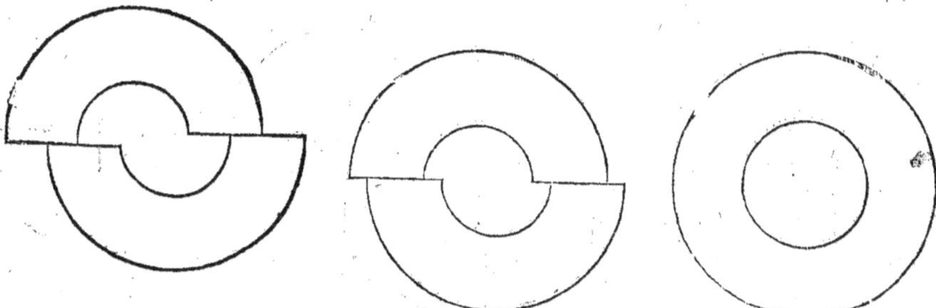

SELON l'ordre des meilleures escoles, il faut auoir facilité le cheual, au iuste paſſege des voltes, auant que le mettre ſur l'air, qu'on le veut dreſſer. Toutesfois il aduient
d'ordinaire, qu'ayant aſſeuré & rendu facile à la iuſteſſe du paſſege, le cheual colere,
trop ſenſible & fougoux, ou malicieux, & le voulant apres rechercher à quelque air
releué, ſur le paſſege adiuſté, il entre facilement en ſes premieres inquietudes, & malicieuſes defenſes, tellement que le Caualerice eſt ſouuent plus empeſché, qu'il ne s'eſt
trouué en luy faiſant comprendre, les premieres & ſuſdittes proportions de pas, non
ſeulement à cauſe, que les commencemens de l'air ſont incogneus au cheual : mais
auſſi, parce que deſia, il pourra auoir entreprins auparauant pluſieurs moyens de ſe
deffendre à la bonne eſcole, deſquels il ſe reſſouuiendra pour s'oppoſer à l'importunité de ces nouuelles lecons. Or c'eſt vne maxime, qu'il vaut beaucoup mieux que le
cheual ſuperbe, colere & malicieux, ſe defende fort longuement aux remedes de l'o-
beyſſance, (pourueu qu'à la fin on le puiſſe vaincre,) que s'il y conſentoit en peu de
temps, & qu'il vint apres à recheoir en ces bizarres, & deſſobeyſſantes humeurs, meſmemét quand ces recheutes arriuent ſouuent : car d'icelles procede la plus gráde obſtination des cheuaux mal creés, qui ont paſſé par les mains de pluſieurs Caualerices,
qui tous n'ont peut eſtre, pas eu toutes ces conſiderations. A cauſe dequoy, ie ne ſuis
d'auis, que l'on attende touſiours en ces leçons, ou nous en ſommes, que le cheual,
s'aſſeure, tant à la facilité du iuſte paſſege, qu'il ſoit du tout exempt d'apprehenſió, &
de doute de tous les chaſtimens qu'il pourroit auoir receus, iuſques à la perfection
des iuſtes rondeurs de la volte de pas.

QVAND doncques le cheual ſera arriué, iuſques à la proportion de la ſuſdite &
derniere figure, par l'ordre bien pratiqué de toutes les leçós precedentes, il le faudra
remettre ſur la premierre figure carreé, qui ſe voyt cy deſſouz de nouueau repreſentee, & au lieu de ces trois ou quatre pas par le droit, il n'en faudra faire qu'vn ou deux
& ſur le reſte de la ligne d'iceux, on leuera le cheual, luy faiſant faire le mieux, & le plⁱ
doucement qu'il ſera poſſible, vne ou deux battuës, propres à l'air qu'on cognoiſtra
que ſa diſpoſition pourra fournir : & l'ayant fait auancer paiſiblement, apres les battuës, encores quelque nombre de pas, ſur la meſme droite ligne, on le fera tourner
vn quartier de volte, gardant iuſtement en iceluy l'ordre premier du paſſege, & apres
faudra continuer le meſme ſtil, ſur toutes les lignes, & en tous les quartiers, iuſques
à ce que le cheual l'aura comprins & pratiqué.

pour la main gauche.   pour la main droite.

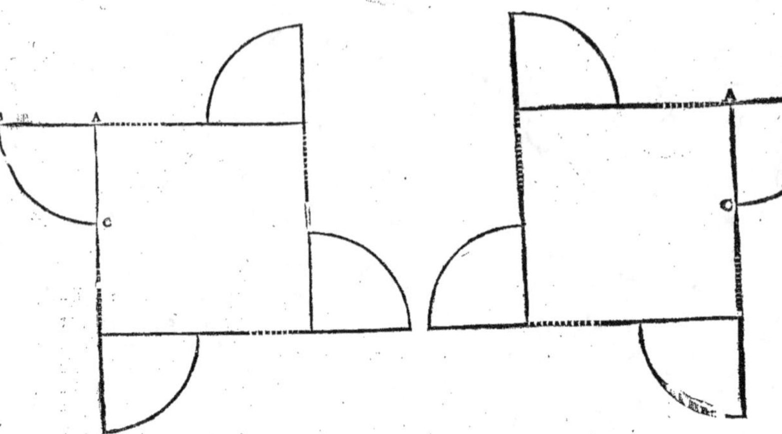

CES lon gueurs des lignes, qui auancent plus que les quartiers ordinaires, ensemble les autres varietez qui se voyent en la figure suyuante, signifiét que si le cheual est naturellemét teragnol, ou trop flegmatique & timide, & qu'au lieu de leuer paisiblement les battuës susdittes, sur les lignes droittes, il s'arreste, s'accule, ou s'auilisse : ou s'il est d'autre temperament, colere, sensible ou bizarre, & qu'il entre en fougue, & en inquietude, ou commét que l'vn ou l'autre retiéne ou haste ses pas, ou qu'il refuse de se haucer, ou qu'il se hause en desordre, ou auant l'aduertissement du cheualier : lors il le faudra auancer allant le pas par le droit, au long dela ligne droite qui outrepasse la figure premiere, afin de l'appaiser & disposer à faire mieux les pas, & les battuës, & apres les auoir faites legerement, & par obeyssance le tourner doucement, & à loysir en quelque part de la ligne qu'il se trouuera droit & apaisé, & l'ayant iustement tourné sur ce quartier, il le faudra encores auancer, continuant la susditte reigle, en quelque part qu'il se trouue en estat d'obeïr à ceste leçon, selon qu'il est icy representé.

Pour la main droite.

LE cheual ayant comprins, & faisant libremét ceste léçon quaree, sans anonchalir ou precipiter l'ordre des pás ou des batuës par le droit, non plus que la iustesse des quartiers de la volte: lors il faudra augméter ceste reigle, commençant à leuer le cheual, & le mettant sur son air, au mesme temps qu'il finira le quartier de pas, sur la ligne droite, sans l'arrester, ny luy laisser faire aucun pas, qu'il n'aye fait quatre ou cinq batuës en auant, & droités dessus ladite ligne, apres lesquelles il le faudra encores auancer paisiblemét, vn pas ou deux, pour refaire iustemét l'autre quartier, tousiours commencé sur le pied de dedans) comme i'ay desia dit, plus clairement ailleurs:) continuant apres le mesme ordre en sa perfeçtion, selon ceste autre figure prochaine : & si d'auenture le Caualerice auoit trop de peine à prendre toutes les fois, le temps de ce premier pas obserué, au moins il fera faire au cheual la premiere action de ces quartiers, en portant la teste sur le costé qu'il tournera, sans toutesfois qu'il plie le col, ny retienne l'action des espaules.

F f iij

Pour la main droite.

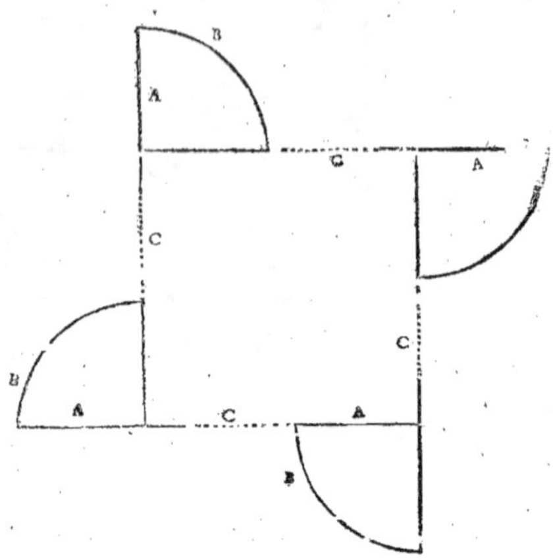

A   piste des pas auancez par le droit.
B   piste du passege sur le quartier de volte.
C   piste des battuës par le droit ayant finy le quartier.

Si le cheual recognoit le temps, & le lieu auquel il aura accoustumé de se mettrē chasque fois à son air, finissant ou apres auoir finy au pas, les susdits quartiers : sans doute, li se disposera à se leuer de soy, premier qu'il arriue des pieds de deuant sur la ligne droite, & sur la lettre C, qui se void en la figure suyuante, & lors augmentant la leçon, il luy faudra ayder discretement luy faisant commencer doucement son air, a-uant que le quartier de pas soit finy, & en telle sorte, que sans falsifier aucune des sus-dites proportions, il serre ledit quartier par vne ou deux battuës aysees, continuant soudain apres icelles, son air par le droit, & sans interualle, selon l'ordre susdit : & a-pres à mesure qu'il comprendra & pratiquera patiemment & legerement ceste leçō, il luy faudra faire entreprendre peu à peu d'auantage, sur le tour & l'espace du quartier, à mesure qu'il prendra son air, comme il est cy apres figuré, iusques à cequ'il commence & finisse le quartier iustement, & sagement, sans interrompre le vray or-dre & l'egalité de ces battuës, ce qu'il fera en peu de temps, s'il y est nay, & si ces leçōs sont bien obseruees,

Pour la main droite.   *Pour la main droite.*

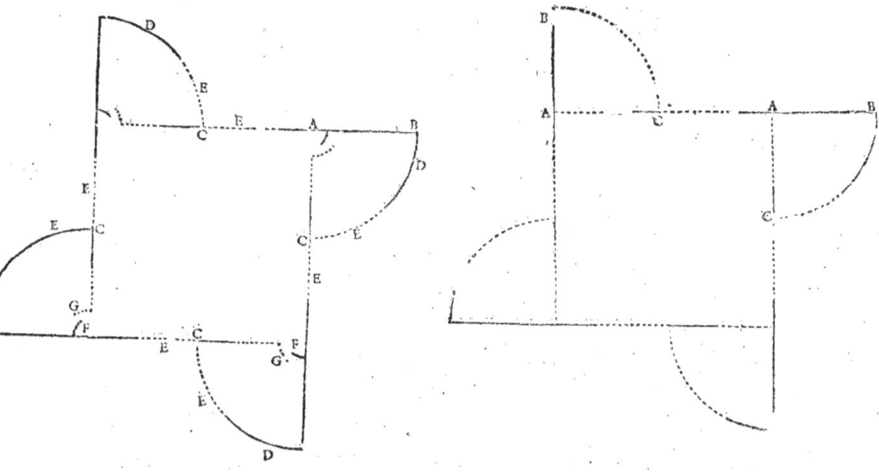

D pifte dupaffege des pieds de deuant.
E pifte des battues des pieds de deuant pour ferrer le quartier, & finir par le droit.
E pifte des pieds de derriere fur le dit paffege.
G pifte des pieds de derriere, releuant le manege pour ferrer le quartier.

Tovtes les proportions de ces figures de iufteffe, qui fe voyét cóme picquees, fignifient la pifte des battuës de l'air du cheual, & celle du pas, ou du trot, eft auffi reprefentee par les autres marques & rayes.

Apres que le cheual fçaura faire facilement, & iuftement ces quartiers, fans interrompre la mefure de fon air, il faudra r'accourcir peu à peu, les lignes droites, & retrancher par confequent fur icelles, le nombre des battuës, iufques à ce que fans plus aller par le droiĉt, & en eflargiffât & arrondiffant les piftes des pieds de deuant, & de ceux de derriere fur les quartiers, il puiffe proportionner vne demy-volte, affemblant deux quartiers, comme i'ay dit au paffege precedent, apres laquelle il faudra auancer le cheual, vn pas ou deux, par le droit, comme il eft icy de nouueau figuré, & puis l'arrefter quelque efpace de temps, & f'il eft befoin le careffer fans partir de fa place.

Ff iiij

Pour la main droite.

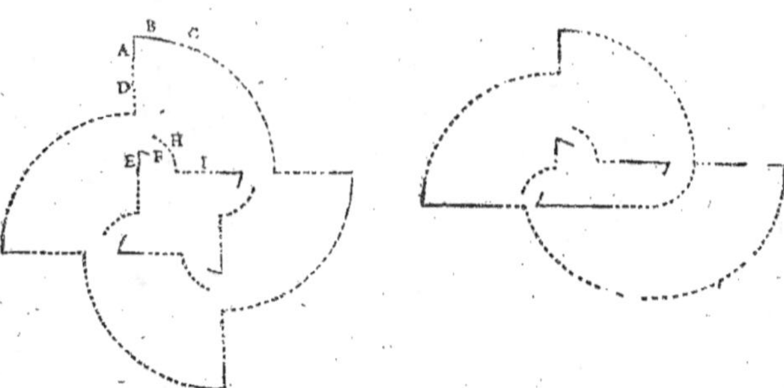

A piste des pieds de deuant faicte au pas par le droit auant tourner.
E piste des pieds de derriere , qui accompagne au pas par le droit auant tourner.
B piste des pieds de deuant faicte au pas pour commencer le quartier de la volte.
F piste des pieds de derriere pour accompagner au pas par le droit commençant à tourner.
C piste des pieds du deuant faicte par les battues sur le quartier.
H piste des pieds de derriere , pour accompagner les battues.
D piste des battues faictes auec les pieds de deuant par le droit ayant acheué le quartier.
I piste des pieds de derriere accompagnant les battues, qui acheuent le quartier.

A Y A N T ainsi fait ceste demy-volte, & auancé le cheual quelque pas sur la ligne droite, il luy en faudra faire refaire vne autre semblable d'air, & de proportions du terroir, en assemblant les autres deux quatiers, comme il est cy apres figuré : & afin qu'en ces premieres leçons, le cheual resolue plus librement l'air & le tour de ces de-my-voltes, il faudra commencer par vn pas ou deux, sur ledit tour, & apres faire le pre-mier temps releué d'icelles, beaucoup moins contraint & vn peu plus bas que les au-tres suyuans : car sans doute ce commencement aysé donnera beaucoup de facilité à l'air, & à la iustesse : mais en faisant ce premier temps, il faut empescher diligemment que le cheual ne se serre, endurcisse, ou se couche, comme il aduiendra souuent, si le Caualerice n'est expert & diligent.

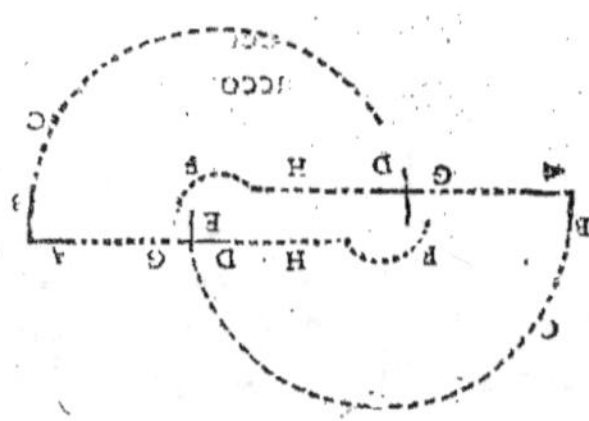

A piste des pieds de deuant, auançant par le droit premier que commencer la demy-volte.
D piste des pieds de derriere accompagnant les pas susdits.
B piste des pieds de deuant commençant au pas la demy-volte.
E piste des pieds de derriere accompagnant les pas, qui commencent la demy-volte.
C piste des pieds de deuant & de l'air releué de la demy-volte.
F piste des pieds de derriere accompagnant l'air releué de la demy-volte.
G piste des pieds de deuant , auançant le cheual par le droit soustenant l'air releué , duquel la demy-vol-
   te aura esté faicte.
H piste des pieds de derriere accompagnant l'air releué, duquel la demy-volte aura esté faicte.

Il se trouuera souuent, des cheuaux tant sensibles & impatiens, que du commencement, au lieu de releuer egalement & sans fougue, les battues des susdits quartiers,
ou demy-voltes, ils se serreront trop ou trepigneront, & mesme refuseront aucunefois de se haucer, qui sont indices de n'auoir point d'inclination aux maneges releuez: Quand cela aduiendra, il les faudra mettre à la regle d'vne battue, suiuie d'vn
pas, & soudain refaicte & continuée, rengeant ainsi les pas, entre les battues, sur la
iuste piste, des susdites demy-voltes Et toutes les fois qu'il se hastera impatiemment,
il faudra le retenir & arrester tout à faict, precisément sur l'endroit du iuste terroir,
auquel l'inquietude l'aura saisi, & premier que partir d'iceluy, le faire obeir legerement (& sans le laisser haster) soit par la douceur ou la contrainte. Iugeant sur tout,
selon le naturel du cheual, laquelle des deux pourra rendre plus d'effect. Et si outre
cela, le cheual deuient fort entier en ceste leçon, il sera necessaire de l'eslargir du derriere, & là faire les quatre pieds formans vne seule piste, la raiustant apres peu à peu,
en diuerses caualcades, iusqu'à ce que le cheual aye comprins, par bonne habitude,
l'ordre & la facilité de la vraye proportion de ces leçons. Or tout ainsi qu'il faut que
le Caualerice soit soigneux de haucer beaucoup le deuant du cheual terragnol, principalement en faisant ces premieres leçons estroittes & releuees: ainsi doit-il empescher par douceur & patience, que celuy qui sera fort leger ou qui (sans mesure) se
voudra eslancer, ne se hauce trop: Et soit que tout expres, le Caualerice releue ou retienne, ainsi extraordinairement les battues, son dessein final doibt estre, que le cheual, qui aura trop d'appui les face courtes & fort soustenues sur les hanches, & que
celuy qui sera trop leger, les aduance d'auantage, autrement la leçon sera imparfaicte.

A mesure que le cheual pratiquera la reigle des dernieres demy-voltes, cy deuant
figurées, il le faudra a tous les coups, moins auancer par le droit aux fins d'icelles, iusques à ce que sans confusion, il les puisse assembler, fournissant & arrondissant la
volte entiere, apres laquelle il le faudra encores auancer vn pas ou deux par le droit,
comme il est icy figuré par les fers.

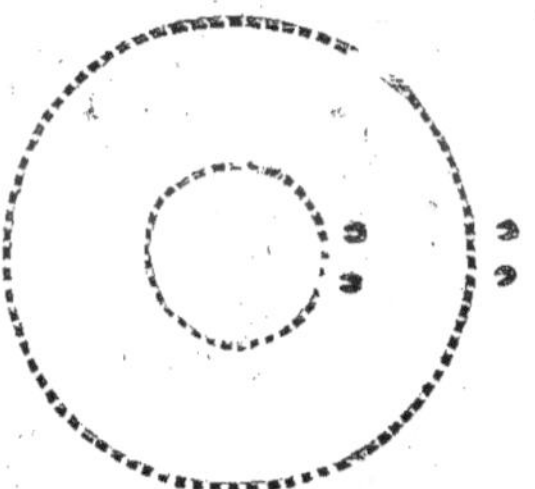

Qvand le cheual aura ainsi fourny ceste volte entiere, que le Caualerice luy
sentira assez d'escole, de memoire, de force & de bonne inclination pour la redoubler, il augmentera l'ordre de la reigle en ceste façon. Apres auoir arresté & caressé le
cheual vn peu de temps, & selon qu'il aura librement obey, il luy fera faire vn pas ou
deux en tournant tant pour luy dresser & attirer le col & la teste, sur le tour de la volte, & pour le tenir aduerty de la proportiõ de sa iuste piste, que pour luy dõner moyé,

de se mettre plus facilement à son bon air, du quel sans l'interrompre, il taschera
par les bonnes aydes de la main, de la iambe, & de la gaule, propres à lactió & aux
mouuemens de ceste leçon, de luy faire fournir vne volte & demie, de parfaite rondeur: & pour ioindre à ceste leçó, l'autre demy-volte, qui finira les deux voltes entieres, & luy en faire soustenir d'auantage, (s'il se peut, par la pratique des bónes reigles, & capacité de ses forces,) il faudra obseruer à tous les coups le mesme commencement susdit, d'vn, ou deux pas sur le tout: car c'est vn moyen pour resoudre
le cheual, & luy ayder à finir la volte plus facilement, attendant qu'il soit libre & asseuré à la iustesse du manege, & à l'égale cadance d'vn bon air: & lors sans faire aucun pas, on le pourra mettre sus son air releuë, estant engarde ferme & aduertie, &
d'iceluy prendre la volte, à la seconde ou troisiesme battuë & en fin à tel temps
qu'on voudra,

PAR le discours de ces riegles quarrees, le Caualerice bien fondé doit faire iusques icy quatre iugemens principaux : Le premier, qu'elles sont propres au cheual,
qui naturellemét se desplaist plus à tenir la crouppe, & les pieds de derriere en quelque iuste proportion, dedás la ronde piste de ceux de deuant, qu'à toute autre obeissance, & auquel les chastimens violens sont du tout contraires : car le surprenant,
comme i'ay dit, pour faire les quartiers de pas, cependant qu'il chemine par le droit,
& lors qu'il veut faire le mouuement haussé & auancé de l'espaule & du bras, hors
le costé qu'on le veut tourner, il ne peut en ce temps eslargir, & falsifier commodément la iuste place de la crouppe, à cause que, comme i'ay ailleurs mieux expliqué, la
hanche, & la iambe de dehors, est naturellement occupee à soustenir le mouuement
de l'espaule & du bras, qui par ceste surprinse (nettement rencontree) auance, croi-
se & cheuale sur celuy de dedans, faisant en tournant la premiere action du quartier:
de sorte que quád il veut cómécer de mettre la crouppe en dehors, il faut necessairement que ce soit apres que ce premier pas est acheué, & lors qu'il haulse ensemble
les mouuemens du pied de derriere hors la volte, & du bras de dedans: mais le Caualerice diligent, peut en ce second temps & mouuement, porter & auancer le cheual
vsant du soupçon ou chastiment de la iambe, & de l'esperon cótraire de façon qu'il
l'aura reduit sur la droite ligne, qui serre le quartier, premier que la crouppe se soit
beaucoup esgueree. Ainsi il fera soudain cheminer par le droit sur ceste ligne, le
cheual qui n'aura aucune ocasion contrainte departir les pieds de derriere, de dessus la piste de ceux de deuant: cependant le Caualerice aura moyen de choisir & reprendre encores de nouueau, le iuste temps pour commencer l'autre quartier, quád
le cheual posera la main de dedans en terre. Voyla comment la pratique de ces reigles quarrees, peut adiuster peu à peu, & sans violence la croupe du cheual, & par
consequent la teste & le col, sans presque qu'il s'apperçoiue de la subiection.

ET par les pas qui se font sur ces lignes droites, le bon Caualerice doit seconde-
mét iuger, que ces leçons peuuét aussi apporter beaucoup de remede au cheual, qui
naturellemét est leger à la main, & fort sensible: car les pas par le droit, refaits à chasque quarré, luy ostent l'occasion de se retenir trop, s'arrester ou s'acculer en, tournát
sur les hanches. Et par ainsi, c'est vn moyen de l'attirer & resoudre facilemét & doucement, l'obeyssance & à la iustesse des voltes, luy laissant neantmoins viuement
employer sa vigueur, sans luy faire hayr, ny trop craindre l'escole, ny la domination
du cheualier.
LE troisiesme iugement se doit faire, considerant que si le cheual a quelque manque de forte ou courage, la liberté qu'il sent en ces premieres leçons, chemi-

nant ainſi de pas par le droit, à tous les coups qu'il a ſiny par quelque ſubiection le
quartier de la volte, eſt auſſi cauſe qu'il ſe laſſe, & ſ'eſtonne moins de l'obeyſſance de
l'eſcole.

E n fin l'on doit auſſi iuger que le cheual de nature trop colere, deſobeyſſant, &
meſmes ennemy des proportions eſtroites, peut eſtre ſouuét diuerty de beaucoup
de fantaſies licétieuſes & malicieuſes, par la generale largeur, & liberté de ces reigles
quarrees, & principalement par la licence de les eſlargir, & eſtrecir, en allongeant &
accourciſſant les lignes droites, & en changeant de place ſelon les deportemoins du
cheual: & d'auátage ſ'il a le col foible, & la teſte mal aſſeuree, les iuſtes & diuers mouuemés, qui ſe doiuét obſeruer en ces leçós, par vne curieuſe diligéce, & ſur tout par
les actions ſubtiles, fermes & temperees, de la main du bon Caualerice, & par conſequent des bons effects de la bride & du caueſſon, ſeront autant de ſinguliers remedes, non ſeulement pour la fermeſſe de la teſte & du col, mais pour la iuſte & nerueuſe poſture de tout le corſage du cheual.

LES MESMES REGLES QVARREES
APPROPRIEES AV CHEVAL QVI PESE
ou qui tire à la main.

CHAPITRE XXI.

V o y que le propre des ſuſdites leçons quarées, ſoit d'aſſeurer la
bouche, la teſte & le col du cheual, qui naturellement eſt leger à la
main, & de bonne inclination: & meſmes de le maintenir en action
pour reſoudre en auát & par bó apuy de maî ſavigueur & ſa diſpoſitió,
ou au moins pour l'empeſcher ſans vſer de violence, qu'il ne ſacule
ou ſ'eſlargiſſe trop, cepédát qu'ó taſche à le bié reigler aux premieres
iuſteſſes des voltes. Les meſmes leçós ont auſſi beaucoup d'effect à faciliter le cheual,
qui au contraire peſe ou tire à la main, & à luy alegerir les eſpaules, & l'appuy de la
bouche: car l'obeyſſance & la pratique des quartiers des voltes, eſtans ainſi faits &
ſouſtenus ſur les hanches, tenant les pieds de derriere placez ſur le mitan, & le poinct
du circuit, que font ceux de deuant, ceſte poſture vnit, & r'accourcit par neceſſité
toute l'action nerueuſe du cheual, luy r'amenant ſes forces ſur le derriere, & par conſequét, l'alegerit de deuát, & luy aſſeure la croupe: & les pas qui ſe font par le droit
ſur les lignes, donnent auſſi commodité au Caualerice de rendre la main au cheual,
qui ſ'appuye trop à la bride, enſemble de prendre le temps du mouuement de l'eſpaule, & du bras de dehors, pour commencer le tour du quartier, & faciliter la iuſteſſe, en auançant & croyſant ce bras deſſus celuy de dedans. Mais il faut en ceſte occaſion faire d'ordinaire les quartiers plus ramenez ſur les hanches, principalement en
les finiſſant, & les lignes beaucoup plus courtes, que ſi le cheual eſtoit leger de deuant, afin qu'il aye moins de loiſir & de commodité de ſ'abandonner ſur les eſpau-
lés, & ſur l'appuy de ſa bride: & quand la laſſitude ou le deſplaiſir de la ſubiection,
l'inquietude ou la deſobeiſſance, le fera extraordinairement peſer ou tirer à la main,

il luy faudra quelquesfois faire proportionner les lignes droites , en reculant selon les figures cy apres representées, Assauoir , que ayant reculé depuis le bout & commencement de ceste ligne premiere, iusques à ce que les pieds de derriere soyent arriuez sur la lettre A, il le faudra tourner commençant le tour, en partant les pieds de deuant du lieu où est la lettre B, & finissant par iceux , vn quartier de volte à la lettre C, sans que les pieds de derriere s'esguarent de leur iuste place, à laquelle se void ladite lettre A.

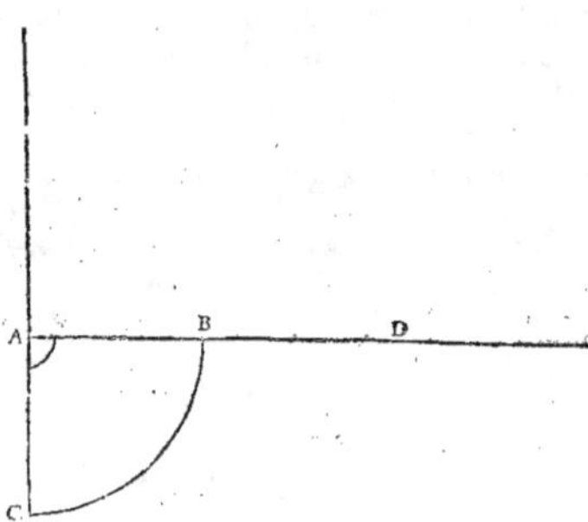

Figure pour la main droite.

D premiere ligne pour reculer iusques à la lettre A.

APRES il le faudra encores faire reculer tout de mesme sur la secóde ligne, pour aller faire l'autre quartier , & cótinuer la proportió de ceste reigle quarree : & à mesure qu'il perdra la fougue, ou le desir d'aller trop en auát, & qu'il tiendra la teste releuee en bonne place , sans s'appuyer trop sur la bride, on l'auancera au lieu qu'il aura reculé sur les lignes droittes . Et tout ainsi que i'ay dit parlant du cheual leger de deuant, qu'ayant failly en ces iustesses , on le doit corriger sur les distances des quartiers, en le faisant cheminer en auát & de costé, poussant la croupe, & tirant la teste sur la part qu'il aura refusé la iustesse , & la facilité du quartier, ie veux aussi qu'on face tout de mesmes , tant en faisant reculer , comme en auançant celuy , qui naturellement s'appuyera trop sur le mords , ou le cauesson. Mais s'il est sensible, apprehensif & colere, il faudra en l'auançant de biais & de costé, ou par le droit, sur ces quarres, le tenir ordinairement en quelque soupçon de s'arrester & de reculer, afin qu'il ne s'abandonne sur les espaules, ny sur l'appuy de la main. En reculant il doit aussi estre souuent tenu en quelque action disposee à s'auácer: pour empescher que ceste subiection retenue & acculée, le face deuenir retif , ou ramingue.

Figure

Figure de la main droite.

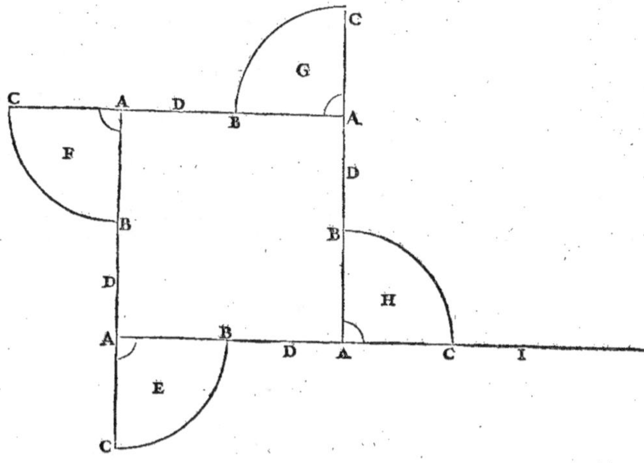

D ligne pour reculer iufques à la lettre A.
E premier quartier.
F fecond quartier.
G troifiefme quartier.
H quatriefme quartier.
I premiere ligne.

OR en auançant ou reculant ainfi de biays le cheual, qui aura failly en la iufteffe, il fe faudra neceffairement departir des droittes lignes, & par confequent cefte
reigle ne fera plus quarree, & femblera que les quartiers fe placent en defordre. Toutesfois, il faut confiderer que cefte façon de cheminer en auant ou en arriere, fur la
diftance des quartiers, pouffant toute l'action du corps de cofté, eft vn chaftiment
affez doux qui ne fe limite, que feló que le cheual fe difpofe à l'obeyffance. Mais i'expliqueray mieux ailleurs, & mefmes par figures, cefte façon de cheminer en auant &
de cofté.

IL fera auffi prefque impoffible, en faifant reculer le cheual, de bien prendre le
temps du mouuemét de l'efpaule, & du bras de dehors, pour le faire cheualer deffus
celuy de dedans, en commençant le tour du quartier. Mais d'autant qu'on ne doit
rechercher cefte particuliere action d'efpaule & de bras, que pour faire que le cheual
tienne mieux, en tournant, la crouppe dedans la ronde pifte des pieds de deuát, fans
s'acculer fe confondre, ny retenir fa vigueur, & mefmes qu'on ne le fait reculer, feló
le bon ordre de fes reigles, que lors qu'on le fent trop defireux de s'auancer licétieu-
fement, s'abandonnant trop fur l'appuy de la main. Il ne fera donc pas befoin en cefte occafion, de faire ce premier & tant auantageux mouuement de l'efpaule, & du
bras de dehors pour tourner: au contraire il faudra retenir le cheual, qui fera cesfau-
tes, empefchant qu'il ne fe charge fur les efpaules, ny fur l'appuy de la bride, ou du
caueffon.

Gg

Pour arrondir ces leçons faittes en reculant,il faudra retrancher peu à peu les pas faits sur les droites lignes,iusques à ce qu'ó puisse ioindre deux quartiers,faisant sans interualle vne demy-volte soustenuë des hanches,sur le poinct de la lettre A,& commencee en partant les pieds deuant,du poinct de la lettre B, & finie comme sur le C,selon la figure suyuante. Apres on le fera encore reculer, sur la ligne droitte iusqu'à ce que les pieds de derriere soiét arriuez comme sur la lettre A,& puis par vn bel ordre,assembler tout de mesmes les autres deux quartiers, faisant aussi l'autre moitié de la volte. En fin,il faut icy obseruer en reculant,tant en l'ordre des battues, comme en celuy du pas,les mesmes proportions que i'ay dit,aux precedētes reigles, auancees & quarrees,hors mis que pour chastier & alegerir sur les voltes le cheual qui pese,ou qui tire à la main,il doit estre ordinairement plus retenu,& serré sur les hanches,en finissant ces demy-voltes.Sur tout,il luy faut tenir le corps droit, & luy faire aussi tousiours porter le col,la teste,la veuë,& le courage,droit deuant sa piste en tournant.

Pour la main droite.

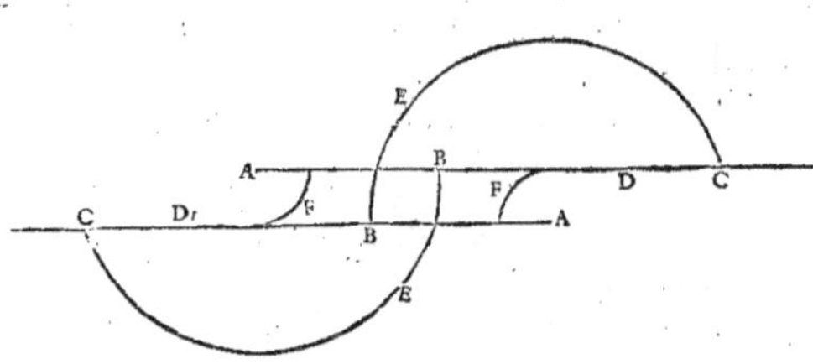

D. ligne de la piste pour reculer iusques à ce que les pieds de derriere soyent arriuez comme sur la lettre A,& ceux de deuant sur le B.
E piste des pieds de deuant pour tourner à main droite,iusques au C, finissant la demy-volte des quatre pieds sur la droite ligne.
F piste des pieds de derriere.

En r'accourcissant peu à peu les droites lignes, ces deux demy voltes se pourront facilement conuertir en vne volte entiere : & pour la redoubler,il faudra comme i'ay dit augmenter accortement,tant les battues de l'air du cheual,que les pas assauoir de quartier en quartier,ou de demy,en demy-volte,iusques à la vraye portee de ses forces:& si en faisant ces leçons ramenées & serrées sur les hanches,le cheual perseuere en la durté ou pesanteur de teste, de bouche ou des espaules, il sera bon de changer aucunefois de place en reculant, pour continuer ces demy-voltes,ou voltes entieres.Mais ce reculer doit tousiours estre proportionné selon l'appuy de la bouche du cheual,& l'obeyssance qu'il réd:c'est à dire, qu'à mesure que le Caualierice sét que le cheual s'alegerit de deuát,& se soustiét la teste de soy,il le doit faire moins reculer & plus doucemét,que s'il s'abádónoit ou s'appuyoit d'auátage.Et lors qu'il est arriué à toute la legeresse que ses forces & stature luy peuuent maintenir,& que le col & la teste sont reduits en leur plus belle posture,&la bouche en son appui plus temperé,il faut cesser l'ordre ordinaire de ces reigles reculées,& neantmoins le reprendre, quand l'on sentira que le cheual voudra reuenir en son imperfection.

Car si on attéd qu'il y soit reuenu du tout, le remede aura beaucoup moins d'effect
& tout ainsi que le bon Caüalerice doit aucunesfois remettre le cheual, qui de sa nature est leger à la main & aucunement ramingue, sur les leçons auancées par le
droit, afin de le maintenir en la viue action de son air & de son manege, quoy
qu'en maniant, il ne s'accule, ny ne retienne en aucune façon sa vigueur ny ses forces, ie veux aussi que de propos deliberé, il mette quelquefois sur ces leçons, de droit
en droit, subiectes & reculees, le cheual qui a le deuant trop chargé, ou qui naturellement pese ou tire à la main, bien que par la pratique de la bonne escole, il r'a-
meine & soustienne son manege sur les hanches, & qu'il se tienne en son appuy plus
leger: car en r'amenteuant ainsi aucunefois à l'vn & à l'autre, les reigles par lesquelles ils auront esté gaignez, & reduits à l'obeyssance & franchise des iustes proportions de leur manege, sans doute ce sera vn moyen pour les tenir tousiours en bonne escole.

Le bon Caüalerice iugera facilement par le discours de ces leçons quarrées, faites sur les hanches & quelquefois en reculant, qu'elles peuuent beaucoup r'amener
& amollir le cheual, qui a le deuant trop chargé, ou qui de sa nature à l'appuy de la
bouche trop dur ou pesant. En quoy aussi les leçons bien données dedans l'escuyrie
à la place du filet, les cordes du Cauesson estans attachées & arrestées aux poteaux
ou en autres lieux autant ou plus commodes, ayderont fort à la legeresse & facilité
de touts les airs, releuez tant du deuant que du derriere. Car sans doubte l'habitude de ceste subiection, contrainte & limitée, retiendra, r'accourcira & releuera plus
facilement le cheual pesant, chargé, terragnol ou desuni (qui toutesfois ne sera trop
sensible ni apprehensif) que ne feront beaucoup d'autres remedes communs. Au
contraire ces mesmes leçons si subiectes, pourront mettre en confusion ou desef-
poir le cheual fort ardent, sensible ou trop apprehensif, & auillir le debile ou timide.
Et communement aussi augmenteront le vice de celuy, qui sera malicieux & r'amin-
gue, quelque chose de beau, qu'on luy voye faire, cependât qu'il sera attaché au poteau ou qu'on l'exercera en lieu auparauant recognu & premedité. Et tant s'en faut,
qu'il soit necessaire de r'accourcir l'action, & l'air reuelé du cheual fingard, en ceste
escole tant contrainte & limitée en vne place, que plustost il le faut pousser & chasser d'ordinaire, changeant diuersemét de lieu en la plus part de ses moüuemens malicieusement retenus, mesmes quand il rabat, balotte ou saute, sans se vouloir'aduancer ni appuyer à la main, qui est vn indice des desseins malicieux, par lesquels il se réd
à la fin du tout retif, s'il n'en est diuerti par la bonne pratique du Caüalerice. Et pour
vn precepte recommandable, ie veux qu'il se souuienne, que ce n'est sans cause, si i'ay
dict cy deuant en plusieurs lieux, qu'il faut necessairement que le cheual parte viuement à toute bride, qu'il pare legerement, néantmoins par vn ferme appuy de main
qu'il tourne libre & determiné, estroit & large, tant au galop qu'au trot esgalement
de chasque costé, premier qu'on le regle sur les voltes plus iustes & releuees: principalement en ces dernieres qui se font en reculant. Autrement le reculer continué
d'ordinaire, donnera aucunefois occasion au cheual pesant & impatient, mesmes
s'il a le col trop dur & tendu, de se faire negligent ou entier sur les voltes; A cause que
l'action tant ramenée est du tout contraire à la legere souplesse necessaire pour bien
tourner. Mais si le cheual de quelque naturel qu'il soit à desia auparauant pratiqué
la resolution des voltes basses, resolues & redoublées, quand apres le Caüalerice le sentira disposer à tous les euenemens contraires à la franchise de tous les
beaux airs releuez & bons maneges, il l'en pourra souuent diuertir en l'eslargissant,
& le remettant bien à temps, sur les voltes de trot, de galop ou viuement terre à ter-

re, finiſſant par la liberté & determination d'icelles, les caualcades des leçós eſtroittes, qui luy pourront auoir cauſé diuers accidens deſordonnez.

Aꜰɪɴ que le Caualerice puiſſe mieux comprendre l'ordre des ſuſdites reigles, &
leçons au commencement quarrées & à la fin peu à peu arondies, i'ay voulu diſcourir leur ſuyte tout du long, ſans faire des digreſſions ſur les changemens de main: &
meſmes, parce que ie n'entends pas que l'homme de cheual embarraſſe , & trouble
ſon eſprit dans la confuſion de ſes iuſteſſes modernes , premier qu'eſtre bien fondé
en la pratique des bonnes eſcoles de ſon art , par leſquelles il ſe ſoit rendu capable,
non ſeulement de pouuoir auecques diligence, & proprement obſeruer toutes ces
plus iuſtes & delicates proportions : mais auſſi de bien iuger , quand le cheual meritera d'eſtre chaſtié ou careſſé: quand en continuant la leçon , il luy faudra changer
de place & donner relaſche à l'vne main, pour ſe mettre au ſtil de l'autre : & ſur tout,
quand il ſera temps d'augmenter, & quelquesfois de diminuer l'ordre des leçons,
ſelon ſes forces & memoire, & l'eſtat de ſon temperament naturel. Et d'autant que
les plus aduiſez hommes de cheual, peuuent aucunefois faillir en ces occaſions , ie
veux encores de nóuueau expreſſement aduertir le Caualerice , que ſans doute en
pratiquant ces iuſtes leçons , il aduiendra rarement que le cheual conſente &
profite egalement aux deux mains : au contraire il ſera communément plus enclin à bien faire en l'vne qu'en l'autre, & le plus ſouuent à faire mal à toutes les deux:
Or comment qu'il face, ie deſire que le Caualerice aye touſiours ces reigles & proportions en la memoire, pour ſon ſubieĉt principal , & que neátmoins il s'en departe quelquefois, cherchant ailleurs & par diuers moyens d'y diſpoſer le cheual , qui
ne peut ou ne veut bien cóprendre le vray ordre de nós iuſteſſes. Aſſauoir, que ſi en
comprenànt à vne main, les bons effeĉts de ces leçons, il obeit & cede diligemment
aux bons mouuemens du cheualier, il luy faudra faire ſubtilement & iuſtement obſeruer à ceſte main, comme i'ay deſia dit, l'ordre des figures cy deuant repreſentees:
& ſi à l'autre main, il ſe ſerre ou s'accule, ſoit de nature , ou par quelque accident ou
mutation, & qu'il perſeuere en ſon imperfeĉtion , il doit eſtre eſlargy, outre-paſſant
s'il eſt beſoin, les limites cy deuant figurees, & meſmes luy faiſant arrondir ſa leçon,
en le reſoluant au trot ou au galop, en diuers lieux, s'il s'endurcit & ſe diſpoſe à deuenir entier ſur la volte. Au contraire s'il s'eſlargit outre l'action & le deſſein du Caualerice, il faudra en le chaſtiant, le retenir, l'eſtrecir, & aucunefois s'il eſt obſtiné , l'acculer dedans le general circuit des ſuſdites reigles obſeruees : tellement qu'en vne
meſme leçon, on peut garder à la main plus ayſee, le bon ordre premeditédes figures
plus iuſtes, & rechercher diuerſement, & comme on pourra, en la plus difficile main,
la neceſſaire reſolution & facilité, du courage & de l'action du cheual, iuſques à ce
que peu à peu, il ſoit également reduit à la franchiſe & iuſteſſe des ſuſdites leçós, autant en vne main qu'en l'autre.

Pour la main droite.

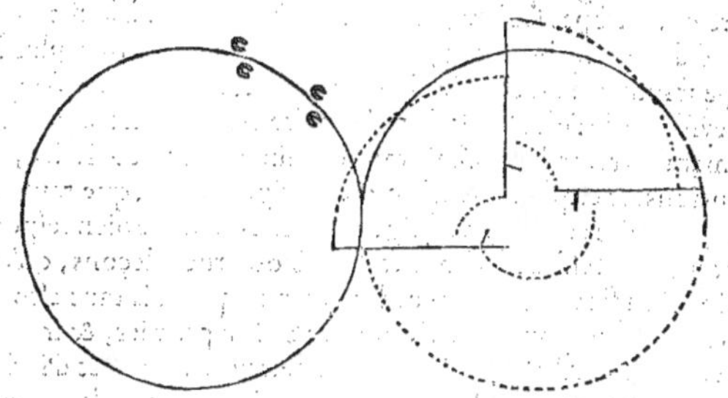

Et si la continuation de ces reigles plus obseruées, faict souuét entrer en inquietude malicieuse, ou en desespoir le cheual, qui de sa nature est sanguin, colere & impatient : ou si les mesmes leçons assoupissent le courage, & la vigueur de celuy, qui est d'humeur flegmatique ou melancolique, il sera aucunesfois necessaire d'interrópre l'ordre des iustes & susdites proportions, pour exercer l'vn & l'autre, par des leçons rondes & d'vne seule piste, assez longuement fournie, de quelque stil commú, neantmoins bien consideré, assauoir au trot & au petit galop, ayát à faire au cheual, qui sera trop fougoux, qui tirera à la main, ou qui voudra sortir, ou du tout eschaper de l'escole, & assez rigoureusemét au galop furieux, ou terre à terre, celuy qui retiendra ses forces, ou qui s'auilira : afin que par ces moyens bien obseruez, l'vn se trouue plus sage, & l'autre plus determiné, & que tous deux goustent mieux la douceur & les caresses, qu'ils receuront apres, en faisant les iustes leçons reiglées auec plus d'art & de patience, & que par ceste voye, ils se rendét plus resolus à l'obeyssance, & en fin plus libres & asseurez, à la perfectió du plus beau & meilleur manege, que leurs forces pourront fournir.

AVTRES REIGLES POVR LES VOLTES AIREES ET REDOVBLEES.

CHAPITRE XXII.

Etoutes les reigles que i'ay pratiqué iusques à present, les quarreesdót i'ay parlé, attirét plus facilemét aux airs, & à la iustesse desvoltes, le cheual, qui naturellemét est ennemy de l'obeyssance : soit lors qu'on comméce à le dresser, ou quád on le veut remettre en bóne escole estát rebuté, ou autremét desbauché. Mais quád il se rencótre leger à la main, accompaigné de bonne inclinatió, d'assez de force & de legeresse, l'ordre qui se verra cy apres representé se trouuera plus aysé, d'autant qu'il s'y pratiquera moins d'actions differentes, & si ne lairra pas d'auoir beaucoup de bons effects. Or i'ay desia dit en plusieurs lieux, que pour bien disposer les esprits, les forces & les bons mou-

uemens du cheual neruéux,vigoureux & leger, aux meilleures & plus iuſtes leçons ,
il eſt à tous les coups neceſſaire de l'eſchauffer, & deſgourdir communément au trot,
ou au galop, s'il a la vigueur de l'eſquine trop retenüe & nouee: car ce commencement d'exercice, n'eſt pas ſeulement propre à l'haleine, & à la memoire du cheual,
ou à la facilité de tous les bons airs, & aux iuſtes proportions des plus beaux mane-
ges:mais il peut ſoûuent diuertir le cheual colere & ſuperbe, de s'oppoſer obſtiné-
ment à l'obeyſſance de l'eſcole, & de ſe defendre,comme il fait aucuneſfois, deſdaignant tellement les remedes & chaſtimens ordinaires du Caualerice, qu'il s'en enſuit des punitions, & eſquiauines ſi longües & rigoureuſes, que tant s'en faut qu'en
fin le cheual (outré de coups & de fatigue) vueille ou puiſſe bien reſpondre ny conſentir à l'air ou à la iuſteſſe de ſes bonnes & plus obſeruees leçons, qu'au contraire ,
il ſe trouue ſoûuent ſi reculé de leur ordre, & quelquesfois tant eſtonné, confus,
ou du tout rebuté, que pour le bien remettre en ſon premier, & meilleur eſtat d'o-
beyſſance & de facilité, il n'y va pas moins de temps, de peine & d'induſtrie, qu'on
aura auparauant employé à le reigler & reduire, iuſques à ſa derniere & plus auancee leçon. Toutesfois ſur ce propos, & premier que diſcourir l'ordre des reigles
propoſees, ie donneray icy vn aduertiſſemét, ſur le naturel de certains cheuaux d'eſquine, qui doiuent eſtre moins deſgourdis auant leur leçon de iuſteſſe, que beaucoup d'autres.

D'AVCVNS CHEVAVX TENVS POVR RAMINGVES

& neantmoins de bonne nature.

CHAPITRE XXIII.

E n'eſt pas aſſez de ſçauoir pourquoy, il eſt neceſſaire d'eſmouuoir
ordinairement au trot, & aucuneſfois au galop, le cheual, qui eſt
naturellement leger, & vigoureux, premier que l'eſtrecir en quelque iuſte proportion d'eſcole : il faut auſſi iuger & limiter bien ce
premier exercice, ſelon l'inclination & les forces de toutes ſortes
de cheuaux, ſans s'arreſter du tout aux actions plus apparentes. Car
il y en a qui ont fort peu d'eſquine , qui toutesfois accompaigneront nerueuſement quelque bel air,tant qu'ils auront leurs forces vnies: que ſi le Caualerice leur
veut croiſtre l'haleine au trot ou au galop,longuement côtinué,penſant par ce moyé
leur faire fournir plus de vigueur & de gaillardiſe, il leur trouuera apres au contraire
les forces tellement deſ-vnies,qu'au lieu de faire mieux,ils traiſnerôt l'air de leur manege,ſans allegreſſe ny reſolution. Il s'en trouue auſſi beaucoup d'autres,qui ſont de
fort bon naturel,& de grande eſquine, qui neantmoins ont les membres foibles , &
qui ſé retiennent,ſe courbent, & s'agrouppent en trottant, & en galoppant, & meſmes ne peuuent librement reſoudre la courſe, à cauſe qu'ils n'oſent diſtribuer generalement leurs forces & determinations, ſe desfians naturellement de l'incapacité
des eſpaules,des iambes,des paſturons ou des pieds , principalement quand ils ſont
hauts à la terre:& tels cheuaux ſont,ou doiuent eſtre tenus entre les bôs Caualerices,
pour ramingues,parce qu'ils retiennent trop leur actiô nerueuſe & legere, mais non
pas pour retifs ny malicieux:d'autât que l'irreſolution ne leur procede que d'vn ſen-
timét naturel, qu'ils ont de la debilité des membres:& peuuét ſoûuent reuſſir à quelque bel air,& manege eſtroit & releué,eſtans dreſſez en bonne eſcole. Or quoy que
la cômune reigle,dôt l'on doit vſer aux cheuaux,qui s'agrouppent trop aux premiers
mouuemens de leur exercice, ſoit de les trauailler au trot ou au galop , iuſques à ce

que la vigueur de l'esquine soit temperee, premier que commencer les proportions
des iustes leçons: en ceux-cy, ie veux particulierement aduertir le Caualerice, qu'ayãt
bien recogneu que leur determination n'est retenuë par vn naturel dessobeyssant,
mais seulement par la deffiance des membres, par nature ou par accident debiles &
in capables, il ne doit vser de chastimens & remedes trop rigoureux, ny attendre que
la trop grande force qu'ils monstreront auoir à l'esquine soit du tout abattuë, par l'e-
xercice du trot ou du galop, auant que les mettre sur l'ordre des reigles raccourcies &
iustement obseruees. Car il vaut beaucoup mieux qu'ils facent les premieres proportions de leurs iustes leçons, aucunemét raboteuses & retenues, que si en leur voulãt
plustost temperer la generalle force de l'esquine, & l'appuy de la main, on leur laissoit & affoiblissoit tant les espaules, les iambes ou les iarrets, que venans bien tost a-
pres à s'acculer, ou à s'abandóner sur la bride, ils n'eussent plus moyen de soustenir, &
fournir legerement & viuement l'air, & la iustesse desdites leçons, iusques à la fin d'i-
celles, selon l'ordre des bonnes escoles, & mesmes en tous les airs gaillards & mediocres, lesquels se doiuent ordinairemét finir auec vigueur, afin de maintenir le cheual
en courage: c'est enquoy le Caualerice ne doit pas seulement preuoir & faire election
de l'air, qui est plus propre à l'inclination du cheual, mais aussi doit dispenser les forces d'iceluy, auec telle industrie & discretion, que toutes ses leçons puissent estre bié
& vtilement finies.

Il y a encor des cheuaux de manege, qui sont ramingues, lesquels crient aucunesfois en maniant, monstrans en cela leur malicieuse poltrónerie, qui ne se doit pardó-
ner: mais aussi y en a-il d'autres, qui crient en se mettans sur l'air de quelque manege
releué, estans seulement agitez d'allegre esmotion de courage, & mesmes sentans en
leurs forces dequoy fournir gaillardement à plus grand effort, qu'à celuy qu'on recherche en leur disposition. De sorte que le cheual qui crie par malice, faict de certains sauts falsifiez, ou autres actiós mal plaisantes & desordonnees, qui tesmoignent
son mauuais naturel, & particulierement le desir qu'il a de ietter par terre le cheualier qui l'exerce: quant à celuy, qui crie de gaillardise & d'allegresse, il monstre souuent par ceste action aucunement licentieuse, qu'il se sent quelque force superfluë,
laquelle il employe legerement, renforçant de soy mesmes son air accoustumé, sans
que pour cela le cheualier se trouue incommodé: ains plustost il en reçoit du contentement, & en asseure son assiette: aussi ne le doit-on pas chastier comme cheual
vicieux: mais il suffit de le tenir aduerty & en soupçon, que s'il continue à se dispenser en ses inégalitez, le chastiment est tout preparé pour le remettre à son air ordinaire & limité.

PREMIERE LEÇON DES SVSDITTES REIGLES.

CHAPITRE XXIIII.

VAND doncques le cheual de bon naturel, se trouuerra enclin au mane-
gé des voltes, de quelque air releué, & qu'il y sera disposé par vn bon fondement de trot, & de galop, & vne assez ferme & legere obeyssance au
parer, le Caualerice se pourra asseurer de l'auoir en peu de temps apres reduit, (par les effects de ces autres reigles bien obseruees) à la perfection où ses forces
le pourront accompaigner: & pour luy commencer ces bonnes leçons d'air & de iustesse sur ces voltes, il le promenera d'vn bon pas d'escole, égal & bien aduerty, luy tenant la teste en sa meilleure & plus belle posture, & luy fera premierement propor-

Gg iiij

tionner vne piste de deux lignes droittes, & fermées aux bouts d'icelles, par vn demy-
tour, presque en forme oualle, côme il est icy representé en ceste figure, & ne luy laissera esgarer en façon quelconque les piedes de derriere, de la piste, de ceux de deuant.

Pour la main droite

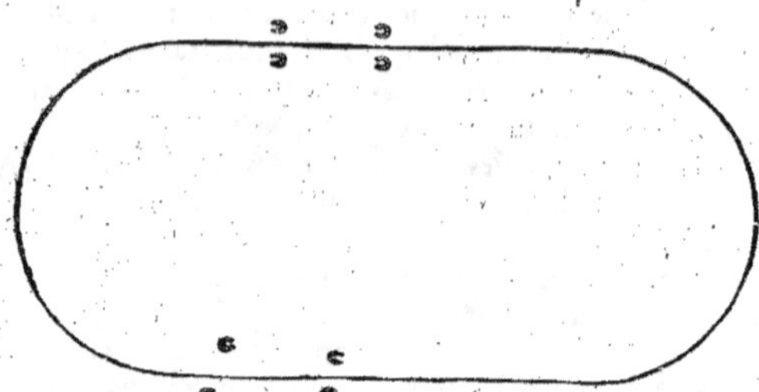

EN toutes les figures où se trouuent marquees par lignes, rayes ou points, sur les
voltes & demy-voltes, les proportions & distances des pas aiustez, & des batues releuees, il ne faut obseruer les nombres des marques, ains seulement l'ordre des reigles
& leçons expliquees.

APRES que le cheual aura bien recogneu ce premier passege à chasque main, le
Caualerice pourra commencer au bout des lignes à luy faire esbaucher son air, sur la
mesme piste encore cy apres figuree, luy faisant faire sur la lettre A, vne battuë, &
soudain passant outre sur le demy-tour, l'auancera deux pas, apres lesquels & à l'instant, il luy fera refaire vne autre battuë, & puis encores deux pas, continuant ainsi
iusques à la lettre B, cheminant apres sur l'autre ligne droite, sans interrompre son
pas ordinaire, & sur l'autre lettre A, faudra encores en l'autre demy tour recommencer vne battuë, suyuie de deux pas aussi ioints, à vne autre battuë sans interualle, & a-
pres encores deux ou trois pas, arriuant de cest ordre sur la lettre B, & cheminant a-
pres par le droit, comme deuant, pour aller recommencer & continuer le mesme stil,
iusques à ce qu'il soit temps d'en faire autant à l'autre main.

Pour la main gauche.   *Pour la main droite.*

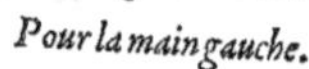

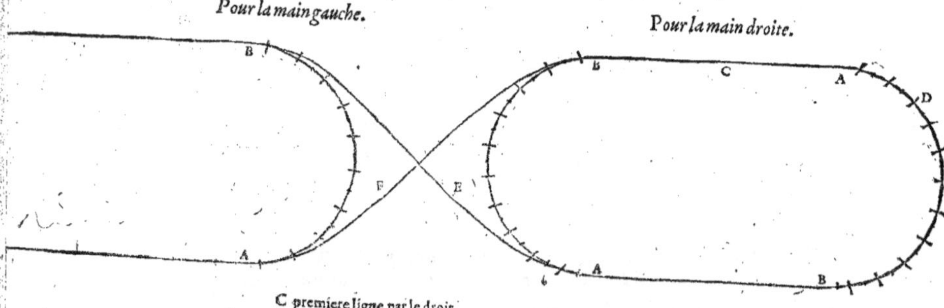

C premiere ligne par le droit.
D piste de la demy-volte.
E piste pour aller changer de main.
F piste pour reprendre la premiere main.

CESTE leçon est tant spacieuse & si aysee, que le cheual aura bien peu de memoire, de bonne inclination ou de bon commencement d'escole, si en cinq ou six caual-

éades, il ne commence à la comprendre & y consentir. Or quand il respondra facilement à ladite leçon sans estre esmeu d'inquietude ny de malice, il faudra retrancher
vn des deux ou trois pas, qui auront esté faits à toutes les distances des battues, de
sorte qu'on l'induise à ce qu'il ne face plus à tous les coups, qu'vn pas entre les battues, & vne battue entre les pas.

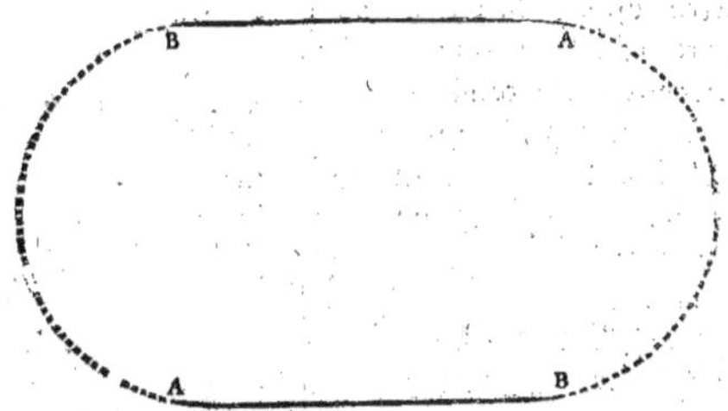

Apres que ceste leçon aura esté bien pratiquee, il la faudra augmenter en faisant
deux battuës iointes, & puis vn pas, pour refaire encores deux battuës, continuant
ainsi depuis la lettre A, iusques au B. Mais il ne faut que ces pas soient faits confusément, ny ces battues à force de subiection de main, de coups de gaule ny d'esperon:
au contraire elles doiuent naistre d'vne certaine facilité d'ayde, libre & generalle, qui
au lieu de contraindre le cheual, le conuie à se hausser gayement, prenant neátmoins
par obeyssance, l'air de sa leçon, & rengeant bien ces battues, desquelles) sans
rompre la mesure) il tournera & fournira librement les bouts & demy-tours de ces
figures.

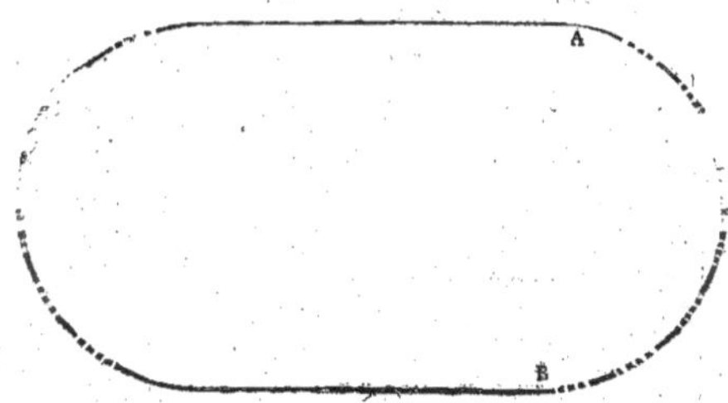

Qve s'il aduient que sur ces lignes droites le cheual, entrant en fougue, trepigne
quelque air cófus & retenu, ou que iettát la crouppe d'vn ou d'autre costé, il chemine
de biays ou de trauers, ou cóment que l'impatience, le regret, ou l'extréme desir de se
hausser malicieusement, le pousse à quelque autre fauceté premier qu'il arriue, ou arri-
uát sur le lieu de la lettr eA, (auquel iusques icy, il aura accoustumé de cómécer les batues des susdites leçós) alors au lieu de le tourner, ou de receuoir cest air licétieux, & volontaire, il le faudra auancer de pas ou de trot, ou le chasser plus viuemét, selon son a-
ction trop retenue, & passant plus outre sur la ligne droite, le chastier (si son temp era

ment se trouue disposé aux effects des bons chastimens) de l'esperon, de la gaule, du caueslon, ou de la bride : ou l'asseurer paisiblement par vne aleure de pas alenti par le droit, si de nature il est fort sensible, ou saysi par accident de quelque aprehensió extreme. Mais si recognoislant ce lieu de la lettre A, il luy desplaist fort de se hausser, ou si estant esmeu de quelque autre humeur colere & bizarre, il s'abandonne sur le deuát pour fuyr l'obeyslance, il faudra au cótraire, le faire reculer sur la mesme ligne droite, selon qu'il se sera trop appuyé ou auancé. Sur tout, il faut bien iuger selon le temperament du cheual, la rudesse ou la douceur dont on doit vser en toutes ces occasions, principalement en ceste derniere action reculee, à cause qu'elle est la plus subiecte : & à l'endroit où il se trouuerra plus disposé à la patiéce, & à la memoire, il le faudra tourner & remettre au stil de sa leçon, & non autrement : afin que par ces moyens bié pratiquez, il puisse cognoistre qu'il doit attendre l'aduertislement & les mouuemens du cheualier, sans se mettre de soy impatiemmét, ou d'vn courage ramingue, sur les battues & proportions de ces iustes leçons, auant leur temps & lieu, & afin aussi qu'il soit diuerty des folles impreslions, qui luy font hayr & fuyr l'escole. Toutes ces considerations ne doiuent pas seulement accompaigner ceste leçon, mais on les doibt generalement obseruer à toutes les precedentes, & à celles qui s'ensuyuront.

P o v r auancer les leçons du cheual, apres qu'il tournera ainsi librement, fournislant d'vn bó air, égal & attendu, les bouts & demy-tours de la susditte & derniere reigle, il faudra augmenter les battues vne à vne, en continuát auec patience leur ordre, iusques à ce qu'il en face deux par le droit, premier que partir de la ligne, & puis prendre le demy-tour à la troisiesme, empeschát curieusemét qu'il ne trepigne, & ne haste les battues de son air, ny l'interrompe en aucune façon : & apres estre arriué sur l'autre ligne, en faire encores deux comme sur le B, de mesme ordre par le droit, premier que l'arrester ny le mettre au pas, pour aller prendre l'autre main.

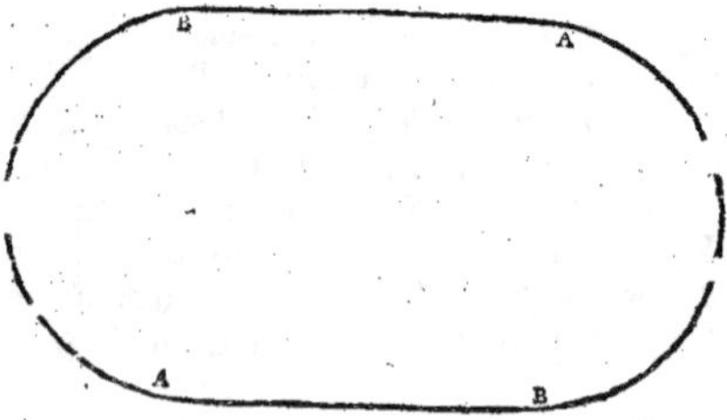

S i, en ces commencemens, le cheual en tournant se monstre tant enclin à porter la crouppe en dehors, ou trop en dedans, que par les remedes ordinaires, le Caualerice ne le puisse contraindre à tenir les pieds de derriere, dessus la piste de ceux de deuant, ie ne veux pour cela qu'il vse de grande violence, tandis qu'il le tournera: car l'excessiue douleur des chastimens extraordinaires & rigoureux, ou l'estonnement d'iceux, le pourroyent rebuter, le faisant deuenir entier ou autrement confus, & ennemy de la volte, ou pour le moins son air, n'estant encores bien asseuré, en seroit interrompu, de façon que de long temps apres, il n'y seroit bien remis: mais ayant falsifié en tournant la susdite proportion, & cheminant apres par le droit, selon le stil de ceste reigle, il le faudra discrettement chastier, le dressant sur la ligne droite, auec l'esperon & le nerf, du costé qu'il aura faite la faute, de sorte que cedant aux chastimens, il aille comme de biays, tout ainsi que i'ay dit ailleurs, iusques à ce qu'il soit arriué droit sur ladite ligne. Apres il le faudra remettre à son air, pour tourner, & par ce remede, il comprendra & pratiquera peu à peu l'obeyssance, & particulierement la iuste place de la crouppe, sans que le desplaisir d'estre trop battu luy face hayr l'air ou la volte.

Q v o y que le cheual face bien & facilement toutes ces leçons, deux ou trois fois ou d'auantage, il ne les luy faut pour cela augmenter, s'il ne comprend & gouste les proportions de ce qu'il fait: autrement il en naistroit vne obeyssance confuse, & par consequent vn manege incertain & mal asseuré. A mesure donc que le cheual pratiquera ceste derniere reigle, il la faudra estrecir generalement, & peu à peu: assauoir, en approchant les lignes droites, l'vne de l'autre, & en serrant vn peu & sans violence la crouppe du cheual, dedans le demy-tour, iusques à ce que ses mouuemens, releuez soyent mediocrement soustenus sur les hanches, & que par ce moyen suruienne le bõ commencement de la iuste, & ferme posture de la teste, du col, & de la queuë, ensemble la soupplesse & legeresse des espaules, & le ply & retroussement des bras, dont procede la perfection des voltes.

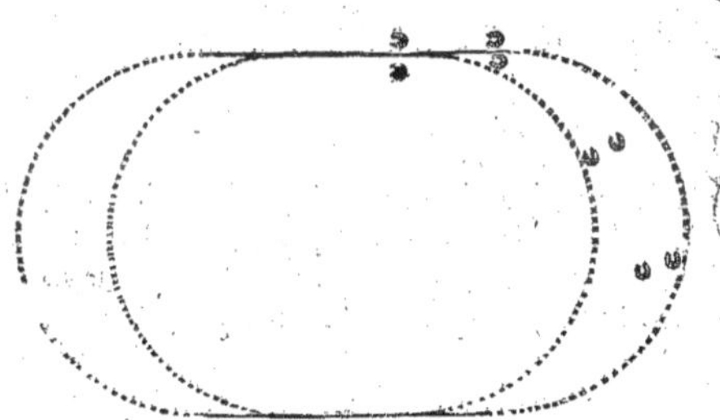

E t pour rendre le cheual plus facile & resolu, non seulement aux leçons precedentes, mais aussi à celles, qui se trouueront cy apres expliquees, il luy faudra faire ioindre au dernier temps du tour & de l'air susdit, au lieu des battues par le droit, vn demy-tour au pas, au trot, ou au galop, selon l'estat de son inclination, & de ses forces, continuant à tourner ainsi de l'vn ou de l'autre, sur vne rõde & seule piste, iusques à ce qu'il ait fourny ou redoublé le tour entier: assauoir au pas, ou au trot, s'il est fort sensible, fougoux & determiné: & au trot plus hardy, ou au petit galop s'il est d'humeur plus retenuë: ou plus viuement au galop, en eslargissant la volte, ou changeant de pla-

ce, s'il eſt ramingue. Ceſte reigle pratiquee proprement, & à ſon temps diuertira le
cheual de pluſieurs actions, & mutations contraires à l'obeyſſance, & particulierement quand il ſe retiendra ou s'acculera, & meſmes quand il ſera en danger de deuenir entier. En finiſſant les voltes de pas, de trot ou de galop, on pourra parer le cheual ſur la droite ligne, luy faiſant faire par le droit, enuiron trois battuës, s'il obeyt &
reſpond auec patience & vigueur, & s'il a l'appuy de la bouche à plaine main. Mais s'il
retient ſes forces, ou s'il a l'appuy de la bouche foible, il faudra faire ces fins de voltes
baſſes & auancees, & pour aller apres reprendre l'air, & le tour de la reigle precedente,
ſoit d'vn meſme coſté, ou pour changer de main, il ſera aucunesfois beſoin de le remettre au trot ſur la droite ligne, duquel trot, côme du pas, on doit auſſi obſeruer les
proportions lentes ou hardies, ſelon l'appuy de la bouche du cheual, & que ſon humeur ſe trouuerra diſpoſee. & ſi à vne main particuliere, il tourne & foürnit ſon air, ſás
aucune difficulté, il ne ſera beſoin en icelle de ioindre ſouuent ces dernieres voltes de
pas, de trot, ny de galop, à la leçon principale.

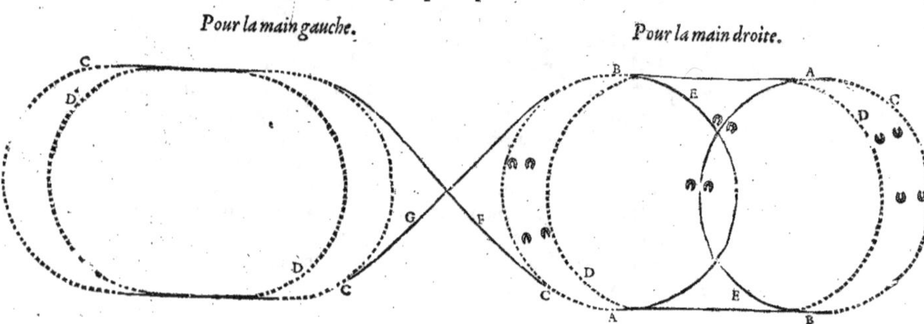

C piſte des pieds de deuant, ſur la demy-volte releuee.
D piſte des pieds de derriere ſur icelle demy-volte.
E demy-volte de trot.
F pour changer de main.
G pour reprendre la premiere main.

    En pratiquant ces leçons, il faudra accourcir peu à peu, les droites lignes, iuſques
à ce que le cheual n'aye plus affaire par le droit, qu'vn pas de diſtance entre les battuës finies & recommencees, & qu'en retranchant apres ce pas, la volte entiere ſe forme, s'arrondiſſe, & ſe fourniſſe, ſans que l'air ſoit interrompu.

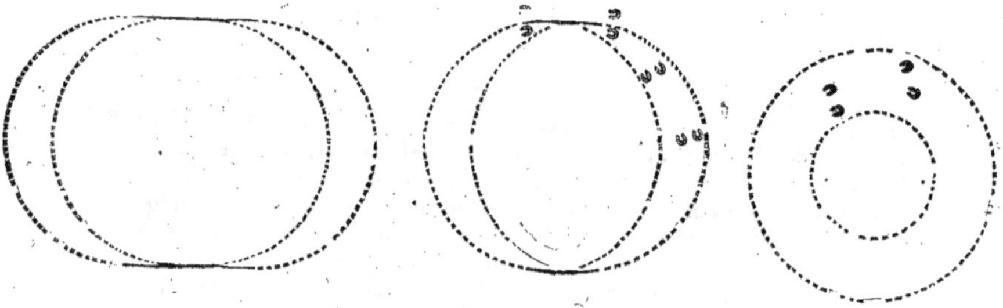

Povr redoubler ceſte volte,il faudra arreſter & careſſer lé cheual quelque eſpace
de temps,apres qu'il l'aura entierement fournie,le tenant cependant raccourcy, &
en action de reculer, s'il s'appuye trop à la main:ou de s'auancer, s'il ſe retient plus
qu'il ne ſera beſoin.Apres on le fera cheminer par le droit,deux ou trois pas haſtez
ou retenus,ſeló qu'il diſtribuera ſes forces à regret ou libremét,& puis de ce meſme
pas(partant les pieds de deuant,cóme de la lettre A ;) on le tournera,luy faiſant reprédre la ródeur de lavolte,ſur la lettre B,ſeló la figure cy apres repreſétee,pour ſoudain le remettre à ſon air, &le cótinuer d'vne meſure égale,finiſſant des pieds de deuát ſur la lettre C,s'il peſe ou tire à la main,&s'il deſire trop s'auácer,ou ſur le lieu du
D , ſi l'appuy de la bouche en eſt lét& foible,& s'il a le courage irreſolu.En fin on le
pourra auácer ſur la droite ligne,pour aller faire ſeparemét la leçon de l'autre main.

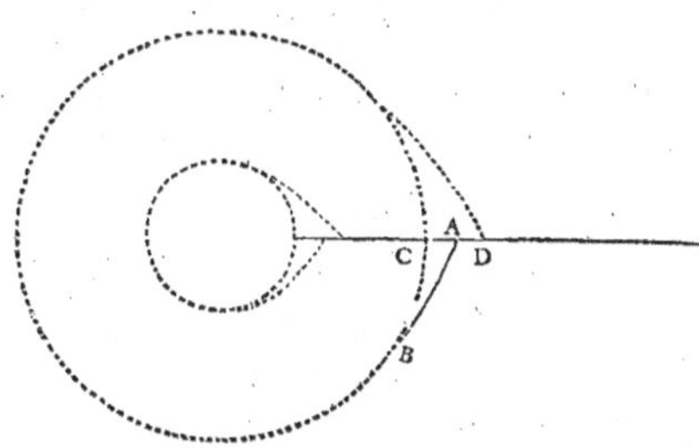

Cependant que le cheual ſe fortifiera en l'air de ſon manege& en to⁹ ces mouuemés,& qu'il pratiquera l'action de ces deux voltes,on en pourra ioindre vne troiſieſme à ceſte leçon,tellemét qu'il fera trois voltes de l'ordre ſuſdit,ſans rié precipiter,auát que cháger de place ny de main:& apres ſeló qu'il cóprendra les iuſtes proportions de ſon exercice, & qu'il ſe rendra obeyſſant,il faudra retrácher peu à peu,le
tépsauquel on l'aura aſſeuré à toutes les fins des ſuſdites voltes,& diminuer auſſi les
pas,par leſquels on aura repris l'air,ſur le tour& le lieu de la lettre B,iuſques à ce que
ioignant ainſi ſubtilemét les battuës de ce manege,ſans aucun interualle,deux voltes ſe trouuét entieremét faites & finies,ſans que l'air des battuës aye eſté interrópu:
apres leſquelles,il faudra de nouueau arreſter,& careſſer vn peu de temps le cheual,
pour luy dóner loiſir de raſſeurer ſa memoire,ſes forces & haleine,& luy faire encores recómencer la troiſieſme volte,par deux ou trois pas,ſur la ródeur d'icelle,cóme
deuát,afin que la leçon trop forte ne luy cófonde les eſprits & la vigueur:apres on
pourra cháger de main & de place.Sás doute en peu de ces leçós patiémet & ſubtilemét obſeruees,on reduira ceſte troiſieſme volte,en la perfectió des autres deux,&
ſe pourra ioindre à icelles,par le meſme ſtil,ſi les forces du cheual ſont ſuffiſantes.

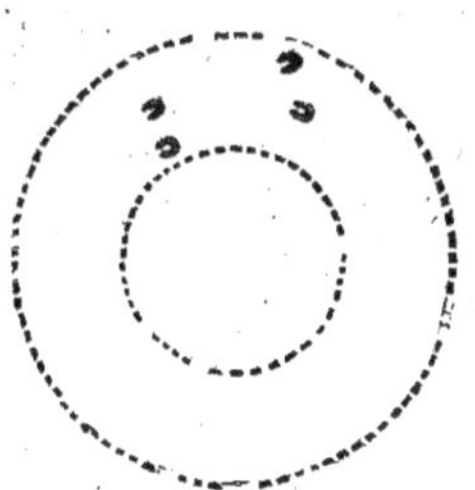

Sɪ le cheual eſt deſia auancé, iuſques à ceſte derniere leçon, ſeulement à vne main, & qu'à l'autre, il ſoit demeuré beaucoup en arriere, pour y auoir moins d'inclination, il le faudra ſouuent exercer au pas, ou au trot, à la main qu'il aura acquis plus de bonne pratique, cependant qu'on recherchera diuerſement la facilité, & qu'ó reglera & auancera peu à peu les leçons de la main difficile. Car ſi l'ó cótinue touſiours l'air & la iuſteſſe ſur la main qui luy plaiſt, & à laquelle il a plus de propenſion, il retiendra ſa franchiſe à la main, qui particulierement luy eſt plus mal ayſee pour mieux reſpódre & fournir à celle, qui naturellement, ou par quelque mutatió luy ſera plus facile à laquelle neantmoins, ie n'entens que la leçon plus auancee, ſoit tant diſcontinuee, que la franche & iuſte pratique s'en perde. Au contraire, ie veux, qu'à chaſque caualcade on la face recognoiſtre, & rememorer au cheual, au moins vne ou deux fois: & pour luy cóſeruer le courage, & faire que l'obeyſſance & ſubiectió de l'eſcole, luy deſplaiſe moins, il luy faudra aucuneſois relaſcher l'ordre de ſon exercice plus contraint, luy donnant quelque leçon aiſee au trot, ou au petit galop, à chaſque main: neantmoins eſtreciſſant ou eſlargiſſant, & haſtant ou retenant les proportions du rond, du coſté auquel il ſe voudra trop ſerrer ou eſlargir, retenir ou haſter. Par ce moyen il ſe rendra touſiours attentif aux actions du chéualier, & reprendra vn autre iour plus gayemét le ſtil de ces leçons plus eſtroites: & lors qu'il ſera également auancé aux deux mains, encores faudra-il ordinairement commencer, & finir ſon manege par celle où il aura moins de facilité, ſe gardant bien ſur tout de le preſſer & contraindre tant qu'il aye occaſion de ſe rebuter.

Il auient ſouuent que le cheual foible, timide ou ramingue, ayát eſté dreſſé à quelque manege releué ſur les voltes, retient en maniant ſa vigueur & le bon appuy de la bouche, de façon que celuy qui l'exerce eſt contraint de le ſoliciter, par des aydes trop apparentes. A telles occaſions ces proportions expliquees & figurees bien entéduës auront aucuneſois & en peu de temps de merueilleux effects, eſtát pratiquees comme il s'enſuit. Doncques quand le Caualerice ſentira que le cheual dreſſé deuiét nonchalant ou ramingue ſur le manege des voltes redoublées, il faut ſoudain qu'il aura fait vne moitié de volte, arriuant comme i'ay dit des quatre pieds deſſus vne des ſuſdites lignes droites, qu'il le pouſſe & face partir droit, ſur ceſte ligne, au trot, au galop ou à toute bride, & de la longueur qu'il ſera neceſſaire, ſelon qu'il retiendra ſes forces & ſon appuy de bouche, & en le retenant il le releuera diſcrettement ſur ces batues pour luy faire encor proportionner vne moitié de volte, finie ſur l'autre ligne paralelle, & de nouueau le ſera repartir ſur ceſte autre ligne, & en le parant le remettra de meſmes ſur les battues de ſon air, pour continuer ces demy voltes, de la largeur qu'il conuiendra, ſelon que le cheual s'auancera ou retiendra. Il ne faut pas doubter, que l'apprehenſion d'eſtre pouſſé & chaſtié de ceſte façon, ſur ces departemens de main, ne dóne quelque fermeſſe d'appuy de bouche, au cheual enclin & diſpoſé à ſe retenir, & ne le tienne par conſequent en action auancée & vigoureuſe. Le ſentant donc ainſi auerty & reſolu, le Caualerice pourra, peu à peu, ioindre ces deux moitiés de volte, en r'accourſiſſant les lignes droites, & faire que tel cheual, employera plus viuement ſes forces ſur le manege des voltes redoublees. Mais il ne le faudra pas chaſſer ſur ces lignes droites & paralleles, auec tát de violence ny s'y ſouuent, qu'il aye occaſion de ſe mettre en quelque inquietude extreme. Brief en pratiquant touts les plus beaux artz, il faut neceſſairemet auoir, cóme dit le diſcret Italien *ſempre il ceruello in caʒa.*

AVTRES REIGLES DES VOLTES
PROPRES AVX CHEVAVX NERVEVX ET GAIL-
lards, qui ont l'appuy de la bouche à pleine main.

CHAPITRE XXV.

LEs leçons dont ie viens de difcourir, eftans bien obferuees à leur têps couenable, peuuét beaucoup feruir aux cheuaux, qui font nais pour reüffir aux maneges dès voltes releuees & redoublees, & particuliere-ment à ceux, qui de nature font fort fenfibles & legers à la main, & que pour auoir moins de force & de patience, que de legereffe, crai-gnent trop la fubiection des reiglesplus eftroites. Et pour ce, les fufdites leçons font commencees, prefque en forme d'ouale, & continuees gaignât peu à peu la rôdeur, fans que le cheual aye occafion, ny qu'il foit côtraint de r'accourcir, & retenir beau-coup fes mouuemens, pour ferrer aucun quartier ny demy-volte: mais au contraire, afin qu'il ait moyen dele maintenir d'ordinaire en action de s'auancer en s'adiuftât, mefmesde fortifier l'appuyde la bouche, s'il eft foible de foy: Toutesfois fi le cheual a la force affez folide, la bouche à pleine main, & la facilité de tourner viuemént au trot, & au galop, également de chafque cofté (plus inclin neantmoins à porter la crouppe hors la volte, qu'à fe retenir & acculer) le Caualerice comencera de l'adiu-fter, cherchant les moyens de luy faire vne demy-volte de pas, mediocrement r'ame-nee fur les hanches, & limitee comme il eft icy figuré.

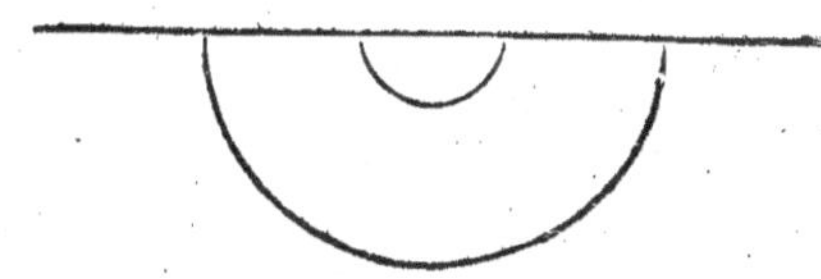

SELON les difficultez que le cheual fera en cefte premiere proportion, il faudra vfer des moyens que i'ay cy deuant mis & figurez, principalemêt aux reiglesdes paf-fades: Toutesfois fi defia il a la tefte affeuree, & qu'il chemine librement en arriere & de cofté, par l'action de la main, & de la iambe du cheualier, & que de fon naturel, il foit patient & craintif, on le pourra aucunesfois contraindre auec moins d'artifice, feulement en tenant le poing de la bride auancé, ferme, & tourné, de façon que le cheual puiffe eftre empefché (mefmement par la fubiection de la corde du caueffon, ou de la rene hors la volte) de s'acculer, fe hafter ou trop auancer, de tourner trop la tefte, ny plier le col, ny l'efpaule, du coftéqu'il ne veut tenir la crouppe en fa iufte pla-ce, à laquelle cependant, il la faudrapouffer par les chaftimens ordinaires de l'eftrieu. de l'efperon ou du nerf, faits auec art & iugement, du coftéqu'il fe ferrera, fe fera en-tier ou s'eflargira.

QVAND le cheual aura fait cefte demy-volte de pas, il le faudra faire cheminer vn peu par ledroit, pour luy en faireformer à la main mefme, vne autre femblable fi-nie fur vne feule ligne, ayant la tefte tournee du coftéqu'il aura commêcé la premie-re, & apres le faudra auancer de nouueau, allant reprendre la iufte pifte d'icelle, à fon mefme lieu, ou s'il eft befoin le tourner plus pres ou plus auant. Car tant plus il s'a-

Hh ij

bandonnera sur les espaules, & s'appuyera sur la bride ou contre le cauesson , tant moins le faudra-il auancer, ayant serré sa demy-volte, & s'il se veut trop r'accourcir & retenir, il le faudra viuemēt auancer d'auantage, afin que par ces moyens bien pratiquez, & le temps necessaire, on luy face recognoistre en quel estat d'obeïssance , il doit tenir ses forces, & son courage.

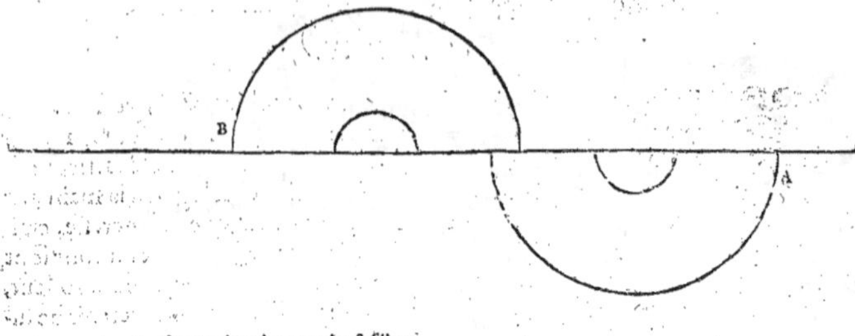

A premiere demy-volte susditte.
B seconde demy-volte.

EN pratiquant à chasque main ceste premiere iustesse au pas , de demy-volte en demy-volte, il faudra r'accourcir auec iugement & patience, la ligne & separatiō de ces demy-voltes, gaignant peu à peu, le cerne de la volte entiere & parfaite.

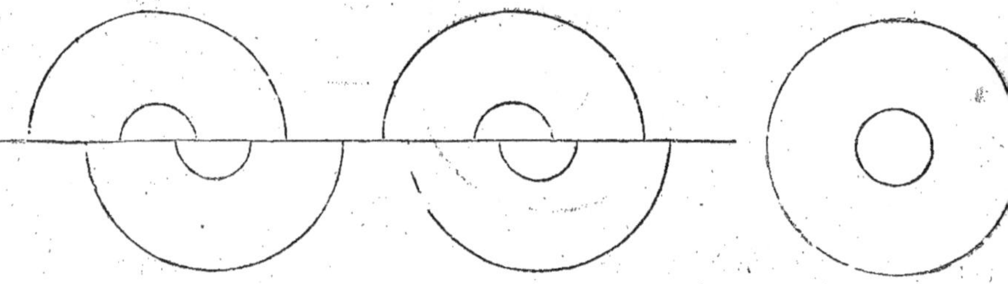

IE ne redis pas particulierement en toutes ces proportions, tous les mouuemens du cheual, en quelles parties d'iceluy, en quel temps ny comment se doiuent faire les aduertissemens, aydes, soupçons, & chastimens, de la langue, de la voix, de la iambe, de l'estrieu, de l'esperon, & de la gaule: ny les occasions ausquelles il le faut brauer, menasser, esueiller, battre, ou carresser: parce que les leçons de ce Second Liure, ne se doiuent pas pratiquer par des Caualerices grossiers, & mal fondez en leur art.

APRES que le cheual aura cóprins l'obeyssance, de la susdite volte de pas, & qu'il la passegera, redoublant iustement & plusieurs fois à chasque main, sans fougue ny fingardise, il la faudra encores my partir par vne ligne droite , & separer les demy-voltes, comme celle d'auparauant, afin d'auoir moyen de commencer, & fonder sur ces demy-voltes, l'air du manege selon la disposition du cheual , auquel desia il doit auoir quelque cómencement, faisant au moins trois ou quatre battuës de suite par le droit, plus bonnes que mauuaises : & luy faudra faire recognoistre de nouueau, la premiere & susdite reigle de pas, selon ce dessein.

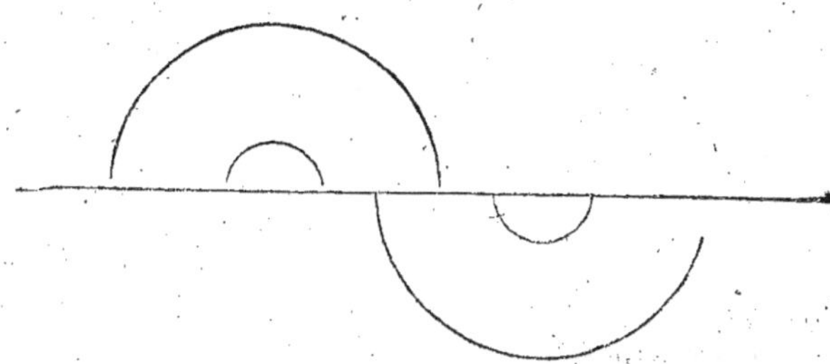

A Y A N T ainſi fait vne fois ou deux ceſte piſte d'vn pas d'eſcole, nerueux & r'accourcy, i'entends r'accourcy, le cheual ayant l'appuy de la bouche à pleine main , &
n'eſtant point ramingue, auquel comme i'ay dit au commencement, ceſte reigle eſt
propre, il faudra obſeruer le ſtil precedent de quelques demy-voltes cómencees, &
faites de pas, iuſques à moitié, & finies & ſerrees par deux ou trois battuës de l'air, que
le cheual commencera à preſenter & releuer.

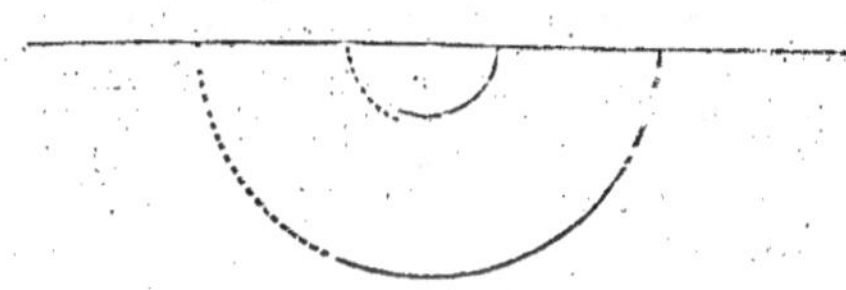

I E diray icy en paſſant, qu'il ne faut pas trouuer eſtrange, ſi en la pluſpart de toutes
ces iuſtes leçons, ondoit commencer le fondemét des airs, pluſtoſt en ſerrant les demy-voltes, qu'en commençát de tourner. Car l'action releuee bien obſeruee, en eſt
la plus penible: C'eſt pourquoy ce premier quartier ne ſe fait que ſeulement au pas,
principalement pour deux raiſons. La premiere, que le cheual eſtant ainſi acheminé deſſus la ronde proportion de ſa demy-volte, & ſe trouuant pres de la fin d'icelle,
il en prend ſon air plus facilement, & plus librement. L'autre eſt, qu'eſtát arriué doucement, iuſques ſur le lieu qu'ó le veut hauſſer, ſans que les pieds de derriere ſe ſoiét
departis de leur iuſteſſe, il en doit ſerrer la demy-volte, auec plus d'ordre & de facilité.

S A N s doute le cheual fera difficilement ceſte premiere leçon , iuſques à ce qu'il
l'aye comprinſe : c'eſt pourquoy toutes les fois qu'il aura failly, il faudra auoir la patience (l'ayát faict auácer quelques pas par le droit, & ſur la ligne droite) de le r'amener par vn iuſte paſſege, iuſques à la lettre D, qui ſe void en laſigure cy apres, qui mó-
ſtre que la iuſteſſe ſe doit garder autant curieuſement en ces retours, comme en la leçon principale, i'entends ſi le cheual eſt également libre à chaſque main.

Hh iij

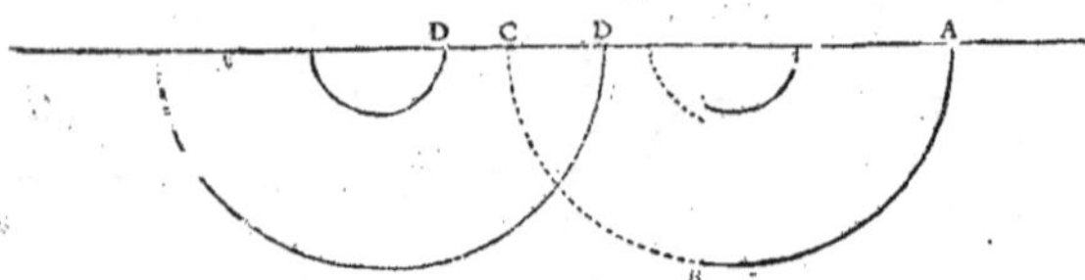

Estant iuſtement arriué par le retour à ceſte lettre D, il le faudra encores auancer ſur la ligne droite, iuſques à la lettre A, pour luy faire refaire ſagement ſa demy-
volte, aſſauoir de pas, iuſques au B, & apres l'acheuer & ſerrer de ſon air, arriuant au
C, & recommencer & perſeuerer en la meſme reigle, autant de fois qu'il reſpondra
mal aux iuſtes proportiõs de ceſte demy-volte: & s'il eſtoit tãt apprehenſif, ſenſible,
& d'humeur ſi colere, qu'au lieu de comprendre, leſdites proportions, & d'y cõſentir
librement, il s'en eſtonnaſt, & ſe perdiſt comme confus, ou qu'il entraſt en quelque
fougue extreme, il faudra faire doucemẽt vn pas entre deux battuës, & acheuer ainſi
ce ſecond quartier ſur la lettre C, le flattant de la voix: & de là main droite ſur le col,
afin qu'auec le temps ſes pas retranchés ſubtilement l'vn apres l'autre, le quartier ſecond, ſe trouue nettement fourny d'air, & de iuſteſſe enſemble. Or eſtant ainſi fait &
bien ſiny, il faudra encores faire d'vn meſme temps, & ſans interualle, ordinairemẽt
deux ou trois battuës auancees par le droit, & ſur la ligne, aſſauoir ſi le cheual reſpond
legerement: ou de ferme à ferme, s'il s'abandonne trop ſur l'appuy de la main: & puis
on le careſſera ſelon l'obeyſſance qu'il aura rendue, afin qu'é s'appaiſant & aſſeurãt,
il s'apperçoiue de la ſatisfaction du cheualier. Apres il le faudra encore auãcer ſur la
ligne, pour faire vne autre demy-volte à la main meſme, & du tout ſemblable, cõme
elle ſe void icy figurée.

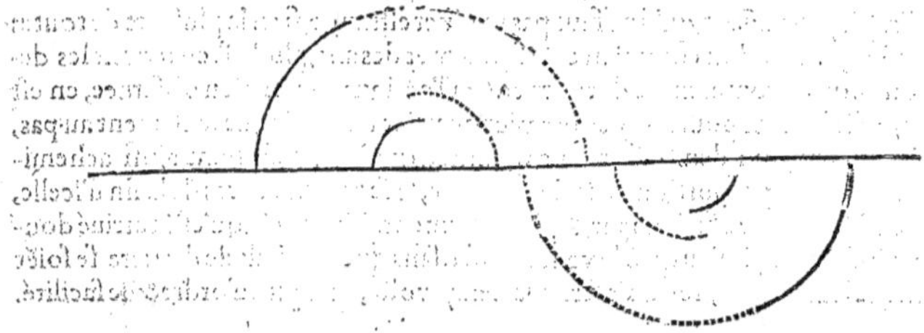

Si en ceſte autre demy-volte, le cheual fait au commencement quelque deſordre, ſe trouuant confus, il le faudra chaſtier diſcretement, ſelon qu'il aura failly, &
puis l'ayant auancé quelque pas ſur la ligne, le r'amener encores à tous les coups par
vne autre iuſte demy-volte de pas, pour luy faire reparer ſa faute, tout ainſi que ie viẽs
de dire à la demy-volte precedente, qui eſt icy de nouueau figurée.

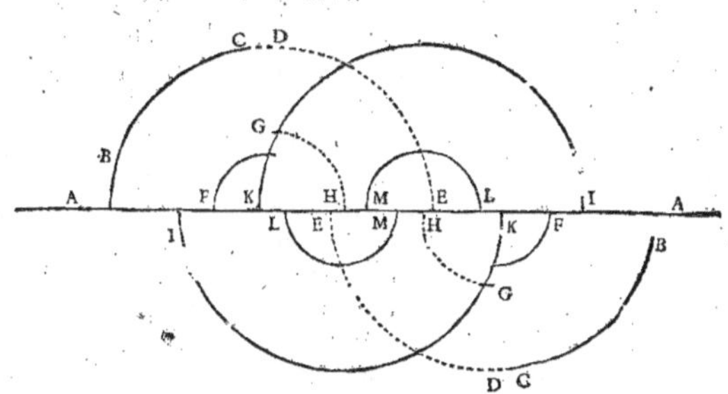

A ligne droite, qui sepate les demy-voltes de la susdite leçon.
B piste des pieds de deuant faite au pas iusques au C.
C piste des pieds de deuant prenant l'air releué.
D piste des pieds de deuant faite par les battues de l'air releué, iusques à la lettre E.
F piste des pieds de derriere, sur le passege susdit.
G piste des pieds de derriere, accompaignee par l'air releué, iusques à la lettre H.
I piste des pieds de deuant, faisant le retour, iusques à la lettre K, pour refaire la demy-volte principale.
L piste des pieds de derriere accompaignant le susdit retour, iusques à M.

EN tous ces commencemens d'air & de iustesse ensemble, il faut que le Caualerice, par la facilité de ses mouuemens, (dispose le courage & l'action du cheual, de sorte que presque de soy mesme, il prenne l'air de ses battues, lesquelles il luy faut laisser cómencer à son aisé bassemét & auec peu d'ayde, releuát apres peu à peu les autres battues suyuantes, & le tenant ordinairement auancé sur la vraye & generalle rondeur de sa leçon, empescher sur tout, qu'il ne se haste trop, ny se desrobe de deuant ny du derriere, qui sont les communs desordres, qu'il faut euiter en ces reigles de iustesse. Car si directement sur le lieu qu'il se doit, ou qu'on le veut premieremét hausser, & tout du premier temps, on le soustenoit & raccourcissoit, voulát former la premiere battue de son air, comme si desia il y estoit vsité & asseuté, cela luy retiédroit trop ses forces, & l'acculeroit, ou pour le moins l'empescheroit de tourner librement, en danger de le faire deuenir entier ou ramingue.

IE diray encore, que si le cheual falsifie ces proportions, en serrant mal les demy-voltes, il faudra bien iuger son naturel en le chastiant, principalement en ces leçons estroites & subtiles: car s'il est fort apprehensif, sensible & timide, & que pour eslargir trop la piste des pieds de derriere, en finissant ces demi-voltes, il reçoiue souuent des chastimens rigoureux, soit de l'esperon, du nerf, du cauesson, ou de tous les trois ensemble, du costé qu'il se desrobera, la crainte d'estre trop asptemét battu, le pourra tellement saisir, approchant du lieu auquel la demy-volte se doit finir, & où il aura accoustumé de receuoir ces chastimens rigoureux, que rompant & precipitant son air, il s'estrecira trop soudainement, ou, comme fuyant, portera la crouppe tant en dedans, qu'il sera contraint de serrer la demy-volte, en allant trop large de deuant, & presque de trauers, comme s'il estoit entier.

ET s'il est impatient, & d'humeur fort colere & aduste, le mesme chastiment cótinué auec extreme violence, pour la susdite faute, le pourra aussi mettre en defence ou en fuyte, cóme confus ou desesperé: c'est pourquoy aucunesfois, il vaudra mieux

luy pardonner quelques fautes, i'entends auant qu'il ait comprins ces reigles de patience & de memoire, & pourueu auſſi qu'en faiſant mal vne choſe, il en face bien
quelque autre qui ſerue au bō ordre de l'eſcole: car ſans doute l'habitude des iuſtes
& precedentes leçons de pas, & les aydes & chaſtimés mediocres, bien iugez & faits
proprement & à leur temps, ſuffiront à le rendre ayſé & obeyſſant, & ſi ce n'eſt ſi toſt
que le Caualerice impatient, deſirera, au moins ce ſera en luy conſeruāt la diſpoſitiō,
& le courage, & l'adiuſtant enſemble, qui eſt le vray moyen de rendre l'exercice plus
parfait. Qu'il ſoit ainſi, on void communément que les cheuaux qui manient des
plus beaux airs, & qui durent plus long tēps en bonne eſcole, ſont ceux qui ont eſté
moins contraints par la violence à l'ordre de leurs bonnes leçons: & qui par conſequent n'ont point eſté ſouuét eſtōnnez, rebutez ou deſeſpéréz: car en fin, il faut que
la delicateſſe & perfection de tous les airs gaillards, naiſſe autant de l'allegreſſe du
cœur du cheual, comme de l'obeyſſance.

E T pour euiter que la contrainĉte & ſubiéction, trop continuee d'ordinaire en
ceſte eſcole, ammene au courage du cheual, des mutations diuerſes & ennemies de
la franchiſe neceſſaire aux bons maneges, & meſmes qu'il ne s'en rebute. Ie ſuis d'a-
uis que par caualcades extraordinaires & variees on ſepare aucunesfois, les ſuſdites
demy-voltes, comme par vne ligne droite ſemblable (en longueur) à celle des paſſades cy deuant figurees: car en ceſte diſtance, le cheual ſe peut diuertir de pluſieurs
vices: ſoit en le mettant paiſiblement au pas par le droict, s'il eſt ſaiſi de trop grande
inquietude: ſoit en l'arreſtant & retenant ſur ladite ligne, & meſmes le faiſant reculer: s'il tire ou poiſe à la main: ou en le chaſſant & determinant s'il eſt ramingue ou
s'il s'auilit.

QVELQV'VN penſera, peut eſtre, que ie vueille qu'on obſerue touſiours les plus
doux remedes à toutes ſortes de cheuaux, quelque choſe qu'ils puiſſent faire: mais
tāt s'en faut, ie veux qu'on les flatte, quand il eſt temps d'vſer de douceur, & qu'ō les
chaſtie à bon eſcient, lors qu'ils l'ont merité, pourueu que ce ſoit par raiſon, aſſauoir
ſelon les fautes qu'ils feront, & lors qu'ils ſont diſpoſez d'humeur & de memoire, à
comprendre les effects des bons chaſtimens ou des careſſes, & non autrement. Mais
ie remets la pratique de ces preceptes au Caualerice, qui en eſt capable.

QVANT aux cheuaux qui ſont naturellement ſi peſans & poltrons, qu'ils ne re-
ſpōdent & n'obeyſſent à nul beau exercice, ſi ce n'eſt en tant qu'ils y ſont contraints
à force d'ayde de bras, de main, d'eſperon & de nerf, ie ſuis d'auis qu'on les traite cōme on fait aux galeres, à certains hommes vicieux, & neantmoins de leur goſſe naturel, hebettez & pareſſeux, leſquels auec le temps & le continuel trauail, deuiennét
diligens, ayans eſté ordinairement eſueillez à coups de baſtons.

OR reüenant à l'ordre de nos reigles: quand le cheual fera bien les ſuſdites demy-voltes iuſtement commencees, & faites d'vn pas égal ſur le premier quártier, &
acheuees de ſon air, ſur le ſecond, il faudra auec le temps augmenter les battues, vne
à vne, ſelon qu'il retiendra & pratiquera ces leçons, gaignant par ce moyen peu à
peu, ſur les pas du premier quartier, & retrancher auſſi les autres pas par le droit, ſur
la ligne, vn à vn, iuſques à ce que les deux demy-voltes, ſoyent iointes enſemble &
fournies, faiſant la volte entiere ſans interrompre l'air, ny falſifier la iuſteſſe d'icelle.

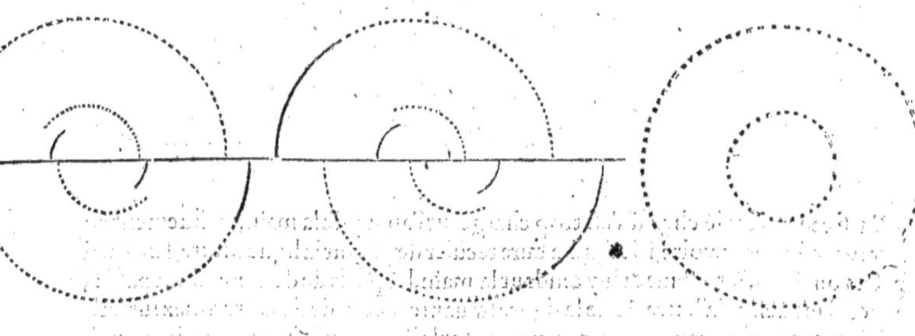

Si en faifant ces leçons, le cheual s'endurcit ou s'abandonne fur l'appuy de la main, ie veux, au lieu que i'ay dit qu'on l'auance de pas, ayant fourny d'vn bon air, & legerement ferré la demy volte, pour en recommencer vn autre femblable, qu'ó le face au contraire reculer fur la ligne droite, foudain qu'eftant arriué en icelle il aura fait le dernier temps de fon air, afin de le remettre par ce moyen en pofture plus legere & retenue, & l'ayant vn peu arrefté fur le lieu, qu'il aura fait le dernier pas en reculant, il le faudra encores auancer fur la ligne, ordinairement vn autre pas ayfé & attendu pour prendre plus facilement, & continuer la demy-volte fuyuante, & apres d'vn mefme ordre le refte de la leçon, felon cefte autre figure, qui fans doute le raccourcira & releuera, defchargeant l'appuy de la main, de la fuperfluité qui pourra proceder de fougue ou pefanteur.

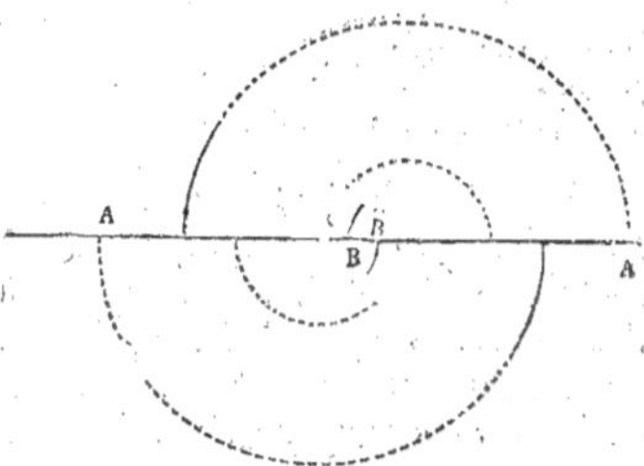

A ligne pour reculer iufques à ce que les pieds de derriere foient arriuez au lieu du B.

Povr mieux expliquer cefte leçon, le cheual eftant droit fur la ligne, & defia party du bout d'icelle, & arriué des pieds de deuant, au lieu de la lettre A, il le faudra encores auancer ordinairement vn pas, pour d'iceluy commencer le tour de la demy-volte, lequel fe doit finir iuftement fur le B, de ceft' autre figure.

Eᴛ si cependant le cheual s'est trop chargé sur l'appuy de la main, mesmement en serrant ceste demy-volte, il le faudra faire reculer de pas, sur la ligne droite, selō qu'il pesera ou tirera, l'arrestant & luy rendant la main, les pieds de derriere estans passez, en reculant dessus la lettre A, de la figure suiuante & ceux de deuant arriuez sur icelle lettre: apres on l'auancera encores vn peu sur la ligne, pour faire l'autre demy-volte semblable, & à la main mesme finie sur le C.

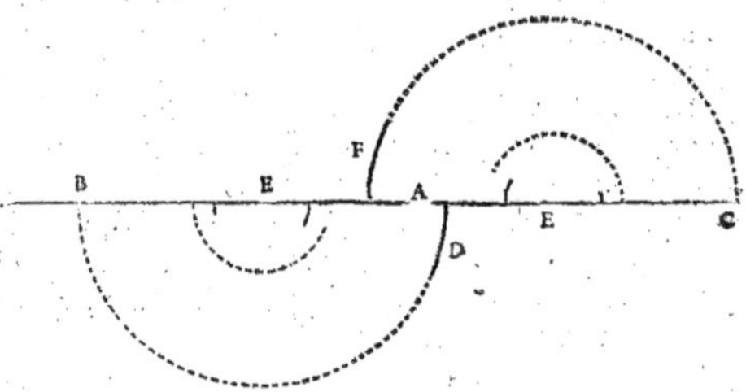

D premiere demy-volte à main droite.
E ligne pour reculer.
F piste de l'autre demy-volte à la main mesme.

Eᴛ pour continuer ceste reigle, il faudra encores reculer le cheual en ceste figure sur la ligne droite, iusques à ce que les pieds de deuant soiét sur la lettre A, ou plus ou moins, selon qu'il comprendra l'effect de sa leçon, recommençāt encores la premiere demy-volte finie au B: & suiuant ce styl à chasque main, le cheual se rendra obeyssant & leger, pourueu qu'auparauant il aye esté bien desgourdy, & resolu au manege estroit, & redoublé terre à terre, ou de galop: à faute dequoy ceste subiectiō en contraignant ses forces, luy empescheroit la facilité du tourner, & peut estre le rendroit en peu de temps entier.

Tovᴛ ainsi que i'ay dit aux reigles precedentes, que pour assembler les deux pistes des demy-voltes, sans troubler la memoire ny la force du cheual bon à la main, il faut retrancher patiemment les pas auancez par le droit, apres lesdites demy-voltes bié fournies & bien serrees, ie veux aussi qu'à mesure que le cheual qui aura trop d'appuy, s'allegira en pratiquant ces dernieres leçons, on le face à tous les coups moins reculer sur la ligne, afin que par ce moyen, il puisse peu à peu approcher ces deux demy-voltes separees, & en fin les conuertir en la volte entiere.

Pour la main droite.

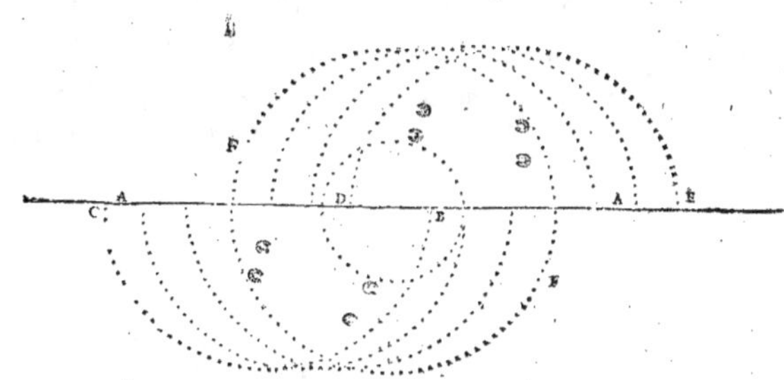

A ligne pour reculer.
B premiere demy volte finie des pieds de deuant au C.
D seconde demy-volte, finie des mains sur la lettre E.

F Volte fournie.
Pour euiter la confusion, les pistes des pieds de derriere ne sont point icy figurees aux demy-voltes.

CESTE volte nouuellement apprinse, se doit finir & serrer gardant vn bon ordre d'escole, comme i'ay dit ailleurs, assauoir en auançant le cheual sur la ligne, s'il est ramingue ou foible d'appuy: ou le retenant sur la rondeur de sa piste, si l'appuy de la bouche en est temperé, & s'il a librement & iustement obey : ou en le retenant plus subiect, & mesmes le tirat en arriere, si la fougue la pesanteur, ou la lassitude, le charge & l'endurcit sur les espaules & sur la bride.

POVR redoubler ceste volte, sans estonner ny surprendre le cheual, qui peut estre la fera mieux qu'il ne l'aura encores comprinse, il luy faudra faire refaire (en la place que pour les susdites occasions, il se trouuerra ainsi auancé, reculé ou tenu) vne autre volte de suyte composee & meslee patiemment de pas & de battues, de son air, plus aisé, sans se departir des iustes proportions du terroir, comme il est icy figuré.

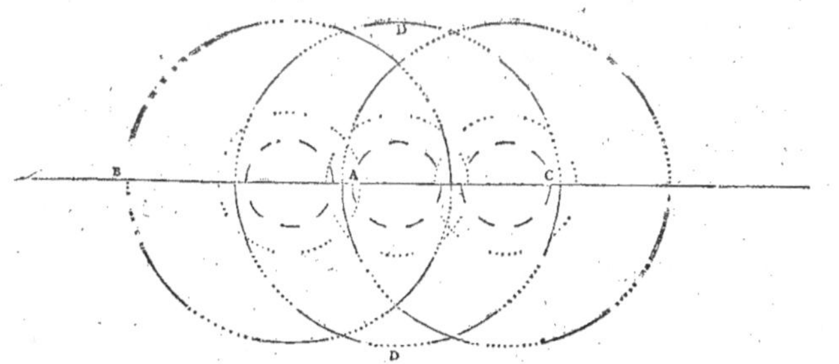

A ligne pour auancer le cheual, iusques à ce que les pieds de deuant arriuent au B. s'estant acculé ou retenu en faisant la susdite volte, & aussi pour le reculer iusques à ce que les pieds de derriere soyent sur le C. ayant tiré ou pezé à la main en faisant la mesme volte.
D premiere volte de ceste leçon.

SELON que le cheual recognoistra ceste seconde volte, & qu'il se disposera à la bien fournir, il faudra apres diminuer par vn bon ordre le temps, les careſſes & les pas, qui auront eſté faits par le droit, ſoit qu'il aille en auant ou en arriere, entre la fin de l'vne des voltes, & le commencement de l'autre, retranchant auſſi par meſme moyen les autres pas meſlez en tournant, & augmentát par conſequent les battues de l'air, ſur ceſte ſeconde volte, qu'on rendra ainſi (auec le temps neceſſaire) ſembla-ble à la premiere, & en fin iointe à icelle, ſans interrompre l'égale meſure de l'air entier.

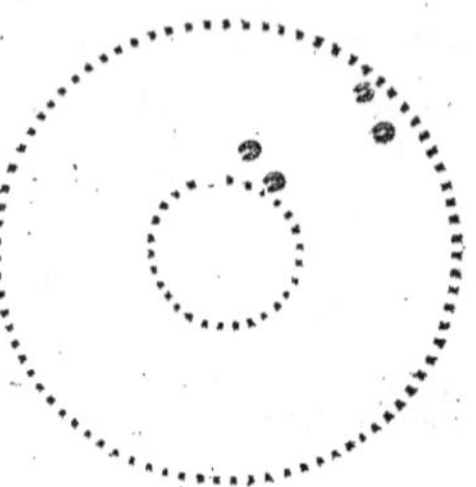

Et parce qu'il n'eſt aucun de ceux, qui ſe meſlent de pratiquer ceſt exercice qui ne penſe bien ſçauoir, qu'il faut reculer le cheual, qui a trop d'appuy & auancer ce-luy qui ſe retient & s'accule. Ie les aduiſe en general, que ce n'eſt pas aſſez pour les re-medes de la peſanteur ou dureté, ny pour ſuffiſamment reſoudre l'action trop rete-nuë. Et donneray icy vn precepte pour maxime. C'eſt qu'ayant affaire au cheual, qui poiſe ou tire à la main, tandis qu'il fournit les battuës de quelque air ou manege releué, il ne ſe faut pour cela attacher trop à la bride, ny ſeulement auoir recours au reculer, car ceſt effort de main trop perſeueré, pourroit cauſer vne plus grande dure-té. Mais on doibt receuoir ſubtilement la deſcente des battuës abandónees ou trop appuyees, par le ferme ſouſtien de la bride ou du caueſſon. Iuſtement au temps, que le cheual donne des mains en terre, relaſchant ſoudain vn peu la main: & ce ſouſtié doibt eſtre accompagné de la contrainte ou rigueur neceſſaire, ſelon que le cheual chargera ou endurcira l'appuy & non d'auantage : par ce moyen il s'abandonnera beaucoup moins ſur la bride & le caueſſon, & aucuneſfois point du tout en ma-niant.

Et lors qu'il s'accule, il ne ſuffit non plus de luy rendre ſeulement la liberté de la main, pour l'auancer: car l'egale meſure de ſon manege en pourra eſtre interrom-pue, ou la ferme ſituation de la teſte deſplaſſee, ſi à l'inſtant & meſme temps, l'actió du cheual n'eſt directement pouſſee contre l'appuy de la main, par les iuſtes & har-dis mouuemens des iambes du cheualier.

Povr rendre toutes ces reigles & iuſteſſes plus intelligibles, ie n'ay voulu iuſ-ques icy, du tout interpreter la differéce, qu'il y a des proportions des voltes du pas, à celles des airs releuez, à cauſe dequoy, pluſieurs pourront auoir deſia iugé, que ſeló mon intention, le cheual doit garder indifferemment en l'vne & en l'autre de ces voltes, l'ordre de ceſte figure generale.

Mais

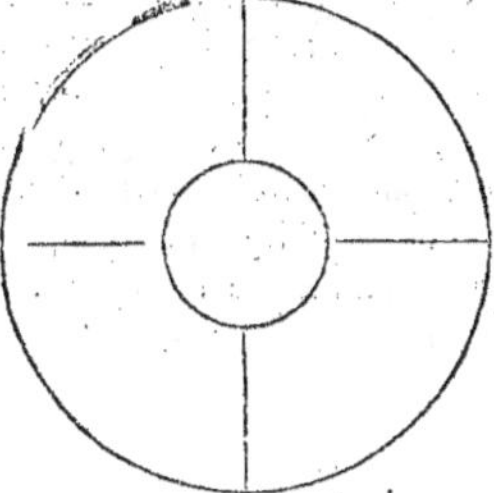

Mais c’est chofe qui ne fe peut, d’autât qu’il eft impoffible au cheual de former
fon air releué, fans fe r’accourcir beaucoup plus que fon affiette naturelle, à caufe
que l’action en eft de foy r’amenee, & fouftenuë fur les hanches. Tellemét qu’il faut
par neceffité, que communémeét les pieds de derriere s’auancent, eflargiffant leur
pifte adiuftee au pas, ou que ceux de deuant reculent, eftreciffant la rôdeur de leur
paffege, ou que le deuant & le derriere enfemble, confentent également à ce r’ac-
courciffement general: ces differences fe doiuent fubtilement obferuer, en mettant
le cheual à fon air: affauoir que fi de foy, il fe retient ou s’eftrecit, le Caualerice fera le
premier aduertiffement, & mouuement de fon ayde auecques les iambes, afin que
par ce moyen les pieds de deuant gardent (durant le manege releué) leur pifte auparauant arrondie au paffege. Et s’il eft difpofé à s’eflargir, ou s’abandôner fur les efpaules, ou fur l’appuy de la bouche, il faudra au contraire, que pour releuer le manege, le Caualerice face fon premier mouuement par la fubiection, & le fecours de la
main de la bride, afin que les pieds de derriere fe tiennent en leur pifte, defia limitee,
par le iufte paffege. Que fi le cheual eft obeyffant, & qu’il aye la difpofition hardie,
& neantmoins temperee, le Caualerice le pourra également affembler, autant deuât
comme derriere, en faifant l’action ordinaire de la main, & de la iambe en mefme
temps, pour luy refoudre fon air, & fon manege, de ferme à ferme: mais s’il eft leger,
& bon à la main, il rendra plus de vigueur, & de difpofition eftant generallement
aduâncé outre la pifte du paffege des pieds de deuant, en prenant fon air.

D’autre part, quand le cheual paffege la volte, fon action eft toufiours fouftenue par vn pied de deuât, & vn autre de derriere, lefquels font ferme en terre, cepé-
dant que les autres deux font en l’air: tellement que par ce moyen, la pifte de deuât,
& celle de derriere, fe font en mefme temps. Mais quand il releue fon air, & l’auance
fur la volte, il change tous fes mouuémens: car les deux pieds de deuant fe hauffent
enfemble les premiers: & tandis qu’ils defcendent ceux de derriere fe leuent de terre
également, pour parfaire & côtinuer les battuës. De façon, que ceux de deuant eftât
pluftoft auancez, doiuent auffi neceffairement redonner pluftoft en terre, que ceux
de derriere, & par confequent, le cheual ne peut arriuer en mefme temps, fur les droites lignes trauerfees, comme quand cefte volte fe fait au pas: Et outre tout cela,
quand le cheual releue fon manege, il ne r’accourcit pas feulement toute fon action
mais pour fortifier la pofture, par laquelle il fouftient & accompagne l’air de fa difpofition, il eflargit les iambes de derriere, tenant les pieds pour le moins, deux fois
plus loing l’vn de l’autre, que quand il paffege la volte, & par confequent, il fait les
piftes differentes.

Ii

Voyla en quoy il faut iuger, que puis que le cheual s'accourcit ainfi en chágeát la proportion, & les mouuemens de fon paſſege, pour ſe mettre à ſon air releué & auancé, il ne peut ordinairement auoir toute la crouppe dedans la volte, gardant en toutes les battuës ſon aſſiette droiɔte ſur les lignes trauerſees, ſás tenir les deux pieds de derriere acculez, & comme condamnez au centre de la volte, ou allant trop de coſté & de trauers, ſans regarder ſa piſte, & faiſant preſque autant de battues au manege releué, comme de pas au iuſte paſſege, qui ſont deux proportions, que ie ne veux approuuer, eſtans ſi cótraintes que l'air du cheual n'en peut eſtre gaillard, ny la volte determinée.

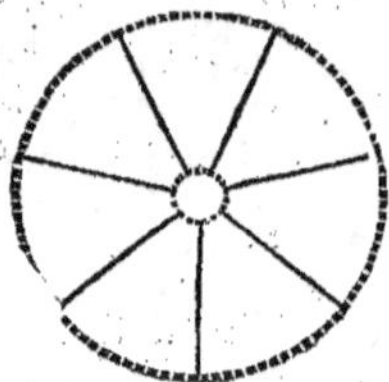 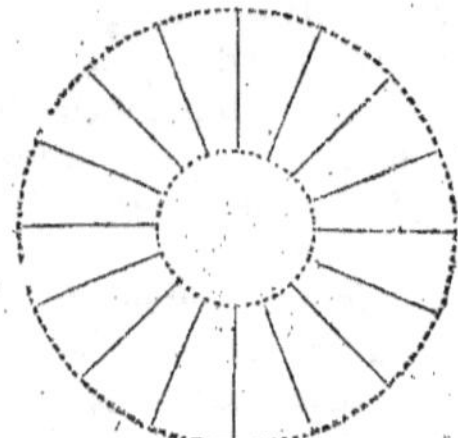

Il faut donc que le cheual porte le corps en tournant, comme de biays, tenant les deux pieds de derriere dedans la rondeur generalle de la volte: aſſauoir s'il manie à courbettes rabattues. Car tout ainſi que ceſt air eſt ſerré, le manege le doit eſtre auſſi: & s'il va à groupades, vn pied de derriere tiendra le dedans de la volte, & l'autre marchera au mitan de la piſte, de ceux de deuant, afin que la cróuppe eſtant en plus de liberté, puiſſe plus gayement accompaigner l'aɔtion des eſpaules: & s'il a la force, & la diſpoſition pour fournir gaillardement ſon manege à caprioles, il faudra pour donner plus d'eſpace, de vigueur & de legereſſe aux ſauts, que les deux pieds de derriere ſuyuent ceux de deuant, tenant neantmoins auec vne hanche, vn peu le dedans de la volte, pour rendre par ceſte aɔtion le manege plus iuſte & plus parfait, & l'aſſiette du cheualier moins incommodee, & par conſequent plus belle.

Et parce que la pluſpart des cheuaux de manege, ont plus d'inclination à porter la crouppe hors la volte, que dedans icelle, il eſt neceſſaire pour les tenir en iuſteſſe, de faire le paſſege de tous les airs, en tenant toute la crouppe dedás la piſte des pieds de deuant, meſmes ſi le cheual eſt nerueux, & s'il a la bouche à pleine main, & principalement s'il eſt trop chargé de deuant: car ceſte aɔtion luy tenát les hanches en poſture eſtroite, ſerree & ſubieɔte, luy rendra d'autant plus leger le deuant.

Pour la main droite.

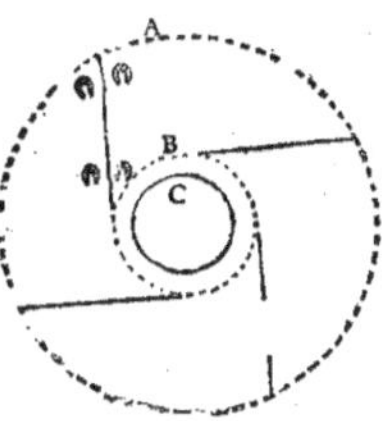 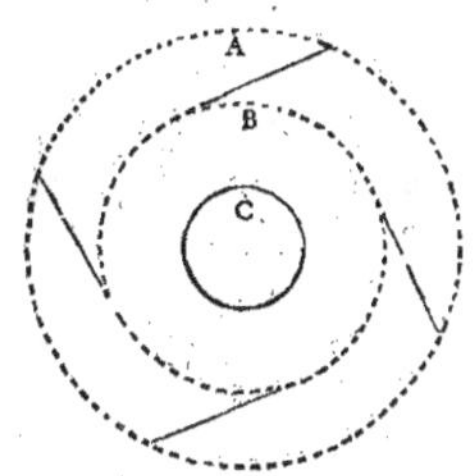 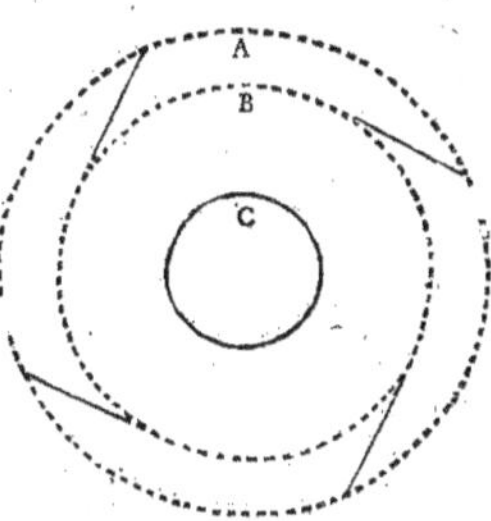

Demy-air. Groupades. Caprioles.

A piste des pieds de deuant, fourmissans l'air releué des susdits maneges.
B piste des pieds de derriere, accompaignans & soustenans les airs des susdits maneges
C piste des pieds de derriere sur le passege susdit.

S'il est fort leger à la main, & que naturellement il desrobe moins la croupe en dehors, quand il resould son air & son manege, il faudra aussi que son passege se face plus estroit de derriere, que son manege releué, assauoir comme sur les lignes figurees de biays, en tous les quartiers: car vne plus grande subiection, luy pourroit retenir sa disposition quand il releueroit & resoudroit son manege.

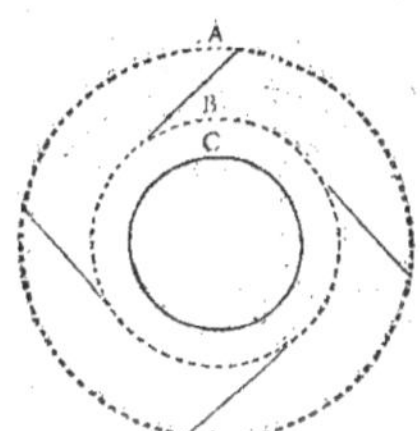

Le cheual qui a beaucoup plus de legeresse que de force & qui est fort sensible & aucunemét timide, doit estre d'ordinaire passegé d'vn pas fort, & resolu, sur la volte d'vne seule piste: c'est à dire, faite aussi large des pieds de derriere, comme de ceux de deuant, & quelquesfois chassé vn peu au trot, sur la mesme piste, afin que plus libremét & legerement, il puisse fournir son air: & au contraire des autres, on le doit adiuster peu à peu, cómençant à luy serrer la croupe, apres qu'il aura fait en tournant, vn temps, ou deux de son air, sans pour cela interrompre sa mesure, ny estrecir la piste des pieds de deuant. Et si en mettant fin au manege releué, on luy veut cótinuer son trot en tournant, ou son passege, sans l'arrester ny luy faire serrer la volte, (comme il est aucunesfois necessaire pour luy maintenir le courage, & l'action auancee, & afin aussi que par ce moyen, il soit empesché de se trop serrer ou retenir,) il luy faudra faire eslargir seulement la iuste piste des pieds de derriere, lesquels on remettra soudain apres la derniere battuë de son air, sur la piste de ceux de deuant.

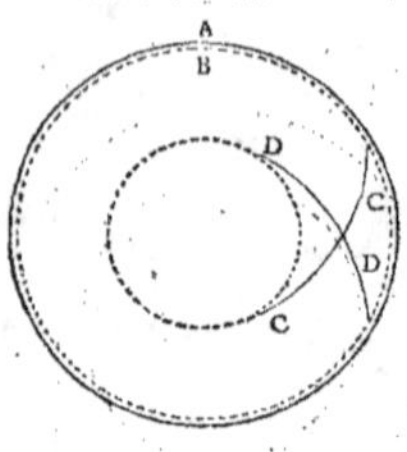

A piste de la fufdite volte de trot.
B piste de l'air releué.
C piste en adiuftant les pieds de derriere au manege releué.
D piste des pieds de derriere pour reprendre la feule rondeur de la volte de trot.

Sɪ le cheual tel qu'il foit, fournit rondement & iuftement fon manege tant au pas côme en le releuant, fans premediter aucun lieu pour ferrer les voltes , & que le Caualerice luy vueille faire finir fon air, en fermant iuftement lefdites voltes en diuers lieux, il faut que ce foit par vne action eftrecie, auancee, & comme deffus vne des lignes trauerfees aux quartiers:

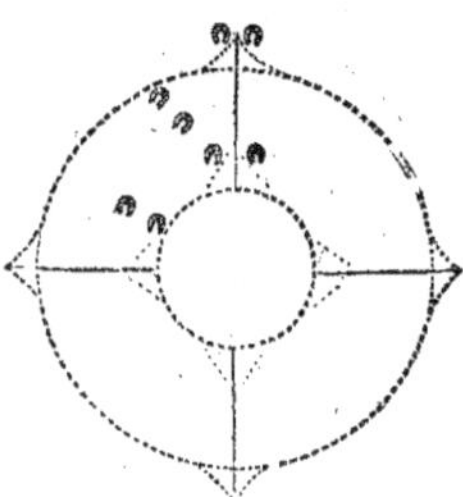

Oʀ il y a en cecy vne des fufdites confiderations , qu'il faut foigneufement entendre : c'eft que fi le manege eft tant eftroit & contraint , que le cheual porte ordinairement le corps acculé, ou trauerfé dedans le circuit de la volte, comme i'ay defia dit, & figuré, il la pourra ferrer & finir, par vne battuë ferme ou auancee par le droit, arriuât en tel quartier qu'il voudra. Mais fi la crouppe du cheual accompaigne plus librement l'air du manege, fait de biays (affauoir plus auancé, refolu, & neantmoins iuftement obferué) il faudra que les pieds de deuant , arriuans par neceffité les premiers deffus lefdites lignes trauerfees, fe hauffent encores vne ou deux fois, & qu'ils redonnent foudain en terre , en la place d'où ils partiront, ou vn peu plus auant par le droit : afin que par ces temps & battuës, les pieds de derriere fe puiffent rãger deffus la mefme ligne, droit à droit de ceux de deuant, pour bien fermer la iufte rôdeur de la volte : & encores faut-il apres faire communément vne battuë ferme, pour rendre cefte fin en fa perfection.

Lᴇs quatre

L ᴇ s quatre quartiers, qui se voyent marquez de biays ou de droict, sur ces voltes figurees, signifie la posture du corps du cheual, cependant qu'il manie, & non
la quantité des courbettes ou groupades. Quant à la mesure des voltes & au nombre des battues, dont elles doiuent estre fournies, il faut qu'elles soient proportionnees à la nature des cheuaux. Si le cheual est fort leger, & qu'il se plaise à resoudre diligemment le manege redoublé : il faudra souuent, que la volte soit
estroicte & composee, par consequent de moins de battues que l'ordinaire. Car
de la faire trop large elle ne pourroit estre toute fournie en peu de battues, à cause
de la grande distance, qu'il y auroit de l'vne à l'autre. De la vouloir faire fournir à
vn tel cheual en plusieurs battues d'auantage, ce seroit retenir trop la legereté de
son action accoustumee : Et son naturel ne les pouuant gayement proportionner,
le manege en seroit trop lent & constraint. La mesme proportion que l'on garde au cheual de fort leger appuy, doibt aucunesfois estre obseruee à celuy qui est
dur & chargé de deuant, quoy qu'il soit d'vn naturel contraire. Car le cheual pesant, aura moins d'occasion d'endurcir & abandonner son appuy & tous ses
mouuements se trouuerront plus aysez en vne volte estroitte pourueu qu'elle soit
assez soustenue sur les hanches : parce qu'il fera moins de battues, que non pas
en vne large, où il faut de necessité qu'il s'auance & qu'il se charge plus sur le
deuant, à cause de sa pesanteur ioincte au trop grand nombre des battues, qui
luy feront encor' plus appesantir & endurcir l'appuy de la main, & si il en fournira moins de tours. Ainsi le cheual trop chargé ne peut que difficilement fournir à tant de temps & battues qu'vne volte large demande, pour l'incommodité de
son grand poids, non plus que le cheual gaillard & fort leger à la main, à cause
de la delicatesse de son appuy de bouche & de sa diligente disposition, qui requiert
plus de brieueté. Toutesfois cestuy cy doibt estre moins ramene sur les hanches
que cest autre.

I ʟ y en a d'autres, qui ont plus de force & de disposition, qui aussi sont trop
souples de la main en auant, ausquels est necessaire de tenir la volte plus spacieuse,
auancee & fournie de plus grand nombre de battues, afin d'auoir moyé de les pousser, & resoudre contre le vray appuy de la bride, & de leur tenir le col plus droit, en
plus ferme posture, & la teste asseuree en bon lieu : d'autres, qui ont les mouuemens
des hanches, tant licentieux & desordonnez, ou si peu d'inclination aux iustesses
plus limitees, qu'en tournant ils veulent tousiours porter, & desrober les pieds de
derriere en liberté, hors le circuit arrondy de la volte, ausquels il faut aussi necessairement eslargir le manege, & faire les battues de leurs airs plus retenues, soustenues,
trauersees, & en plus grand nombre, que la reigle generalle ne requiert, afin de les
tenir par ceste subiection plus droits : auancez & releuez sur la vraye piste limitee, &
mieux appuyez sur l'ayde de la main. Mais si le cheual est bien proportionné de stature, & accompaigné de bonne inclination, d'assez de force, & de legeresse, pour
soustenir l'effort & la facilité requise à quelque beau manege releué, on pourra garder la mediocrité, tant en l'egale & gaillarde mesure de l'air, qu'en la iustesse du terroir. En fin, ie ne limite ny aux vns, ny aux autres, aucun nombre de battues, pourueu que les voltes ne soient trop larges, ny trop estroictes, & que l'air ne soit inegal,
precipité ny retenu.

A v x endroits où les quatre fers se trouuerront marquez, il faut aussi considerer, que c'est pour representer plus facilement le plan, & la posture du cheual, comme s'il estoit arresté, sur la iustesse de la volte : car de les peindre selon les mouuemens que le cheual fait en maniant, incliné de quelque air releué, la figure semble-

K ᴋ

roit trop confuſe à la pluſpart de ceux, qui la voudroiét bien comprendre, s'ils n'e-
ſtoient bons maiſtres: parce que tandis, que le cheual releue & ſouſtient l'air de ces
battues, il ſe diſpoſe & fortifie, par vne action nerueuſe & fort raccourcie, poſant
les pieds de derriere ſi pres de ceux de deuant, à chaſque temps pour s'auancer, ſoit
ſur la rondeur de la volte, ou par le droit, que pour bié repreſenter ceſte piſte ſi meſlee, il faudroit faire des figures difficiles, qui arreſteroient trop l'eſprit du Lecteur,
en des proportions, qui ſe peuuent beaucoup mieux comprendre par la pratique
de l'exercice, que bien expliquer par eſcrit.

AVTRES REIGLES PROPRES

AVX CHEVAVX IMPATIENS QVI PEVVENT FACI-
LEMENT DEVENIR ENTIERS ET DVRS A L'APPVY DE
la main, leſquels neantmoins on veüt dreſſer à quelque manege.

CHAPITRE XXVI.

IE ſuis aſſeuré que de long temps ne ſe trouuerront pas beaucoup
d'Eſcuyers, qui ſçachent bien pratiquer les reigles de ce ſecód liure:
car les vns, pour auoir trop de routine à la vieille & plus commune
eſcole de ceſt art, ne pourront aſſez patiemment arreſter leurs eſprits & actions, au vray ordre de toutes les iuſtes & neceſſaires proportions compriſes en ces preceptes: Et meſme en l'exercice ne cognoiſtront ou ne ſentiront ſuffiſamment quand le cheual ſera ou ne ſera pas parfaictement aux vrais endroits du terroir, où les lignes, quartiers, demy-ronds, voltes
entieres, & autres traits de toutes ces figures, ſe doiuent imaginer & obſeruer exactement, durant la leçon: Et faiſant par ces erreurs, la pluſpart des choſes qu'ils cóprendront, hors de leurs temps & places, la confuſion ſuruiendra facilement, qui
amenera pluſieurs deſordres. D'autres pour n'auoir aſſez de pratique en la ſuſdite
& vieille eſcole, plus furieuſe que bien conſideree, (& comme i'ay dict ailleurs)
s'eſtans trop ou trop toſt arreſtez en nos iuſteſſes plus limitees, contraindront &
retiendront, mal à propos en icelles, le courage & les forces du cheual: Et ſouuent
auſſi telles fautes naiſtront, ſeulement de la rudeſſe ou de la debilité de la main mal
conduite. D'autres manquans de iugement & d'induſtrie ne ſçauront pas diuertir
le cheual de pluſieurs & diuers mouuemens du tout contraires à l'obeyſſance & à la
franchiſe, ny par conſequent le diſpoſer à la facilité des plus iuſtes proportiós. Et ce
qui eſt encores pis, les meilleurs maiſtres auront aucunesfois entrepris de dreſſer
des cheuaux coleres, impatiens, bizarres & obſtinez, que leurs plus beaux artifices
ne ſuffiront pas à les pouuoir bien ranger aux bonnes leçons eſtroictement obſeruees. Et parce que deſia ie preuoy qu'é l'ordre des regles iuſqu'icy deduictes & figu-

rees, pluſieurs de ces cheuaux tant deſobeyſſans (entre autres vices) retiendrõt aucunesfois leur vigueur & gaillardiſe, s'acculeront ou ſe feront entiers, principalement
aux premieres leçons de quelque air releué. Ie ſuis d'aduis, cela aduenant qu'on
change l'ordre des leçons precedentes les faiſant de droict en droict au long d'vne
muraille, parce qu'elle ſera propre à diuertir aucunesfois beaucoup d'inquietudes,
qui peuuent alterer le courage du cheual impatient, & le rendre plus incapable de
memoire & d'obeyſſance: Car ſans doubte le mettant paiſiblement par le droict
ſur vne paſſade aſſez lõgue il en apprehédera moins la nouuelle & incogneue ſubiection, & iuſteſſe des voltes: Et en le chaſtiant, ou recherchant par douceur ſur icelle
paſſade, on luy pourra faire recognoiſtre, la faute qu'il aura faite en tournant, comme il eſt cy apres expliqué.

OR doncques quand le cheual ſera deſgourdy & bien commence, comme
i'ay dict cy deuant en diuers lieux; & meſmes qu'il ſçaura iuſtement paſſeger au
moins les quartiers & demy-voltes precedentes, il le faudra mettre aſſez pres de la
muraille ſur vne ligne droicte: aſſauoir au pas ou au trot ſelon que volontairement
il s'aduancera ou ſe retiendra, & qu'il rendra l'appuy de la bride peſant ou leger.
L'ayant ainſi faict cheminer enuiron vingt cinq pas, ſi le Caualerice ſent qu'il tire
ou poiſe tant ſoit peu à la main, il l'arreſtera ſur les hanches à vn bout de ligne, & le
trouuant leger & bien diſpoſé, il ne l'arreſtera point, mais (comme auſſi apres l'a-
uoir paré, il le mettra ſur ſon air releué, luy faiſant faire par le droict d'ordinaire
trois bonnes battues retenues ou aduancées, ſelon la diſpoſition de ſon courage &
de l'appuy de la bouche.

Ligne de la muraille.

Ligne de la paſſade.

SOVDAIN que le cheual aura faict la troiſieſme de ces battues & preſque au
meſme temps qu'il donnera des mains en terre, comme au lieu de la lettre A. le Caualerice luy tirera la teſte diligemment ſur la volte, le ſollicitant pour le mettre

au pas refolu,& luy en faire fournir vn quartier , & fur la fin d'iceluy le rehauffer,
pour luy faire rabattre trois autres temps femblables fur la ligne marquee B , faifant à la fin du troifiefme encor' la mefme action aduertie, de la bride ou du caueffon auec celle des iambes , pour luy tirer la tefte fur le tour , & luy faire refaire au
pas les deux parts des trois d'vn autre quartier, finiffans fur la ligne & la lettre C, &
en ceft endroict le faudra tenir & hauffer comme deuant.

Ligne de la muraille.

Ligne de la paffade.

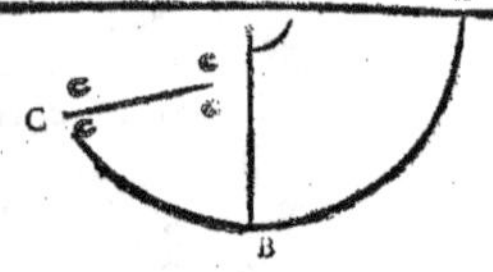

   Qvand le cheual aura finy, ou en finiffant ainfi la troifiefme de ces battues fur
la lettre C. Il le faudra remettre au pas comme auparauant, & d'iceluy le tourner arrondiffant la volte deux fois ou d'auantage par vne feule pifte, comme il eft reprefenté en cefte figure.

Ligne de la muraille.

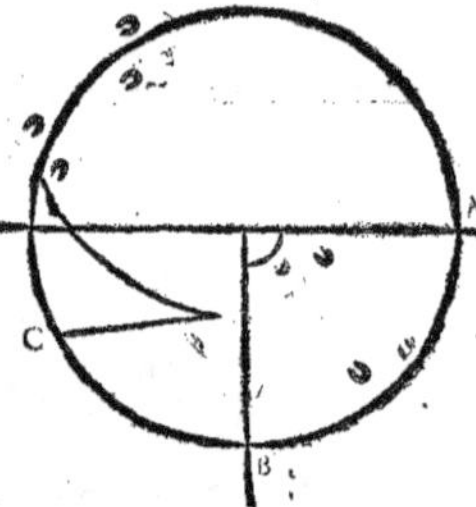

F pifte des pieds de derriere pour aller fuiure celle des pieds
de deuant en arrondiffant la volte au trot.

Apres on luy fera fermer ceste leçon sur la ligne de la passade en cheminant de biays, assauoir en auant & de costé, iusqu'à ce que les pieds de deuant soyent au lieu où se void la lettre D. & ceux de derriere sur E. comme il est cy apres figuré, & en la mesme place il le faudra encor hausser au moins trois fois, luy tenant le corps & le col bien droict dessus la ligne de la passade.

Ligne de la muraille.

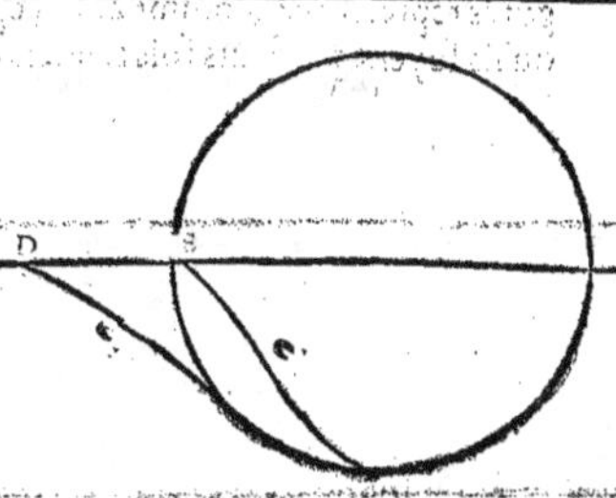

Qvand le cheual aura satisfaict à l'ordre de ceste leçon en vn costé, il le faudra aduancer & mener par le droict, iusqu'au lieu qu'on aura premedité pour faire de mesme à l'autre main.

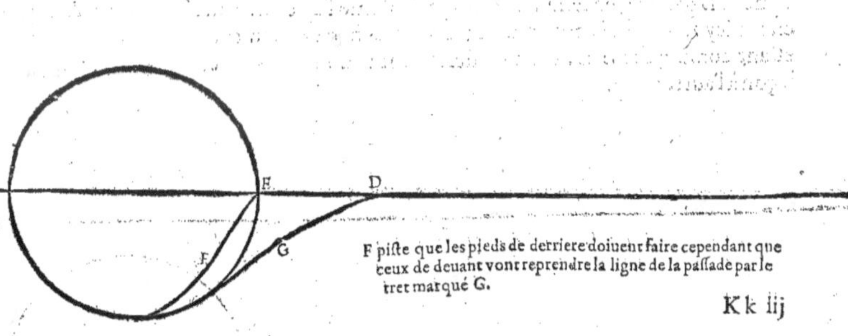

F piste que les pieds de derriere doiuent faire cependant que ceux de deuant vont reprendre la ligne de la passade par le tret marqué G.

K k iij

A y a n t bien pratiqué ceste leçon aux deux mains, & apres que le cheual l'aura comprinse & retenuë, on continura encor' à le mettre par le droict, comme i'ay
dict, & au lieu des trois premieres & susdites battues droites & faites au bout de
la passade, il n'en faudra faire que deux, & soudain aduancer le cheual vn ou deux
pas en tournant, & apres luy faire releuer vne ou deux battues suiuies d'vn autre pas
ou deux pour refaire encor' vn autre battue ou deux, continuant ainsi iusqu'à la
lettre C. qui limite les deux parts, dont la troisiesme finiroit le second quartier de
ceste volte. Et quand il sera arriué des quatre pieds ensemble, sur la ligne de la lettre C. on luy fera battre legeremét & en vne place, trois mesures de son air, comme i'ay dict à la leçon precedente, gardant sur tout la iustesse du terroir, selon les figures representées, comme aussi l'égalité en tous les mouuemens necessaires, bien
qu'ils soyent plusieurs fois refaicts ou reprins.

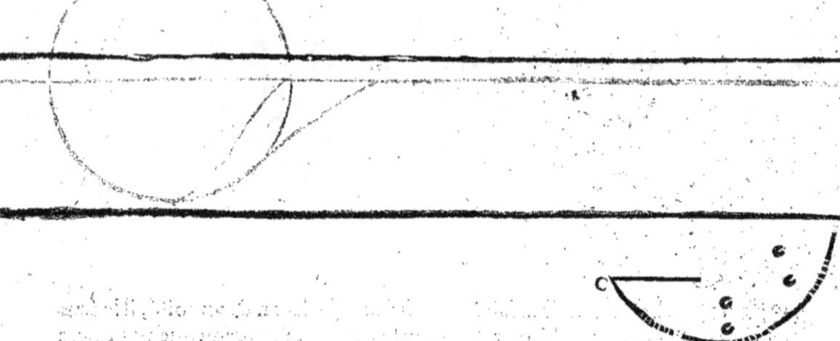

A l'instant que la troisiesme de ces battues faictes de ferme à ferme sera finie
il faudra encor' arrondir deux voltes au pas, par vne seule piste, & puis reprendre la
ligne de la passade, en serrant le manege, comme i'ay cy deuant figuré, & qu'il est
encor icy representé, pour refaire trois autres battues fermes, les pieds de deuant
estant comme sur le D. ceux de derriere sur E. & apres on continura la mesme
leçon à l'autre main.

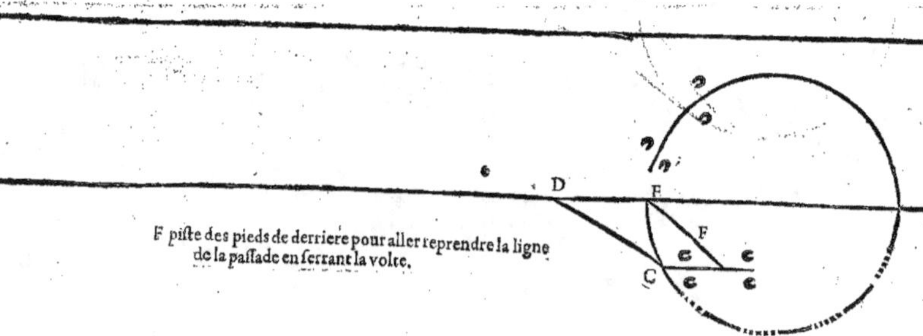

P a r l'habitude de ceste leçon assez continuée, le cheual conuertira facilement ces pas en bónes battues, de sorte qu'il fournira les parties susdites de la demi-volte (desia esbauchee comme i'ay dit) sans interrompre l'egale mesure de son air releué.

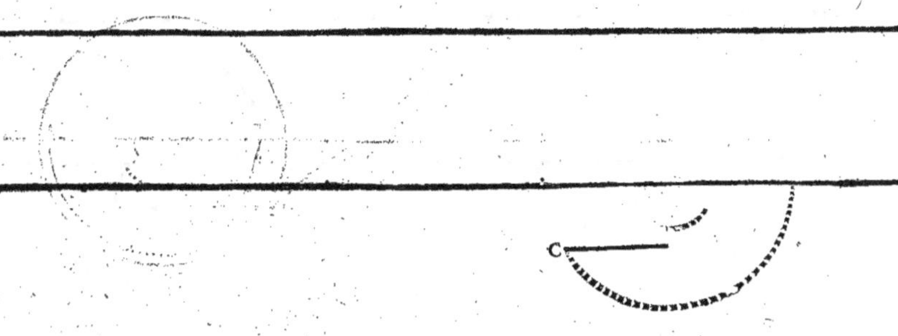

Si du commencement il faict difficulté de bien ranger les battues de son air, sur toute la susdite & derniere proportion, il la faudra commencer cheminant au pas, comme iusqu'au lieu où se void la lettre B. en la figure suiuante : & à mesure qu'il se rendra facile à releuer & bien battre la mesure de son air, on retranchera encor' ces pas iusques aux premieres battues faictes par le droict sur la lettre A.

Ligne de la muraille.

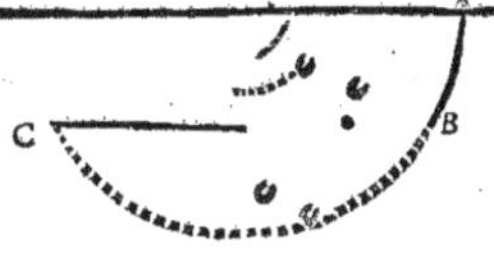

SovDAIN il faudra encor arrondir la volte entiere au moins vne fois, par vne feule pifte faicte allant le pas, remettant & redreffant le cheual du mefme paffege fur la ligne paralele qui accompaignera celle de la muraille, pour luy faire encor releuer par le droict, trois ou quatre bonnes battues de fon air, comme fur les lettres D. E. & puis paffer outre au long d'icelle ligne, pour aller à la place de l'autre main, continuer cefte leçon.

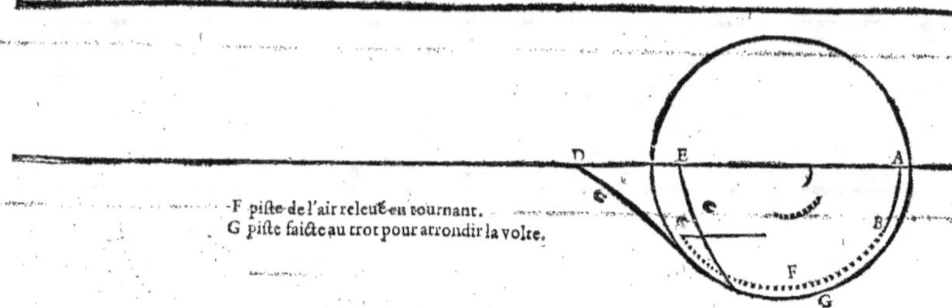

-F pifte de l'air releué en tournant.
G pifte faicte au trot pour arrondir la volte.

Povr augmenter l'ordre de ces battues fur l'entiere rondeur de ces leçons, il faudra gaigner comme pied à pied fur la pifte defia arrondie au pas ou au trot: Affauoir qu'ayant nettement releué, en tournant, la premiere & fufdicte proportion, iufqu'à la lettre G. & apres en acheuant au pas l'entiere rondeur de la volte, on mettra le cheual à fon air releué en paffant comme fur la lettre H. continuant l'egale mefure defia aprife & limitee iufques au C. & à mefme temps faudra eftrecir & aiufter la pifte des pieds de derriere, comme il eft marqué en la figure fuiuante, gardant apres l'ordre precedent: mais beaucoup plus ferré, pour fe remettre fur la ligne droicte & principale, premier que d'aller changer de main.

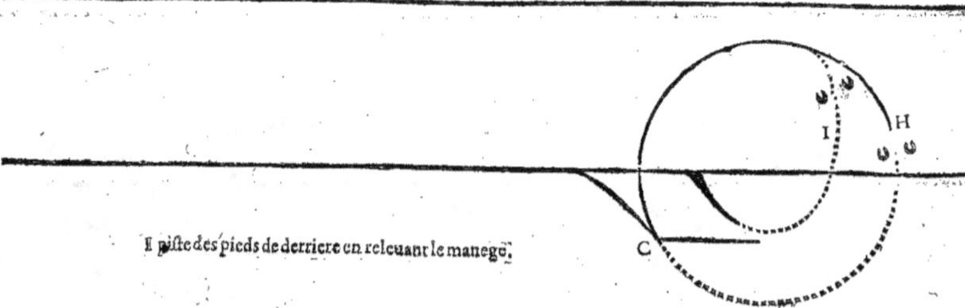

I pifte des pieds de derriere en releuant le manege.

E n augmentant ainſi chaſque fois d'vne battue, ſur le terroir arrondy & limité, par le iuſte paſſege, ſans doute la volte entiere ſe trouuerra en peu de caualcades
du tout releuee & nettement fournie d'air & de iuſteſſe , hormis la diſtance, qui ſe
void entre le C. & le G. laquelle ſe doibt encore reſeruer, pour tirer la teſte du cheual ſur la piſte en faiſant au pas la premiere action de ces dernieres voltes qu'on voudra releuer, afin que par ce moyen le cheual ſe rende plus ſouple en tournant: Car ſi
les fins de toutes ces premieres proportiõs de voltes releuees, ſe faiſoient d'ordinaire deſſus la ligne de la paſſade, le cheual impatient pourroit prendre, vicieuſement
l'occaſion de ſe ſerrer trop pres de la muraille, ſe couchant ou ſe faiſant entier pour
euiter l'obeyſſance & facilité neceſſaire au redoublement des voltes.

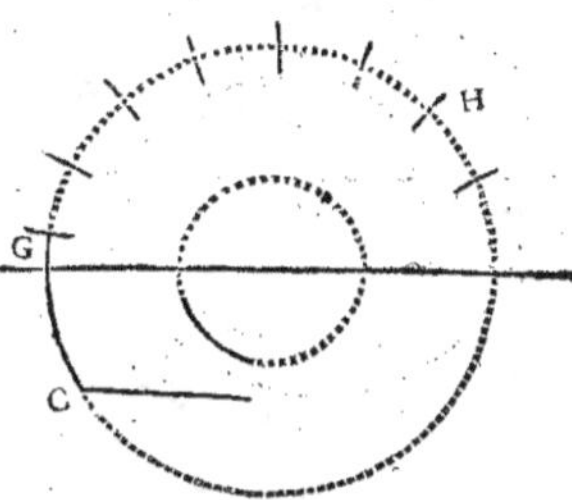

A p r e s la derniere battue faicte ſur le C. il faudra encor faire à l'inſtant vne
volte de pas, aſſauoir d'vne ou de deux piſtes, ſelon que le cheual ſe rendra dur cu
ſouple en tournant.

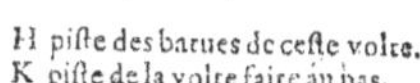

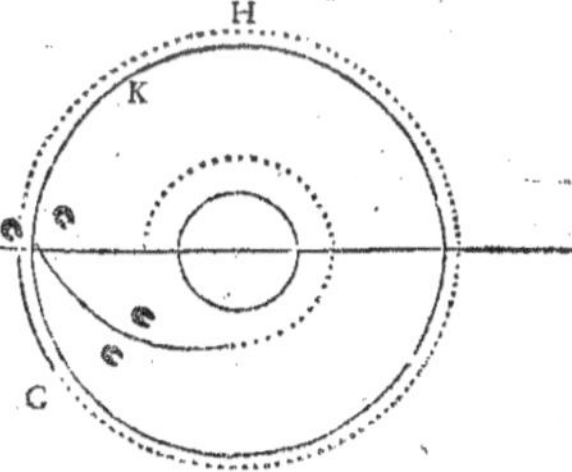

Povr rendre le cheual plus attentif & facile en ces reigles, il faudra aucunesfois prendre la volte du cofté de la muraille : c'eft à dire qu'en la place qu'on l'aura
tourné à main gauche, on luy dónera la leçon de la droite : Et pour ce faire, la ligne
de la paffade doibt eftre vn peu plus efloignee de la muraille, comme il fe peut comprendre par cefte autre figure: & fans doubte telle varieté bien praticquee, diuertira
le cheual impatient de beaucoup d'inquietudes contraires à la franchife & aux iufteffes des plus beaux maneges.

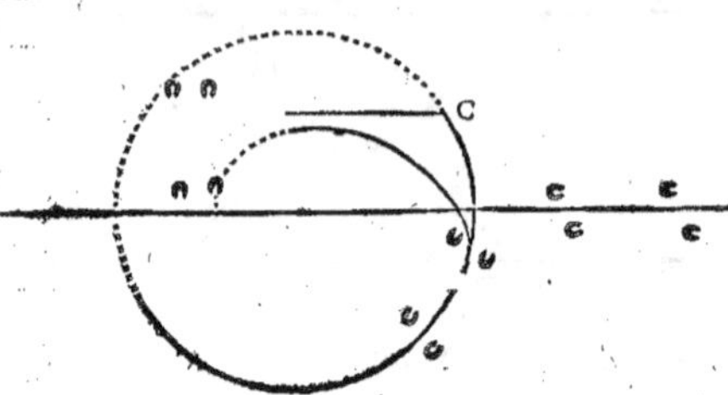

Apres l'habitude fuffifante de toutes ces leçons difcouruës & figurees, fi lè
Caualerice recognoift & fent à fon cheual affez de force, de legereffe & d'efcole,
pour doubler & redoubler les voltes releuees, il pourra gaigner peu à peu, augmentant à tous les coups d'vne battue fur la pifte iuftement arrondie, comme i'ay dict:
Et à mefure que le cheual fe rendra facile, mefmement à l'action du tourner, il luy
faudra faire ferrer les voltes, plus pres de la ligne de la paffade, iufques à ce qu'il face librement toutes les fins fur icelle ligne.   Ceft ordre le pourra empefcher de deuenir entier: mais fi le Caualerice eft fage, il fe gardera fur tout, d'entreprendre plus
d'effort que le cheual ne pourra viuement fournir.

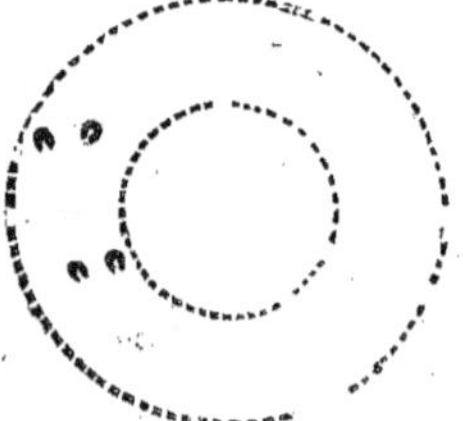

P o v r rendre le cheual plus libre en ces leçons estroittes, il les faudra aucunesfois destendre & varier, par vne proportion plus large & quarree : A sçauoir que
ayant arrondy au pas vne volte d'vne piste & de mediocre largeur, on mettra le cheual au trot sur la mesme piste, pour luy en faire accompagner enuiron deux tours, &
apres l'arrester sur les hanches, comme en la ligne de la lettre A : & sur icelle luy faire
battre legerement trois ou quatre temps de son air.

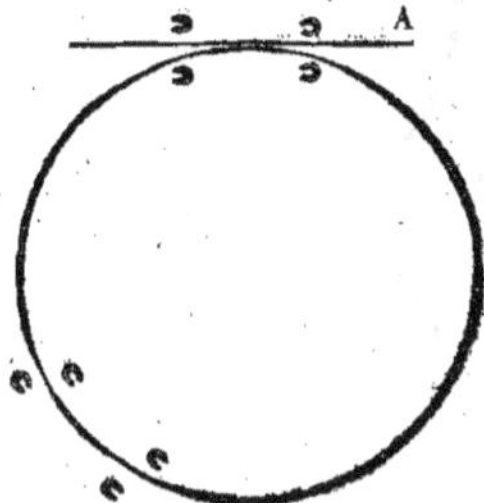

E n finissant la derniere des susdites battües, il luy faudra tirer la teste sur la mesme main, pour l'aduancer assez viuement, le remettant au trot, en la mesme piste arrondie, pour luy en faire encor fournir vn tour & demy, & soudain le bien arrester,
comme sur la ligne marquee B. Et puis le rehaucer comme deuant, & le remettre
tout de mesme au trot resolu sur le rond.

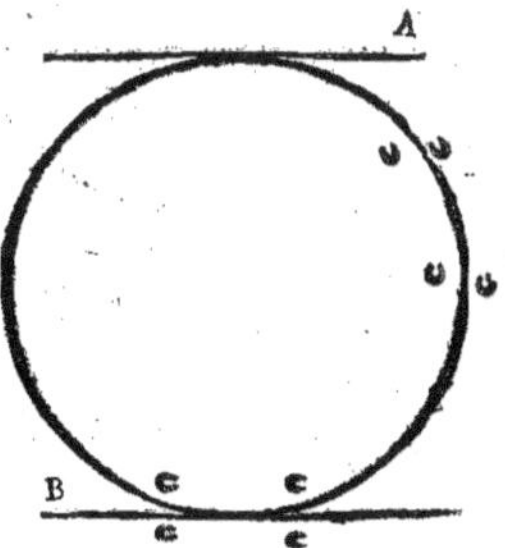

AYANT assez continué ceste reigle d'vn costé, il faudra changer de main reuenant sur la mesme piste, & garder la mesme proportion.

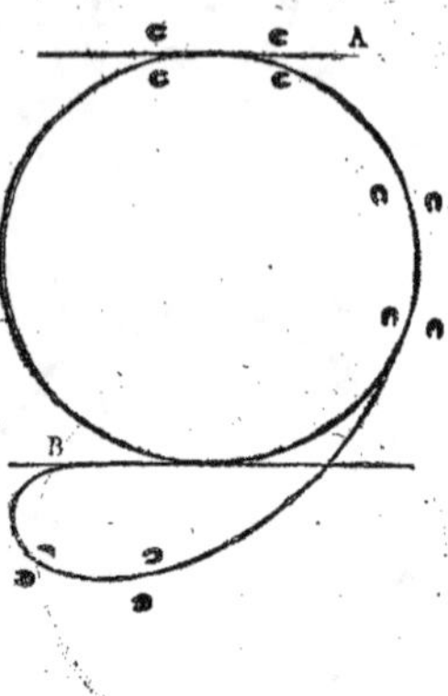

REPRENANT apres la main premierement exercée, il faudra faire les arrests en ces autres places figurées par les lignes gardant cest ordre indifferemment de chafque costé iufqu'à la fin de la leçon.

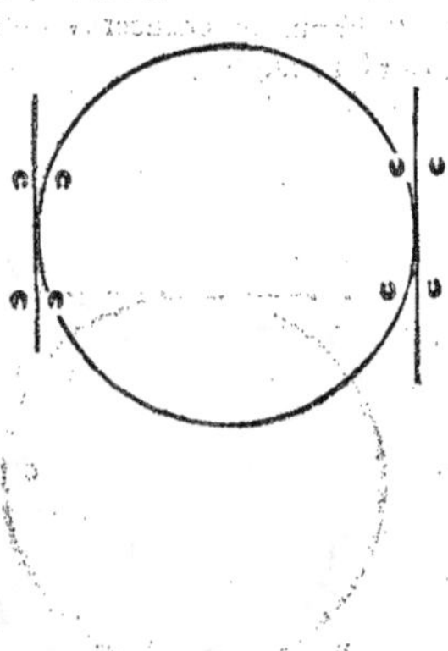

Quand le

Qvānd le cheual aura bien comprins deux ou trois telles caualcades, on ra-
courcira leur ordre: Aſſauoir que l'ayant vn peu trotté & deſgourdy en la ſuſdite
rondeur, on le parera & hauſſera de nouueau, comme ſur la ligne de la lettre A. Et
au lieu de le mettre ſoudain au trot, comme auparauant, on l'aduancera au pas,
tournant iuſques ſur la ligne du B. de la figure ſuiuante, & apres l'auoir rehauſſé on
le fera encor cheminer & tourner de pas pour aller faire les ſemblables battues ſur
la ligne du C. & puis encor le remettre au meſme pas iuſqu'à la ligne du D. continuant ainſi enuiron trois tours, ſuiuis à l'inſtant de deux autres de trot, premier que
changer de main, ny que donner haleine au cheual de bon nerf.

Et pour rendre le cheual plus ſouple, ou moins entier en ces leçons, il luy faudra mettre la croupe vn peu en dehors, & luy tirer auſſi vn peu la teſte dedans la volte, eſtant arriué ſur chaſque ligne droicte, & premier que luy faire commencer les
battues.

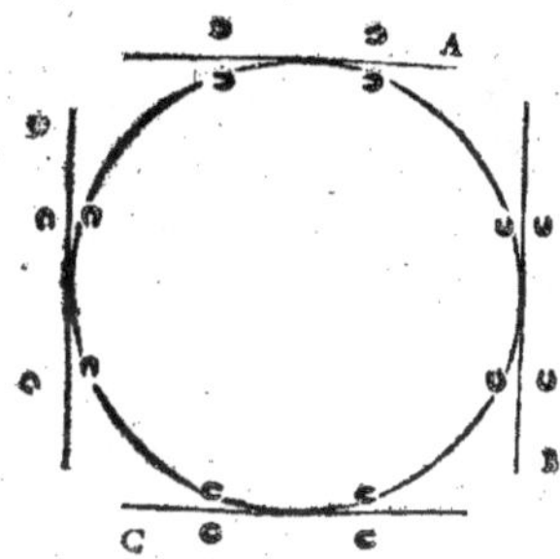

L'Habitvde de ceſte leçon ainſi quarree & ſouuent arrondie, rendra le chē-
ual ſi ayſé & leger, que de ſoy (& à cauſe de l'eſtil precedent) il reduira en peu de téps
les pas de toutes les encogneures (marquees E.) en battues aduancees, pour ſe rendre ſur les lignes, ou il penſera ſouſtenir ſon air de ferme à ferme: Tellement que par
ce ſeul moyen, accompagné des ſubtils mouuemens du bon Caualerice, il arrondira peu à peu vne volte entiere de ſon air releué, ſans l'interrompre, apres laquelle il
faudra augmenter les battues, peu à peu, de quarre en quarre, finiſſant d'ordinaire
au trot ſur la rondeur d'vne ſeule piſte.

L I

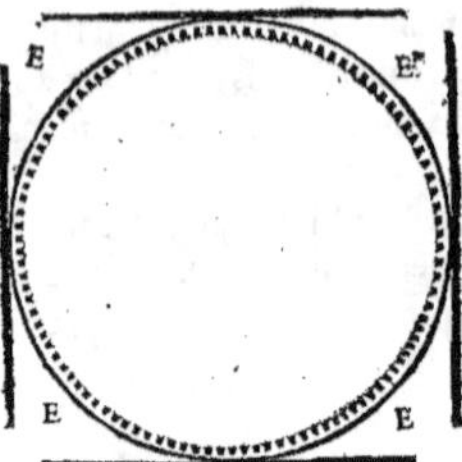

Avcvnesfois il faudra varier aussi ces leçons , seulement, par quelque galopade léte & legere à chasque main, sur des rôds de mediocre espace, & reuenir apres
aux proportions precedentes & proposées au long d'vne muraille. Car sans doubte
le cheual s'y remettra beaucoup plus gayement ou auec moins de contrainte, que si
on n'auoit vsé de telles diuersitez.

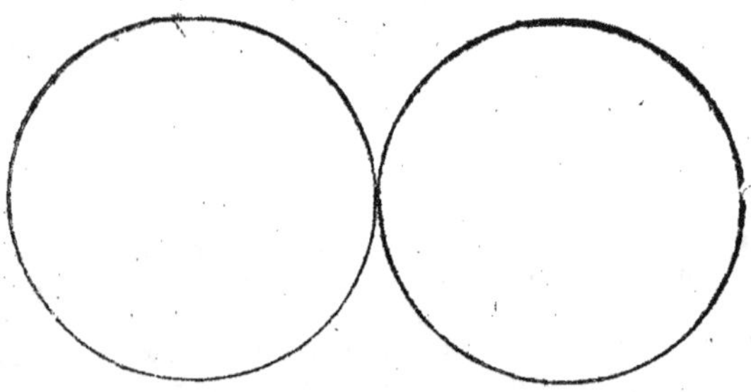

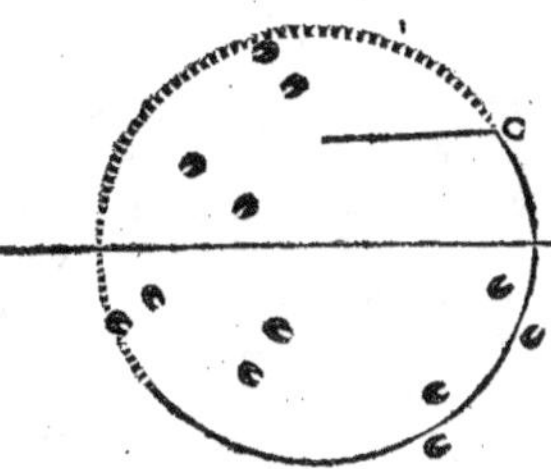

A fin que le Caualerice pratique toutes ces reigles auec bon iugemét,il se doibt souuenir, qu'en toutes les proportions qui se trouueront escrites & figurees, mesmement en ce second liure, i'ay voulu representer leurs ordres mieux rangez, tant en la iustesse du terroir, qu'aux mouuemens que le cheual bien commencé doit faire,pour paruenir facilement & de leçon en leçon iusqu'aux perfections de tous les maneges, qui donnent plus de grace & de contentement:c'est pourquoy i'ay limité precizément les lieux, qui se voyent marquez, comme aussi les nombres des pas, des battues & des tours:Mais si le cheual est tant rebelle & obstiné, que nonobstant qu'il soit aduerty & guidé par les bons mouuemens de la main, & de la iambe du cheualier, au lieu de ceder auxsusdites proportions, il refuse ou s'oppose directement à l'ordre d'icelles,pour lors le Caualerice ne doibt garder autres regles,que les vrais moyens de diuertir ou chastier tel cheual, l'eslargissant au mesme endroit, qu'il se voudra trop estressir, le serrant où il se voudra trop eslargir, le chassant du lieu,où il se voudra retenir & acculer,& le retenant quand il se voudra trop aduancer, & en fin ne luy permettant iamais telles faucetez. Et encor' que par les bons remedes on le rende,comme vaincu, directement sur les iustes lieux,premeditez pour les pas adiustez & les battues limitees , si neantmoins tous les mouuemens qu'il y rendra ne sont propres à la franchise & facilité du bon exercice, il ne faudra receuoir pour nombre ny satisfaction d'escole quelque chose qu'il face par malice , par inquietude, ou par poltronerie,ny refuser l'obeyssance recherchee quand il s'y presente franchement:sur tout en ces executions,on ne doibt se rendre insatiable, ny se contenter de peu. Et partant il faut tousiours obseruer la douceur, la rigueur,& la mediocrité necessaire, qui ne se peuuent iuger que par la cognoissance du naturel & des forces du cheual,ny bien mettre en effect,que par vne grande & facile pratique:Et sans ceste obseruation l'escole est confuse. I'ay redict tout expres en diuers lieux quasi ce mesme precepte, pource qu'il n'est pas moins important en cest art,qu'est le timon au vaisseau,qui nauigue en pleine mer.

Ie n'ay pas tousiours obserué ces preceptes. Car en ma ieunesse i'ay faict les desordres que font encor plusieurs Caualerices mal fondez ,qui en exerceant les cheuaux d'escole(soit au trot,au galop,ou aux airs releuez & plus gaillards) n'ont autre soin ny consideration,que de leur faire fournir furieusement l'exercice(bien ou mal entrepris)perseuerant iusqu'à l'extremité des forces qu'ils leur sentent à l'esquine & au courage,comme si on ne les deuoit dresser, que seulement pour leur faire

Ll ij

rendre de grands efforts & pour accabler leurs forces, fans auoir efgard fi tout ce qu'ils leur font faire ou permettent qu'ils facent durant leurs leçons, iufqu'aux moindres mouuemens, peut feruir à la facilité des bons maneges : Et tant s'en faut que les regles de ceft art ſe doiuent ainſi pratiquer fommairemét que au rebours il eft tres-neceffaire, que le bon Caualerice aye d'ordinaire l'efprit tendu & diligent à preuenir les caufes, ou corriger les fautes, qui peuuent rendre le cheual negligent, confus, ou defobeiſſant, & à rechercher & fuiure les vrais moyens de le gainer & faire flechir à l'obeiſſance & facilité de ce qu'on le recherche. Par ainſi il faut fouuét ſe defpartir de l'ordre des leçons & proportions premeditées, quoy qu'elles ayent efté bien conceües, & ſ'acouftumer à trauailler attentiuement à l'efcole, felon les diuerfes occafions promptement & bien iugées, & s'il eft pofible fans en perdre le temps de pas vne, mefmement par ignorance ou negligence, autrement ceft art eft incógneu & par confequent les leçons ſe trouuent inutiles,

Ie ſcay qu'a l'efcole du premier liure i'ay dict, queles leçons de trot doiuent eftre fouftenues d'vn mefme nerf du cómencemét iufqu'à la fin, & celles du galop fournies auſſi des mefmes airs & vigeur qu'elles auront efté commencees : Mais cela ſe doit entendre quand le cheual diftribue libremét ſes forces & legereffe, sans fougue, ny fingardize & feulement par les iuftes mouuemens du cheualier.

DIVERS

DIVERS PRECEPTES SVR
CES PLVS AVANCEES LECONS
ET MESMES QVAND LE CHEVAL EST TELLEMENT
rebuté, & ennemy de l'escole, que les remedes ordinaires, ny
apportent plus des effects suffisantz.

CHAPITRE XXVII.

IVsqves aux dernieres leçons, de toutes les susdictes reigles des voltes, le Caualerice pourra auoir monstré son industrie, son sçauoir & la bóne pratique de son art: mais la preuue n'en sera pas moindre, si apres il peut empescher que le cheual face quelque mutation suffisante de le reculer, iusques aux premieres reigles, comme il aduient souuent: parce que beaucoup de cheuaux consentent plus facilemét & respondent auec plus de vigueur, aux leçons de suyte, qui les acheminent peu à peu, & de reigle en reigle, à la iustesse des maneges, propres à leurs forces & disposition, qu'ils ne se resoluent, y estans arriuez, à les continuer longuement en leurs vrayes proportions. La raison est, que cependant qu'ils comprennent, ou bien tost apres qu'ils ont comprins, & aucunement pratiqué chacune de leurs leçons, elles sont ou doiuent estre suiuies bien à propos, d'vn autre leçon nouuelle, augmentee d'art & d'effort, ou au moins differente des precedentes, en quelques mouuemens & proportions: tellement que ces diuersitez occupent diuersement, & douteusement les esprits, les forces, & particulierement l'atention du cheual nerueux & courageux, & partant le peuuent souuent diuertir de plusieurs inquietudes ou fantasies, & resolutions licencieuses & d'esobeyssantes, ausquelles il n'a bonnement loysir de s'y resoudre, ny à peine d'y penser: & quand bien il n'aura pas beaucoup de force, il aduiendra aucunesfois que la diligence, par laquelle tous les susdits mouuemens de iustesse se doiuent obseruer, & lesquels il n'aura encores peu bié recognoistre, le tiendra ordinairement en tel soupçon de faillir, & par consequent d'estre chastié, qu'il offrira fort librement toute sa vigueur & dispositió, pour respondre à l'actió du Caualerice: ioinct aussi qu'auparauát que les leçons reiglees, & peu à peu fournies, ayét atteint la pl⁹ haute portee de la force du cheual, il a moins d'occasió de se rebuter. Or afin qu'il s'asseure, & se maintiéne en la iuste pratique des susdites & dernieres leçós, il ne luy faudra pas tát cótinuer les caualcades fortes, nouuellement apprinses, & encores irresoluës, que l'effort excessif, ou l'ennuy de refaire trop souuent vne mesme chose, le puisse mettre en tel desordre, que comme confus auily, ou desesperé, il oublie ou refuse tout à fait les principales proportiós de toutes

M m

ces leçons iuftes & plus obferuées. Et pour euiter ces accidens, le Caualerice doit biē
iuger par le bon ordre des fufdites reigles & leçons, quand elles arriuent à peu pres
au plus haut poinƈ des forces & difpofition du cheual: & lors au lieu d'entreprédre
d'auantage, & mefmes premier que venir en ces extremitez, il luy donnerá quelque
relafche d'efcole, le remettant fouuent, feló qu'il luy recognoiftra le courage difpofé fur des reigles moins difficiles, qu'il aye aupatauant recogneuës & pratiquées : &
mefmes luy faifant faire en diuers iours, entre deux de fes caualcades plus auancees
d'air & de iuftefle, vne mediocre leçon de trot r'açcourcy, s'il a la bouche à pleine
main, ou de trot plus refolu, & quelquesfois de galop, s'il a l'appuy affez leger : & ne
le faudra exercer au plus fouuent, que de deux iours l'vn, le tenant toufiours en vigueur & legerefle, s'il fe rend obeyffant, & par ces moyens on le maintiendra en haleine, en courage, & en fa plus auancee iuftefle.

C E S T E efcole ne fe r'apporte pas à l'opinion des Caualerices, qui veulét indifferemment qu'on folicite le cheual fouuent, & beaucoup à la fois, pour le contraindre rigoureufement à ce qu'on le voudra dreffer (quoy que par le trauail continuel,
il fe haraffe & amaigriffe) iufques à ce qu'il foit paruenu aux plus fortes, & plus iuftes
proportions de l'air & du manege, qu'on luy aura fait entreprendre, auec deffein de
le repatrier & reftaurer apres, par les careffes & leçons plus douces & plus courtes,
ou moins continuees. Ie fçay que cefte reigle peut aucunesfois reüffir ; mais fi tous
ceux, qui la gardent exaƈtement vouloient receuoir mon aduis, ils n'en vferoient
que felon le bon iugement, qu'ils auroient premierement fait du temperament naturel, & des forces du cheual. Car s'il fe trouue ayant l'inclination corrigible, la vigueur de l'efquine affez nerueufe, les iambes affez fermes, les pieds affez forts, & la
complexion affez robufte, pour refifter affez long temps à l'exercice, & aux remedes
tant feueres, cótraints & perfeuerez: il pourra par les effeƈts d'iceux eftre à la fin vaincu, & rangé au but de l'entreprinfe, que le Caualerice hardy, & bien fondé aura fait.
Mais fi le cheual eft foible de memoire fenfible & timide, quoy qu'il foit au refte affez fort, & bien party en tous fes membres, ou qu'il foit courageux, & néantmoins
de douce humeur, & que l'efquine & les membres en foient defpourueus des forces
neceffaires, il fera trop mal-ayfé, & le plus fouuent impoffible, que par la violéce ordinaire, & le trauail exceffif du fufdit ftyl rigoureux, il puiffe paruenir en fi peu de
temps, ny peut eftre iamais, à ce que le Caualerice impatient le voudra contraindre,
fans confiderer qu'à mefure qu'il penfera auancer l'ordre de ces leçons, les membres
de fon cheual fe debiliteront, & par confequent fes reigles, & fes peines fe conuertiront en defordres & confufions, & fi d'auenture il perfeuere à la rigueur des chaftimens, & moyens precipitez, penfant tirer des forces du cheual, ce qui ne fera plus en
elles, il le trouuerra bien toft apres auily, rebuté ou defefperé.

O v fi le cheual nerueux, vigoureux, & affez fort fur ces membres, eft impatiét colere, & fier de fon humeur, il aduiendra facilement que l'importunité de la fubieƈtió
tant eftroiƈtemét continuee fans relafche, ou les douleurs & particuliers defplaifirs
d'vne infinité de diuers chaftimés faits, peut eftre hors de temps, ou auec trop de fe-
uerité & de confufion, luy feront tellement haïr l'efcole, qu'apres il fe laiffera creuer
& affommer de coups, & de trauail, ou fe mettra en deuoir de fe defendre, par des
moyens prefque enragez, ou á l'extremité fe precipitera foy mefmes, hazardant le
Caualerice en quelque peril defefperé, pluftoft que de fe laiffer contraindre par la
force aux iuftes proportions des airs & maneges, qu'il pourroit bien fournir eftant
plus fagement difpofé à l'obeyffance de l'efcole, par la patience & bonne pratique
de celuy qui l'exerce. Ce font chofes, qui arriuent communément aux lieux efquels

õn void bien & mal, exercer grand nombre de bons & de mauuais cheuaux.

I'A Y autresfois, & long temps esté curieux de rechercher les occasiõs de remettre les cheuaux, qui estoyent ainsi rebutez & abandonnez : en quoy, ie puis dire auec verité, que le bon heur m'a souuét, & fauorablement guydé. Car ie n'en ay pas seulemét remis vne grande partie en bonne escole : mais les Caualerices, qui les auoient auparauaut entreprins, & en fin quittez, comme incorrigibles, (par mutations confuses ou malicieuses) neantmoins les ont veus depuis manier, auec plus de facilité & de iustesse qu'ils n'auoient encores fait. Ie puis asseurer d'auátage, qu'il ne s'en est estropie ny perdu aucun, pour quelque traual ny chastiment, que ie luy aye donné. De la cõmença à naistre le peu de reputation, en laquelle ie puis auoir esté tenu entre les hõmes de cheual. Or pour r'appaiser & remettre ces cheuaux rebelles, confus, rebutez, ou desesperez, ie n'vsois pas des moyens ordinaires de l'art, recognoissant que c'eust esté en vain : d'autant qu'ils leurs estoient trop odieux : au cõtraire, le premier & plus grand soing que i'auois en tel cas, estoit de leur en faire perdre la memoire, & quand apres ie les voulois rechercher, c'estoit en lieu où il n'y auoit nulle piste, ny apparéce d'escole, & en temps qu'ils n'estoyent en aucun soupçon des desplaisirs, par lesquels ils s'estoyent rendus tant ennemis de l'obeyssance cõtrainte : & pour les premiers remedes, apres les auoir laissez quelque temps en repos, ie les menois assez souuent à la chasse, les faisant promener, trotter & galopper, à trauers les champs, selon que ie les sentois disposez, d'humeurs & de forces, sans toutesfois les fascher ny presser aucunement, si ie n'y estois contraint par quelque grande necessité, & auec le temps quand ie cognoissois qu'ils auoyent perdu l'apprehension de l'escole rigoureuse, ie les conuiois diuersement, par cautelle & en lieux non suspects, à se mettre comme d'eux mesmes sur les bõs airs de leurs leçons, aucunesfois allant le pas ou le trot, ou le petit galop, vne fois en les arrestant, & vne autre sans les arrester : quelquefois par le droit, & à vn autre temps sur les voltes, les caressant quand ils respondoyent librement, & ne les contraignant en façon quelconque, lors qu'ils refusoyent les aydes, & aduetissemens de la langue, de la gaule, de la main & de la iambe : mais plustost les diuertissant des desplaisirs & soupçons, que ie preuoyois en iceux, en faisant semblant de suyure la chasse, ou en allant vers d'autres cheuaux, ou par quelque autre moyen, qui me venoit à propos : & selon que ie les sentois en bonne ou mauuaise humeur, ie les recherchois de nouueau, ou les laissois r'asseurer : & quand ie n'auois moyen de les mener à la chasse, ie leur faisois faire pour le moins, deux fois la sepmaine enuiron deux lieuës par pais, ou d'auantage, allant veoir quelqu'vn de mes amis. Ce pendent quand ie les sentois en quelque vigueur & disposition temperee, & en tranquilité d'esprit & de memoire, & me trouuant ez lieux commodes, ie leur presentois à tous les coups gayement, ou lentemét quelque proportion d'air & de manege, & par ces moyens ie les gaignois peu à peu, si bien qu'aucunesfois ils respondoient librement à tout ce que ie les recherchois ainsi à l'impourueu : & pour les faire paroistre deuant quelques hommes de cheual, ce n'estoit iamais le matin, à cause que c'eust esté à semblable heure, qu'ils auoient autrefois receu leurs plus grands tourmens & desplaisirs, ny en escole ou autre lieu, qui leur fust tant soit peu suspect : mais c'estoit communement sur le soir, qui est le vray temps que le cheual se mõstre plus gaillard, & plus beau : & apres les auoir assez longuemét & doucement promenez par le droit en diuers lieux, fust-ce à la ville ou aux champs, & principalement sans s'aquerelle, trosse-queuë, ny autre particulier equipage de carriere, qui les importunast ny tinst en alarme d'escole. Lors quand ie les sentois en bon humeur & hors de soupçon, ie les mettois doucement en leur plus beau manege, choisissant le lieu du terroir, qui me sembloit plus cõmode, là où aucunesfois ils rendoyét vne telle franchise, qu'on trou-

uoit estrange de les voir reduits si paisibles, & si bien manians, qu'ils paroissoyent:
Mais apres qu'ils estoient hors de mes mains, & que quelques vns, qui ne sçauoient
pas le stil que i'auois tenu, pensoyent faire les beaux cheualiers & bons Caualerices,
en maniant lesdits cheuaux, il aduenoit communément que les vns receuoyent quelque plaisir, pour vne ou deux caualcades : mais voulans apres continuer, il leur estoit
impossible d'en tirer aucune satisfaction. Les autres receuoyent à la premiere fois
l'affront entier, de s'estre presentez en bonne compaignee, pour faire voir leur galan-
terie, & la dexterité des cheuaux, qu'on auoit veu trel-bien faire vn iour ou deux auparauant, & neantmoins n'en pouuoient iouyr, que comme des plus ignorans, ou
plus vicieux cheuaux qu'on eust sçeu trouuer : & ce qui les trompoit en cela, estoit
que pensans faire mieux patoistre eux, & les cheuaux, ils les preparoient bien troussez, & accommodez de ce qui les pouuoit embellir, & mesmes les faisoient mener en
main auec les lunettes, & leur conseruoient curieusement le courage, la vigueur &
la disposition de l'esquine, iusques au lieu premedité pour l'exercice : comme sans
doute l'on doit faire à la pluspart des cheuaux qui se maintiénent en l'obeyssance d'v-
ne bonne escole: mais au contraire tous ces apprests ne seruoient aux cheuaux malicieux & rusez, que d'autant d'aduertissemens qu'on les menoit à leur escole ennemie,
ou au lieu qu'ils deuoient encores receuoir les desplaisirs, par lesquels ils auoient auparauant esté rebutez & desesperez : de façon que les cheualiers, qui pensoient faire
merueilles, les trouuoyent au contraire tellement disposez à se defendre, ou à faire
des actes si malicieux & vilains, qu'il ne leur en restoit que la honte & le desplaisir.

C'est en quoy on peut apprendre qu'en semblables occasions, le Caualerice doit
regler ses leçons, aydes & chastimens, par vn si bon ordre propre au naturel du cheual, qu'il aye moyen de se bien preualoir des forces & disposition d'iceluy, & de le faire consentir par vne habitude bien reiglee, à l'air & à la iustesse du manege qu'il luy
voudra apprendre : qu'estant arriué par la suyte des bonnes leçons, au plus grand effort que le cheual pourra librement fournir, il ne doit entreprendre d'auantage : mais
plustost luy donner souuent quelque relasche & soulagement en ses plus estroites, iustes, & fortes proportions de manege, attendant que par l'aage, la bonne nourriture,
le soin de celuy qui le pensera de la main, & le continuel & temperé exercice de l'escole, nature se soit fortifiee d'auantage, pour pouuoir apres augmenter l'effort & la facilité de l'exercice apprins & obserué : que pour rappaiser & repatrier le cheual colere, sensible & malicieux, qui comme par desespoir, ou par adustion se sera rebuté &
rendu extrememement ennemy de l'escole, il ne doit tousiours vser de rigueur en ses remedes : mais plustost se departir ordinairement de tout ce qui le peut auoir plus offencé, & s'il est possible luy en faire perdre la memoire : que par les mesmes moyens
que le cheual aura esté bien dressé, appaisé, ou remis en escole, il y doit estre maintenu : & en fin que l'exercice auquel le cheual consent plus librement, & plus long téps
est celuy, qui se rapporte plus à son inclination, mesmes quand il y a faict habitude
par le temps necessaire, & l'ordre des bonnes leçons.

REIGLES POVR LES
CHANGEMENS DE MAIN
DES VOLTES REDOVBLEES.

CHAPITRE XXVIII.

IE n'ay point encores parlé en ce Second Liure, de l'ordre qu'il faut
tenir en changeant dé main, de ferme à ferme sur les voltes redoublees, parce que ie ne suis pas d'auis qu'on se departe des voltes separees, iusques à ce que le cheual y soit bien fondé, iuste & asseuré : d'autant que le changement de main, pour estre bien propoitionné
en son vray téps & lieu, se doit faire par vne actió si nerueuse, obeys-
sante & limitee, que bié que le cheual soit desia facile & reiglé à son air, & à son manege, si outre ce, il n'a le courage fort franc, ceste action le pourra bien tost desbau-
cher de sa bonne escole, au lieu de l'auancer, comme ie diray particulierement aux
occasions expresses. Par cest erreur il aduient souuent, qu'aucuns Caualerices ayans
mal iugé de la capacité de quelque cheual, qu'ils ont veu en bonne main, peut estre
bien commencé, & maniant desia d'vn assez bel air, selon son naturel & ses forces, se
promettét d'abordee, de le pouuoir ranger & reduire à plus d'obeyssance & de perfection : neantmoins venant à l'effect, ils se trouuent tant esloignez de leur pensee,
qu'ils sont cótraints à leur honte de reuenir & s'arrester en l'estat qu'ils l'ont trouué,
& quelquesfois à beaucoup moins. C'est pourquoy i'ay desia dit ailleurs, & yeux encores redire sur ce propos, que tout ainsi que le bon Caualerice ne doit iamais laisser
les forces du cheual en arriere & inutiles, estans propres à bien reüssir à quelque bon
exercice, il ne le doit nó plus rechercher par extreme contrainte, en ce qu'il ne peut
fournir que par de trop gráds efforts : mais plustost qu'il se cótente de ce qu'il pourra tirer de l'inclination, & des forces du cheual, par les bons moyens de l'att bien entendus & proprement pratiquez, sans l'accabler ny precipiter, & qu'il augméte sagement l'ordre des leçons, de son plus fort & plus iuste manege, seulement tát qu'il
recognoistra & sentira en nature, dequoy pouuoir vigoureusement fournir.

AFIN donc que le cheual puisse apprendre à changer, & reprendre iustemét chafque main, en maniant & redoublant d'vn bon ordre soustenu, & continué en vn circuit limité : le Caualerice luy doit auoir premierement bien asseuré la bonne posture
du col, & de la teste, le temperament de l'appuy de la bouche, l'air de ses leçons, &
la facilité du manege des voltes ordinairement triplees, (afin de luy rendre, quand il
sera temps, les doubles plus faciles) : & principalemét il doit obseruer, que le cheual
soit assez nerueux & leger, pour soustenir gaillardement, & d'vne haleine vn bon
air égal, & bien formé, sans estre interrompu sur les voltes doubles, iustes & reprinses de ferme à ferme, ny sur la fin d'icelles : & mesmes qu'il ne luy recognoisse aucun

M m iij

indice de deuenir entier, sur peine que le manege se trouuerra à la fin incertain, forcé, & par cósequent, beaucoup moins plaisant, que s'il auoit esté limité à l'ordre des
voltes, iustemént redoublees & separees d'air, & communement de place, pour cháger de main, laissant à tous les coups prendre haleine & force au cheual, qui en aura
faute.

I L se peut faire plusieurs bonnes leçons, propres à faciliter le changement, & reprinse de volte, desquelles i'expliquerét seulemét les plus necessaires. Mais premierement i'aduise le Caualerice, qui les voudra pratiquer, que pour si asseuré que son
cheual puisse estre, aux susdites & dernieres leçós, encores luy doit-il faire quelques
caualcades, sur les voltes estroites au trot raccourcy & resolu, ou au galop retenu ou
determiné, selon qu'il aura l'appuy de la bouche pesant, dur, ferme, leger ou foible,
luy faisant souuent changer de main, sans l'arrester, iusques à la fin du manege, ny
l'escarter d'vn iuste rond, qui correspóde à ses forces, & à sa stature, si ce n'est en gardant l'ordre de ces pourtraits, plus amplement expliquez au premier liure, & non
iusques icy figurez.

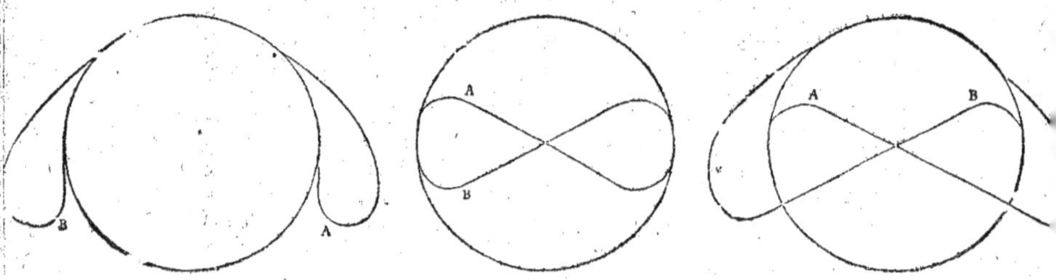

A piste pour aller prendre la volte de main gauche.
B piste pour reprendre la volte de main droite.

CE S T exercice bas estant proprement fait, desnouëra les moüuemens du cheual
mesmement sur le changemét de main: & luy seruant cóme pour l'aduertir de quelque autre action plus soustenue, sera cause, outre qu'il reprendra pluslibrement son
manege releué, qu'il comprédra pluftoft les premieres leçons des susdites reprinses.
Or pour les commencer, il faut premierement desgourdir, & temperer les forces du
cheual: car s'il estoit trop en esquine, ou trop las, il pourroit faire quelque desordre,
qui donneroit occasion au Caualerice de le battre, pour le resoudre ou pour luy ayder: & ce desplaisir viendroit mal à propos, d'autant que tous les commencemens
mesmes des iustesses plus obseruces, se doiuent pluftoft fonder par douceur & caress-
se que par la seuerité: afin que la difficulté de l'escole en desplaise moins au cheual.

A Y A N T ainsi bien disposé les forces, & l'attention du cheual, on luy fera iustement faire à vne main, deux voltes de son air, les finissant par vn, ou au plus deux téps
fermes & vn peu auancez, pour le dresser, en posant les quatre pieds, comme sur vne
droite ligne, qui my-partisse la rondeur de sa piste.

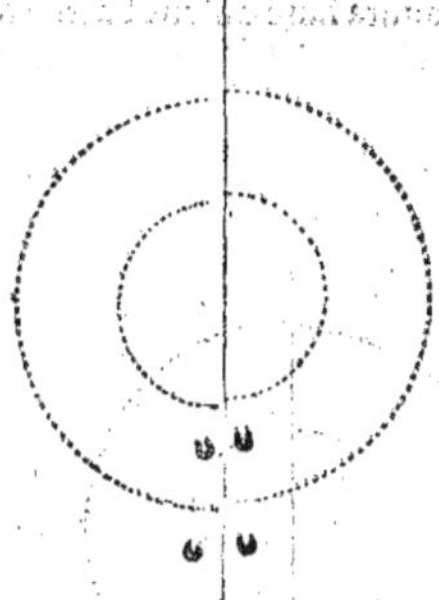

L'AYANT adiuſté en ceſte place limitee, il le faudra faire reculer doucemét quelque pas, pour le remettre ſur la vraye rondeur de ſa leçon, & apres luy tirer vn peu la
teſte à l'autre main, & ſoudain l'acheminer en icelle des pieds de deuant, enuiron
deux pas de paſſege obſerué, ſans que les pieds de derriere ſe partent de la ligne marquée, où ſe void la lettre A, & ſans faire nouuelle piſte, pour reprendre ſon manege
releué: & apres il fera encores de ceſt autre coſté, deux voltes égales aux premieres,
d'eſpace de temps, & de iuſteſſe.

Pour la main gauche.

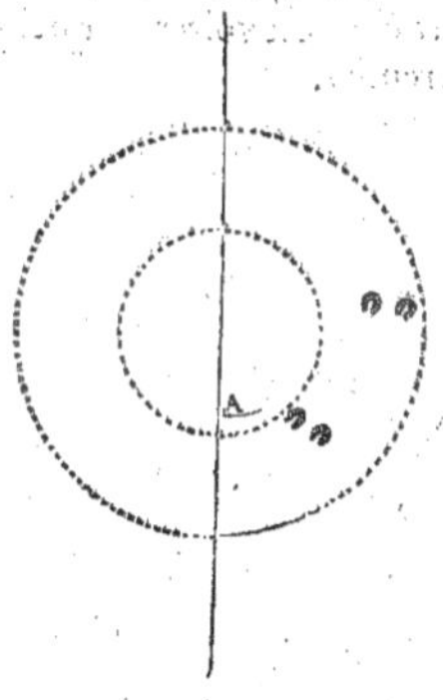

CES autres deux voltes eſtans finies ſur la ligne droite, en la ſuſdite place, on ob-
ſeruera patiemment le meſme ordre, pour reprendre & faire encor les voltes de l'autre main: & en pratiquant ainſi ſagement ce ſtil, ſans partir d'vne piſte & iuſte rondeur, il faudra peu à peu, accourcir le temps auquel on aura arreſté le cheual, apres
auoir bien fait les deux battues fermes, par leſquelles à tous les coups, il aura eſté
dreſſé, & aſſeuré ſur la ligne, à la fin des voltes de chaſque main: & bien toſt apres les
deux pas, par leſquels on fait faire au cheual, auec la teſte & les eſpaules, la premiere
action de la volte, qu'on veut recommencer ou reprendre, ſe pourront facilement

retrancher, l'vn apres l'autre en haussant plustost le cheual, & par ce moyen son air
ne sera plus interrompu en changeant de main : tellement que pour rendre apres
ces reprinses plus iustes, il ne faudra faire qu'vne battue ferme, & vn peu auãcee sur
la ligne, ayant serré la volte.

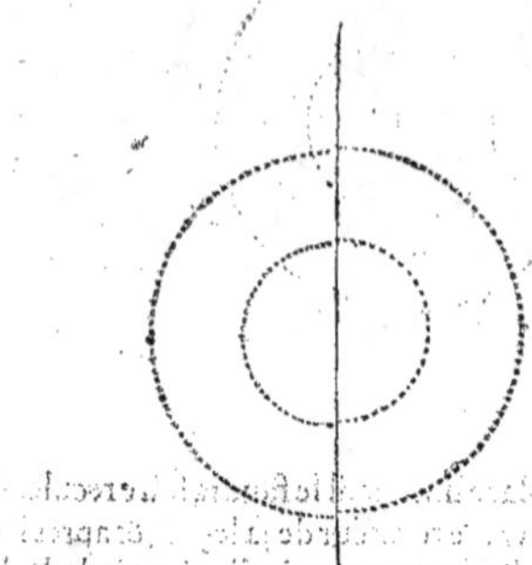

Si en faisant ceste leçon, le cheual se trouue trop leger ou retenu, il faudra auancer d'auantage les battues, qui le redressent, premier que changer de main, dessus la
ligne qui my partit la volte, côme il est cy apres representé, en la premiere des deux
figures : & au contraire s'il endurcit l'appuy de la bride, plusqu'à pleine main il faudra faire les battues dernieres, plus retenues en vne place, & quelques fois le reculer
soudain à la fin d'icelles, pour changer de main, là où il se trouuera alegery, gardant
tousiours les iustes proportiõs de ces voltes, en quelque part qu'elles se facét, solon
l'obeissance que le cheual rendra.

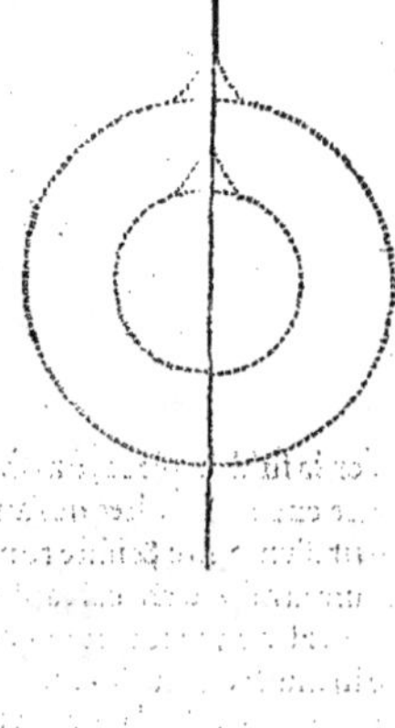 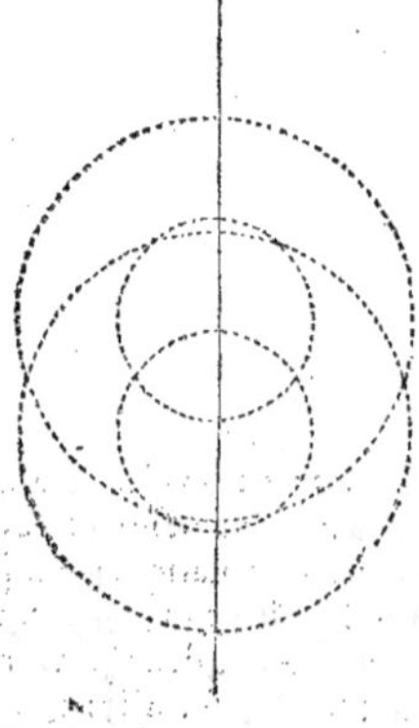

DE L'ERREVR DE CEVX QVI PENSENT QV'IL
ne faut pas beaucoup d'art, pour maintenir les cheuaux de manege en bonne
escole, ayans esté bien dressez.

CHAPITRE XXIX.

E vulgaire pense, qu'vn mediocre sçauoir soit suffisant pour maintenir en bonne escole, plusieurs sortes de cheuaux, pourueu qu'ils
ayent esté bien dressez, en quoy l'on se trompe fort. Car il faut que
pour ce faire, le Caualerice soit autant, ou plus sçauant, qu'il doit
estre pour les entreprendre, n'ayans nulle bonne adresse, & les rendre bien manians: qu'il soit vray, on void communément des ieu-
nes escoliers de cest art, qui desgourdirôt des cheuaux nouueaux apprentifs, & mesmes quelquesfois les reduiront pour vn tęps, soit par hazard ou autrement, à quelque bon manege: à cause que le cheual ignorant peut tellement apprehender &
soupçonner les aydes & chastimens, qu'il n'aura encores bien recogneus, que pour
y vouloir respondre, il fera plusieurs & tels efforts à nature, qu'il fournira beaucoup
plus de bô air & de iustesse, qu'il ne fera quelque temps apres auoir pratiqué le styl,
& l'escole de son ieune ou nouueau Caualerice, qui perdra bien tost son latin, quâd
il voudra passer plus outre: & le plus souuent estant au fonds de son sçauoir, il trouuera le cheual rebuté, lors qu'il cuidera l'auoir bien dressé. Or c'est vne maxime,
qu'il n'appartient qu'aux plus sages & excellens maistres, de bien repatrier & remettre les cheuaux desbauchez, confus & rebutez: car il ne faut pas seulement qu'ils en
recognoissent les humeurs & complexions naturelles: mais aussi que par aucuns deportemens & indices, ils iugent tout ce qui les peut auoir trop offencez, & confon-
dus, & qu'ils les sçachent exercer, & rasseurer par des reigles & remedes propres à
les diuertir des soupçons qui leur fait hayr l'escole.

C'EST aussi vn tesmoignage assez facile, qu'il n'y a que seulement les meilleurs
maistres qui puissent maintenir le cheual dressé en bonne & iuste escole, puis que l'ó
void la plupart des vieux cheuaux de manege, qui s'apperçoiuent presque d'aussi
tost qu'ils ont quelqu'vn sur eux, s'il est bon ou mauuais homme de cheual: si bien
qu'estás recherchez par vn cheualier qui n'aye assez de force sur la selle, ils n'en font
conte, & semble proprement qu'ils s'en mocquent: & au contraire recognoissans
qu'ils ont à faire au bon Caualerice, soudain ils se disposent à l'air, & à l'obeyssance
de leur manege, ou en ce qu'ils sont recherchez. Ie pourrois icy alleguer vne infinité
de traits malins & cauteleux, trop longs à discourir, que i'ay veu faire à plusieurs
vieux cheuaux d'escole, entre lesquels ie m'asseure, qu'il s'en trouueroit de si esmer-
ueillables, qu'on n'en pourroit bonnement croire la verité. Voila pourquoy ie ne
me veux amuser à les escrire. En fin l'on void fort peu de cheuaux bien dressez & adiustez, à quelque manege gaillard, qui ne soyent passez par les reigles d'vn bon maistre, & ordinairement de plusieurs, soubs lesquels ils peuuent souuent auoir pratiqué la plupart des meilleurs aydes, chastimens & diuers moyens de l'art, à quoy
peut estre ils se seront tant opiniastrement & longuement defendus, premier que
vouloir librement consentir à l'air & à la iustesse de leurs leçons, qu'ils auront beaucoup & maintesfois troublé l'esprit de leurs meilleurs Caualerices: & mesmes l'on
void assez souuent, que les cheuaux dressez & mieux adiustez, font naturellement
plusieurs mutations en leurs exercices, plus aucunesfois à cause des humeurs bizarres & differentes, dont ils sont composez, que par les fautes des Caualerices. Tant

s'en faut donc que le cheualier, qui n'a pas beaucoup de fonds en cest art, puisse affiner ou tenir long téps en bon & iuste exercice, les cheuaux de manege, qui par vne
longue habitude & routine d'escole, se seront rendus cauteleux & rusez, que les plus
excellens maistres sont assez empeschez, à inuenter tous les iours de nouueaux &
subtils moyens propres à les faire consentir à l'obeyssance de la bonne escole.

AVTRES REIGLES COMMVNEMENT
PLVS PROPRES A REMETTRE EN ESCOLE LES
cheuaux de grand force, & bons à la main, qui desia ont esté dressez,
& qui sont desbauchez & hors de iustesse.

CHAPITRE XXX.

IL ne faut pas trouuer estrange, si la plus commune difficulté de la
iustesse des voltes, consiste à l'ordre que le cheual doit tenir auec les
pieds de derriere, d'autant que le cheualier, estant assis & porté sur le
deuant du cheual, tenant la bride en sa main, & ayanr ordinairemét
la veuë sur la posture de la teste & du col, ou sur l'action des espaules,
& des bras d'iceluy, & mesmes toutes les aydes & chastimens estans
comme portez sur les fautes, qu'il peut faire en ses parties de deuát, il luy doit estre
aussi plus aisé, de proportionner iustement les mouuemens, que le cheual fait auecques les espaules & les bras, que de garder l'ordre limité des pieds de derriere, & de la
crouppe: Toutesfois il est necessaire, que la facilité de l'vn & de l'autre, soit commune au bon maistre. Car il ne doit pas mieux voir tout ce que le cheual fait du deuant en maniant, que cognoistre & sentir ce qu'il faict du derriere, iusques aux
moindres faucetez, tant des hanches, de la queuë, des jarrets que des pieds: & pour
vser plus sagement des remedes propres aux fautes ordinaires, que le cheual fait en
la iustesse des voltes, il faut considerer que quand celuy, qui n'est point naturellement ramingue se serre, portant les hanches trop dedans la volte, il monstre en cela vn indice commun, qu'il n'a pas beaucoup de force, ou qu'il est trop sensible, ap-
prehésif & craintif, & quand il est fort mal-aysé de l'épescher qu'il ne jette la crouppe trop en dehors, c'est signe qu'il doit estre plus malicieux, vindicatif, & ennemy
de l'escole. Or quand le cheual a la teste & la bouche ferme, qu'il est libre au trot &
au galop à chasqué main, & que toutesfois les plus estroits & iustes passeges des leçons cy deuant escrites & figurees, ne suffisent pas à l'empescher de ietter souuent la
croupe hors la volte, lors qu'il releue son manege dessus quelque air gaillard, ie veux
que sans luy laisser ployer le col, ny le corps, on le face cheminer de costé & de trauers, ayant les pieds de deuant, comme dessus ceste ligne de la lettre A, & ceux de
derriere dessus celle du B.

L'AYANT fait cheminer de cefte façon quelque nombre de pas, felon l'obeyffance qu'il rendra , il luy faudra arrefter & retenir les pieds de derriere , cóme en
la place de la lettre C, & cependant le faire tourner auec ceux de deuant, fans qu'il
s'accule ny s'auance, iufques à ce qu'ils foyent arriuez fur la lettre D, & foudain formant vn angle auec les pieds de derriere , le faire encore cheminer en trauers, cóme deuant.

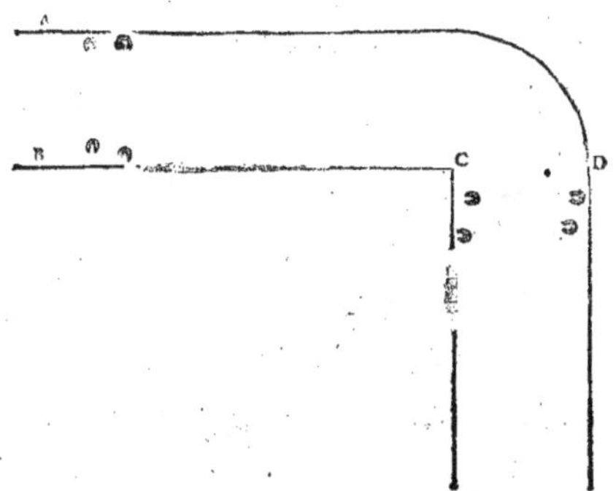

IL faudra continuer cefte figure, gardant le mefme ordre, iufques à ce qu'elle foit
quarree & fermee, & fi le cheual a l'appuy de la bouche trop dur ou pefant, la cómodité de quelque lieu affez eftroit, & en fermé de quatre , ou au moins de trois affez
hautes murailles, qui accompaignét & limitent vn efpace quarré, propre à cefte reigle, donnera beaucoup de foulagement au Caualerice, & à la bouche du cheual: car
ce fera vn moyen propre à la legereffe & à la memoire d'iceluy, joint que les leçons
eftroittes, qui fe donnent ordinairement en lieu enfermé & limité, feruent fouuentà
refoudre le cheual impatient, à manier en peu d'efpace, eftant enuiróné de plufieurs
perfonnes: mais aucunefois cefte fubiection peut auilir celuy, qui de fa nature eft timide, mefmement s'il a manqué de force.

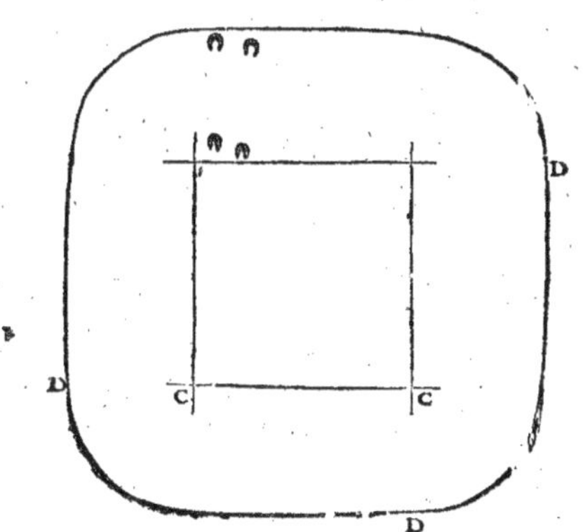

APRES luy auoir bien fait recognoiſtre, & pratiqué ce paſſege quarré & trauerſé,il le faudra mettre àſon air releué,en arriuantdes pieds de deuant,comme à la lettre E, & d'iceluy tourner ſur l'appuy des hanches,iuſques à la lettre F, luy tenant les
pieds de derriere ſubiects à la place du C, cóme i'ay dit au premier angle,cótinuant
apres à le faire cheminer de trauers au pas,ſur toutes les lignes droites iuſques aux
coings d'icelles.

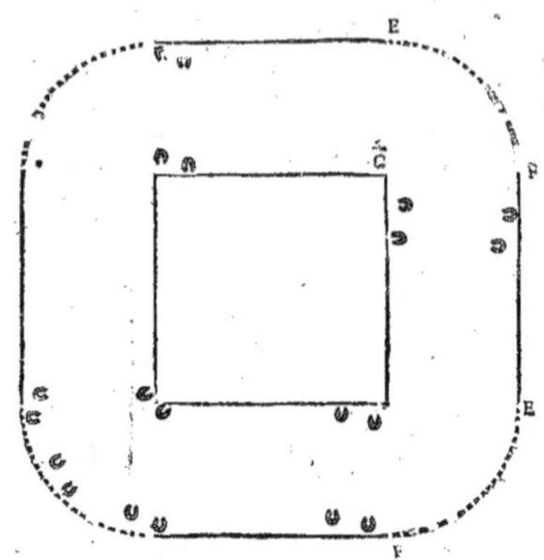

QVAND le cheual comprendra, & fera bien la ſuſdite leçõ,il faudra diminuer du
paſſege trauerſé,& augmenter d'autant le tour& les battuës,ſelon la proportion cy
apres figuree: à ſçauoir que les pieds de deuant eſtant arriuez de pas,& de coſté,iuſ-
ques à la lettre E, il faudra hauſſer le cheual en le tournát deſon air releué,ſans interrompre la meſure,que premier les pieds de deuant n'ayent donnédeſſus le lieude
F, & cependant les pieds de derriere ſouſtiendront l'air & la ſubiection, & neantmoins accompaigneront le manege releué,ſuyuant la piſte repreſentee par C, cõ-
tinuát apres le paſſege trauerſé ſur les lignes droitres,iuſques à la lettre G,pour ſoudain reprendre l'air releué, & d'iceluy encores tourner aſſez large & à loiſir,fermant
& finiſſant ceſte reigle,par meſme ordre ſur la lettre H.

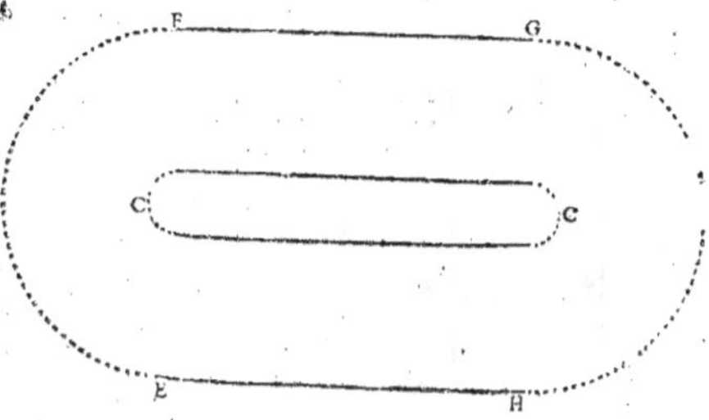

AFIN

AFIN que le cheual defobeyſſant & cauteleux, ne remarque tant les endroits
obſeruez en ceſte leçon, qu'en iceux il vueille de foy ordinairement co mmencer &
finir à ſon gré l'ordre du paſſege, de l'air releué & du terroir, il faudra aucuneſfois
tourner la figure de ceſte reigle, cóme elle ſe void cy apres repreſentee, gardan t touſiours les meſmes proportions: car par ce moyen, il premeditera moins ſes mo uue-
mens, & ſe rendra par conſequent plus attentif à ceux du cheualier.

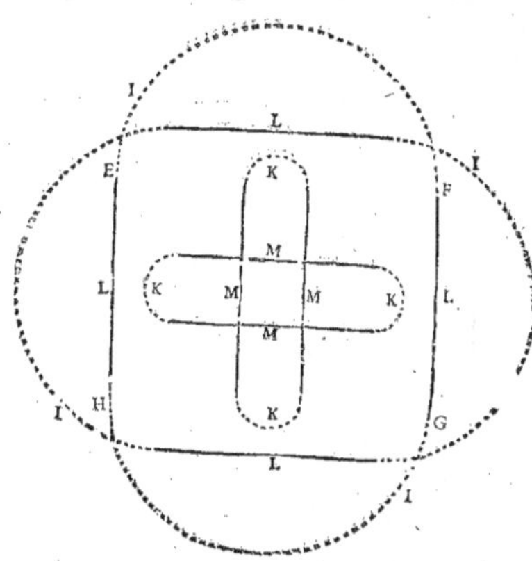

I piſte des pieds de deuant, fourniſſant l'air releué ſur la demy-volte de ceſte leçon.
K piſte des pieds de derriere, tenant le dedans d'icelle demy-volte.
L piſte des pieds de deuant ſur le paſſege trauerſé.
M piſte des pieds de derriere accompaignant le paſſege trauerſé.

APRES que le cheual aura ainſi bien, & facilement pratiqué le paſſege, & les battues de ceſte leçon, le Caualerice la luy fera eſtrecir en diminuant peu à peu les pas,
faits de coſté ſur les lignes droites, iuſques à ce que par ce moyen la volte ſoit arrondie, & fournie egallement d'air & de iuſteſſe.

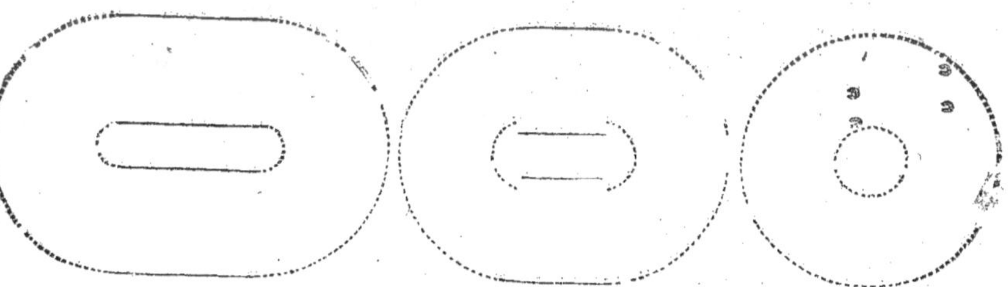

SI en faiſant ces dernieres reigles, le cheual ſe rend trop leger, ſe marche ou s'accule, on l'auancera quelques pas le droit, apres l'auoir fait aller de coſté, & quand
les pieds de deuant ſeront arriuez comme ſur la lettre A, ſoudain il luy faudra faire
proportionner au pas, vn quartier de volte, finy ſur le B, ſans que les pieds de derriere partent du lieu du C, & ſoudain le faire encor aller de coſté, comme auparauant,
pour continuer la choſe meſme, de carre en carre, ſelon ceſte figure.

N n

E n retranchant peu à peu, & bien à temps les pas que le cheual fait, tãt allant de trauers que par le droit, ceſte proportion d'eſcole ſe pourra arrõdir, iuſques en ſa perfection : ce qui ſe peut facilement comprédre, par la pratique des reigles precedétes. Et ſi le cheual au lieu d'eſtre trop leger, eſt ſi peſant & ſi dur à l'appuy dela main, que ceſte reigle ne le puiſſe ſuffiſamment alegerir, elle ſe doit faire ſeló l'autre figure d'icy apres: aſſauoir, que le cheual allant de coſté, comme i'ay dit, & ſe treuuant arriué des pieds de deuant, cóme ſur la lettre O, on le reculera, iuſques à ce qu'ils ſoyent ſur la lettre A, & ceux de derriere ſur le C, & de là, il le faudra tourner court au pas, vn quartier de volte, iuſques au B, continuant la choſe meſme, de quartier en quartier, gardant l'ordre de ceſte figure: & du meſme ſtyle l'arrondir peu apeu, à meſure que le cheual ſe rendra leger & facile: & par ces moyens bien pratiquez, on verra en peu de temps des effects fort profitables. Sur tout, il faut empeſcher qu'en reculant ny en tournãt, le cheual ne porte la croupe trop en dedans ny la teſte tant ſoit peu en dehors.

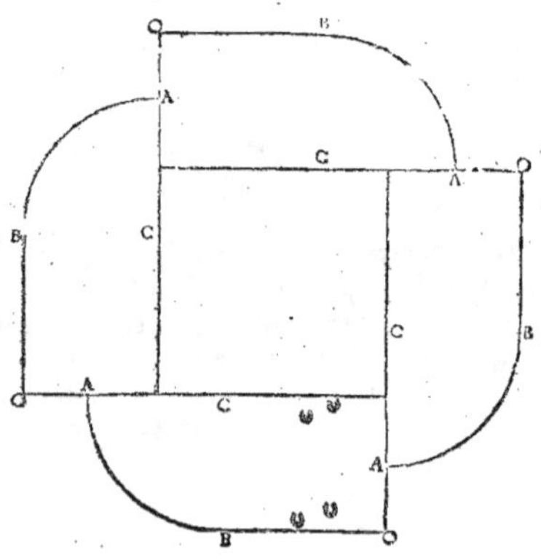

P A R C E que ie m'affeure, qu'il fe pourra fouuent trouuer des cheuaux rufez & coleres, tant defobeiffans, dépiteux & obftinez, que ces leçons (quoy qu'elles ayent
beaucoup de finguliers effects, pour l'obeiffance de la crouppe) ne fuffiront pas à la
tenir affez fubiecté dedans la volte, fans que l'action du cheualier en foit trop occupee & contrainte, ie veux qu'on exerce aucunesfois le cheual de tel naturel, au long
& pres d'vne longue & droite muraille, & qu'en paffegeant iuftement la volte, on la
luy face releuer & refoudre fur fon air, ayant la tefte prefque au droit, & face à face
de la muraille (hors mis vn pas ou deux pour mieux prendre l'air de ces battues fur
le tour) & que foudain qu'il aura ferré la volte, au mefme lieu, qu'il l'aura commencee, on le pouffe & chaffe en dedans & de trauers, auec l'efperon, le nerf, & le fou-
ftien du cauesson du cofté hors la volte, luy tenant cependant le front, droit à droit,
& affez pres de cefte muraille : & quand il aura obey, cheminant librement ainfi de
cofté & de trauers, ordinairement enuiron fix pas, il le faudra tourner tout court à
la main mefme fans l'arrefter, le remettant encore à fon air, & luy faifant faire vne
autre volte releuee, femblable, commencee & finie, face à face de cefte muraille, & à
l'inftant, s'il a trop eflargy la pifte des pieds de derriere, le chaftier & rechaffer de
nouueau du mefme cofté, pour aller continuer & refaire plufieurs fois, s'il eft befoin, la chofe mefme, fans toutesfois accabler tant les forces, & les efprits du cheual, qu'il fe rebute, fauiliffe, ou defefpere.

Figure pour la main droite.

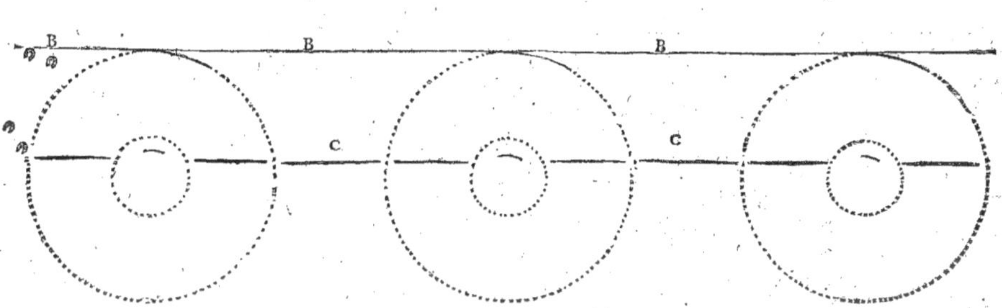

A ligne de la muraille.
 B ligne de la pifte des pieds de denant, fur le paffege de cofté & trauerfé.
 C ligne de la pifte des pieds de derriere, fur iceluy paffege.

E N C O R E S aduiendra-il aucunesfois, que nonobftant l'eftroite fubiection de
cefte reigle, le cheual extremement malicieux & defobeyffant, defrobera en quelque façon peu, ou beaucoup la crouppe en dehors, dés auffi toft qu'il commencera
à tourner, partant de la contrainte de la muraille, & par cefte action falfifiera la volte en eflargiffant la pifte des pieds de derriere, iufques à ce que pour la ferrer, il fe
voye encores reuenu pres de cefte muraille, qui par neceffité le r'affemblera & re-
dreffera, eftant face à face d'icelle : ou s'il ne s'oppofe par ce moyen à la iufteffe, & facilité de la volte, il appefantira malicieufement, ou retiendra & refufera tout à fait
les mouuemens releuez des efpaules : ou comme de rage abandonnera tellement
fon action generale fur l'appuy de la main, que le Caualerice tant foit-il nerueux,
n'en pourra bonnement fupporter le poids ou la dureté.

O R en quelque forte que par tels moyens, le cheual contrarie ou fe defende, le

Caualerice doit vfer bien à propos , de quelques chaftimens propres & ordinaires,
afin feulement de luy faire fentir & cognoiftre, qu'il n'eft pas exempt de la punition
de fes fautes malicieufes. Car d'entreprendre de le contraindre du tout, à l'obeyffance & facilité de l'air, & de la iuftefse, d'vne leçon de patience & de memoire, à force
de coups , de tourmens & de trauail, cependant qu'il fera en cefte humeur tant adufte & maligne, cela pourroit paraduenture reuffir, ayant affaire à quelque cheual,
qui euft plus de force & de difpofition, que de fougue & de courage : mais eftát colere, fenfible & courageux, il furuiendroit facilement vne telle egalité entre la defobeyffance & le chaftiment, qu'il en naiftroit non feulement le hazard , d'auilir & rebuter du tout le cheual : mais auffi de luy amener tel accident en la fanté, que peut-
eftre, il en vaudroit moins toute fa vie, ou fe perdroit tout à fait. Il vaudra dóc mieux
rechercher en l'art, les expedients plus afseurez: à fçauoir qu'au lieu de hauffer le cheual, comme i'ay dit, en prenant la volte, partant de la face de la muraille, on le meine
doucement par fon iufte paffage bien obferué, iufques à la lettre A , qui eft marquee
cy apres en la premiere figure, & qu'arriuant à ladite lettre , on le mette auec peu
d'ayde, legerement & lentement à fon air, pour d'iceluy ferrer la volte, en fe rendant
iuftement au droit de la muraille ou fe void la lettre B, le faifant apres aller de cofté
& de trauers, & le remettant fur la volte, felon la fufdite reigle, & à mefure qu'il s'ap-
paifera & s'afseurera, il faudra fubtilement augmenter les temps de fon air releué,
gaignant par la patience peu à peu , fur le iufte efpace de la volte , iufques à la perfection d'icelle, comme il eft icy figuré.

Pour la main droite.

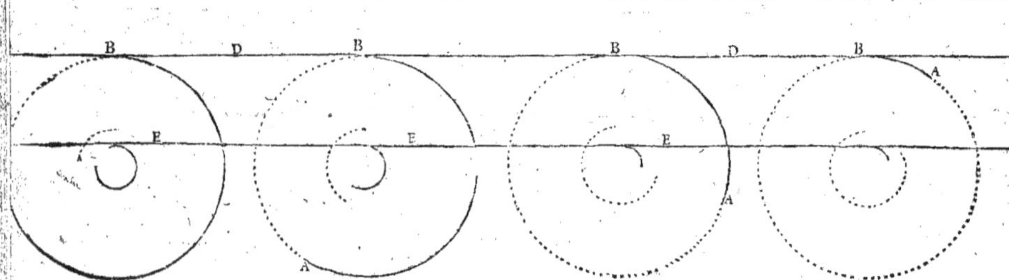

C ligne de la muraille.
D ligne du paffege des pieds de deuant, allant de cofté.
E ligne de la pifte des pieds de derriere, fur iceluy paffege, de cofté.

P A R ces quatre ronds , ie n'entens pas que la volte releuee, doiue eftre entierement fournie en quatre fois, c'eft feulement vne demonftration abregee, par laquelle on peut comprendre l'ordre de cefte regle. Mais en l'execution , il faudra gaigner
pied à pied , les batuës de l'air du cheual, fur fon iufte paffage, & aucunesfois les diminuer felon qu'il fe difpofera, bien ou mal à l'obeyffance : & partant le nombre des
tours ne doit eftre obferué que par le bon iugement du Caualerice.

S E L O N que le cheual pratiquera facilement le ftyl de cefte reigle de volte, il luy
faudra fagement augmenter en icelle, l'ordre du manege releué de quartier en quar-

tier sur son passege, sans rien alterer, doublant peu à peu, & en fin triplant ou plus s'il
se peut les voltes entieres, par les mesmes moyens, & tout ainsi que i'ay dit aux reigles precedentes, diminuant aussi ou eslargissant peu ou beaucoup l'ordre susdit, selon qu'on cognoistra que le cheual s'estonnera de la trop forte leçon, ou qu'il se disposera à ne vouloir plus consentir à la franchise de l'air, ou à la subiection limitée de
la iustesse: Car vne des maximes, que le Caualerice doit obseruer plus curieusement,
en toutes ces reigles & leçons, est de conseruer tousiours le courage & la memoire
au cheual apprehensif, & de bonne inclination, & de preuenir & diuertir celuy, qui
est colere aduste & bizarre, des fantasies licencieuses par lesquelles, il se peut opposer
& defendre à l'obeyssance, & aux reglemens de la bonne escole.

Par toutes ces considerations ioinctes aux bons effects des susdites reigles, sans
doute le bon Caualerice reduira en peu de temps le cheual, à la perfectió qu'il pourra paruenir. En fin les effects de ces leçons bien pratiquees, assemblent les forces du
cheual, luy assubiectissent la crouppe, luy arrestent la memoire, luy asseurent la teste,
la bouche & la queuë, & par mesme moyé l'alegerissent, pourueu que le Caualerice
soit bien fondé, & qu'il aye l'ayde & l'action de la main subtile & temperee, ensemble tous ses autres mouuemens fermes, faciles & diligents. Mais aussi les mesmes leçons peuuent endurcir & retenir la facilité du tourner, n'estans aucunesfois eslargies, & souuent finies au trot, ou au galop, sur vne ronde & seule piste, cóme ie viens
de dire, principalement quand le cheual est trop chargé d'espaules, ou quand il a le
col naturellement dur ou tendu. Voila pourquoy i'ay dit endiuers lieux, que notáment la facilité des voltes releuees & plus iustes, doit naistre du manege terre à terre, diligent & resolu.

POVR ASSOVPLIR ET RESOVDRE SVR LA VOLTE,
l'action du cheual d'escole, sans le des-adiuster, quand par quelque accident contraint ou
mutation malicieuse, il endurcit le mouuement des espaules, le col & l'appuy de la
bouche deuenant entier en son manege plus iuste & plus obserué.

CHAPITRE XXXI.

Vand le Caualerice impatient veut haster, & precipiter l'ordre des
plus iustes leçons sur les voltes, sans quelquesfois les eslargir, donnant loisir au cheual de les comprendre & pratiquer, pour peu à peu
le disposer, de l'vne en l'autre, en leur perfectió, sans doute au lieu de
l'adiuster & resoudre, il luy dóne plusieurs occasions cófuses: principalement de se serrer & se faire entier : à cause que la pluspart des
chastimens plus estroits, estans ordinairement faits du costé hors la volte, & en peu
de temps trop continuez, le conuertissent en tels desordres, que le cheual colere &
sensible, en pert la patience, & s'il est fort apprehensif & melancolique, il s'intimide
de façó, que aucunesfois en vne caualcade, il semble que l'vn & l'autre ne recognoissent plus les vrayes proportions, & libres mouuemens du iuste manege des voltes, &
qu'ils ne se souuiennent que seulement de ceder trop craintiuement aux chastimés,
le seul soupçon desquels les serre si fort de costé dedans la volte, qu'ils en deuiennét
durs à la main, & entiers. C'est en quoy le Caualerice encores mal fondé en son art,
peut apprendre qu'il luy vaut mieux se tenir à l'ordre des reigles plus cómunes, que
d'entreprendre celles, qui ne peuuét bien reüssir qu'à ceux, qui ont ensemble, beaucoup de iugement, de sçauoir & de pratique.

Povr remedier à tel accident, qui est l'vn des plus contraires, à la franchise de tous les plus beaux maneges, l'on doit communément vser du trot libre & estédu, & souuent du galop resolu, chassant de l'vn ou de l'autre, le cheual sur la volte d'vne piste, par l'action libre & auancee du bras, & de la main de la bride, & par les chastimens ordinaires, mesmes de l'esperon du costé qu'il s'estrecit, & souuent de la gaule sur le nez hors la volte, toutesfois discrettement: car par ce moyen, il se peut resoudre & diuertir des impressions ou mauuaises habitudes, qui le font retenir, endurcir, & trop serrer. Neantmoins puis que la iustesse des reigles plus estroites, aura desia esté cause de ceste fausse mutation, le cheual apprehensif, ou malicieux, pourra facilement reuenir à la mesme faute, quand apres on le voudra restrecir: à cause dequoy on doit aucunesfois pratiquer vne autre reigle, propre à le faciliter sur la volte, sans luy des-vnir les forces, comme il pourroit aduenir en luy donnant la susdite liberté du trot, & en le chassant & abandonnant au galop sur la volte d'vne piste.

Or dóc en quelque endroit de la volte, que le cheual endurcira plus fort l'appuy de la bride, soit au passege, ou en maniant de son air releué, tenant le col trop bandé, & retenant les vrays & necessaires mouuemens des espaules, auec le courage fingard & desobeyssant, ou du tout auily, & se ferrant, portant ou tenant tout le corps d'vne piece, dedans ou au trauers la volte, pour ne la vouloir soutnir ny regarder: Lors ie veux qu'au lieu de le determiner au trot ou au galop, sur vne pl⁹ large piste de la volte, on le chastie du costé qu'il se trouuerra ainsi dur & entier, le poussant au pas de trauers, & assez rudement de l'autre costé auec l'esperon, le nerf, & l'ayde du cauesson, seulement tant qu'il sera besoin seló son obstination: & que soudain qu'il aura cedé à ce chastiment fait de costé & de trauers, on le remette á l'ordre de son manege en la place qu'il se rendra plus obeyssant & leger, selon l'ordre qui se void representé, par la figure cy apres.

Povr bien comprendre ceste figure, il faut auoir en memoire les proportiós des voltes precedentes, iustes & redoublees, soit de celles où le cheual tient les quatre pieds dessus vne seule rondeur, ou celles ausquelles la piste rónde des pieds de deuát, & celle de ceux de derriere, se font separément l'vne dedans l'autre: & qu'en quelque endroit d'icelles, qu'on aye voulu chastier le cheual entier, en le poussant de trauers hors la volte, auec l'esperon & le nerf, ce soit maintenant cóme en partant les pieds de deuát du lieu de la lettre A, & ceux de derriere de la lettre B, cedant au chastimét en s'eslargissant de costé, sans se departir des lignes droites & trauersees, iusques aux lettres C, & D, qui signifiét le lieu auquel le cheual cósentira à ce remede & chastiment, & là où pendant ceste obeyssance, il le faudra ramener tout court & remettre à son manege, soit de pas ou par les batues de son air releué, ou au trot sur vne piste pour continuer à la main mesme qu'il aura fait la difficulté, recommençant & refaisant les semblables chastimens, sur tous les lieux que le cheual s'endurcira, & se metra en la susdite defence. Et s'il a l'appuy de la bouche trop dur ou pesant, la commodité d'vne muraille sera fort vtile, pour l'alegerir, finissant souuent les voltes ou luy tenant le front pres de la muraille, & soudain le faisant aller de costé face à face & au long d'icelle.

Figure pour la main gauche.

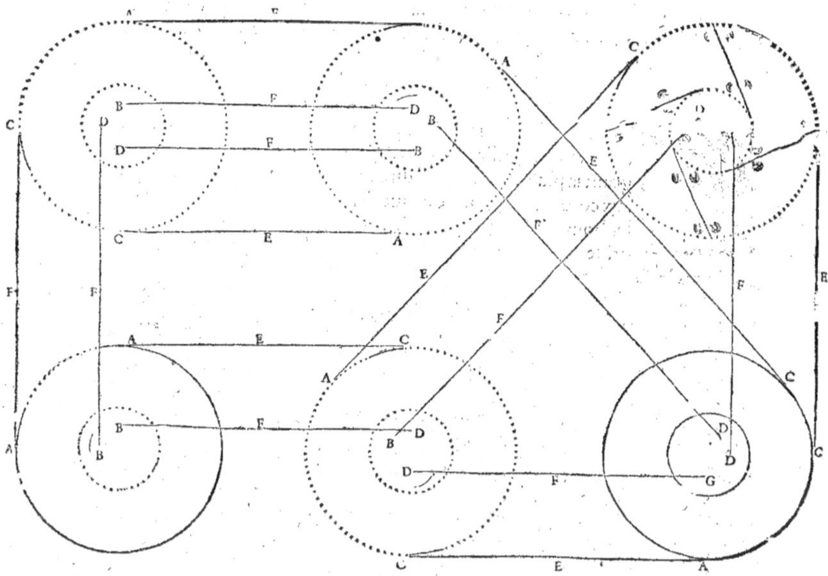

E piste des pieds de deuant, sur le passege trauersé de la lettre A, iusques au C.
F piste des pieds de derriere, sur iceluy passege, trauersé de la lettre B, iusques au D.

LE bon Caualerice iugera facilement, que ceste reigle bié pratiquee sert de remede au cheual d'escole, qui par quelque accident se fait entier: qu'elle luy tient les forces vnies, à cause qu'il ne peut aller iustement de costé, sans se raccourcir: qu'elle luy
interrompt l'action faulse & retenuë de la crouppe, par laquelle il s'endurcit, & se retiét refusant de tourner libremét, d'autant qu'il est ainsi poussé sur le costé opposite:
qu'elle luy attire la teste auec le courage dessus la piste de la volte mal-aysee, par l'importunité & la douleur des chastimens, mesmes de ceux de l'esperon, faits seulemét
dedans icelle, & souuent pres des espaules: qu'elle ne le peut desadiuster, estát ordinairement soustenu du ferme & temperé appuy de la main, & par consequent tenu
en posture raccourcie & assez subiecte. Toutesfois il se trouuerra aucunesfois des
cheuaux tant obstinez, estonnez ou confus, que ceste reigle ne leur apportera pas
beaucoup de facilité, mesmement si elle est trop continuee, sans estre aux bónes occasions relaschee & eslargie: partant il sera necessaire de l'arrondir souuét au trot ou
au galop, à l'instant que le cheual aura librement cedé de costé, mesmes en finissant
ces leçons & chastimens seueres. Car apres par ce moyen, il en apprehendera moins
l'estroite subiection, & y reuiendra plus librement aux caualcades suiuantes. En fin
ceste reigle obseruee auec bon iugement, sans doute apportera beaucoup de bons
effets à la facilité de la volte.

Nn iiij

ADVERTISSEMENT NOTABLE POVR LA CORRES-
pondance qu'on doibt obseruer aux actions ordinaires du cauesson, auec celles de la
bride, en exerçant les cheuaux encor mal asseurez aux bons maneges.

CHAPITRE XXXII.

N dreſſant les cheuaux d'eſcole, on peut faire facilemét deux erreurs
fort communes: l'vne vſant trop de la contrainte de la bride, negli-
geant la pluſpart des aydes du caueſſon: L'autre en s'attachant trop
aux cordes & à l'appuy du caueſſon, laiſſant preſque du tout inutiles
les bons effects, qui neceſſairement doiuent naiſtre de l'action de la
bride, meſmement en tournant de chaſque coſté. Par la premiere de
ces fautes le cheual, qui a l'appuy plus qu'à pleine main, eſt ordinairement vlceré en
la bouche, & à la barbe. Et de l'autre viét que le cheual de quelque naturel qu'il ſoit,
ſe trouue dur ou entier, quand on le veut faire manier ſans caueſſon. C'eſt pourquoy ie deſire, que le Caualerice ſe ſouuienne & tiéne pour maxime, qu'en tous les
mouuemens de la main, qui ſeruent pour aduertir le cheual en maniant de la volonté du cheualier, l'action du caueſſon doit eſtre touſiours ſuiuie de celle de la bride
propre au meſme effect: Car l'vtilité du caueſſon eſt de guider & attirer le cheual
poulin ou ignorant, à la facilité des iuſtes mouuemens de la main de la bride. Ceſte
experience ſe void & ſe ſent lors, que l'on eſt deſſus le cheual, qu'on a accouſtumé,
d'exercer auec le caueſſon ſans l'obſeruation de ſes preceptes, lequel parera legerement auec la ſeule bride, finiſſant & retenant la violéce d'vn partir de main furieux,
ou d'vne courſe pouſſee à toute bride, parce que d'ordinaire en tel ſubiect l'action
des rennes & celle des cordes auront eſté faictes neceſſairement enſemble. Mais le
voulant faire manier, ſans doute il ſe trouuera ſouuent dur ou entier. A cauſe qu'auparauant on luy aura apprins à tourner par l'action du caueſſon, ſans que les rennes
ayent aydé, que ſeulement à luy tenir la teſte ramenee.

POVR

POVR ADIVSTER ET
BIEN AFFINER LE MANEGE
DV CHEVAL QVI AVRA ESTE
DRESSE' AVX VOLTES RELEVEES ET RE-
doublees à demy-air, selon les regles precedentes,
ou autrement.

CHAPITRE XXXIII.

PLVSIEVRs personnes discourans à leur ayse de cest art, se meslent de bien iuger les vrayes iustesses des plus beaux airs, & maneges de nos escoles: que s'ils sçauoient en combien d'actions, & de proportions subtilement gardees, consiste la perfection d'vn tel exercice, la pluspart de ceux, qui le pensent bien entendre en parleroient peut estre moins hardiment, qu'ils ne font deuant les bons maistres. Ie diray d'auanrage que, entre ceux qui sont tenus pour excellens Caualerices, il y en a peu, qui soient bien capables de la iuste pratique de telles proportions, quoy qu'ils ayent long temps trauaillé, & acquis beaucoup de sçauoir en leur art. Car l'obseruation facile de ces iustesses est vne partie particuliere, qui ne se laisse pas comprendre à tous les esprits qui les recherchent: & qu'il soit vray, l'on voit ordinairement par toutes les bonnes escoles aucuns cheuaux differemment mal nais & vicieux, qui par les moyens du bon maistre, sont en fin rendus paisibles, resolus & bien manians, i'entends fermes de bouche, de col, & de teste, fort obeyssans au parer, & à tourner également à chasque main. En quoy à la vérité, il faut confesser que ce sont preuues tres-apparentes, de la suffisance du bon Caualerice. Mais si est-ce qu'apres tout cela, il y a beaucoup à dire, que tous obseruent la iustesse si exactement & facilement qu'elle se doibt, & que ie desire qu'elle soit gardee. L'on ne void non plus en ce temps que fort peu de cheuaux, qui se puissent bien adiuster & finir, ie dis mesmes au Royaume de Naples, où sont les harats, qui en souloyent tant produire, & ie feray entendre d'où cela procéde, en lieu plus expres, afin qu'on ne s'esbahisse plus s'il y a maintenant peu de cheuaux bien dressez en France, où la Caualerie se void ordinairement, & long téps y a, occupee en d'autres exercices, qu'aux plus beaux & delicats airs, & maneges de nos escoles: aussi les meilleurs Caualerices ne seruent plus auiourd'huy aux escuyries de la pluspart des grands, que comme d'instruments pour gouuerner les cheuaux, & les faire bien penser.

OR pour entrer au styl des reigles, qu'il faut garder en la perfection des iustesses, plus obseruees sur les voltes ayrées & redoublees, ie veux premierement aduertir le Caualerice, qu'il sera mal-aysé que le cheual y puisse bien paruenir pour y durer long temps, si de son naturel, il est fort impatiét & colere: parçe que les inquietudes luy feront communément faire plusieurs mouuemens diuers & inégaux. Et par maxime, il est presque impossible de tenir long temps en iuste escole le cheual, qui durant son exercice plus obserué tient ordinairement le courage occupé & tendu ailleurs, qu'aux leçons qu'on luy donne: il faut donc necessairement qu'il soit patient & aucunemét memoratif, & pour bien soustenir & fournir l'effort du manege gaillard & releué, il doit aussi estre nerueux, & bon à la main: outre ce, premier que l'estrecir sur les plus iustes proportions des voltes, il doit estre bien asseuré de teste & de bouche, & sur tout bien esbauché, à l'air & au manege, qui se rapportera mieux à sa disposition & gaillardise naturelle. Estant ainsi complexionné, & ayant desia vne assez bonne pratique d'escole, le Caualerice luy pourra affiner, & resoudre son air & son manege, en le mettant premierement au iuste passege des voltes, & luy faisant faire la piste des pieds de derriere, dedans celle de ceux de deuant, luy tenant le col, & le corps droit & ferme, sans le trop raccourcir, ny le laisser trop des-vny: mais gardant diligemment l'ordre cy deuant expliqué dessus ceste figure, & sur tout le faisant regarder sur sa piste.

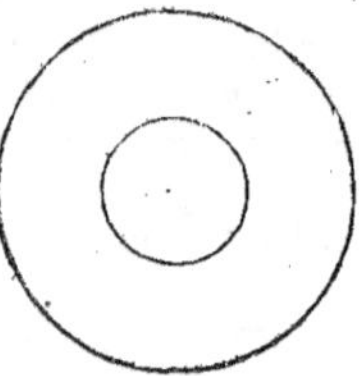

S i le cheual desia dressé ou nouueau apprentif (toutesfois libre au manege de galop) n'a encor recognu la iustesse de ce passege, il la luy faudra apprendre par les leçons precedentes, qui se rapporteront plus à son naturel, & comme il se peut aussi en peu de caualcades, par cesté autre regle proprement praticquee. Sçauoir est, que le cheual estant des quatre pieds ensemble comme sur vne droicte ligne, on luy fera faire au pas vn quartier de volte commencé, en partant les pieds de deuant du lieu, où se void la lettre B. & finir sur le point de la lettre C. en vne autre ligne droicte, sans que les pieds de derriere se soient partis de l'espace où se voit la lettre, A. tout ainsi que i'ay dict & figuré cy deuant en diuers lieux.

Pour la main droicte.

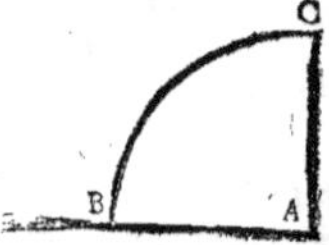

Soudain qu'il aura bien proportionné ce premier quartier de volte, gardant
aux pas l'ordre assez expliqué cy deuant, on l'aduancera en le faisant cheminer de
biais : C'est à dire en auant & de costé comme iusques sur vn' autre ligne droicte pareille à la premiere, les pieds de deuant faisans leur piste, comme sur le tret marqué
D, & ceux de derriere sur l'autre tret marqué E, ainsi qu'il est representé par cest'autre figure, empeschant sur tout, qu'il ne se retiéne trop & quil ne plie le corps ny le
col, & mesmes qu'il ne tienne la teste, le regard ny le courage sur le costé opposite.

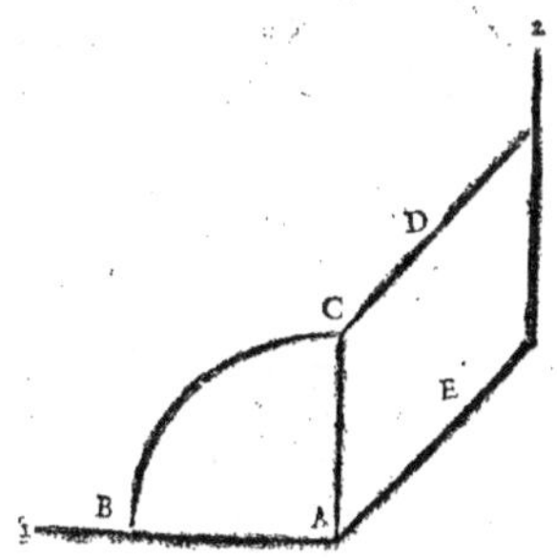

Estant iustement arriué sur ceste seconde ligne, si le cheual est fort impatient
il le faudra arrester & retenir droictement en icelle quelque espace de temps : & s'il
obeit sagement & sans fougue, il ne sera besoin de l'arester, mais soudain que les
quatre pieds seront precisément sur laditte ligne secóde, on luy fera refaire du mesme pas vn autre & semblable quartier, & puis on l'aduancera alant en auant & de
costé, comme auparauant, selon ceste autre figure.

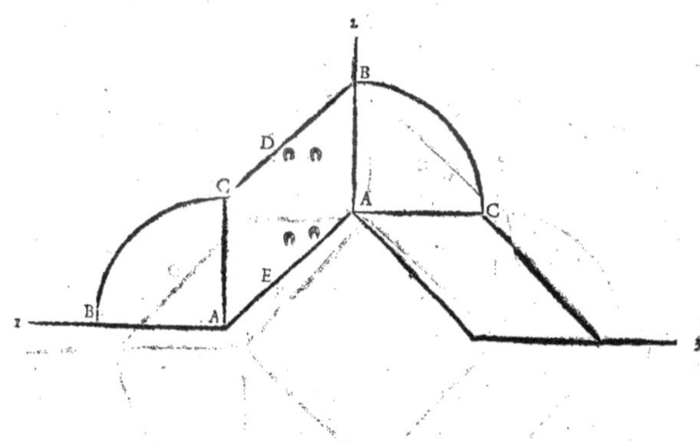

En ceste troisiesme ligne, il faudra aussi faire vn troisiesme quartier du tout pareil au premier & second, aduanceant apres le cheual par vn' autre semblable piste,
comme iusques à vne quatriesme ligne, ainsi qu'il se void cy apres.

O o ij

POVR finir ceste premiere figure, il faudra encor' faire semblablement vn
autre quartier, alant apres reprendre la place de la premiere ligne, en faisant cheminer le cheual en auant & de costé, comme aux autres pistes, marquees, D . E.

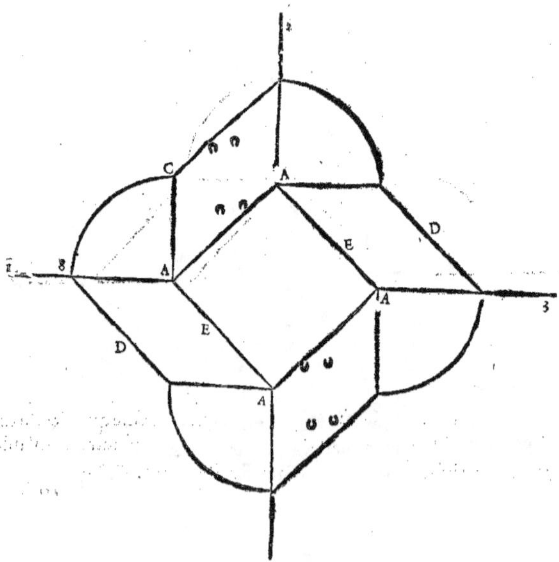

IL faudra continuer ceste leçon, iusques à ce que le cheual l'aura comprinse, & qu'il la fera sans difficulté, apres on la pourra arrondir, en retranchant peu à peu les pas qui auront esté faits en auant & de biays, & à mesure qu'on approchera les quartiers, il faudra aussi croistre vn peu leurs espaces, tant par la piste des pieds de deuant, que de ceux de derriere, comme il se peut voir par ces quatre figures de suitte.

Pour la main droite.

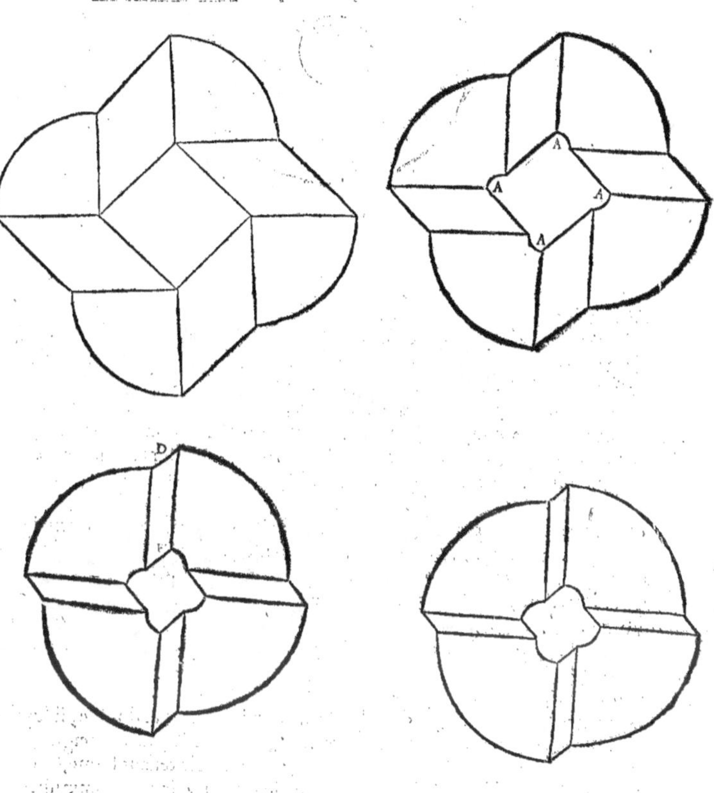

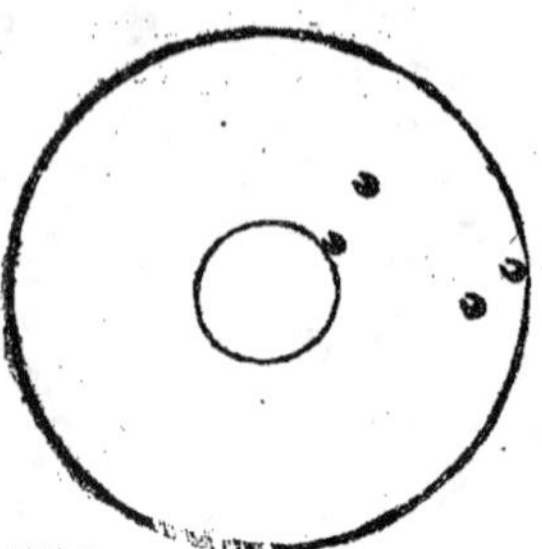

E N ces leçons on doibt obferuer l'egalité des pas, tant en tournant, qu'en alant de biays, tout ainfi que i'ay dict parlât de quelques regles precedentes, & principalement il faut empefcher que le cheual ne s'accule, ny s'eflargiffe, & ne fe retiéne, ne fe hafte trop en faifant les quartiers: Et en alant de biays, qu'il ne chemine plus ny moins de cofté qu'en auant, & que la croupe ne demeure en arriere, ny s'aduance trop: mais qu'elle accompaigne les efpaules par vne droicte pofture, felon ce, qui fe peut iuger par les lignes des quartiers, & les fers pourtraicts fur les diftances defdits quartiers & fur les lignes marquees D, E.

C E S T E regle bien pratiquee apporte telle brieueté, que fi par le moyen d'icelle le Caualerice ne rend le cheual libre & iufte au paffege des voltes redoublees & plus parfaictes, en trois caualcades au plus, fans doubte il y aura quelque deffaut en fa capacité, encor' que le cheual n'ait iamais efté adiufté en aucun paffege eftroict: & quoy qu'il foit fougoux ou ramingue & de foible ou dur appuy de bouche, pourueu toutesfois, que defia il trotte & galoppe librement à toutes mains affez eftroitement.

A Y A N T bien apprins au cheual cefte proportion ronde & double, il luy faudra faire recognoiftre quatre quartiers en icelle, comme i'ay dit aux reigles precedentes, & qu'il eft cy apres de nouueau figuré, affauoir en le tenant ferme, & luy faifant paifiblement faire droit deffus la ligne de chacun d'iceux, communément deux ou trois battues de fon air, fans l'acculer ny trop auancer: & puis fuyure l'ordre du paffege, ainfi de quartier en quartier, gardât le nombre des voltes à chafque

main, selon que le cheual obeïra à la leçon, & qu'ill'a comprendra : & changeant
de place, ou continuant ceste leçon, sans partir d'vn lieu obserué, selon l'inquietude ou la patience, que le Caualerice luy recognoistra. Car il faut tousiours euiter
tant qu'il se peutles desdains, & plus grands desplaisirs, qui peuuent suruenir au
cheual sensible, en toutes ces reigles de memoire & de iustesse, principalement aux
commencemens.

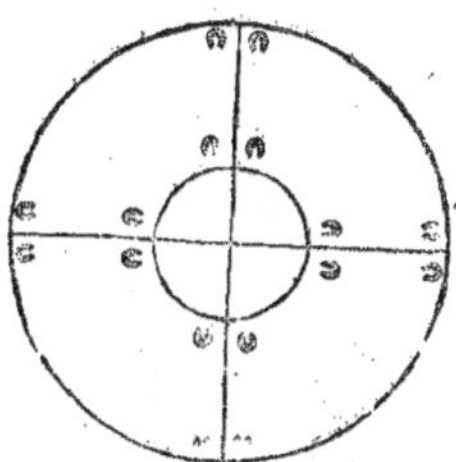

APRES que le cheual aura ainsi recognu le circuit limité de sa leçon, il le
faudra mettre à son air releué dessus la iuste piste, & d'iceluy luy faire faire vn des
quartiers, & puis vn autre de pas, & apres vn autre par ses battues : & encores vn
autre de pas, l'arrestant vn peu de temps dessus chasque ligne des quartiers, où il finira ceux qu'il aura releuez : continuant patiemment ce styl, d'ordinaire trois voltes, & plus ou moins, s'il est besoin à chasque main, (premier que changer)sans
haster ny interrompre la mesure de son vray air releué, ny l'ordre du passege apprins & bien obserué, ny falsifier les iustes proportions de la volte representee
par la figure, qui se void cy apres. Et pour bien comprendre ces proportions, il
faut plustost auoir leu, & bien entendu l'explication d'aucunes reigles precedentes, qui apprennent que toutes les fois, que le cheual se met à son air releué dessus
la volte, il raccourcit beaucoup son plan naturel & sa posture, de laquelle il faict le
iuste passege, & que necessairement il porte le corps, comme de biays dedans la
rondeur de sa piste, tant qu'il soustient son manege releué, selon les plus belles
reigles : & qu'en finissant lesdittes battues, les pieds de derriere reculent à l'instant, reprenant leurs pistes du iuste passege, i'entends si le Caualerice, qui exerce le cheual, est diligent & capable d'effectuer toutes les leçons contenues en ce
second Liure.

Pour la main droicte.

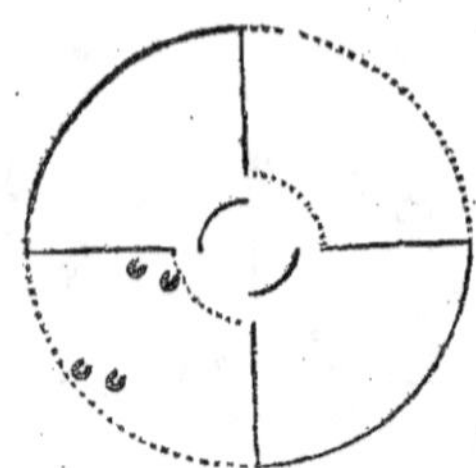

Qvand le cheual aura comprins, & bien pratiqué la leçon susdite, il luy faudra faire fournir de son air, deux quartiers de suite, qui feront vne demy-volte, cō-mençant à la lettre A, & l'arrester vn peu de temps (soudain qu'il l'aura finie) comme dessus la ligne de la lettre B, qui se void cy apres figuree: sans s'amuser à luy faire batre plus d'vne mesure ferme, pour luy redresser le corps dessus la ligne droicte, pourueu que l'air d'icelle mesure, iuste & nettement battu: & si par icelle battue, il ne peut estre bien redressé, il le faudra adiuster au pas, en le chastiant discretement, ou le menassant du costé qu'il manquera ou qu'il aura manqué: car par ce moyen il recognoistra en peu de temps, sans s'endurcir, estrecir ny acculer, qu'en serrant la demy volte, il se doit rendre des quatre pieds, iustement dessus la droite ligne au premier temps d'apres celuy, dont il y sera arriué des pieds de deuant.

Povr esclaircir la cause, pourquoy ie veux que le cheual ne face en ceste reigle, qu'vn temps ferme en serrant la demy-volte : c'est par ce, que s'il estoit accoustumé d'en faire d'auantage, il feroit apres plus de difficulté à continuer son air, en tournant & en augmentant l'ordre de ses lecons sans s'arrester.

Pour la main droicte.

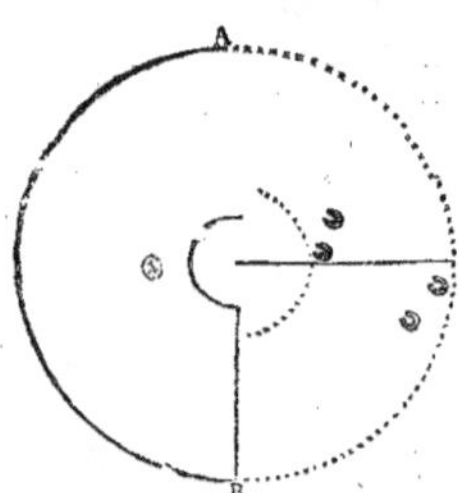

Si le cheual n'a bien obserué les iustes proportiōs, & facilité de ceste demy-volte il le faudra doucement r'amener (sans passer que fort peu plus auant) par l'ordre du iuste passege & sur la mesme piste, iusques dessus la ligne de la lettre A, dont il sera desia

ſerà deſia party releuant ſon air: en laquelle y eſtant bien adiuſté, on luy ſera recommencer par vn ou deux pas, la meſme demy-volte, & l'acheuer de nouueau par ſon
air, deſſus la ligne de la lettre B, le r'amenant encores apres, s'il n'a aſſez bien fait, par
la piſte du ſuſdit paſſege, pour refaire la choſe meſme: continuant ainſi ces retours
& repriſes, iuſques à ce qu'il aye iuſtement & nettement releué, reſolu & bien proportionné, la demy-volte releuee, ou pour le moins, le mieux qu'il ſe pourra, ſelon
ſa capacité: & apres l'auoir careſſé, il faudra paſſer outre deſſus la rondeur de la volte, luy faiſant faire autant à l'autre moitié de la prochaine figure, qui ſe verra cy
apres: & pour l'attirer plus facilemét à la iuſteſſe de ces demy-voltes, il faudra à tous
les commencemens d'icelles, le faire doucement cheminer vn pas ou deux deſſus la
piſte arrondie & adiuſtee, & en ce temps luy tirer vn peu la teſte du coſté qu'il tournera, auát que le mettre à ſon air, ny que luy permettre qu'il s'y mette de ſoy: & meſmes luy laiſſer faire aſſez lentement la premiere battuë.

CESTE reigle ſera ainſi continuee de demy en demy-volte, iuſques à ce qu'il ſoit
temps de changer de main, pour en faire autant à l'autre coſté, aſſauoir lors que le
cheual aura librement reſpondu, & ſatisfait à ceſte leçon, par les iuſtes mouuemens
du cheualier: mais il ne faut pas le tourner ou trauailler ſi longuement & ſeulement
à vne main, que le deſplaiſir luy face naiſtre quelque vice. Sur tout, il faut empeſcher
qu'il ne ſe haſte en faiſant ſon paſſege, ny eſtát à ſon air releué, car comme i'ay deſia
dit ailleurs, & que ie veux expreſſément redire, c'eſt vne maxime notable, que toutes
les fois que le cheual voudra de ſoy ſerrer le paſſege, ou r'abattre les battuës de ſon
air, premier qu'il aye comprins & pratiqué les proportions de la leçon qu'on luy
dóne, il móſtrera en cela vn indice de deſplaiſir ou d'inquietude, qui le diſpoſera bié
toſt à deuenir entier ou à ſe rebuter du tout, ſi le Caualerice n'a le iugement bon, &
l'experience des moyens, qui le peuuent diuertir de ces faux euenemens, au contraire de l'opinion de ceux, qui prennent ceſte crainte ou fin garde obeyſſance de paſſege, & ceſte confuſe preſteſſe de battues, pour bon commencement d'eſcole iuſte.

Pour la main droite.

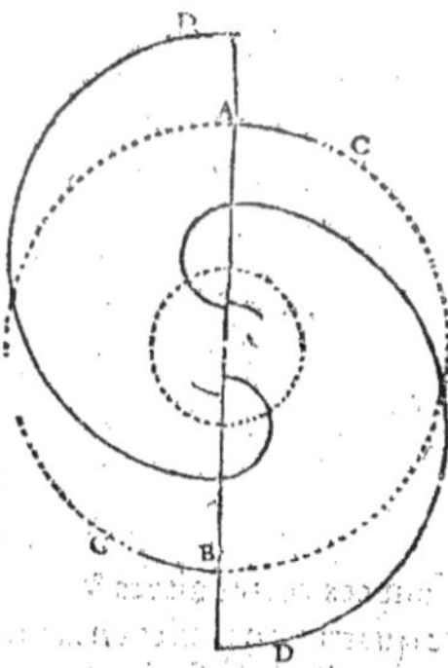

C piſte de la demy-volte releuee.
D piſte du retour au pas adiuſté, pour aller mieux faire cequi aura eſté falſifié.

Pp

Qvand le cheual commencera à bien faire ceste leçon , il faudra aucunesfois
tourner les testes de la figure, comme elle est cy apres representee, gardant curieusement l'ordre susdit : car par ce moyen le cheual se rendra plus attentif, & se disposera
mieux à la leçon suyuante.

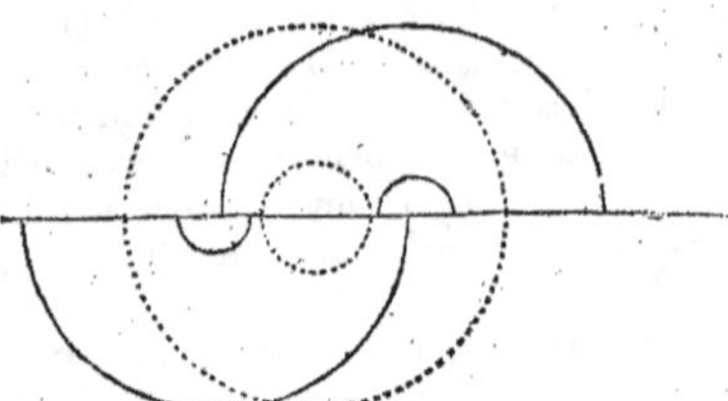

A mesure que le cheual s'asseurera en la facilité de ceste leçó , il faudra retrancher
peu à peu le temps, auquel ordinairement on l'aura aresté dessus les lignes, à toutes
les fins des demy-voltes: afin que par la diminution de ce temps, les deux demy-voltes se puissent ioindre, faisant la volte iuste & entiere, sans que le cheual en soit troublé, ny qu'il aye occasion de rompre, ou alterer l'égalité de son air releué : en quoy il
est necessaire, que le Caualerice soit patient & subtil au styl & en la pratique de ces
reigles : & tout ainsi qu'on aura tenu le cheual quelque temps dessus la ligne, pour
(selon ses deportemens) l'asseurer, caresser, auancer, reculer , ou luy rendre la main,
ayant bien ou mal serré les demy-voltes, il luy faudra faire de mesmes , quand il aura
fourni la volte entiere, premier que la luy faire recommencer : & par tel moyen luy
faire continuer son air releué, en ioignant les deux voltes pour doubler, & en fin redoubler son manege.

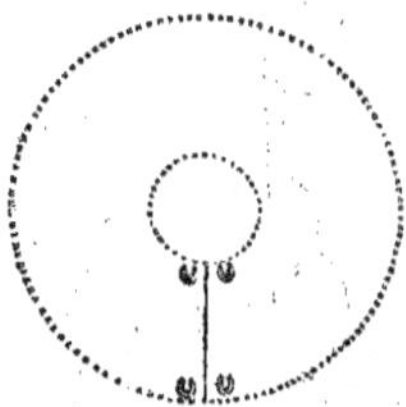

O r en doublant, & redoublant ces voltes airees & iustes, il faut que le Caualerice
aye continuellement lesquatre quartiers d'icelles en la memoire, lesquels il doit obseruer en quatre endroits iustement limitez, sur la place en laquelle il donnera ceste
leçó : & toutesles fois qu'il sentira que le cheual falsifiera les iustes proportions de
la volte, il l'arrestara tout court dessus le quartier qu'il se trouuerra, le chastiant sage-

ment du coſté qu'il aura failly, pour ſoudain le r'amener, & luy faire recognoiſtre &
reparer ſa faute, au meſme lieu qu'elle aura eſté faicte, gardant diligemment l'ordre
de la figure qui eſt cy apres: ſçauoir que ſi le cheual en maniant de ſon air releué, falſifie la volte comme au quartier, qui ſe void entre la ligne de la lettre A, & celle du B,
il le faudra arreſter en l'adiuſtant par vn temps ferme ou deux au plus, droit deſſus
ceſte ligne du B, & à l'inſtát, sás le careſſer ny retenir d'auátage, le faire retourner paiſiblement au pas, par les piſtes du iuſte paſſege, iuſques deſſus la ligne du D, & luy
ayant laiſſé aſſeurer vn peu en icelle les quatre pieds, enſemble l'haleine, la memoire
& l'appuy de la bouche, il le faudra r'amener par ſon iuſte & ſuſdit paſſege, iuſques à
la ligne de la lettre A, & en arriuant des quatre pieds droit deſſus icelle, on le remettra doucement & legeremét à ſon air, luy faiſant refaire d'iceluy le meſme quartier,
qu'il aura mal faict, aſſauoir qui eſt entre les lettres A, & B, le tenant ſi proprement
aduerty & ſujet auec la iambe, la gaule, & la main, que s'il eſt poſſible, il ne traine ny
ſe haſte, s'eſlargiſſe, ny ſe ſerre trop: & ſi la ſeconde fois, il ne proportionne iuſtemét
ledit quartier, il luy faudra encores faire recommencer la meſme & ſuſdite reprinſe, ie ne veux pas ſeulemét dire deux, ny trois fois, mais bien vne douzaine s'il eſt beſoin, & en fin, iuſques à ce qu'il aye iuſtement & facilement obey: & s'il eſt naturellement timide ou trop ſenſible, il ne le faudra pas ordinairement battre à toutes les
faulſetez qu'il fera en cès iuſteſſes, car les retours continuez & les reprinſes, luy ſeruiront de chaſtimens, ſi l'on y obſerue la patience & la diligence requiſe.

Qvand le Caualerice ſentira, que le cheual aura ſatisfait à la diligence, & iuſteſſe des battuës & du terroir, il paſſera outre ſans interrompre l'egalité de ſon air
releué, ny l'arreſter que pour finir la volte, iuſtement faite & fournie, ſi ce n'eſt qu'il
le ſente manquer en quelque autre quartier, auquel ſi cela eſt, il le doit encores de
nouueau arreſter tout court, & ſi c'eſt comme deſſus la ligne de la lettre C, il le r'amenera doucement par ſon iuſte paſſege, iuſques deſſus la ligne de la lettre A, pour luy
faire de nouueau recognoiſtre, & reparer ſa faute en quelque endroit, qu'il l'aye
faite.

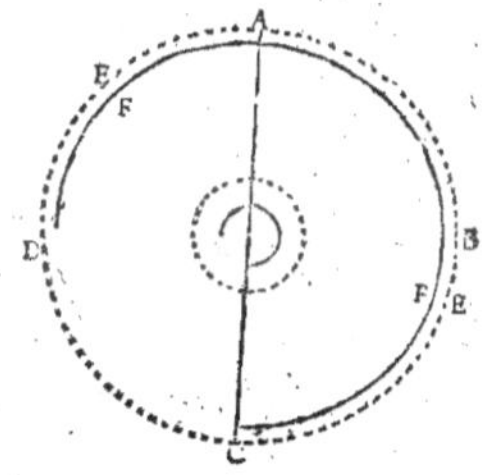

E piſte de l'air releué.
F piſte du paſſege pour retourner à la reprinſe du manege releué.

Povr expliquer particulierement pourquoy, ie veux que le cheual reprenne
à toutes les ſuſdites fautes, deux quartiers de la volte, n'en ayant falſifié qu'vn: c'eſt
afin que reuenant doucement au pas par le quartier, qui ſemble eſtre ſuperflu, le
cheual aye plus de loiſir, & d'occaſion de recognoiſtre l'endroit ſur lequel il aura

failly , que s'il y eſtoit ſurprins plus eſtroiĉtement , & meſmes pour auoir moyen de
le mettre plus facilement en poſture, & en action d'obeyſſance par le iuſte paſſege,
auant qu'il ſoit arriué , ou en arriuant ſur l'endroit qu'il aura falſifié : & afin auſſi
qu'eſtant acheminé par le paſſege , iuſques au quartier qu'on luy voudra faire releuer & adiuſter, il puiſſe reſoudre auec plus de vigueur, & de iuſteſſe ſon air, & tous
ſes mouuemens.

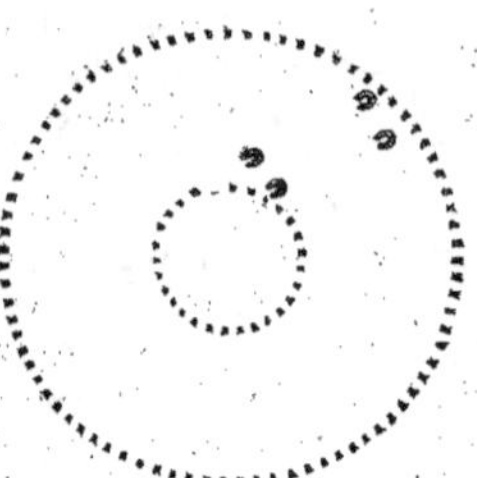

APRES que le cheual aura bien recogneu, & fait l'habitude de toutes ces iuſtes
proportions également à chaſque main, ſi le Caualerice luy ſent aſſez de force , de
diſpoſition & de franchiſe, pour ſouſtenir ſon air releué d'vn meſme nerf, en changeant, reprenant & redoublant les ſuſdites voltes, il pourra commencer à luy aprendre l'action, & la iuſteſſe du changement de main & des reprinſes en gardant l'ordre de ceſte figure.

Pour la main droite.

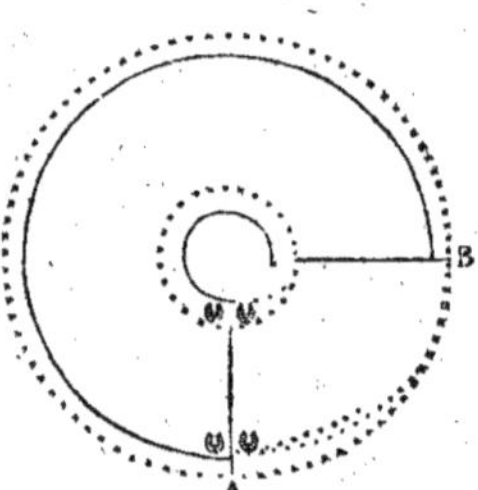

ASSAVOIR, apres que le cheual aura fait deux voltes entieres bien fournies, &
finies comme deſſus la ligne de la lettre A, il le faudra faire paſſer plus outre en tournant, le mettant à ſon iuſte paſſege, & d'iceluy ſuyure la rondeur de ſon manege, iuſques à la lettre B, à laquelle ſans l'arreſter on l'aduertira par les communes aydes
propres à ſon air, & principalement celles de la langue & de la gaule: afin qu'il releue legerement ce dernier quartier de volte, & qu'il le ſerre droiĉtemét ſur la ligne de
la lettre A, ou les fers ſe voyét marquez en ceſte figure, faiſât neátmoins les battues
plus baſſes & moins hardies que l'ordinaire, & tenant les pieds de derriere plus retenus & ſubieĉts qu'il ſe pourra ſur leur piſte plus eſtroite, ſans eſtre acculez, au con-

traire presque de la reigle generale des proportions precedétes:afin qu'il aye moyen
en ceste occasion d'arriuer plus facilemét des quatre pieds sur ladicte ligne, en serrát
ce quartier releué, sans faire à la fin d'iceluy, plus d'vn temps ferme, par le droit iufques à la lettre A, & sans deuancer & desborder le vray circuit de la volte.

L E cheual ayant ainsi bien finy, & serré ce quartier releué sur la droite ligne, & la
lettre A, au moyen de ceste batuë, faite par le droit, il luy faudra faire prendre la
volte de l'autre main, par la batue suyuante, sans l'arrester ny luy interrompre aucunement la mesure de l'air releué, luy tenant encor les pieds de derriere sur ladite ligne, & en la mesme piste (accompagnant neantmoins les battuës) iusques à ce que
le premier temps, & mouuement du changement soit fait : apres lequel on doit remettre les pieds de derriere, sans rompre l'egalité de l'air des battues, au general espace de leur iuste piste, pour mieux accompaigner la disposition du manege, côme
il est representé en la figure cy apres.

S I le cheual estant surprins par ceste nouuelle leçon du changement, ne respond
librement & nettement aux iustes proportions, il ne le faudra pour cela battre ny
menacer: mais le remettre doucement à son passege, comme sur la lettre B, & d'iceluy passant outre luy faire serrer la demy-volte, sur la lettre C, & soudain le ramener
par la piste encores iustemét & sagement au pas, pour le remettre à son air, en repas-
sant sur le B, faisant le susdit quartier releué, & le finissant sur la lettre A, pour continuer apres le changement de main, tout ainsi que ie viens de dire : & pour faciliter
d'auantage (en ceste premiere proportion) l'obeyssance & les mouuemens du cheual, le premier temps du changement de volte, se doit aussi faire plus bas, & vn peu
plus auancé que les battues ordinaires du corps du manege.

Pour la main gauche.

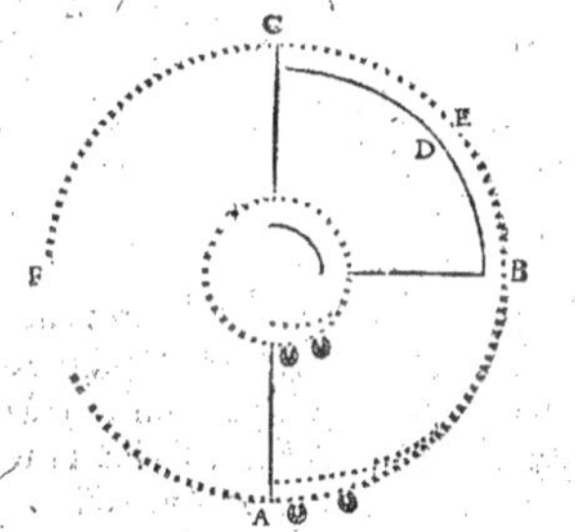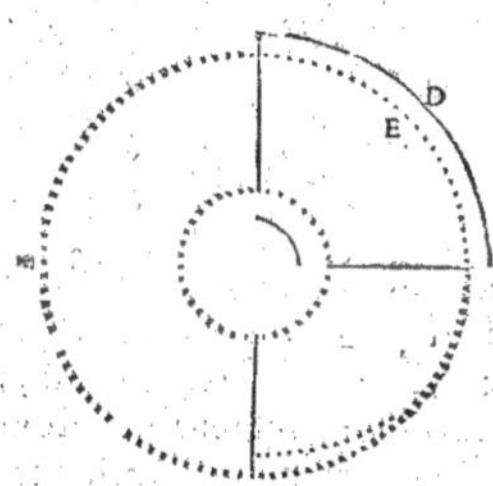

D piste du susdit passege:soit qu'on la vueille faire plus large ou plus estroitte, que celle du manege releué
E piste des battues en tournant plus large ou plus estroitte,que le passege.
F piste generale de la volte releuée & fournie.

L A difference de ces deux figures est que en l'vne, la piste de l'air releué ce veoit
marquée, tenant le dehors de la volte, & en l'autre la mesme piste tient le dedans, qui
ne signifie autre chose sinon que en ces leçons le Caualerice, doibt faire ladite piste
plus estroite ou plus large que celle du passege, selon que le cheual s'appuyera trop
ou peu à la main, comme i'ay dit en quelques leçons precedentes.

P ᴇᴠᴛ eſtre que de la ſeconde ou troiſieſme fois, ny en vne ou deux caualcades, le cheual ne pourra pas bien comprendre, ou ne voudra librement conſentir à la facilité & perfection de ce changement de main : comment que ce ſoit, autant de fois qu'il manquera en iceluy, ſoit au temps de ſon air releué, ou en la iuſteſſe du terroir, auſſi ſouuent le faudra-il r'amener, (par le retour que ie viens de dire) ſur la lettre A, le chaſtiant aucunesfois pour taſcher à luy faire reparer ſa faute, au lieu qu'il l'aura faite, & gardant touſiours entierement l'ordre ſuſdit : mais quand il obeyra facilement & iuſtement on le reſoudra paſſant outre, & continuant le cours & tour de la volte commencee, & bien changee, iuſques à ce qu'elle ſoit fournie, doublee, & en fin iuſtement ſerree ſur la ligne & lettre A, ſouſtenant ſur tout l'égalité de ſes battues : & ſoudain il luy faudra encores faire paſſeger du meſme coſté, trois quartiers de volte, iuſques à la lettre B, marquee en la figure cy apres : & en le paſſant ſur ladite lettre, le mettre à ſon air pour releuer & finir le dernier quartier de ladite volte, ſur la lettre A, & puis d'vn meſme temps reprendre la main droite, ſur la piſte marquee E, ſelon ceſt ordre diligemment obſerué : l'arreſtant s'il eſt beſoin au lieu du C, & meſmes le faire retourner iuſtement ſur la ligne, & ſur la lettre A, comme i'ay dit au premier changement, pour recommencer ceſte reprinſe indifferemment à chaſque main, toutes les fois qu'il la fera mal.

Pour la main gauche.

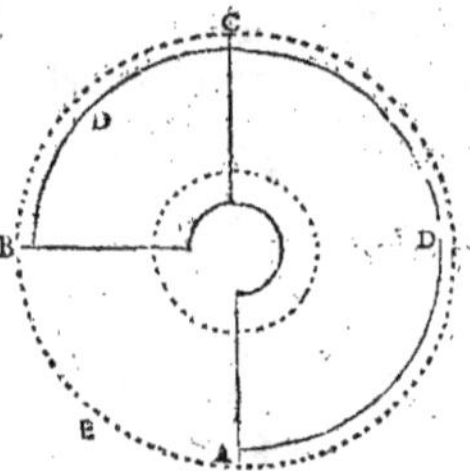
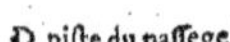
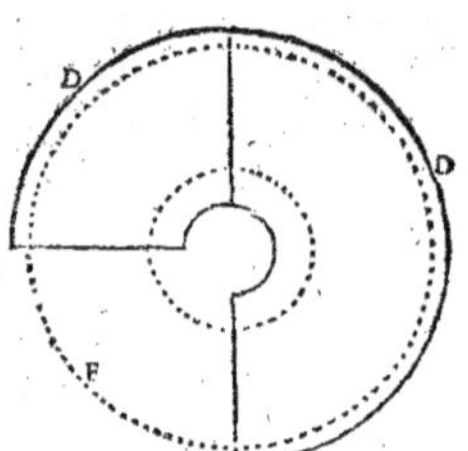

D piſte du paſſege.

Lᴇs trois quartiers de volte de pas, qui ſuyuent en ceſte reigle les voltes entieres & releuées, ſe font afin que le cheual ne ſe diſpoſe à s'arreſter de ſoy, ſur la ligne de la lettre A, l'ayant deſia recogneuë, & par conſequent, afin qu'il s'accouſtume à rendre plus de franchiſe en ſon iuſte manege : ce ſtyl eſt auſſi neceſſaire à faciliter l'air, & l'eſtroite obeyſſance du dernier & ſuſdit quartier, afin que par le moyen d'iceluy, le cheual ſoit moins ſurprins, & incommode en ces plus iuſtes leçons, du changement de main. Mais apres que le cheual aura bié recogneu les proportions limitees de ce changement de main, & qu'il aura fait de chaſque coſté l'habitude, & facilité de l'action, & des iuſtes mouuemens d'icelles proportions, il ne ſera plus beſoing de faire leſdits quartiers de pas, & partant il les faudra retrancher du tout, afin que les voltes releuées ſe fourniſſent d'vne haleine & de meſme vigueur, également doublees, chágees, & repriſes de ferme à ferme, & en fin redoublees, ſans que l'air en ſoit interrompu ny amorty, continuant ainſi iuſtement le manege, tát que les forces du cheual en pourront fermement, & gaillardement ſouſtenir l'effort.

Ie ſçay que le cheual ſe reſoudra plus facilement, & pluſtoſt à ce changement de
volte, de ferme à ferme, ne faiſant à tous les coups, qu'vne demy-volte releuée à
chaſque main. Toutesfois, ſi tel ſtyl eſt continué, en peu de temps le cheual ſe trouuerra beaucoup moins libre & determiné, ſur le manege des voltes finies & redoublees, qu'il n'aura auparauant eſté, & pource ie ſuis d'aduis, qu'on ſe tienne à ceſt
ordre dernier.

Si le cheual a l'appuy de la bouche dur, ou trop peſant, les ſuſdites reigles ſe
trouuerront plus profitables, eſtans faictes aupres d'vne aſſez haulte muraille : parce
que les proportions auſquelles le cheual tirera à la main, ou s'abandonnera d'auantage ſur ledit appuy, ſe pourront commencer & finir, approchant le front du cheual ſi pres de la muraille, que ſans le trop grand effort de la bride ou du caueſſon, il
ſera contraint de ſe ramener, ſerrer & alegerir.

Povr rendre apres le cheual plus attentif à ces proportions, & aux iuſtes mouuemens du cheualier, il luy faudra faire aucunesfois changer de main, en diuers endroits de la volte, ſans obſeruer aucun nombre des tours, pourueu que ce ſoit ſur les
droites lignes des quartiers : & principalement on l'aduertira, & le diſpoſera diligemment à la iuſte & neceſſaire obeyſſance, cependant qu'il ſera & ſerrera le quartier ſur
lequel on voudra changer ou reprendre les voltes, & meſmes ayant mal changé ſoudain on l'arreſtera, & rameinera pátiemmét au pas ſur la piſte de la volte, pour luy faire reparer ſa faute en ſon vray lieu, ſelon l'ordre des reigles ſuſdites.

Or iuſques icy i'ay dit qu'auant changer de main, il faut faire vne battuë droicte &
quelquesfois deux deſſus la ligne diametralle des voltes, c'eſt l'ordre commun des
bonnes eſcolles, & la pluſpart des hommes de cheual, tiennent que ceſte proportion monſtre auec la grace, l'obeyſſance du cheual bien dreſſé, en attendant ſouſtenu ſur les hanches & deſſus vne ligne droitte, l'action & l'aduertiſſemét du cheualier, pour bien changer de main : Ceſte reigle eſt belle & bonne & n'apporte point
de confuſion, toutesfois il eſt certain que le plus ſouuent au lieu qu'on dit que le
cheual atant l'action du cheualier, par ſes fermes battuës faictes par le droit c'eſt pluſtoſt que le cheualier atant que par icelles, il aye aiuſté le cheual, là où il doit eſtre pour
bien changer ou reprendre la volte : Mais pour rendre ſes changemens & reprinſes
de main, en leur vraye perfection, il ne faudra plus attendre que la ſuſdite battuë ſoit
faicte de ferme à ferme ſur la ligne diametrale, ains ſoudain que le cheual en tournant iuſtement, aura donné des pieds de deuant ſur ladite ligne & au temps qu'il arriuera de ceux de derriere ſur icelle, le cheualier tournera ſubtilement la main faiſant
ſon changement ou reprinſe des voltes. En ceſte action ie redits encor qu'il faut curieuſement obſeruer que le cheual ne ſe retienne, s'accule & ne ſe plic, qu'il ne falſifie les rondeurs des iuſtes piſtes, qu'il ne porte ou ne laiſſe tant ſoit peu la teſte hors la
volte, que le premier temps du changement ou reprinſe ſe commence auec la teſte
du cheual aſſauoir, en luy faiſant regarder le dedans de la volte, ſans luy faire ny laiſſer plier le col, & que ce premier temps ſoit vn peu moins hault & moins contrainct
que les autres, afin que le cheual en obeyſſant, puiſſe mieux & plus gayement diſtribuer ſa vigueur : Il y a peu de perſonnes qui pratiquent ou comprennent aſſez facilement ces dernieres proportions, non ſeulement à cauſe de la difficulté des iuſtes & neceſſaires actions & mouuemens qu'il faut diligemment & nettement obſeruer, mais
parce qu'elles leur ſont incogneues, comme les meilleurs maiſtres peuuent iuger par
les effaits : Car comme i'ay dit cy deuant au lieu que la vraye & facile obſeruation de
toutes ces reigles & proportions, embelliſt la poſture du cheual & le rend leger, iuſte
& fort libre en ſon manege, la fauce pratique des meſmes reigles fait qu'il ſe met en

Pp iiij

extreme fougue, ou qu'il deuient en peu de temps auily, entier ou ramingue, qu'il
se plie & porte le col, & la teste du tout hors la piste de la volte: actions tres desagreables, fauces & directement contraires à la grace & franchise de tous les bons maneges, & mesmes on void d'ordinaire que ceux qui exercent tels cheuaux, se souftien-
nent tous panchez du costé hors la volte, aprochant fort du cheual la iambe du mesme costé, & tenant l'autre eslargie & situee comme vn auiron de galere, & encor on
leur voit faire certains autres gestes & mouuemens de teste, de corps & de bras, qui
font paroistre vne trop grande atention, & qui repugnent aussi à la bien seance &
gentillesse du cheualier ennemy de ses mauuaises habitudes & pedanteries de cest art.
Ce n'est pas assez d'auoir l'assiette belle, seulement allant au pas, il faut cependat que
le cheual manie de tous les plus gaillards & plus beaux airs, que le cheualier soit droit
& libre sur le mitan du siege de la selle, qu'il ne baisse ny tourne la teste & ne face aucune mine desagreable du visage, ny mauuais geste des bras, que les iambes soyent
également droites & tendues, sans faire l'escarquillé ny le caigneu. Que s'il est besoing d'empescher que le cheual se serre ou s'eslargisse en maniant, ou se iette de costé, allant par le droit, ce soit en le pressant de l'estrieu, de l'esperon, ou seulement du
gras de la iambe necessaire, sans que l'autre parte de sa iuste situation ny le corps non
plus: Ce sont obseruations à la Danuille tres-belles, & qu'il faut par vn bon heur a-
uoir veues & considerees en leur merueilleux subiect pour les pouuoir bien obseruer,
& sans icelles, il est impossible de bien sentir les vrayes iustesses des voltes, ny d'y pouuoir long temps maintenir le cheual bien dressé: Car si cependant qu'on le porte ou
pousse d'vn costé, auec la iambe oposite, on eslargit beaucoup l'autre, il faut necessairement que le corps de celuy qui fait telle faute, panche de ce costé oposite, & outre
ceste fascheuse difformité, si le cheual fort obeyssant, cede trop à l'esperon ou à la iã-
be qui le pousse, & que le cheualier se vueille retenir en vn lieu limité auec la iambe
qui se trouue trop esloignee de son iuste lieu, elle partira de si loing pour faire son action, assez diligéte, que le cheual ne pourra assez tost bien cognoistre si ce doit estre
vn aduertissement, vn ayde ou vn chastiment, & par ceste incertitude, il fera souuent
quelque desordre pensant bien obeyr, mesmes à cause que ceux qui font telles gri-
masses ne faillent iamais à eslargir encor trop la iambe, qui estoit prés du cheual, cependant & à mesure qu'ils approchent celle qu'ils auoient desia trop escartee, & à
mesme temps portent aussi le corps & la teste de l'autre costé: Il est fort aysé à iuger
que la iambe doit estre ordinairement situee en tel lieu qu'auec la bien seance, elle
puissé faire toutes ses iustes actions en leur vray temps, & auec le moins d'apparence
qu'il se pourra, & parce qu'il y a quelque rapport de cest exercice à la musicque, ie dis
que ceux qui se plaisent à ioüer du lut, de l'espinette, des violes, & de tous les plus
beaux & honorables instrumens, manquent tousiours d'autant de grace & de diligence qu'ils haussent trop les doigts en cherchant & prenant les tons sur le manche
ou le clauier de leurs instrumens, Les meilleurs tireurs d'espeé sont ceux qui estans en
vne mesure de presence escartent ou esbranlent moins leurs armes, pour feintes ny
autres actions hardies que puissent faire ceux qu'ils ont en teste taschant de gaigner
l'occasion ou la brefueté de quelque beau temps, il en aduiét tout de mesmes en tous
les honnestes exercices où il faut precisement obseruer l'ordre & l'egalité de certains nombres & mesures qui en rendent les proportions, excellentes & rares: Ie re-
uiens donc à mes maximes qu'il faut necessairement que le cheualier gentil & sçauãt
en cest art, aye toute son assiette, ferme, iuste, libre, & droitte pour bien sentir les
mouuemens que le cheual d'escole & bien dressé fait en maniant afin d'auoir moyen
de le chastier assez subtilement des fautes qu'il fera, & principalement de les preuenir & empescher à quoy la fermesse des hanches est vne partie tres-necessaire.

Et à ce propos, ie diray que s'il y a quelque ame bien nee, qui desire voirbien exercer ce que ie viens de dire cy deſſus, voire les choſes les plus difficiles, dont ie parle
en mon preſent liure, qu'il regarde exactement faire le Seigneur Pietro Vincenſſo de
Lup. Italien de nation, qui l'a longuement pratiqué ſoubs moy, & lors il receura du
contentement, tant il le verra trauailler de bonne grace, & faire les reigles & iuſteſſes de noſtre art, ou i'ay le plus employé ma ieuneſſe, qui me le faict extremement
loüer, & dire ſans flaterie que c'eſt vn tres-digne & parfaict cheualier

Sans doute, par la bóne pratique de tous ces preceptes, & le tẽps neceſſaire, le bon
Caualerice reduira le cheual à la plus iuſte obeyſſance, & plus belle dexterité, qu'il
pourra paruenir par les moyens de l'art, deſquels doit naiſtre la perfection, des plus
beaux & neceſſaires exercices, qui ſe peuuent apprendre au cheual : luy rendant en
fin le courage franc, l'action des membres libres, l'haleine en ſon meilleur eſtat, la
bouche ſaine & aſſeuree, la teſte ferme & ſituee en bon lieu, le col droit, & en ſa plus
belle poſture, le tronc de la queuë arreſté, comme immobile entre les feſſes : & auec
tout cela la courſe droite, tride & determinee, l'arreſt ſeur, ayſé & leger, le manege
reſolu, facile, iuſte & ferme, également à chaſque main, & l'air de ſa legereſſe & diſpoſition, ſoit hault, mediocre ou moindre, & tant ſur les voltes que par le droit, aſſeuré en la meſure, & cadance plus égale, plus nette & mieux ſouſtenuë.

Ie recommanderay encores ley au Caualerice curieux ces preceptes particuliers
& principaux, aſſauoir que toutes & quantes fois, qu'il aura reduit le cheual, qui naturellement ſera fort colere ou apprehenſif, à la meilleure & plus iuſte eſcole, que ſes
forces & inclination pourront fournir, il ne la luy doit trop ſouuẽt cõtinuer eſtroi-
tement obſeruee, ſur peine qu'il luy verra bien toſt faire quelque fauſſe mutation :
mais pluſtoſt aucuneſfois, il eſlargira expreſſément ſon manege, par quelques leçons
plus ayſees, neantmoins limitees, & auparauant recogneues : car outre que ceſte liberté conſeruera le courage & la franchiſe du cheual, il ſera apres beaucoup plus facile à le radiuſter quand on voudra, que ſi l'eſtroite ſubiection trop perſeueree, l'a-
uoit rebuté ou fait ennemy de l'eſcole.

Svr tout, i'aduiſe celuy qui ne recognoiſtra en ſoy beaucoup de facilité aux aydes, & chaſtimens neceſſaires en ces grandes iuſteſſes, qu'il ne les doit entreprendre
ſeul : car elles ne reüſſiront qu'à ceux, qui auront vne ſubtile & diligente pratique, en
toutes les ſuſdites proportions, & meſmes qui ſeront ſecourus d'vne grande inclination à les bien comprendre.

Ie redis & aduertis notamment, que tant que le cheual manie de quelque air,
qu'il ait eſté bien dreſſé, le cheualier face ſes aydes generales, auec telle diligence &
ſubtilité, que nonobſtant qu'elles ſoyent hardies & fortes, ſon action de corps & de
membres, n'en ſoit apperceuë qu'à peine des plus experimentez & clair-voyans, afin
qu'il ſemble aux aſſiſtans, que le cheual comprenne la volonté de celuy qui l'exerce,
& qu'il y conſente ſans eſtre beaucoup aydé ny contraint, & qu'il paroiſſe auſſi, que les
mouuemens gaillards qu'on verra faire au cheualier, ſeruent plus pour embellir ſon
geſte & ſon aſſiette, que pour forcer le cheual à ce qu'on luy verra faire de plus
excellent.

OBSERVATIONS APRES LA LECON OV L'EXER-
cice du cheual d'escolle.

CHAPITRE XXXIIII.

'AY dit sommairement en quelques preceptes precedens qu'apres a-uoir donné vne bonne leçon au cheual d'escolle, elle peut estre confir-mee par la discretion, & bonne pratique de celuy qui le promenera e-stant dessus, iusques à ce que la chaleur extraordinaire luy sera passee, & qu'il sera temps de le mettre en sa place de l'escurie, mais i'ay reserué en ce lieu de faire entendre les distinctions qui se trouuerront ample-ment desduictes. Le bon Caualerice doit donc sçauoir, que si durant le temps qu'il aura donné vne leçon de patience au cheual de manege, il le trouue saisy d'vne gran-de obstination ou inquietude, & que pour le vaincre il aye fallu necessairement auoir recours aux chastimens rigoureux, sans doute si celuy qui le promenera apres l'exer-cice est homme de cheual il pourra par sa discretion aporter beaucoup d'vtilité au bõ dessein du caualerice. Car en promenant iuditieusement le cheual impatient & co-lere, il aura moyen de l'appaiser & diuertir de sa fougue ou trop grande apprehésion, en gardant bien à propos le bon ordre de sa leçon, & par consequent de le rendre plus capable de memoire, & de consentir à la leçon suiuante.

Si le cheual entier & dur à quelque main, s'est deffendu durant la caualcade qu'on luy aura fait, taschant à luy debander & amollir le col & luy faire regarder la volte, le bon escolier pourra aussi en le promenant long temps & paisiblement apres l'exerci-ce le diuertir aucunesfois de son obstination, & mesmes, le recerchant doucement au temps qu'il le trouuerra disposé à quelque obeyssance, il aura moyen sans le vio-lenter, de luy plier le col & luy mettre la teste là où il n'aura voulu regarder que par grande contrainéte, de sorte que par l'habitude de ses longues promenades d'escolle apres la leçon ou l'exercice, le cheual se pourra en moins de temps rendre souple sur la volte à laquelle il se sera opiniastrement deffendu; que si on n'auoit vsé que des con-trainéctes ordinaires.

QVAND le cheual trop sensible & apprehensif ne peut comprendre ny attendre le bon ordre des leçons qu'on luy donne, & que par grande inquietude il precipite ses forces & son haleine, qu'il se haste trop au passege des leçons estroictes ou qu'il trepigne confusement les batues de quelque air releué, sans doute on pourra souuent remedier à sa fougue, & impatience, & luy faire moins hayr ou craindre les iustes ob-seruations de la bonne escolle, en le promenant patiemment & assez long temps a-pres l'exercice sur les proportions de ses bonnes leçons.

S'IL a la bouche tant foible ou si molle qu'il ne vueille ou ne puisse sans grande difficulté prendre aucun ferme & temperé appuy de main durant ses caualcades d'es-colle. Il aduiendra aucunesfois que les bonnes & assez longues promenades apres ses leçons luy donneront quelque occasion & moyen de se resoudre peu à peu à l'ap-puy de la bonne main, qui le conduira & soustiendra en ses promenades bien consi-derees & necessaires.

MAIS si le cheual naturellement poisant ou debile s'est seulement trop appuyé

sur le mors ou le cauesson en la caualcade par laquelle le Caualerice aura tasché de
l'alegerir, & qu'il l'aura recogneue propre à l'assembler & ramener en quelque posture releuee & soustenuë, il ne faudra que personne monte dessus apres tel exercice pour le promener, car estant las & desuny, il pourroit sans doute prendre trop
d'appuy & mesmes il sera necessaire de le mettre dans l'escurie, apres luy auoir doucement fait faire en main enuiron cent cinquante pas.

Et de quelquesdes susdits naturels & temperaments qu'il puisse estre, quand
en son manege à l'escolle il respond plus librement & gayement au bon ordre de
ses leçons, qu'il n'aura fait auparauant, il faudra faire la caualcade moins longue &
le mettre ou ramener en main à l'escurie soudain que le Caualerice sera descendu,
car si on le promenoit long temps apres la leçon ou l'exercice, il se souuiendroit
beaucoup moins de sa leçon & du plaisir qu'il auroit receu aux iustes proportions
de son manege auquel aussi il respondroit ou fourniroit auec moins de gaillardise
& de gayeté en la caualcade suiuante.

Aussy les longues promenades apres l'exercice de l'escolle consomment ou assoupissent indifferemment la vigueur & legeresse des cheuaux melancoliques, adustes & timides : & parce qu'il aduiendra souuent que le cheual aura deux ou trois ou
plus des susdits vices ou imperfections contraires, à quoy on ne pourra remedier
que par des contraires moyens, & que voulant oster ou corriger l'vne des imperfections, on pourra augmenter l'autre. En ce cas il faudra que le bon Caualerice co-
sidere, où il y aura plus de necessité, & sur tout qu'il soit pourueu d'vne grande discretion pour n'vser desmoyens de son art, principalement des grandes contrainctes
que bien à temps & à propos.

En France on promene beaucoup plus long temps qu'on ne faict ailleurs indifferemment les cheuaux de manege apres l'exercice, c'est pourquoy plusieurs Escuyers de grande escuirie penseront que s'ils font autrement la santé de leurs cheuaux en patira, mais c'est chose qui n'est pas à craindre quand les escuries sont bonnes & que soudain qu'on y a mis le cheual eschauffé & mouillé de sa sueur, on luy
met force paille fresche dessous la selle ou la couuerte, qu'on luy essuye & frotte la
teste autour des aureilles auec l'espoussette de toille, qu'o luy laue & nettoye, principalement si c'est en l'esté, auec de leaue claire, & l'esponge nette, les yeux, le nez,
le dedans des naseaux, les lipes, la barbe & le fondement, parties qui en tel temps
se trouuerront communement chargees de poussiere meslee auec la sueur; qu'vn
peu apres on le frotte generallement iusques à ce qu'il soit sec, & qu'estant ainsi bié
essuyé & rafreschy, on luy laue les iambes auec de l'eaue fresche & non froide, sans
luy mouiller les genitoires & le ventre, si ce n'est apres qu'il aura mangé, & quand
on l'abreuuera en quelque riuiere qui ne soit non plus trop froide. Car si cependât
que par quelques mouuemens violés, le cheual a toute la masse du sang eschauffee,
bien qu'il ne sue plus, on luy laue les genitoires & le ventre, en luy iettant indis-
crettement trop grande quantité d'eaue fort froide, en ses parties extremement
sensibles, il est à craindre qu'il s'en ensuiue de grandes trenchees, & qui pis est que
par vne grande repercution ou soudaine retraction, vn des genitoires entrant entierement dedans le corps, le cheual se trouue encorde, maladie cogneue par les
moindres mareschaux d'Italie, fort incogneue en France & indubitablement mor-
telle si on ne peut retirer le genitoire entré & retenu par vn intestin, en fin le cheual fort eschauffé par quelque exercice violent, estant ainsi bien pensé & gouuer-
né sans estre promené, reçoit vn plaisir & bien pareil à celuy que sent l'homme vi-

goureux,extrememét las & enflammé pour auoir long temps ioüé à la paume prenant vne chemise blanche & se mettant dans vn bon lict.

POVR MAINTENIR EN BONNE
ESCOLLE LES CHEVAVX DRESSEZ AVX
airs des caprioles & du galop gaillard.

CHAPITRE XXXV.

PAR les derniers preceptes du premier Liure, on peut voir clairement l'ordre qu'il faut tenir pour bien apprendre au cheual suffisamment neruieux, & qui a le corps assez leger, les airs des caprioles
& du galop gaillard, & pour ne vouloir vser de trop de redittes, ie
ne representeray en ce second Traicté d'autres reigles, m'asseurant
que les hommes de cheual, qui comprendront bien celles, qui se
trouuerront iusques icy expliquees & figurees, n'auront non plus de difficulté en la
pratique des sauts, sur les voltes & par le droit qu'à celles des airs precedens, à cause
que tous se doiuent indifferemment fonder sur les forces suffisantes du cheual, sur
l'inclination qu'il y aura, sur le ferme & leger appuy de la bouche, & sur la resolutió
du manege, du trot & du galop également facilité à chasque main : & la difference
generalle, qui se trouuerra en la iustesse, n'est sinon, d'autant qu'entre tous les airs, le
mouuement du sault estant le plus violent, plus grand & plus estendu, l'action en
doit estre moins retenuë sur les hanches, que celles des courbettes & groupades, &
par consequent il faut tenir les proportions du terroir mesmemét des pieds de derriere, plus spacieuses, & les leçons plus courtes.

SVR ce sujet, ie diray encores seulement, que pour rendre les sauts esgaux d'actió,
de vigueur & de temps par le droit, & principalement sur les voltes, il est n ecessaire
que le Caualerice sçache tousiours conseruer au cheual de bon naturel, la force & le
courage qu'il employe franchement à l'ordre, & à l'obeyssance des bonnes leçons :
& luy abatre & consumer la gaillardise superfluë, par laquelle il se licencie trop, retenant ou precipitant sa disposition, ou se defendant estant malicieux & obstiné : &
sans doute l'exercice du trot, & du galop bien pratiqué, est ordinairement propre à
ces effects moderatifs, comme i'ay desia dit en diuers propos, mais parce que la perfection du manege des caprioles, despend de plusieurs considerations plus particulieres & communément moins entendues, que l'ordre de tous les autres airs, que
nous recherchons par nos reigles, le Caualerice se doit souuenir que d'ordinaire les
cheuaux, qui outre beaucoup d'inclination aux sauts d'esquine, sont naturellemét
capricieux : & ceux qui outre cela ont plus de vigueur & de courage, ne monstrét pas
les effects de leur superbe, & bizarre humeur, seulement estans recherchez, de ce
qu'ils n'ont iamais apprins : mais aussi apres qu'ils ont long temps, & vne infinité de
fois comprins & pratiqué les vrayes proportions de l'air & du manege, qu'ils peuuent vigoureusement & iustement fournir : de sorte qu'il semble aucunesfois, qu'ils
inuentent malicieusement plus de defenses differentes, que le Caualerice ne trouue
de moyens

de moyens pour les vaincre & reduire à l'ordre, & à la subiection de la bonne escole,
qui pour l'heure leur desplaist: & monstrás encore vn tesmoignage euident, de leur
cauteleuse colere, tant qu'ils en font possedez, ils consentiront librement à toutes
sortes d'exercices qu'ils auront apprins, hors mis à celuy duquel pour lors, ils refusent l'ordre & la iustesse, & lequel neantmoins il sçauront tres-bien faire, & le feront & soustiendront gayement quand d'eux-mesmes, ils y aurót l'humeur & la volonté disposée. Or toutes les fois que en ceste occasió, le cheual se presente libremét
au trot & au galop, seulement pour euiter l'obeyssance de ces iustes leçons, on peut
iuger que la malignité de son courage, n'est pas diuertie: mais au contraire le cheual
malicieux, qui toutes les fois que venant à refuser le temps & la proportion des bós
sauts, aura coustumierement esté appaisé au trot, ou chassé & determiné au galop,
ne craindra pas beaucoup de refaire la mesme faute, sur l'esperance d'estre quite,
pour vne longue galopade, qui en tel temps se r'apportera plus àsa malignité, qu'elle ne sera propre à vaincre son obstination: & si en ces occasions le Caualerice se resoult de gaigner, & chastier le cheual par la rigueur, sans se départir des proportions
estroittes, qu'iceluy cheual rejettera par quelque caprice, ou pour auoir le courage
occupé & tendu ailleurs qu'à l'escole, il en pourra venir à bout s'il est de naturel
doux & corrigible. Mais si de son temperament, il est colere & fort aduste, le plus
souuent il se rendra tant obstiné, que tous les chastimens & les aydes, & mesmes les
caresses, qu'on pratiquera pour le renger & remettre à l'air, & à la iustesse de son
plus beau & releué manege, luy augmenteront le feu de la desobeyssance: & sur-
uiendra de pis, que durant son obstination, les efforts ou le long trauail, luy con-
sommeront du tout la gaye disposition & les forces plus solides: & telles parties
principales, venant plustost à manquer que son opiniastreté, lors on recherchera
en vain l'action des bons sauts, Il est vray que si en ces extremitez le cheual se rend
comme vaincu, faisant tout ce qu'il pourra pour fournir au mouuement & à la volonté du Caualerice, il faudra receuoir ceste obeyssance, comme si l'actió en estoit
plus parfaicte. Mais le pis que i'y voy, est qu'entre les cheuaux de ce naturel, rebelle
& desloyal, il s'en trouue qui apres auoir consommé presque toute leur vigueur, en
contestant contre le cheualier qui les exerce, & ne se pouuans plus defendre, ils font
semblant de vouloir obeyr comme vaincus & rendus, mais c'est seulement pour eschapper le supplice des chastimens de l'escole: & qu'il soit ainsi, nous voyons ordinairement qu'aussi tost qu'ils ont reprins tant soit peu de force auecques l'haleine,
ils ne cedent plus qu'à la susdite extremité, & quelquesfois point du tout. En ces occasions les maistres plus excellens ont assez de subiect pour monstrer les plus singu-
liers effects de leur sçauoir, non seulement en voulant chastier seuerement les fautes
malicieuses: car tels cheuaux n'ignorent aucun remede commun: mais sur tout en
recognoissant quand ils font disposez au chastiment, & mesmes en vsant de diuers
moyens propres à les diuertir, lesquels ne se peuuent bonnement enseigner par maximes, ny reigles ordinaires, ny apprendre que par vne bonne & longue pratique:
c'est pourquoy ie ne diray, sinon que le sage & bon Caualerice, ne doit vouloir cótraindre par violence le cheual colere & vindicatif, en ce qu'il ne luy recognoist aucun naturel ny capacité: & quand par l'ordre de ses bonnes leçons, il l'aura dressé à
quelque air gaillard, il ne l'en doit apres rechercher, le sentant esmeu de trop grande apprehension, ou en inquietude extraordinaire, & en humeur de desobeyr. Car il
aduient souuent que tel cheual aura librement employé ses forces & son courage, à
fournir ses premieres leçons estroittes releuees, encore incogneuës, qu'apres les
auoir bien comprinses & pratiquees, il neglige & mesprise quand il luy plaist, les
moyens par lesquels il a esté reduit à la facilité de son plus iuste manege. Ie confesse
que telles fautes ne font point pardonnables, sans quelque particulier & necessai-

re deſſein:mais elles ſe doiuent ſoigneuſement euiter,meſmement ayant affaire aux cheuaux ſauteurs & courageux,parce que les aſpres chaſtimens fort longs , & ſou-uent continuez,leur peuuent diuerſement cauſer pluſieurs vices,& tels que pour les en diuertir,il faudra vſer de remedes du tout contraires,à l'action des ſauts. Ce ſont les deſordres , deſquels procede que pluſieurs cheuaux, gaillards & vigoureux, eſtans ainſi rebutez , ne ſe peuuent plus remettre en leur premiere iuſteſſe. Telle-ment que pour euiter ces euenemens , il faut neceſſairement tenir le cheual ſauteur en alegreſſe , & en longue haleine, ſans luy abattre trop la nerueuſe gaillardiſe de l'eſquine : mais en ceſte facilité d'haleine,pluſieurs hommes de cheual ſe ſont trom-pez,d'autant qu'elle ne peut ſeruir en nos reigles plus iuſtes,n'eſtant ſecondee de la ſincerité du courage du cheual: à cauſe dequoy l'on ne doit faire eſtat de l'haleine, qui eſt augmentee par les longues caualcades, qui ſe font en chaſtiant les fautes du cheual,colere & irrité. Car les violens deſplaiſirs qu'il reçoit en icelles , le tiennent quelque temps apres en diuers ſoupçons,qui empeſchent ceſte franchiſe neceſſaire aux bons ſauts:au contraire,on ſe peut tres-bien preualoir de l'haleine, qui eſt forti-fiee peu à peu,par l'exercice moderé,qui ſe fait à deſſein premedité, durant lequel le cheual eſt en paiſible temperament, & qu'il ne reçoit aucune grande douleur, ny importunité. Voyla pourquoy, quand autrefois i'ay voulu bien faire paroiſtre le cheual dreſſé à quelque air gaillard,le iour auparauant, & meſmes ſur le ſoir apres l'auoir fort peu recherché, en ſon manege eſtroit & plus releué, i'ay taſché à le faire aſſez longuement trotter & galopper à toutes mains , ou par le droit, viuement ou lentement ſelon qu'il eſtoit ramigue ou determiné,ſans l'offencer beaucoup : afin de trouuer le lendemain ſon humeur plus gaye,ſes forces plus ſoupples & ſa diſpo-ſition plus ſolide;que ſi à l'heure & ſur le lieu que ie penſois le faire bien aller , il m'euſt pluſtoſt fallu pratiquer , peut eſtre en vain , les moyens de temperer ſa vi-gueur ſuperfluë : & ſi l'action reſoluë des ſauts le diſpoſoit à quelque fougue deſbordee , premier que ceſte émotion rebelle auint , ie cherchois l'occaſion , & le lieu propre de pouuoir faire la fin de l'exercice , ou de la leçon par quelque air mediocre & plus ſouſtenu ſur les hanches , ſi le cheual auoit l'appuy de la bouche aſſez ferme , ou au petit galop , s'il eſtoit leger à la main,ou qu'il retint ſon coura-ge: car c'eſt vne reigle principale pour faire moins hayr l'eſcole eſtroite au cheual gaillard,& fort ſenſible , meſmement s'il eſt trop apprehenſif. En fin pour le tenir en bon eſtat de gaillardiſe & de iuſteſſe,ie ſuis d'aduis que iamais s'il eſt poſſible on ne le face manier de ſon air plus difficile,tant que ſes forces ſeront trop liees & rete-nues,ou trop des-vnies,ny lors qu'il eſt en ſa plus bizarre humeur,& ſur tout,qu'on luy face plus craindre que reecognoiſtre les moyens qu'on peut auoir de le contrain-dre à l'obeyſſance de l'eſcole.

DISCOVRS INSTRVCTIF SVR LA DEMANDE QVI
se fait souuent en combien de temps vn cheual peut estre bien dressé.

CHAPITRE XXXV.

IL aduient d'ordinaire, qu'aucuns Caualiers impatiens ou curieux, s'informent des Caualerices, en combien de temps vn cheual peut estre bien dressé, & le plus souuent ils s'adressent à tels, dõt leurs responces ne sont pas moins incertaines, qu'ils sont incertains en leur çauoir: en cecy ie tiens, que si le cheual n'a esté estrapassé, qu'il soit desia en ses forces plus nerueuses, sain de bonne nature, & bon à la main, il sera dressé au manege que sa vigueur pourra fournir, en vn an, & affiné en la iustesse & à l'air, qui seront propres à sa disposition & memoire, en quatre ou cinq mois de plus: pourueu qu'il passe par les reigles d'vn bon maistre, & aussi qu'au bout de ce temps, il ayt atteint au moins l'aage de cinq à six ans : mais s'il est si ieune que ses forces assez fermes, ne soyent encores faites, il luy sera impossible de respondre à l'obeyssance des leçons estroites, penibles, & necessaires : quoy qu'il monstre au cõmencement quelque vigueur allegre, & vne facile inclination aux airs plus gaillards: car quand ceste gaillardise luy manquera en l'effort de l'exercice, si le Caualerice tasche à le contraindre par les chastimens rigoureux, les leçons se trouueront tousiours mal finies, & par consequẽt inutiles: & si pour vouloir precipiter le temps requis, ceste seuerité est continuee, le ieune cheual sera plustost desesperé, & auily, ou foulé, que bien dressé. Tellement qu'il est necessaire de l'exercer peu à peu, pour luy conseruer ou accroistre le courage, & la disposition naturelle, attendant l'aage, qui le pourra rendre capable des leçons plus estroites & plus fortes.

S I le cheual assez fort, leger & d'aage suffisant, se trouue de mauuais naturel, au lieu de comprendre & respondre à l'ordre des bonnes leçons, qu'on luy voudra dõner: au contraire, sentant & recognoissant son courage & sa vigueur, il employera d'ordinaire ses forces plus viues à se defendre : & le Caualerice ne luy pouuant, ny deuant pardonner ses fautes rebelles & malicieuses, mettra la pluspart du temps, & de ses peines, à cõbattre les bizarres fantaisies de ce cheual mal né, qui ne se rendra le plus souuent, que par la longueur du temps, & mesmes iusques à ce qu'il se sente accablé par le trauail excessif, & les chastimens rigoureux & perseuerez : & l'ayant vaincu, il y va encores vne autre lõgueur de temps pour l'adoucir, l'asseurer, & luy laisser restaurer les forces & le courage: & apres faut encor' commencer à le reigler aux leçons plus estroites, qui peut estre se trouueront tant contraires, à son naturel desobeyssant, qu'il n'y voudra consentir que par la rigueur des chastimens plus violens: de sorte qu'il faudra façonner vn manege du tout contraint, & par consequẽt confus & incertain, principalement à cause de la continuë apprehension, que le cheual aura des maux receus, pour ne vouloir ou ne pouuoir facilement faire, ce qu'on recherchera en luy, contre son inclination. Toutesfois il s'en dresse beaucoup par des moyens, qui les contraignent rigoureusement à la iuste obeyssance de l'escole: mais ils ne peuuent estre bien facilitez & cõfirmez en leurs maneges, que par vne longue habitude, & iusques à ce qu'à mesure que les chastimens auront esté retranchez, ils en ayent aussi perdu la trop grande apprehension : & par maxime, pour si bien qu'on voye aucunesfois manier le cheual de telle nature, s'il n'a perdu le trop grand soupçon des aspres chastimens, il ne continuera pas long temps la mesure, ny la iustesse d'vn beau manege, & encores moins si l'air en est releué. S'il plaist à

Qq ij

Dieu, ie traicteray encor' des moyens de l'art plus violens, & qui par leur rigueur
sont propres à plier & contraindre sans desordre, le cheual en plusieurs actions d'o-
beyssance & de iustesse, quoy que son inclination y contrarie: mais ces moyens doiuent estre effectuez & conduits par vn bon iugement, comme l'on pourra voir au
discours, que i'espere ioindre en ces preceptes: & ce qui est cause que ie n'en veux encor' escrire, est, qu'il ne se trouue que trop d'hómes de cheual, disposez à la rigueur,
& bien peu, qui soyent assez patiens & industrieux, pour pratiquer proprement les
bonnes reigles, & plus iustes proportions de cest art.

S I le cheual est vieux, mal dressé, ou du tout ignorant de l'ordre de nos escoles,
& qu'on vueille commencer à le façonner à quelque manege d'obeyssance estroittement obseruee, il semblera à plusieurs qui le verront exercer, qu'on fera tort à sa
vieillesse, le recherchant & le voulant contraindre en des choses, à quoy il ne doit
plus estre propre, puis qu'en sa ieunesse ou en son aage plus vigoureux, elles ne luy
ont esté apprinses & accoustumees: & à la verité, ce iugement procedera d'vne grande apparence: Car outre que d'ordinaire le vieux cheual n'a plus le courage si alegre, ny la disposition si nerueuse, qu'il peut auoir autrefois eu, quand il se despite de
quelque importunité, il faut que le Caualerice, par vne industrie accompaignee de
grande patience, cherche plus de moyens diuers, & propres à l'appaiser & asseurer,
& qu'il y employe autant de temps, que s'il auoit à faire à vn ieune cheual: & qui pis
est s'il est vieux, courageux & d'humeur colere, il n'vsera pas de si folles boutades
qu'on void souuent faire aux ieunes: mais il oubliera moins les desplaisirs qu'on luy
aura faits, & gardera tousiours quelque vindicte ou moyen de se defendre , ou du
tout se perdra comme confus & auili, selon l'humeur qui le possedera. Si est-ce que
outre tout cela, i'entreprendrois auec plus d'asseurance, de dresser vn vieux cheual
sain, vigoureux de bonne nature, & qui n'eust point de vice enuieilly & irremedia-
ble, qu'vn ieune naturellemét desobeissant & malicieux, bié qu'il fust assez dispost &
vigoureux. I'en ay adressé quelques vns en mon temps, qui ont bien manié de beaux
airs releuez & differens, qui auoyent pour le moins dix ans, n'ayant encor fait court-
bette, grouppade ny sault, & entre autres vn qui estoit de l'escuyrie de Monseigneur
le Connestable d'apresent. Ce cheual auoit esté peu auparauant amené de barbarie:
son poil estoit gris argentin, auoit pour le moins quinze ans, & encor pis estoit à de-
mi foulé des quatre iambes, fort apprehensif, mesmement du feu & du bruit des
harquebusades, & ne se pouuoit estendre ny resoudre à la determinatió de la course, tant pour n'y auoir le naturel disposé, que pour la douleur & mesfiance des iambes de deuant, mal seines: vray est, qu'il auoit assez de force, & de son humeur estoit
sanguin melancolique, qui est vn temperament desirable, pour la facilité de tous les
plus beaux & iustes exercices de cest art, quoy que ce fust, ie n'en faisois point d'e-
stat, mesmement à cause que pour vn barbe, il n'estoit point viste à la course : mais
parce que ie luy vis faire vn iour quelque action racolte & nerueuse, il me sembla,
quoy que nature ne luy permist de resoudre sa vigueur en courant, que neantmoins
il en deuoit auoir assez, pour fournir à quelque exercice plus vny, & releué, à quoy il
me sembloit que ie l'eusse peu rendre bien allant, s'il eust esté plus sain & moins
vieux: ce que ne pouuant estre, i'en portois quelque regret, qui m'amena la consideration que ce cheual n'estoit assez beau pour la housse , suffisamment fort pour le
combat, ny determiné pour la bague, & ne seruoit que de nombre en l'escuirie: mais
que tel qu'il estoit ayant recogneu son temperament & sa force, ie deuois essayer en
luy les effects de quelques leçons, que i'auois conceues peu de iours auparauant: de
sorte que ie me mis apres, pour le disposer aux proportions d'icelles, continuant de
l'exercer le plus industrieusement que ie pouuois : il me donna beaucoup de peine

durant vn mois, parce qu'il eſtoit terragnol, & aucunefois impatient, & m'occa-
ſionna contre mon vouloir de luy faire en diuerſes fois, trois chaſtimens fort aſpres
& rigoureux, quoy que ſur toutes choſes ils ſe doiuent euiter en voulant dreſſer vn
vieux cheual: parce que s'il s'auiliſt, il eſt fort mal-ayſé de le remettre en courage : &
s'il ſe remet la vigueur ne luy dure, que tant qu'on ne le cherche plus aux exercices
difficiles: car apres, la moindre contrainte l'eſtonne. La troiſieſme de ces eſquiauines
fut ſi longue & ſi violente, à cauſe de ſon obſtination extraordinaire, que Monſei-
gneur le Conneſtable qui eſtoit preſent, enſemble tous ceux qui la veirent donner,
penſoyent qu'il en deuſt mourir: & ce qui rendit ſon tourment plus aſpre fut, que le
chaſtiment ſe fit ſans partir de la place, où il s'eſtoit opiniaſtré, & de laquelle il eſtoit
voulu partir pluſieurs fois licentieuſement, pour fuir l'obeyſſance de l'eſcole. En fin,
il s'efforça à faire ce que par caprice, il auoit refuſé auec extreme opiniaſtreté, quoy
qu'auparauant il euſt apprins à le bien faire: lors le ſentant vaincu, ie mis pied à terre, & l'ayant fait promener longuement, ie le renuoyé en l'eſcuirie : c'eſtoit en la ſaiſon de l'hyuer, & enuiron quatre heures du ſoir: ie penſe que ceſte nuict M. dit Seigneur, & Madame la Cóneſtable, enuoyerét voir vingt fois, ſi le cheual eſtoit mort,
ou malade, ne pouuant croire qu'il deuſt eſchapper, des accidens qu'il leur ſembloit
que ce grand effort luy deuoit amener: le lendemain au matin, ils trouuerent encores plus eſtrange, voyant de la feneſtre de leur chambre, qu'vn page eſtoit deſſus ce
cheual, & qu'il me l'amenoit au lieu où i'auois accouſtumé de trauailler: Là où auſſi
toſt qu'il fut arriué, ie montay deſſus, curieux de recognoiſtre ſeulement la memoire
& apprehenſion qu'il pouuoit auoir des maux, qu'il s'eſtoit fait faire le ſoir auparauant: & à deſſein, le menay paiſiblement en la meſme place, où il les auoit ſoufferts,
en laquelle (quoy qu'il fut extremement haraſſé) il ſe meit ſoudain en poſture aduertie, & r'acolte, tremblant comme ſi les tranchees l'euſſent tenu en extreme douleur, & en fiéure, & lors que ie le voulois flatter & appaiſer allant doucement au pas,
il ſe vouloit mettre à tous les coups à l'air, & au manege auquel il n'auoit nullement
voulu reſpondre le ſoir deuant, iuſques à l'extremité de la cótrainte que ie viens de
raconter. Et au lieu que ie le péſois trouuer foible, ou auily, la crainte qu'il auoit ſaiſi en la place recogneuë, où il eſtoit, & la memoire d'y auoir eſté vaincu, en ſa defence tant opiniaſtree, luy faiſoit faire vn tel effort à nature, que le ſentant ainſi diſpoſé,
ie l'aduertis vn peu, luy preſentát le manege qu'il auoit ſi fort rejetté, à quoy ſoudain
il conſentit fourniſſant ſi legerement, & auec tant de vigueur & de iuſteſſe , que ie
fus eſmerueillé de ceſte grande franchiſe: qui fut cauſe, que ie deſcédis ſoudain, & le
fis promener & careſſer enuiron vne heure ſur la meſme place ſi bié recogneuë, qu'il
n'en approcha plus exempt de crainte, & ſans ſe mettre en alarme: ie fus huict iours
apres ſans monter deſſus, durant leſquels ie le fis bien traiter, & depuis il ne me fit deſordre en ſes leçons, qu'il ne fuſt reparé en vne ou deux caualcades: & en deux mois
& demy, il fut ſi bien dreſſé, que ie ſuis aſſeuré qu'il n'y auoit cheual en France, qui
maniaſt à groupades plus nettement, n'y auec plus de grace & de iuſteſſe, que faiſoit
celuy là, tant ſur les voltes, que par le droit. Ie ſçay que s'il n'euſt eu l'inclination aſſez
bonne & facile, & qu'il euſt eſté deſpourueu des forces & vigueur, que ie luy auois
deſcouuertes, il m'euſt fallu beaucoup plus de temps à le dreſſer & peut eſtre, n'euſt
iamais fourny vn manege ſi égal & releué: & ſi de ſon temperament, il euſt eſté fort
colere aduſte, ou flegmatique, ce grand chaſtiment l'euſt facilemét deſeſperé, rebuté ou auily. Par toutes ces raiſons on peut iuger que le téps pour dreſſer vn cheual,
ne ſe doit ny ne ſe peut limiter, que par la capacité du naturel, des forces & de la legereſſe, que le bon Caualerice y recognoiſt.

Le diſcours que i'ay fait de ce vieux cheual, n'a pas eſté en intention de repreſen-

Qq iij

ter quelque chose merueilleuse:mais seulement à dessein, pour faciliter l'explicatiõ
des reigles, & l'ordre qu'il faut obseruer en semblables occasions, & mesmes afin
de faire mieux comprendre au Lecteur, les particularitez plus notables. Assauoir que
si en exerçant vn cheual de quelque aage qu'il soit, on recognoist que de sa nature
ou par accident, il ne soit nullement propre pour reuissir à la legeresse, & gaillardise
des airs r'accourcis & releuez:sans le rechercher d'auantage on le doit dresser à quelque manege, duquel la proportion assez spacieuse, & neantmoins limitee, luy dõne
moyen de pouuoir distribuer librement sa vigueur, autrement le temps & la peine
qu'on y employera n'apportera que du desplaisir. Car en fin, il n'y a sorte d'artifice
qui puisse rien, là où il ne trouue sujet, ny matiere propre à ses bons effects.

Qve si nature d'elle mesme, ou pour quelque euenement estrange, empesche le
cheual fort nerueux, de distribuer franchement ses forces, à la resolution de la course, & à la diligence & facilité necessaire au manege de guerre, & du combat de main,
il vaudra mieux changer de dessein, & regler ce cheual à quelque exercice qu'il puisse fournir, par le consentement & l'aide de nature, sans desassembler, ny mesmes du
tout desnoüer ses forces & disposition. N'ayant toutes ces considerations, tout ce
qu'on pensera auoir bien finy par vn grand & long trauail, ne durera d'ordinaire
que iusques à ce que le cheual aye eu le temps, & le sejour suffisant de reprédre sa vigueur naturelle, pour se pouuoir de nouueau opposer, à ce qu'on le voudra cõtraindre outre son inclination.

Et quand le cheual refuse malicieusement tout à fait, ce qui luy a esté bien apprins, & qu'il a souuent pratiqué, s'il perseuere en sa desobeissance, il le faut vaincre
par tous les moyens plus propres qu'on pourra choisir, soyent ils doux ou seueres,
selon la reigle generale: ce que i'approuue auec les plus grands personnages de cest
art, qui ont esté deuant nous, & ceux qui sont à present:toutesfois en cecy, il y a des
exceptions fort notables. Car quoy que l'on face, on doit tousiours bien considerer
le temperament naturel, & les mutations que le cheual fera, durant le tourment &
les douleurs qu'il receura:parce que s'il est colere & fort sensible, estant longuemét
contraint & battu, il entrera facilement en confusion fougouze, oubliant ou refusant toute obeyssance, & lors les chastimens rigoureux le mettront en plus grand
desespoir:& s'il est flegmatique ou autrement temperé, & qu'estant timidé par vn
grand & long chastiment, il s'estonne trop, la rudesse perseueree l'auilira du tout:
c'est pourquoy en donnant vn grand chastiment, le bon Caualerice doit auoir tousiours l'esprit tendu, à bien recognoistre à quoy le cheual se dispose, durant le tourment merité, afin de continuer, augmenter, diminuer, (ou à la necessité) du tout cesser la rigueur, selon qu'il iugera les diuers mouuemens, qui se feront en la nature &
au courage de son cheual:car comme i'ay dit cy deuant, les chastimens ne luy peuuent estre vtiles, si ce n'est entát qu'il se trouue capable de les comprédre & d'y ceder, & respõdre auec vigueur ou volonté.

On peut aussi apprendre en ce mesme discours, qu'apres auoir chastié par vne
grãde & longue esquiauine, le cheual obstiné en quelque desobeissance, il est bõ
le lendemain, ou deux iours apres de remõter dessus s'il est possible, seulement pour
recognoistre paisiblemét les effects du chastiment, afin que selon qu'on aura senty
le cheual disposé, on premedite apres auec plus de considerations, de loisir, & plus
seurement, l'ordre & les moyens qu'il faudra tenir en l'exerçant.

DIVERS PRECEPTES
PARTICVLIERS
CHAPITRE XXXVI.

C'E s t beaucoup de sçauoir bien desgourdir, faciliter & resoudre le cheual, tant sur les voltes que par le droit, l'asseurer & allegerir au parer, & de pratiquer proprement les plus belles reigles de tous les airs & maneges, des meilleures escolles: mais outre cela, il faut necessairement que le bon Caualerice soit curieux, d'euiter beaucoup de choses, qui peuuent troubler les esprits, & sur tout, la memoire de cest animal, qui en a fort peu, principalement en l'exercice des leçons, plus iustement obseruees, autrement il trauaillera maintesfois en vain : & souuent ces occasions naistront de l'offense de la bride trop rude, ou mal ordonnee, ou de la ferrure trop contrainte, ou de la dureté du terroir, si les pieds sont foibles & douloureux, ou (si le cheual est fort sensible) de quelque importunité qu'il setira de la selle, mal faite & mal fournie, ou du harnois neuf ou mal agencé, mesmement autour des aureilles, & dessous la queuë, ou de quelque boucle ou ardillon, ou des esperons trop gråds, trop pointus, & non accoustumez: c'est pourquoy la bardelle a esté inuentee, & que nous ne voulós voir croupiere, ny poitral en nos escolles ordinaires, aussi que nous vsons communément d'esperons qui ne piquent pas beaucoup. Car c'est vne maxime, que le cheual non plus que l'homme, ne peut que fort difficilement arrester sa memoire en quelque chose reiglee, tant qu'il est persecuté de quelque douleur extraordinaire, & mesmes tant plus qu'elle est violente.

T o v t ainsi que la douleur, & l'importunité de la bride trop rude, peut empescher le cheual d'aymer l'escolle, quand au contraire l'emboucheure luy dóne beaucoup de plaisir, il s'y peut tellement arrester, qu'il en comprend moins la nouuelle leçon qu'on luy donne, & mesmes il s'en voit, qui estants en furie & inquietude, font des mouuemens & des gestes, auec la teste & la bouche, en maschant leurs emboucheures mouuantes & sauoureuses, qu'il semble proprement, qu'ils les doiuent aualer: & de là leur vient aucunesfois le vice de boire leurs mords: pour les prendre auec les grosses dents. En tel cas l'on se doit preualoir du simple canon, & mesmes il est bon aucunesfois d'oster la Siciliane, quand le cheual est leger à la main, qu'il a la langue fort sensible & mouuante, & le ceruéau mal arresté, remettant les effects des brides plus plaisantes au temps qu'il sera dressé asseuré & adiusté.

S i le cheual est battu furieusement, & long temps par le palefrenier, ou quelque

Q q iiij

autre estant à l'estable,il peut entrer en telle apprehension & desplaisir des coups, receus mal à propos, que pour si bien qu'il aye esté adiusté à quelque manege, il se trouuerra si confus & desbauché, qu'il faudra aucunesfois, huict ou dix caualcades de patience pour le remettre: c'est pourquoy les valets, se doiuent bié garder de battre trop rigoureusement le cheual de manege, si ce n'est pour quelque occasion qui apporte vne grande necessité.

Vne grande peur peut aussi tant troubler la memoire, & le courage du cheual apprehensif, qu'il en oubliera pour quelque temps l'ordre de ses plus iustes leçons, en quoy le Caualerice doit auoir beaucoup de considerations, & d'ingenieux moyens pour recognoistre d'où procede la mutation qu'il trouue en son cheual, & pour le rasseurer & remettre en escole.

Il faut aussi considerer, que si le cheual est naturellement colere, fort sensible, & encores mal asseuré à son iuste manege, le trauail estroit & continué en la plus chaude saison de l'esté, luy augmentera l'impatience & la fougue, principalement là où les mousches le tourmenteront : & les inquietudes luy faisant falsifier par plusieurs mouuemens diuers & desordonnez, ses leçons plus auancees, le Caualerice ne se pourra peut estre, empescher de le battre rigoureusement: de façon que l'apprehension & la douleur des aspres chastimens, ioints aux incommoditez precedétes, le mettront ordinairement en telle action, qu'il sera presque impossible de luy faire gouster ou comprendre aucune iustesse bien obseruee, & fort facile de le rebuter, & particulierement les cheuaux qui de nature, sont fort coleres adustes ; estants exercez durant les plus grandes chaleurs, se trouuent souuent possedez par des mouuemens malicieux, vindicatifs & comme frenetiques.

Povr vn tesmoignage ordinaire, que les grandes chaleurs se rapportent au temperament du cheual fougoux & desobeyssant, on void d'ordinaire que presque aussi tost qu'il est recherché de quelque iustesse, qui luy desplaist, où le contraint tant soit peu, il suë plus que s'il auoit galoppé vne lieuë de long, & au contraire celuy qui est de bonne nature ; ne s'eschauffe que seulement par le trauail qu'on luy donne. Tellement que ie suis d'aduis, que les exercices plus contraints, ausquels la patience est plus requise, soyent reseruez aux autres saisons plus temperees, & que durant les chaleurs plus vehementes, on se tienne à l'escole large, & plus facile, seulement pour conseruer l'haleine, & la commune obeyssance du cheual de manege.

La fumee, les poussieres espaisses, & les grands vents, sont aussi côtraires aux iustes reigles de cest exercice, à cause que donnants aux yeux, aux narines, & aux oreilles du cheual, il ne peut bien comprendre ny retenir la leçon de patience, & bien reiglee: & s'il est bizarre & despiteux, au lieu de consentir aux mouuemés du cheualier, estant ainsi importuné, il s'opposera & s'obstinera d'auantage.

Ivsqves à ce que le cheual soit pour le moins, aucunement asseuré aux leçons des iustesses qui luy auront esté, ou seront plus difficiles à comprendre, il se faudra departir pour l'exercer en icelles, des grands chemins ausquels, il puisse voir passer & repasser d'autres animaux & des charrettes: euitant aussi les lieux, qui l'estonneront trop, & les bruicts & obiects extraordinaires, qui luy pourroiét arrester la veuë ou le courage, en quelque endroit particulier, soit craignant la chose remarquee, ou desirât s'en approcher, mesmes là où il voye ou sente des iuméts, ou autres cheuaux

defquels il foit amoureux ou ennemy : car toutes ces chofes font bien fort contraires aux plus iuftes efcoles.

S 1 le cheual a tant de mouuemens & d'inquietudes, que durant qu'on le recherche en fes iuftes leçons, il s'amufe confufément à diuerfes chofes qu'il voit, qu'il oit,
ou qu'il côçoit, & que les lieux limitez & enfermez, l'auiliffent ou l'eftônent trop, il
fera bon de l'exercer fouuét la nuict, pourueu que le temps foit calme, & en lieu qu'il
ne voye autour de foy, aucune ombre particuliere, ny pifte ou apparéce de chemin,
ny de maifon, eftable, porte, ou paffege, qu'il recognoiffe pour faire fa retraicte, ny
cheual ou autre beftial, & mefmes qu'il les puiffe entendre ny fentir : & par ce moyen
on luy pourra aucunesfois arrefter la memoire : & d'autant que lors que le cheual eft
efchauffé, & en fueur, les rayons de la Lune, font bien fort dômageables à fa fanté,
il le faudra promener apres l'exercice en quelque lieu côuuert, & hors du ferain : &
foit qu'on l'exerce de nuict, ou de iour, en le r'amenant au logis, il faudra tenir vn
autre chemin, que celuy par lequel on l'aura conduit au lieu de l'exercice, & de la leçon : afin qu'il ne f'accouftume à tenir fon courage tendu auec fon action du cofté
qu'il penfera auoir recogneu pour retourner à l'eftable.

E n telles occafions, on peut aucunesfois tirer quelque vtilité des lunettes, en les
mettant au cheual foudain qu'il aura finy vne bonne leçon eftroite, non pas tât afin
qu'il ne recognoiffe le chemin du logis, que pour empefcher (au moins durant vne
heure, apres qu'il aura efté exercé) qu'il ne voye quelque obiect, auquel il puiffe, tant
occuper fa veuë & fes efprits, qu'il en oublie l'ordre de fon iufte exercice : mais de luy
boucher ordinairement les yeux, pour le mener à l'efcole, ie n'approuuè pas cefte habitude, d'autant que tant s'en faut, qu'elle ferue à bien difpofer le cheual aux bônes
reigles, que c'eft pluftoft vn moyen pour le rendre impatient & fauuage, principalement fi de fon natunel, il eft fougoux ou vicieux : & qu'il foit ainfi, il y a aucuns hommes accorts, qui font profeffion d'achepter & vendre des cheuaux, qui pour les faire paroiftre plus deliberez & furieux, que n'eft leur couftune, les tiennent ordinairement feuls, & dedans des eftables fort obfcures : afin que les fortant tout à coup
au large, & à la clarté, la plufpart des chofes qu'ils verront mefmement d'autres
cheuaux, les mettent en quelque action efueillee & extraordinaire. Or les lunettes
font les mefmes effets : car il n'y a cheual vigoureux, tant foit-il paifible, que fi on l'a
tenu quelque temps fans luy laiffer voir l'air, & que luy defbouchant apres foudainement les yeux, il fe trouue parmi d'autres cheuaux, ou en quelque part qu'il foit,
il ne f'amufe aucunes fois pluftoft à ce qu'il verra diuerfement, que à la iufte obeyffance d'vn manege bien obferué. Ie diray d'auantage, qu'il eft bon que le cheual
d'efcole defia bien auancé aux iuftes proportions, & mefmes f'il eft melancolique
ou timide, voye manier d'autres cheuaux, qui aillent facilement de quelques airs
gaillards, parce que aucunesfois cela l'efueillera, & l'incitera de faire plus gayement
fa leçon : & pour tirer de ce precepte vne preuue fort commune, l'on peut voir d'ordinaire que le cheual vigoureux, & frais de feiour, fe prefente de foy, defireux de partir de la main, ou de faire quelque autre mouuement leger & nerueux, oyant ou voyant pres de foy, courir ou faulter d'autres cheuaux. Ie fçay que plufieurs diront qu'il
eft mal-ayfé de mener en main fans lunettes, vn cheual allegre, fans que la gaillardife luy face faire plufieurs defordres, par lefquels il aura fouuent la bouche offen-
cee, ou qu'il bleffe celui qui le tiendra, ou luy efchappe : auffi ne fuis-ie pas, d'auis
qu'on meine en main le cheual de manege, qui de fon humeur eft folaftre ou que
relleux, au contraire, ie veux qu'on y face monter vn page, ou autre qui le conduife
fagement fans le rechercher en façon quelconque, & qu'il le fcache retenir ou chaf-

ser , si d'auenture il veut faire quelque trait licentieux : toutesfois n'ayant point ces
commoditez, & pour euiter le plus grand de ces desordres, encores vaudra il mieux
le mener main , auec les lunettes que sans icelles : en fin, ie les remets en mon vsage, pour faire tenir les cheuaux fascheux deuant vne porte, attendant le maistre , ou
pour les mener à la forge , & durāt le temps qu'on les ferre , afin de diuertir plusieurs
euenemens preiudiciables , ausquels vn laquais ny vn palefrenier ne sçauront bien
remedier: mais il y a long temps que i'ay banni les lunettes de mon escole, & ne m'en
sers que par contrainte.

Si quelqu'vn s'esmerueille , de ce que ie veux qu'on obserue tousiours, tant de
considerations, en exerçant les cheuaux irresolus , ou mal nez à l'obeissance des iustes maneges , ie l'aduise, que la permission d'vn seul desordre de demi-quart d'heure
suffit, aucunesfois, pour reculer les bonnes leçons , de tels cheuaux, autant ou plus
qu'on les aura peu aduancer en deux ans, auec beaucoup de soin & de peine. C'est
pourquoy (en cest exercice) il est si mal-aisé de patienter, les desordres, que font les
escoliers, desquels les esprits ne peuuent comprendre, que ce qui se faict de plus cō-
mun & moins parfaict.

DIFFINITION DES REIGLES ET
leçons precœdentes.

CHAPITRE XXXVII.

 I ie voulois continuer d'escrire les defences que le cheual desobeis-
sant & malicieux , fait ordinairement, ne voulant ceder à la volôté
du cheualier: & particulierement en combien d'actions, il peut ne-
gliger ou falsifier l'air & l'ordre des plus iustes leçons : ensemble les
moyens par lesquels estant à l'escole, on le peut diuertir des mouuemens diuers, qui se font en son temperament, mesmes s'il est de
nature bizarre: & les moyens de l'attirer à l'obeyssence, soit par la douceur & le téps,
ou pour le contraindre par les remedes & chastimens rigoureux, le discours en seroit
infiny . Il suffira donc pour ceste fois, que i'aye expliqué les reigles principales, en la
pratique desquelles, ie suis asseuré, que le Caualerice sçauant, & inuentif en son art,
trouuera beaucoup d'autres belles proportions qui en despendent : mais aussi s'il a
faute de iugement & d'experience, par les mesmes reigles, il pourra confusément rebuter plusieurs cheuaux de differens naturels : car il en trouuera, qui au lieu de b ien
respondre à l'ordre limité des leçons plus estroittes & plus iustes, au contraire se feront entiers, s'auiliront ou entreront en extreme fougue, & quelquesfois en desef-
poir: d'autres qui au lieu de dispenser vigoureusement, & librement leurs forces &
courage, en quelque proportion plus spacieuse, & neantmoins obseruee, s'abandō-
neront sur l'appuy de la main, s'eslargiront trop, ou comment que ce soit, des-vni-
ront tellement leurs forces , que l'exercice en sera inutile & desordonné, à faute d'a-
uoir esté bien desgourdis & facilitez, auant qu'estre mis en la subiection des iustesses plus retenues, ou parauenture, par ce que le Caualerice aura mal choisi les reigles
propres aux complexions, & inclinations de tels cheuaux: & communément il aduiendra qu'vn seul cheual fera durant ses escoles , toutes les susdites defèces , & faul-
setez, par plusieurs mutations variables, si leb on Caualerice ny pouruoit sagement,
premier qu'il y soit disposé : vsant en ce seul cheual diuersement , & selon les
necessitez des aydes, chastimés & reigles diffentes, que i'ay cy deuant appropriees

à plusieurs cheuaux de differens naturels, r'apportant toutesfois en ce cheual, particulier, comme en tous les autres, le trauail de l'escole à la capacité de ses forces, tant
de l'esquine & des membres, que de l'haleine & du courage. C'est en quoy l'homme
de cheual doit iuger, qu'il ne se peut bonnement preualoir des bons effects de pas
vne des susdites & plus iustes leçons, sans auoir bien pratiqué toutes les autres, & en
general qu'elles ne luy peuuent non plus bien reüssir, si ce n'est en tãt qu'il y sçait, &
selõ qu'il y peut disposer le naturel, & les forces du cheual: & encores toutes ces choses ne suffirõt pas à la perfectiõ des plus belles reigles, si celuy qui en vsera n'a l'esprit
curieux & patient, & si tous ces mouuemens ne sont si subtils, & temperez que par
leur fermesse & diligence, toutes les proportions desdites reigles, soyent iustement
& délicatement obseruees en leurs temps & lieux propres & necessaires. Combien
voit-on de cheualiers, ayans le iugemẽt fort bon & beaucoup de sçauoir en cest art,
qui neantmoins estans à cheual, leurs deportemens sont negligens ou precipitez: &
d'autres, qui ont auec la docte experience, l'assiete belle, & qui prennent & accompagnent les temps ordinaires de tous les airs & maneges, par des aydes esgalles, aysees & bien mesurees qui pour tout cela n'ont iamais peu trouuer proprement la facilité de bien ioindre leur action generalle à celle du cheual, quand il manie de quelque bon air: & sans ceste partie que ie ne puis bien expliquer, les plus belles proportions ne peuuent estre assez iustemét, & nettement obseruees: d'autres que premier
qu'auoir esté bien esbauchez & desnoüez en la pratique de la premiere escole large
& plus commune, ont fort bien aprins les temps de tous les airs, & des plus iustes
aydes & chastimens des plus excellens maneges, ie dis si bien, que pour quelques caualcades, ils feront aucunes fois mieux aller les cheuaux dressez que ne sçauront faire les maistres mesmes, qui les ont continuellemét exercez: mais aussi les rebuterõt
ils souuent continuant à les manier: à cause que n'estans vsitez, que seulement aux
iustesses plus estroictement gardees, ils contraindront les cheuaux, par tant de subiection & de seuerité, que bien tost ils en seront auilis, confus ou tellement irritez,
que ceste escole si subiecte leur semblera vn supplice ou pour le moindre desordre qui
en naistra, ce sera la dureté de la bouche, ou la pesanteur de l'appuy d'icelle: Surquoy,
ie veux notamment aduertir celuy, qui pensera estre suffisamment fondé pour bien
pratiquer les reigles & leçons, qui sont en ce second *Liure*, que si en exerçant, & sur
tout en voulant affiner le cheual, à quelque iuste manege, il ne luy augmente ou
pour le moins ne luy conserue la legeresse & facilité de la bouche, & la franchise du
courage, il se pourra asseurer qu'il y aura encores quelque defaut en sa capacité: & si
par le discours & les figures de ce *Liure*, il semble à d'aucuns, que l'escole en doiue
estre trop longue, ie les aduise que veritablement, il est necessaire que l'homme, bien
qu'il soit industrieux, aye long temps vaqué à la poursuyte de cest art, & tellement
trauaillé: que les cordes du cauesson luy ayent fait naistre maintesfois, les cals & les
empoules aux mains, premier qu'estre bien paruenu à la vraye pratique de ceste escole: mais apres il aura moyen par les bons effets d'icelle, de reduire si facilement,
& en si peu de temps le cheual à l'obeyssance & perfection, qui se pourra tirer du naturel & des forces d'iceluy, que si outre le sçauoir, la diligence & la iustesse du Caualerice, il n'est suffisamment pourueu de bon iugement & de patience, il sera plus à
craindre (pour beaucoup de raisons) qu'il aye dressez ses cheuaux trop tost que trop
tard: en fin toutes les bonnes reigles, qui paroistront estranges à ceux qui en seront
ignorans, ne sont inuentees que pour faciliter l'obeyssance, & le iuste manege au
cheual, qui n'y a point d'inclination: car quand il consent librement à la iustesse, on
n'a que faire de tant d'artifice, si ce n'est pour abbreger le temps & la peine, ou afin
qu'il oublie moins ce qu'on luy monstre.

Avtresfois pour faire voir à quelques miens amis, l'excellence des susdites
reigles, i'ay expressément entreprins aucuns cheuaux de diuerses nations & témpera-
mens, qui auoient desia la teste passablement ferme, partoyent rondement de la
main, paroyent assez facilement, & qui tournoyent librement d'vn & d'autre costé,
au trot & au galop: mais qui n'auoyent iamais haussé le deuant, ausquels i'ay fait iustement redoubler à chasque main des bonnes voltes releuees de differens airs : & à
la fin d'icelles soustenir par le droit leurs mesures & battues égales, tát que leurs for-
cés pouuoyét fournir: les vns en deux mois, les autres en vn, d'aucuns en quinze ou
vingt caualcades, & ne diray pas seulement que la pluspart fussent cheuaux d'Espaigne, Turcs ou Barbes, communément mal nez à tels exercices: mais il y a eu en ce nóbre des iuméts, qui sont d'ordinaire beaucoup plus mal-aysees à dresser que les cheuaux, non pas à la determinatió de la course: car la vistesse & la fuite est propre à leur
temperament, qui se trouue generalement accompaigné de timidité & l'apprehension, ny au manege terre à terre: d'autant que l'exercice bas & serré se r'apporte, aussi
à ce naturel apprehensif & craintif: mais pour bien reussir aux airs releuez & également soustenus, il s'en trouue rarement, qui ayent le courage capable, ny la ceruelle
assez solide principalement sur les voltes redoublees. Or apres auoir ainsi reduit en
si peu de terme ces cheuaux ou iuments, au susdit estat de legeresse, d'obeyssance &
de iustesse, ie les remettois aux premieres reigles, tant pour euiter les accidens, qui
pouuoyent facilement naistre de la brieueté du styl, par lequel ie les auois exercez,
que pour mieux fonder & resoudre leurs airs & maneges, sur vn bon ordre de leçons
conprinses & retenës par le temps necessaire: i'ay voulu dire cecy, afin que le Caualerice remarque, & se souuienne qu'il n'est rien de plus requis en la perfectió de cest
art, que de cognoistre & se sçauoir preualoir du temps, auquel le cheual est disposé à
l'obeyssance: & que tout ce qu'il luy sçauroit apprendre de plus beau, en hastát trop
l'ordre de ses reigles (quoy qu'elles soyent bonnes, & qu'en icelles, il garde curieusement & proprement toutes les plus iustes proportions) se cóuertira plusieurs fois
en diuerses mutations estranges & desordonnees: & que l'obeyssance qui desplaist
moins au cheual noble & courageux, & celle qu'il peut rendre plus long temps, doit
naistre de la franchise à laquelle il aura esté gaigné, & accoustumé peu à peu, par la
suyte des leçons attenduës & bien pratiquees, selon les reigles cy deuant expliquees
& figurees, & tant plus quand l'exercice se r'apporte à son inclination.

DISCOVRS PARTICVLIER:
CHAPITRE XXXIX.

OMMVNEMENT les Caualerices paresseux, ou desia harassez par le long trauail continué, ioinct à la quantité des ans, veulent qu'on croye que les leçons qu'ils font donner au cheual, par vn bon escolier, seruent autant comme s'ils l'exerçoyent eux-mesmes: allegans pour raison, que le maistre estant à pied, void mieux les fautes que le cheual fait en tous ses mouuemens que s'il estoit dessus: ceste excuse est accompaignee de quelque apparence. Toutesfois, si faut-il confesser que par la veuë on ne peut si bien iuger l'intention bonne ou mauuaise du cheual ny la durté, pesanteur ou facilité des espaules, du col & de la teste, ny l'appuy de la bouche, ny la force & debilité de l'esquine, comme quand on le sent estant dessus: Pour tout cela, ie ne veux pas dire qu'vn bon escolier ne puisse desgourdir, resoudre & bien esbaucher le cheual. Mais à la verité, il est necessaire que le maistre mesmes luy donne les plus iustes leçons, auec ordre & patience, à peine que si pour l'adiuster & affiner en son manege, il y fait monter quelque autre, pensant luy faire effectuer les proportions qu'il dira, ses paroles & gestes, & la plus part des deportemens, par lesquels il se voudra faire entendre, troubleront tellement la memoire du cheual, qu'il ne pourra retenir que le desplaisir qu'il en receura: & quoy que l'escolier qui l'exercera, soit beaucoup auancé en cest art, si est-ce que si par sa negligence ou pour quelque autre deffaut, il fait crier & tourmenter son maistre, la leçon ne seruira qu'à luy seul: car en fin, la voix de l'homme estant furieuse & variable, & la parole rude, tient tousiours le cheual d'escole en soupçon d'auoir failly, ou d'estre recherché de quelque action extraordinaire & violente: & cependant qu'il est en ces mouueméts douteux il ne peut comprendre l'ordre du iuste exercice qu'on luy veut apprendre. Mais on trouue à present en France si peu de bons escoliers en cest art, que les maistres sont contraints d'exercer eux-mesmes, la pluspart des cheuaux qu'ils veulét bien dresser: toutesfois ce n'est pas qu'on ne voye aux escuyries des grands, beaucoup de pages souuent occupez à monter à cheual, ny que nos François ayent communément faute d'inclinatió à cest exercice: i'ay desia dit ailleurs, que plustost cela procede de l'inconstance, qui ne leur permet de perseuerer en la chose qu'ils voudroyent sçauoir, iusques à ce que la pratique des bonnes leçons, & le temps necessaire, les ayt rendus capables de la perfection qu'il y peut auoir, laquelle ne s'acquiert que par la longue peine, accompaignee de la curiosité volontaire & passionnee. Et la cause particuliere de telle irresolution, est que ceste ieunesse se trouue cóposee d'enfans d'assez bónes maisons, qui neantmoins tant qu'ils sont Pages, endurent beaucoup d'incommoditez & sont nourris, ou le doiuent estre, en grande crainte sous la discipline de leurs escuyers. Ayans apres laissé l'habit de la verge, la soudaine iouyssance de ceste premiere liberté, & ce nouueau tiltre de Monsieur, commence à leur donner vn tel sentiment de vanité, qu'il y va vn assez long espace de temps, premier que la violence de ce contentement soit temperee. Durant ce temps, la pluspart d'iceux sont diuersement tentez des passiós de l'amour, du ieu, de la chasse, de la court, de l'oisiueté cazaniere, ou quelques particulieres desbauches & dissolutions, qui comme à l'ennui font ce séble, à qui premier les aura. Or quelque party de ceux-là, qui les gaigne,

Rr

ils le trouuent si naturel & si doux, & le gouftent auec tant de foin & d'affectió, qu'il
ne faut plus faire eftat, de leur pouuoir perfuader autre occupatió plus loüable, &
mefmes aucuns des plus grands Seigneurs, de tel aage tombent facilement en femblables licences eftans paruenus au temps(qui ce leur femble.) les exépte des afpres
reprimandes de leurs Gouuerneurs, jaçoit que ceux qui iouïffent des plus grands
biens & honneurs, doiuent eftre toufiours accompaignez des plus nobles & genereux defirs.

COMBIEN y a il de ieunes hommes, parmy la nobleffe Françoife, qui de leur naturel font propres, pour atteindre à la cognoiffance des plus belles fciences, ou du
moins à plufieurs parties, qui les feroient honorer, en tous les lieux, où ils voudroiét
honneftement paroiftre:lefquels neantmoins font ce tort à nature, d'employer &
confommer leurs aages, en telles licences & voluptez, qu'il ne leur en reuient que le
blafme, & en fin vn regret extreme. Ie m'affeure que quelque Gentil-hóme de nom
plus que d'effet, dira effrontemét furce propos, qu'il ne veut pas eftre Docteur, Mu-
ficien, Efcuyer, Efcrimeur, Baladin, voltigeur, Peintre, Mathematicié, Ingenieur, ny
autre tel qu'il voudra nommer:Et d'autant qu'il fera prefomptueux, ou ignorant, il
fe mocquera de tous les plus beaux arts, propres au Gentil-homme bien né:ou s'il y
a quelque commencement, dira qu'il en fçait affez pour fon vfage, & qu'il a moyen
de fe paffer de tout ce qu'il en pourroit apprendre d'auantage, comme fi tant de belles qualitez n'eftoient deuës qu'à ceux, qui ont faute de biens. Tels courages tiennét
peu de la generofité de tant d'hommes vertueux & excellens, que la France a cy deuant produits. Ie demanderois volontiers à cefte multitude de gens, fi peu amateurs
des vertus, fi quand on a veu aucuns de nos Roys, & plufieurs Princes & gráds Seigneurs, vaquer ordinairement à plufieurs beaux & honorables exercices, fi c'eftoit
par neceffité de biens, ou s'ils laiffoient pour les affaires de l'eftat, ny pour les plaifirs
de l'amour, de lachaffe, ou du jeu, de faire manier prefque tous les iours des cheuaux
gaillards & bien dreffez, de faire quelque partie à courir la bague, ou de s'exercer armez ou autrement pour eftre remarquez en faifant mieux, que beaucoup d'autres
qui paroiffoyent aux tournois & combats, qui pour lors fe pratiquoyent fouuent à
pied & à cheual, ny d'employer aucunes heures à la lecture de quelques bons liures,
pour façonner leurs mœurs, & à la Mufique, à la danfe, à la peinture, ou à quelque
autre honnefte & recreatiue occupation: ç eftoyent leurs deportemens ordinaires,
s'eftudians d'auoir grace & dexterité, pour fe rendre plus agreables à vn chacun, &
neantmoins eftimez & redoutez. Quelque autre qui ne fera pas moins d'efpourueu
de bón naturel, dira auffi, penfant s'excufer, qu'il n'eft pas affez riche, pour pouuoir
long temps continuer cefte façon de viure, qui n'appartient qu'à ceux qui ont beaucoup de reuenu, pour y fournir abondamment:fans doute l'homme irrefolu & negligent, eft incapable d'honneur: veritablement fi vne infinité de beaux efprits, qui
de tout temps, fe font faits admirer par leurs genereufes curiofitez, fe fuffent laiffez
vaincre à tant de difficultez, leur memoire ne feroit pas honoree & immortelle, cóme elle eft.

Novs voyons cómunément, que ceux qui font les plus grandes defpenfes, pour
apprendre quelque honnefte exercice, ne fe rendent pas les plus fçauans, qui eft vn
certain tefmoignage, que les principaux moyens de paruenir à quelque perfection
loüable, doiuent naiftre d'vn courage defiteux d'honneur merité, & qui perfeuere
en ce beau & genereux deffein.

Si l'on veut confiderer les finances, que depuis trente ans en çà, la Nobleffe Fran-

çoiſe, à tranſporté en Italie, la pluſpart expreſſément pour s'exercer à cheual, l'on s'e-
ſtonnera qu'il en ſoit reuenu, ſi peu d'excellens en ceſt art, & ie ſuis aſſeuré qu'aucũs
de ceux qui ſe ſont rendus plus experts, ont moins deſpenſé que beaucoup d'autres,
qui auec grands frais ſont demeurez preſque ignorans : & de franche memoire , ie
puis dire auoir veu trauailler le Sieur de Pleuuinel, en d'auſſi bonnes eſcoles, qu'on
euſt ſceu trouuer en tout le monde : mais tant s'en faut qu'il luy couſtaſt de ſon bien,
que s'il fuſt tombé en quelque neceſſité, ie ſcay que ſes maiſtres ne luy euſſent non
plus eſpargné leurs moyens, que s'il euſt eſté leur propre parent : Son bon naturel
auec le ſoing, la patience & la diligence qu'il mettoit à bien apprendre , le faiſoyent
aymer & l'ont en fin rendu tel, qu'il eſt pres de noſtre Roy.

Il ne faut nullement douter , que l'homme vertueux qui a quelque perfection
particuliere, ne ſoit tres-ayſe d'auoir des apprentifs ſi bons imitateurs, qu'ils decorẽt
euidemment ſon ſçauoir en diuers lieux : & auſſi eſt-cé à la verité le plus precieux ſa-
laire, qu'il en pourroit receuoir : ie ne ſuis pas de ceux qui ont beaucoup apprins ayãt
eſgard à l'extreme peine que i'ay eu toute ma vie, eſpris d'vn perpetuel deſir, de ſçauoir quelque choſe, qui me peuſt faire admettre en la compagnie & conuerſation
des perſonnes d'honneur : mais tel que ie ſuis, ie reputerois à vn grand heur, ſi au nõbre de ceux, qui ont eſté eſleuez ſous ma charge, il s'en fuſt rencontré de ſemblables
en inclination, au Sieur de Mont-marin, Gentil-homme du pays de Bourbonnois,
ſi bien né, qu'il ne s'eſt pas contenté d'auoir eſté nourry ſept ou huiĉt ans page, à la
grande eſcuirie du Roy, faiſant ordinairement pluſieurs beaux exercices , & s'eſtre
rendu vn des bons hommes de cheual, qui fuſt de ſon temps en l'eſcuyrie : mais deſireux d'apprendre d'auantage, & d'atteindre à ce, qui le faiĉt honorer, il a voulu depuis expreſſément ſuyure preſque toute l'Italie, recherchant continuellement lẽs
meilleures eſcoles de ceſt art, pour le moins dix ans. Encores pluſieurs ieunes barbes
diront, qu'à preſent on n'a plus le temps que la Nobleſſe ſouloit employer à toutes
ces gentilleſſes, à faute d'occupation meilleure, & que les hommes courageux ont
aſſez dequoy s'exercer auec plus d'honneur, au meſtier de la guerre, ce ſont des ex-
cuſes mal fondees, ſinon qu'on vueille croire que ceux, qui les alleguent ſoyẽt tous
les iours attachez aux combats, & dedans le ſang & le carnage, iuſques aux coudes :
mais on ſçait aſſez que les gens de guerre paſſent en oiſiueté, la pluſpart des heures
du iour, qu'ils pourroyent neantmoins employer ſi leur naturel s'y adonnoit, à lire
quelques geſtes braues & memorables, & à pluſieurs exercices de corps, qui les diuer-
tiroyent d'vne infinité de penſees deshonneſtes, & deſagreables à Dieu, & par conſequent les rendroyent non ſeulement plus gens de bien & plus ſages : mais plus induſtrieux & aduiſez en leurs conceptions, & aux combats plus adroits , reſolus &
forts, qu'on ne les void communement.

A qui ſe void plus ſeant qu'à l'homme de guerre, la crainte des iugemens de Dieu,
la franchiſe, la prudence, la pieté, & meſmes la grace & facilité en tous les exercices
martiaux ? n'eſt-ce pas proprement l'honneur , qui doit eſtre ſon principal but ?
Pourquoy donc deuroit-il ſi librement expoſer ſa vie, & patir tant de peines, n'eſtoit
ce genereux deſir de pouuoir mourir vertueuſement, laiſſant de ſoy vne memoire
honorable à la poſterité, & particulierement à ſa lignee ? ſont ce parties qu'il faille
remettre aux perſonnes baſſes de cœur & d'extraction ? ſi les vertus auoyẽt touſiours
eſté bannies des trouppes militaires, à quelle fin, tant de braues & hõneſtes eſprits,
ſe ſeroyent voulus preualoir du tiltre de ſoldat ? ſeroit-ce pour exercer les vols, ex-
torſions, aſſaſſinats, & vne infinité de vilains aĉtes, ſemblables à ceux que la pluſpart
de nos guerriers ſont en ce temps au grand regret des bons chefs , qui toutesfois,

Rr ij

pour les tyranniques infolences, commifes à leurs occafions , fentiront peut eftre
quoy qu'il tarde le iugement de Dieu , mefmes à faute d'auoir fait regner la iuftice
en leurs troupes.

IL ne faut pas croire que ce fuft l'intention de la Nobleffe, & autres hommes de
bonnes maifons, qui de leur bon gré, ou par exprès commandement paternel ont
voulu rendre beaucoup de fubiection portant les armes, ny de plufieurs qui les por-
rent à prefent: mais pluftoft pour apprendre fous le deuoir du foldat, comme en vne
efcole de vertu, le refpect & la fidelité que le bon fubiect doit à fon Prince naturel &
fouuerain, & l'affectió au bien & repos de fa patrie, recherchant les hazards plus pe-
rilleux pour acquerir l'honneur, & pour le fçauoir conferuer, preferant par ce braue
defir la prud'hommie & bonne reputation à fon propre fang, & à toutes les cómoditez de ce monde: telles actions & defportemens defpendent de ce qu'on fouloit
nommer difcipline militaire.

I'AY toufiouts admiré les perfonnes capables de telles refolutiós, pour les auoir
fouuent recogneus, propres à bien reuffir à tout ce qu'ils entreprennent, contre l'o-
pinion de ceux, qui difent que l'homme ne fe doit occuper qu'à vn art, pour y deuenir bon maiftre. Non pas peut eftre celuy, qui ayme plus le repos & la volupté, qu'il
ne defire fçauoir bien faire beaucoup de chofes loüables: mais quant à moy, ie tiens
que la vigueur d'vn naturel curieux accompagné d'vn bon iugement, ne fe limite
pas ainfi, & que celuy qui fe réd excellent en quelque beau exercice, doit eftre capable d'en bien faire pour le moins trois ou quatre, fans que l'vn d'iceux empefche la
perfection de l'autre, pourueu que l'efcolier perfeuere en ce defir, & que l'executió,
s'en enfuiue. Ie diray plus que tant s'en faut que la pratique de plufieurs exercices
difficiles, rendent confus le bon entendement, que c'eft pluftoft vn moyen d'ayder
à le refoudre & affiner d'auantage auec moins de contrainte : car quand l'efprit fe
laffe d'eftre trop longuement tendu à vne chofe malayfee, il peut fe r'afraichir & reprendre fa force, en quelque autre fubiect honnefte auquel il fe plaife , quoy qué
f'occupation en foit penible. De forte que par cefte varieté, l'entendement eft fou-
lagé en s'exerçant toufiours, & communément la perfection d'vne chofe en attire
vne autre, fi elle eft defia acheminee , bien que les exercices en foyent aucunement
differents: en quoy le contentement furuient, qui arrefte plus facilement les efprits,
& qui engendre de nouueaux & plus hauts defirs, & partant le vice eft chaffé en euitant l'oifiueté. Toutes ces raifons font affez apparentes en la façon de viure de ceux
qui n'ont voulu occuper la fubtilité de leurs bós efprits qu'en vn feul art, & mefmes
tant plus la pratique en eft rare & belle. Qu'il foit ainfi, la plufpart deuiénent quoy
qu'ils tardent bizarres, pareffeux, & trop fubiects à leurs plaifirs defbordez , & cela
ne procede finon, de ce que d'ordinaire ils ont donné relafche à leurs efprits par l'oifiueté du corps: en laquelle le vice leur a prefenté tant d'obiects & d'alechemens,
pour arrefter leurs volontez, qu'ils fe font rendus indignes de la vertu profane &
negligee, apres l'auoir acquife.

IE ne fais pas ces difcours, me prefumant de pouuoir perfuader les efprits nonchalans à s'adonner aux plus honneftes exercices: car ie me fens trop foible de iugemét, de doctrine, & de façon de parler: c'eft feulement pour l'extreme defplaifir que
ie reçois depuis quelque temps, voyant fi peu paroiftre en ce Royaume, les hommes
rares en plufieurs belles parties, acquifes par grand labeur: ie fçay que les defordres
de nos guerres Ciuiles, ont peu apporter quelque excufe: mais cefte cófideratió ne
m'exempte pas du regret, auec lequel ie mourray , n'ayant peu faire en ma nation

pourbeaucoup de ieuneſſe bié nee,ce que ie me promettois en mes ans plus vigoureux,principalement pour ma ville natale. Mais au lieu de me receuoir comme ſon
enfant,apres vn ſoin extreme, accompaigné d'vne infinité de peines,que i'ay long
temps ſouffert en diuers lieux,eſperant luy en rapporter quelque vtilité & en receuoir au moins quelque honneur,elle m'a chaſſé par ſa ſeuerité couſtumiere,comme
maraſtre auec plus de rigueur,que ſi ſ'euſſe eſté barbare,plein de tous vices.Ce n'eſt
pas le ſeul fleau, par lequel il a pleu à Dieu, me faire recognoiſtre mes pechez : mais
c'eſt bien celuy,qui m'a apporté plus d'amertume.

   Pevt eſtre qu'on penſera liſant cecy,que ſuyuant la couſtume de ceux,qui font
profeſſion des arts bien ſeants aux grands,&autres perſonnes de qualité,qui portét
les armes,ie vueille que celuy du Caualerice ſoit preferé à tous autres , ou que comme l'Orateur pauure ou auare,qui preſche pour la beſaſſe , ie me plaigne tacitemét
ne m'eſtant peu enrichir de biens de fortune,en quoy l'on pourra mal iuger : car ie
me ſuis aſſez curieuſement meſlé d'autres choſes hautes,que de dreſſer des cheuaux:
& ſi i'ay choiſi ceſt art pour ma vacation ordinaire, c'eſt parce qu'il m'a ſemblé plus
conuenable à mon humeur,que d'autres exercices honorables,auſquels ie n'ay pas
moins employé le trauail du corps & de l'eſprit. Et pour me defendre du blaſme de
l'auarice,ie ſuis aſſeuré qu'il ſe trouuerra encores au temps où nous ſommes vn bon
nombre d'honneſtes perſonnes,qui teſmoigneront qu'ayant recherché de partici-
per à l'acquiſition que i'ay faite par mes trauaux,ils m'ont trouué diſpoſé à les contenter,ſans en pretendre ny eſperer autre recompenſe,qu'vne franche amitié,com-
me volontairement auſſi,ie donne ce mien petit labeur, tel qu'il eſt,à ceux qui s'en
voudrót preualoir:& s'il demeure quelque temps ſans hóneur,à cauſe de nos troubles,qui deſbauchent la pluſpart des plus beaux eſprits,au moins i'eſpere qu'à l'aduenir,il pourra eſtre recherché de tels,qui eſtans bien nez,tiendront quelque conte de ma liberalité,quoy qu'elle ſoit de peu de merite.

R r iij

D'OV PROCEDE QV'A
PRESENT ON VOID SI PEV DE
BONS CHEVAVX, ET DES IVGEMENS DIVERS,
qu'aucuns font de la suffisance des Caualerices.

CHAPITRE XL.

E n'est pas sans cause, si depuis enuiron vingtans en ça, les François se plaignent de ne voir plus la quantité de beaux & bons cheuaux, qu'on souloit auparauant recouurer à pris raisonnable : car la France n'en est pas seulement necessiteuse: mais presque la plus grãde partie de la Chrestienté ressent ceste incommodité, laquelle se recognoist principalement en la ville de Naples, où l'on a veu autresfois en vn Carnaual, cent cheuaux gaillards, allans excellemmét bien de tous les plus beaux airs, qui se peuuent exercer, & pour le moins mil autres coursiers, & genets, des plus parfaits en beauté & bonté, qu'on eust sçeu desirer pour la guerre : & maintenant c'est beaucoup, d'y voir six cheuaux, qui aillét bien, quoy qu'il y ait des escoles bien reiglees. Cela vient premierement du nombre incroyable de Caualerie, qui s'est ruinee & dissipee aux guerres ciuiles de France, & de Flandres : secondement de l'auarice des Napolitains, qui du temps que les cheuaux estoient bons, & à bon marché parmy eux, ont fait abastardir leurs haras, les aimãs mieux peupler de mulets, à cause que pour lors, ils en retiroient plus de profit. En mesme temps beaucoup de Noblesse Françoise, a esté en Italie, pour s'exercer à cheual, chacun d'eux faisant dessein de retourner en leurs pays, bons hómes de cheual, ou pour le moins bien montez, en quoy ils ont esté communément trompez, tant parce qu'en si peu de temps, qu'ils auoient premedité, l'on ne deuient pas bon Caualerice, que pour le peu de bons cheuaux, qu'ils y ont trouué en vente. Toutesfois, ceux qui ont eu necessairement affaire de grands cheuaux pour la guerre, pour querelles particulieres, ou pour monstrer au retour de leur voyage, ce qu'ils auoient apprins à cheual, ont en cela si peu espargné l'argent, que d'vne vieille rosse, qui faisoit encores quelques courbettes ou voltes à pieces rapportees, ou ie ne sçay comment ayrees, ils en ont aucunesfois payé sept ou huict cent ducats. Tellement que ceux qui auoient desia fait abastardir leurs haras, les voulans apres restaurer & r'anoblir, sur l'esperáce d'vn plus grand gain, ont esté expressémét plusieurs fois aux villes capitales de leur Royaume, pensans recouurer à mediocre prix, comme auparauát, quelques cheuaux vigoureux, & de belle taille: mais voyans que les François acheptoient prodigalemét, iusques aux plus vieux estelós, pourueu qu'il leur souuint encores de quelque saut, ils ont esté contraints de faire monter leurs iuments, aux cheuaux qu'ils ont peu recouurer, & le pis a esté que la pluspart des iuments, qui desia auoient esté montees & réplies par les asnes, n'ont plus retenu du cheual, ou n'ót fait que de bastardailles.

Tiercemét les Princes & principaux Seigneurs du Royaume de Naples, se sont laissez si bien gaigner à l'humeur Espagnole, à cause de nos insoléces detestables, qu'ils ont conuerty les plus beaux & braues exercices, que leurs deuanciers sçauoiét tresbien faire à cheual, & à pied, en vne certaine grauité froide, qui consiste seulement en la contenance de sçauoir, & pouuoir beaucoup, desdaignant les choses qu'on ne peut, ou desquelles on est ignorant: tellement qu'au lieu qu'on souloit voir d'ordinaire à Naples, l'estrade de Tollede peuplee de beaucoup de Noblesse genereuse, qui comme à l'enuy paroissoient deuant les Dames, faisans bien aller de differens airs, les plus gaillards cheuaux du monde, maintenant on n'y trouue plus qu'vne gráde quantité de ieunesse oysiue, qui se promeine sur des haquenees ou cheuaux de pas, aussi mollement que font en Castille vn tas de vieux cheualiers, qui ne s'esloignerét iamais de leurs maisons, & qui n'ont en leur vie apprins vertu ou partie plus singuliere, que seulement à faire bonne mine, selon leur accoustumee, & altere façon: & pour auoir moyen d'euiter plus grauement ces lentes & superbes promenades, les meilleurs haras d'Italie, (desquels sont autresfois sortis les plus nerueux, & legers cheuaux du monde,) ont aussi esté reduits aux plus petits genets, qu'ó y ait oncques veu, c'est pourquoy on n'y voit plus telle caualerie, qu'il y souloit auoir.

D'Espaigne ne vient plus aussi, que fort peu de tels cheuaux, que les gens de guerre de ce temps recherchent, à cause de la grande quantité qui en sont sortis depuis les troubles de France: toutesfois, ie pense qu'ils n'ont pas autresfois esté meilleurs que ceux, qui sont bons à present, & que leur ancienne & bonne reputation, vient du temps qu'il n'y auoit que fort peu de bons hómes de cheual, & que les gens de guerre se contentoiét, que leurs cheuaux de combat courussent, & s'arrestassent à l'Allemande, & qu'ils fissent cinq ou six passades, d'vne haleine au galop, tournant à chasque main, sans beaucoup de iustesse: car les haras Dandelousie, doiuent estre plustost fortifiez qu'affoiblis, à cause des beaux & forts estelons, coursiers & genets du Royaume de Naples, qui depuis y ont esté amenez.

Les mesmes guertes, sont aussi cause, que nous vóyons si peu de bons cheuaux d'Allemaigne, à l'occasió des attelages d'artillerie, & autres charrois & attirals qu'il a fallu ordinairement fournir aux armees, & de l'vsage commun des coches & charriots, qui depuis vingt ans se vóyent en Fráce, ioinct aussi que presque tous les cheuaux de couble, qu'on nous ameine, passant l'aage de trente mois, ont desia monté des iuments, & mesmes sont engendrez d'autres poulains trop ieunés & foibles. Car c'est chose asseuree, que les Allemans qui ont des haras, ne vendent iamais les poulains, qu'auparauát ils ne leur ayent fait emplir les iumens, s'ils ont assez de vigueur pour les monter: c'est pourquoy à present on rencontre, si peu de cheuaux d'Allemaigne, qui soient assez nerueux & gaillards.

Qvant aux cheuaux Turcs & barbes, les Fráçois en ont de tout téps & iusques à present recouuert fort peu de bós, tát à cause de la lógueur des voyages, que pour la difficulté des embarquemés & passages. Or en ceste pl⁹ gráde necessité de cheuaux il est encores suruenu que pour vn Caualerice, qu'il y souloit auoir, on en void plusieurs, & beaucoup pl⁹ de ceux, qui pésent estre bós maistres, que de ceux qui le sót: tellemét qu'il est fort mal-aysé, de trouuer des cheuaux de quelque natió qu'ils puissent venir, qui soyent assez accomplis pour leur vsage & contentemét: & sur les difficultez qu'ils trouuent en ce qu'ils essayént de tirer bien ou mal, de toutes sortes de cheuaux, il se voit encores d'autres cheualiers, plus ou moins expers, qui font plusieurs & diuers iugemens de la capacité des Caualerices, disans que les plus rudes &

R r iiij

feueres sõt ceux, qui dreffent mieux les rouffins ou frisós, & autres cheuaux de Ger-
manie: qu'il y en a d'autres plus fubtils & difcrets, defquels le fçauoir n'eft cõuenab-
ble que pour dreffer les cheuaux d'Italie, d'autres plus patiens & plus doux, qui font
feulement propres pour les cheuaux d'Efpaigne ou Turcs, Barbes & autres, qui viẽ-
nent de tous ces pays chauds & fecs: Ces petits iugemens font bons pour en parler
deuant ceux, qui n'ont pas beaucoup de fonds en cèft art. Mais les meilleurs hommes de cheual, fe doiuent mocquer de ces erreurs. Car le Caualerice ne fe peut dire
maiftre, fi la premiere fois ou tout au plus, la troifiefme qu'il recherchera le cheual
de quelque nation qu'il foit, & quelque poil, marques & autres indices qu'on voye
en luy, il n'en recognoift la generallé inclination & les forces, foit par la phyfiono-
mie, ou par les indices de fes actions: & mefmes fi au moyen de çéfte cognoiffance, il
ne le fçait exercer, & reigler par des leçons propres, à ce que nature le rendra capable, foit pour la campaigne ou pour la carriere: ie fçay qu'on me peut alleguer des
hommes, qui n'ont iamais bien entendu ces preceptes, qui toutefois à force d'exercice, d'aydes & de coups, ont dreffé des cheuaux, qui ont fort bien manié de differens airs, & ie l'aduouë: mais auffi pour vn, qui parauenture leur fera bien reüffi, fans
doute ils en auront gafté beaucoup d'autres: car il faut neceffairement que les cheuaux, qui fans eftre bien-toft rebutez ou eftropiez, refiftent long temps fous la difcipline de certains cerueaux, prefumptueux & hazardeux, foient extremement nerueux & de forte complexion, & au refte compofez de façon qu'ils patiffent paifiblement toutes fortes de rigueurs & chaftimens, bons & mauuais. Ie fçay auffi qu'il y
en peut auoir d'autres, qui n'ont pas beaucoup de fçauoir, & qui toutesfois par la
douceur, & vne longue patience pourront, aucunes fois affez bien dreffer quelque
cheual facile & de bonne humeur: mais auffi eft-il certain, que pour vn qu'ils ren-
contrerõt propre à leur portee, il leur en ferõt paffez plufieurs autres par les mains,
lefquels ils auront laiffez en arriere, à faute d'auoir fceu bien pratiquer les reigles, &
les moyens qui les euft peu contraindre à fournir, & bien employer leur difpofitiõ,
& leur force incogneuë, & par confequent inutile, à faute d'art & de iugemét. Pour
moy, i'eftime ceux-cy beaucoup plus que les autres, qui n'ont recours qu'à la violẽ-
ce: d'autant que par cefte patience & longueur, il femble qu'ils attendent que nature & le temps auec leur peu d'ayde, fortifient & alegeriffent peu à peu le cheual, & le
reduifent à la longue (comme il aduient aucunesfois) à ce qu'ils n'ofent ou ne veulent d'eux-mefmes entreprendre, fe deffians de leur capacité. Or les vns & les autres
peuuent eftre hommes de cheual, puis qu'ils dreffent des cheuaux: mais il leur manque beaucoup de parties, pour meriter le tiltre de Maiftre, Car l'incõgruité n'eft pas
moindre de pardonner ordinairement au cheual defobeyffant, qui retiét fa difpofition & fa force, que d'eftre trop rude à celuy qui eft fenfible: & de bõne nature: d'autre part, ce n'eft pas affez d'eftre patient ou violent & feuere, ny d'auoir l'affiette belle & forte, la main ferme & diligente, la iambe droite & libre, le temps facile & iufte,
& le talon friant & gaillard, cõbien que ce foient de belles parties, ny d'auoir beaucoup de geftes, & fçauoir dire, *va pian piano, di paffo, trota, galoppa, efpeignè, efcapa, corre,*
para, efcore, halfa, aiuta, volta, atonda, alarga, auiua, aiufta, ferma ferra. Et plufieurs autres termes communs & criars, retenus de quelque bon maiftre Italien, & peut eftre
mal entendus. Ce n'eft pas tout non plus de cognoiftre les iufteffes des plus belles
reigles, ny de fçauoir qu'il faut que le cheual bien dreffé foit defgourdy, obeyffant
affeuré de col, de tefte, de bouche & de queuë: que l'air de fon exercice foit libre, égal
& net, que la proportion de fon manege foit iufte pareillement autant à l'vne main,
comme en l'autre, & que felon les fautes grandes ou petites, il faille vfer difcrettement des chaftimens grands ou petits: tous ces preceptes font beaux & bons.
Mais ordinairement il aduiendra que le cheual meritera felon les defauts de fes

mouuemens exterieurs,vn grand& afpre chaftiment,que toutesfois n'eftant nullement difpofé d'en comprēdre les effects,foit pour eftre hors d'haleine & de memoire,auily,ou en action tróp efmeuë & violente,ou fi fa faute ne procede que de legereffe,& gayeté de cœur,l'on pourra faillir en le battant rudement: ou peut eftre ,ne
fera-il en apparence,que le mouuement d'vne petite faute , que le Caualerice reco-
gnoiffant au temps d'icelle , par des indices prompts & fuffifans , que ce cheual eft
difpofé,pour en faire vne plus grande,il fera neceffaire pour le corriger de la petite
defia aduenuë,& le diuertir par vn mefme remede & en mefme temps de la prochaine & plus grande,d'vfer d'vn chaftiment extraordinaire , & mefmes aucunefois de
l'efueiller,aduertir,ou brauer,par quelques coups d'efperon ou de gaule,quoy qu'il
ne face point de faute,mais feulement pour luy arrefter mieux les efprits , & la memoire à l'ordre de fa leçon : il ne fuffit non plus de faire par plufieurs moyens que le
cheual refponde & obeyffe à la leçon,par l'action exterieure, quoy qu'elle paroiffe
bonne & iufte,il faut cognoiftre fi le courage y confent & l'accompagne d'vn bon
air,felon la pratique des leçons,& bons commencemens d'efcole qu'il aura : & fans
céfte franchife,le Caualerice ne doit fe contenter,ny ceffer de le rechercher par tous
les moyens qu'il penfera le pouuoir attirer & gaigner , foit par la douceur ou par la
force:Toutesfois fi apres qu'il fe fera longuement & opiniaftremét defendu, quafi
iufques à l'extremité de fon haleine & de fes forces,il fe réd, & fe met en deuoir d'o-
beïr à fa leçon,le fage Caualerice doit receuoir paifiblement cefte obeyffance,en le
quittant pour cefte fois,& mettant foudain pied à terre,ou le laiffant en repos, & le
careffant:combien que l'actió exterieure refte imparfaite,pour ne la pouuoir mieux
fournir:& fi d'auenture il eft quelquefois opiniaftre,& tellemét efmeu de colere,ou
en tel effroy ou defefpoir,qu'il foit du tout impoffible de le pouuoir gaigner & faire
confentir à la leçon,qu'il apprehendera fi fort:il faut auffi neceffairement(pour euiter qu'il ne fe rebute,) que le bon Caualerice aye le iugement,& la pratique de le diuertir de fes mauuaifes fantafies,en changeant & finiffant l'exercice,par quelque ftil
du tout contraire à la leçon,qui luy aura tant defpleu: afin que les derniers mouuemens,luy oftent la memoire de la caufe des maux , & tourmens qu'il aura receus en
fon obftination.Car ne le pouuát vaincre,ce feroit vn defordre fort grand de le laiffer fur le defplaifir d'vn chaftimét violét & inutile,qui au lieu de le corriger le pourroit rebuter ou rendre plus rebelle.Et combien que la leçon longuemét debattuë,
& en fin quittee,foit apres neceffaire,fi ne fe doit-elle refaire, & continuer que feló,
& à mefure que le cheual en perdra la trop grande apprehenfion & qu'il fe repatrie-
ra.Or de quelque nature qu'il puiffe eftre,fansdoute,premier qu'il foit bien dreffé &
adiufté,il entrera fouuent en des foupçons & inquietudes,qui luy ferót faire des diuerfes mutations,quelquesfois fort eftráges,felon l'humeur,qui le dóminera:telle-
ment que pour l'en diuertir, & pour le remettre en eftat de comprendre l'ordre , &
l'air de fes bonnes leçons (auparauant pratiquees,) il fe faudra plufieurs fois departir des plus belles & iuftes proportions,pour vfer de beaucoup de diuerfitez , quafi
ou du tout contraires à la iuftefle:tellement qu'aucuns ignorans les iugeront pour
vrays defordres & faulfetez combien que felon l'art,& les occafions elles foyét neceffaires:& quand bien le cheual fuyra,ou s'oppofera à l'obeiffance de l'efcole, par
des moyens nouueaux & inopinez,l'occafion mefmes d'iceux , doit faire naiftre à
l'inftant,autant de nouueaux remedes au iugement,& à l'inuention du bonCauale-
rice.Il faut donc que celuy,qui eft bon maiftre en cefte profeffion , foit induftrieux
& fage,& qu'il cognoiffe par vne docte & curieufe pratique,les complexion , inclination,& forces du cheual,de quelque nation,& temperament qu'il foit,& que par
les viues raifons,& l'experience de l'art,il fçache choifir l'exercice,qui fera plus propre au naturel d'iceluy:que toufiours il reigle & proportióne ces leçons,chaftimens

& careſſe, au conſentement, au pouuoir & à la memoire, ou à la malice, deſobeyſſan-
ce & obſtination du cheual, ſans iamais ſe laiſſer tranſporter à la colere ny aux deſirs
deſineſurez: car c'eſt proprement ignorance, de ne ſe ſçauoir diſcrettement preualoir (quand il eſt temps) de ce qui ſe peut trouuer aux forces, & diſpoſition du cheual: & temerité d'entreprendre & d'en vouloir tirer ce qui ne ſe doit que par les bonnes raiſons & vrais moyens de l'art: En quoy l'experience nous apprend aſſez, que,
cōme i'ay dit cy deuant, les plus rares & excellentes reigles & leçons, ſont celles qui
peuuent pluſtoſt confondre & rebuter le cheual, ſi elles ne ſont appropriees à ſa capacité, & ſur vn bon fondement d'eſcole, propre à les receuoir.

Le bon maiſtre doit auſſi auoir le iugement, & la diſcretion de croiſtre & diminuer l'exercice, les aydes & chaſtimens, ſelon qu'il cognoiſtra que le cheual ſe fortifiera de nourriture, de courage, de memoire, de pratique, de legereſſe & d'haleine, afin de le maintenir touſiours en bon eſtat, en bonne eſcole, en l'egalité de l'air,
de ſon manege, & communément autant en obeyſſance, qu'en eſquine & gaillardi-
diſe: ou en particulier plus ou moins, ſelon qu'il ſe trouuerra de bonne ou mauuaiſe
fantaſie, & que ſa diſpoſition ſera ſolide & nerueuſe, ou procedante ſeulement d'allegreſſe, & de legereté. Mais ſi le Caualerice n'a l'eſprit bon & curieux, & s'il n'eſt patient & bien né, il luy ſera impoſſible de iamais bien comprendre & pratiquer toutes ces raiſons, quelque trauail qu'il ſe dōne à la pourſuite de ſon art: car combié que
l'exercice en ſoit fort plaiſant, ſi eſt-ce que la diuerſité des humeurs & complexions,
qui ſe trouuent aux cheuaux qu'on entreprend, & des deſplaiſantes mutations qu'ils
font ordinairement, & quelquefois en vn quart d'heure, & lors qu'ils deuroyent
eſtre gaignez & reſolus, à ce qu'on les aura long temps auparauant recherchez peuuent ſouuent donner tel ſubiect de meſcontentement & de colere, que ſi en telles
occaſions les mouuemens de l'homme ne ſont retenus & guidez par les forces d'vn
iugemét ſolide, ioinct à vn bon naturel, il s'en enſuit vne infinité de deſordres rigoureux & mal ſeants, qui ſe voyent aſſez frequents aux plus groſſieres & deſordonnees
eſcoles. Par toutes les ſuſdites parties, le Caualerice peut meriter le tiltre de Maiſtre:
& ſans icelles quelque prouiſion d'autres diſcours meſlez qu'il aye premeditez en ſa
memoire, la pluſpart de ſes leçons, ſe conuertiront en confuſion: s'il eſt rude & ſeuere, ſes aydes & chaſtimens ſeront communément autant de deſordres: s'il eſt patient
& doux, ſes careſſes & douces façons de faire demeureront ſouuent inutiles: mais au
contraire, s'il eſt maiſtre, il luy ſera autant ayſé de recognoiſtre l'inclination, & les
forces des cheuaux d'Allemaigne, comme de ceux d'Italie, & de ceux d'Eſpaigne: cōme de Turcs & Barbes, & indifferemment de tous ceux des autres nations, & ſelon
leur naturel il les pourra exercer par des moyens bien conſiderez, ſe rendant au beſoin violent patient & doux, vſant de chaſtimens, de careſſes & d'aydes propres à
leurs actions, mouuemens & capacitez: & conſequemment les reduira beaucoup
mieux à la perfection qu'ils pourront atteindre, que ne feront ceux deſquels le ſçauoir conſiſte ſeulement en certaine pratique furieuſe & mal fondée.

FIN.

TABLE DV SECOND LIVRE
des preceptes du Sr de la Brouë.

Table des preceptes.

Fin de la Table du second Tome.

TROISIESME LIVRE DES PRECEPTES DV SIEVR DE LA BROVE,

TRAICTANS DES MOYENS

propres à bien emboucher le cheual.

A PARIS,

Chez la vefue ABEL l'ANGELIER, au premier pillier de la grand' salle du Palais.

M. DC. X.

Auec Priuilege du Roy.

A MONSEIGNEVR LE

BARON DE BELLE-GARDE
GRAND ESCVYER DE FRANCE.

MONSEIGNEVR,

Ie ne fais nul doute que vous n'ayez souuent ouy dire, qu'en mes plus vertes annees, i'ay beaucoup trauaillé à plusieurs exercices qui me sembloient propres à l'homme bien né, & principalement à celuy de la carriere: A quoy ie n'ay pas eu moins d'inclination, qu'aux autres occupations, que i'ay plus affectionnees que les biens de fortune, & que ma santé: comme il paroist par le peu de moyens que i'ay acquis, & en l'indisposition de ma personne, qui ne me permet plus de monstrer par effect le profit que ma curiosité, & mes peines extremes m'auoient apporté: Ce qui est cause qu'aucuns de mes plus chers amis, voyans desia ma vigueur presque du tout consommee, m'ont long temps y a prié & solicité, de mettre par escrit l'ordre & les reigles generales, que i'ay tenu en exerçant les cheuaux d'escole: ce que ie ne leur auois osé accorder, me sentant despourueu de discours, & de style propre pour bien expliquer mes conceptions par escrit, n'ayant iamais estudié, ny guères leu que dedans mes heures. Toutesfois i'ay depuis consideré qu'ils pourroient conceuoir en leurs opinions, que mon refus procederoit de quelque defaut d'amitié: & pour preuenir ceste impression, i'ay voulu employer à leur contentement le loisir, qui s'est aucunesfois presenté, à bastir, comme i'ay peu, vn œuure mal poly, lequel neantmoins m'a semblé aucunement receuable entre les Caualiers. Or (Monseigneur,) ie vous en ay dedié ce troisiesme Liure, comme à l'vn des plus accoplis Seigneurs de ce Royaume, qui en sçaura tres-bien iuger, & aussi pour vous rendre quelque tesmoignage apparent de l'inclination & desir que i'ay de vous faire tres-humble seruice, à quoy vostre vertu ne m'oblige pas seulement, mais aussi tous ceux qui ont plus de perfections, desquels vous vous rendeZ de vostre grace, comme pere & protecteur. Ce n'est pas pourtant que ie presume estre tenu en ce rang, & que ie ne recognoisse assez mon incapacité: mais il est certain que ie suis du nombre de ceux, qui admirent vos merites, & vostre doux & genereux naturel: & mesmes qui vous aiment & reuerent auec plus d'affection & d'humilité. Receuez donc s'il vous plaist, Monseigneur, selon vostre courtoisie coustumiere, l'offre que ie vous fais de ce mien labeur: & bien qu'il ne soit digne de vous estre presenté, ie vous supplie tres-humblement de le vouloir honorer de vostre faueur, & vous asseurer, Monseigneur, que ie seray tousiours

Vostre tres-humble & tres-obeyssant seruiteur,
SALOMON DE LA BROVE.

A ij

Sonnet.

D'Vn genereux labeur & d'vne ame diuine
    Dans la BROVE conioincts, nasquirent deux iumeaux
    Le merite, & l'honneur, venerables flambeaux
Costoyans sa vertu qui le monde illumine.

Heureux en luy l'honneur, deuant qui ne chemine
    Le merite auancé, mais pareillement beaux
    En naissant, en croissant, ensemble vont esgaux,
    Ainsi qu'vn beau Soleil, vn beau iour auoisine.

Heureuse sa vertu, qui porte sur le front
    Le bien faire & bien dire, & qui sa gloire font
    Entrer dedans les Cieux par des portes si belles.

Heureux Caüalerice, en qui la braue main
    Trouua contre la mort, deux voyes immortelles,
    Où les plus Grands à peine y trouuent vn chemin.

PELLETIER ANG.

SONNET.

Ourriçons de Pallas, qui ennemis du vice
    Recerchez la vertu qui vous doit animer,
    Icy vous apprendrez, pour vous faire esti-
        mer,
    Les Preceptes diuins du vray Caualerice.

La BROVE fils de Mars parfaict en l'exercice
    Du vaillant Tyndaride, au milieu d'vne Mer
    De perils & d'hazars nous apprend à ramer,
    Pour fuyr les douceurs d'vne trompeuse Circe.

Braue & riche d'honneur il est nostre Castor,
    Qui nous despart les fruits de son Royal thresor,
    Pour nous rendre immortels aux dangers de Bellone.

Heureux cil qui pourra ses vertus imiter,
    Il sera nouueau fils de Lede & Iupiter,
    Digne d'enuironner son chef d'vne couronne.

LA CROIX MARON.

SONNET.

Heualier nompareil qui desdaignant la terre
    Portes ton vol plus haut que les Astres ne
        sont,
    Que beaux sont tes escrits, qui par l'Europe vont
    Ietter vn plus grand bruit que le bruit du tonnerre.

Tu formes à ton gré le mouuement qui erre,
    Du pied-viste Cheual sous les arts qui te font
    Auoir l'audace au cœur, les Lauriers sur le front,
    Sur ton front qui le front de toute Grace enserre.

Le noble desormais se bien-heure en ton heur
    Et reçoit son maintien de ta seule faueur,
    Faueur qui fauorise & sa gloire & sa vie.

A ton premier Soleil tu deuances les vieux,
    Desrobant aux suyuans l'espoir de faire mieux,
    Et tu remplis de los ton nom & ta patrie.

PONT-AYMERY.

PREFACE.

E L O N la commune opinion des hommes de cheual de
ce temps, l'inuention d'vne infinité de brides differentes,
doit estre la plus recommandable partie du Caualerice,
pour reduire le cheual en obeissance. Et particulierement
les Allemans s'arrestent tant en cela, que ie me suis souuent
esmerueillé de la grande diuersité d'emboucheures, branches & gourmettes que i'ay veu en leur vsage, d'où nous
tirons vne preuue fort apparente, qu'ils ne sont bien fondez en ceste profession. Car si l'art de bien dresser les cheuaux, est à present mieux entendu, & plus enrichy de bon-
nes reigles qu'il n'a esté du passé, lon doit par consequent vser moins des diuersitez
des brides qu'on souloit long temps y a rechercher curieusement en France & en Italie, à faute de meilleurs moyens. En ceste erreur ie pardonne plus volontiers les fautes
que les Reistres font, que ie ne supporte auec patience le mauuais iugement de tous
les autres cheualiers, qui pensent estre bien à cheual: parce que les Allemans n'ayans
encor assez de bonne experience en cest art, ont recours à la violence des brides, pensans qu'elles puissent contraindre le cheual à ce qu'ils ne leur sçauent apprendre par
l'ordre des bonnes leçons: & mesmes ils se contentent de leurs cheuaux, pourueu que
la bouche en soit fresche; qu'ils trottent legerement, & quelquesfois galoppent &
tournent diligemment à chasque main, sans partir d'vne place, & sans obseruer beaucoup d'egalité, de iustesse ny de mesure. Or pour ces effects la bride confuse n'empesche pas que la bouche ne soit escumeuse: au contraire elle donne souuent occasion à la langue sensible d'estre en continuel mouuement, à cause de la quantité des
pieces mouuantes & differentes, qui peuuent estre en icelle bride, & si n'offense pas
ordinairement les barres & genciues en allant le pas, le trot, ou le galop, comme
quand on recherche le cheual de tant d'autres efforts, de maneges & de iustesses difficiles, qu'on voit exercer en nos escholes modernes: mais les bons Caualerices doyuent plustost hayr que practiquer tant de diuerses façons de mords, & se tenir aux
vrayes reigles & leçons, qui peuuent gaigner par vn bon ordre & peu à peu le naturel & le consentement du cheual, pour le ranger, auec le temps necessaire, à la resolution de la course, & à l'obeissance & facilité de l'arrest & du manege, auec le simple canon & le cauesson: car apres il sera fort facile de le bien emboucher. Pourtant
ce n'est pas à dire que lors que le cheual est dressé, l'ayde de la bride, faicte par raison,
n'apporte beaucoup de facilité au vray temperament de l'appuy de la bouche, & à la
iuste posture du col & de la teste: mais d'entreprendre ces choses sur l'esperance que
les seuls effects de la bride y puissent apporter la commodité, ou la contrainte totale,

a

ie tiens que c'eſt proprement n'auoir point de raiſon : & m'eſbahis de ce qu'il y a encores tant de perſonnes qui penſent qu'vne bride, comment qu'elle ſoit inuentee,
puiſſe faire deuenir la bouche bonne au cheual qui naturellement l'a faulſe, ou trop
pleine, trop deſcharnee, trop eſtroite, trop grande, trop petite, trop ſenſible, trop
dure, ou qui ſeulement l'a mauuaiſe & corrompue par quelque autre accident ou
improportion : ou ſi le cheual eſtant en la plus grande furie de ſa courſe, ne s'arreſte
facilement, ſoit pour eſtre trop las & hors d'haleine, ou ayant la maſchoire trop
grande ou trop ſerree, le col naturellement renuerſé ou trop voulté, trop gros, trop
court, ou trop long, les eſpaules, les iambes, & les pieds de deuant, ou les reins foibles ou autrement imparfaicts, ne ſera - ce pas faute de iugement de croire, que ceſte
bride propoſee apporte d'elle-meſme la reparation de tant de defauts, dont le moindre peut rendre le cheual incapable de bien s'arreſter & manier ? Et quoy qu'il ſoit
exempt de tous ſes empeſchemens naturels & accidentals, ſi on ne luy a iamais appris
à bien tourner ny à parer, ou ſi naturellement il eſt peſant ou fougoux, malicieux &
deſobeiſſant, quelle apparence y peut-il auoir qu'il ne faille que l'artifice d'vne bride
pour le rendre ſain, nerueux, leger, libre, ferme & bien maniant, ny que par ce ſeul
remede on puiſſe donner le iugement & la practique des bons maneges à celuy qui
recherche les effects de ceſte bride, lequel ſera peut-eſtre mauuais homme de cheual ?
Si telles choſes eſtoyent faiſables, nous dreſſerions les cheuaux, & les hommes auec
beaucoup moins de temps & de peine, ſans partir de la boutique de l'eſperonnier, en
ordonnant des mords, qui euſſent ceſte proprieté miraculeuſe d'apprendre en vn
inſtant à l'homme, & au cheual ce qu'ils n'auroyent encores ſceu, & meſme ce qui
ſeroit hors de leur capacité naturelle. Il y a ce me ſemble dequoy ſe mocquer de ceux
qui ſur l'eſperance de recouurer vne bride telle qu'ils imaginent, acheptent chere-
ment vn cheual ſi dur ou eſgaré de bouche, que le meilleur Caualerice du monde
pourroit eſtre fort empeſché à le rendre bon à la main, & que lors qu'ils ſe trouuent
trompez en telles opinions mal fondees, on leur oyt dire, i'ay vn cheual qui vaudroit mille eſcus s'il eſtoit bien embouché : cela ſe doit entendre le plus ſouuent qu'il
a la bouche ſi faulſe, endurcie ou corrompue qu'il n'en vaut pas cent, quoy qu'au
reſte il ſoit fort & vigoureux : tellemét qu'ils font valoir à leur compte, la bride qu'ils
deſirent en vain, neuf cens eſcus plus que le cheual : & ſi fortuitement ils en rencontrent vne qui le tienne en quelque ſubiection & legereſſe extraordinaire, ſans doute
vn temps apres ils ſe plaignent, diſans que ceſte bride n'eſt plus ſi bonne qu'elle ſouloit eſtre : mais s'ils recherchent bien la cauſe de ce changement, ils trouueront que
la bride a retenu ſa façon & premiere forme, & que la difficulté de l'obeiſſance procede, de ce que le cheual a deſia la bouche tellement meurtrie ou vlceree (par le continuel & douloureux tourment de l'emboucheure trop rude) qu'il en peut eſtre deuenu confus,& comme deſeſperé : & quoy qu'il ne ſoit recherché d'autre exercice ny
effort plus aſpre que d'aller par pays faiſant quelque long voyage, il aduiendra d'ordinaire que tant plus il ſera de longues iournees, tant plus la bride ſemblera affoiblie
au cheualier peu experimenté, qui ne conſiderera pas que la laſſitude peut contraindre ſon cheual à porter la teſte baſſe, & abandonnee ſur l'appuy d'icelle bride, l'ayant
recogncuë & quelque temps accouſtumee, laquelle parauenture pourra faire ſes
premiers effects apres que le cheual ſera ſeiourné, ou en haleine, ou plus accouſtumé au trauail.

    P A R toutes ces conſiderations le Caualerice peut iuger que la plus neceſſaire fa-
cilité de la bouche du cheual doit proceder premierement de la legereſſe, bonne inclination & franchiſe d'iceluy, de la capacité naturelle de ſes membres, & apres du
bon eſtat auquel ſes forces & haleine ſe peuuent diſpoſer par l'exercice de l'eſcole ſa-

gement confideré & bien practiqué, fans quoy les rares effets qu'on fe promet de la
bride, ne font gueres moins incertains que l'efpoir de ceux qui entreprennent à faire
la pierre philofophale:& quant à moy, ie fuis d'auis que les efprits qui fe plaifent à ordonner proprement les plus belles embouchures referuent leur curiofité pour l'employer quand le cheual fera exempt, (par fon adreffe & obeiffance,) des efforts & chaftimens qui luy pourront offenfer les barres & la barbe, & qu'il fera feulement befoin
de luy embellir la bouche par le plaifir de l'emboucheure delicatement proportionnee. En quoy il faut obferuer beaucoup de parties principales, qui fe trouueront expliquees en ce troifiefme liure, non pas peut-eftre auec des raifons tant fubtiles ny de
fi belles figures, que i'aurois peu reprefenter, fi i'euffe voulu orner ceft œuure de la
quantité des plus beaux pourtraits que i'ay faits en mon temps, & que ie ferois bien
encore fi ie voulois vifiter ma memoire:mais parce qu'apres auoir long temps recherché beaucoup de particularitez en la practique d'vne infinité de brides, ie me fuis ré-
duit à vn petit nombre, qui ne font des plus rares ny des plus communs, & lefquelles
i'ay trouué moins confufes, & par confequent moins eftranges à Nature: auffi ay-ie
voulu en icelles limiter le difcours, que pour cefte fois ie delibere mettre en lumiere
fur les moyens de bien embrider le cheual felon fon naturel. Et ce qui eft encores
caufe que ie n'ay paffé plus outre, eft l'affeurance que i'ay que deffunct le Sieur Pyrre
Anthoine Ferrare a trauaillé pour le moins trente ans, recherchant les perfections de
tant de cauffons, feguetes, camarres, emboucheures, branches, & gourmettes, qu'il
a peu defcouurir:de maniere que fçachant, comme ie fais, qu'il a efté non feulement
des plus excellens Caualerices de fon temps: mais auffi tres-capable en beaucoup
d'autres belles & honneftes qualitéz, (qui fe trouuenét raremt en vn feul Cheualier,) &
principalement en la peinture, ie ne doute nullement que les defcriptions & pourtraits, de fon liure, ne paroiffent fur tous ceux qui auront efté auparauant imprimez.
Puis doncques qu'il ne fe peut faire mieux qu'il a fait, & que ie me fuis plus arrefté aux
bonnes regles de l'exercice, qu'aux particuliers moyens des brides extraordinaires, il
me fuffit de reprefenter fimplement, à celuy qui recherchera mon auis, les communes
proportions que ie garde en embouchant & embridant le cheual, & fi le Lecteur ne
defcouure tant de fubtilité qu'il defirera, pour le moins il fe pourra affeurer que mon
imitation luy fera conferuer la bouche du cheual faine, entiere, droite, iufte, & l'appuy d'icelle en bon temperament, fans vfer de plus grand artifice.

a ij

MAXIMES GENERALES
QV'IL FAVT OBSERVER
POVR BIEN ORDONNER
la bride du cheual d'escole.

CHAPITRE PREMIER.

Es Caualerices moins sçauans en leur art, sont ceux qui en-treprennent plus hardiment d'ordonner des brides extra-ordinaires, mesmement pour les cheuaux qui ont la bou-che mal-aysee, quoy qu'ils ne les ayent veus, & sans en auoir autre cognoissance que seulement par le rapport de tels, qui le plus souuent n'ont en leur vie rien sceu de cest art, on peut en cela descouurir vne vraye ignorance ou presom-ption: car les meilleurs maistres se faillent souuent en la iu-stesse des brides, quoy qu'ils ayent veu & consideré à leur ayse, & plus d'vne fois le cheual qu'ils veulent emboucher: c'est pourquoy on le doit premierement voir trauailler selon ce qu'il sçaura faire, ou pour le moins le recognoistre par le droiét, en allant au trot, en galoppant, en courant, & à l'arrest: afin de pouuoir iuger par ses actions communes d'où procede la difficulté de la bouche: & faut necessairement tenir par maxime, que l'appuy plus propre à tous les plus beaux & necessaires exercices, que le cheual peut faire dessous l'homme, est celuy qui se trouüe ferme & leger, c'est à dire, qui ne s'esbransle par les fermes, & diuers mouuemens de la bonne main, ny ne s'abandonne par la li-berté d'icelle. Le Caualerice bien aduisé doit donc curieusement rechercher les moyens des brides bien considerees, pour asseurer & resoudre les bouches trop sensi-bles ou esgarees, esueiller ou allegerir cellés qui sont sourdes & pesantes, ramener ou assujetir (entant qu'il se peut) celles qui sont trop fortes: & pour ce faire, il doit sça-uoir qu'il y a en la bride quatre parties principales, qui sont l'emboucheure, l'œil, la gourmette, & la branche, desquelles dependent plusieurs effets differens, & ausquelles il est aussi necessaire d'obseruer separément beaucoup de proportions differentes, afin que tout ce qui sera ordonné pour loger dedans la bouche du cheual, se rappor-te aux qualitez & formes de la fente d'icelle, des léures, genciues, barres & escaillons, du canal, de la langue, & du palais: & que ce qui est dedié pour le dehors de la bouche, soit aussi propre à la forme de la barbe, & à celles de la teste & du col, ensemble à la capacité des membres, comme il se trouuera cy-apres expliqué par ordre.

CHAPITRE II.

APRES que le cheual sera allegery auec le simple canon, & libre pour le moins aux maneges de guerre, & qu'on aura bien consideré le naturel de sa bouche, si on cognoist que les barres soyent assez sensibles, & que la langue ne soit trop haulte, ou trop grosse, ny les léures trop grandes, ou trop espaisses, ceste premiere escache luy sera propre pour quelque temps: à cause qu'elle appuyera esgalement par tout, sans beaucoup differer du simple canon.

S I en ceste premiere escache la langue ne peut auoir son mouuement assez libre, soit à cause de sa grosseur excessiue, ou pour n'auoir sa place naturelle assez spacieuse dedans son canal; cest autre escache à demy-fourchiette luy donnera vn peu plus de liberté, luy faisant aussi la bouche plus fresche & plus belle.

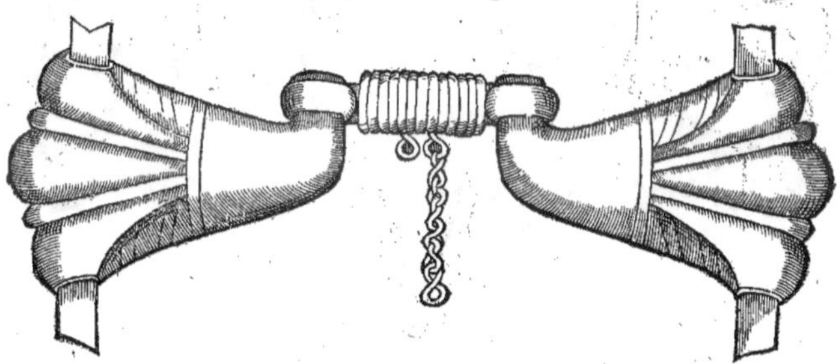

E T si ceste liberté n'est suffisante pour bien loger la langue, qui sera trop haute ou trop grosse, il faudra tenir la fourchette vn peu plus haute, ou faire la montee à la façon d'vn demy-pied de chat, ou d'vn col d'oye, selon ces autres trois pourtraits.

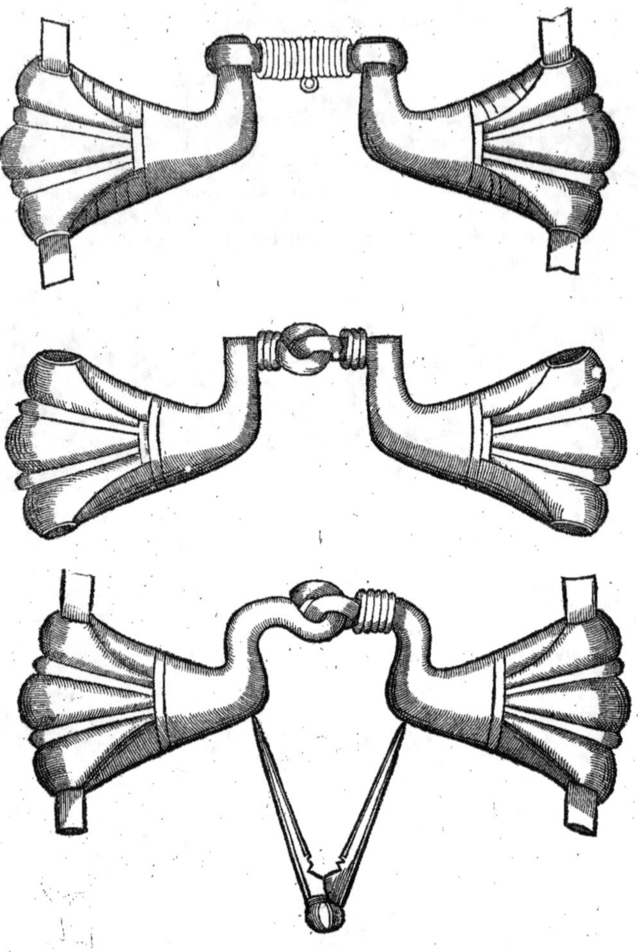

MAIS en ses emboucheures ouuertes, comme generalement en toutes les autres qui se trouueront cy-apres figurees, il faut garder les mesures representees, & sur tout la distance des deux endroits, qui doiuent appuyer dessus les barres, & lesquels sont icy monstrees par les poinctes de ce compas : car outre qu'ils reseruent la place limitee pour la langue, c'est aussi la proportion de laquelle despend le principal effect de l'emboucheure necessaire pour la legeresse & facilité de la bouche du cheual.

Iᴌ faut auſſi particulierement conſiderer en ces eſcaches, meſmement aux plus ſimples qu'elles laiſſent l'eſcaillon plus libre que ne font la pluſpart des autres emboucheures, à cauſe que leur forme va en diminuant depuis le banquet, iuſques au ply du mitan & occupans par ceſte diminution moins de place ſur les barres, elles ſont propres pour les cheuaux, qui ont la fente de la bouche petite, & que les barres n'en ſont trop dures, ny trop charnues, pourueu que l'eſcache ne ſoit trop groſſe au droict du chapperon, & qu'elle ait la forme de ce deſſein.

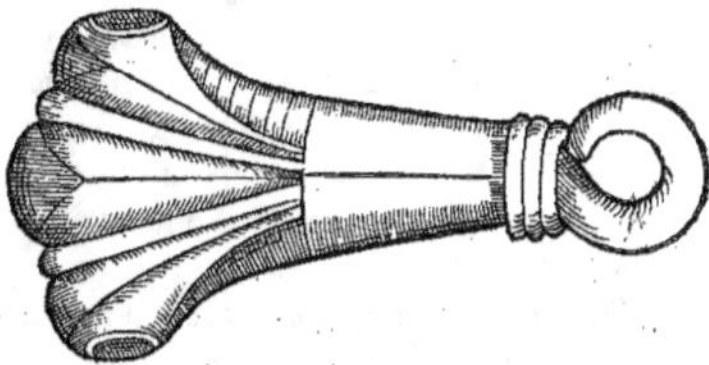

Qᴠᴀɴᴛ à la ceciliane, ſi la fente de la bouche eſt grande, ie ſuis d'aduis qu'on la face tenir à l'œil, par vn ply ſans touret, & qu'elle ne ſoit que de deux pieces : & ſi la bouche eſt peu ou mediocrement fendue, la ceciliane ordinaire de trois pieces, qui tienne à l'œil par vn touret, luy dõnera plus de plaiſir, à cauſe qu'elle remplira moins & ſera plus mouuante : comment qu'elle ſoit faicte, il faut bien prendre garde que les plis, tant des tourets que de la ceciliane, ſoyent ſi bien tournez & polis, qu'ils ne puiſſent bleſſer en façon quelconque la jouë du cheual, dedans ny dehors.

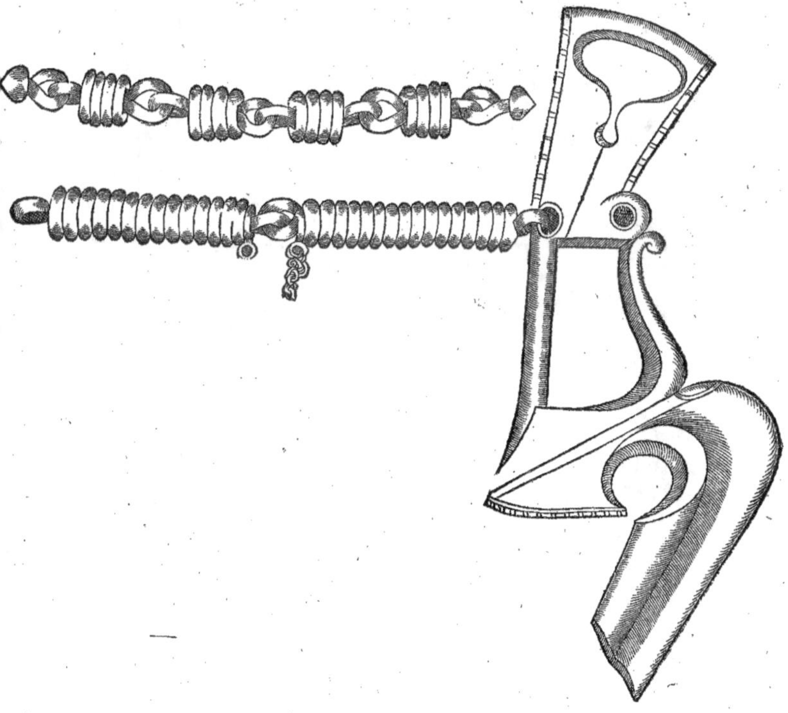

QVAND LA BOVCHE DV CHEVAL EST PEV
fendue, & que les barres en font de leger appuy.

CHAPITRE III.

L y a defia long temps, qu'on a laiffé l'vfage commun des emboucheures à oliues, parce qu'elles ne donnent point de liberté à la langue, ny d'efpace vuide à la léure : toutesfois elles font propres & aucunesfois neceffaires aux bouches, qui ont la fente fi petite, que prefque l'emboucheure ne trouue point de place, pour appuyer deffus la barre, fans toucher & offenfer l'efcaillon. En telle occafion on peut vfer des oliues, à caufe qu'elles n'occupent pas beaucoup de place deffus les barres, ny aux genciues & leures. Et d'autant que la langue eftant trop preffee, ne peut rafrefchir ny embellir la bouche, ny par confequent faciliter l'appuy de la main, il eft neceffaire de donner ordinairement quelque montee à fes oliues, comme il fe voit cy deffous: & par ce moyen le cheual qui fera naturellement leger à la main, & qui neatmoins aura la bouche trop petite, fe trouuera mieux embouché que s'il auoit vne autre emboucheure, qui remplit dauantage : mais fi les léures font trop grandes ou trop efpaiffes, il y aura vne difficulté, à laquelle il faudra remedier, comme il fe trouuera cy apres expliqué.

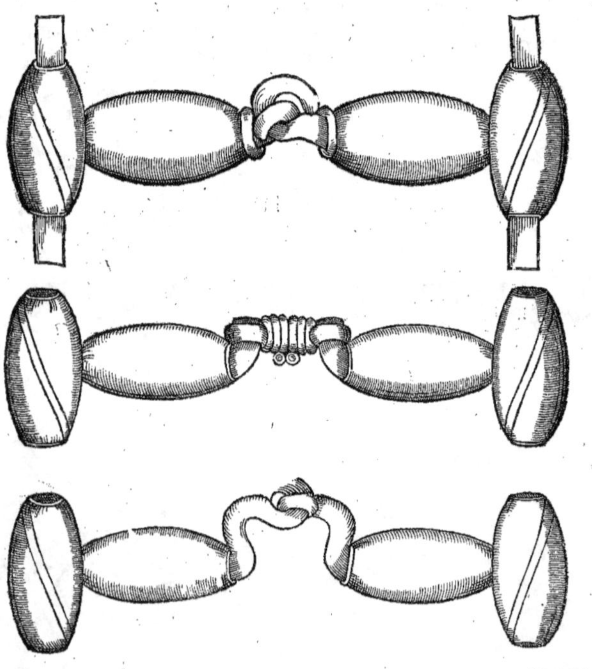

QVAND

CHAPITRE IIII.

L E cheual qui a la bouche trop petite, a communément aussi les leures dures & fort espaisses, & l'appuy des barres dur ou faux : toutesfois il s'en trouue ausquels ces imperfections de fentes & de leures n'empeschent pas que les barres ne soyent assez sensibles, pourueu que l'emboucheure, (quoy qu'elle soit douce) puisse appuyer nettement dessus icelles, & au vray lieu où cest appuy se doit faire : & par ce que les oliues precedentes ne desarment pas les genciues, mais plustost pressent & eslargissent les leures, & que par consequent l'appuy en est plus dur, ou plus sourd, il est necessaire en telle occasion de faire l'emboucheure comme elle se void cy apres figuree : car la rouelle rangera la leure grosse & importune, en la place vuide de la lettre b, & par ce moyen le point du c, qui est en la demie oliue, appuyera iustement & sans difficulté sur le vray lieu de la barre.

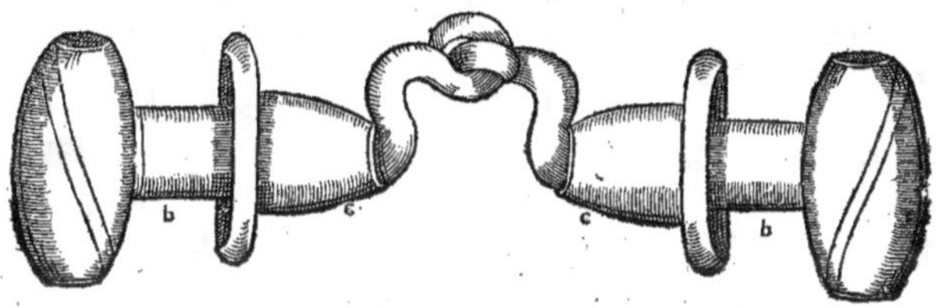

S I au lieu de ceste demie oliue, il y a vne piece qui apporte la mesme forme, & celle de la rouelle ensemble, l'emboucheure en sera plus ferme & plus iuste : mais elle donnera moins de plaisir au cheual.

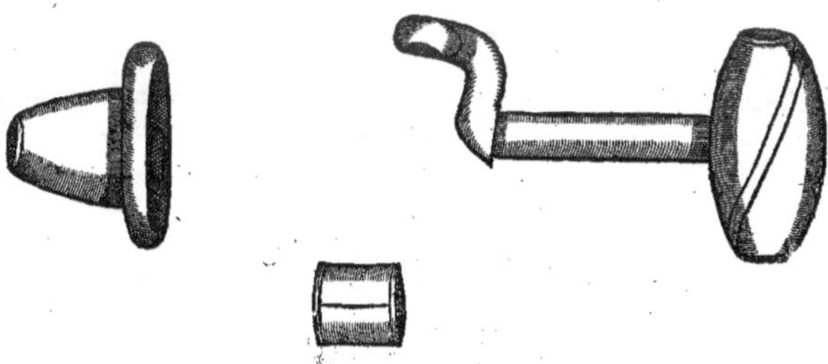

QVAND LES PROPORTIONS DE LA BOVCHE
du cheual sont generalement bons, & que l'appuy en est
naturellement temperé.

CHAPITRE V.

Q VAND la bouche du cheual est bien proportionnee & de bon temperamment, c'est à dire qu'elle n'est trop petite, trop sensible, trop
charnuë, ny trop dure, l'escache à bouton qui se verra cy-apres figuree la deura bien emboucher : à cause que si la fente d'icelle bouche
est assez grande, le bouton ou balotte appuyera dessus la barre, en la
iuste place du vray appuy, sans importuner ny toucher l'escaillon:&
si le temperamment naturel de la barre & genciue, rend l'appuy commun à pleine
main, ce bouton estant bien logé, apportera quelque subiection & legeresse extraordinaire, sans rompre, meurtrir n'y offenser aucune partie de la bouche : & outre la
commodité du vuide, qui se void entre la distance des deux boutôs, le roulé mouuement d'iceux conuiera dauantage le cheual à s'esgayer par le plaisir de la langue, en la
place limitee entre la ligne de la lettre a, & le ply du mitan de l'emboucheure : & si les
léures & genciues ne sont naturellement trop, ny assez charnues, la grosseur du chapperon de l'escache couurira, & garnira suffisamment ceste partie : tellement que toute l'emboucheure pourra appuyer par tout, sans laisser beaucoup de vuide inutile, ny
offenser la bouche en aucun lieu.

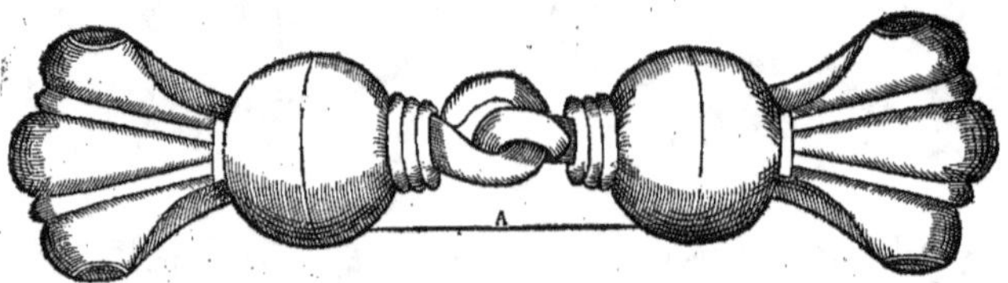

E T pour donner vn peu plus d'espace, & de plaisir à la langue, il sera bon de faire
les emboucheures, de façon que les plis du mitan se trouuent plus hauts que l'ordinaire, comme il est icy representé : mais il ne faut pas que la montee de ceste liberté,
soit plus haulte qu'elle se voit en ce dessein: car si elle l'estoit, touté l'emboucheure ensemble feroit vne action desordonnee, dont les boutons en trebuchant, ou en se serrant trop, donneroient occasion au cheual de tenir la bouche ouuerte, & de faire les
forces.

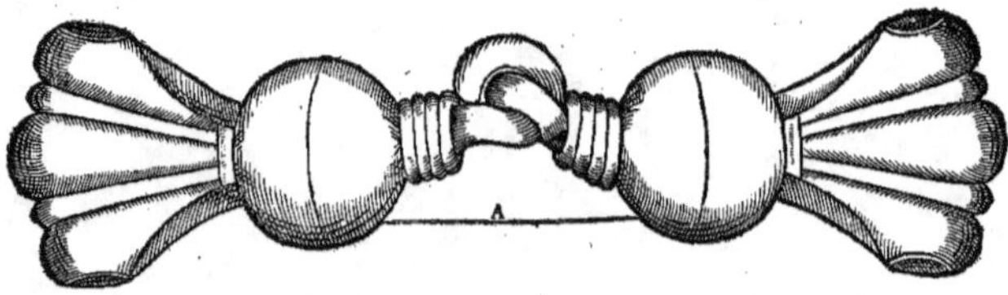

A V C V N S nomment la môntee de ceste emboucheure, col rompu, les autres l'ap-
pellent:montant, l'vn mot est aussi propre que l'autre.

S i en exerçant le cheual auec ceste emboucheure à col rompu la langue se trouue encores si pressee qu'elle en deuienne enflee, & noire bluastre, lors on luy doit ordonner vne espace plus grand, tout ainsi que i'ay dit aux emboucheures precedentes, & qu'il est encores icy figuré.

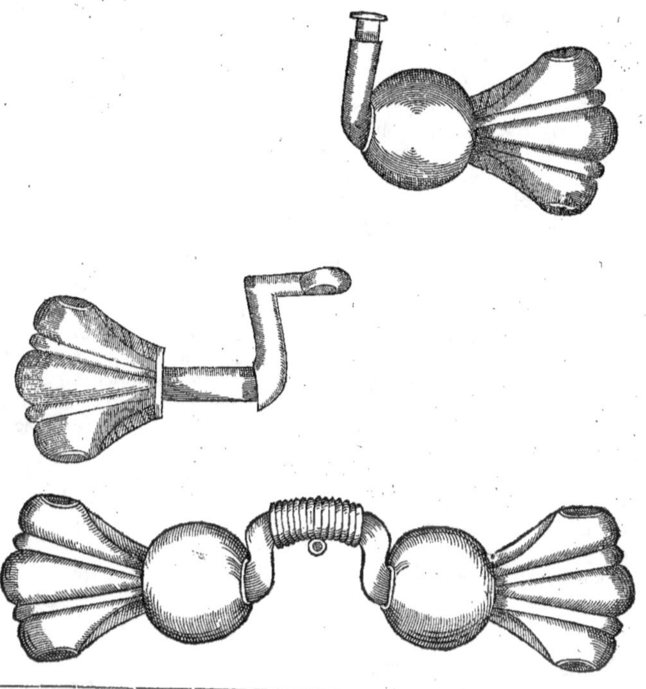

CHAPITRE VI.

’A y desia dit au premier Liure, parlant des diuers appuys des bouches differentes, que celuy que nous nommons à pleine main, se doit entendre pour le mediocre, assauoir, qui n'est trop sensible ny trop dur, auquel les susdites escaches & balottes sont propres : & d'autant qu'il y a des cheuaux qui ont la langue grosse ou haulte, à laquelle ne se peut bonnemét donner place suffisante, qu'elle ne prenne occasion de sortir ou pédre hors la bouche, ou de faire tenir ordinairemét la bouche ouuerte, mesmement quand la montee est si haulte qu'elle touche le palais trop charnu, ou qu'elle arriue pres d'iceluy ; quand nonobstant ces imperfections les bar-

res sont de leger & ferme appuy, il est bon d'vser de poires renuersees à l'emboucheure : parce qu'estant logees comme elles se verront en ces plus proches figures, elles
peuuent donner telle place à la langue, qu'elle ne sera tant pressee, que soustenãt trop
l'emboucheure, & deffendant la barre plus que de besoin, l'appuy de la main en soit
assoupy, & la langue ne trouuera tant de liberté qu'elle ne puisse aucunement soulager les barres & genciues, & n'aura beaucoup d'occasion de prendre & s'abandonner
sortant de la bouche. Mais ces poires appuyeront vn peu plus fort dessus les barres
que les balottes des escaches precedentes : à cause que la pance du fonds de la poire
est plus abatue & plate à l'endroit de la lettre a, que n'est la rondeur de la balotte là
où se voit la lettre e : ces poires donneront aussi plus d'espace à la léure, là où se voit la
lettre i : toutesfois elles n'accompagneront pas assez la genciue bien proportionnee,
parce que leur grosseur commence à diminuer trop pres de l'appuy, qui se fait dessus
la barre : & en cela elles tiennent aucunement de la rudesse & incommodité des rouëlles : c'est pourquoy il faudra appliquer ceste forme de poires aux bouches, qui seront
plus solides que sensibles.

Povr les bouches de la susdite forme & nature, aucuns vsent en ces poires renuersees d'vne emboucheure ouuerte & entiere : & pour moy, ie l'approuue communément pour fort bonne, pourueu que la montee soit proportionnee, comme elle est
icy apres. Car outre les commoditez que la langue & les léures trouuent aux vuides, &
concauitez qui se voyent au dessus de la ligne tiree sous ladite emboucheure, ensemble le ferme & principal appuy, que la plus haulte rondeur de la poire estant iustemét
logee, fait dessus les barres, aussi ceste forme d'emboucheure entiere, & par consequent limitee en sa mesure, apporte vne telle esgalité en son mouuement general,
que la bouche esgaree ou falsifiee, en peut estre asseuree auec le temps & la bonne
main : au contraire de l'opinion de ceux, qui tiennent par maxime que les emboucheures entieres offensent plus les bouches, que celles qui se plient. Sur tout il faut
bien prendre garde, que l'appuy des barres se face en cest emboucheure ouuerte &
d'vne piece, à l'endroit où se void la lettre A, dessous la ligne.

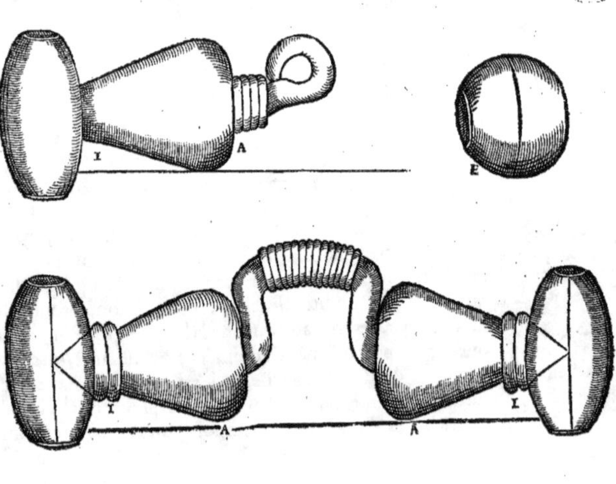

Il y a de bons Caualerices, qui sont d'aduis que la summité de la montee de ceste
emboucheure entiere soit pliee & renuersee du costé de la langue, ie l'approuue, assauoir quand il est necessaire de faire la liberté si haulte, que le palais en puisse estre touché, & importuné: car par le moyen de ce ply, ou tout le palais est garenty de ceste
importunité: mais si la langue se peut passer de la montee extraordinaire, il me semble que c'est erreur de la renuerser, parce que la langue en est d'autant incommodee,
& que la seconde montee icy figuree n'est si haulte, qu'elle puisse toucher le palais.

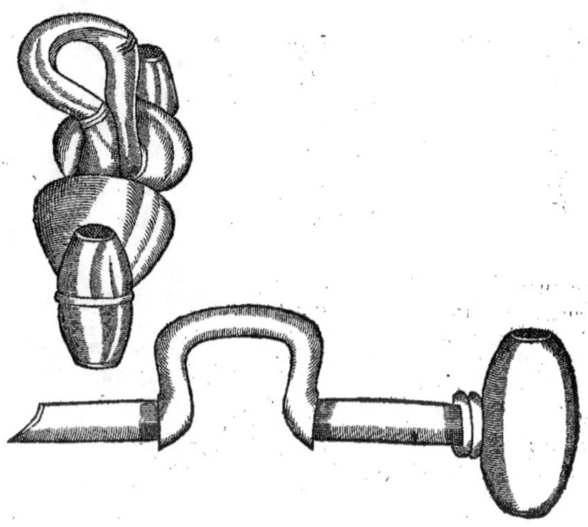

En ces poires renuersees, on peut aussi vser des precedentes façons de libertez de
langue telles qu'il sera necessaire, selon les occasions susdites.

POVR LES BOVCHES FOIBLES,
ou trop sensibles.

CHAPITRE VII.

Il y a des cheuaux, qui ont la bouche foible, ou tant sensible, qu'ils n'o-
sent se resoudre au ferme appuy de la main: les vns pour ne pouuoir patir
aucune incommodité dessus les barres & genciues: les autres craignant
d'auoir la langue & les léures pressees: d'autres qui apprehendent trop la
douleur de la barbe: tellement qu'il est fort mal-aysé & presque impossible de leur asseurer la bouche, la teste, ny le col, tant qu'ils sont saisis de tels soupçons. I'ay desia
dict, parlant des plus consequens effects de l'exercice du galop: que les galoppades
larges ou longues, & sans fougue peuuent seruir de principal remede à ses irresolu-
tions d'appuy, & les raisons en sont assez clairement expliquees au premier & second
liure. Mais pour monstrer les commoditez que l'emboucheure y peut apporter,
i'ay voulu presenter la canne qui se trouuera cy-apres figuree, laquelle donnera plus
d'occasion au cheual, qui craindra seulement la douleur des barres, de s'asseurer

fur l'appuy de la main, que ne feront toutes les emboucheures precedentes, tant à caufe de fa groffeur efgale & vnie, que parce que la langue, quoy qu'elle foit affez enfoncee dedans fon canal, la fouftiendra auec les leures, & par confequent les barres en
feront d'autant foulagees; ioinct auffi qu'eftant ainfi d'vne piece, elle demeurera ordinairement en mefme fituation dedans la bouche du cheual, quelque mouuement
que face la main du cheualier.

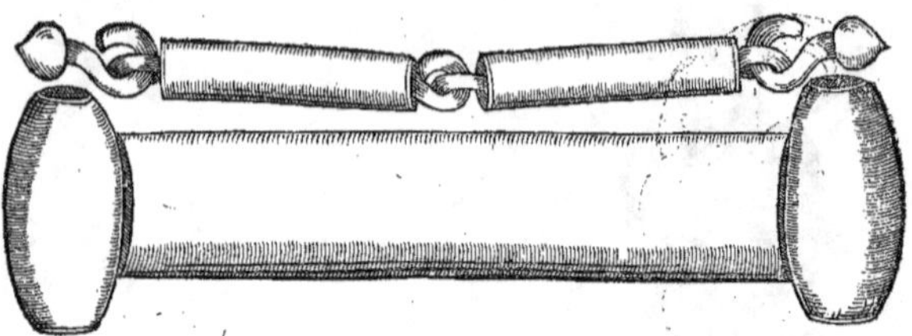

E T fi d'auenture la bouche n'eft affez fendue, pour receuoir cefte emboucheure,
fans que les leures & les iouës en foyent incommodees, il faudra ofter la ceciliane: &
fi cela ne fuffit, on fera la canne en cefte autre forme, qui donnera communément
moins d'appuy que la premiere: mais elle fe logera plus ayfément dedans la bouche
peu fendue, à caufe de l'efpace vuide, où fe voit la lettre A, auquel la leure trouuera
peut-eftre fa place fuffifante: & en cefte feconde canne on pourra ofter auffi s'il eft
befoin la ceciliane, afin de tenir l'emboucheure plus haulte, laiffant l'efcaillon franc
du dommage d'icelle, fans offenfer ny incommoder la iouë du cheual.

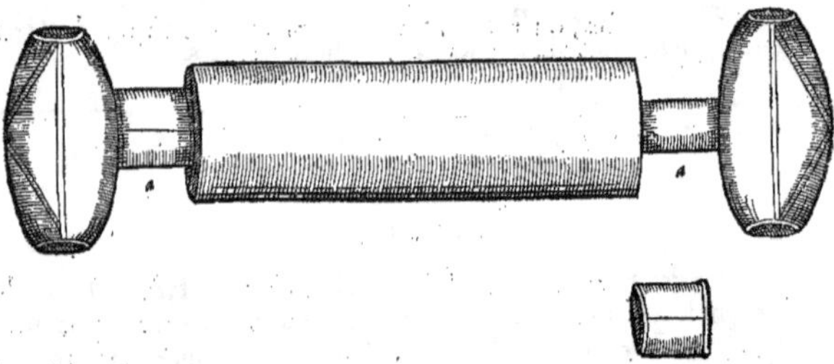

S I la langue du cheual eft fort baffe, ou menue, & que les barres foyent trop fenfibles, la canne fe peut faire de cefte autre façon, laquelle foulagera les barres plus que
ne feront les deux premieres: à caufe qu'eftant ainfi panfue, elle appuyera d'auantage
deffus le milieu de la langue, mais ne defarmera pas tant la barre, comme la precedente
te emboucheure qui pert fa groffeur tout à coup, pour donner place à la leure. Celle-
cy ne preffera pas beaucoup la leure, à caufe que fa groffeur va en diminuant du mitan, iufques au ply du banquet. En fin ces cannes feront propres, iufques à ce que les

barres foyent fortifiees, & que le cheual foit affeuré aux bons & fermes mouuements de la main du cheualier;& apres il faudra vfer d'autres emboucheures, felon les diuer-fes proportions & temperatures de la bouche.

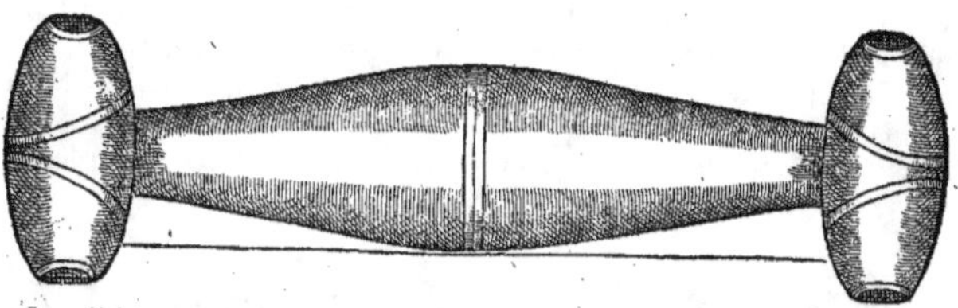

Il eft ayfé à iuger par ces explications, que ces cannes font propres pour affeurer, à l'appuy de la main, les barres qui font offenfees, ou trop delicates, quand la langue eft affez baffe ou menue, & qu'elle ne craint point le poix, & l'importunité de l'em-boucheure,comme ie viens de dire. Mais quand elle eft haulte, groffe, ou trop fenfi-ble, & que le poix de l'emboucheure l'eflargift, la noircift, ou la tourmente par quel-que douleur, il eft neceffaire (au lieu de ces cannes) d'vfer de ce campanel d'vne piece, car il preffera beaucoup moins la langue, & fi ne laiffera pas de refoudre peu à peu la barre trop fenfible, au ferme, & temperé appuy de la bonne main.

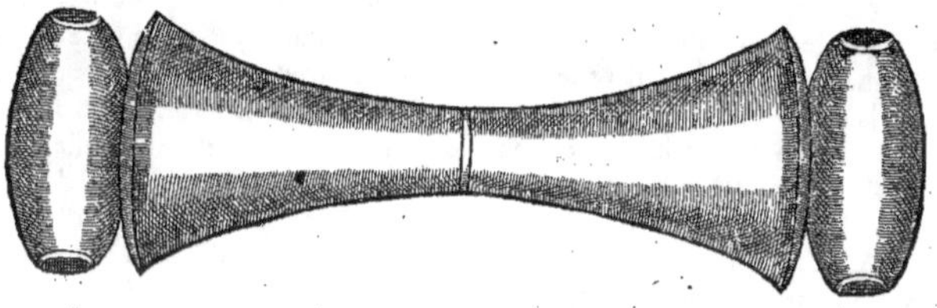

Par cefte petite figure, on peut voir comme il faut que foyent faits les noyaux, & plis de toutes les fufdites emboucheures entieres, afin que ces cannes & campanels fe puiffent mieux faire feparément.

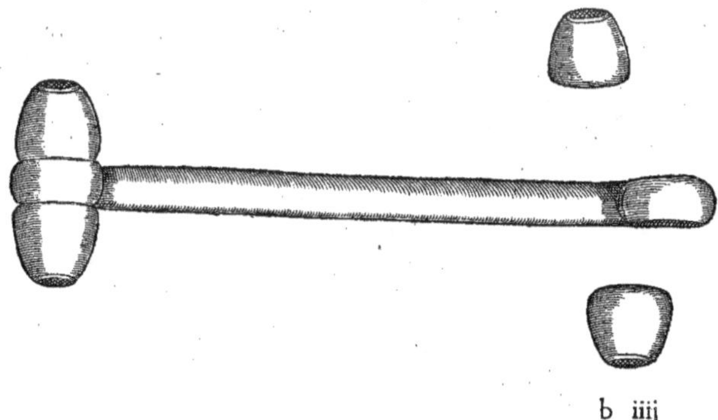

L'EMBOVCHEVRE cy-deuant figuree appuyera egalement par tout dedans la
bouche: toutesfois fi les léures en font espaiſſes, ceſt autre campanel l'embouchera
mieux, par ce qu'il donnera quelque eſpace libre à la léure, entre la haulteur du fonceau, & le ply du banquet, où ſe voit la lettre e, & par conſequent deſarmera d'autant
la genciue: Et outre qu'il donnera ceſte place à la léure, il preſſera moins la langue à
cauſe que les hauteurs & rondeurs des deux fonceaux, ſont plus voiſines: & ce iugement ſe peut faire par le vuide marqué a, qui eſt repreſenté entre le mitan de l'emboucheure, & la ligne tiree au deſſous.

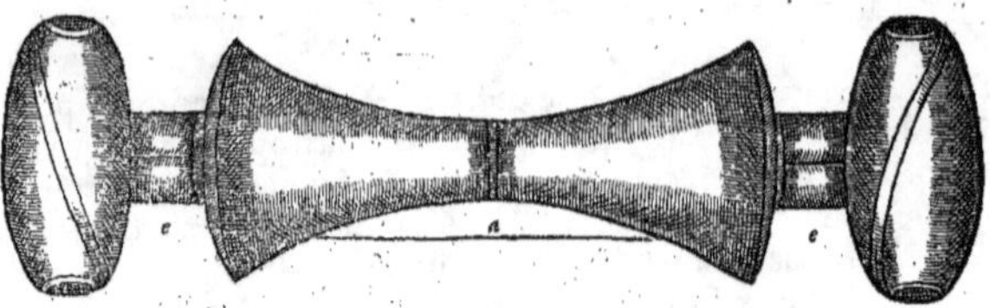

OVTRE les aſſeurances que le cheual trop ſenſible de bouche peut trouuer aux
proportions & ſituations de ſes dernieres emboucheures, il y a encores en icelles vne
autre commodité conſiderable. Aſſauoir que quand on rameine la teſte du cheual,
ou comment que le cheualier tire les reſnes à ſoy, le noyau de l'emboucheure tourne
dedans la canne, ou le campanel d'vne piece ſans que l'vne ny l'autre emboucheure
roule deſſus la barre, ny la langue, comme font le canon & l'eſcache: tellement que
l'appuy ſe faiſant par ce moyen auec moins de mouuement, le cheual s'y doit reſoudre plus commodement. Toutesfois le canon & l'eſcache ſimples ne laiſſent pas de
ſeruir auſſi à dreſſer & aſſeurer la bouche offenſee ou trop ſenſible. Quant aux cheuaux qui battent à la main, craignans extraordinairement la douleur de la barbe, ie
remets l'explication des remedes au diſcours des yeux des branches & des gourmettes
qui ſe trouueront cy-apres.

EN l'vſage des ſuſdites eſcaches à bouton ouuertes, & meſmement des poires renuerſees, il faut tenir ordinairement la montee plus baſſe, que ſi l'emboucheure eſtoit
ſimple & ordinaire, à cauſe que le bouton ou balote, & la groſſeur de la poire, ap-
puyans iuſtement deſſus la barre, tiennent la montee plus haulte, d'autant qu'il y a
de la ligne du b, iuſques à celle du c, c'eſt à dire autant que l'endroit du bouton ou
poire, qui appuye ſur la barre, a de haulteur: & pour mieux faire comprendre ceſte
proportion, i'ay voulu ainſi repreſenter l'vne moitié d'emboucheure auec le bouton
ou la poire, & l'autre toute ſimple.

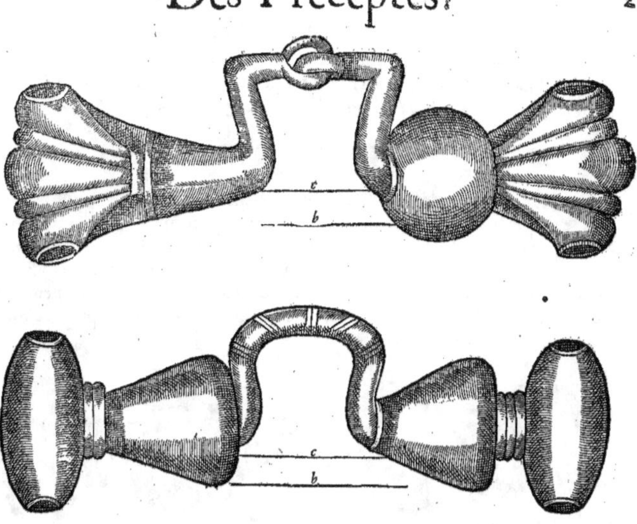

L A distance de ces boutons & poires est vne des mesures qu'il faut garder auec plus de recommandation, mesmement quand l'emboucheure est ouuerte: parce que ceste distance limite les endroits des barres, qui doiuent souffrir le principal appuy de la bride, & desquels endroits despend l'obeissance, subiection, legeresse, & fermesse de la bouche du cheual, selon ce que le mors y apporte par sa iuste forme & proportion.

E t quoy qu'en ces occasions l'obseruation moins limitee, soit commune à la montee & liberté qu'on donne aux emboucheures: à cause que d'ordinaire en diuers cheuaux on trouue les langues plus dissemblables que ne sont les distances des barres, si est-ce que ie voudrois qu'on gardast generalement la haulteur de ces libertez pourtraittes, qui peut-estre semblerōt trop basses à quelques-vns: toutesfois s'ils sont bons Caualerices, ils cognoistront par la bonne experience, qu'il vaut mieux que la langue soustienne vn peu l'emboucheure, quoy que aucunesfois elle tende l'appuy de la main vn peu moins leger, que si ayant trop de liberté elle sortoit, & pendoit cōme abandonnee hors la bouche, ou que la montee, approchant trop du palais, donnast occasion au cheual de tenir la bouche ouuerte: & pour rendre ceste explication plus facile, i'ay voulu ainsi representer par ces figures la façon de bien mesurer telles proportions, tant aux escaches simples, qu'à celles à bouton.

I l faut tenir ces escaches grosses ou menues, selon que la bouche du cheual sera beaucoup, mediocremēt, ou peu fendue, ou que les léures & iouës seront espaisses, ou tenves: & les grosseurs des poires se garderont aussi selon que la bouche sera beaucoup ou peu fendue, afin que toutes les proportions se rapportent si bien, qu'il n'y ayt rien de contraint, ny de confus.

CHAPITRE VIII.

SI en l'vsage des escaches susdites, les léures du cheual s'eslargissent au droit & au dessous de l'emboucheure, faisant comme vn gros bort hors la bouche, & derriere le banquet, cela mōstrera qu'elles sont trop charnues: & que par consequent la grosseur de l'escache les charge trop: mais quand tel cas aduiendra, il faudra entailler les boutons ou poires en vne emboucheure à couplet, afin que la léure trouue plus de place entre les boutons & le ply du banquet, comme il est representé par ces pourtraits.

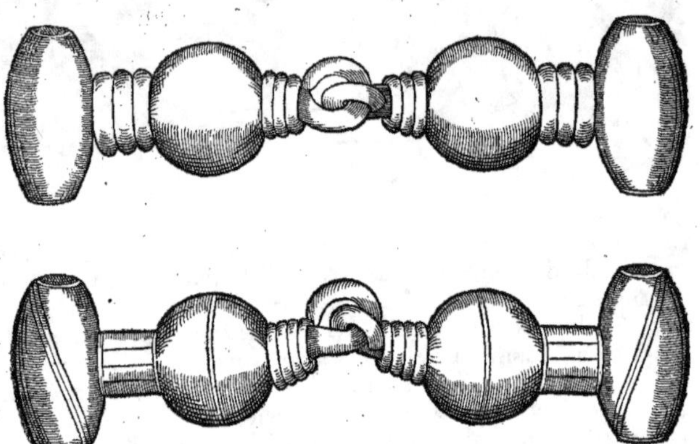

Si la langue n'a quelque grosseur excessiue, ou autre imperfection extraordinaire, il se faudra tenir, selon qu'elle sera haute, aux proportions des precedentes montees & libertez, qui se voyent encores icy figurees. Et la barre estant trop despourueuë de chair, ou la bouche fendue si hault, que pour la mieux garnir & remplir, il soit besoin de croistre ceste commune grosseur de balotte, il faudra considerer, en ce faisant, la proportion & nature des léures: afin que sans occasion necessaire, la grosseur extraordinaire de la balotte ne retranche trop la liberté de la léure, qui doit estre entre le ply du banquet, & la balotte.

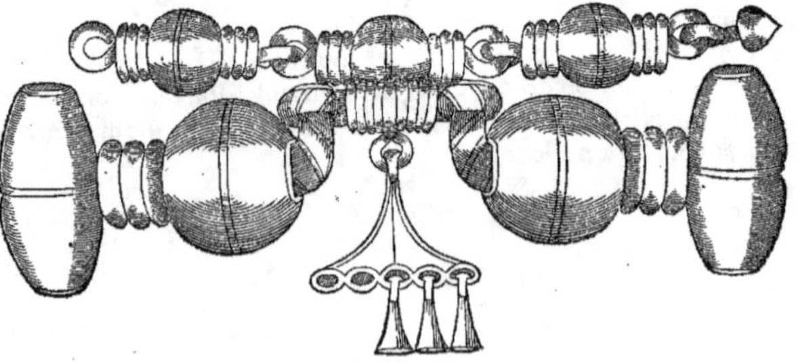

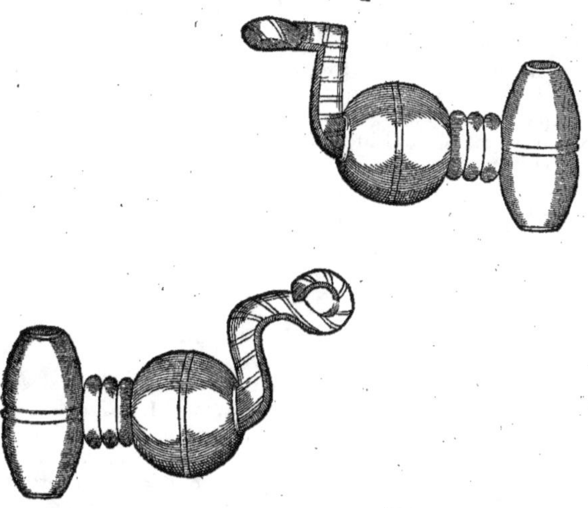

CHAPITRE IX.

IL y a des bouches grandes & sensibles, qui pour bien gouster la vraye fermesse de la main, veulent estre beaucoup remplies : quand cela est, il faut vser de campanels en ceste façon, à sçauoir si la langue est subtile, ou assez enfoncee en son canal, car autrement elle se trouueroit trop pressee.

LA pluspart des hommes de cheual, tiennent que ceste emboucheute à campanels, donne beaucoup plus de liberté à la langue qu'elle ne fait, & se figurent ceste liberté en l'espace qui se void entre la ligne de la lettre a, & le ply du mitan de l'emboucheure : mais pour voir clairement en quoy ils se trompent, il faut considerer que la haulteur du fonceau du campanel, à laquelle ils prennent ceste liberté au point de la lettre b, n'appuye pas en lieu qu'elle puisse laisser tant de vuide, pour la place de la langue : car l'extremité de ceste rondeur, & grosseur, se loge entre la genciue & la léure :

& le poinct de l'endroit qui appuye deſſus la barre, eſt celuy auquel ſe void la lettre c, ſelon les vrayes proportions que les caualerices mieux fondez obſeruent en la iuſteſ- ſe des emboucheures : tellement que preſque il ne reſte non plus de place pour la lan- gue, qu'en vn ſimple canon. Quant au vuide qui eſt entre le fonceau du campanel, & le ply du banquet, où eſt la lettre d, c'eſt l'endroit où la leure doit prendre ſa place, tant pour deſarmer la genciue, s'il eſt beſoin, que pour donner autant de moyen à l'emboucheure d'appuyer eſgalement par tout ſans incommoder ny offenſer aucu- ne partie en la bouche du cheual.

EXPLICATION DV MOT ARMER SELON L'OCCASION
ſuſdite, & la difference qu'on doit faire de la barre à la genciue.

CHAPITRE X.

PAR ce mot armer, on ne doit pas ſeulement entendre l'action que le cheual fait en courbant trop l'arc du col, baiſſant le front, & ap- puyant les branches du mors contre la poitrine : cela ſe peut bien ap- peller armer, entant que le cheual ne donne iamais dedás vne troup- peſerree auec tant d'aſſeurance, tenant le nez tant ſoit peu trop ad- uancé, comme quand le hault du front ſe trouue le premier : de ſorte que par ceſte action il ſemble que le cheual ſe mette en garde pour vouloir heurter, ou ſouſtenir vn choc : c'eſt pourquoy on nomme ceſte poſture armer : toutesfois la pluſpart des cheuaux, qui font ordinairement telle contenance, monſtrent par icelle les moyens malicieux, par leſquels ils defendent les barres, les leures, & la langue, en s'oppoſant aux bons effects de la bride, comme nous dirons en lieu plus expres. Mais quand on parle particulierement des emboucheures, & de ce qu'on y met pour deſar- mer les genciues, cela ſe doit entendre, les moyens d'empeſcher que la leure trop grande, ou trop eſpaiſſene ſe loge entre la genciue, & enuiron l'endroit de l'embou- cheure, qui doit appuyer & faire ſon effect aupres, & au deſſus de l'eſcaillon. Et parce que pluſieurs hommes de cheual prennent la barre, & la genciue indifferemment l'v- ne pour l'autre, ie les aduiſe que pour mieux comprendre les iuſtes proportions de l'emboucheure, la genciue ſe doit entendre proprement tout ce qui eſt de plus ſolide au deſſous de la ſommité de la barre, deſcendant au fonds de la leure.

POVR reuenir à noſtre emboucheure à campanel, ie rediray qu'elle pourra eſtre propre à reſoudre la barre ſenſible, au ferme & temperé appuy de la main : à cauſe que le campanel remplit beaucoup, & porte eſgalement par tout, & meſme qu'il n'a rien qui ſoit aſpre ny raboteux, là où ſe voit en la ſuſdite figure la lettre c, qui eſt le vray endroit qui doit appuyer deſſus la ſommité de la barre : & le fonceau d'iceluy campa- nel ſepare de la genciue la leure trop charnue, & la loge ayſément entre ſoy, & le ply du banquet, en la place de la lettre d, tellement que gardant bien toutes ces meſures & proportions, le cheual qui aura la bouche de la ſuſdite nature, s'en trouuera bien embouché, pourueu, comme i'ay deſia dit, que la langue ne ſoit trop haulte, ny trop groſſe : & ſi l'on recognoiſt en ceſte emboucheure que la langue n'y puiſſe trouuer ſa place ſuffiſante, il luy faudra donner ſon eſpace neceſſaire par des montees, & libertez ſemblables aux precedentes, comme il ſe void en ces autres figures.

IL y a vne nature de leure, qui n'eſt pas trop eſpaiſſe : mais bien ſi large & ſi molle qu'elle couure & arme facilemét la genciue, & ſe trouuant preſſee par l'emboucheu- re, elle fait que la bouche du cheual demeure ouuerte, ou au moins amortie, & par

con-

cõfequẽt appefantit l'appuy de la main, à caufe qu'elle empfeche que ce qui doit appuyer deffus la genciue, ne peut prendre librement & nettement fa vraye place:or en
telle occafion , ce campanel fera fort propre eftant bien logé , parce que,comme i'ay
dit cy-deuant , le fonceau d'iceluy met & arrefte la léure entre foy , & le ply de l'emboucheure, qui accolle le banquet,& par ce moyen la genciue demeure nette deffous
ce qui doit appuyer deffus icelle:& d'autant que d'ordinaire, ces leures fõt les moins
charnues,& celles qui laiffent plus de vuide entre elles & les genciues,il faut auffi tenir
le fonceau du campanel plus hault que fi elles eftoient plus efpaiffes, afin de les mieux
feparer de la genciue : mais fans telle neceffité,cefte proportion figuree fera commu-
némẽt bonne.

S1 le fonceau de ce campanel eft plat,il feparera mieux la léure dure & efpaiffe de la
genciue,fans la faire border en dehors : mais quand la léure eft large & tenue, le fonceau voulté eft propre à la defarmer,& remplir enfemble.

AVTRES EMBOVCHEVRES QVI SONT PROPRES
auſſi pour les cheuaux, qui ont les barres ſenſibles, & la langue aſſez menue,
ou ſuffiſamment enfoncee dedans ſon canal.

CHAPITRE XI.

TOVT ainſi que, comme i'ay dit cy-deuant, il y a pluſieurs perſonnes qui penſent que le campanel ſimple & ordinaire donne beaucoup plus de liberté à la langue du cheual qu'il ne fait, auſſi font-ils la meſme erreur en l'emboucheuré des poires. Ie ne veux pas dire que la langue ne trouue quelque ſoulagement en ceſt eſpace, qui ſe voit icy deſſous entre la lettre a, & le ply de l'emboucheure : Mais à la verité c'eſt trop peu, pour eſtre dit liberté, comme il ſe peut comprendre par ceſte figure.

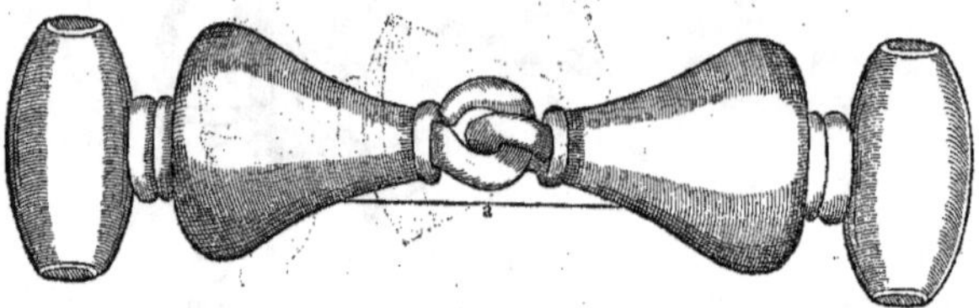

ET s'il y en a qui pour accroiſtre le peu de liberté de ceſte emboucheure ny autre, hors mis le ſimple canon, la facent monter depuis le ply du banquet, iuſques à celuy du mitan, l'action en ſera faulſe dedans la bouche du cheual: car la maſchoire ſe trouuera trop preſſee & ſerree par le dehors : tellement que pour bien aſſeoir l'emboucheure en ſon lieu plus propre, il eſt neceſſaire qu'elle ſoit droicte, depuis le ply du banquet iuſques à l'endroit du B, qui eſt le poinct iuſte & limité, où ſe doit faire le vray appuy ſur la barre, comme il eſt icy repreſenté. Mais paſſé ce poinct, on peut haulſer le ply de l'emboucheure, s'il eſt beſoin.

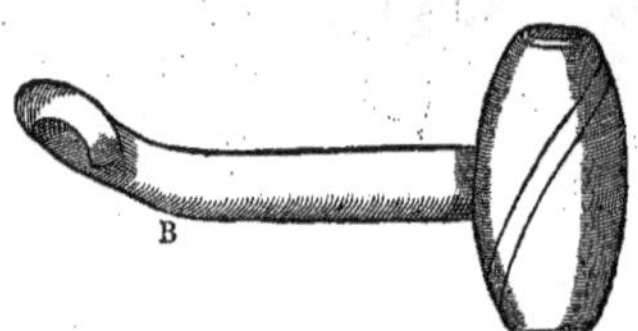

CESTE emboucheure donc ſe trouuera douce & plaiſante pour le cheual, qui ſera naturellement leger à la main, & qui aura la langue ſubtile : elle ne deſarmera pas tant comme le campanel : mais embouchera plus proprement la bouche, qui ne ſera trop fendue, & qui aura la léure bien proportionnee ; & meſmes reſoudra ſouuent à l'appuy de la main, les barres qui ſeront fort ſenſibles, à cauſe que la groſſeur & rondeur de la poire accompaigne plus doucement la deſcente de la genciue, que ne fait

la forme du fonceau du campanel. Et pour donner place à la langue, qui se trouuera
trop pressee sous l'appuy de ceste emboucheure, il faudra vser des libertez & montees cy-deuant figurees, hors-mis de celle à col rompu, qui selon les portraits precedés
ne seroit suffisante, à cause que la poire estant logee en la façon qu'elle est cy-dessus
representee, ne hausse pas tant l'emboucheure, comme fait la balotte, qui est entaillee
aux escaches, & autres emboucheures, qui comme on a peu voir, representent les plis
du mitan ou les montees plus hautes que l'ordinaire. Il faudra donc vser en la necessité des langues grosses ou trop hautes de ces campanels & poires simples & ordinaires,
& des libertez & montees precedentes & plus commodes : gardant sur tout la distance des iustes endroits, qui doiuent appuyer dessus les barres.

Avcvns tiennent ces campanels & poires de telle longueur qu'il n'y a qu'vn fal, *Fal, est à*
& quelquesfois rien entre le fonceau ou grosseur d'icelles, & le ply du banquet : mais *dire en cest*
quant à moy, ie n'vse pas souuent de telles proportions, parce que communément *endroit vn*
elles pesent & pressent auec tant d'incommoditez par les extremitez des grosseurs, *aneau ou*
que les léures s'eslargissent, faisant comme vn gros bord, qui est aucunefois estraint *patinostre.*
& offensé entre l'emboucheure & le crochet de la gourmette, de telle sorte qu'outre
l'incommodité qui en procede, le cheual en fait vne contenance fort des-agreable.
Ce qui particulierement me desplaist dauantage des effects de telles emboucheures,
est qu'on voit paroistre les fonceaux des campanels, ou les grosseurs des poires, & mesmes l'escaillon du cheual en est descouuert, chose tres-mal seante : car vne des particularitez qui embellist la bouche du cheual, est quand la léure se voit si proprement
logee, qu'elle empesche de voir l'emboucheure : il faut aussi considerer en ces emboucheures, que tant plus on laisse d'espace pour la léure, tant plus faut-il faire les
fonceaux des campanels, ou les culs des poires petits, parce que pour donner ceste liberté, on les approche tant des escaillons, que sans ceste preuoyance ils en seront offensez ou incommodez.

QVAND LE CHEVAL EST LEGER A LA MAIN,
& qu'il a la bouche fort fendue, & la langue assez basse.

CHAPITRE XII.

I L y a des bouches fort fendues, qui ont les barres & genciues bien
proportionnees, & de leger & téperé appuy, tant que l'emboucheure
demeure en sa iuste place dessus les barres : mais aucunesfois estás es-
chauffees elles boiuent la bride, & lors il se fait vn desordre qui des-
place tellement toute l'emboucheure & la gourmette, que l'appuy
en est du tout falsifié. En telle occasion, il est necessaire d'vser d'emboucheures qui remplissent assez. A quoy les imperiales, qui sont cy-apres figurees,
apportent souuent beaucoup de commodité : parce qu'elles garnissent suffisamment
depuis la place de l'appuy de la barre, iusques à l'extremité de la fente de la bouche.

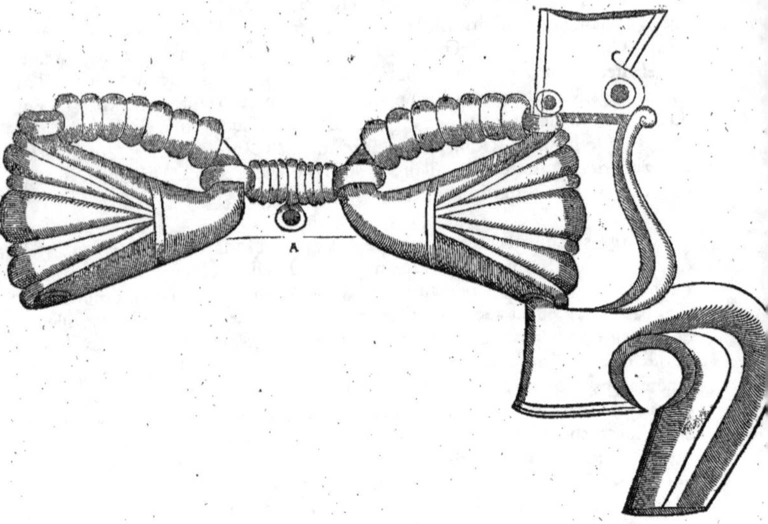

On peut iuger par ceste figure, que si la langue du cheual est large, grosse, ou haulte, la distance qui se void entre les deux escaches, & celle de la ligne marquee A , ius-
qùes à la piece du mitan de l'emboucheure, luy donnera quelque commodité ; & si
ceste piece du mitan est faicte comme ceste autre petite figure marquee A , la liberté
en sera vn peu plus spacieüse , & par consequent la bride plus plaisante.

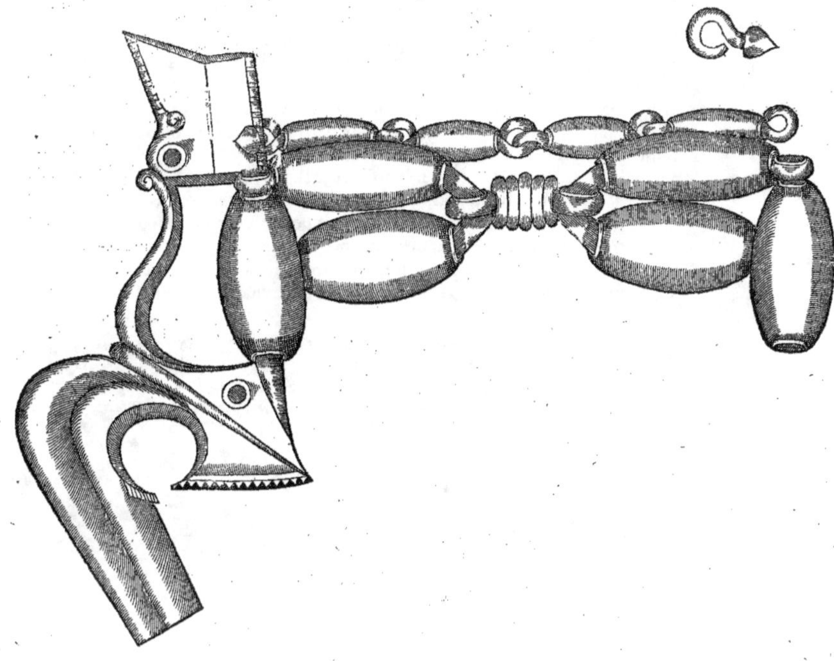

Ces deux emboucheures feront communément vn mesme effect, hors-mis que les oliues seront plus propres pour les bouches moins fresches, à cause qu'elles n'oc-cuperont pas trop de place en leur ferme appuy, & aussi qu'elles rouleront par le mouuement de la langue : & les escaches emboucheront mieux les bouches esgatees & fort sensibles, parce que leur appuy se fera auec moins de mouuemens.

La difference qu'il y a de ceste emboucheure suyuante à la premiere imperiale, qui paroist estre du tout semblable, depend de la longueur de la piece du mitan & par consequent de la distance des deux escaches : & celles icy estans plus voisines, seront plus propres aux bouches estroictes de canal & de barres.

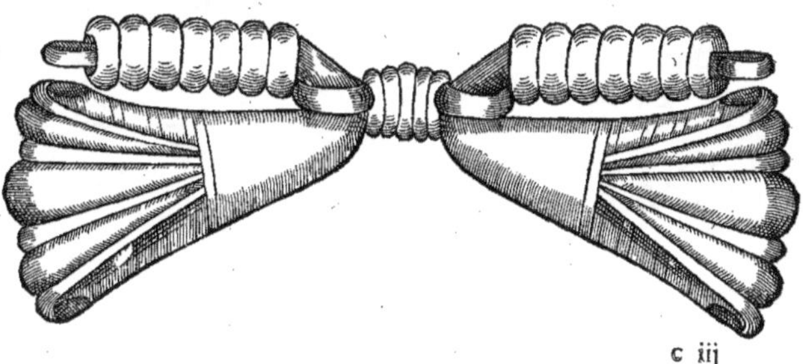

P ARCE que deſſous l'appuy des oliues & eſcaches la léure peut-eſtre aucunesfois trop contrainte, il ſe faudra ſeruir en telle neceſſité des autres imperiales à cam-
panelles,ou à poires,qui ſont cy -apres repreſentees, leſquelles rempliront dauantage
& plus proprement:à cauſe qu'elles donneront quelque place vuyde à la léure eſpaiſſe, & deſarmeront d'autant la genciue : mais il faudra vſer des poires aux barres plus
ſenſibles:toutesfois ce n'eſt pas à dire que le campanel ayt rien de ſoy, qui puiſſe offenſer la barre, beaucoup plus que la poire : car l'appuy principal de l'vn & de l'autre,
ſe fait indifferemment au poinct de la lettre e , qui eſt vn endroit où il n'y a rien de
rude ny raboteux,c'eſt ſeulement parce que la poire accompagne plus plaiſamment
la genciue à cauſe de ſa rondeur plus vnie:mais le campanel la deſarme dauantage:&
c'eſt vne maxime, que tant plus l'on empeſche que la langue, la genciue, ou la léure
ſupportent l'emboucheure,tant plus la barre ſouffre viuement la dureté de l'appuy.

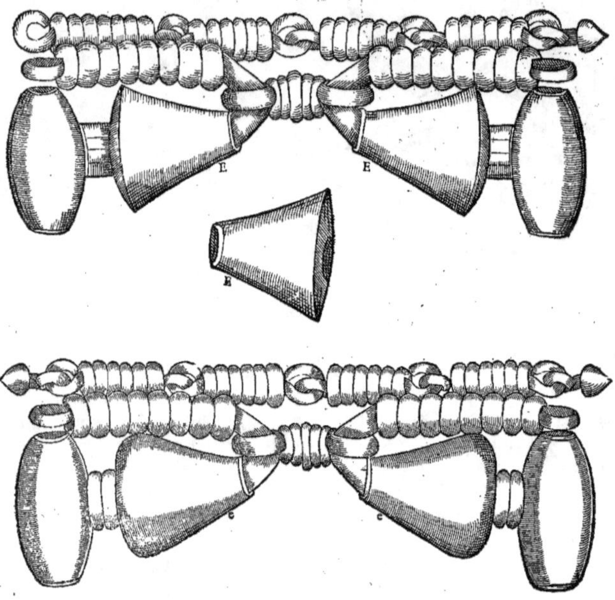

DONCQVES ces emboucheures donneront quelque liberté à la langue mouuante & subtile, & si elle est fort basse, on pourra entailler à la piece du mitan vne petite rouëlle, ou vne pommette qui luy apportera quelque plaisir dauantage; & aucunesfois la rouëlle estant assez haulte diuertira la langue trop longue, foible, ou pesante de sortir de la bouche, si elle y est accoustumee : mais la langue estant trop haulte,
ces pommettes & rouëlles la presseront incommodément, & la feront deuenir noire,
parce qu'elles occuperont la liberté, qui pourroit estre entre la ligne de la lettre
A, & la piece du mitan de l'emboucheure, comme il est icy representé.

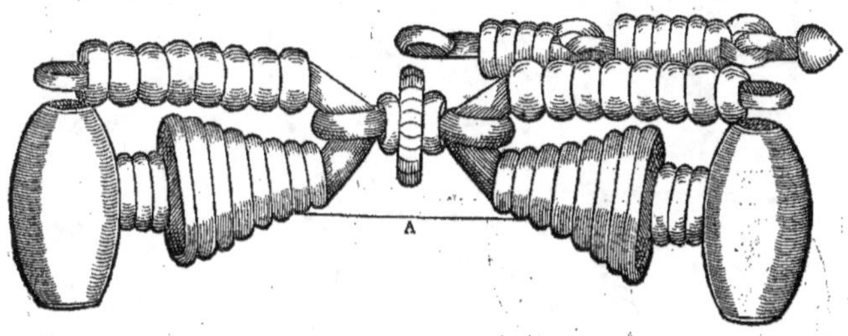

IE diray ailleurs les effets de ces campanels faillis, que ie n'ay mis en ce lieu que seulement pour accompagner la figure de ceste emboucheure.

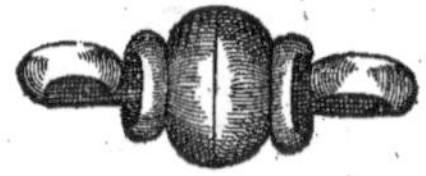

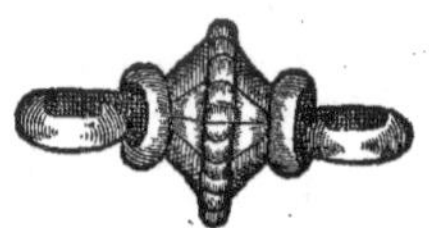

SI aux susdites formes & temperament de fente, de barre, de genciue, & de léure
la langue se trouue si grosse ou si haulte, qu'elle ne se puisse loger en la liberté de ces
imperiales, sans estre trop pressee, il faudra lors vser des autres emboucheures ouuertes, & de deux prises, qui sont cy-apres figurees, proportionnant en icelles la montee
selon l'action & la haulteur de la langue, à sçauoir ny trop haulte, ny trop basse, & la
piece qui doit appuyer dessus la barre, selon aussi la nature de la bouche, c'est à dire,
ny trop rude, trop douce, trop grosse, ny trop petite.

c iiij

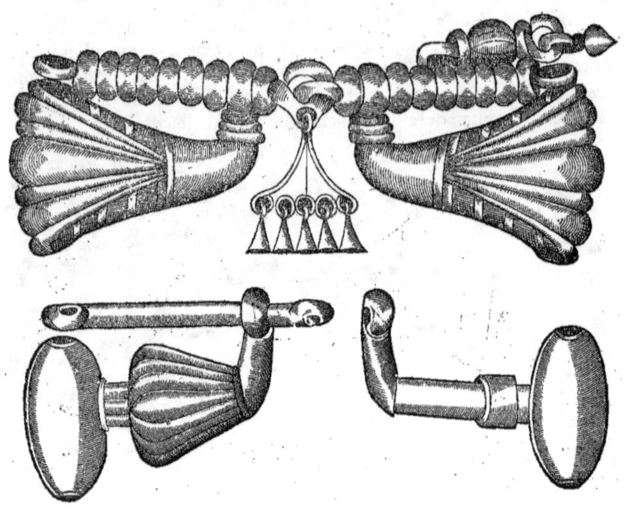

POVR LES BOVCHES QVI ONT L'APPVY PLVS
dur, ou plus pesant qu'à pleine main.

CHAPITRE XIII.

QVAND le cheual a l'appuy de la bouche plus dur, ou plus pesant qu'à pleine main, il faut considerer d'où procede ceste dureté ou pesanteur: car elle peut naistre de foiblesse naturelle, ou de quelque douleur particuliere & accidentale, qui le tiendra aux iambes, ou aux pieds, ou de trop de fougue & d'apprehension, ou à faute d'haleine, & aucunesfois seulement de confusion, ou de desespoir: quád telles imperfections ameineront la difficulté de la bouche, ie suis d'auis qu'on ayt, comme i'ay desia dit ailleurs, le premier recours au temps necessaire, à la bonne nouriture, aux remedes de la santé, & apres au moderé & bon exercice d'escole, bien & patiemment pratiqué, auec le simple mors à canon, & le cauesson, afin de disposer peu à peu le cheual aux bons effects d'vne bride plus iuste, & plus artificielle.

IL faut encores considerer que le cheual peut aussi-tost tirer ou peser à la main, à cause de l'espaisseur excessiue de la langue, ou des léures & genciues, qui deffendront trop les barres de l'appuy des douces emboucheures, que pour la dureté des barres.

OR quand la barre, qui rendra l'appuy plus fort ou pesant qu'à pleine main, sera plus dure que trop charnue, & de mediocre haulteur, & que la langue ne sera trop haulte, ny les leures & genciues trop espaisses, on pourra vser de melons: car à cause

de leur grosseur & rondeur, ceste barre n'en sera si tost offensee qu'elle seroit de quelque autre emboucheure rude, qui remplist moins : & ces melons estans faits à costes
arrondies, comme ils sont icy figurez, le cheual en pourra craindre l'appuy, & par
consequent en rendra plus d'obeissance & de legeresse, que s'ils estoient vnis.

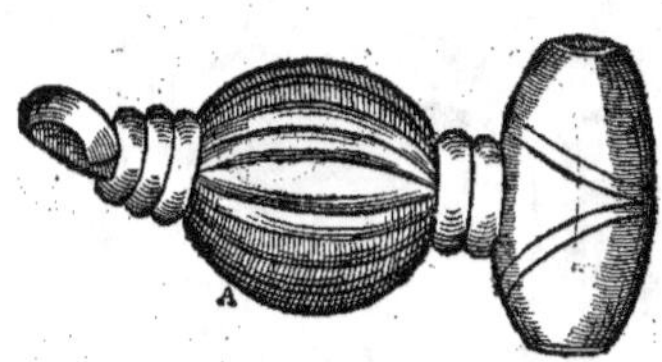

S i en ce melon la léure se trouue trop pressee, ou s'il est tant soustenu par icelle que
le vray appuy de la barre en soit empesché ou falsifié, le campanel ou la poire gauderonnee, qui se verront cy-apres, desarmeront beaucoup dauátage, & garniront commodément la bouche fort fendue, mesmement si elle n'est trop charnue : & la poire
sera moins rude que le campanel, pour les raisons cy-deuant deduites, sur le propos
des emboucheures precedentes : & pour esclarcir ceux qui voudront bien sçauoir laquelle de ces trois dernieres pieces offense plus la barre, ie diray que c'est presque indifferent : car si le melon par sa grosseur & rondeur appuye plus amplement dessus la
barre au droit de la lettre A, le campanel & la poire accompagnent mieux la descente de la genciue, iusques au poinct de la lettre E : & partant la barre n'est presque ny
plus ny moins offensee de l'vne de ces emboucheures, que des autres, hors-mis que
d'autant que le campanel desarme plus que la poire, ny le melon, il doit aussi appuyer
dessus la barre & genciue plus viuement, c'est à dire, auec moins d'empeschement, &
cela le peut rendre aucunement plus fort. Toutesfois si l'extremité du fonceau, là
où se void la mesme lettre e, descend si bas qu'il puisse faire vn second, & assez ferme
appuy au fons de la genciue, la barre en sera d'autant soulagee. C'est vne proportion
particuliere, que i'expliqueray mieux en lieu plus expres.

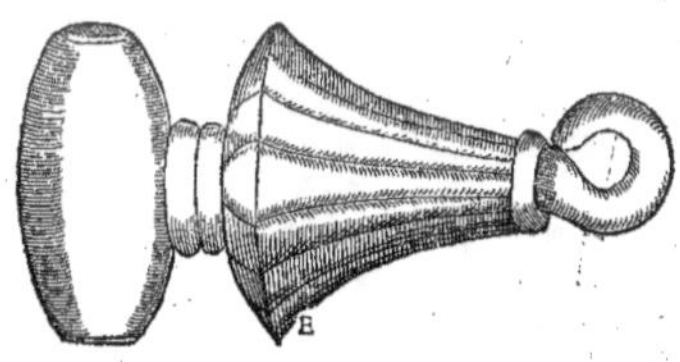

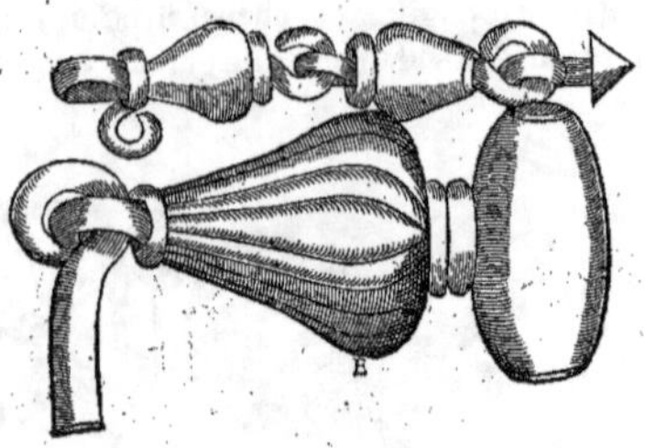

CESTE poire ainsi gauderonnee se peut mettre à la renuerse pour la commodité de la langue, selon les occasions que i'ay desia dit au discours des premieres poires: mais à cause des gauderons, l'emboucheure en sera fort rude. Voyla pourquoy ie n'approuue pas qu'on en vse, si le cheual n'a la bouche extraordinairement grande, & la barre fort espaisse, & presque insensible : quant aux campanels vnis ou gauderonnez, ie ne suis non plus d'auis qu'on les renuerse : car sans doute le trenchant & iointure du fonceau offensera trop la barre & la genciue, si l'emboucheure est iustement située dans la bouche du cheual: & si la distance de ces campanels est trop spacieuse, l'appuy trebuchera & coulera par le dehors des barres,& par consequent aussi se treuuera faux.

QVAND la dureté extraordinaire des barres vient d'abondance du chair,ou autrement de leur excessiue espaisseur, & mesmement si elles sont fort basses , les rouëlles d'icy apres seront aucunesfois propres à telle forme & temperament de barres : par ce que ces rouëlles estans plattes & assez haultes,elles appuyeront plus viuement, & à cause aussi que les léures se trouueront placees & arrestees en ce vuide , qui se voit au lieu de la lettre a , de sorte qu'elles ne pourront deffendre les barres: mais ie n'entends pas que pour cest effect on face communément les rouëlles plus haultes,ny plus plattes qu'elles sont icy figurees:au contraire ie blasme l'vsage de celles, qui par leur haulteur & viuacité meurtrissent & vlcerent les barres & genciues.

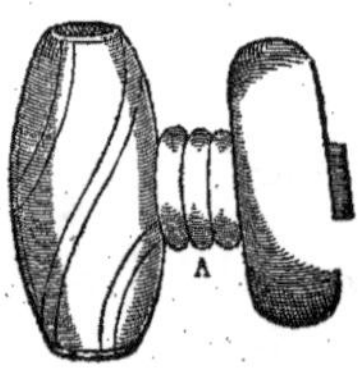
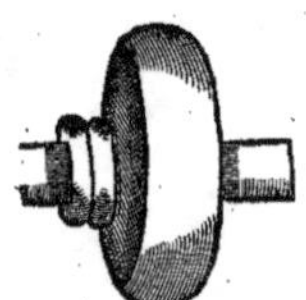

a de liberté , tant plus la barre & genciue souffre viuement la violence de l'appuy de
l'emboucheure, il ne faut pas seulement proportionner la montee de la liberté selon
la haulteur de la langue: mais elle se doit aussi rapporter au temperament de la barre:&,comme i'ay dit ailleurs , ces montees se doyuent mesurer au poinct là où se fait
l'appuy dessus la barre:& pour compasser iustement les haulteurs qu'on voudra donner aux libertez de la langue , en faisant les portraits, il faut tirer les lignes qui se verront cy-apres en la prochaine figure, & garder l'ordre des poincts monstrez par les
compas:& pour verifier les mesures iustes de la bride, qui aura esté ordonnee, ou telle
autre qu'on voudra,il se faudra seruit d'vn peu de fil ou ficelle,au lieu des lignes representees. On pourra voir aussi (en la mesme figure) par la demonstration du compas
plus hault,comme lon doit mesurer la largeur generale de l'emboucheure.

P O V R bien loger dedans la bouche du cheual, non seulement ces rouëlles, mais
aussi les balottes,melons , & poires renuersees , il faut recognoistre soigneusement la
distance des barres , & sur tout leurs haulteurs: & tant plus on les trouuera haultes,
tant plus faudra-il tenir les rouëlles basses,espaisses, & arrondies, ou haultes & plattes,
selon que les barres seront basses: car si on vsoit d'vne rouëlle fort haute sur vne barre
assez releuee,l'emboucheure se trouueroit trop voisine du palais: & si la rouëlle estoit
trop platte,l'appuy en seroit si aspre qu'il en blesseroit & falsifieroit la barre , & toute
la genciue : à cause que les barres haultes sont cómunément les plus sensibles & delicates, d'autant qu'elles sont moins pourueuës de chair que les basses , & que par leur
haulteur elles donnent plus d'espace & de commodité à la langue en son canal:& par
consequent soustiennent l'action de l'emboucheure auec moins de soulagement;
c'est pourquoy elles doiuent estre plus conseruees: & au contraire les plus basses sont
d'ordinaire comme insensibles,parce qu'elles sont trop rondes,espaisses,& charnues,
& que par ces imperfections la langue ne pouuant auoir espace suffisant en son canal, ayde beaucoup à telles barres , pour soustenir & endurcir l'appuy de l'emboucheure, mesmement quand elle n'est point ouuerte. Et pource on doit aucunesfois
emboucher la bouche de ceste nature auec des rouëlles plattes, pour rendre leur appuy plus fort :& assez haultes, pour laisser la langue plus libre.

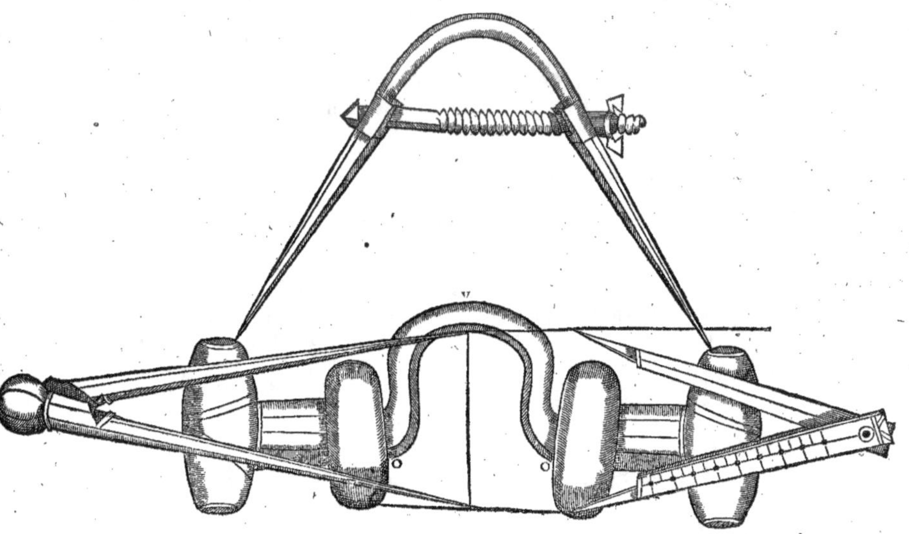

Le bon homme de cheual iugera facilement par cefte emboucheure figuree, que en toutes les montees & libertez, la commune mefure qui fe compaffe faifant vn des poincts du compas, là où fe voit la lettre o, & l'autre à la lettre v, eft faulfe fans aucun doute: car l'appuy de la barre ne fe fait pas à l'endroit de la lettre d'embas, ny la langue ne peut arriuer à celuy de la lettre d'enhaut.

Ie fçay que l'efpace de la liberté, qui fe voit entre ces roüelles fe trouuera plus large que la premiere mefure: mais c'eft parce que faifant leur effect auec plus de violence que les emboucheures precedentes, elles doiuent appuyer plus fur le dehors de la barre, & pour cefte raifon, i'ay dit qu'elles font propres aux barres efpaiffes, dures & baffes: & pour empefcher qu'elles ne tres-buchent hors la genciue, à caufe de cefte largeur de liberté, il faut qu'elles foient en tailleees vn peu en biais, comme il eft reprefenté en leur figure: & nottamment ie diray encores fur ce propos, que fi le cheual tire ou pefe à la main, & que la bouche fe bleffe facilement, il eft neceffaire d'augmenter difcrettement la rudeffe & fubiection de la gourmette, foit en la forme, ou en la mefure: & fi la barbe eft trop fenfible, & l'interieur de la bouche affez folide, il faut par confequent que l'appuy de la gourmette foit doux, & celuy qui fe fait fur la barre affez fort, pourueu qu'il n'en bleffe aucune partie. I'expliqueray ailleurs la difference des gourmettes, & celles que i'approuue plus pour mon vfage.

RECEPTE PRINCIPAL, POVR BIEN LOGER SVR LA barre, la partie de l'emboucheure propre pour le vray appuy de la main.

CHAPITRE XIIII.

L n'eft celuy qui fe mefle de bien emboucher le cheual, qui ne foit foigneux de cercher les moyens d'appuyer l'emboucheure deffus les barres, enuiron vn petit demy-doigt plus hault que l'efcaillon: mais tous les Caualerices ne fçauent pas bien le poinct du iufte lieu, auquel fe doit faire ce vray appuy, mefmement quand l'emboucheure donne liberté à la langue, foit eftant ouuerte, ou par la haulteur, ou groffeur de ce qu'ils veulent loger deffus la barre: & la plufpart de ceux qui ont plus de fubtilité, tafchent par leur induftrie de limiter ceft appuy, iuftement deffus la fummité & le trenchant de la barre: qu'il foit ainfi, ils veulent que les poincts des endroits de l'emboucheure, qu'ils dedient pour la iufteffe de l'appuy, n'ayent communément qu'vn poulce de diftance de l'vn à l'autre, laiffant ceft efpace pour la liberté de la langue: mais en cefte mefure ils peuuent faire vne erreur fort grande. Car il faut confiderer la proportion naturelle de l'os de la mafchoire du cheual, lequel, comme lon peut voir par l'anatomie, eft caué en cefte partie par le dedans, afin de donner à la langue la place que nous nommons le canal, & par le dehors, il eft comme demy rond, & au haut de la barre du cofté du canal, l'extremité de l'os eft prefque trenchante, à caufe que c'eft l'endroit auquel le canal commence fa concauité, & mefmes il en eft moins charnu qu'en autre part. Or fi le plus fort appuy de l'emboucheure fe fait deffus cefte partie plus haulte, fans doute le peu de chair qu'il y a d'ordinaire, fe trouuant fort preffee entre le trenchant de l'os & le fer, aucunesfois fera tellement offenfee, que la douleur contraindra le cheual à tenir la bouche ouuerte, & cherchant les moyens d'efquiuer & defrober les barres, fera fouuent les forces ou quelque autre contenance defagreable, qui tefmoignera le defplaifir qu'il receura en l'importunité, & incertitude de ceft appuy.

Il faut donc que le principal appuy de l'emboucheure fe face pres de l'efcaillon, fans le toucher, & en cefte demy-rondeur, qui eft au hault de la barre du cofté de dehors

hors

hors : mais tout ainſi qu'on doit euiter que ceſt appuy ne ſe face directement deſſus
la partie trenchante,là où le canal commence ſa concauité,il ſe faut auſſi bien garder
de faire l'appuy, tant à l'extremité du dehors de la barre , que l'emboucheure puiſſe
trebucher deſſus le bas de la genciue : car la ſituation de l'emboucheure en ſeroit faulſe,& par conſequent ſon appuy deſordonné : & pour mieux garder la commune iuſteſſe de ceſte meſure, ie l'ay voulu obſeruer en toutes, ou en la pluſpart de ces emboucheures figurees.

EMBOVCHEVRES PROPRES *AVX CHEVAVX QVI*
ont les barres haultes & dures, & la bouche ſeche.

CHAPITRE XV.

QV o y que i'aye dit cy-deuant que d'ordinaire les barres haultes ſont
les plus ſenſibles, ſi eſt-ce qu'il ſe trouue aucuneſfois des cheuaux,
qui de leur naturel ne laiſſent pas pour ceſte haulteur, de les auoir
dures ou encâllies par accidents, ſur leſquelles on ne doit que par
grãde neceſſité appuyer balottes,rouëlle,poire renuerſee, ny autres
pieces,qui par leurs formes tiennét l'emboucheure releuee : car ſi tel
appuy ſe faiſoit iuſtemét au hault de la barre de ceſte nature, il en ſeroit trop violant,
à cauſe qu'il ne pourroit eſtre ſouſtenu,ny accompaigné de la genciue, (eſtant trop
droite) ny la léure, ny meſmes que fort peu de la langue:& ſi l'appuy en eſtoit fait ſur
la rondeur du coſté hors la barre, l'emboucheure trebucheroit facilement en deſcendant par la genciue,n'y trouuant place ſuffiſante pour s'arreſter aſſez fermement. En
telle occaſion le campanel gauderonné & precedent ſera propre auſſi ceſt autre *Fally, fait*
campanel fally, parce qu'en appuyant deſſus la barre il accompagnera aucunement *à fals, ou*
la deſcente de la genciue,eſtant ainſi fait en groſſiſſant par le dehors : & ſelon que la *rouëlles.*
léure ſera large, eſpaiſſe, ou platte, il luy faudra laiſſer ſon eſpace neceſſaire, oſtant ou
adiouſtant vne piece en ce campanel fally,qui eſt icy figuré ; & outre que ceſte emboucheure garnira proprement telle barre & genciue, elle rendra ſouuent par ſes
mouuemens roulez la bouche fraiche, pourueu que la langue ne ſoit naturellement
immobile, & qu'elle ayt ſa place & liberté ſuffiſante.

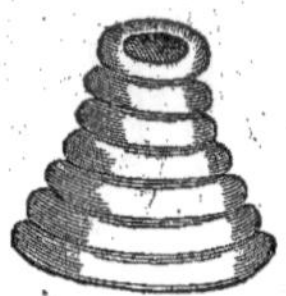

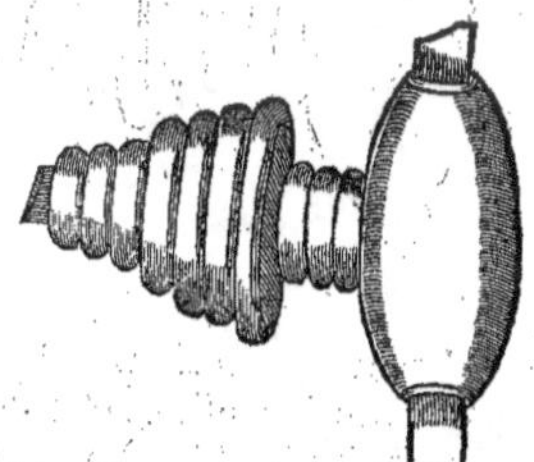

I L ſemblera peut-eſtre à quelqu'vn que ſelon les proportions precedentes la diſtance de ces campanels fallis ſoit trop eſtroitte,à cauſe qu'ils appuyeront deſſus l'endroit extreme de la barre,que i'ay cy-deuát reſerué:mais ie veux aduertir ceux qui ſeront en ce doute, qu'en ceſte exception il n'y a point de danger que ce campanel,
appuyant deſſus la barre , arriue iuſques au bord du canal, parce qu'eſtant formé
en groſſiſſant par le dehors, il accompagnera la proportion de la genciue en tella
ſorte, que le plus ferme appuy de l'emboucheure ſe fera aux lieux de la lettre A,

representez en ceste autre & prochaine figure, & par consequent la barre sera entierement garnie, sans que l'endroit extreme de la lettre E, puisse trop presser la partie
plus sensible de la barre qui, comme i'ay dit, finit sa demie rondeur par la concauité
du canal. Suyuant ces raisons il est permis en ceste necessité de faire l'appuy de ce
campanel en couurant & trauersant du tout la barre & genciue.

C E campanel fally paroistra aussi plus rude que ceux qui sont gauderonnez en
long, à cause qu'il est de plusieurs pieces plattes, & gauderonnees: mais ce sera tout le
contraire: en quoy il faut considerer que les rouëlles appuyent au long de la barre, &
que les gauderons des campanels precedents la trauersent, & partant l'appuy en est
plus violant: toutesfois ceste difference n'est pas grande, pourueu que les extremitez
des rouëlles, comme des gauderons, soient bien arrondies, que leur largeur soit esgale, & que les campanels ne soient plus petits que les poires. Car quoy que plusieurs
tiennent que les emboucheures, ausquelles il y a moins de fer, soient les plus douces,
si est-ce que l'experience nous apprend assez, que communément celles qui remplissent dauantage, offensent moins les barres; i'entends si le subiect des appuys en est
semblable: voila pourquoy l'appuy de la bride se doit faire d'ordinaire auec moins de
fer dessus la barre espaisse, & trop charnue, que si elle estoit haulte & sensible.

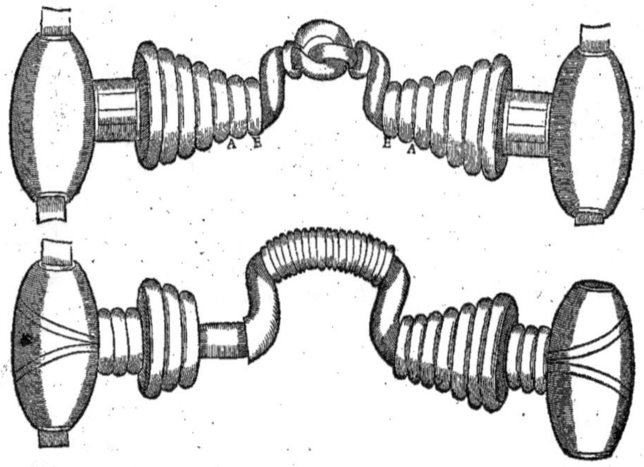

C E dernier campanel se pourra faire entier, & gauderonné en rond, de façon qu'il
semblera estre de plusieurs pieces: mais parce qu'il aura moins de mouuemens, il
donnera moins de subiect à la bouche seche de se refraischir & humecter.

QVAND LES BARRES SE ROMPENT, OV
meurtrissent facilement sous le ferme, & temperé appuy de l'emboucheure, mesmement quand elle est ouuerte.

CHAPITRE XVI.

C'EST vn grand desplaisir au Caualerice, quand d'aussi tost qu'il veut ramener & mettre en bon lieu la teste du cheual qu'il exerce, ou qu'il le veut resoudre à vn ferme & temperé appuy de bouche, il en void sortir le sang, ou qu'il sent à la main quelque mouuement faux & irresolu. Aucunesfois cela procede de la haulteur excessiue, ou de la delicatesse naturelle de la barre: car par ceste haulteur superflue, le canal se trouue plus creux, auquel par consequent la langue se loge si commodément, qu'elle en est moins contrainte de soustenir, s'il est besoin, l'appuy de l'emboucheure, quoy qu'elle soit fermee. D'autre-part les barres haultes sont d'ordinaire les plus sensibles, parce (comme i'ay desia dit) qu'elles sont moins charnues, que celles qui sont basses. Ceste tendresse extraordinaire de barre peut naistre aussi des meurtrisseures & vlceres, que la diuersité des emboucheures mal ordonnees y auront fait si souuent, que les cicatrices n'en auront peu estre bien consolidees en si peu de temps que le Caualerice impatient se sera faict à croire.

LES mesmes imperfections peuuent aussi venir de ce que la langue estant trop haulte ou grosse, aura esté si fort pressee par les emboucheures fermees & trop plattes, qu'elle en sera esbrechee, & ordinairement vlceree; ou quãd les léures auront esté trop estraintes ou blessees par des pieces mal polies, ou mal iointes. Il faudra donc bien iuger la cause de ce sang, & du battement de main: Et si ceste delicatesse de barre ne procede que du propre naturel, on vsera du simple mors à canon, ou des canes & autres emboucheures precedentes, que i'ay representé plus propres à la tendresse de la bouche, iusques à ce qu'elle soit asseuree aux fermes mouuemés de la bonne main: ou si la barre qui estant saine auroit peu souffrir naturellement & sans incommodité, vn ferme appuy, se trouue corrompue par les vlceres souuent suruenus, ou par les cicatrices mal guaries, ces emboucheures plus proches leur apporteront commodité & soulagement: d'autant que par la haulteur des demy-poires, & à cause de leur distance extraordinairement eslargie, l'appuy principal d'icelles se fera par le dehors de la barre dessus le fons de la genciue: de sorte que par ce moyen la barre sera garentie de la pesanteur & incommodité de l'appuy de telle emboucheure.

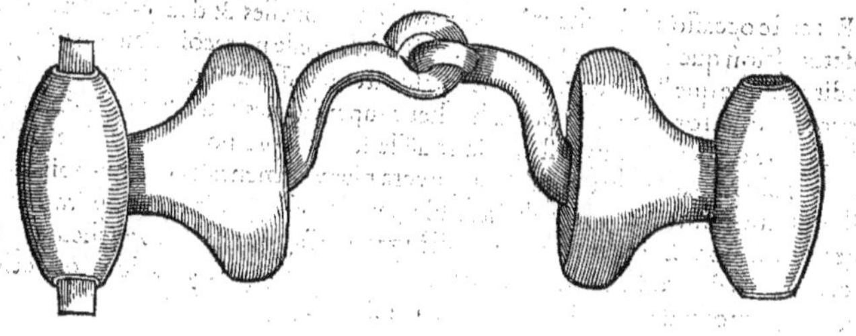

SI l'irresolution de l'appuy de la bouche ne vient que de la langue, ou de la léure offensées, il suffira de leur donner, comme i'ay desia dit en autres diuers lieux, telle

place au mitan de l'emboucheure, & contre le ply du banquet, qu'elles puissent estre
garenties de l'incommodité, & de la douleur qui contraindra le cheual à craindre la
bride, & à battre à la main.

Or en ces demy-poires logees, comme elles sont icy deuant figurees, il faut considerer vne difference notable: assauoir que si elles ne font que desarmer la genciue
de la barre trop espaisse, ou trop grande, le principal appuy de l'emboucheure en sera
incertain, & offensera tousiours la barre mal saine & corrompue: mais si les demy-
poires sont assez haultes, pour appuyer dessus le fonds de la genciue, la barre en pourra estre d'autant soulagee. Ie sçay bien que cest appuy est extraordinaire, & que
sans necessité il ne se doit pratiquer: toutesfois i'ay autresfois eu en ma charge des
cheuaux qui auoyent les barres trop hautes, trop sensibles, ou trop proches l'vne de
l'autre, lesquels ayans plusieursfois refusé les commoditez de maintes brides differentes, & iustement proportionnees, il a fallu que ie les aye embouchez de façon que
pour vn temps l'appuy de l'emboucheure se soit entierement faict par le dehors au
fonds de la genciue, sans que chose quelconque ayt touché le dessus de la barre; &
par ce seul moyen ces cheuaux ont en fin porté la teste & le col en belle & bonne posture, & mesmes ont obey legerement, aux fermes actions de la bonne main, quoy
qu'il semblast à voir leurs mors, qu'ils fussent mal ordonnez, & qu'ils trebuchassent
au dehors de la barre, à cause de la distance des demy-poires ou rouëlles, qui estoit
beaucoup plus large que l'ordinaire: & voicy le dessein d'vne emboucheure, qui semble estre faulse, auec laquelle i'ay asseuré vne bouche la plus estroite de barres, plus
corrompue, & en tout mal-aysee, qu'on eust sçeu voir.

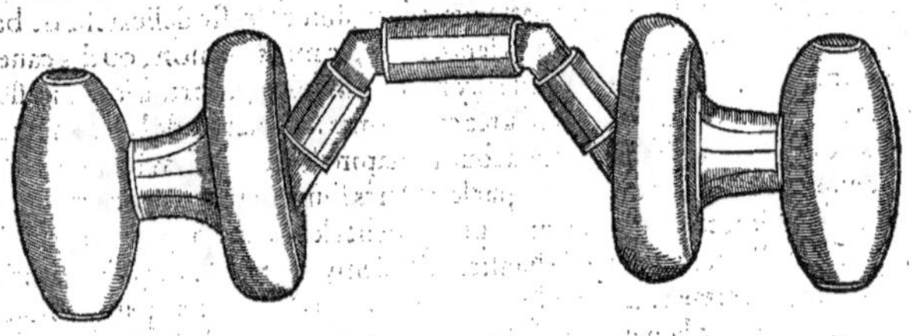

En ceste occasion la haulteur & grosseur de ces rouëlles & demy-poires, se doit
obseruer selon que la barre sera haulte, tant afin qu'elle ne reçoiue aucune incommodité, à faute que l'emboucheure ne soit soustenue assez hault, que pour euiter que
la genciue soit trop violentee par la haulteur superflue des rouëlles: & la difference
des effets de ces deux appuys est que la rouëlle sera propre pour la genciue, moins
haulte & plus espaisse, à cause qu'elle appuyera plus viuement: & la demy-poire pour
celle qui sera moins charnue & plus sensible, parce qu'elle garnira & remplira dauantage par le dehors & partant on peut aussi iuger que l'appuy de l'emboucheure, qui se
faict auec plus de grosseur & de rondeur vne & bien polie, est plus doux que celuy,
qui occupe moins de place dans la bouche du cheual.

QVAND LA LANGVE EST TROP HAVLTE, LE palais trop charnu, & la maschoire fort estroite.

CHAPITRE XVII.

VNE des plus grandes difficultez qu'on ayt trouué, iusques depuis enuiron vingt ans en ça à bien emboucher le cheual, a esté quand il a eu ensemble la langue grosse ou fort haulte, le palais trop plein, & la maschoire trop estroite. La raison est, que ne donnant la liberté suffisante à ceste grosseur de langue, elle s'enfloit & se noircissoit en l'exercice, sous l'appuy de l'emboucheure, qui est vne imperfection, (outre sa malseance) dont l'appuy de la bouche est assoupy: & quád on tenoit la montee de la liberté assez haulte, elle touchoit & poussoit le palais trop charnu, lors que le cheualier vouloit ramener & mettre la teste & le col du cheual en bon lieu, & par ce moyen la bouche demeuroit necessairement ouuerte, les maschoires faisant souuent les forces, ou quelque autre contenance desagreable: à quoy on n'auoit sceu trouuer le vray remede, iusques à ce que le Sieur Iean Baptiste Pignatel inuenta ce padane, qu'on nomme à la Pignatelle, lequel fait ensemble plusieurs bons effects propres aux susdites imperfections: car par sa commodité on peut donner tant de liberté qu'on veut à la langue trop grosse ou trop haulte, sans offenser le palais, encore qu'il soit fort plein, & sans contraindre la bouche de demeurer ouuerte: à cause qu'en ramenant la teste du cheual par l'action de la branche, ce padane ne peut violenter en aucune sorte le palais, ains il cede & trebuche en arriere aussi-tost qu'il y touche: outre ce, il garantit la barre du dommage qu'elle receuoit par les plis des autres padanes antiques & communs, qui se lient à l'emboucheure, lesquels n'offensent pas seulement les barres, mais ils empeschent que ce qui doit estre destiné pour appuyer dessus icelles, ne se peut iustement loger ny arrester en son vray lieu: qu'il soit ainsi, les bons Caualerices sçauent par experience que si l'appuy de l'emboucheure à padane commun se fait iustemét, comme il doit estre, dessus la barre, les plis d'iceluy se trouuent si pres l'vn de l'autre, & occupent tellement le passage de la langue, qu'elle ne peut qu'à grande difficulté entrer dedans l'espace de telle montee.

I'AY memoire d'auoir veu vn cheual d'Espaigne, lequel ayant passé la langue par force dedans vn tel padane, elle s'enfla si fort durant l'exercice, seulement d'vn quart d'heure que quand le pallefrenier le voulut desbrider, ce cheual qui auoit la bouche sensible & fort delicate, se sentant ainsi retenu entre les plis du padane, haussa la teste, & se cabra de telle violence, qu'il s'arracha la langue: ie pourrois encores dire d'autres accidens, que i'ay veus arriuer pour d'occasions semblables: mais le discours en seroit peut-estre trouué prolixe: il me suffit donc que ceux qui auront tant soit peu de iugement en cest art pourront considerer que ce n'est sans cause, si nous auons laissé presque du tout l'vsage de tels padanes.

LES montees d'vne piece, & celles à pied de chat, à fourchette, & à couldoye, occupent beaucoup moins l'entree de la liberté de la langue, que ne font ces anciens padanes: toutesfois encores donnent-elles quelque incommodité, mesmement quand la maschoire est fort estroite: c'est en quoy sont propres & necessaires les emboures à la pignatelle cy-apres figurees, là où se voyent les demy-poires renuersees, les campanels, les balottes, & les rouëlles, monstrant estre faites & entaillees de façon, qu'elles laissent le passage de la langue vuide & net: & par ce moyen on peut mieux situer le vray appuy dessus les barres trop voisines, qui par consequent tiennent la

langue trop haulte. Il est vray que ces padanes à la pignatelle ne se peuuent accommoder,pour bien faire leurs meilleurs effects, qu'ils ne tiennent de l'entier, & les emboucheures entieres donnent communément moins de plaisir, que celles qui se
plient.Mais il faut considerer qu'en la bouche du cheual lon ne peut assez remedier à
vne imperfection particuliere & mal-aysee, sans diminuer la commodité de quelque autre partie.

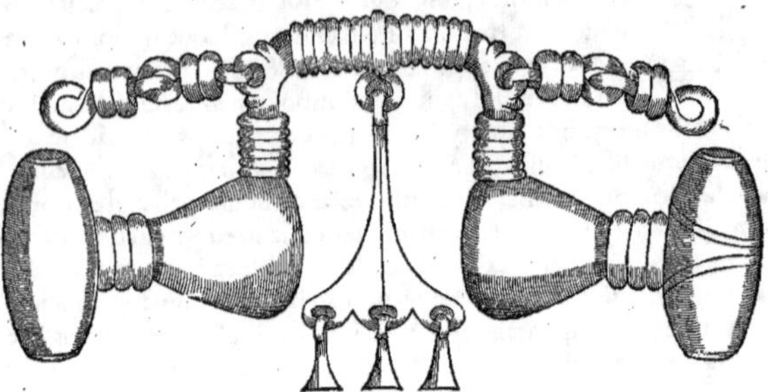

S i la léure du cheual est tant espaisse, ou grande, qu'elle couure ou arme trop la
barre & genciue, la rouëlle qui se voit en ceste autre figure, remediera à telle imperfection. On peut aussi veoir en la mesme figure, comment les padanes à la pignatelle
doiuent estre liez aux emboucheures dedans ces poires, campanels & balottes.

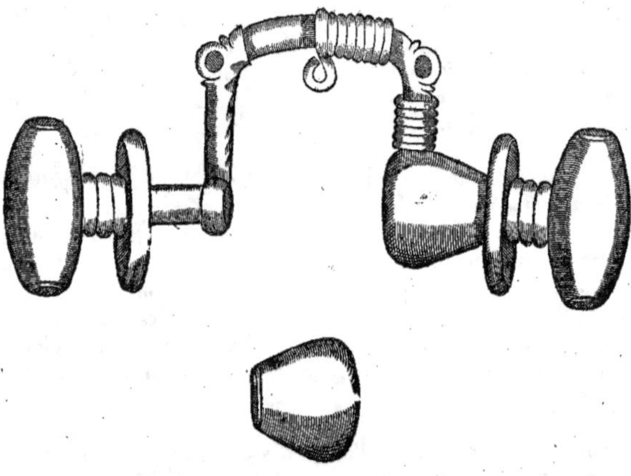

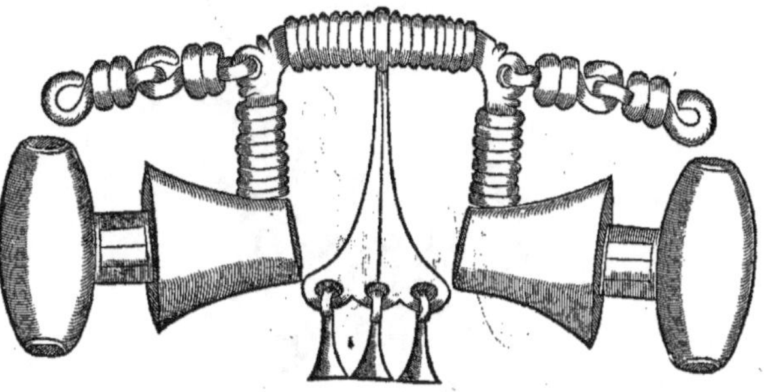

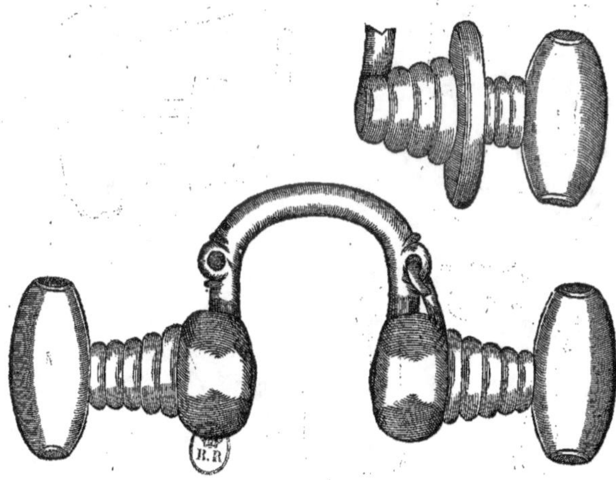

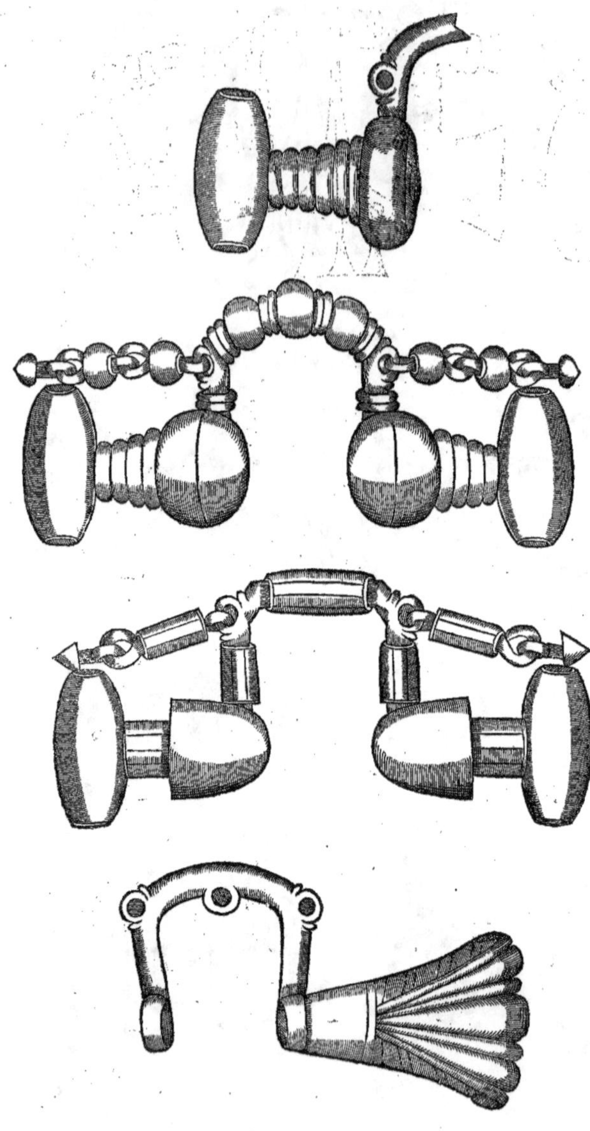

CHAPITRE XVIII.

E cheual qui tient le nez trop auancé, fe peut fouuent ramener par les bons & differens effects de l'emboucheure, de l'œil, & de la branche, pourueu que l'appuy de la bouche ne foit trop dur, & que le bon exercice ayt defia tellement augmenté l'haleine de tel cheual, qu'il en foit plus fortifié, defgourdy, & allegery : & le commun remede des emboucheures, auquel les Caualerices fouloyent anciennement auoir recours (en telles imperfections) eftoit de faire les padanes, ou autres montees, d'vne piece, fort haultes, & cômunément garnies à la cime, de coquilles ou de rouëlles: de façon qu'à mefure que les branches reculoyent, ces exceffiues haulteurs de padanes auançoyent, pouffans & forçans le palais de la bouche en lieu fi hault, que fouuent le cheual eftoit contraint de fe ramener penfant fe garentir de cefte importunité, comme font les mulets qui feruent à la felle, aufquels on a accouftumé d'vfer de padanes, qui ont prefque demy-pied de haulteur : mais de ce remede naiffoyent d'autres imperfections. Car par la violence qu'il faifoit au hault du palais, il contraignoit la bouche de demeurer ouuerte : & quand pour empefcher cefte defagreable contenance, on eftreffiffoit extremement la muferolle, la vraye action de la branche du mords en eftoit communément empefchee, à caufe de la haulteur du padane : tellement que la branche demeureroit trop auancee, encor que le cheualier tiraft les rennes plus qu'à plaine main, que la gourmette fuft affez large, & la barbe bien proportionnee : de façon que de cefte contrainte trop violente procedoit aucunesfois le defefpoir du cheual fenfible, colere, & impatient. Depuis nous auons pratiqué d'autres moyens moins ennemis de nature, & entr'autres le padane fort hault faict à la pignatelle, lequel, outre les fufdits bons effects, peut ramener le nez du cheual, en luy touchant & chatouillant le palais affez hault, fans pour cela luy faire ouurir la bouche, ny empefcher le cours libre de la branche, quoy que la muferolle foit fort eftroite: & d'auantage ce padane ofte la commodité à la langue, de paffer deffus l'emboucheure, tant à caufe de fa hauteur extraordinaire, que parce qu'il cede & s'auance eftant pouffé par la langue.

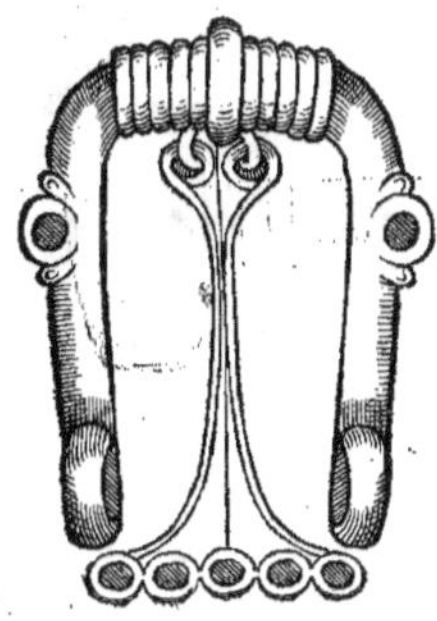 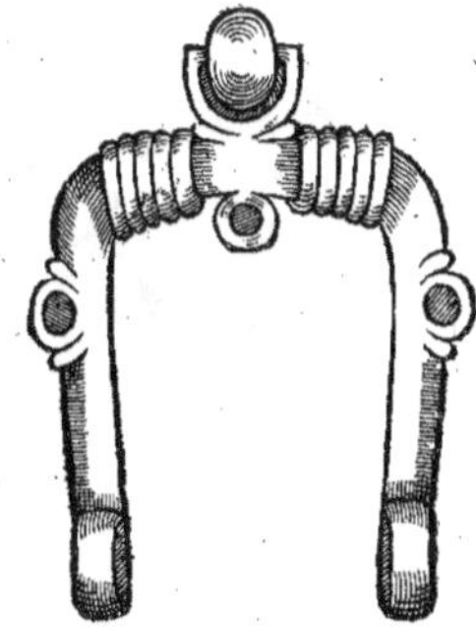

S i la grande haulteur de ce padane donne occasion au cheual d'abandonner &
laiffer pendre la langue hors de la bouche, il faudra retrancher l'efpace fuperflu par la
limite d'vne barre ou tranchefille, qui trauerfe la liberté, comme il eft icy figuré.

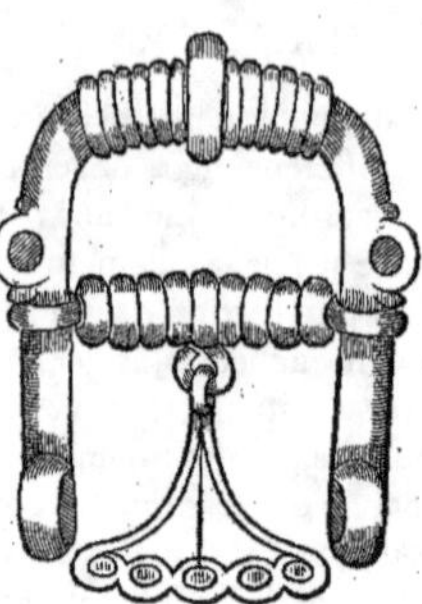

P a r le difcours de ces emboucheures, lon doit iuger que toutes celles qui font
ouuertes peuuét ramener le nez du cheual, i'entends fi le col en eft affez fouple, bien
proportionné, & les mafchoires affez vuidees; & pourueu auffi que les montees des
emboucheures foyent affez haultes : mais il fe pourra trouuer plufieurs cheuaux, qui
porteront le nez trop auancé, & qui feront tant fenfibles de bouche, que peut-eftre
ils fouffriront difficilement la haulteur & l'importunité de tels padanes, & qui auront
la langue fi baffe qu'elle n'aura nullement befoin de fi grande liberté : à ceux-là il faudra vfer de trebuchets aux emboucheures entieres, ou à fourchette, comme ils font
reprefentez en ces autres pourtraits, donnant neantmoins la place qui fera neceffaire
à la langue : & là où fe voyent deux pommettes ou coquilles au hault du trebuchet,
cela reprefente vn empefchement qu'on peut donner au cheual, qui eft accouftumé
de mettre la langue deffus l'emboucheure, mefmement quand il trouue moyen de la
paffer à cofté du trebuchet fimple & ordinaire.

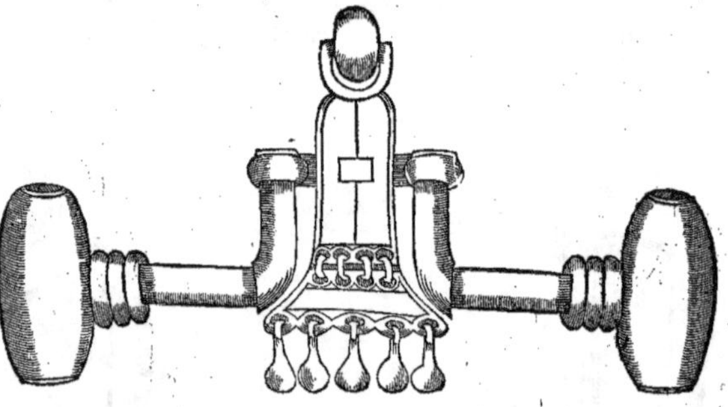

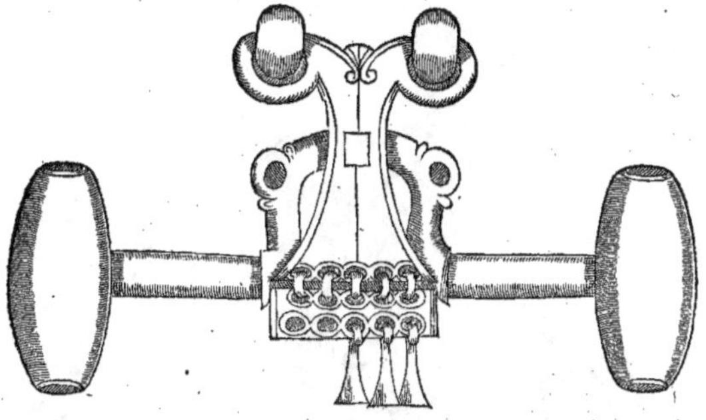

Lon peut recognoiftre par les figures de ces trebuchets, qu'ils occupent moins de place dedans la bouche du cheual, que ne font les padanes à la pignatelle : & que neantmoins, par les mefmes raifons cy-deuant deduites, ils peuuent autant ramener la tefte, mais non pas donner tant de liberté à la langue : auffi faut-il approprier l'vne & l'autre de ces montees à la nature & aux proportions de la bouche : en fin ce n'eft pas feulement l'effort que l'ancien padane peut faire contre le palais, qui ramene le nez du cheual : mais beaucoup plus proprement, quand la montee, arriuant en lieu plus haut que l'ordinaire, luy chatouille ou aucunement importune la langue & le palais fans douleur ny rudeffe : & mefmes le cheual fe rameine fouuent par l'action qu'il fait en retirant la langue, pour rechercher & faire tourner plus à fon ayfe les pommettes, rouëlles, fals ou patinoftres, qu'on met aux fommets des montees cy deuant reprefentees.

AVTRE EMBOVCHEVRE PROPRE A RAMENER LA *tefte du cheual, qui s'abandonne deffus l'appuy de la bride, tenant le nez trop auancé.*

CHAPITRE XIX.

IE m'affeure que plufieurs hommes de cheual blafmeront les genettes baftardes, en ayans vfé peut-eftre mal à propos, foit pour n'auoir efté bien faictes, ou à faute d'auoir bien recognu l'inclination des cheuaux qu'ils en auront embouchez, ou les proportions particulieres de la tefte, de la bouche, & du col d'iceux, & mefmes qu'il femble, à voir fommairement la gourmette ainfi faicte d'vne piece, ioincte à la montee entiere & fi haulte, que cefte forme d'emboucheure doiue apporter beaucoup de rudeffe & de confufion à la bouche du cheual : mais au contraire elle luy peut aucunesfois affeurer, allegerir, & ranger la tefte en bonne pofture, quand il s'abandonne fur l'appuy des brides plus cõmunes, tenant le nez trop auancé : à caufe que cefte emboucheure eftant entiere n'a point de mouuement faux, ny efgaré ; la haulteur de la montee le rameine : la gourmette, eftant iuftement mefuree, & tenant au ply de la fommité de la montee, empefche que l'emboucheure trebuche, & qu'elle offenfe ny violente le palais : & quand le cheual boit la bride, cefte gourmette l'en peut aucunesfois mieux empefcher que celle qui tient à l'œil, pourueu que la barbe foit bien proportionnee ; parce que la gourmette eft aucunement retenue au lieu de fon vray appuy, par la iouë à l'ex-

tremité de la fente de la bouche : mais pour bien vſer de ces emboucheures, il eſt neceſſaire d'auoir bien recogneu toutes les parties de la bouche , & de la barbe du cheual, celles du col & de la maſchoire , & ſur tout ſon temperament naturel.

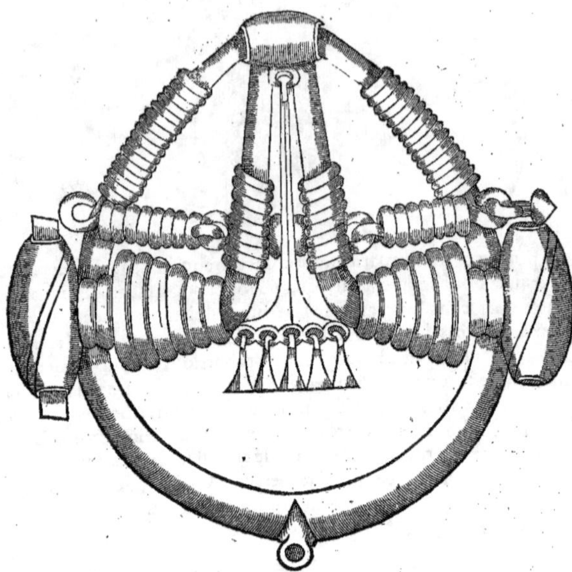

Povr bien garder les iuſtes meſures & proportions de ces genettes, on doit tenir
la montee communément de la meſme haulteur, qu'il faudroit faire l'œil de la branche, ſi on vouloit vſer de la gourmette ordinaire : i'entens iuſques à l'endroit de la lettre A, qui ſe voit en l'vne de ces deux plus prochaïnes figures, duquel endroit ie parleray plus clairement ailleurs : & ſi ceſte haulteur fait ouurir la bouche au cheual, qui
aura le palais trop plain , ou qui ſera naturellement impatient & deſdaigneux , ou
pour quelque autre occaſion, lors il faudra courber en arriere ceſte montee, comme
elle eſt repreſentee en ceſte autre figure : car par ce moyen le palais ſera garenty de
telle incommodité : mais la gourmette ſe doit tenir d'autant plus courte , pour appuyer iuſtement en ſon vray lieu.

Iᴇ

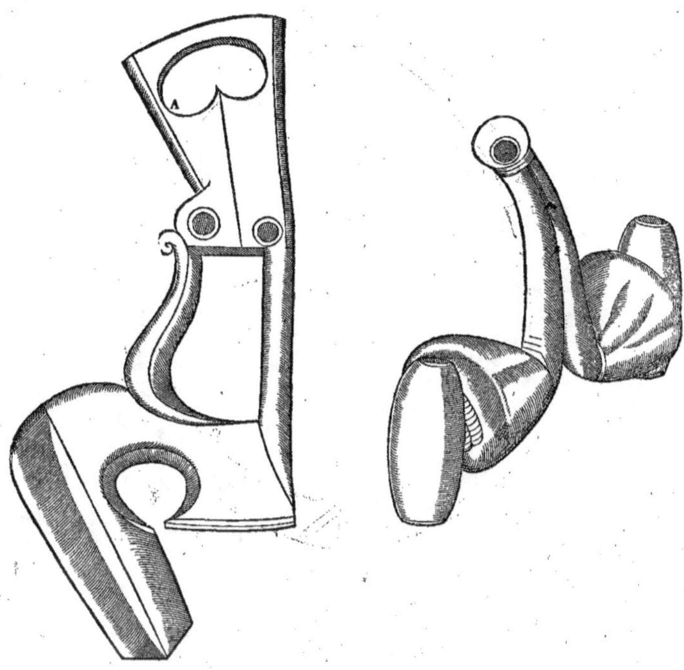

I E rediray encores qu'il est necessaire de garder plus de iustesse en ceste façon de
gourmette, qu'on ne fait en toutes les autres: parce qu'elle ne se peut eslargir ny estressir, & pour l'ordinaire, estant libre d'appuy, c'est à dire ayant les rennes abandonnees,
elle doit descendre vn doigt plus bas que la vraye place de l'appuy de la barbe, mesmement là montee estant de la haulteur de l'œil, & la branche de cõmune force, afin
qu'en tirant les rennes, les branches puissent auoir leur action plus ferme pour ramener, & mesmes pour empescher que l'emboucheure ne trebuche, ainsi qu'il aduient quãd ceste gourmette n'est tenuë, comme vn poinct plus courte que les communes. Quant au plus ou au moins, ie le remets au bon iugement du Caualerice experimenté, qui sçaura bien recognoistre la complexion & capacité du cheual, qu'il
voudra emboucher, cõme aussi le tour de la branche, à laquelle la mesure de la gourmette se doit rapporter, selon que ie traicteray apres le discours de ces emboucheures. Sur tout, il faut bien considerer la proportion de ceste gourmette: car celles qui
se font d'ordinaire en Espagne, en Turquie, ou en Barbarie, sont presques rondes, &
par consequent faulses: & qu'il soit vray, en la bouche du cheual (soit dedans ou dehors, & mesmement là où ceste gourmette se loge,) il n'y a point de rondeur depuis
le hault de la montee de ceste emboucheure iusques au bas de la gourmette, si ce n'est
tant que dure le demy-tour de la barbe, qui doit estre esgalement accollee en la partie que la bride prend la fermesse de son vray appuy, laquelle contient autant qu'il y
a de distance de la lettre A, iusques au B, & ceste esgalité s'obserue, afin que le cheual
n'ayt point occasion de tourner la bouche faisant les forces, ou quelque autre action
faulse, estant plus offensé en vn endroit qu'en vn autre.

e

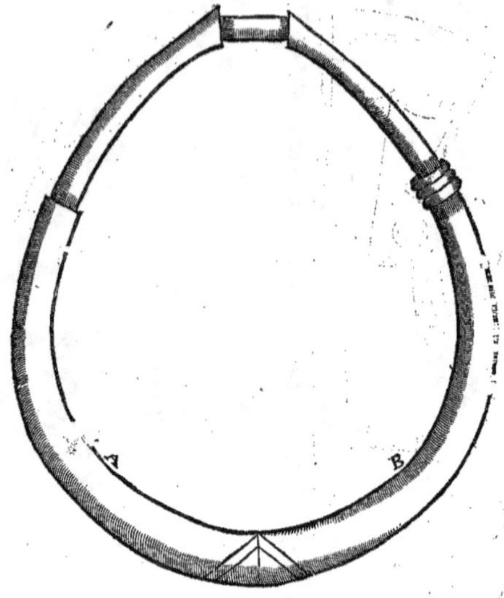

QVAND LE CHEVAL TIENT LA BOVCHE
trop clofe, ou trop ouuerte.

CHAPITRE XX.

'A v t a n t qu'il eft ayfé de faire par l'emboucheure, que le cheual ne ferre trop les dents eftant bridé, il eft difficile de l'empefcher qu'il ne la tienne trop ouuerte, quand il y eft enclin, ou accouftumé. Or tout ainfi que les montees à la genette que ie viens de reprefenter, font propres à ramener le nez du cheual, par les mefmes effects elles l'empefchent aucunesfois de tenir la bouche trop fermee, & fouuent la luy font trop ouurir. Mais vne pommette au deffus du padane, ou de la montee à fourchette, ou de la ceciliane qui foit d'vne mefme piece, ou qui tienne ferme, comme il eft icy figuré, fera plus vtile à ceft effect, principalement quand le cheual n'aura befoin de beaucoup d'ouuerture, ou liberté pour la langue.

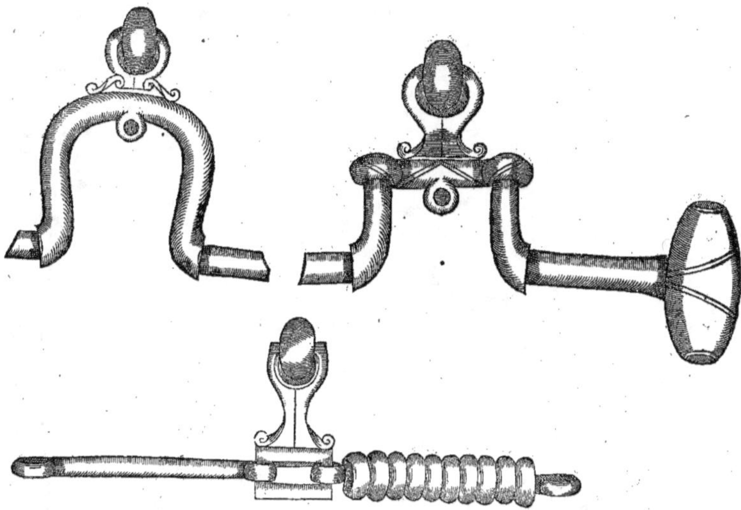

Qvand au cheual, qui naturellement, ou par mauuaise habitude ouure trop la
bouche, ie ne sçay moyen plus asseuré, que de luy faire la liberté de la langue, ou la
montee de l'emboucheure moins haulte que l'ordinaire, & tenir la muserolle beaucoup plus serree & plus basse que sa commune place : & ce remede n'estant suffisant,
il y faudra adiouster vne petite seguette, ou autre muserolle de fer, cousuë ou clouce
à celle de la testiere si proprement qu'on ne s'en puisse apperceuoir, & de telle façon,
que lors qu'il voudra forcer ceste muserolle pour ouurir la bouche, il se chastie soy-
mesmes en s'offensant le nez : & parce que lors que le cheual ouure la bouche, pensant se garantir des effects de la bride, ou pour quelque autre occasion, ou vice, il fait
ceste action seulement auec la maschoire, à cause que c'est la partie qui naturellement fait ses mouuemens en auant, en arriere, & de costé, qui ouure & ferme la bouche, & en laquelle aussi se fait l'appuy de la bride, duquel despend l'occasion, qui
amene le dedain du cheual, & les moyens qu'il cherche d'ouurir trop la bouche, & de
faire les forces : En telles imperfections on doit encores vser d'vne chenette de fer,
longue enuiron de demy-pied, laquelle tienne semblablemét à la muserolle de la testiere, & à l'endroit qui garnit le dessous de la maschoire, afin que la douleur que le
cheual receura en ceste partie, le chastie ce pendant qu'il fera sa desagreable contenance. Ceste chenette aura souuent plus d'effect, que la seguette mise sur le nez, à
cause que tout le deuant de la face du cheual est de la mesme piece du front, iusques
au cartilage du nez, & par consequent tient tousiours ferme, si ce n'est tant que la
teste & le col font quelque mouuement.

e ij

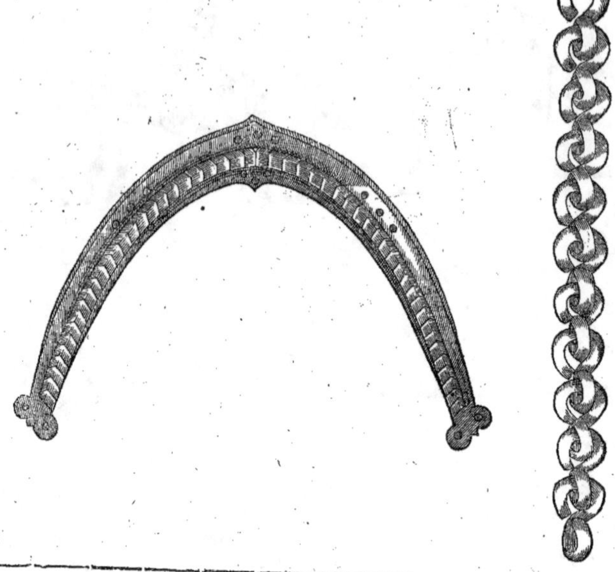

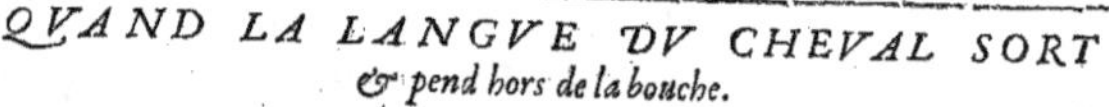

QVAND LA LANGVE DV CHEVAL SORT
& pend hors de la bouche.

CHAPITRE XXI.

LE s Caualerices curieux ont inuenté plusieurs sortes d'emboucheures, pour empescher que le cheual mette la langue hors la bouche:
ie ne les veux representer icy par figures, non plus que pratiquer en
effect. Aux vnes ils font entailler au mitan vne rouëlle fort haulte,
qui appuye pesamment dessus la langue : Aux autres on met vn padane d'vne piece tourné en bas , qui sert aussi quand le cheual
estraint trop les dents estant bridé : & sans doute ces remedes peuuent aucunesfois
empescher la sortie de la langue : A d'autres on met vne piece qui descend iusques
aux dents plus basses, en laquelle il y a vn retour, qui reçoit & soustient le bout
de la langue abandonnee : & à d'autres on met des petites pointes qui picquent &
offensent la langue, quand elle s'estend & s'alonge trop: tous ces moyens ten-
dent & seruent aucunement à vn seul effect : mais le plus souuent ils apportent
tant d'incommoditez, que par mon aduis on n'en vsera iamais. Car les importunitez, que tels engins fascheux donnent au cheual, luy font ordinairement faire
des contenances diuerses, autant ou plus desagreables , que s'il abandonnoit la
langue hors la bouche. Or quand il ne la voudra tenir droicte & close , estant
embouché d'vne bonne bride ordinaire, & bien proportionnee, qui n'ayt trop, ny
peu de liberté , on fera beaucoup mieux de luy couper autant de langue , comme

il en pendra plus bas que les dents:& si aucuns
craignêt que cela apporte quelque preiudice,
ils se peuuent asseurer que le cheual n'en sçauroit perdre quatre repas , & qu'apres huict
iours de sejour, il y aura aussi peu de danger
de monter dessus, & s'en seruir,comme auparauant que la langue fust accourcie: & pour la
bien coupper, il la luy faudra prendre , & fort
serrer à l'endroit qu'on voudra auec vn instrument de fer,qui soit faict de la façon qu'il
est icy-apres figuré , & puis en la couppant
d'vn couteau fort trenchant,suyure le demy-
tour de cest instrument, & par ce moyen, le
bout qui restera à la langue, reprendra presque sa premiere forme.

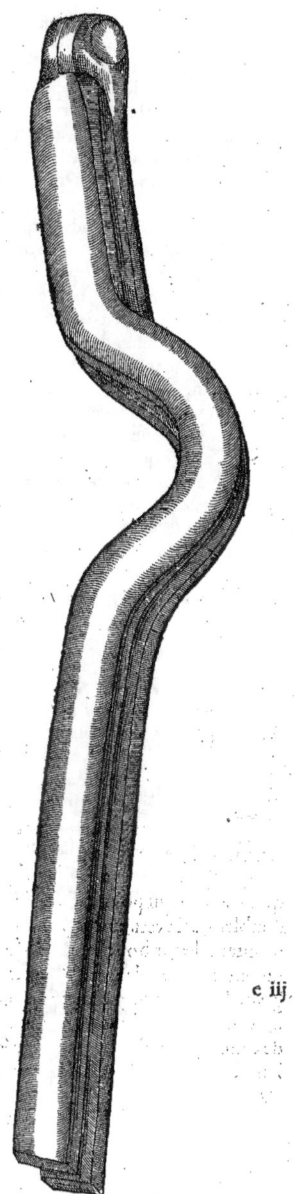

POVR estancher le sang, il faudra lauer la langue auec de fort vinaigre, & du sel, & pour la nourriture du cheual, on luy donnera du son au lieu d'auoine, durant enuiron six iours: & afin qu'il soit plustost guery, on le tiendra deux heures le iour embouché d'vn filet eueloppé de drapeaux, qui soyent imbibez de miel rosat: & parce que plusieurs sont en l'erreur de penser que le cheual qui a la langue coupee ne mange plus si bien son auoine, comme il faisoit auparauant ? & mesmes qu'il ne peut plus hannir, ie les asseure qu'il n'en aduiendra aucun changement, pourueu qu'on ne coupe la langue, qu'autant qu'elle pendra & sortira plus que les dents basses.

IL faut bien considerer que le propre de ce remede est seulement quand le cheual estant bridé, tient la langue ordinairement trop estendue, sortant vne partie d'icelle, comme immobile hors de la bouche: car il y a d'autres langues sensibles & serpentines, qui sont de differente nature, lesquelles sortent souuent enuiron quatre doigts, s'arrestans fort peu dedans ny dehors la bouche, mesmement quand le cheual est en quelque inquietude, ou que telle sorte de langue a plus de liberté qu'il n'est besoin, lors on doit communément vser d'emboucheures fermees & plus plattes qu'aux autres langues, qui sont moins actiues & mouuantes: d'autant que par la diligence du mouuement que celles icy font en sortant souuent de la bouche, & se renfermant aussi-tost dessous l'emboucheure, elles font paroistre leur menuë forme, ou la suffisante place que nature leur a donnee dedans le canal de la machoire: & quand telles langues sont occupees à soustenir l'appuy de l'emboucheure, elles ont beaucoup moins de commodité de sortir si souuent de la bouche: toutesfois si auec ce mouuement serpentin, la langue est trop longue, encores sera-il bon de couper ce qu'il y aura de superflu.

CHAPITRE XXII.

IL y a des cheuaux qui ne peuuent souffrir aucune sorte d'emboucheure dessus la langue, & pour leur defense ou mauuaise coustume, estans bridez ils la retirent & doublent de façon, qu'il semble à les voir en telle action, qu'ils soyent sans langue, & outre ce, pour auoir plus de commodité de la retirer & redoubler le plus souuent, ils se ramenent trop: aucuns aussi pour la mesme ou autre difficulté, retirent la langue & la passent dessus l'emboucheure, s'ils y peuuent trouuer passage, & les vns & les autres tiennent par mesme moyen la bouche trop ouuerte. Or quant à ceux qui pour garantir la langue de l'appuy de l'emboucheure la cachent, la doublent, & la retiennent pres du gosier, il leur faut necessairement donner liberté au montant des emboucheures: & d'autant que les montees communes les pourroyent ramener trop, ou leur faire ouurir la bouche dauantage, le padane qui recule à la pignatelle, sera en cecy beaucoup plus propre: & s'il est fait de la façon qu'il se void icy apres figuré, sans doute la langue s'y logera plus commodément, à cause que la façon de ceste montee donne plus d'espace, & accompaigne mieux la forme naturelle de la langue, que ne font les padanes ordinaires.

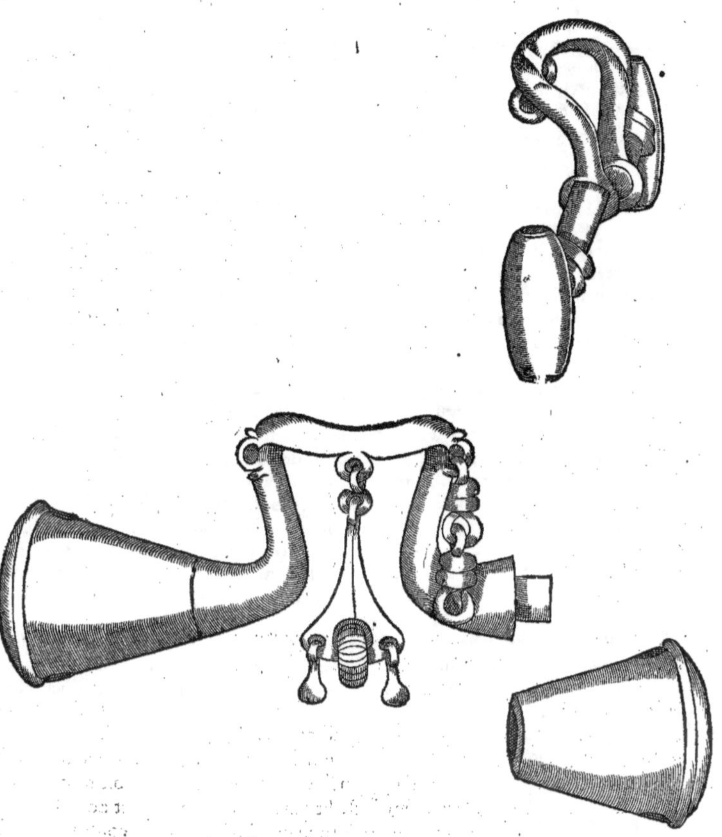

L A bauerette qui eſt en l'vne de ces figures, doit eſtre en ce ſubiect de la longueur
qu'elle ſe voit pourtraicte. La raiſon eſt, que le cheual qui prend plaiſir aux iouets
que lon met aux emboucheures, les va touſiours cherchant du mitan de la langue tirant vers la pointe : tellement que pour ſe iouër à la pommette, ou telle autre choſe
mouuäte qu'on aura mis au bas de ceſte bauerette, ou pour y ſauoürer quelque friandiſe qui luy plaiſe & qui ſoit attachee au meſme lieu, il ſera contrainct d'allonger &
paſſer la langue deſſous la voulte de ce padane : & au contraire ſi on mettoit des anneaux ou autres jeux au hault de la montee, ce ſeroit vne occaſion de luy faire retirer
la langue pour chercher auec la poincte d'icelle le ſubiect du plaiſant mouuement
qu'il ſentiroit:& ſi aucuns ſe ſouuenans de quelque diſcours precedent, penſent que

la voulte de ce padane face tenir au cheual la bouche ouuerte : ils doiuent considerer
que ceste voulte est accommodee au padane à la pignatelle, afin que si en ramenant
la teste du cheual, & en asseurant l'appuy de la bouche, la voulte arriue au palais, elle
cede & recule plustost, que le pousser ny violenter en aucune façon. Toutesfois il ne
se faut pas tousiours asseurer qu'en soustenant la posture racourcie du col, & de la
teste du cheual, ceste montee recule si facilement, comme quand on en fait l'experience la tenant en la main : mais c'est vn des meilleurs remedes qui se puisse pratiquer aux susdites imperfections.

En ceste occasion, il faut aussi considerer que tant plus le cheual, dessous l'homme,
est en ceruelle & en inquietude, c'est lors qu'il retire la langue dauantage, & qu'il est
presque impossible de le contraindre à l'alloger & tenir dessous l'emboucheure, tant
qu'il est viuement tendu d'esprit & de nerf, soit d'apprehension de quelque aspre chastiment, ou sur l'attente & le desir de quelque mouuement nerueux, & gaillard : de
façon que luy voulant faire gouster & accoustumer la commodité de ce padane, il
est necessaire pour quelque temps de le diuertir du soupçon de l'escole, & mesmes de
tous les exercices plus vigoureux & racourcis, au lieu desquels il le faut faire continuellement cheminer au long des chemins, allant le pas lent & abandonné, & souuent au trot foible & sans ferme appuy de main, & aucunesfois le faire galopper lentement sans aucune fougue ; luy tenant d'ordinaire du sel dans vn drapeau, ou quelque autre friandise, attachee au bas de la bauerette : estant ainsi appaisé & asseuré, ce
trauail continuel & sans vigueur luy pourra donner occasion, (en allongeant le col,
& en auançant le nez,) d'alloger aussi la langue la passant dessous le padane, & par ce
moyen patiemment pratiqué, il se pourra accoustumer auec le temps à la tenir dedans le canal, & dessous l'ouuerture & montee de l'emboucheure : & si, nonobstant
tout cela, plusieurs cheuaux perseuerent long temps en la susdite imperfection, il ne
s'en faudra esmerueiller : car de toutes les plus faulses actions qu'ils puissent faire de la
bouche, celle-cy est vne des moins corrigibles.

Par la commodité du mesme padane, on peut empescher que le cheual passe la
langue dessus l'emboucheure : mais si la langue n'est trop haulte ou trop grosse, & que
la maschoire soit tant estroite, que la largeur de la susdite liberté face trebucher hors
la barre ce qui doit iustement appuyer dessus icelle, lors il sera bon de tenir la montee plus estroite, & beaucoup plus basse, y adioustant vn trebuchet ordinaire, tel que
ie l'ay desia figuré : & si auec ceste imperfection de barres la fente de la bouche est fort
grande, l'emboucheure à l'imperiale bien faicte, & proprement accommodee auec
le trebuchet, pourra faire le mesme effect. Et parce que le cheual peut auoir fait vne
telle habitude de ce vice, que la langue ne trouuant plus le passage accoustumé entre
le palais, & le mittan de l'emboucheure, en cherchera d'autre par les costez du trebuchet, alors ie suis d'auis que pour l'empescher on double, ou triple la sommité de ce
trebuchet, comme il est cy-apres figuré, & aussi pour vne ayde ordinaire & necessaire
qu'on tienne la muserolle fort serree, y mettant, s'il est besoin, la seguette, ensemble la
chenette que i'ay ailleurs representee : mais si le cheual est tant sensible & colere, que la
douleur de ceste seguette le puisse despiter, & mettre en confusion, il en faudra rabattre les dents, & la rendre vnie, ou s'arrester à la commune subiection de la seule
muserolle de cuir bien serree.

Encore ie representeray icy vne sorte d'emboucheure qui commence à monter
à la façon d'vn pied de chat, en laquelle le cheual ne trouue chose quelconque dessus
la langue, & c'est par le moyen d'vne demye-gourmette à la genette forte, & d'vne

piece, qui tient fermement les deux coſtez de l'emboucheure en leur iuſteſſe : mais parce qu'il ſemble que le cheual qui en eſt embouché, tienne touſiours la langue deſſus ſon mors, ſe monſtrant fort des-agreable par ce geſte, ie remettray l'vſage de telle emboucheure à pluſieurs Caualerices , qui parauanture l'eſtimeront plus que ie ne fais.

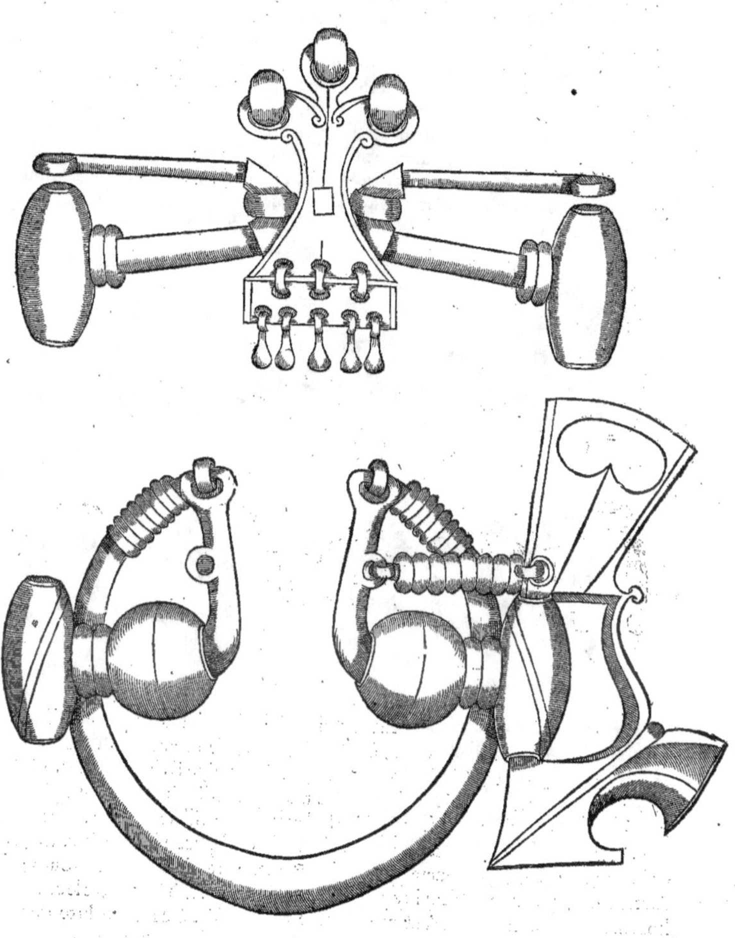

QVAND LE CHEVAL TIENT ORDINAIREMENT LA
teste, ou le nez sur vne main, à laquelle il tourne aussi plus facilement.

CHAPITRE XXIII.

Es plus ingenieux esprits, qui se sont exercez & longuement arrestez en la pratique de cest art, ont diuersement inuenté plusieurs
moyens, pour pouuoir contraindre le cheual, qui est dur & entier,
ou qui, dessous l'homme, porte la teste ou le nez ordinairemét plus
sur vne main que sur l'autre, à luy redresser le col, le front, & la bouche, & l'attirer à vne bonne & belle posture. Entre autres subtils
moyens, ils ont vsé, comme aucuns font encores, de certaines emboucheures, qui
sont chacune deux appuys differents, dont l'vn presse dessus la barre beaucoup plus
fort que l'autre, & pensent par ce moyen attirer plus commodément la teste du cheual du costé qu'il est plus dur, ou sur lequel il ne veut apporter le front, & le nez en
iuste situation: voicy deux subiects de telles emboucheures.

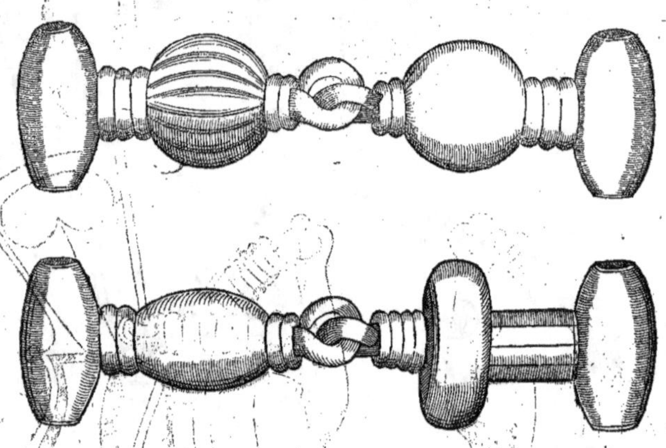

Ces emboucheures contraignent aucunesfois le cheual a tourner, ou à dresser la
teste du costé qu'il est dur ou entier, à cause dequoy ie n'en veux reprouuer du tout
la pratique: mais parce que ie l'ay trouuee souuent incertaine, i'aduertis celuy qui n'en
sçaura bien les effects, que sans doute il les trouuera ordinairement contraires ou
variables en diuers cheuaux, dequoy il ne se deura esmerueiller: car si en allant par le
droict ces emboucheures peuuët contraindre le cheual à porter la teste du costé de la
barre & genciue, qui se trouuera plus pressee & offensee: aussi on le voulât tourner de
l'autre costé, la mesme douleur luy peut par consequent retenir la teste, & le courage,
hors la volte, au contraire de l'action naturelle, & necessaire à la facilité du tourner: à

cause que cependant que l'on tourne la main de la bride sur la volte, la renne hors
icelle, est la plus tendue, faisant en la bouche le plus fort appuy de son costé.

ON doit en cecy encores considerer, que si pour ceder à ceste action de renne quelque cheual porte la teste du costé que l'embouchure l'offense plus viuement, il s'en
trouuera d'autres qui pour fuyr la mesme douleur, tourneront la teste, ou le nez au
contraire, c'est à dire, du costé qu'ils seront moins offensez: tellement que les voulant contraindre à tourner, ou à tenir le nez du costé qu'ils sont plus durs, aux vns il
faudra faire l'appuy plus rude sur la barre ou genciue opposite, & aux autres tout au
rebours. Pour ces incertitudes, ie suis d'auis qu'en telles occasions, le sage Caualerice ayt son principal recours à l'habitude des reigles de la bonne escole, exerçant ses
cheuaux auec le simple canon, secondé & secouru du cauesson, ou s'il est besoin de
la fausse renne, selon ce que i'en ay dit aux leçons rangees, & non seulement à l'artifice
de tant de diuerses emboucheures, aspres & mal-faisantes, qui se pratiquent communément à faulte de capacité.

QVELQV'VN pourra dire, que ie fais paroistre en ce Liure beaucoup d'emboucheures, qui ne sont pas de mon inuention, ce que ie confesse librement: mais ie monstre celles que ie pratique d'ordinaire, & telles qu'elles sont, ie les ay corrigees apres
auoir experimenté l'imperfection de beaucoup d'autres, & mesmes i'explique & fais
comme toucher au doigt, ou au moins le mieux que ie puis leurs vrais effects, & par
consequent les proportions exterieures, & interieures de la bouche du cheual: ce
qu'autre deuant moy n'a encores assez clairement escrit: & tant s'en faut que i'aye
voulu figurer dauantage de brides, que si ie pouuois retrancher & faire perdre la memoire de la pluspart de celles, que plusieurs hommes de cheual ignorans ou hasar-
deux mettent en vsage, ie le ferois: d'autant qu'il semble qu'elles ne sont pas seulement assez rudes & fortes pour alterer & falsifier les barres, genciues, escaillons, langue, palais, léures & barbe du cheual, qui en est embouché: mais aussi presques pour
luy rompre l'os de la maschoire: tellement que par ces desordres, l'incapacité de tels
Caualerices se recognoist euidemment, mesmes en ce qu'ils ne sçauent, ou ne consi-
derent pas, que la pluspart des parties internes de la bouche du cheual, & particulierement celles qui sont plus offensees par les efforts de la bride, sont composees de
muscles, & toutes entierement despourueuës de cuyr, qui ne se peuuent offenser sans
estre falsifiees: & ce qui est plus à craindre en telles fautes, est que la violence des emboucheures si rudes peut faire telle fracture ou blesseure à la barre & genciue, & à la
barbe, qu'apres il sera impossible de pouuoir consolider suffisamment les cicatrices,
mesmement quand il y aura perdition de substance: & quand bien auec le temps
& les bons remedes, nature aura regeneré & remply les places concauees, & ruy-
nees, ce sera de cals beaucoup moins solides, & plus subiects à estre offensez & ron-
pus, que la partie entiere & naturelle: tellement que pour moy, ie me tiens à ce que
i'en ay dit ailleurs, sans me vouloir plus trauailler, comme i'ay fait autresfois, à figurer vn plus grand nombre d'emboucheures, m'asseurant que celles qui se trouueront representees iusques icy, suffiront en tant qu'il se peut supplir par la bride à l'improportion & intemperie de la bouche, sans la rompre ny falsifier. Et si la difficulté
ou desobeyssance du cheual procede d'ailleurs que du naturel de la bouche, i'entens
qu'on y remedie par les leçons bien reglees, ou autres bons moyens de l'art, & principalement qu'on ayt esgard à la necessité, qui peut contraindre le cheual, soit par debilité naturelle ou accidentale, à s'abandonner sur l'appuy de la bride: & apres on se
pourra facilement passer de l'vsage des mors plus rudes, extraordinaires, & du tout
ennemis de nature.

P ó v r fi bien que l'emboucheure puiſſe eſtre proportionnee, elle auſra fort peu d'effeçt ſans le ſecours de la gourmette, qui en ſon vray nerf, & laquelle prend neant-moins ſa force & commodité de la iuſte haulteur & forme de l'œil, i'entens en l'vſa-ge des brides modernes: car les premieres inuentees n'auoyent point d'œil, qui fuſt de la meſme piece de la branche, comme il ſe peut encores voir par les mors à la Mo-reſque, & à la genette, qui ſont les moins changez, & auſquels la gourmette tient au ſómet de l'emboucheure: mais depuis que ceſt art a eſté faciſté & enrichy de pluſieurs belles & iuſtes reigles d'eſcole: & meſmes de plus excellentes inuentions de mors, que nos deuanciers n'auoyent ſceu trouuer, on a fait la gourmette d'autre façon, & auec beaucoup de raiſón, pratiqué l'œil qui eſt vne partie de la branche, dequoy ie trai-cteray ſeparément, enſemble des differens effeçts du banquet, pour rendre apres plus intelligibles ceux de la gourmette, pour laquelle ceſte proportion d'œil a eſté in-uentee.

EFFECTS DIFFERENTS DV
BANQVET, ET DE L'OEIL.
CHAPITRE XXIIII.

N toutes ſortes d'emboucheures, il faut obſeruer au ply du banquet di-uerſement certaines iuſteſſes bien conſiderees: car tant plus il eſt long, il en eſt d'autant fortifié, & de la iuſte proportion d'iceluy deſpend vne bonne partie des effeçts de l'œil, comme i'expliqueray cy-apres.

Q v a n d le banquet eſt de la longueur de ce ply, la haulteur de l'œil doit auoir en-uironle trauers de quatre doigts, meſurant ſelon la commune couſtume: aſſauoir
de l'en-

de l'endroit auquel se voit cy-apres la lettre A, iusques E. Mais il faut que la mesure
plus certaine de ceste partie se prenne sur la ligne du milieu du ply du banquet: parce que c'est le poinct & principal subiect du ferme appuy de l'emboucheure, & de là
ceste mesure doit faire l'autre poinct à l'endroit de l'œil, marqué Y, où la gourmette
s'arreste estant en sa iuste place: car ce qui est plus haut ne sert que de commodité
pour attacher le porte-mors:tellement que pour bien mesurer la haulteur de l'œil selon l'art, il faut obseruer les deux poincts de ce compas.

Povr voir facilement que la iuste mesure du banquet est necessaire, & que celle
qui en la haulteur de l'œil s'obserue seulement par la distance des deux lettres A, E,
est trop incertaine, on doit côsiderer que si le banquet estoit plus court, ou plus long,
qu'il est representé en ces figures, la gourmette de commune mesure se trouueroit
plus basse, ou plus haulte, quoy que l'œil n'eust que la haulteur ordinaire, qui se mesure, & se donne en la demonstration des susdites lettres A, E. C'est en quoy on peut cer-
tainement iuger que la iuste mesure de l'œil despend en partie de celle du banquet, &
que la vraye haulteur, qu'il faut donner en ces proportions pour la commodité de la
gourmette, se doit prendre selon les poincts de ce compas.

Il faut bien considerer toutes les proportions de ceste figure: car pour faire qu'en
ramenant la teste du cheual, l'œil se trouue plus droit au long de la ioüe, que toute la
bride ensemble trebuche moins, & mesmes que la gourmette s'arreste plus facilement en son vray lieu de la barbe, il est necessaire que le banquet soit droict dedans
le ply de l'emboucheure, & l'œil vn peu reculé, comme il est icy representé par la ligne
droicte marquee O.

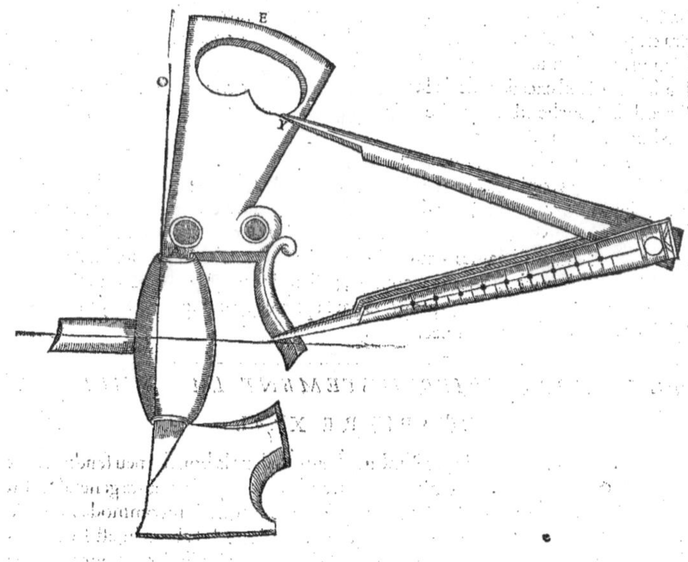

OCCASIONS POVR LESQVELLES ON DOIT FAIRE
l'œil de la branche plus haut, ou plus bas que la mesure ordinaire.

CHAPITRE XXV.

SANS doute les vrays effets de plusieurs parties contenuës aux proportions de la bride, sont mal recognues de la pluspart de ceux qui vont à cheual, & particulierement celle de l'œil : car selon la commune opinion, l'œil, qui est plus hault que la mesure ordinaire, releue la teste du cheual, & quand il est plus bas, il fait le contraire : mais tãt s'en faut que ceste reigle soit veritable, que l'œil qui môte plus qu'vne mediocre proportion contraint le cheual à se ramener, & souuent à s'armer, à cause que par la haulteur excessiue de ceste partie, l'action de la gourmette est d'autant fortifiee, & par consequent apporte plus de subiection : & quand l'œil est assez bas il tient le cheual moins contraint : parce que la gourmette a moins de force.

OR puis que le propre de l'œil, est de fortifier l'effect necessaire de la gourmette, sa iuste haulteur se doit obseruer selon que la fente de la bouche du cheual est grande, mediocre, ou petite, afin que la gourmette, faisant sa ferme & iuste action, s'arreste à son vray lieu de la barbe, & ces proportions n'estans proprement obseruees, la bride ne peut estre bien appuyee, ny la muserolle logee en bon lieu : & qu'il soit ainsi, si la fente de la bouche est trop grande, & l'œil de la branche fort hault, sans doute il faudra tenir quelque longueur extraordinaire en la gourmette, ou elle montera trop quand on voudra ramener le cheual, ou pour le moins elle s'arrestera plus difficilement au vray lieu de la barre, & mesmes la muserolle se trouuera trop haulte auec moins de moyen d'empescher le cheual de tenir la bouche ouuerte, que si elle estoit basse. Et la fente de la bouche estant fort petite, & l'œil fort bas, la gourmette descendra trop, & la muserolle sera presque sur les narines du cheual : tellement que pour bien proportionner ces parties, il est necessaire que la bouche estant peu fendue, la haulteur de l'œil excedec elle de la mesure ordinaire par vne iuste proportion : & si la fente de la bouche est fort petite, il faut par consequent que l'œil monte plus que la mediocre haulteur.

ENCOR faut-il sçauoir, que tout ainsi que (selon que i'ay dict cy-deuant) les poires & campanels, qui appuyent à la renuerse, melons, balottes, & rouëlles haussent plus la liberté & montee qu'on donne à la langue, que ne font les canons, escaches, oliues simples & ordinaires, ny que les poires & campanels appliquez à l'ancienne & commune façon : aussi par les mesmes raisons l'œil se peut trouuer plus hault, & par consequent la branche d'autant accourcie, (assauoir quand les rennes sont tirees iusques au iuste & ferme appuy) quoy que par la preuue du compas la vraye longueur semble auoir esté bien ordonnée.

POVR APPROPRIER IVSTEMENT LA CECILIANE.

CHAPITRE XXVI.

POVR bien loger l'emboucheure dedans la bouche peu fenduë, il est necessaire de tenir le banquet plus court que la mesure generale, afin que la ceciliane se trouue assez basse, & qu'elle incommode moins la iouë, & l'escaillon du cheual : & si la fente de la bouche est fort grande, il faut au contraire que le banquet soit assez long pour pouuoir ioindre (s'il est besoin) au ply de l'emboucheure vne prise, ou au moins pour donner commodité de faire arriuer la ceciliane à l'extremité de la fente,

ſans y apporter difformité, & meſmes, afin que par ce moyen l'appuy de l'emboucheure ſoit mieux arreſté en ſa vraye place, ſur la barre.

EN ces propoſitions, on doit encores garder neceſſairement vne autre iuſteſſe particuliere, meſmement aux bouches mediocrement fendues: aſſauoir que ſi la partie
de l'emboucheure, qui appuye deſſus la barre, tient plus haulte, ou plus baſſe l'emboucheure que l'ordinaire, il faut retrancher, ou croiſtre d'autant la hauteur de l'œil,
afin que le vray appuy ne ſoit alteré ny affoibly.

IL ſe faut auſſi ſouuenir que l'œil qui paroiſt fort hault, ſied fort mal quand la branche eſt courte, comme fait auſſi l'œil fort bas, quand la branche eſt fort longue; &
outre la mal-ſeance, ces imperfections empeſchent les meilleurs effects de la gourmette, & par conſequent qu'on ne peut temperer l'appuy de l'emboucheure, comme quand toutes les proportions ſe rapportent.

COMMENT que ce ſoit, lon ne ſe doit departir de l'ordinaire haulteur de l'œil, ſi
ce n'eſt comme i'ay deſia dit, pour contraindre extraordinairement le cheual, qui eſt
trop mal-ayſé à ſe ramener en bonne poſture de teſte, & de col, ou pour affoiblir l'appuy de l'emboucheure ou de la gourmette, quand la bouche, ou la barbe ſont trop
ſenſibles. Toutesfois il y a en cecy vne autre difficulté notable: c'eſt que ſi le col du
cheual eſt trop droit, ſoit pour eſtre mal tourné, ou n'ayant aſſez d'eſpace entre les
deux os de la maſchoire, ſans doute l'exceſſiue haulteur de l'œil n'y apportera point
de facilité: mais pluſtoſt endurcira dauantage l'appuy de la bouche, lors que le cheual ſe trouuera trop contraint en ce que nature ne luy pourra permettre.

IL y a vne autre occaſion, pour laquelle l'ordinaire haulteur de l'œil ſe peut licite-
ment augmenter ou diminuer, c'eſt que la barbe du cheual eſtant trop petite, ou trop
platte, il eſt permis de tenir l'œil plus hault, pour donner à la gourmette la force neceſſaire à l'appuy de l'emboucheure, & ſi la barbe eſt trop grande, il eſt bon auſſi que
l'œil ſoit plus bas pour euiter la neceſſité de tenir la gourmette ſi longue qu'elle en
ſoit difforme.

TOVT ainſi que le cheual ne peut eſtre bien embouché, ſi toutes les parties de
l'emboucheure ne ſont logees en leurs vrays lieux dedans la bouche, eſgalement de
chaque coſté, & ſi proprement qu'elles ne facent aucune ſorte de meurtriſſeure, ny
de bleſſeure, & que neantmoins l'appuy en ſoit vif & ſolide, la meſme diligence ſe
doit garder aux iuſteſſes, & diuerſes proportions des gourmettes: car de leurs bons
effects deſpend la perfection de ceſt appuy.

IL faut donc conſiderer, que cependant qu'on tire le fonds des branches du mors
en arriere, ſoit pour arreſter le cheual ou ſeulement pour luy ramener la teſte, la gourmette fait ſa principale action, en s'arreſtant au vray lieu de la barbe, qui eſt en ceſte
partie demy-ronde & plus menue, du fonds de la maſchoire, là où ſe void la difference du cuir, plus barbu, à celuy qui ne l'eſt point, & ioignant l'endroit où la lippe de
deſſous commence ſa forme: par ainſi ceſte partie ſe doit conſeruer ſaine & entiere
en ſon vray naturel. Car ſi les contuſions ou playes ſouuent ſuruenues, y engen-
droyent des cicatrices calluſes, ſans doute (outre que le ſentiment n'en ſeroit plus
vrayement naturel) auecques peu d'effort les vlceres ſe renouuelleroyent, de ſorte que
par tels deſordres l'appuy de la bride ne pourroit eſtre ferme ny leger: c'eſt pourquoy les Caualerices garniſſent communément la barbe d'vne chaine de trois eſſes

ronds & affez gros, afin que par cefte rondeur & groffeur l'effort de la gourmette s'y
puiffe faire fans entamer le cuyr de la barbe: & pour tenir commodément ces trois
effes ou chainons en ceft endroit de la barbe, le refte de la gourmette eft compofé de
deux longs crochets, qui tiennent chacun par vn ply à l'œil, & qui font enchefnez
aux effes, par vne maille de chafque cofté, comme on void communément à toutes
les bonnes brides, & qu'il eft reprefenté au deffein cy-apres: & notamment il faut que
les trois effes accompagnent feulement tant que dure la demy-rondeur de la barbe:
& felon la commune reigle, les longs crochets doiuent defcendre, & iuftement arriuer au coude de la branche, fans toutesfois le toucher, comme i'ay cy-deuant reprefenté: quant aux deux mailles, il n'y a point de mefure qu'on doiue exactement obferuer, que felon qu'elle eft neceffaire pour parfaire la iufte & generale longueur de
la gourmette, qui fe doit rapporter aux proportions de la barbe du cheual, & à fa
durté ou delicateffe, comme auffi à l'interieur de la bouche, & confequemment à la
rudeffe ou douceur de l'emboucheure, & à la gaillardife, ou foibleffe du tour de la
branche: & pour bien obferuer cefte iufteffe, ie rediray qu'vne maille fuffit de chaque
cofté entre le crochet & l'effe: car quand il y en a plus d'vne part que d'autre, l'action
de la gourmette en eft tellement incommodee & falfifiee, qu'elle ne garnift pas efga-
lement la barbe, & par côfequent l'appuy general de la bride n'en peut eftre iufte, ny
affez plaifant à la main: & fi on void communément aux gourmettes deux ou trois
mailles du cofté du crochet ouuert, ce ne doit eftre que feulement pour donner plus
de liberté au cheual, en luy laiffant l'appuy de la bride à demy, ou s'il eft befoin du
tout defbandé, pour le trouuer apres plus leger, quand on luy a remis la gourmette
en fa iufteffe:& pour tenir la gourmette à la iufte mefure, il faut d'ordinaire, que l'effe
du mitan arriue à vn poulce ou enuiron plus bas, que l'endroit de fa ferme action,
cependant que l'appuy de la main eft abandonné.

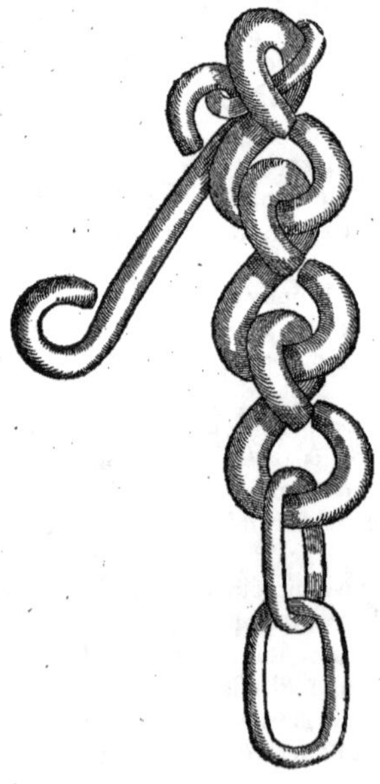

Il faut que toutes ces proportions soyent diligemment obseruees, mesmes celle qui se void aux plis des crochets, car estans acoudez, comme nos esperonniers mal instruits les font communément, l'appuy ne se fait que seulement des endroits qui sont marquez en la prochaine figure, par lettres A, E, & tout le reste de la longueur du crochet demeure separé de la jouë du cheual, laissant inutile la place vuide, qui est representee par la ligne droicte, où se void la lettre O, & au contraire le crochet doit toucher esgalement la jouë par toute sa longueur, comme il est aysé à iuger par cest autre crochet ouuert.

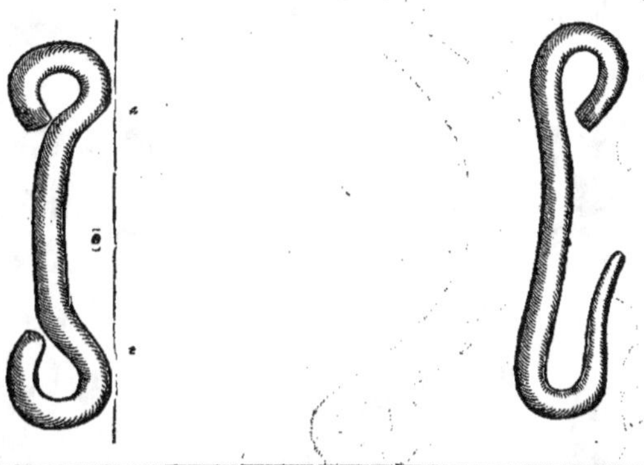

QVAND LA BARBE DV CHEVAL
est trop delicate.

CHAPITRE XXVII.

J'Ay dict ailleurs que les gourmettes, qui ont les esses gros & ronds, offensent moins la barbe en appuyant, que celles qui sont plus menuës : toutesfois parce qu'il ne se peut faire qu'en ces esses il n'y ayt tousiours ie ne sçay quoy d'inegal & bossu, & aussi qu'il se trouue souuent des cheuaux qui ont la barbe tant sensible, que la moindre douleur ou incommodité qu'ils sentent en icelle partie, les fait battre à la main, les blesse, ou comment que ce soit, leur interrompt la memoire, & le ferme & temperé appuy de la bouche, il sera bon d'vser en telle occasion d'vne piece entiere, vnie & bien polie, qui garnisse proprement la barbe au lieu des trois esses de la gourmette commune, comme lon peut iuger par ces figures.

SI le cheual a la barbe tant sensible, que toutes ces gourmettes l'offensent nonobstant leur douceur, alors il sera bon de luy appliquer celles de cuyr, ou de chanure
trenné, ou de sangle doublee, n'ayant que enuiron vn grand poulce de large, comme
il est icy figuré, perseuerant auec patience, iusques à ce qu'il soit asseuré à l'appuy de
la bride: & par ce moyen sagement pratiqué, on le pourra resouldre (auec le temps, &
l'ordinaire action de la bonne main,) pour le moins à l'vsage de la plus douce gourmette de fer.

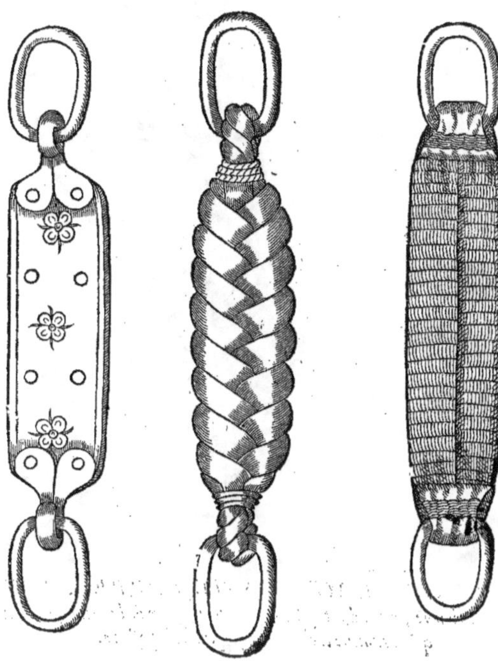

QVAND LA BARBE DV CHEVAL EST DVRE,
pour estre trop charnue, ou trop couuerte du poil.

CHAPITRE XXVIII.

PLVSIEVRS cheuaux tirent ou pesent à la main, pour auoir le cuyr
de la barbe tant espars, ou tant armé de poil, qu'ils ne craignent nullemét la subiection des gourmettes cy-dessus representees : mais pour
tout cela, ie ne voudrois, s'il estoit possible, qu'on vsast des remedes
extraordinaires & plus rudes : neantmoins y estant contraint par
l'obstination, ou negligence naturelle du cheual, i'approuue que
pour quelques iours on se serue de la gourmette de trois esses quarrez, & suffisamment gros, pourueu qu'on puisse conseruer la barbe entiere & saine. Ie ne veux representer d'autres remedes plus violents, parce que i'en suis ennemy : mais aduenant que
le cheual perseuere trop en sa fougue ou pesanteur, ie le remets à l'exercice de la
bonne escole & aux bons effects du cauesson, ou de la seguëtte, selon les reigles deduites sur ces occasions aux Liures premier & second.

CHAPITRE XXIX.

VN e des choses qui nous sont plus difficiles en la iustesse des brides, est d'arrester la gourmette à son vray lieu de la barbe, cependant qu'on pare le cheual, ou qu'on en soustiét le ferme appuy de la bouche: Assauoir quand en icelle partie, l'os de la maschoire est trop droit, trop estroit, trop plat, ou trop despourueu de chair: neantmoins aucuns Caualerices ingenieux ont diuersement inuenté des moyens pour retenir la gourmette en ceste partie limitee, nonobstant les susdites imperfections: les vns en arrestant les deux crochets par certaines petites liaisons, qui tiennent aux extremitez de l'emboucheure, contre le ply du banquet: d'autres par des petites chesnes, qui tiennent à l'esse du mitan de la gourmette, & aux chesnettes des branches: d'autres auec vne fourchette de fer, qui se loge au long & entre les deux os de la maschoire, & qui tient par le bout droit (fait en vis) à la muserolle de la testiere dans vne escrouë, & le bout fourchu acroche & tient la gourmette là où elle est arrestee par la vis & l'escrouë. Encores pourrois-ie dire d'autres instrumens lesquels ie ne veux discourir, pratiquer, ny figurer, laissant ceste curiosité à ceux qui recherchent plus les effects differens d'vne infinité de brides antiques & modernes, que la pratique des bonnes reigles de l'exercice. En cecy ie representeray seulement mon style plus commun. Sçauoir est, deux crochets beaucoup plus longs que les precedents, lesquels par leur longueur extraordinaire, & par la façon dont ils sont pliez & courbez, retiendront mieux l'appuy de la gourmette, au lieu plus propre de la barbe, que s'ils n'arriuoyent que iusques au coude de la branche.

A F I N que ces derniers crochets n'allongent la iuste mesure de la gourmette, il faut
tenir les mailles plus courtes que celles qu'on fait ordinairement, & au lieu de trois
esses, n'en mettre que deux, qui tiendrôt à vn anneau fait vn peu en ouale, lequel fera
son ferme appuy au poinct du milieu de la barbe, estant ainsi logé au milieu de la
gourmette, comme il est icy representé.

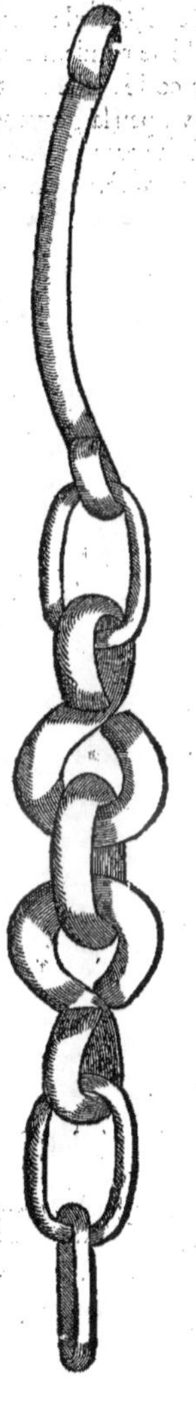

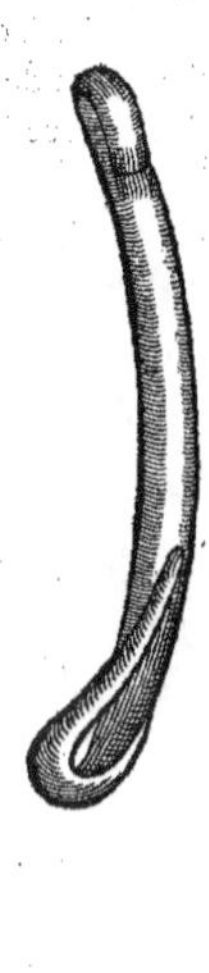

IL faut bien considerer comment ces longs crochets sont figurez, car de leur tour & façon despend le subiect & le moyen qui retient souuent l'appuy de la gourmette, au vray lieu de la barbe mal proportionnee.

OVTRE que ceste derniere gourmette, qui a les crochets si longs, s'arreste mieux en son appuy & propre lieu de la barbe : cest appuy en est beaucoup plus esgal, que celuy des gourmettes ordinaires: & qu'il soit ainsi, on peut voir en la prochaine figure d'icy-apres, que les trois esses sont enchesnees, de façon qu'elles appuyent sur la partie senestre de la barbe, des deux costez acoudez & arondis, qui forment ces esses marquez par la lettre A, & d'vne rondeur platte marquee Y, & sur la partie dextre de deux rondeurs plattes marquees O. & d'vn coude & costé de rondeur marqué V, & mesmes l'vne des mailles se trouue de plat & l'autre de costé : tellement qu'en les acrochant au iuste point, il faut necessairement tordre vn peu la gourmette, & partant il y a de la faulseté, qui peut offenser la barbe plus d'vne part que d'autre, & en l'appuy de la gourmette precedente & moderne, l'esgalité est obseruee en la situation de toutes les pieces.

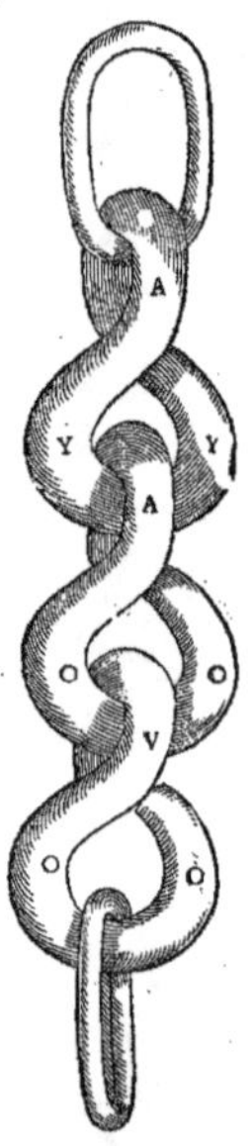

EN la façon de ces gourmettes on peut facilement iuger la commodité de celle ou se void la preuue de l'appuy, qui se fait plus esgal: car tout ainsi que les deux esses, & les deux mailles precedentes sont figurees en pareille prospectiue, en effect elles garnissent aussi la barbe de mesme sorte : quant à l'aneau ou ouale du mitan, il ne peut faire qu'vne action au lieu de son appuy limité:tellement que ie souftiens ceste proportion moderne mieux confideree, & plus vtile que l'autre.

E N la difficulté de bien & iuftement arrefter le ferme appuy de la gourmette au propre lieu de la barbe du cheual, les cordelles de foyes treffees ou torfes, iazerans & autres gourmettes de chefnons, ou d'vne piece, qui tiennent à la cime de la montee de l'emboucheure, & lefquelles font appropriees pour faire leur appuy couuertement entre la lippe de deffous & la genciue, eftans bien appliquees, peuuent arrefter & afermir l'appuy de l'emboucheure au vray lieu de la barre, & de la genciue : & mefmes empefchent que la langue ne forte par le cofté de l'emboucheure:toutesfois i'en remets l'vfage commun à ceux qui l'approuuent plus que moy, fi ce n'eft à la neceffité & feulement pour vn iour ou deux, quand le cheual aura trop d'inclination à boire fon mors: à quoy lefdites gourmettes fecrettes & couuertes, apportent vn remede tres-affeuré : & afin d'en comprendre mieux la forme & les effects, en voicy quelques figures.

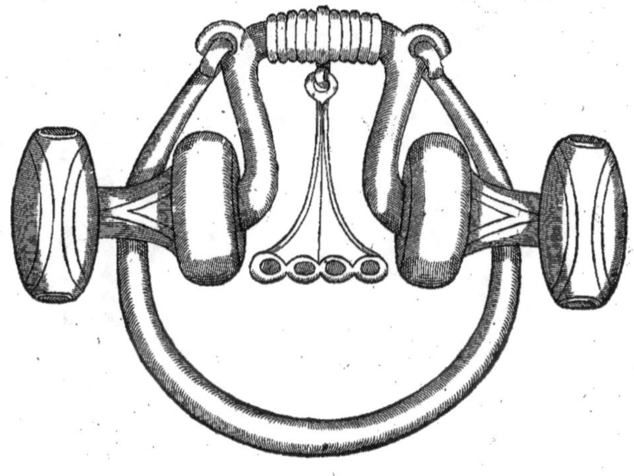

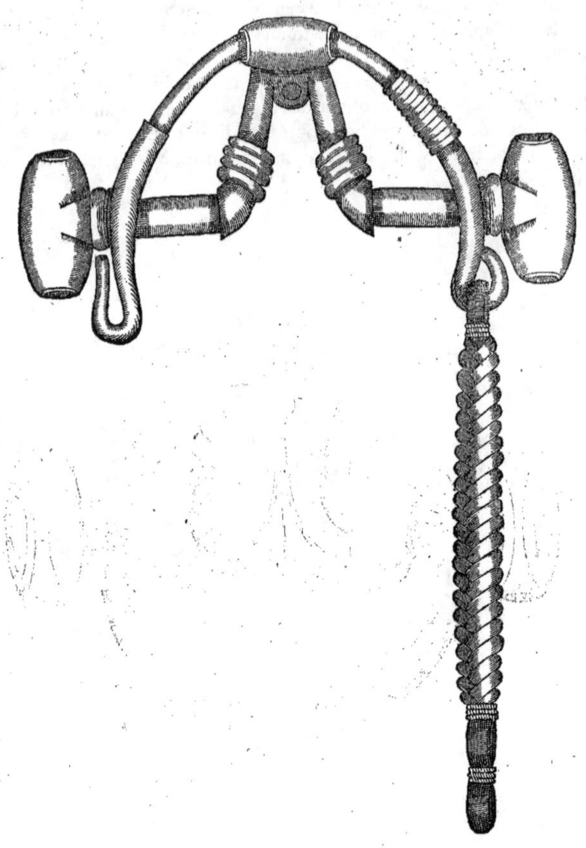

IE

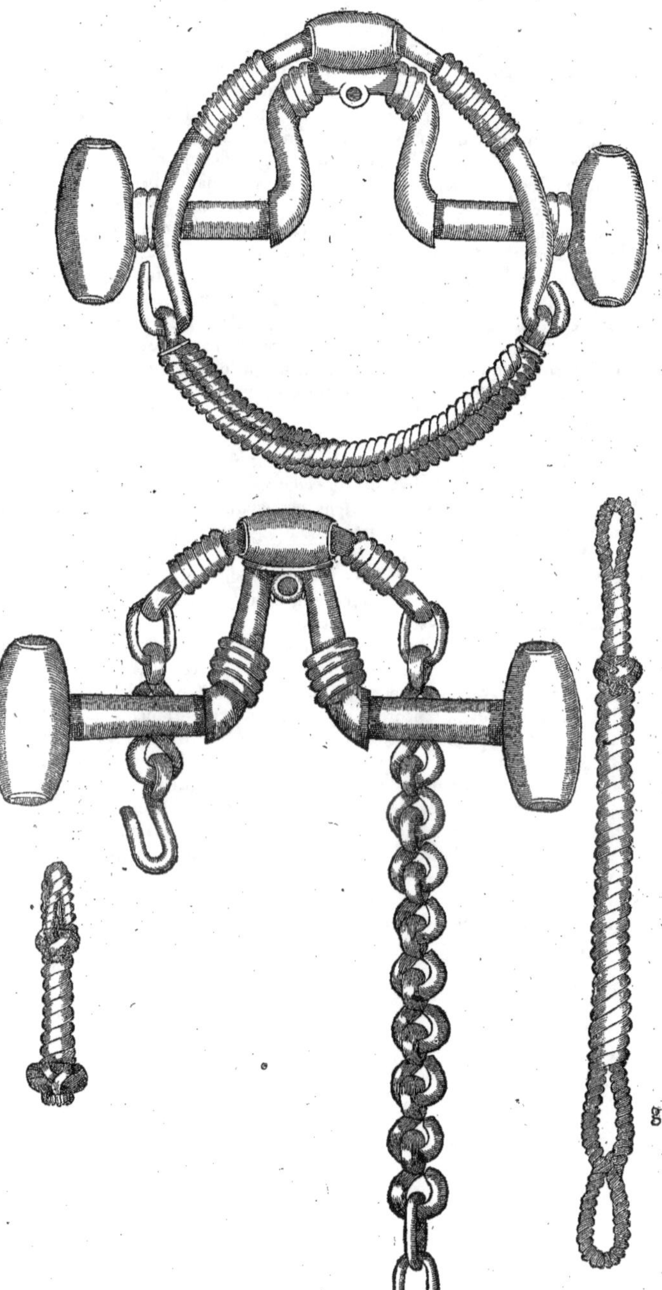

I E ſçay que la derniere gourmette figuree, à laquelle ſont les eſſes plus longs que
la meſure ordinaire, ny les emboucheures precedentes garnies de deux prinſes, n'empeſcheront pas touſiours que le cheual ne boiue la bride, coulant la maſchoire deſſous l'appuy d'icelle gourmette; principalement quand il ſera en quelque action fort
craintiue, ou hors d'haleine, ou extremement las, ou qu'il ſentira des douleurs ou de-
bilitez extraordinaires, en quelque membre particulier, ou generalement en tous: car
ce ſont les vrayes occaſions, qui contraignent le cheual à s'abandonner tout confus,
ou eſtonné ſur l'appuy de la main. Au contraire ſi eſtant en ſes forces, il rameine &
ſouſtient legerement, & preſque de ſoy, ſa poſture racolte & releuee, ſans doute l'emboucheure & la gourmette appuyeront facilement ſur les parties de la bouche & de
la barbe, où ſe doit faire ce vray appuy. Voyla pourquoy ie ſuis d'auis que pour bien
diſpoſer le cheual aux bons effets des ſuſdites emboucheures & gourmettes, on le fortifie & alegeriſſe, premierement en luy accroiſſant l'haleine, la diſpoſition, l'aſſeurance, & par conſequent la facilité de ſon manege par l'exercice de la bonne eſcole, mo-
deſtement continué, & s'il a quelque maladie ou douleur, qui luy empeſche la legereſſe, qu'on y pouruoye par des bons remedes: & par ce moyen la bonne bride ſe trouuera beaucoup plus excellente.

D ES proportions iuſques icy repreſentees par figures & raiſons, l'homme de cheual peut iuger que les bons effects des emboucheures bien ordonnees, naiſſent en
partie du ſoin, qu'on doit auoir à tenir le cheual en obeyſſance, ſans luy bleſſer ny
meurtrir la bouche: mais pluſtoſt en la contraignant, l'embellir, la refraiſchir, & luy
donner appuy temperé, par les commoditez & plaiſirs des pieces contenuës en ces
emboucheures, leſquelles doiuent garnir & remplir proprement les concauitez inutiles de la bouche, ſans les offenſer, comme auſſi il eſt neceſſaire, que les parties plus
haultes de la bouche, ſoyent logees propremét aux endroits, qui ſont vuides en l'emboucheure, afin qu'elle appuye commodément par tout. Par le meſme diſcours le
Caualerice peut auſſi comprendre, que le propre de l'œil & de la gourmette, eſt de
fortifier l'appuy de l'emboucheure, & par conſequent de retenir l'action par laquelle
le cheual s'auance trop: encores faut-il entendre que les branches qui ſont à preſent
en l'vſage de nos eſcoles, ont eſté inuentees par les bons maiſtres, plus pour ramener,
former & ſouſtenir vne belle poſture de col & de teſte, que pour arreſter par violence la fouge & la courſe du cheual effrené. Ceſte preuue ſe void ſouuent en la
practique des mords plus antiques, comme les bridons à l'Angloiſe, & à l'Eſcoſſoiſe,
& les brides à la genette, à la Turqueſque, & à la Moreſque, qui peuuent retenir le
cheual: mais à faute de nos branches, les façons de tels mords ne luy ramenent ny ſou-
ſtiennent la teſte en bonne ny belle ſituation. Or pour bien vſer des commoditez,
qui procedent des branches modernes, il me ſemble qu'il faut neceſſairement obſeruer les preceptes que i'ay diſcourus au premier Liure, & auſſi ceux qui ſe trouueront
cy-apres deduits & figurez.

POVR BIEN GARDER LA IVSTE
HAVLTEVR DV COVDE
de la branche.

CHAPITRE XXX.

OMBIEN que i'aye discouru au premier Liure les communs effets du coude de la branche, ie diray encores que pour ne faire point d'erreur trop grossiere en ceste partie, il faut garder les proportions qui sont cy-apres figurees ; sçauoir est, que pour maintenir en belle posture le cheual, qui a le garbe du col bien tourné, la teste en bon lieu, & duquel l'appuy de la bouche est leger, on doit limiter la haulteur de ce coude, là où se voit en la prochaine figure, & sur le banquet la ligne marquee B, & pour ramener le col allongé ou abandonné, & le nez trop auancé, il faudra haulser à la forge le tour du coude, iusques à la ligne marquee A : & si l'appuy de la bouche est foible, ou le col trop souple, mesmement en l'action qui arme le cheual contre sa poitrine, on gardera le point de la ligne du C : mais il est necessaire que le reste du trait de la branche forte ou foible, se rapporte à ces trois proportions, selon l'vtilité qu'on voudra tirer de leurs bons effets, comme ie diray : autrement la reigle sera inutile.

CE coude de branche se peut faire de plusieurs autres façons : toutesfois s'il est plus bas, que ce que ie represente en ceste figure, il en aura moins de grace, & rendra l'appuy de la bouche trop incertain ; & s'il est plus haut, il pourra faire naistre l'occasion de desplacer l'appuy de la gourmette du iuste lieu de la barbe, conuiant par mesme moyen le cheual à boire la bride, s'il y a tant soit peu d'inclination. C'est en quoy on void encor' vne preuue que la iuste mesure du coude despend en partie de celle du banquet : parce que le banquet estant trop court, ou trop long, il fait paroistre le tour du coude trop hault, ou trop bas, si on ne luy a donné quelque forme extraordinaire.

g ij

A
B
C

EXPLICATION DES BRANCHES
gaillardes, ou foibles.

CHAPITRE XXXI.

VIS que le propre de la branche est, de mettre le col & la teste du cheual en belle & ferme posture, il est donc necessaire de la tenir gaillarde, foible, & de mediocre force, selon que le cheual sera facile ou malaysé à ramener: & pour bien comprendre en quoy consistent les differens effects de la branche, il faut considerer la ligne qui est tiree en la prochaine figure, & qui prend son origine de la droite proportion du banquet, & que tant plus le trou du touret de la rozette sera auancé & esloigné de ceste ligne, assauoir du costé de la lettre A, d'autant plus la branche renforcera l'action de la gourmette: & tant plus aussi ce touret sera reculé de la ligne, approchant de la lettre E, tant plus la branche se trouuera foible, parce qu'elle approchera plus facilement de la poitrine: & aboutissant sur la ligne, au point marqué O, elle commencera à prendre nom de gaillarde, ou hardie. Or quand la branche se trouue trop gaillarde, il est necessaire de tenir la gourmette d'autant plus longue: & au contraire la branche estant trop foible, il faut accourcir la gourmette: afin que par leurs proportions bien rapportees, l'appuy de l'emboucheure se puisse temperer. Quant aux differentes longueurs des branches, i'en parleray aux occasions plus necessaires.

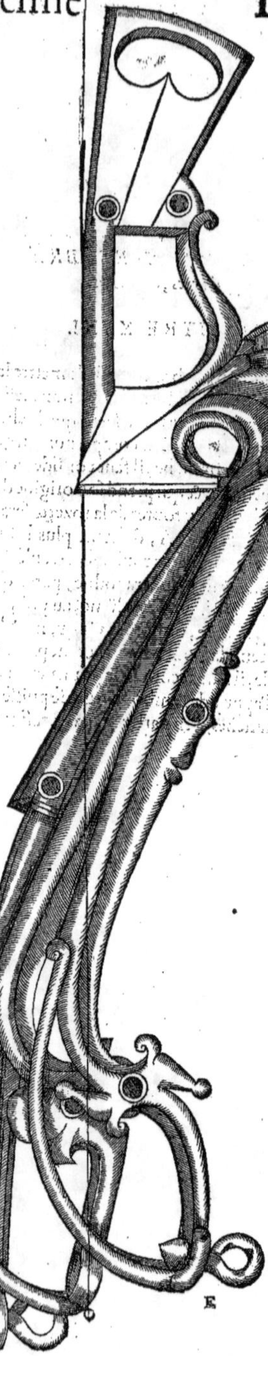

A
E

LES COMMVNS EFFECTS DE LA ROZETTE
de la branche.

CHAPITRE XXXII.

A rozette est vne partie, qui embellist plus la branche qu'elle n'est necessaire à ramener, ny à soustenir la teste du cheual: car sans la forme de ceste rozette, on a bon moyen de tourner la branche, de façon que le bout d'embas se trouue en tel poinct qu'on veult, comme il se peut iuger par la derniere proportion cy-deuant figuree, & qu'on verra mieux en lieu plus à propos: toutesfois la rozette peut affoiblir la branche, qui a le tour du coude trop fermé, & qui auance beaucoup, à cause qu'elle recule le trou du touret, & par mesme moyen elle desarme & soustient: c'est pourquoy on la fait plus grande, ou plus petite, & diuersement auancee ou reculee.

POVR LE CHEVAL QVI NATVRELLEMENT
tient le col & la teste en belle & legere posture.

CHAPITRE XXXIII.

VANT que passer plus outre, ie veux aduertir de nouueau celuy qui trauaille son esprit à rechercher subtilement l'artifice des brides extraordinaires, qu'il n'en trouuera point, qui seulement de soy puisse long temps changer & forcer la naturelle stature du cheual, qui par quelque necessité portera de mauuaise grace le col & la teste, & que les moyens incertains trop continuez ameneront l'incommodité de quelque autre accident, qui se trouuera souuent plus desplaisant & preiudiciable, que l'imperfection, à laquelle on aura pensé remedier, par la violence du mors trop rude ou confusement appliqué: au contraire les bons effets de la bride bien ordonnee, ioincts au continuel exercice de la bône escole, pourront beaucoup ayder à nature, & mesmes aucunesfois la gaigner par l'habitude bien reglee, qui auec le têps changera l'action faulse, quoy qu'elle soit naturelle, à vne qui sera bonne, ou moins mauuaise, comme i'expliqueray par ordre: mais premier ie representeray la branche commune qu'il faut au cheual, qui de son inclination porte en beau lieu le col & la teste, & duquel l'appuy de la bouche est ferme & leger: & mesmes afin que ceste bonne & naturelle posture ne s'abandonne sur l'appuy, ny se ramene trop, mais plustost qu'elle soit maintenue, & soustenue par la commodité de la branche, qui se void cy-apres figuree, laquelle ne se trouuera gaillarde ny foible, comme il se peut voir par la preuue de la ligne droite, qui vient du banquet, & cy-deuant interpretee & marquee par la lettre O.

g iiij

Qvand l'œil du mords est
plus haut, que le coude à plus de
tour, & que la rozette est plus
ouuerte que les proportiós qui
sont icy figurees, sans doute il y
a quelque difformité. Toutesfois pour ayder aux remedes de
quelques imperfections, il se
faudra necessairement dispenser: Mais ie suis d'auis qu'apres
on reuienne, s'il est possible, au
moins à vne mediocrité.

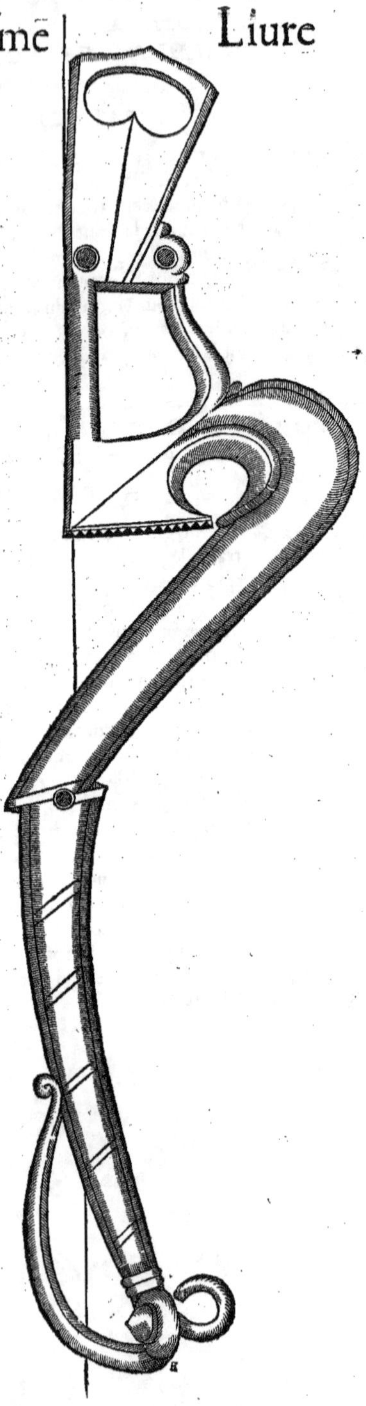

QVAND LE CHEVAL TIENT ORDINAIREMENT
le nez trop auancé par mauuaise habitude, ou pour estre trop
chargé de col, ou de teste.

CHAPITRE XXXIIII.

PLVSIEVRS subjets peuuent donner occasion au cheual, de tenir le nez trop auancé, principalement la mauuaise habitude, la nonchalance & pesanteur naturelle, la foiblesse, la lassitude extreme, la faulse stature du col, & l'imperfection des maschoires trop voisines : or quand il porte le col & le nez trop allongé seulement par accoustumance, par paresse, ou pour estre beaucoup chargé de chair sur le deuant, & que neantmoins l'arc du col est bien tourné, & la maschoire suffisamment ouuerte, il faudra tenir l'œil de son mors vn peu plus hault & moins reculé, & la branche plus gaillarde que la commune façon, comme elle est icy figuree.

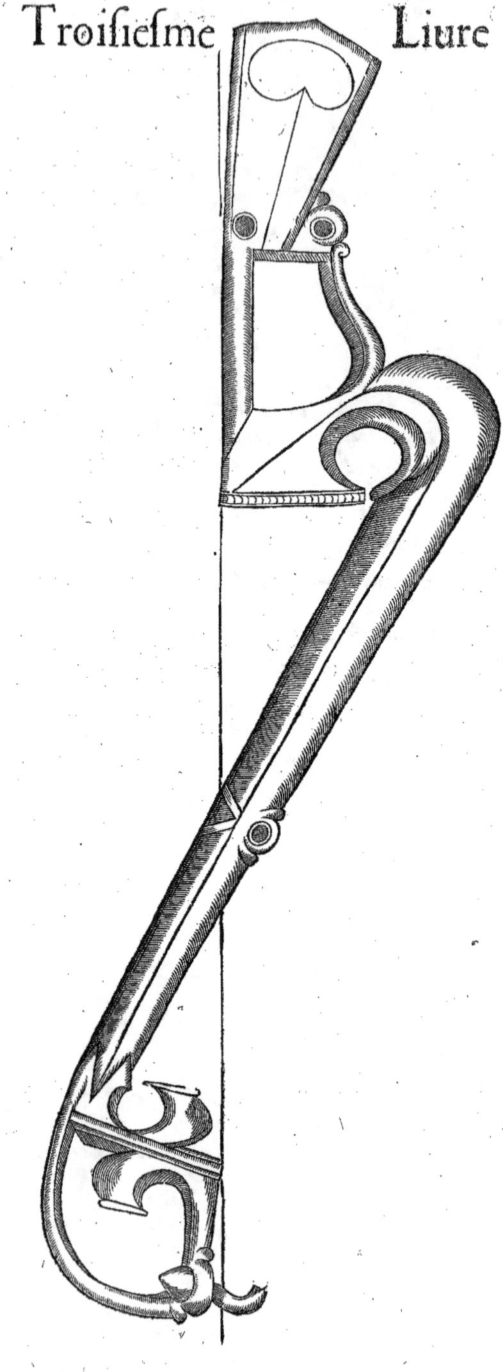

CHAPITRE XXXV.

ON peut iuger par la figure cy-deuant representee, que la branche ainsi gaillarde ramenera le col & la teste du cheual, qui sera trop allongé ou estendu de la main en auant. Toutesfois, s'il tient le nez bas & auancé à faulte de force, ie ne veux pas qu'on pense que l'artifice de ceste branche, ny quoy qu'elle soit autremét faite, luy puisse fortifier les mébres foibles, qui l'abandonnerõt sur l'appuy de la main, lors qu'il ne pourra fournir à ce qu'on le voudra contraindre outre sa capacité : c'est en quoy ie n'approuue pas qu'on tasche à ramener le cheual de tel naturel, seulement par la contrainte de la branche : mais plustost ie suis d'auis qu'on la tienne vn peu longuette, & plus reculee qu'il ne semblera estre necessaire en apparence, cependant que les forces du cheual serõt vnies : & veux qu'on repare ce qui s'affoiblira de la branche par la mõtee, qui se pourra faire à l'emboucheure, quoy qu'elle ne soit nullement vtile à l'interieur de la bouche, pourueu que ceste montee n'offense le palais, ny les barres, & qu'elle soit si bien ordonnee, que son effect, propre à ramener, joinct à la mediocre force de la branche, tiennent le col & la teste du cheual en sa place racolte, plus belle, & plus ferme, en luy soulageant, ou luy foulant moins les membres, que si la branche estoit plus hardie. Et pour mieux comprendre ce precepte, il faut sçauoir que la branche assez foible & longue resoult le cheual, qui a la bouche fine, au ferme appuy de la main, & mesmes luy soustient l'action de l'arrest, sans luy precipiter ses forces, à cause qu'elle arriue facilement à la poitrine, & par consequent la bouche en est soulagee, ensemble la barbe : & celle qui est courte & fort auancee se trouuant par ceste forme, & en son appuy, plus esloignee de la poitrine, violente dauantage la bouche, la barbe, & la maschoire du cheual, & luy estonne les membres, mesmement quand ils sont debiles, à cause des efforts douteux & incertains qu'il fait souuent tout à coup, sans donner temps d'estre soustenu craignant la rude action de ceste branche trop gaillarde : par ainsi il vaut mieux en telle occasion qu'elle soit ordinairement trop longue, que trop courte ; & pour la faire de façon qu'elle puisse mieux assubiectir & soustenir ensemble, il la faut proportionner comme elle est cy-apres figuree : car estant ainsi tournee, elle aura la force de ramener, d'autant qu'elle auance au milieu plus que la ligne du banquet, iusques à la lettre A : & soustiendra, l'autre moitié, estant reculee, & aboutie au poinct de la lettre E, selon la figure suyuante.

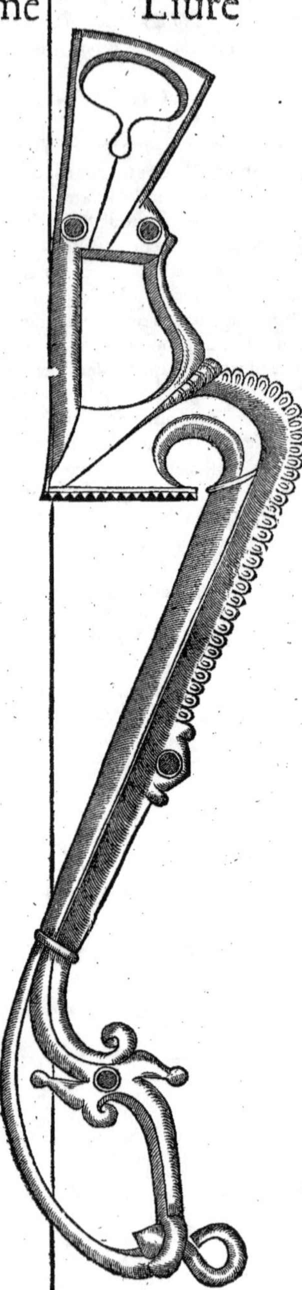

LA

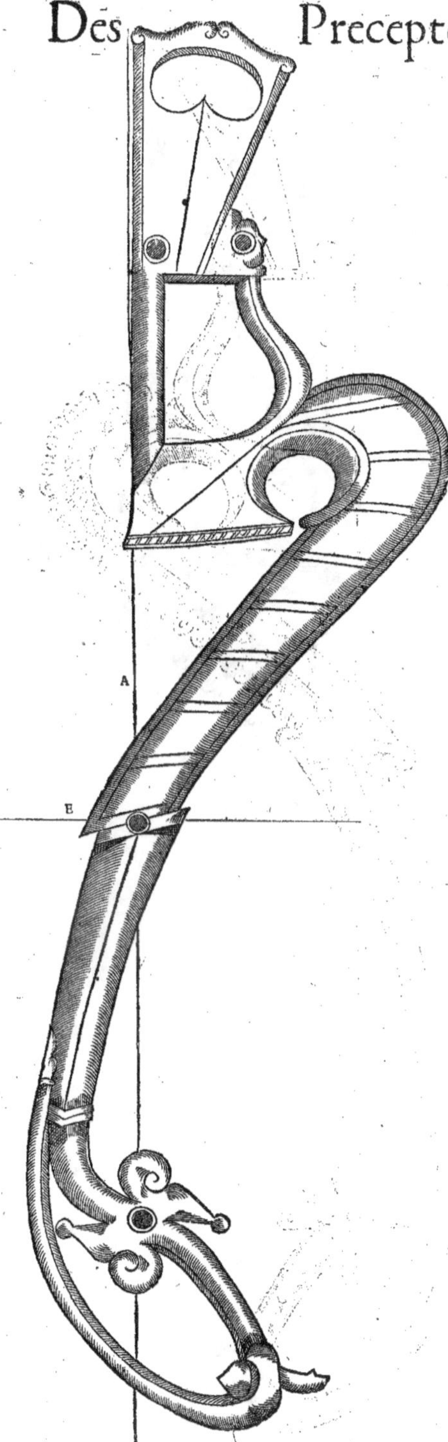

L A ſuſdite branche eſtant ainſi
droicte par le bout du touret, aura autant d'effect, & ſouuent plus
de fermeſſe & de ſouſtien, mais
moins de grace que celle qui ab-
boutit par le retour d'vne rozette bien faicte : toutesfois, i'approuue fort ce qui decore la poſture du cheual : & par ce qu'en
ſon ornement, la branche du
mords eſt vne des parties, qui
contente plus la veuë de celuy qui
facilement s'arreſte à la beauté de
tel animal, ie ſuis d'auis qu'on en-
richiſſe communément la façon
de la branche de quelque rozette
bien faicte, qui toutesfois ſoit vtile:& afin que ſa forme n'aye gueres moins d'effect que la branche
precedente, il faudra garder les
meſures & proportions de ceſte
figure.

h

En ces façons de branches, il
faut confiderer que fi la proportion qui defcend du coude, & qui
deuance la ligne du banquet marquee A, finit par le jarret, la gaillardife de fa premiere action, plus
haulte que la ligne marquee E, qui
trauerfe la branche, le cheual en
fera plus fouftenu, & moins ramené, que fi cefte partie gaillarde,
gardant fa forme auancee, accom-
paignoit plus bas la generale longueur de la branche.

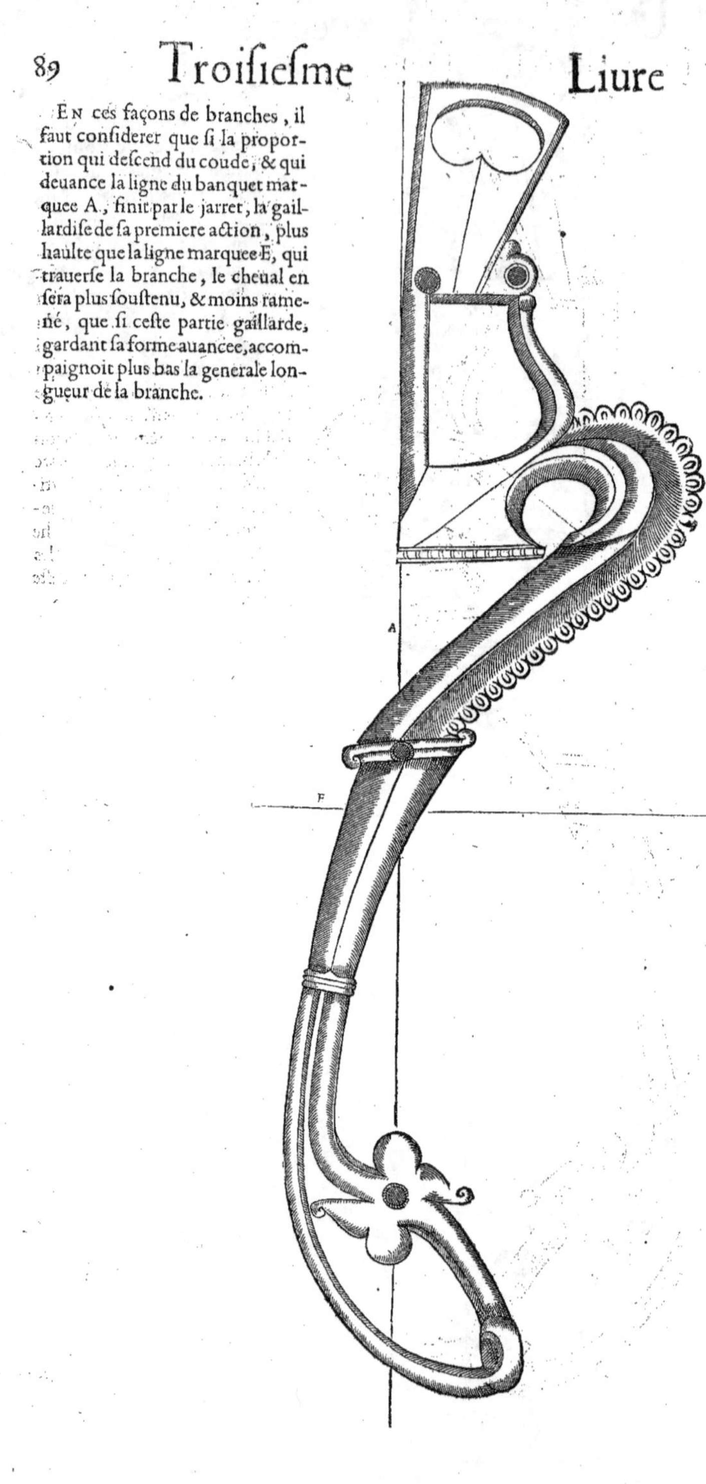

Av contraire de la susdite branche, celle qui est cy-apres figuree change sa premiere action plus bas que la ligne marquee E, en descendant & reculant apres comme la precedente, iusques au bout de la longueur generale marquee O : & par telle proportion, elle doit soustenir moins, & ramenera dauantage.

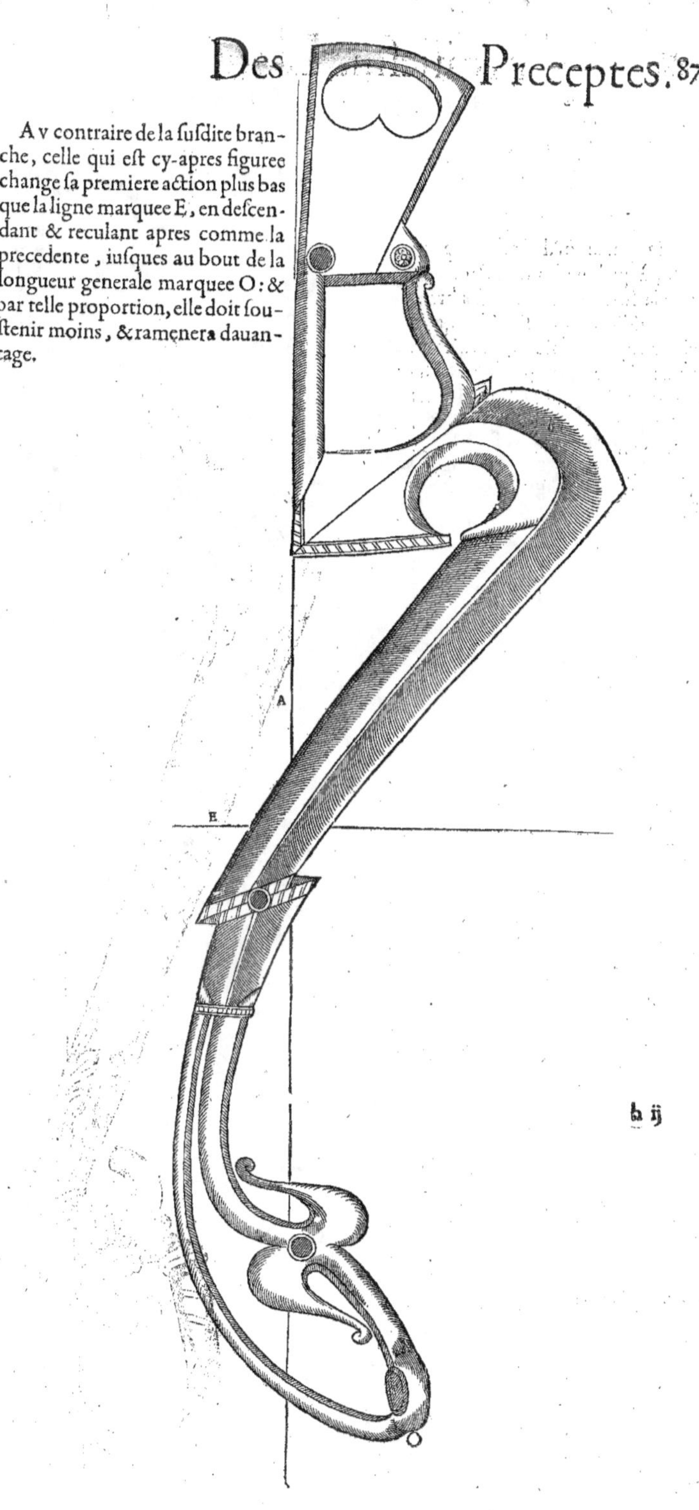

Et parce qu'il semblera peut-
estre à quelque homme de cheual,
que la forme commune des branches susdites soit moins belle que si
elles estoyent droictes, & vnies au
mitan, i'ay voulu representer les figures suiuátes, qui feront presques
les mesmes effects des precedentes,
comme il sera aysé à iuger par la
preuue des lignes, qui se verront
pourtraites.

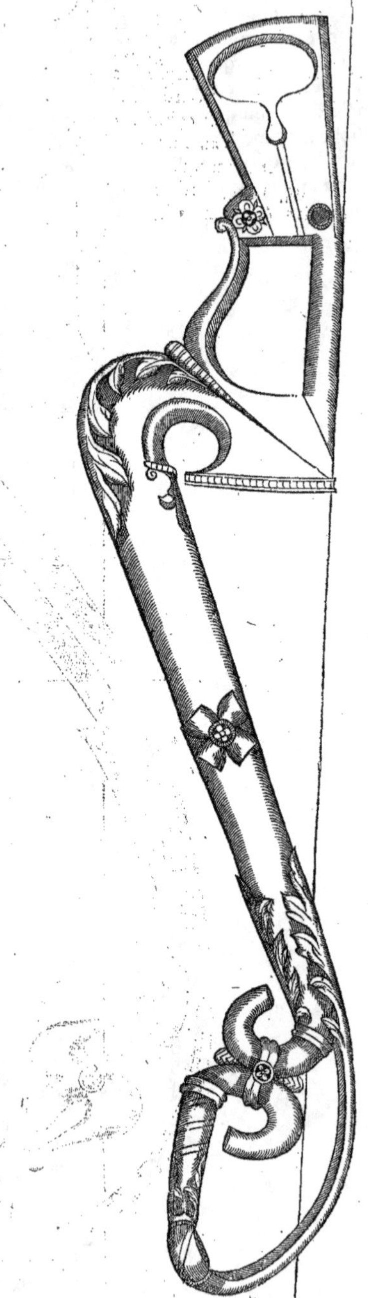

ENTRE ceux qui ayment la propreté, il y en aura qui trouueront plus belle la façon de quelqu'vnes de ces rofettes, que d'autres diuerfement figurees : mais ils ne fe
doiuent tant arrefter à la bien-feance, qu'ils ne confiderent (comme i'ay defia reprefenté) que tant plus le tour de la rozette s'eftend en arriere, tant plus la branche en
eft affoiblie, quoy que iufques au commencement de la rozette la branche auance
& furpaffe beaucoup la droite ligne du banquet, par la premiere action hardie, def-
cendant du tour du coude.

PAR le recueil des raifons & proportions iufques icy deduites, le bon Caualerice
pourra facilement comprendre la façon de la branche, qui fera neceffaire pour fouftenir plus que ramener le cheual, qui en auançant le nez tiendra le col trop bas, foit
de fon naturel, ou par mauuaife habitude, ou contraint par quelque particuliere debilité de membres : & pour ramener plus que fouftenir celuy, qui ayant ainfi le nez
trop auancé, tiendra le col plus eftendu par le droit, qu'il ne portera la tefte baffe : &
par confequent il iugera auec plus de facilité les effects mediocres de toutes les parties de la branche, qui fe rapporteront mieux à la plus belle pofture du cheual, quand
de fa naturelle inclination il tiendra fermement & legerement le col & la tefte en
bon lieu : mais il y a encores d'autres difficultez, qui fe trouueront cy-apres dif-
courues.

QVAND LE CHEVAL TIENT LA TESTE TROP
haulte & le nez trop auancé pour auoir la proportion du col faulfe, ou la
mafchoire trop ferree.

CHAPITRE XXXVI.

LES cheuaux qui fe ramenent plus difficilement, font ceux qui ont
le col renuerfé, c'eft à dire tourné en hault, & fort gros au deffous : &
mefmes quand les mafchoires font trop ferrees : en telles imperfections, les branches gaillardes amenent plus de defordres que de
bons remedes : car quand nature s'oppofe du tout à la foupleffe du
col, & aux autres parties, par lefquelles le cheual fe pourroit fuffifamment ramener, lors il n'y a forte d'artifice violant, qui en fin ne fe trouue non feulement inutile, mais fouuent le fubiect de plufieurs defenfes que le cheual fait, & de diuers mouuemens de defefpoir, qui luy furuiennent eftant trop recherché & côtraint
en ce qui n'eft en la capacité de fes forces, non plus qu'à fon inclination, & tant plus
s'il eft apprehenfif & colere de fon temperament. Tant s'en faut donc qu'en ces em-
pefchemens naturels la branche qui auance beaucoup foit neceffaire, qu'au contraire
elle doit eftre pluftoft foible que trop gaillarde : afin que le cheual ainfi mal propor-
tiôné de la main en auant, ayt moins d'occafion de craindre l'effort de la brache trop
hardie, & que par l'habitude de l'exercice bien côfideré, & propre aux fufdites imperfections il côfente & s'affeure peu à peu à la plus belle action & forme, que fa ftature
luy pourra permettre. A quoy le fage Caualerice doit auoir efgard auec beaucoup
de foin, afin de ne tomber en l'erreur cômune de ceux, qui par la violence de certains
mords rudes, & mal entendus, penfent pouuoir contraindre le cheual à ce qu'il n'a iamais appris, quoy que d'autre part nature y contrarie : & ce qui plus confirme en
cecy leur indifcretion, eft que auparauant que le cheual s'arrefte librement, foit de fa
propre inclination, ou par la pratique des bonnes leçons, ils le font ordinairement
partir & courir, precipitans fa vigueur & fon courage à toute bride, & fi fouuent que

h iij

quand bien il auroit sa generale proportion aysee, & la bouche legere & fort fine, les courses furieuses tant continuées luy endurciroyent, ou esgareroyent infalliblement l'appuy de la main, à mesure que la violente agitation de telles courses luy augmen-teroit la fougue, ou accableroit ses forces. Partant ie laisse iuger à l'homme de cheual, qui aura l'esprit bien composé, si l'entreprise de tels Caualerices mal fondez peut reüssir selon ce qu'ils desirent, & se promettent.

Il faut donc necessairement que le cheual, qui de son naturel est empesché de bien former la vraye & necessaire courbure de l'arc du col, & qui a le gosier tant espaissi de gros muscles & tendons, qu'il ne peut auoir son entree & place suffisante entre les deux os des maschoires, se gaigne par douceur, en luy ostant patiemment la fou-gue & confuse apprehension, tant de la furie des courses & des aspres arrests, sou-uent surpris ou faits hors de temps, que des offenses receuës dans la bouche, & à la barbe par la bride trop rude, qui seront cause qu'il tirera à la main, haussant le nez extraordinairement, ou qu'il esgarera le ferme appuy de la bouche, faisant aucu-nesfois l'vn & l'autre desordre ensemble: à quoy vn des plus certains remedes est de luy accroistre l'haleine par l'exercice moderé, & sur tout en l'accoustumant à parer souuent sans violence, premierement en allant au pas, & apres au trot, & puis au ga-lop, & en fin en courant, & le faisant reculer à tous les coups sans grande contrainte, pratiquant ainsi tous ces moyens selon les reigles discourues aux Liures precedens: car par telle diligence on le pourra auec le temps faire consentir librement à l'action de la bonne bride, & par consequent à la facilité de quelque bonne posture de col & de teste, & à l'obeyssance de l'arrest : & pour le gaigner auec plus de commodité, il le faudra emboucher de façon, que la montee de son embocheure, arriuant au palais, le ramene plus que la force de la branche ; sans toutesfois l'offenser en aucune partie de la bouche : mais au contraire l'accommoder & embellir, obseruant les preceptes contenus en l'explication des embocheures cy-deuant figurees.

Et pour proportionner la branche, de façon qu'elle apporte aussi quelque ayde à ramener le col trop droit ou renuersé, & le nez trop haussé, il faut que l'œil soit vn peu plus haut que la mesure mediocre, afin qu'il fortifie d'autant l'action de la gour-mette : le coude doit estre aussi plus serré que la commune façon, pour auancer la branche iusques au poinct de la lettre A, qui se voit en la figure cy-apres : car ceste premiere action hardie le pourra attirer à quelque subiection basse : mais il faudra que la rozette recule plus que la ligne du banquet : car par ce moyen le cheual s'eston-nera moins du premier aduantage que ceste branche monstre, iusques à la lettre A.

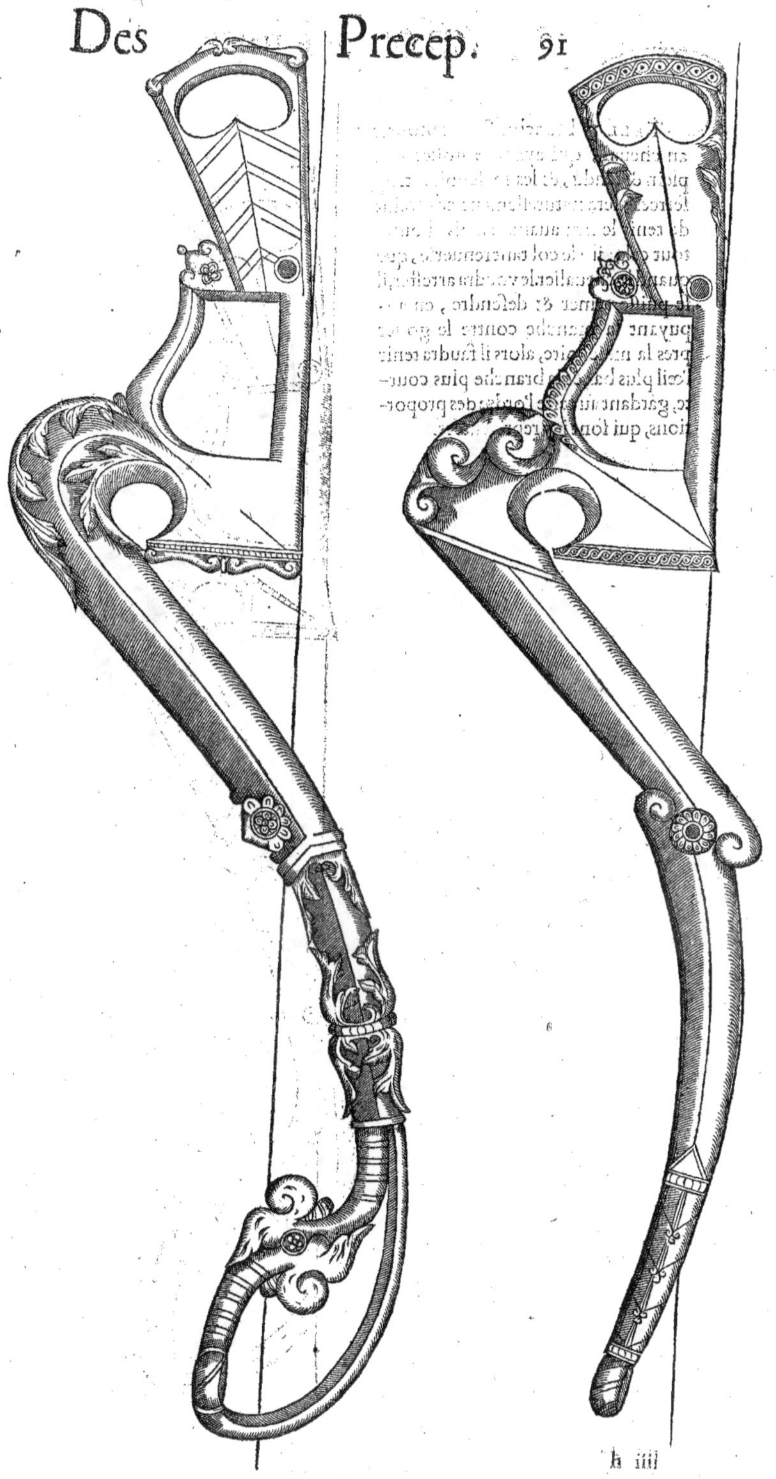

Telles branches seront propres
au cheual, qui ayant le gosier fort
plein & tendu, & les maschoires trop
serrees, sera naturellement contraint
de tenir le nez auancé: mais si outre
tout cela, il a le col tant renuersé, que
quand le cheualier le voudra arrester, il
se puisse armer & defendre, en appuyant la branche contre le gosier
pres la maschoire, alors il faudra tenir
l'œil plus bas, & la branche plus courte, gardant au reste l'ordre des proportions, qui sont icy representees.

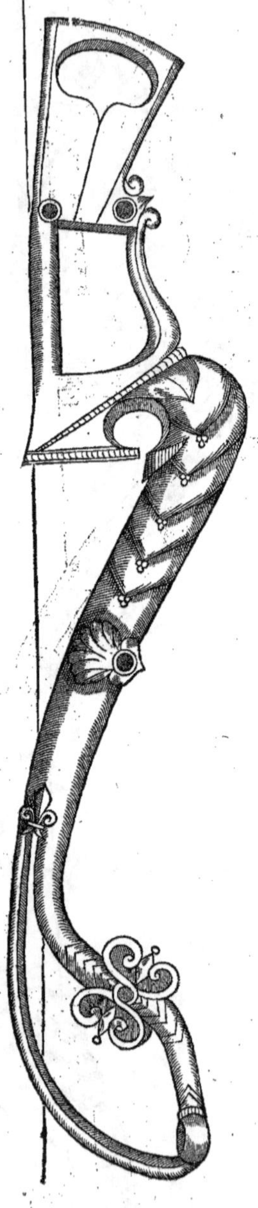

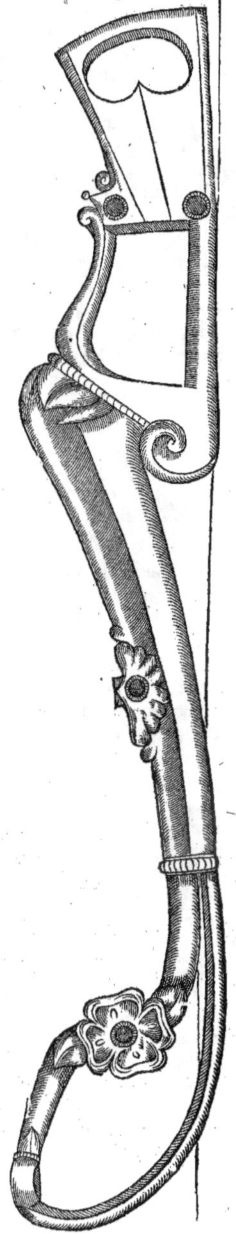 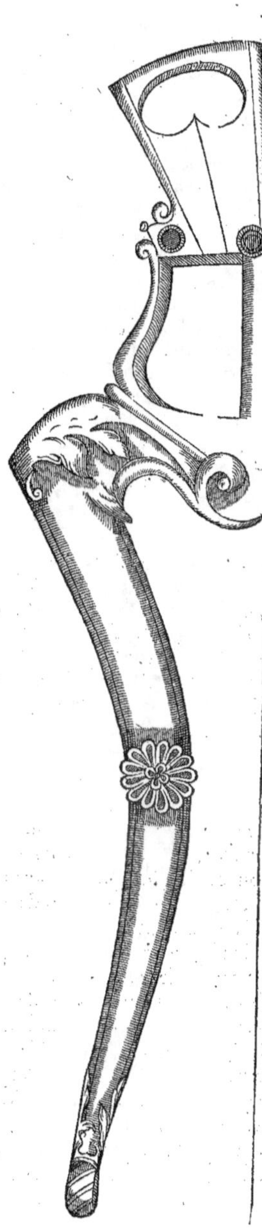

PLVSIEVRS Cheualiers, apres auoir essayé beaucoup de branches differentes, &
n'auoir peu par icelles faciliter l'appuy de la bouche du cheual, qui a le col fort renuersé, & qui s'arme, se seruent à l'extremité de vrays mords à la genette, ausquels sans
doute il se trouue aucunesfois quelque commodité, à cause qu'en la branche d'iceux
il n'y a forme ny longueur, qui puisse bien arriuer au lieu que le cheual la voudroit
appuyer pour s'opposer à l'effect de l'emboucheure & de la gourmette : & pour ramener le cheual qui tient la teste fort haulte, & le nez fort auancé, aucuns Caualerices se seruent d'ordinaire du chastiment, & des commoditez de la camarre. Pour
moy, ie n'approuue ny ne blasme l'vsage de la branche à la genette, parce que si le
cheual en est par fois arresté, aussi elle luy esgare souuent la teste, qui est vne desplaisante & dangereuse imperfection, & ne luy soulage aucunement la bouche, les espaules, ny les iambes : mais pour ayder à ramener la teste de tels cheuaux, ie tiens que la
practique de la camarre peut beaucoup seruir, moyennant que la muserolle n'en soit
trop rude, ny les longes qui s'attacheront aux sangles trop tendues, mesmement si le
cheual est colere, & fort sensible : & pour se bien preualoir de l'vtilité que ce remede
peut apporter, il faut sagement obseruer les preceptes, qui se trouueront au premier
Liure sur le discours des cheuaux, qui ont besoin des effects de la camarre, & de ceux
qui ne peuuent endurer aucun appuy rude dessus le nez.

QVAND LE CHEVAL S'ARME EN BAISSANT LA
teste, & en appuyant les bouts des branches de son mords contre la poitrine.

CHAPITRE XXXVII.

LA pluspart des ieunes cheuaux font diuersement quelque action
desagreable, au commencement qu'on leur fait recognoistre la bride, mesmement ceux qui sont bizarres & d'humeur colere : & selon
que l'emboucheure est rude, & mal-plaisante, il y en a qui secouent
la teste d'vn & d'autre costé, ou en hault & en bas : & des autres qui
tiennent souuent le nez auancé, & bandé, ouurans la bouche & fai-
sans les forces, ou mettent la langue dessus l'emboucheure : d'autres, qui taschent à se
desbrider auec les pieds & iambes de deuant, & ceux qui font pis que tout cela, ayant
le col trop souple ou trop courbé, baissent la teste & appuyent les branches de leurs
mords contre la poitrine : toutes les autres imperfections se peuuent plus facilement
corriger par les bons moyens de l'art, que ceste derniere : car les fermes & subtils mouuemens de la bonne main asseurent auec le temps le col & la teste du cheual, & par
l'exercice de la bonne escole, le racourcissent, & l'asseurent à l'appuy temperé du cauesson & de la bride, propres aux proportions & nature de la bouche, & par consequent l'encouleure fait l'habitude, & facilité de son plus bel arc, & le front celle de sa
droicte & ferme situation : mais quand le cheual malicieux, qui naturellement a le col
fort souple, ou trop voulté, a recogneu le moyen de se defendre aux effects de la bride, en baissant le front, & appuyant les branches contre la poitrine, il est presque impossible de le desarmer de ceste defense, mesmes par l'artifice & les commoditez particulieres, & plus subtiles de l'emboucheure, des branches, ny de la gourmette, à cause
qu'il n'y a nulle action en la bride, qui pousse directement le nez du cheual en auant,
& toutes le peuuent ramener : de sorte que si à tel cheual on applique la branche gaillarde ou courte, il aura plus d'occasion de se serrer d'auantage, pour auoir recours à ce
faux appuy, par lequel il se deffend, & si on la tient foible ou longue, elle arriuera plus
commodément en ce mesme appuy. Voyla pourquoy il ne faut trouuer estrange, si
les Caualerices remedient si peu à tels vices.

Pvis donc que le propre des principaux effects de la bride, est de retenir & raccourcir l'action du cheual, il vaut mieux se seruir en ceste occasion, des yeux & des
branches, qui ramenent moins, que de celles qui sont plus fortes, recherchant d'ailleurs la legeresse & facilité de la bouche, par quelque subiection de gourmette, ou
emboucheure, qui sans montee, ou forme estrange appuyent vn peu rudement sur
la barre, & sur la barbe; sans toutesfois meurtrir ny blesser l'vne ny l'autre partie:
quant à la longueur des branches, elle se doit rapporter à la taille, ou à la posture du
cheual: mais pour les façons ordinaires que i'approuue, elles sont representees en ces
figures.

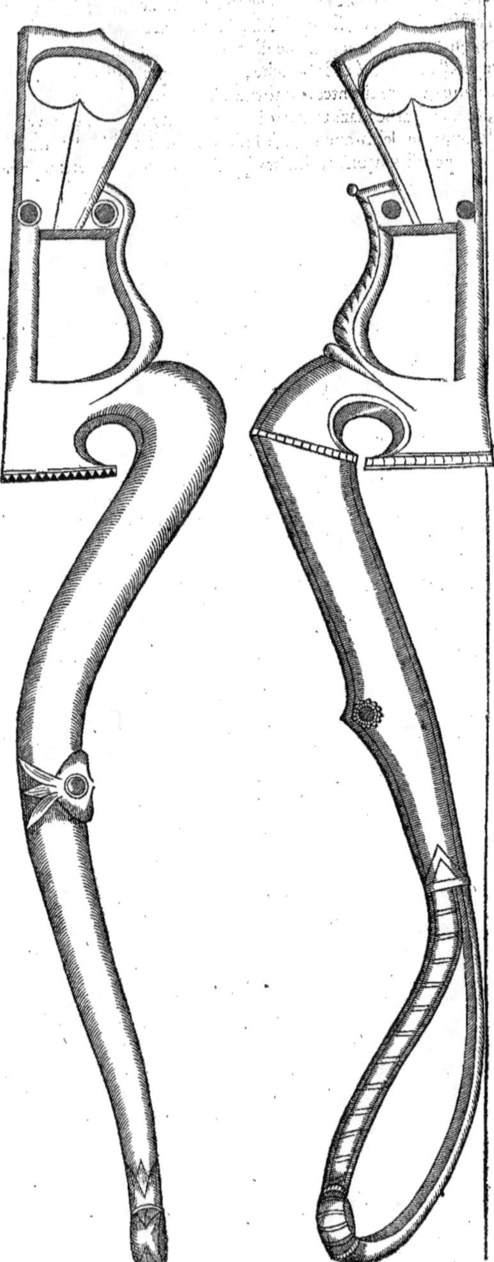

Les branches cy-deſſus figurees n'empeſcheront pas que le cheual ne ſe deffen-
de par le ſuſdit & faux appuy: mais elles luy donneront moins d'occaſion de baiſſer
la teſte pour s'armer, que ne feront beaucoup d'autres plus auancees par le bas: &
pour donner à ces branches plus de force, (en incommodant la ſoupleſſe du col,
par laquelle le cheual fait la faulſe action trop ramenee & appuyee) on peut tirer
quelque ayde d'vn certain billot canallé, long temps y a en vſage, que la ſouſgorge
de la teſtiere tient arreſté entre le goſier & le hault des maſchoires du cheual: mais
d'autant que ce remede eſt groſſier & fort malſeant, meſmes aux cheuaux de legere
taille, il vaudra mieux ſe ſeruir d'vne boule de bois bien ronde, qui par le moyen de la
ſouſgorge ſe peut facilement loger, & plus couuertement, entre le groſier & les deux
os de la maſchoire, & ceſte boule doit eſtre garnie, comme elle eſt icy repreſentee.

LA grosseur de ceste boule se doit proportionner selon l'eschancrure de la plus haulte distance des maschoires, parce qu'estant trop petite elle demeureroit du tout enclose, & inutile entre les deux os des maschoires, & si elle estoit trop grosse, la grosseur excessiue la rendroit trop apparente, & la feroit souuent tourner de quelque costé, deslogeant de la vraye place où elle doit estre arrestee : mais estant faicte & accommodee auec iuste proportion, elle se pourra facilement arrester assez hault contre le gosier, à cause que la separation des maschoires est faicte en estrecissant par bas : & ceste iustesse se doit entendre quand la moitié de la boule entre dedans ladite separation des maschoires, & que le gosier rencontre l'autre moitié : par ce moyen le cheual pourra estre aucunesfois empesché de se ramener trop : & afin que la boule paroisse moins, il la faudra peindre ou couurir de drap, ou de veloux, de la couleur que sera le cheual qui en aura besoin, ou telle qu'on voudra.

ENCORE ay-ie practiqué plusieurs autres moyens, pour empescher que le cheual n'appuyast trop les branches de son mords contre la poitrine, & mesmes ie faisois grand cas de certaines pointes ou moulettes pointues, mises aux bouts d'embas des branches : afin que le cheual s'offensast & se chastiast soy-mesmes, en se voulant armer contre le col, ou la poitrine : mais il y a long temps que i'ay laissé l'vsage de ce remede, pour en auoir veu naistre pour le moins autant de desordres, que d'vtilitez.

EN fin l'action que le cheual fait du col & de la teste, quand il s'arme par l'appuy de la poictrine, & des brâches de son mords, & celle qu'il doit faire des hanches & des espaules, pour parer & manier legerement, sont tant contraires qu'elles ne peuuent estre faictes ensemble : c'est pourquoy il est si mal-aysé de faciliter les arrests des cheuaux, qui se couurent trop en baissant le front.

QVAND LE CHEVAL PREND L'EMBOVCHEVRE, OV
la branche de son mords auec les dents pour eschapper, forçant
le bras & la main du cheualier.

CHAPITRE XXXVIII.

PAR les discours & preceptes precedents on aura peu comprendre que Nature donne souuét au cheual plusieurs moyens de se deffendre contre les bons effects de la bride ; & que tant plus il est malicieux, tant moins il se trouue de remédes à ses deffenses, principalement quand il y est long temps accoustumé & endurcy : or vn des plus dangereux moyens qu'il sçauroit trouuer, pour s'opposer à l'obeyssance, est de prendre l'emboucheure auec les grosses dents, ou la branche auec celles de deuant, taschant d'arracher les rennes de la main du cheualier, comme il aduient aucunesfois : neantmoins les empeschemens de tels vices sont assez faciles : car en accommodant vne chesnette ronde, ou vn assez large ruban de soye, qui passe entre la lippe dessous, & la genciue du cheual, & qui tienne à la montee de l'emboucheure, si elle est ouuerte, ou aupres du ply du banquet estant fermee, ou à l'œil de la branche, comme i'ay desia monstré par les figures precedentes, ces moyens empescheront que le cheual puisse haulser & boire la bride, & par consequent qu'il se saisisse de l'emboucheure auec les grosses dents ; & afin qu'il ne puisse prendre la branche, il y faut seulement ioindre vne piece, qui croise enuiron l'endroit qu'il la peut mordre, & qui tienne & soit arrestee par deux fortes viz, pour auoir moyen de l'oster & remettre quand on voudra, comme il est icy representé.

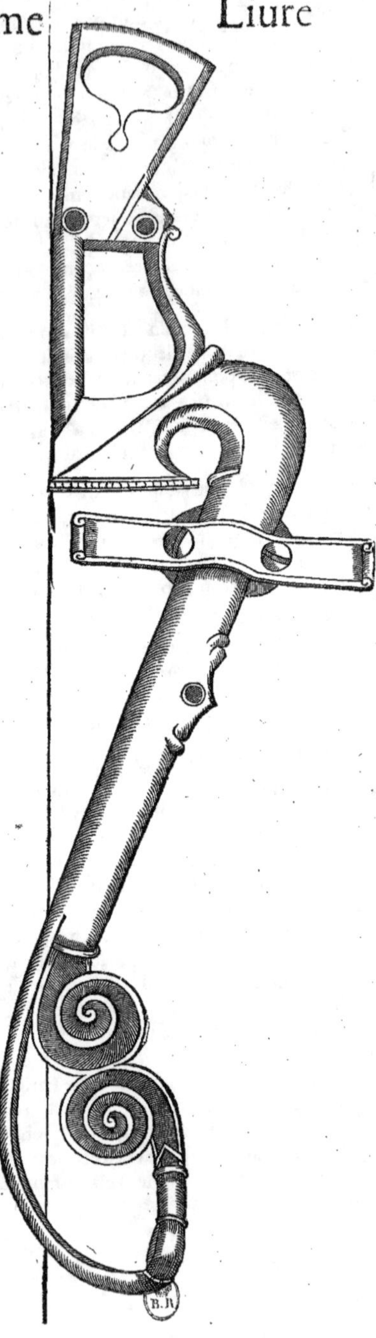

E n telles occasions, i'ay autresfois vsé de certaines branches assez longues, qui estoient pliees de façon, que depuis le milieu d'icelles iusques au touret de la renne, elles s'esloignoyent tant l'vne de l'autre, que le dessous du col pouuoit entrer facilement entre les deux,& n'estoyent arrestees que seulement au mitan par vne forte chenette : ce remede, ioinct à celuy du billot ou de la boulle susdite, m'a souuent aydé en ceste imperfection,& peut aussi seruir au cheual, qui en tournant plie le col, soit malicieusement, ou pour l'auoir trop souple, ou à faute de force, ou de bon exercice : mais la practique en est si malseante, que ie la laisse maintenant à ceux qui l'approueront plus que moy : me contentant aussi d'en auoir dict quelque chose, sans representer la figure.

LE VRAY MOYEN DE BIEN MESVRER LA longueur de la branche.

CHAPITRE XXXIX.

E v x qui iusques à present se sont meslez de discourir des brides bien considerees, ont donné les longueurs des branches, mesurant du fonds du banquet, ou du plus hault du coude d'icelles, iusques au trou du touret des rennes : en quoy ils ont faict l'erreur mesme que i'ay cydeuant reprouuee, parlant de la haulteur de l'œil : car le banquet estant plus court, ou plus long que la proportion ordinaire, peut d'autant accroistre ou diminuer la longueur generale de la branche, quelque iuste mesure qui ayt esté iugee par ceste reigle incertaine. Mais pour bien ordonner les susdites longueurs, il est necessaire de tenir vn des poincts du compas au mitan du banquet marqué A, & l'autre au mitan du trou du gros touret, sur la lettre B, comme il se voit par la figure suyuante. La raison de ce precepte est aysee à comprendre, puis que le principal appuy qui s'arreste sur les barres,& l'effort de la branche se font par l'action du noyau de l'emboucheure, qui se doit aussi terminer iustement au mitan du ply du banquet :& partant ceste reigle est plus approuuable.

i iij

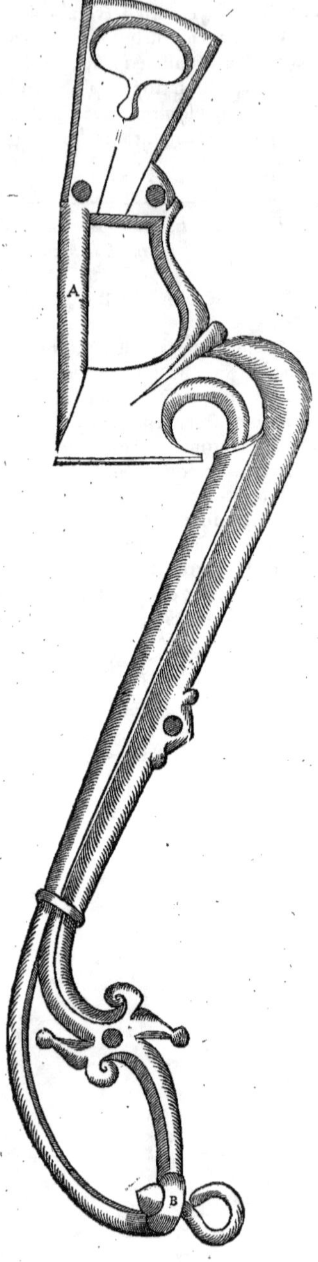

A
B

DE LA BIEN-SEANCE DES BOVCETTES.
CHAPITRE XL.

POVR si bien que la bride soit elabouree, encore se doit-elle embellir par l'agencement des boucettes choisies à propos, à sçauoir, petites, mediocres, ou grandes, selon la stature du cheual, qu'on en vouldra accommoder. Car ce seroit vn mauuais rapport de parer vn petit cheual auec de grandes boucettes, comme aussi d'en bailler de trop petites à vn qui feust fort grand. Or outre les diuerses façons des boucettes, du temps present, les plus haultes sont celles, que i'approuue moins, parce qu'elles font paroistre la bouche du cheual trop large. Partant ie desire, qu'on se serue communément de celles, qui sont basses, & encore ie suis d'auis qu'on tienne fort bas les petits tuyaux, qui les soustiennent sur les trous de l'œil, & de la sousbarbe de la branche, ausquels sont inuestis les clous, qui attachent & retiennent les boucettes.

LA CAVSE POVRQVOY LES FIGVRES DE CE LIVRE
n'ont esté ioinctes & reduites en mords entierement fournis
& differens.

CHAPITRE XLI.

LEs moins sçauants en cest art, seront ceux qui trouueront plus estrange, que ie n'aye figuré en ce Liure les mords entiers & garnis, à l'imitation de plusieurs Caualerices, qui ont escrit & mis leurs reigles en lumiere: mais les mieux entendus cognoistront, que i'ay fait ce que mes deuanciers deuoient faire. Car pour bien embrider le cheual, il faut necessairement que les formes & temperaments de toutes les parties de la bouche, de la barbe, de la maschoire, du col, des espaules, & mesmes des forces de tous les autres principaux membres d'iceluy, soyent bien & separément considerees, premier que iuger & resoudre l'entiere composition de la bride: & faisant autrement on se trompe, d'autant qu'il y a des occasions differentes, cy-deuant deduites, qui peuuent rendre l'appuy de la bouche differemment bon, ou mauuais: partant i'ay voulu monstrer & discourir ainsi par ordre separé toutes les susdites propositions, afin que le Caualerice curieux puisse mieux composer & ordonner les mords, selon la stature, le naturel, & la capacité du cheual.

L'ORDRE QV'IL FAVT TENIR EN DONNANT AV
cheual vne bride neufue, ou qui luy est incogneue, & la deffinition
de ce troisiesme Liure.

CHAPITRE XLII.

E cheual qui est de bonne inclination, & qui a l'appuy de la bouche
naturellement ferme & leger, reçoit paisiblement toutes sortes de
mords qu'on luy essaye : mais celuy qui est d'humeur colere & bizarre, ou qui a la bouche, ou la barbe trop dure ou trop sensible, ne
se gaigne pas tousiours si facilement : au contraire, il aduient d'ordinaire que pour si proprement que la bride puisse estre faicte, s'il
en reçoit quelque desplaisir premier que l'auoir bien goustee & recogneue, il ne l'ayme de long temps apres, & aucunesfois, pour ceste seule occasion, ne se plaist, ou ne
s'asseure iamais bien sur l'appuy d'icelle : c'est pourquoy quand le sage Caualerice
veut emboucher de quelque nouueau mords le cheual fort sensible, apprehensif, ou
capricieux, il luy doit donner au moins deux iours pour le mascher, & recognoistre
auec quelque friandise : assauoir le premier iour en le tenant bridé dedans l'escuyerie,
& le second en le promenant doucement estant dessus, laissant la gourmette plus longue que son iuste point : & encores la premiere & seconde fois qu'il l'exercera, auec
la nouuelle bride, il se doit soigneusement garder de luy offenser tant soit peu la bouche, ny luy faire autrement desplaisir ; afin qu'apres il trouue plus d'asseurance à ladite
bride, ou qu'il ayt moins d'occasion de la hayr, ou craindre.

C E L V Y qui recherchera necessairement, ou par curiosité les bons effects des emboucheures, gourmettes & branches, qui sont figurees en ce troisiesme Liure, trauaillera son esprit confusément & souuent en vain, s'il ne cognoist bien toutes les proportions & qualitez de la bouche, de la barbe, de la maschoire, & du col, ensemble le
courage, l'inclination, & la suffisance, ou incapacité, des forces generales & particulieres de tous les membres du cheual qu'il voudra proprement embrider. Mais par
la cognoissance du naturel de toutes ses parties, il pourra faire eslection de l'emboucheure, qui se rapportera mieux à l'interieur, & au temperament de la bouche, de
l'œil, & de la gourmette, qui sera plus necessaire à la forme & nature de la fente, &
de la barbe : & de la branche, qui façonnera & soustiendra legerement la plus belle
& ferme situation du col & de la teste du cheual : de sorte que par l'assemblement &
les commoditez de toutes ces proportions bien iugees, la bride se trouuera proprement & iustement composee, pour donner appuy solide à la bouche foible, ou trop
sensible : allegerir celle qui tirera ou s'appuyera plus qu'à pleine main : ramener &
courber l'arc du col, qui sera estendu, ou le redresser aucunement estant trop courbé : asseurer ou baisser la teste esgaree, ou portee trop hault, & l'auancer & haulser,
si en courrant le nez, elle presente trop le dessus du front : toutesfois la bride, comment qu'elle puisse estre faicte, n'aura pas telles perfections, n'estant conduite par l'e-
sprit sçauant & bien experimenté en cest exercice, & secondé de la main subtile &
diligente, mesmes si le naturel du cheual contraire directement aux bons remedes
de l'art : à cause dequoy, ie ne fais nul doute, que tel qui ne sera pas des plus sçauans
Caualerices, ayant recherché en ces preceptes les moyens de contraindre le cheual,
(par la violence de quelques mords estranges, & rudes) en ce qui ne se doit par raison
esperer, & n'estant peu paruenir à son desir desmesuré, il ne demeure aucunesfois mal
edifié de moy : sur quoy ie veux de nouueau confirmer les protestations desia faictes

en

en diuers lieux , que mon intention n'a pas esté d'adresser ce mien labeur , que seulement à ceux qui seront assez sçauants , pour ioindre & accommoder auec prudence
l'artifice representé par toutes les figures de ces derniers traictez, aux reigles & leçons
des deux Liures precedents, sçachant bien qu'il n'appartient point à d'autre d'en comprendre & receuoir le contentement & l'vtilité qui en peut naistre.

POVR estre plus confirmé en l'asseurance qu'on doit auoir , que les effects plus
necessaires , & qui se peuuent premediter , aux proportions des brides bien considerees, sont incertains , & le plus souuent inutiles , n'estans appropriez par vn clair
iugement , au bon estat d'obeyssance & de manege , auquel le cheual doit estre auparauant reduit , auec le canon simple & le cauesson, le cheualier pourra facilement
voir, en l'experience de toutes les raisons susdites , que si le cheual de sa nature , ou
à faute d'auoir esté bien exercé, est paresseux, mal disposé d'haleine , ou subiect à
estre saisy d'apprehension craintiue, ou d'extreme fougue, sans doute, estant longuement recherché de quelque effort, on luy verra ouurir & tourner la bouche, alterer
grossir, & noircir la langue, enfler ou renuerser les leures, & mesmes auancer le nez,
roidissant le col , & tirant durement les rennes, pour s'opposer à l'action de la main
du cheualier , ou s'abandonner pesantement sur l'appuy d'icelle : & contre ces vices naissans ainsi de difficulté de respiration, de poltrone ou debile lassitude , de timidité, de crainte extraordinaire , ou de grande inquietude, l'artifice de la bride , en
quelque sorte qu'elle puisse estre faicte, demeurera presque sans aucun bon effect.
Au contraire, si par l'art & la patience , le cheual a esté desia gaigné, fortifié, facilité,
& en fin rendu paisible, attentif & asseuré aux actions & mouuements du bon Caualerice, en bonne haleine, en facile obeyssance d'escole , & aussi conserué en esquine
& allegresse supportable, sans doute la bouche se pourra trouuer en l'exercice, fermee, droicte & fraische par la iuste situation de l'emboucheure bien ordonnee : & la
teste auec le col, en belle & legere posture, par l'action ramenante , & le soustien de
la branche bien proportionnee de tour & de longueur , mesmement par l'appuy de
la bonne gourmette, iustement aresté en son lieu de la barbe necessairement limité:
c'est mon but principal & commun en cest art, auquel tout exprez i'ay voulu reuenir
pour faire ceste fin.

> Par grand labeur & patience
> S'acquiert ceste belle science,
> Et sans ces deux moyens parfaicts
> On n'en peut voir les beaux effects.

FIN DV TROISIESME LIVRE.

TABLE DV TROISIESME LIVRE
DES PRECEPTES DV SIEVR
DE LA BROVE.

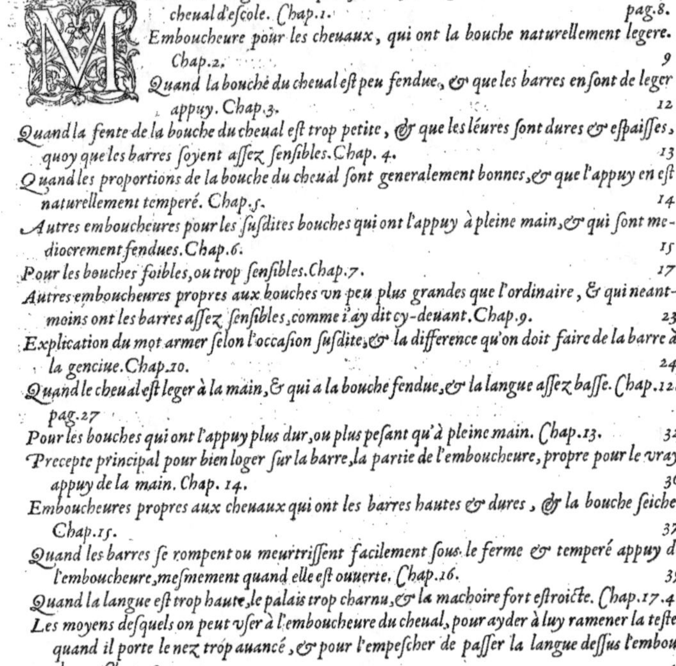

Fin de la table du troisiesme Liure.

PRIVILEGE DV ROY.

ENRY par la grace de Dieu Roy de France & de Nauarre. A nos amez & feaux Conseillers Les gens tenans nos Cours de Parlement, Preuost de Paris, Bailly de Rouan, Seneschaux de Lyon, Thoulouse, Bordeaux, & Poictou, ou leurs Lieutenants, & à tous nos autres Iusticiers & Officiers qu'il appartiendra, Salut. Nostre bien amee Françoise de Louuain, vesue de feu Abel l'Angelier, viuant marchant Libraire iuré en nostre ville & vniuersité de Paris, nous a faict remonstrer, qu'ayant ledit deffunct en vertu de nos Lettres de permission faict imprimer vn Liure intitulé *Le Caualerice François*, *Composé par Salomon de la Broue*, seroit aduenu son decez; puis lequel, afin qu'elle ne fust frustree des labeurs du deffunct, nous luy aurions concedé, continué & confirmé les mesmes permissions d'imprimer octroyees audit defunct. Et d'autant qu'auec beaucoup de soin, & à grands frais elle auroit iceluy faict reuoir, corriger, & augmenter de plusieurs leçons & corrections du mesme Autheur, lequel Liure elle desireroit volontiers faire reimprimer auec lesdites correctiõs & augmentations: Mais craignant qu'autres Libraires & Imprimeurs vouluffent faire le semblable sous pretexte dudit changement, correction & augmentation, & par ce moyen la priuer du fruict qu'elle s'estoit promis de ses labeurs & despens, elle nous a tres-humblement supplié & requis luy vouloir octroyer nos Lettres necessaires. A CES CAVSES desirant bien & fauorablement traicter ladite veufue l'Angelier, & qu'elle puisse tirer la recompense du bien que le public reçoit de son trauail & despense: Avons permis & octroyé, permettons & octroyons par ces presentes à ladite veufue l'Angelier de reimprimer, ou faire reimprimer de nouueau, vendre & distribuer par tout nostre Royaume, pays, terres & seigneuries de nostre obeissance le Liure cy-dessus mentionné, en toutes les formes & manieres que bon luy semblera, auec lesdites additions & augmentations; faisans tres-expresses inhibitions & deffenses à tous autres de quelque qualité qu'ils soyent ou puissent estre de les imprimer, vendre, ny distribuer sous pretexte de quelque addition, changement ou deguisement, sinon ceux qui auront esté & seront imprimez par ladite veufue l'Angelier, ou de son vouloir & consentement: Et ce pour le temps & terme de dix ans, à conter du iour que ledit Liure aura esté acheué de reimprimer: declarans à ces fins tous les autres exemplaires quels qu'ils soyent, ou puissent estre, acquis & confisquez à ladite veufue l'Angelier, lesquels elle pourra faire saisir, nonobstant oppositions ou appellations quelconques, pour lesquels ne voulons estre differé, & outre seront les contreuenans multez de telles amandes que les iuges aduiseront. Si vous mandons, & à chacun de vous commettons que du contenu en ces presentes vous faictes iouyr & vser ladite veufue durant ledit temps, cessant & faisant cesser tous troubles & empeschemens au contraire. Voulons en oultre qu'en mettant au commencement, ou à la fin dudit Liure le contenu au present Priuilege, il soit tenu pour deuement signifié. Et pource que de ces presentes lon pourra auoir affaire en plusieurs & diuers lieux, nous voulons qu'au vidimus d'icelles faict sous le seel Royal, ou par l'vn de nos amez & feaux Conseillers, Notaires & Secretaires, foy soit adioustee comme au present original. Car tel est nostre plaisir. Donné à Paris le 7. iour d'Auril, l'an de grace mil six cens dix, & de nostre regne le vingt-vniesme.

Par le Roy en son Conseil,   DESPORTES.

AVIS DV SIEVR DE
LA BROVE, SVR LE DEBVOIR DE
L'ESCVYER DE GRANDE ESCVYRIE.

D'AVTANT que les actions communes des plus grands Princes ou Seigneurs sont les plus esclairees, elles doibuent estre tousjours sainctement & genereusement conceuës, & puis guidees par l'honneur & la preud'hommie: & mesmes en l'economie de leurs maisons, l'amour & la crainte de Dieu, & par consequent la iustice, le respect, la paix, & la fidelité y doibuent regner auec tant de recommandation & d'authorité entre leurs domestiques, que l'exemple en soit comme vne escole de vertu. Mais tousiours la prudence du maistre doit accorder & tenir la mesure de ceste diuine harmonie: Car manquant le soing & la preuoyance de telle conduitte, sans doubte la presomption assistee d'vn nombre infiny de desirs desmesurez n'en pert point le temps: Ains soudain se mesle, & donnant esfrontément iusqu'aux lieux plus reseruez fait telle entree à la tyrannie, que bien tost apres elle establist plusieurs autres vices detestables, qui engendrent des desordres, & par fois des spectacles diuers, par lesquels les gens de bien peuuent clairement comprendre beaucoup d'éfects des iugemens de Dieu. Si ie voulois icy mettre en auant aucunes choses que i'ay appris aux suittes des Cours & aux grandes maisons, tant dedans que dehors ce Royaume, i'esmouuerois la matiere de plusieurs discours exemplaires & veritables, dont ie ne me sçaurois desmesler au gré de tous ceux que i'imagine, sans dissimuler les causes principales: Ce seul respect m'a fait retrancher l'entreprinse d'en dire d'auantage. La reduisant donc comme au petit pied, ie laisse aux grands la preuoyance des choses honnestes, qui leur peut donner bonne reputation, & à chacun de leurs domestiques le soing de se bien acquitter des charges qu'ils ont. Et m'arrestant à ce qui a esté de ma principale vacation, ie diray seulement le debuoir, auquel l'honneur oblige l'homme qui sert en qualité d'Escuyer de grande Escuyrie: Estat qui à la verité est assez propre pour paroistre galemment aux lieux où la vanité precede la sagesse: Parce qu'au moyen d'iceluy l'homme encor plus ieune que sage peut faire le Paon estant d'ordinaire richement vestu, & bien souuét d'vn vieux habit de son maistre: & se trouuant aussi quand il luy plaist, non seulement à cheual monté côme vn sainct George, mais encore honoré, seruy & communément suiuy de plusieurs Pages bigarrés, qui branlent craintiuement soubs ses commandemés, dônant vn grád esclat à ses vains deportemens. Et ce qui s'en remarque de plus plaisant est l'imitation d'aucuns gestes, mots & accents, par lesquels on iuge qu'il s'imagine aucunesfois, que rien ne se voit de plus semblable, que la grace de son Seigneur &

†

la fienne. Ainfi par ces apparences legeres, il peut fouuent donner carriere aux vaines conceptions de fon efprit licentieux:& telles parties font bien toft apprifes, & accouftumees. Mais s'il s'arrefte plus à bien aymer & feruir fon maiftre, qu'à toutes ces folies, le debuoir de fon eftat luy appreftera tant d'occafions difficiles, qu'il fe trouuera bien empefché d'y fournir fuffifamment: ie ne dy pas feulement difficiles, mais tant penibles & peu proffitables, que i'ay maintefois penfé que Dieu deftinôit à telle vacation (comme à vn fupplice couuert) certains efprits bizarrez & mal arreftez. Auffi voit-on mourir la plus patt de telles gens pauures, ou du tout eftropiez, & le plus fouuent faifiz de ces deux furieufes importunitez enfemble, dont ie ne fuis pas exempt & lefquelles me tiendroient de plus court, fi de loing l'exemple d'autruy ne m'euft apporté quelque preuoyance.

O r donc l'Efcuyer de grande Efcuyrie fe doibt refouldre prenant ce tiltre, d'affectionner fon att, afin d'en attendre l'excellence: & fur tout d'aymer fon maiftre, plus que toutes les chofes du monde: autrement il luy fera trop mal-aifé d'en fupporter les diuerfes paffions, & de fe priuer long temps des plaifirs & voluptez, qu'il doit auffi toft bannir de foy: principalement la pareffe, l'affectió paffionnee du jeu & de l'amour, & la libre conuerfation de fes amis plus priuez, mefmement tant que la grande Efcuyrie accompagnera le maiftre: Car c'eft le temps qui apporte plus de neceffité, que l'Efcuyer fe rende fubiect & attentif à fa charge, à caufe que nul autre ne peut fuffifamment tenir fa place, mefmes quand le maiftre fe veut exercer fur fes cheuaux de Carriere. Et le plus fouuent telles parties fe font lors que l'Efcuyer y penfe moins: Toutesfois fi en tel temps il ne fe trouue à propos (quelque eftroicte & longue fubiection qu'il ait auparauant renduë) fon excufe doibt eftre foudaine, ou peut eftre qu'elle fera preuenuë d'vne mine renfrongnee, ou de tel reproche: Il paroift bien que vous defdaignez voftre charge, puis qu'on ne vous trouue iamais quád i'ay affaire de vous. Ie m'affeure qu'il femblera à plufieurs que telles paroles peuuent alterer vne ame fort fenfible: neantmoins elles ne doiuent apporter que le feul defplaifir de n'auoir peu les euiter. Car celuy qui en apparence, ou couuertement s'irrite contre fon maiftre, pour quelque chofe qu'il luy die en le reprenant (fans l'outrager) met en doubte la vraye amitié & la libre affection qui produit & nourrift le refpect & l'honnefte crainte, dont le bón feruiteur ne fe doit iamais departir. Et parce qu'eftant à la Cour, ou aux armees, tous les domeftiques des grands, & particulierement les Efcuyers doiuent rendre plus de fubiection & de peine qu'en tous autres lieux, mefmement tant plus les maiftres font braues & galans: Auffi en telles occafions la raifon veut (ce me femble) qu'ils ayent plus de foing & de conftance en leurs charges.

D o n c q v e s durant le temps que le grand courtife, ou qu'il eft plus courtifé, l'Efcuyer doibt eftre toufiours curieux de faire paroiftre fi proprement & auec tant de grace, tout ce qui dependra de foy & de fa charge, que les plus habiles Cheualiers de la Cour foient comme contraints d'en rechercher diuerfement quelque imitation, foit faifans aller ou manier les cheuaux gaillards & bien dreffez ou en la bien-feance des felles, harnois, eftrieux, boffettes & facquerelles: Et mefmes aux façons differétes des Caparaffons, Gillets, Crinieres & Châfrains, Panaches, Lances & Banderoles, qui apportent enfemble plus de Majefté, de furie & de gaillardife aux entrees de Camp, Maneges, Courfes & combats, qui

fe font

se font aucunesfois en armee, ou en masque : & doibt sçauoir bien ordonner
la lice & les commoditez des armes completes, pour rompre des lances au rencontre ou autrement, & pour combatre à l'espée, à cheual & à la barriere. Il
faut aussi que les cheuaux de son Escuyrie soient paisibles, fort aisez en leurs Maneges, & si bien nourris, pensez & gouuernez, qu'on n'en voye point d'autres
plus obeissans, plus sains, plus beaux, ny plus asseurez. Et en ses communs deportemens, mesmes aux habits, il doibt obseruer vn soing continuel, qui se
rapporte à l'humeur de son maistre : Car s'il veut estre tousiours brauement paré, seruant vn Seigneur accoustumé à s'habiller modestement, il aduiendra souuent qu'on prendra l'Escuyer magnifique auec son clincant & ses plumes, pour
son seigneur : A cause aussi que d'ordinaire faisant son debuoir (estant a cheual)
on n'en voit point qui en soit plus pres. Et quoy que pour vne fois ou deux cela
se passe en risee, si est-ce que la continuation pourra agasser l'esprit de tel maistre, que la reprimende, ou querelle d'Alleman en sera dangereuse, principalement si par la mesme vanité, cet Escuyer se plaist à faire le beau, estant deuant
ou auec les dames, que le maistre verra de bon œil. Au contraire si le Prince ou
seigneur se plaist à l'excellence de tous les plus beaux & genereux exercices, &
aussi à la magnificence & propreté de ses habits & de tout son equipage, & que
son Escuyer soit fort grossier en ses gestes & communes façons, & vestu d'ordinaire comme vn Paysan endimanché, ceste contrarieté effacera quelque chose
de la grace du maistre. Et encores que plusieurs personnes qui verront cest autre Escuyer mechanique à la teste d'vne trouppe de noblesse bien equipee, ne le
prennent que pour vn valet presomptueux, ou tout au plus pour vn suyuant
de douzaine trop auancé : si est-ce que ceux qui le cognoistront, soient hommes ou femmes, s'asseureront que monsieur son maistre n'en sera pas loing. De-
sorte qu'il n'y a point d'apparence, qu'vn Prince accort & magnifique puisse
trouuer bon, que les honnestes personnes, mesmement les dames, iugent ainsi aucunesfois sa presence par celle d'vn homme mal basty, qui selon mon opinion sera souuent renuoyé à la mesnagerie, à la garnison, ou au village auec les
cheuaux moins necessaires, attendant qu'on ait affaire de luy. En fin ie suis d'aduis qu'on tasche tousiours à ce façonner & habiller selon l'inclination & au gré
de celuy que l'on sert : Et ceux qui ne le font, peuuent monstrer en cest endroit
quelque presomption, ou lascheté de courage, ou vn defaut d'amitié, ou de
iugement. Ie sçay qu'aucuns s'excuseront sur la mescognoissance du maistre in-
grat ou auare : & peut estre qu'il ne le sera pas, mais il retiendra par fois sa liberalité à l'endroit de tel, qui consommeroit beaucoup plus de moyens qu'il
n'aura de merite : & plustost à l'hazard du jeu ou à l'entretien des femmes des-
honnestes, ou à quelque autre vice, qu'à paroistre à l'honneur & au contentement de son bienfacteur : quoy qu'il en soit mon desir est, que l'obseruation
de la propreté dont ie parle, se garde en tout ce qui despend de la charge de
l'Escuyer, & beaucoup plus aux choses, qui particulierement sont reseruees
pour la personne du maistre : A sçauoir s'il est de grande stature, il faudra ordonner les selles de carriere assez hautes deuant & derriere, afin qu'estant à cheual son corps ne semble estre trop long : & s'il est de petite taille, les arçons se
doiuent tenir moins hauts que la mesure ordinaire : Afin aussi que ses hanches
& ses reins ne se cachent trop dedans le siege de la selle. Quant au volume des
Cartons, tant plus il sera grand tant moins fera-il paroistre la iambe longue, mesmement si la façon des estrieux est plus haute, que ce que i'en ay dit & figuré
au premier liure des preceptes, Il faut aussi obseruer les façons des harnois se-

lon les tailles des cheuaux & les occasions qui se presenteront. Et par mon aduis,
quand le Seigneur voudra marcher par les rues d'vne ville, sur vn cheual de sa
grande Escuyrie, soit en housse, ou legerement botté, ce cheual doibt estre
d'assez petite, ou mediocre taille, bien releué, leger à la main, paisible entre
les autres cheuaux, & fort aduerty en son aller de pas, sans qu'il soit besoing
de le talonner pour le tenir esueillé. Et s'il est Genet d'Espagne, Turc, Barbe,
ou d'autre semblable stature, il ne le faudra harnacher, comme on souloit
faire, auec des houppes grandes & en quantité : Car outre qu'elles empeschent de bien voir la forme & la grace du cheual noble & fort deschargé,
l'vsage n'en est à present digne d'vn gentil Caualier, mesmement d'vn grand, si
ce n'est estant en masque, ou pour faire quelque entree de Camp, ou de ville
en armes sur vn grand coursier : Mais d'ordinaire on garnira les cheuaux nobles
auec des harnois estroits & simples, faits du plus beau cuir noir qui se pourra
trouuer, & de la plus belle, delicate, & moins chargee façon, qu'on sçaura
inuenter selon le temps, faisant dorer ou argenter, s'il est besoing, toutes les
boucles, afin qu'elles se rapportent au mords & aux estrieux argentez ou dorez qu'on voudra faire seruir : Et si la selle est de couleur, on peut aussi faire aucunesfois les harnois doubles & estroits de cuir de Leuant de la mesme couleur :
Ou si pour accompagner la grande housse de velours, ou pour quelque autre
occasion necessaire, on veut aussi faire le harnois de velours, il ne doibt auoir
qu'vn ou deux pendant à la croupiere, & le cuir qu'on y mettra dedans, doibt
estre tenue estroit & assez fort, & les houppes petites & legeres : Et pour maxime il ne faut iamais mettre de sacquerelles à tels cheuaux : ny les trousser en aucune sorte, sans la contrainte & importunité des crottes, mais on leur doibt conseruer soigneusement auec les crins, les queuës longues, amples, nettement
desmelees, & souuent peignees à sec, sans arracher le poil, les laissans tousiours
estendues en leur naturel. Car quand tels cheuaux manient à demy air, ou à
courbetes rabatues, leurs queuës doibuent presque trainer en terre ondoyan-
tes en toutes les batues de leurs Maneges, & tenans neantmoins les troncs fer-
mez, sans faire aucun faux mouuement, pour quelques aydes & chastimens d'esperon ou de gaule, qu'ils puissent receuoir & sentir : & n'estans dressez que terre
à terre & pour la campagne, il est beau aussi de voir leurs queuës droictes, asseurees & estendues durant leurs exercices, soit en galoppant, ou en courant :
par-ce que ceste partie embellist & accompagne la determination des cheuaux
grands coureurs, qui viennent de toutes les contrees de Leuant.

    Il se trouue aussi certains petits cheuaux frisons, fort propres pour se pro-
mener par les villes, pourueu qu'ils soient de beau poil, assez sensibles & courageux, qu'ils ayent la bouche fresche & belle, qu'ils partent furieusement de
la main & qu'ils parent sur les hanches legerement, & d'vn ferme & tempere
appuy de bouche & de teste. A ceux-cy les harnois estroits & doubles sont
plus seants, que les simples : Et quand on les trousse, il se monstrent plus nains
& plus racolts : toutesfois si les queuës en sont asseurees, longues & assez fournies de poil iusqu'au bout, ie laisse indifferent de les trousser, ou de ne les trousser pas.

    Qvoy qu'il en soit, quand l'Escuyer presentera le cheual au maistre pour y
monter, il doibt premier estre asseuré, que l'equipage en soit entierement bien
ordonné & ajusté, & sur tout, que l'emboucheure soit bien situee au lieu de

son vray appuy, que la gourmette soit en sa mesure plus necessaire, que la selle
soit assez auancee : bien mise & sanglee estroictement, que les estriuieres soient
au point de la iuste assiette du maistre, gardant la difference de la housse, de la
botte legere & pour la campagne : Car il faut estre plus tendu & fermement appuyé sur les estrieux estant à la carriere ou allant par vne bonne ville legerement
boté, que si on alloit en housse ou aux champs, & aussi qu'il soit bien ferré : Et si
la caualcade ne se fait que pour se promener, ou pour aller en visite, sans sortir ou
s'esloigner de la Cité, il faut qu'vn grand laquay soit pourueu d'vne cauessane de
velours, bien faicte, & proprement garnie de fers dorez ou argétez, & d'vn gros
cordon de soye suffisammét long, au bout duquel y ait vne houppe belle & assez
grande : Car cest instrument ne donne pas seulement le moyen de tenir le cheual
en main sans luy gaster la bouche, attendant le maistre deuant vne porte, ou en
quelque autre lieu, mais encore l'vsage en a plus de grace, & represente plus ho-
norablemét la grandeur du maistre, que ne fait la façon cómune devoir vn Page
ou laquay arresté en vne rue, & monté sur le cheual de grande Escuyrie appresté
pour vn Prince ou grand Seigneur : Et outre que le cheual, qui aura long temps
esté en vne place ou promené, portant vn laquay, se trouuera auec moins de vigueur, quád le maistre y sera remonté, que si l'on l'auoit tenu en main, il aduiédra
d'ordinaire que ce laquay laissera en montant ou descédant quelque marque de
sa sottize & salleté aux estrieux au corps de la selle ou sur la crouppe du cheual.

I'approuue en telles occasions certaines vergettes, qu'en Italie les estaffiers
portent en leurs pochettes, pour nettoyer diligemment la selle & le harnois, ou
la housse du cheual, qui attend le maistre en lieu poudreux.

Ie ne m'amuseray à dire icy comme il faut que l'Escuyer ayde au maistre pour
monter à cheual ou pour descendre, par-ce que c'est chose facile & fort ordinaire : mais ie luy recómande le respect & l'humilité, qu'il doibt obseruer en faisant
sa charge, & sur tout de ne faire le bouffon, ny le rieur auec son Seigneur, quoy
que par quelque apparence on iuge que ce soit son plaisir : Car telle sorte de pri-
uauté ameine coustumierement vn mespris qui tombe tost ou tard sur celuy qui
s'y laisse follement engager. Et si d'auanture l'Escuyer a quelque plaisant mot à
dire à son Seigneur, ie luy conseille que ce ne soit point en le seruant. Et quand
bien son maistre le voudra aucunesfois inciter, & mesmes contraindre de se
iouer trop priuémentauec luy en paroles ou en effects, s'il est sage il monstrera
par sa modestie l'honneste crainte, qu'il aura de consentir trop librement à ceste
dangereuse familiarité, qui auec le temps se peut facilement conuertir en haine.

Et d'autant qu'il faut que les bons cheuaux soient nourris & pensez par vn
bon reglement ordonne de l'Escuyer : C'est aussi à luy d'en auoir le soing, & de
les voir au moins deux fois le iour. A sçauoir le matin à l'escole, ou à l'Escuyrie,
l'apres-disnee, tournez & tenus au filet : & le soir il se doibt trouuer au coucher
du maistre, pour sçauoir si le l'édemain il voudra móter à cheual, & à quelle heure : & d'ordinaire il faut qu'il soit des derniers, qui sortent de la chábre de son Seigneur apres qu'il est retire & couché : Et si d'auanture en tel temps l'Escuyer est
occupé ailleurs, il doibt faire tenir vn Page attentif, pour entendre & luy venir
rapporter diligémment, ce qu'en son absence le maistre aura demádé, qui despéde
de l'Escuyrie. Et pour maxime l'Escuyer ne se doibt iamais coucher (s'il est possible) sans visiter ses cheuaux, s'informát s'ils ont bié mágé leur auoyne, & regardát

s'ils sont bien placez & attachez, s'ils ont assez de foin ou de paille dedans la
mangeoire, si la littiere est bien faicte, & si la lampe est en lieu seur. Par mesme
moyen, il pourra ordonner les cheuaux qu'il voudra qu'on selle le iour suyuant,
ensemble leurs equipages, & l'heure qu'ils deuront estre prests. Et si le maistre
a dit au soir, qu'on luy accommode ses cheuaux de Carriere, il sera bon d'oster
vers la minuict le foin ou la paille à ceux qui de nature seront plus charnuz ou
moins gaillards, afin qu'au matin en l'exercice ils soustiennent les airs de leurs
Maneges auec plus d'halene de legeresse & de vigueur: & notáment les cheuaux
dressez ou qu'on dresse pour la Carriere, & sur tous ceux qui saultent, doiuent
estre nourris plus sobrement que les autres, mesmement de foin & d'eau, tant
afin de conseruer leur disposition plus legere & necessaire, que pour euiter qu'ils
deuiennent auec le temps foullez ou poussifs, comme l'on voit souuent, par les
continuels efforts de tous les airs releuez & des courses violentes: Bref l'abondance du foin leur eschauffe le foye & les altere, & le boire beaucoup les rend
foibles & pesans. Ie remets en temps & lieu plus spacieux les preceptes de bien
nourrir & gouuerner les cheuaux de grande Escuyrie: & sans m'esgarer d'auantage ie dis (retenant à mon subiect principal) que ce-pendant que l'Escuyer
ordonne l'equipage des cheuaux d'escole, qu'il veut conduire à la carriere, accommodez pour l'exercice de son Seigneur, il se doibt souuenir que ceux qui
sont dressez aux airs du galop gaillard ou des caprioles, ne doibuent point auoir
de faulces brayes à leurs harnois, & qu'il faut necessairement qu'ils ayent les
queuës troussees auec leurs sacquerelles, afin que par tel agencement, les saults
ce monstrent plus cours, plus hauts & plus gaillardement finis: Mais les faulses
brayes accompagneront mieux l'air des groupades, pourueu que le cheual soit
assez grand & trauersé.

Quand il sera temps de brider les cheuaux pour partir, les Pages, qui seront
commandez pour les mener, se doibuent tenir prests, ayant toutes les eguillet-
tes de leurs chausses bien attachées, les pourpoints & iuppes entierement bou-
tonnees, les ceintures ceintes, les chappeaux garnis de cordons, leurs bas de
chausses tirez & les soulliers nets & bien chaussez.

Estants ainsi proprement disposez ils mōteront sur les cheuaux, soudain qu'on
les aura tournez en leurs places de l'Escuyrie, ausquelles ces Pages se tiendront
arrestez iusques à ce que les palefreniers auront acheué d'accomoder leurs cheuaux: Ce-pendant l'Escuyer regardera diligemment si leur equipage est entie-
remēt fourny, & si bien agencé que toutes les pieces en soient arrestees en leurs
points iustes & limitez: & principalement il s'asseurera que chacun d'iceux soit
bridé du mords, qui luy embellira plus la bouche, & qui en rendra l'appuy plus
leger & temperé: Que les estrieux de tous ensemble soient au poinct du maistre, selon ce que i'en ay desia dit. Apres il fera sortir les Pages en pourpoint ou
en iuppe, ayants chacun vne ou deux bonnes gaules en la main, marchans au
pas & au rang qui leur sera ordonné. Et pour maxime, durant que le Prince ou
Seigneur pique ou veut piquer ses cheuaux, aucun des Pages, qui se voyent à
cheual sur la carriere, ne doibt auoir manteau, bottes, estrieux, ny esperons.

Il faut que ses Pages & cheuaux soiēt accōpagnez d'vn mareschal, pourueu de
Boutoir, de Brochoir, de Tenailles & de quelque quātité de cloux bōs & biē affilez. Ils doiuét estre suiuis aussi, d'vn bon Palefrenier, qui n'oublie pas vn couteau
                                                                            bien

bien trenchant, & vn fort poinçon, & qui porte deſſous ſon manteau des vergettes, vne eſpouſſette de toille, vne eſponge abbreuuee d'eau nette & claire:
Car en quelque part que ſoit la Carriere, ou le lieu dedié pour l'exercice, le
maiſtre y doit trouuer à ſon arriuee & premier abord, ſes cheuaux nets, polis & en bel ordre. Il faut auſſi notamment conſiderer que le promener trop
long temps conſomme l'allegreſſe & legereſſe du cheual d'eſcole. Et pourtant
il ſera bon aucunesfois de faire tenir les Pages & cheuaux arreſtez & bien rengez en lieu commode. Et quoy que l'Eſcuyer ſe promette que ſans doubte
aucune choſe ne manquera ſur la Carriere pour les courſes de la bague. Il ne
doibt laiſſer pour cela de faire prouiſion d'vne belle & bonne lance, d'vne
douille, d'vne bague & d'vn baſton de potence, qu'il fera porter auec ſoy, autrement il ſe pourra trouuer en l'extreme peine, qu'il me ſouuient auoir quelquesfois eſté, ayant manqué à telle preuoyance,

　　Il eſt auſſi neceſſaire, premier que le maiſtre ſoit arriué à la Carriere, que
les cheuaux ayent recogneu les lieux plus propres pour les Maneges & pour les
courſes: & meſmes s'il y a quelque cheual qui ſoit couſtumier de faire des a-
ctions licentieuſes & incommodes, ſe mettant trop ſur l'eſquine quand on
commence à le vouloir-faire bien aller, il ſera bon de luy auoir deſia abbatu &
temperé ſa vigueur ſuperfluë, & corrigé tous ſes faux & rudes mouueméts, afin
que le maiſtre trouue plus de facilité & de contentement en l'exercice : Et ſoit
qu'il face bien ou mal manier ſes cheuaux, l'Eſcuyer, ny autre des ſiens, ne doibt
apres eſſayer de les faire mieux aller : mais la correction neceſſaire ſera remiſe
à la premiere caualcade de l'eſcole ordinaire. Et ſi le Seigneur curieux trouue
bon eſtant à cheual que ſon Eſcuyer luy apprenne quelque choſe de ſon art,
la douceur, l'honneur, le reſpect & la diſcretion, doibuent touſiours accompagner toutes les paroles & façons de faire de l'Eſcuyer, tant en reprenant les
fautes plus communes de ſon Seigneur & maiſtre, que pour couurir accortement celles qui ſont moins cogneuës des aſſiſtans. Et d'autant que les babil-
lars importunent les plus honneſtes perſonnes, ie luy conſeille & recommande la briefueté à ſon langage, principallement quand il parlera de ſon art meſmes à ſon maiſtre.

　　Il faut icy noter pour maxime, que pour ſi bien que le cheual gaillard ſoit dreſſé, & quoy qu'il ſoit fort leger & de bonne nature, ſans doubte il fera quelque
difficulté à bien manier, eſtant paré de caparaſſon, & de panaches, ſi auparauant on ne l'a exercé au moins vne ou deux fois, de iour ou de nuict, auec tel
equipage, & meſmes ſi on ne l'a aſſeuré au bruit des trompettes.

　　Encor veux-ie dire que toutes les fois que le Prince ou Seigneur s'exerce à
picquer ſes cheuaux de Manege, il eſt bien ſeant à l'Eſcuyer d'eſtre habillé & botté plus proprement que ſa façon ordinaire, meſmes pour monſtrer vne reco-
gnoiſſance de l'honneur qu'il reçoit par la preſence de ſon maiſtre : Toutesfois
ce n'eſt pas le temps que ie ſuis d'aduis qu'il ſe preſente pour faire aller les cheuaux plus gaillards & mieux dreſſez, s'il ne luy eſt expreſſément commandé
Car i'ay deſia dit qu'en telles occaſions nul ne doibt paroiſtre faiſant mieux que
le chef, meſmement qui a paſſé vingt ans de ſon aage.

　　Ie n'approuue non plus que l'Eſcuyer coure la bague pour faire l'excellent

homme d'armes , tant que fon Seigneur & maiftre s'occupera à tel exercice, fi
auparauant il ne luy a commandé d'eftre de fa partie. Au contraire il faut qu'il
ne bouge du partir de la courfe pour bailler à temps & à propos la lance au maiftre, & pour luy dire tout bas & modeftement, les fautes qu'il luy aura veu faire en courant, i'entends fi ceft Efcuyer en eft capable, & pourueu auffi que fon
maiftre prenne fes preceptes en bonne part: Encores doibt-il auoir ordonné
vn grand Page, ou autre homme à cheual , pour fe tenir pres de la potence,
ayant le foing d'accommoder la bague, & fur tout qu'il fçache le trou de la hauteur de la potence, & le poinct ajufté au bafton pour les courfes du maiftre, &
à l'arreft d'icelles vn laquay diligent fe tiendra attentif & preft à prendre la lance
du maiftre toutes les fois qu'il aura couru, pour foudain la rapporter & garder
aupres de l'Efcuyer iufques à ce qu'il la demandera:

E t parce que felon quelques vieux preceptes, il eft mal feant à celuy qui eft
à cheual pour manier deuant vn grand, de defcouurir fa tefte en faluant ceux
qu'il veut refpecter, i'aduouë que l'Efcuyer eft priuilegié d'eftre communément
couuert en feruant fon maiftre , mefmes luy apprenant les regles de fon art,
quand il pique fes cheuaux: Mais fi nonobftant ces anciennes opinions, mon
aduis eft receu, l'Efcuyer oftera humblement fon Chappeau , en fe prefentant
deuant fon Seigneur pour commencer à faire manier le cheual qu'il vouldra
monftrer, & rendra la mefme humilité foudain qu'il aura finy l'exercice.

Ovtes les obferuations iufques icy deduictes font affez aifees,
ayant efgard au foing & à la peine que l'Efcuyer doibt auoir feruant bien fon Seigneur & maiftre, quand il eft en vne armee:
Car pour lors fa charge ne s'eftend pas feulemét fur les cheuaux
de guerre, mais beaucoup d'autres chofes fatigables fe trouuant
fous la conduicte, cóme i'expliqueray par ordre en difcourant de ce qui defpend
de fa diligence.

Pour commécer , ie dis, que ce-pendant qu'on dreffe l'equipage du Prince
qui fe prepare pour aller à l'armee, il faut que fon Efcuyer preuoye diligemment
à tout ce qui fera neceffaire pour les commoditez des cheuaux, & de tous ceux
qui deuront feruir à l'Efcuyrie: A fçauoir, que tous les cheuaux foient bien ferrez , que toutes les felles foient bonnes & entierement fournies , principalement de fangles fortes , auec les furfaits, de bons harnois neufs & doubles, &
d'eftrieux renforcez : Que chafque cheual aye vn mords bien ordonné, & duquel toute la garniture foit compofee de pieces plus fortes que delicatement
façonnees, mefmement les plis du mitan de l'emboucheure, la gourmette, les
gros tourets du font des branches, & les anneaux des renes: que chafque mords
foit bien mis & ajufté à la teftiere, felon la fante de la bouche du cheual & le lieu
de l'efcaillon. Et pour euiter les inconueniens qui peuuent arriuer aux combats,
quand les emboucheures, les gourmettes, ou les branches trop vfees, & les tourets &

rets & aneaux se rompent, comme aussi les porte-mords & les bouts des renes qui ont esté si souuent moüillez, que le cuir en est deuenu pourry, il faudra bien plier les susdictes brides, testieres & renes assemblees, montees, & ajustees, (au moins celles qu'on voudra reseruer pour la personne du maistre) & les conser- uer dedans le coffre ou garde-robbe de l'Escuyrie en leur force & bonté, pour en vser auec plus d'asseurance aux meilleures occasions: Encores doibt-on visiter les porte-mords, bouts de renes, gourmettes, gros tourets & aneaux, toutes les fois qu'on s'en voudra seruir: Ce-pendant il faudra faire mener les cheuaux auec leurs vieux harnois & mords à canon, qui outre la conseruation des bouches saines & entieres, telles emboucheures seront aussi cause que les brides reser- uees, & par consequēt moins accoustumees, en auront plus d'effect au besoing.

IL faut aussi que l'Escuyer soit pourueu d'vn argentier fidele & vigilant d'vn bon maistre Pallefrenier, monté d'vn bon courtaut ou d'vn fort bidet, & d'autant d'hommes qu'il faudra pour penser chacun trois cheuaux, dont au moins l'vn de ces hommes allant aux champs soit monté sur vn courtaut: d'vn mareschal bien expert, d'vn selier & d'vn armurier, tous bien assortis de leurs outils plus portatifs, & d'estoffes propres à leurs arts.

Outre ce l'Escuyer preuoyant ne laissera de mettre dedans la garde-robbe six mords de commune façon, six licols bien garnis de bonnes & fortes boucles, aneaux, & longes, six filets, six paires de sangles & surfaits, six troussequeuës, trois harnois neufs proprement faits, pour en vser quand aucunesfois on vou- dra parer quelque cheual pour la personne du maistre, six paires d'estriuieres, trois paires d'estrieux bien faicts, dont au moins les vns soient dorez, deux paires de branches, qui ne soient trop longues, trop courtes, trop gaillardes ny trop foibles, les vnes dorees, les autres blanches & toutes faictes de fa- çon, qu'on y puisse mettre & oster quand on voudra diuerses emboucheures, qu'il faut aussi auoir apprestees, auec trois ou quatre paires de belles bossettes dorees, qui se puissent fermement accommoder en icelles branches par des viz & des escrouës propres à cet effect, deux autres harnois de combat, desquels les testieres soient fourrees, entre deux cuirs, de chaines de fer à la iazerane, ius- ques aux porte-mords, & les renes iusques enuiron le iuste poinct de la main: vn bon capparasson de beufle qui soit double, & faict de façon qu'il ne descende que iusques enuiron deux doigts plus bas que le ventre du cheual: & qu'aux endroits des flancs & des palleros des espaules iusqu'à la selle, il y ait des pieces de toille picquees d'œillets, accommodees entre les deux peaux de beufle, afin qu'estant dans la meslee d'vn combat de main, le cheual ne puisse facilement estre rué de coup d'espec, n'y qu'à peine de coup de lance ou de picque, cinq ou six douzaines de fortes & lōgues esguillettes de bon chamois bien ferrees, deux beaux panaches assez gros, & beaucoup moins hauts que ceux qu'ō desdie pour les masquarades ou cōbats de Carriere, l'vn pour la sallade, & l'autre pour le chá- frain, deux forts arrests auec leurs viz renforcees & ajustees aux escrouës des ar- mes du maistre, trois ou quatre fers de lance bien accerez & trempez, vne doüil- le, vne bague & vn fer de lance de Carriere, cinq ou six cordons auec les houp- pes pour mettre au bout de la lance de guerre, autant de banderolles bien inuen- tees, vn petit estoc ou autre instrument propre à desmonter & monter des roüets de pistolets, cinq ou six douzaines de Cartouches prestes à charger, deux liures de bonne poudre fine pour les pistolets, vne bonne espec de

††

dueil & vn poignard, deux faux fourreaux de cuir de vache, deux ceintures de
beufle à porter sur les armes, six mortiers à esclairer complets de cire & de me-
ches, comme ils sont representez en ceste figure.

Il aura encores deux fuzils garnis, deux lanternes de toille ciree froncees, cinq
ou six liures de grosse bougie, vn peloton de grosse fisselle, Trois douzaines
de tire fonds assez forts pour l'attache des cheuaux, six chandeliers de fer, trois
pour planter à coups de marteau, & trois faits en viz, tels qu'ils sont icy figurez, pour faire tenir au bois es lieux plus commodes.

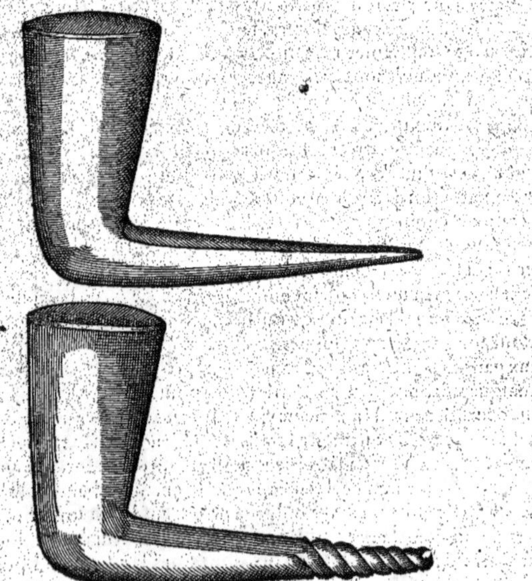

Il fera prouifion auffi de trois paires d'enrraues, vn cauefſon garny, vne grande houffe de velours & vne autre de drap, des vergettes, vne belle caucfane à
tenir les cheuaux en main, vn fachet plein de gourmettes, de crochets, de gros
tourets, de forts aneaux de renes, de ceffilienes, de chefnettes, & de membres
d'eſperõ, vne hache, vne ferpe, vn marteau de tapiffier, quatre ou cinq douzaines
de forts cloux à crochet, de fortes tenailles, fix eftrilles, fix peignes & fix eſpon-
ges, vne paire de forces, trois facs de toille à mettre l'auoine, ou telle autre chofe dequoy il pourra auoir befoing. Quant aux armes du maiftre referuees pour
parade, ie fuis d'auis que les ayant nettoyees & mifes en leurs bourfes, on les accommode auec du foin ou de la laine dedans vn petit tonneau net, par dedans,
& gouldronné par le dehors, fi bien qu'elles ne puiffent branler, fe froiffer ny
eftre gaftees, par la pluye, ny les eaux des ruiffeaux ou riuieres, & l'armurier aura
la charge de ce tonneau.

Toutes ces chofes doibuent eftre referuees pour la neceffité: Et d'auantage l'Efcuyer doibt auoir vn foing particulier pour fa commodité, mettant dedãs
vn coffre de commune grandeur plufieurs chofes, dont il ne fe peut bonnement
paffer, principalement fa prouifion de chemifes, mouchoirs & autre linge neceffaire, deux accouftremens complets propres à la faifon & à l'vfage des armes,
auec les bas de chauffes de Sarge, deux paires de Tricoufes de drap & trois paires de toille, vne paire de gamaches de drap pour en vfer aucunesfois allant à
pied, dix ou douze aulnes de ruban large de filozelle, deux paires de groffes bottes de campagne & autant d'efperons, & outre les fouliers de fon vfage commun, il en doibt auoir de referue au moins deux paires, qui foient affez gros &
forts pour refifter au froid ou à l'eau, fix garnitures d'efperons de bon cuir de vache, trois bonnes paires de gants, vne paire de mitaines de drap bien doublees
ou fourrees, fix douzaines d'efguillettes, deux chappeaux pour les champs, fes
communes befongnes de nui̇ct complettes, trois mains de papier & vne efcri-
toire toufiours bien garnie de plumes, caniuet, cire, & ancre.

Il doibt mettre auffi dedans vne affez grande male de cuir, vne paillaffe, vn
matelas, vn fac eftroit ioint à vn petit eftrapontin de mefme largeur, & longueur pour feruir de cheuet, vne bonne couuerte affez grande pour fe couurir
en double quand il fera befoing, & vn petit pauillon de farge.

Toutes ces prouifions, & encores la male des Pages plaine de leur linge & de
quelques autres commoditez, le fac des palefreniers, la male ou le fac du fellier,
la malete de l'armurier, vn petit coffre du marefchal, qui contiennent leurs outils, auec quelques eftoffes plus neceffaires, doibuent eftre chargees fur vne bonne charrette attelee de trois cheuaux forts & bien harnachez: Sur icelle charrette faut auffi porter en vn fac autant de fillets, de faccoches & de tire-fonds qu'il
y aura de cheuaux à l'Efcuyrie: & d'ailleurs deux cribles, vn picotin, deux ou
trois fourches de bois, quatre feaux de gros cuir boüilli, vne corde propre à pui-
fer de l'eau: il eft befoing auffi que cefte charrette foit couuerte de gros drap
double de toille, afin que la pluye y apporte moins de dommage.

Le maiftre palefrenier doibt auoir la charge de tenir proprement tout ce qui
fera dedans la garde-robbe, de laquelle il gardera la clef: & de plus ce fera à luy
d'auoir le foin de faire bien placer, attacher, nourrir, penfer, ferrer & feller les

†† ij

cheuaux, de visiter souuent leurs selles, & pouruoir qu'elles ne les blessent, de
tenir nettement les mords estrieux & harnois, & les accommoder à leurs iustes
poincts ordinaires, de regler & solliciter tous les autres palefreniers de l'Escuyrie en ce qu'ils auront à faire pour bien penser de la main les cheuaux, selon le
vouloir de l'Escuyer.

Tous des Pages de l'Escuyrie doibuent estre pourueuz chacun au moins
d'vn bon accoustrement complet, mesmes de quatre chemises, d'vne bonne paire de bottes, d'vne paire de soüilliers doubles, d'vn bourelet de haus-
se-col au haut duquel il y ait vn bord, ou colet bas & assez fort, pour y attacher de petites courroyes propres à porter les brassals du maistre, quand il
sera besoing, ensemble d'vn bonnet, pour empescher qu'ils ne sallissent la coif-
fe de l'accoustrement de teste du maistre, quand aucunesfois on y mettra des panaches, & par consequent au temps qu'on ne le pourra porter dedans sa bour-
se à l'arçon de la selle.

Chasque cheual doibt auoir sa couuerte de drap ou de toille selon la saison: Et
pour voyager il faudra que ceste couuerte soit sans criniere, & beaucoup moins
grande que celles qu'on fait faire pour ne bouger d'vn lieu.

Quand l'Escuyrie marchera le maistre palefrenier portera à l'arçon de la selle
vne ferriere, où il y ait quatre ou cinq tire-fonds, qui puissent seruir au besoing
aux attaches des cheuaux & autres occasions, vne suffisante quátité de crochets
de fer assez forts, qui se plantent à viz ou autrement, comme ils sont cy apres figurez, pour y pendre quand on pourra les selles à la façon des Reistres, vne
alaisne assez forte, & des fils de cordonnier tous prests à mettre en besongne,
vn peloton de fisselle, & ne doibt estre despourueu d'vn bon couteau & d'vn
fort poinçon.

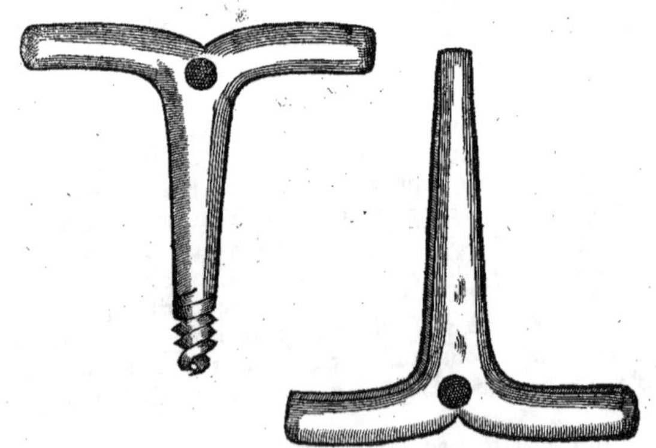

Le maiſtre palefrenier ira le premier ſeruant de guide à la teſte des grands cheuaux, auſquels les Pages feront garder, à la campagne, le meſme rang qu'ils auront accouſtumé de tenir eſtants placez à leurs attaches ordinaire : & chaſ-que Page aura le bouton du colet de ſon manteau bien attaché premier que monter à cheual, & ne portera point d'eſpee ny autre ſorte d'armes que de celles du maiſtre : Toutesfois s'il y en a quelqu'vn qui ſoit deſia homme, & preſt à mettre hors de Page, il n'y aura point de mal qu'on luy permette de por-ter ſon eſpee ſeulement.

Chacun d'iceux portera le licol de ſon cheual pendu à l'arçon de la ſelle, du coſté contraire à celuy du crin, & la couuerte proprement pliee & attachee à vne courroye de porte-manteau, qui tiendra au chappellet des faux eſtrieux: & le mareſchal ſuiura touſiours les cheuaux, portant ſa ferriere bien fournie & auſſi ſon eſtuy : & s'il y a plus de grands cheuaux que de Pages, il y faudra faire monter autant de Palefreniers, qui neantmoins ne porteront rien de leur bagage, ny choſe quelconque, non plus que les Pages. Pluſieurs trouueront eſtrange que ie n'ayme mieux que ces cheuaux de reſte ſoient menez en main: Mais ie ſçay que s'ils ont vn peu plus de peine portant vn palefrenier, en reuen-che ils en ſont mieux penſez & plus à propos.

Eſtans à vne lieuë ou enuiron pres du logis, le maiſtre palefrenier s'aduan-cera au grand trot auec l'autre palefrenier, qui ſera monté ſur vn courtaut ex-pres (comme i'ay dit cy deuant) afin de recognoiſtre eux deux enſemble le lieu où l'Eſcuyrie pourra loger, & auſſi pour auoir loiſir de nettoyer la pla-ce & les mangeoires, s'il y en a, ou de planter des tire-fonds ou piquets, pre-mier que les cheuaux ſoient arriuez : & à meſure qu'on les logera, ils ſeront placez à leur rang accouſtumé, là où chaſque Page tiendra ſon cheual par la rene, iuſques à ce qu'on luy ait frotté les iambes, que le licol ſoit attaché, & qu'il ſoit desbridé : Et les cheuaux qui à faute de Pages auront eſté menez par des palefreniers, doiuent, eſtre attachez auec le licol ſoudain qu'ils ſe ront logez & non auec les renes, ſi on ne veut auoir ſouuent le deſplaiſir de les voir rompues.

Ce-pendant qu'on frottera les cheuaux, le maiſtre palefrenier plantera des cheuilles propres à mettre toutes les brides, & premier qu'ils ſoient deſ-ſellez, il doibt auſſi auoir preparé la commodité qu'il pourra trouuer, pour pen-dre les ſelles aux ſuſdicts crochets de fer, par les crampons de cuir qui ſeront de-ſia attachez deſſoubz la teſte de l'arçon au droit du garot du cheual : Et ne pou-uant vſer des crochets, il cherchera quelque autre moyen propre à conſeruer les ſelles.

Le Page qui portera les braſſals, gantelets & taſſettes du maiſtre aura le ſoing de les tenir nettement : celuy qui aura la charge de l'accouſtrement de teſte en fera de meſme. Et par-ce qu'il eſt ſouuent neceſſaire de faire porter la ſallade, ou le caſque à l'arçon de la ſelle, ie ſuis d'aduis qu'on ſoit pour-ueu de bourſes, ou ſaccoches de cuir fourrees de frize, & accommodees a-uec des bourlets, qui empeſchent (tant qu'il ſe pourra) que le cheual en ſoit offencé à l'eſpaule. Quand à la propreté de la cuiráſſe & du piſtolet du Seigneur,

vn valet de chambre curieux & diligent en doibt auoir le foing & la charge:
en fin chacun des fufdits fera tenu de conferuer ce qui luy aura efté recom-
mandé.

 Encor que j'aye protefté en quelque endroit des liures precedens de ne me
vouloir amufer à efcrire l'ordre qu'il faut tenir pour bien nourrir les grands
cheuaux, fi ne l'airay ie pourtant de dire en ce lieu, que durant le temps qu'ils
voyagent, ou bien quand ils auront autrement fort trauaillé, il eft neceffaire
(pour euiter beaucoup de maladies) de leur faire manger d'ordinaire vn picotin d'auoine auant boire, & leur donner le refte de la difnee ou fouppee
apres qu'ils auront beu: Car par ce moyen le changement des eaux,& mefmes
les cruditez de celles qui feront plus froides,leur apporteront beaucoup moins
de dommage : Auffi ie veux icy recommander à l'Efcuyer de ne fe coucher
aucune nuict, fans eftre affeuré que la porte de l'Efcuyrie foit bien fermee,
qu'il y ait de l'eau à l'eftable, & que la lampe y foit allumee bien fournie &
logee en lieu feur.

 Quand le Prince ou Seigneur ira à la guerre l'Efcuyer menera d'ordinaire quatre cheuaux de combat, dont au moins le plus fort aye vne felle armee , & que tous foient bien equippez de fangles, fur-faiz & harnois : Et
pour les ferrer & penfer à la neceffité il fera marcher auec foy fon marefchal,
vn palefrenier à cheual, & vn garçon d'Efcuyrie à pied, & laiffera le maiftre palefrenier affifté du garçon du marefchal, pour conduire & gouuerner
le refte des grands cheuaux auec leur equippage. Au partir du logis l'Efcuyer
s'armera de toutes pieces hors mis la Sallade & les gantelets, qu'vn Page ou
fon valet luy portera : & fi eftant pareffeux ou trop delicat il ne peut, ou ne
veut fupporter l'incommodité des armes, il fera en danger de fe trouuer tant
empefché aux allarmes, en armant & mettant à cheual fon Seigneur, qu'il
n'aura le loifir de prendre fes armes, s'il ne veut demeurer des derniers au temps
& au lieu qu'il doibt eftre plus auance & plus pres de fon maiftre. C'eft pourquoy il me femble qu'il fera bien de s'armer auec beaucoup moins de poids,que
fi la charge qu'il fait ne l'obligeoit à eftre plus long temps armé que tous les autres domeftiques: il doibt auffi eftre curieux d'auoir fes armes fi bien faictes,
qu'à peine on puiffe cognoiftre s'il a fa cuiraffe fur le dos,ayant fa cafaque ceinte & boutonnee : Et mefmes portant fes taffettes, braffals, gantelets & fal-
lade, il faut que tout foit fi proprement agencé & arrefté en fi iuftes poincts
(comme auffi l'efpee à fon cofté) que rien ne branle ny claque en trottant,
courant & maniant non plus prefque que s'il n'alloit que le pas, & neantmoins
que fes mouuemens puiffent eftre libres le fourreau de fon efpee doibt eftre
toufiours garny d'vn bon couteau qui trenche bien & d'vn poinçon affez
fort, qui foit percé à deux doigts pres de la poincte. Et à chafque cofté
de fa cafaque doibt eftre vne pochette affez grande,non feulement pour tenir fon mouchoir, & fes gants : mais où il y puiffe auoir d'ordinaire demy
douzaine de longues efguillettes de chamois, vne ou deux iarretieres de ruban de fil-ofellé, affez longues & fortes pour attacher plufieurs chofes des commoditez du maiftre & des fiennes, qui fe pourront desfaire ou rompre en diuerfes occafions : cinq ou fix petits coings de bois propres pour faire tenir (s'il
eft befoing) les veuës de la Sallade, aux vrais lieux qu'elles doibuent eftre

en la teste du maistre, quand estant armé il veut auoir le visage descouuert. Et par-ce qu'il n'y a pas beaucoup d'Escuyers qui sçachent comme il faut proprement garder ces proportions, elles se voyent icy figurees.

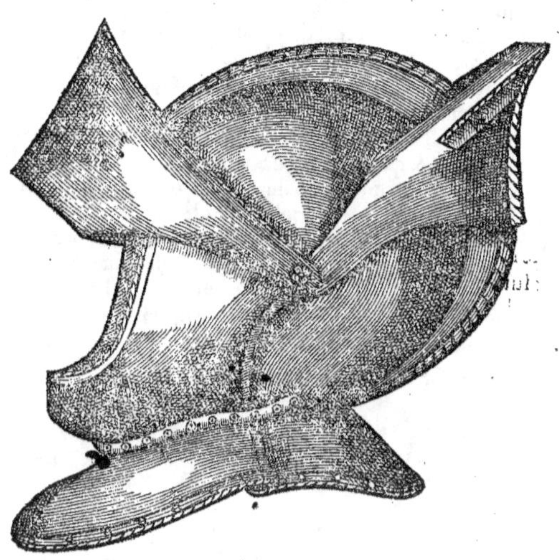

Ie ne parleray point de la façon des autres pieces du harnois complet pour l'homme d'armes ou cheual leger, à cause qu'elles ont esté moins changees que l'accoustrement de teste: Et quelque nouueauté que iusques icy les plus curieux & subtils Cheualiers y ayent peu apporter, il me semble qu'ils n'en ont point rencontré, qui puisse donner tant de grace & de gaillardise, que fait la Sallade bien proportionnee & proprement armee: mais aussi i'adouë qu'elle sied tres-mal quand les veuës ne sont bien accommodees: Et pour garder leur plus belle situation, n'estant du tout closes, elles doibuent estre mises d'ordinaire comme on les voit representees en la susdicte figure: Car outre que la lame de bauiere donne vn certain ombrage, qui rend l'air du visage plus martial, elle peut encores deffendre les coups d'espee qui arriuent de haut en bas, & la visiere accompagne aussi par derriere ceste grace, non pas peut estre si bien que voudront aucuns des plus experts Cheualiers, qui ne la trouueront du tout assez renuersee. Quoy qu'il en soit ie tiens qu'elle doibt estre ainsi, par-ce que le panache aura sa place plus libre, que si elle estoit plus en arriere, & mesmes qu'on la pourra baisser & clorre plus facilement au besoing.

Reprenant la suitte de mon premier discours, ie dis que si la caualcade s'entreprend si longue, qu'il soit besoing d'y mettre plus de dix-huict ou vingt heures de temps, l'Escuyer fera mettre dedans la ferriere ou le bissac du

Palefrenier, quelque portion de bougie, vn fuzil & vn mortier à esclairer. Et en marchant soit de iour ou de nuict, il se tiendra deuant son maistre ayant les grands cheuaux rengez à la file deuant soy : & sur celuy où le Seigneur voudra estre monté pour combatre, il y aura vn Page diligent & bien instruit, qui en temps & lieu de soubçon tiendra ses pieds dedans les estrieux desia ajustez à la selle au poinct du maistre, ensemble dedans ceux de son chappellet, de sorte qu'il ait deux estrieux en chasque pied, afin que suruenant quelque occasion fort pressante, en se iettant promptement, en terre auec son chappellet, le cheual se trouue prest pour la commodité du maistre, en moins de téps que si les estrieux estoient troussez. Autresfois quand Monseigneur & maistre alloit à la guerre, & que son cheual plus reserué pour le combat s'appuyoit naturellement trop à la main en trauaillant, i'ay obserué de le laisser bridé de son canon simple & ordinaire, tant qu'vn Page le menoit, luy faisant porter ce-pendant à l'arçon de la selle son mords plus ferme, mieux ordonné & bien ajusté à ses bonnes & fortes renes & testiere, pour en vser quand mondit Seigneur vouloit monter sur ce cheual : & par ce moyen (sans doubte) il le trouuoit de plus leger appuy & plus obeïssant : Toutesfois ie ne suis pas d'aduis que ce precepte se pratique, si lon n'est asseuré d'estre aduerty des approches des ennemis si à propos : qu'on n'en puisse estre surprins.

Par tous les logis que le Seigneur fera en lieu suspect, mesmement la nuict, l'Escuyer se rendra curieux de bien recognoistre les aduenues & le champ ordonné pour s'assembler aduenant l'alarme : & pour si peu d'apparence qu'il iuge que les ennemis y puissent faire quelque entreprise, il fera tenir sellé le meilleur cheual qu'il aura pour son maistre, & vn autre pour soy, soudain qu'ils auront repeu & qu'on les aura pensez : & s'ils ont tant trauaillé que le repos leur soit fort necessaire, il n'y aura point danger de les laisser coucher auec la selle, pourueu qu'il y ait beaucoup de paille à la litiere. Et en tous les lieux soubçonneux, il couchera dedans l'Escuyrie sans se desbotter ny despoüiller, ayant toutes ces armes ensemble pendués & rengees pres de soy, là où il aura peu faire planter des cloux propres à cet effect, lesquels tout expres il fera tousiours porter à son vallet dedans vne petite ferriere à la Reistre, où il y ait encores de petites & fortes tenailles, vn brochoir auec quelque quantité de cloux à ferrer bien affilez, des membrets d'esperon, du noir d'Allemagne à noircir, vne petite esponge, & des brosses pour nettoyer les bottes & harnois : Car telle diligence se doibt obseruer aux armees, comme à la Cour ou aux villes : & notamment la ferriere du palefrenier ne doibt iamais estre despourueuë de deux ou trois gourmettes & autant de ceciliénes, tourets, aneaux, boucles & chesnettes : Mesmes l'Escuyer doibt visiter les porte-mords & bouts de renes des cheuaux de combat si souuent qu'il n'en puisse aduenir des accidents d'angereux, desquels on ne se peust assez excuser en disant, ie ne pensois pas que tel mal-heur arriuast : il doibt aussi auoir & porter sur luy, vne bonne monstre & des tablettes, & se trouuer toutes les nuicts au coucher de son Seigneur, pour voir si les valets de chambre ont bien accroché & rengé toutes ses armes, ou autrement bien accommodees dedans la chambre du corps, ou les Pages se doibuent tousiours rendre pour estre armez & des-armez. Et premier que l'Escuyer se retire, il doibt sçauoir le temps que le maistre voudra monter à cheual, & puis il commandera au trompette de sonner boutte selle, soit auec la sourdine ou autrement à l'heure bien consideree selon la volonté du maistre. A ceste cause & pour beaucoup d'autres principalement.

pallement pour seruir aux allarmes qui peuuent aduenir, le trompette doibt coucher d'ordinaire au logis du maistre, & prendre tous les soirs instruction de l'Escuyer de la grande Escuyrie, i'entends estant à l'armee, parce que c'est le temps que les grands cheuaux sont logez plus pres du maistre: mais en temps de paix la petite Escuyrie est communément la plus proche, & par consequent celuy qui l'a commandé est (comme l'on dit) à son tour: Toutesfois en quelque part & occasion que le Seigneur se dispose pour paroistre brauement à cheual, soit en armes, en masque, ou autrement aux exercices de la Carriere, sans doubte l'Escuyer de la grande Escuyrie doibt estre preferé comme celuy de la petite, aux voyages plus communs & à la chasse.

Quand le chef estant armé & monté sur vn cheual de guerre disposera l'ordre du combat à la veuë des ennemis, ou comme il pensera venir bien tost aux mains, l'Escuyer de la grande Escuyrie marchera tousiours plus pres de luy que tout autre, soit deuant, à costé ou derriere en quelque part qu'il aille, ne respectant en cela personne de la trouppe: car alors son rang est partout, où son maistre va ou vient.

Lors que le Seigneur voudra aller à la charge, l'Escuyer fera mettre les Pages à la queuë de la trouppe, les ayans desia instruits d'aualler les estrieux ajustez aux selles, de ne s'escarter trop ny se laisser prendre, de ne bailler leurs cheuaux qu'au Seigneur, ou à luy, & de se tenir les vns sur la main droicte, & les autres sur la gauche, en suyuant la trouppe selon qu'il pensera les pouuoir trouuer plus à propos à la necessité. Il fera mettre aussi le trompette à vne aisle de la trouppe & vn peu à l'escart, afin qu'il ne se perde à l'abord & au premier choc du combat: & l'aduertira sur tout qu'il tienne l'œil tant qu'il pourra sur la personne du maistre, & qu'il ne sonne rien que par le commandement expres du Seigneur ou des chefs: Car il faut considerer en cecy que la volonté du chef se doibt entendre par la voix & prononciation du son de la trompette: & si le trompette pert de veuë le chef dedans la meslee, il se tiendra le plus pres qu'il pourra de l'enseigne ou cornette arboree, parce que c'est le lieu où le chef mesme se doibt rendre apres auoir commandé à celuy qui porte le drappeau de donner là où il luy aura semblé que la charge & le combat se doibt faire: & s'il aduient autrement, la confusion inopinee, à cause aucunesfois des partialitez, pourra amener tel desordre, que peut estre outre l'empeschement de la victoire, l'honneur du chef en patira. Iaçoit qu'il n'aye iamais manqué de fidelité, de courage ny de resolution.

En abordant les ennemis & se meslant au combat, l'Escuyer doibt arrester sa veuë auec toute son ambition & son courage à la conseruation de la personne de son Seigneur & maistre, aymant mieux mourir que le quitter ou perdre: & si le cheual du Seigneur se trouue outré, fort blessé, tué, ou que pour quelque autre accident il soit deuenu incapable de le seruir, l'Escuyer luy en doibt à l'instant bailler vn meilleur, s'il se trouue à propos, ou mettât soudain pied à terre taschera de le monter sur le sien, quelque chose qui luy puisse aduenir & fust-ce la mort mesme. Ie sçay qu'en telles occasions celuy qui a l'ame genereuse, s'enflame d'vn violent desir de paroistre & se seignaler, faisant à la veuë de plusieurs Caualiers quelque braue & particulier traict de son courage & coup de sa main: toutesfois si en tel temps l'Escuyer (faisant sa charge) se iouë à se separer du costé de son maistre, sans doubte il le pourra facilement perdre, mesmes à cau-

†††

se de quelque obscurité, ou de la fumée, ou poussiere, qui se voyent d'ordinaire aux grands combats opiniastrez : ce-pendant telle infortune, ou tel bon heur
peut aduenir au maistre, que l'Escuyer portera tant qu'il viura le blasme, & l'extreme regret d'auoir manqué au besoing à son deuoir : Et le pis que ie considere en cecy est, que ce desplaisir aduient aucunesfois à tel bon seruiteur, qui a rendu beaucoup d'annees vne grande subiection aupres de son maistre , esperant
rencontrer l'heure & l'occasion propre à luy tesmoigner à sa veuë l'humble affection & fidelité qu'il a voüé à son seruice : de sorte que ce qu'il a tant esperé
sera fortuitement aduenu à tel, qui n'y aura pas seulement pensé : en fin tous
ceux qui chargent les ennemis & qui se meslent , doiuent en combatant escouter & suiure les commandemens de leurs chefs par leur propre voix, ou par l'office du trompette, & se renger tousiours soubs leur enseigne : car en gardant ces
deux maximes ils demeurent quittes de ce qui les oblige en telles occasions :
Mais l'Escuyer ne doibt auoir autre desseing, qu'à ce tenir si pres de la personne de son Seigneur & maistre, que nul ne se puisse trouuer plus à propos pour
le secourir & le seruir à la necessité. Et s'il est homme de bon iugement & de courage, il pourra aucunesfois soulager beaucoup son Seigneur, en luy faisant entendre modestement des choses qu'il verra, ou cognoistra ausquelles peut estre
personne n'aura pour lors pensé ny regardé : neantmoins si par son bon aduis
ou aduertissement le maistre s'acquiert la gloire de quelque effect honorable,
soit en la victoire du combat, ou se desmeslant d'vn grand danger, ou en vne braue retraicte, l'Escuyer ne doibt iamais parler ny faire semblant de se souuenir d'a-
uoir esté en partie cause du bien suruenu à la loüange du maistre, soit que d'autres le publient, ou que nul ne le sçache, ou n'en veille parler : Et si d'auenture
quelqu'vn qui aymera mieux son ambition, ou sa liberté que la personne & l'hóneur de son maistre, trouue ceste subiection trop estroite, ie luy conseille d'eslire
quelque vacation plus libre, que celle d'Escuyer d'Escuyrie.

Tovs les preceptes expliquez iusques icy ne se doiuent pas seulement
obseruer auec beaucoup de soing & de diligence à leurs vrais temps &
occasions, mais le mesme debuoir, & principallemét celuy de la cóscien-
ce, oblige encores l'Escuyer d'Escuyrie, à s'acquitter dignement de la nourriture & instruction des Pages, qui s'esleuent sous sa charge & gouuernement :
Car d'ordinaire ceste ieunesse est issuë de noble extraction, & sans doubte leurs
parés les dónent aux Princes & Seigneurs, esperás que sous le nó & rág de Page ils
apprénent si bié l'hóneur & la ciuilité, qu'estás deuenus hómes ils móstrent aussi
vne gráde difference de leurs actiós à celles d'vne infinité d'autres, qui aurót esté
moins vertueusemét nourris : & quád il aduiét au contraire le blasme en tóbe sur
le maistre, mesmes il ne se peut que ceux qui ont plus d'interest à tel dómage ne
diminuét beaucoup de leur affection auparauant voüee aux maisons, où ces enfans aurót perdu, ou mal employé l'aage & le temps plus propre à les disposer &
acheminer à la vertu. Neátmoins il semble que toutes ses considerations sont à
present reiettees de la plus part des grandes maisons. Qu'il soit ainsi, on voit fort
peu de Seigneurs qui se daignét informer de l'instruction qu'on dóne à leurs Pages : Quant aux Escuyers ie m'assure qu'il y en a aucuns, qui en sont soigneux &
qui perseuerét en ce debuoir, seló leur capacité & bó naturel, d'autres qui ne leur
apprennét ny bié ny mal, & d'autres aussi qui par leur exéple les induisent à vice,
soit par vne infinité de vilains & detestables mots pronócez à tous propos deuát
& à l'oüye de ceste ieunesse, par les dissimulations & menteries ordinairement
inuentees & asseurees, par le jeu de cartes & dez, par l'arrogance, par l'amour

des-honneste, pour lequel ils font aucunes fois faire les meſſages ſecrets aux
Pages, qui ont la façon plus gentille & la parole plus facile, par la gourmandiſe
& yurongnerie, ou autre ſalleté, & poſſible par tous ſes deſordres enſemble, &
beaucoup d'autres, qui peuuent corrompre & perdre à la longue les plus beaux
eſprits. Partant il ne ſe faut eſmerueiller ſi les hommes, qui ont eſté ſi mal
eſleuez, ſont fort vicieux, & meſmes s'ils manquent d'affection & de fidelité à ceux qui les pouuoient obliger par vne meilleure nourriture. & ſi les
maiſtres, qui les ont ainſi nourris, ſe plaignent de n'en retirer les ſeruices &
contentements qu'ils en auoient eſperé, ou qu'on leur aura propoſé, ils ſe doiuent auſſi repentir d'en auoir eu moins de ſoing, que des beſtes bruſtes, qu'ils
ont voulu affectionner : Car c'eſt choſe commune de voir aux grandes maiſons
des hommes entretenus & gagez expreſſément pour bien gouuerner & dreſſer les cheuaux, chiens & oyſeaux, deſquels le maiſtre veut tirer vtilité ou plaiſir : Mais pour les Pages, encor qu'ils ſoient gentils-hommes & bien nez, il ſuf-
ſiſt en d'aucuns lieux, qu'ils ayent ſeulement la vie, l'habit de liurée, qu'ils ſçachent porter les plats & les flambeaux, & point d'autre bonne inſtruction,
ou auſſi peu que les laquais. Cela eſtant, comment peuuent-ils bien aymer &
craindre Dieu, n'ayant appris à le recognoiſtre, & ſeruir & d'où leur viendra
l'honneſte crainte d'eſtre tachez du deteſtable reproche d'ingratitude, ſi iamais ils n'ont comprins par preceptes, ny par exemples, que c'eſt qu'obligation & deuoir, ou bien quel deſir d'honneur & de vertu peut conceuoir celuy
qui n'a encor gouſté que vice, & qui (peut-eſtre) en a faict vn cal perpetuel
en ſes complexions & volontez, par vne trop longue habitude : Communément les premieres impreſſions ſont celles que l'homme retiet plus long temps :
Il vaudroit donc mieux a ce côpte, que les nobles entretinſent leurs enfans aux
colleges bien ordonnez, ou aux villes mieux policées, leur faiſant apprendre les
bonnes lettres & les plus honneſtes exercices de corps, propres à leurs qualitez,
iuſqu'a ce qu'ils fuſſent aſſez grands pour commencer a porter les armes : Car
par ce moyen ils pourroient deuenir vertueux & recherchez, meſmes des plus
grands : Ou ſi (au rebours) on veut commencer a leur faire ſi toſt mandier l'a-
mitié des Princes & Seigneurs, & à pratiquer les faueurs, au pris de leur liberté, au moins les peres qui donnent ſi volontairement leurs enfans, deuroyent
taſcher, ce me ſemble, de faire tels preſents ſoubs l'eſperance de les voir vn iour
ſages, bien appris & deuëment honorez : Par conſequent ils doiuent auſſi adreſ-
ſer leurs dons ſi precieux à tels, qui par l'exemple de leurs mœurs conuient ceux
qui les approchent & les ſeruent, a s'adonner à l'honneur, & a la vertu : Car il
eſt certain que le maiſtre curieux de ſe tenir à ſon deuoir principalement en-
uers Dieu & ſon Prince, ou legitime ſuperieur, peut imprimer par ſes loüables
deportemens aux ames des domeſtiques de ſa maiſon & de pluſieurs autres
qui le pratiquent, beaucoup de deſirs honneſtes & genereux, qui s'oppoſe-
ront aux tentations pernicieuſes, & ſur tout à l'infidelité, d'autant que l'homme retient tout le temps de ſa vie beaucoup des complections bonnes ou mauuaiſes de ceux qui l'ont eſleué. Il eſt donc neceſſaire que les Eſcuyers, qui ont
des Pages en charge aux grandes maiſons, ſoient ennemis du vice, bien entendus en l'art dont ils portent le tiltre, & s'il ſe peut en pluſieurs autres beaux exercices. Et auſſi qu'ils ſoiét curieux & amateurs du bien de telle ieuneſſe, & que touſiours elle leur ſoit recommandee, tant par l'integrité de leurs conſciences,
que par l'affection qu'ils auront à l'honneur de leurs maiſtres & au leur meſmes.

††ij

Doncques l'Escuyer nourrira les Pages à l'amour & à la crainte de Dieu, & les reprenant des vices & instruisant à l'honneur & à la vertu, leur representera souuent la reuerence qu'ils doiuent à leurs superieurs legitimes, l'obligation qu'ils ont à leur Seigneur & maistre, qui les faict bien enseigner & esleuer. Aussi il les accoustumera à vn honneste desportement, par lequel on les voye ordinairement sobres, propres, & humbles, non seulement à l'endroit de ceux qui leur peuuent commander, ains generalement en leurs repas, en paroles & en l'agencement de leurs habits : bref en tous leurs communs gestes : & pour les façonner en ceste ciuilité, il vsera differemment de la rigueur ou douceur qu'il cognoistra estre necessaire à la disposition du naturel de chacun d'iceux. Il ne se iouëra iamais à eux en paroles ny en effects, & ne leur tiendra propos, qui ne tende à l'honneur & à la vertu. Et sur tous les vices communs, il taschera de leur faire detester le blaspheme, la mensonge & dissimulation, les ieux de Cartes & dez, la gourmandise, l'iurongnerie & la paillardise : il les fera viure en amitié entre eux, afin que dés leur enfance, ils facent vne habitude de bié aymer, & qu'ils cômencent à considerer que manquât ceste partie, l'homme ne peut estre digne de conuerser auec les personnes vertueuses & bien nees. Tous les matins premier que les faire monter à cheual, il les menera à l'Eglise prier Dieu & au moins les Dimâches leur fera ouyr la Messe, & regardera par fois durat ce téps, si aucun d'iceux manque à tenir son mâteau droit sur ses deux espaules, les genoux en terre & à lire dedâs ses heures, sans auoir les yeux ny l'esprit occupez ailleurs qu'à la priere.

En quelque saison qu'ils montent à cheual, ils porteront les juppes, Casaques ou sayes de la liuree du maistre, & seront si proprement vestus qu'il n'y ait rien à dire à faute de diligence : Car c'est vne maxime qu'il les faut rendre propres en cet aage, ou à grand peine le seront-ils de leur vie. Pource doncques on ne leur doit iamais permettre d'estre à pied ny à cheual, desboutonnez, destachez, mal-ceints, ny mal-chaussez, soit de souliers ou de bottes, d'auoir les bas mal tendus, ny de porter mal leurs manteaux & chappeaux.

En les exerçant à cheual il faudra que ce soit sur des cheuaux propres à leurs aages & forces, afin qu'au lieu de les rendre adroits & bien entenduz en tel exercice, on ne les face estropier, ou par-aduenture mourir, comme il est aucunesfois aduenu par la temerité, ou ignorance des Escuyers inconsiderez, qui ont manqué à ce soing recommandable : Et d'autant qu'on a accoustumé de leur faire promener les cheuaux deuant & apres l'exercice, il me semble que l'Escuyer doit considerer, si lors que ces enfans se seront eschauffez au trauail, le froid ou le vent leur pourra causer quelque maladie : Car si l'on a soing de la santé des cheuaux, à plus forte raison le doit-on auoir des Pages, qui d'ordinaire sont nez de bon lieu, & qui le plus souuent n'osent se plaindre.

Outre ce l'Escuyer les doit faire manger auec soy pour les accoustumer au silence & à la sobrieté, & aussi s'il est possible, les doit faire coucher en son logis mesmement lors qu'ils sont prests à estre mis hors de Page, & par consequent capables des vices propres à tel aage.

Il leur doit defendre tres expressément la conuersation des vicieux, & les persuader, ou contraindre d'acoster d'ordinaire (auec douceur & humilité) quelque honneste personne : Car outre qu'ils en pourront tirer du profit, c'est

autant d'honneur au maistre & à l'Escuyer, de voir ses Pages si honnestes &
bien apprins, que les gens de vertu se plaisent à les entretenir & les auoir en leur
compagnie.

Aussi l'Escuyer leur apprendra en temps paisible à bien dancer, à cause que
c'est vn exercice qui donne quelque grace & asseurance, qui s'estend en toutes les autres dexteritez que le caualier peut acquerir, & encore les exercer à voltiger & à tirer des armes, parce que tels exercices ne sont point inutiles aux
gens de guerre, & vne ou deux heures du iour, les fera lire en quelque beau liure,
qui leur apprenne à preferer l'honneur de Dieu, l'honnesteté & la vertu à toutes les choses du monde : & d'autant qu'on ne voit pas souuent qu'vn seul homme soit né & bien fondé en tant de belles & honnestes parties ensemble : Au
moins, Ie prie messieurs les Escuyers d'Escuyrie de vouloir apprendre ce qu'ils
sçauent faire de plus honneste aux Pages, qui sont nourris soubs leurs charges,
taschans liberalement de les reduire tels que par l'heureuse loüange publiee entre les sages, ou moins vicieux, cest honneur soit egalement partage, aux vns,
pour s'estre rendus capables d'vne belle & vertueuse nourriture, & aux autres
pour s'estre dignement acquitez de leur deuoir, & soit que pour les exercices
ils leur apprennent à manier, ou à dresser des cheuaux de campagne & de carriere, à tirer des armes, à voltiger, ou à dancer, qu'ils n'imitent iamais la façon
mal seante & inutile d'aucuns Caualerisses, & de certains escrimeurs, voltigeurs
ou baladins mal polis en leurs arts, lesquels monstrent toussours des gestes &
contenances en leurs exercices, qui sentent trop à la routine des plus communes escoles. Pour expliquer briefuement ce que ie desire que le caualier obserue en ce qu'il peut faire de plus galant, c'est qu'il garde exactement tout l'artifice necessaire à la perfection, & que neantmoins il face paroistre telle facilité en
ses actions, qu'on iuge que la grace procede plus d'vn excellent naturel que
d'artifice.

Tout ainsi que l'Escuyer se doit rendre curieux de faire abhorrer & craindre
à ses Pages le blasme de nonchalance & salleté, il doit aussi tascher à leur faire
hayr la curiosité de ceux, qui des-ja en tel aage commencent à se flatter, monstrans vne trop grande inclination à la mollesse, ou vanité, en frisant leurs che-
ueux, ou les laissant croistre beaucoup plus que le commun, seulement pour
faire les beaux ou les mauuais garçons: Aussi en perçant leurs oreilles à la Mo-
resque, ou à l'Egiptienne, pour y attacher ou pendre des ioyaux, des babioles,
ou quelques autres afféteries: Ie sçay qu'en ce Royaume plusieurs personnes
de merite, se laissent legerement gaigner à l'opinion que ceste curiosité sert
pour la bien seance: mais pourtant ie ne puis approuuer que l'homme vertueux
& braue aye raison de se vouloir parer des ornemens qui sont communs aux
femmes, & mesmes aux plus mondaines & lasciues : D'ailleurs on a souuent
recogneu qu'il est presque impossible, que celuy qui s'ayme & flate plus qu'il ne
doit, puisse estre bon amy d'autre que de soy-mesme, en sa volupté.

Ainsi doncques l'Escuyer tiendra la plus part du temps les Pages en quelque
honneste occupation, mesmes pour euiter qu'ils ne s'addonnent aux vices
plus incorrigibles : & parce qu'vne trop grande contrainte peut assoupir la vigueur de l'esprit fort apprehensif, ie suis d'aduis qu'on leur permette aucunesfois qu'ils se ioüent volontairement, s'exerçant à courir, à saulter & à luit-

ter, ou aux ieux de la paulme, du balon & du Palemail, à ietter la barre ou la
pierre : Car ce ſont exercices qui fortifient le corps & le courage, & qui d'ordinaire plaiſent à telle ieuneſſe.

Quand l'Eſcuyer verra que le Page ſera deſia preſt à quitter l'habit de la verge, il monſtrera d'en faire moins de compte, & le tiendra en plus grande crainte & ſubiection qu'il n'aura faict long temps auparauant : Par-ce que c'eſt le
dernier moyen, dont il doibt vſer pour conſirmer la douceur & l'honneſteté
qu'il deſirera que ce ieune homme retienne de ſa bonne nourriture. Et le iour
deuant qu'il laiſſe l'habit de Page, l'Eſcuyer gardant encor ſon authorité, luy
remöſtrera la grace que Dieu luy aura faicte, d'auoir eſté honorablement nourry & bien inſtruit, l'obligation infinie qu'il en aura à ſon Seigneur & maiſtre, &
le blaſme qu'il pourra acquerir manquant, au moins d'vn affectionné deſir,
d'y ſatisfaire par ſes ſeruices tres humbles : & finira ſa remonſtrance en luy re-
preſentant l'horreur des vices, auquel il l'aura cogneu plus enclin.

Soudain que le ieune homme aura veſtu ſes habillemens d'hors de Page, il
ira trouuer & ſaluer ſon Eſcuyer, qui deſ-lors luy doibt monſtrer vn viſage d'a-
my familier, & le menant à l'eſcart luy conſeillera gratieuſement d'eſtre touſiours curieux de rechercher les choſes bonnes & honneſtes, de continuer en
l'amour & crainte de Dieu, d'eſtre bening & reſpectueux, & ſur tout d'auoir
l'honneur en telle recommandation & d'en eſtre ſi ialoux, que ſans difficulté
il le prefere à toutes les choſes de ce monde, ſans exception de la vie : Apres il le
preſentera à ſon Seigneur & maiſtre, luy ayant deſia fait premediter quelques
mots pour luy rendre graces briefuement & auec la plus grande humilité qu'il
luy ſera poſſible, des biens & honneurs dont il ſe recognoiſtra ſon redeuable.
Auſſi pour luy faire entendre l'affection & l'eſpoir qu'il aura de luy en rendre
tant de ſeruices, qu'il ne puiſſe iamais auec iuſte occaſion ſe repentir de l'auoir
nourry & fait bien eſleuer ſoubs les honneſtes loix de ſa maiſon.

Par vn tel ſoing l'Eſcuyer vertueux, pourra obliger à ſon Seigneur & à ſoy la
nobleſſe qu'il aura ſi honneſtement eſleuee, & s'aquerir autant d'honneſtes
amis, qui ſans doubte ne manqueront iamais à l'honorer & reſpecter, & d'ailleurs beaucoup de perſonnes d'honneur & de qualité, à qui ces gentils-hommes
appartiendront, au moins l'aimeront & luy ſçauront gré d'auoir fait à leur contentement, ſi loüable nourriture. Mais ſi au contraire il eſt tant mal aduiſé d'entreprédre & cuider obliger par tels moyens, quelque valet de peu, ou autre crea-
ture laſche de courage & mal née, penſant quoy qu'il tarde, en retirer honneur
ou ſoulagement, il trouuera à la fin d'vne infinité de lögs trauaux mal employez
& inutiles, qu'il eſt impoſſible qu'vn eſprit laſche & miſerable, puiſſe iamais bié
comprendre les choſes belles & honorables, du tout contraires à ſa nature:
mais que pluſtoſt il ſera fort propre à recompenſer l'amitié & affection de ſon
bon maiſtre, par telle ingratitude qu'il apprendra auec beaucoup de regret, que
d'vne matiere mauuaiſe & vile, on ne ſçauroit faire vn honneſte homme.

Il me ſemble que l'ordre que i'ay dict ſe deuroit obſeruer en la nourriture des
Pages qui s'eſleuent aux grädes maiſons, afin que les maiſtres en retiraſſent l'hö-
neur, la fidelité & les ſeruices qu'ils en eſperent : Car ſi au contraire ils les laiſſent
adonner & plier au vice durant ceſte poincte de leur aage, ſans doubte il eſt à
                                                                    craindre

craindre qu'ils deuiennent mefcognoiffans fe trouuant en leur liberté.

Les grands qui fe flattent d'ordinaire iufques à ce perfuader que l'affection & la peine de ceux qui les feruent, & mefmes de leurs domeftiques, eft fuffifamment fatisfaicte par le feul honneur d'eftre aduoüez pour leurs feruiteurs, n'approuueront pas mon aduis, fi ce n'eft en ce qui fe rapportera particulierement à leur defir & vtilité: mais au moins ie m'oze promettre que les plus prudents & genereux prendront en bonne part le zele, qui m'a pouffé à m'acquiter du debuoir auquel m'a franchife ma abftraint. Ie ne fay-on plus de doubte que plufieurs Efcuyers ne trouuent ces loix trop difficiles, aymát mieux auoir moins de merite & plus de liberté: ny auffi qu'il n'y en ait de fi bien nez & qui auront l'ame fi bonne & defireufe du vray honneur, qu'ils ne garderont pas feulement l'ordre de tous ces preceptes, mais peut eftre les furpafferont felon mon defir.